教育部高等学校地矿学科教学指导委员会
地质工程专业规划教材

岩土钻掘工艺学

主　编　鄢泰宁

副主编　陈宝义　石永泉　彭振斌　吴　立

编委会　殷　琨　蒋国盛　陈礼仪　隆　威

　　　　鄢泰宁　赵大军

中南大学出版社
www.csupress.com.cn
·长沙·

内 容 简 介

    《岩土钻掘工艺学》是二级学科"地质工程"下属"勘查技术与工程"专业高年级的专业必修课教材。"勘查技术与工程"专业以现代钻(探)掘(进)技术为手段，以岩、土体为工作对象，服务于矿产资源的勘查、开发与技术管理，基础工程(含岩土加固、地质灾害治理)的勘查、设计、施工与管理和地质科学探测等领域。

    2008年秋在长沙召开的"教育部高等学校地矿学科教学指导委员会"会议上，决定《岩土钻掘工艺学》作为全国地质工程专业规划教材之一。该教材主要包括岩土钻掘破碎原理，钻孔弯曲原理，施工过程最优化准则，现代钻探工艺原理及取样技术，岩土钻掘现场工程设计等基本原理，涵盖当代本科生所需的"三基"内容，注重培养学生分析工程问题和解决实际问题的能力，以适应本专业毕业生今后面向矿产资源的探采结合和城乡建设、交通水利、油气钻采等行业的工作需求。

    本教材将亦可作为"地质工程"相近专业的辅修教材和地质矿产、冶金、煤炭、油气钻采和岩土工程行业相关技术人员与管理人员的培训参考书。

图书在版编目(CIP)数据

岩土钻掘工艺学 / 鄢泰宁主编. —长沙：中南大学出版社，2014.3(2025.1 重印)

ISBN 978-7-5487-1048-6

Ⅰ. ①岩… Ⅱ. ①鄢… Ⅲ. ①岩土工程－高等学校－教材 Ⅳ. ①TU4

中国版本图书馆 CIP 数据核字(2014)第 035890 号

岩土钻掘工艺学

鄢泰宁　主编

□出 版 人	林绵优
□责任编辑	刘石年　史海燕
□责任印制	李月腾
□出版发行	中南大学出版社
	社址：长沙市麓山南路　　　邮编：410083
	发行科电话：0731-88876770　　传真：0731-88710482
□印　　装	湖南省汇昌印务有限公司

□开　　本	787 mm×1092 mm　1/16	□印张 26　□字数 633 千字
□版　　次	2014 年 3 月第 1 版	□印次 2025 年 1 月第 3 次印刷
□书　　号	ISBN 978-7-5487-1048-6	
□定　　价	65.00 元	

前　言

随着社会进步和国民经济的繁荣，人类与赖以生存的地球资源、环境及以岩土地质体为基础的各类建筑物的关系越来越密切。"地质工程"下属的"勘查技术与工程"专业正是适应这一需求，以原传统学科"探矿工程"全部和"工程地质、水文地质"的一部分为依托(详见国家"普通高等学校本科专业目录(草案)")，相互交叉渗透发展起来的。它以现代钻(探)掘(进)技术为手段，以岩、土体为工作对象，服务于矿产资源的勘查、开发与技术管理，基础工程(含岩土加固、地质灾害治理)的勘查、设计、施工与管理和地质科学探测等领域。其中，科学探测涉及"上天"(月球钻探、火星钻探)、"入地"(岩石圈超深钻探)、"下海"(海底钻探取样)、"登极"(极地钻探取样)的各个高技术领域，是人类科技进步必不可少的重要技术手段。本专业有两个方向与"石油钻井工程"、"土木工程(岩土工程、地下建筑)"的部分内容相近。

《岩土钻掘工艺学》是"勘查技术与工程"专业本科生在教学实习后学习的第一门专业必修课教材，将为后续"岩土钻掘设备"、"岩土钻掘泥浆工艺学"和"岩土施工工程学"课程和学生的课程设计及毕业设计(论文)打好专业知识基础。该教材也可作为"地质工程"相近学科和"钻井工程专业"本科生的辅修教材。还可作为在地质矿产、冶金、煤炭、油气钻采和岩土工程行业中从事相关工作技术人员和管理人员的培训参考书。

本教材的前身是2001年中国地质大学出版社出版的各校合编部级重点教材《岩土钻掘工程学》。该教材及其课程"岩土钻掘工程学"(包括电子教案、多媒体课件、试题库、实验指导书等)于2005年被评为国家精品课程。考虑到原教材毕竟已出版12年，而且是在当时国家教委"宽口径，大专业"指导思想下组织编写的，有些教师和读者反映原教材内容偏简练。按照2008年秋在长沙召开的"地矿教指委"关于配套教材内容划分的意见，这次改编在原有基础上删掉了钻塔、钻机和泵、泥浆护壁与堵漏等章节，适当弱化掘进方面的内容，并根据当前行业形势与技术进步增补与扩展了以下新内容：铝合金钻杆、PDC钻头及其钻进工艺、涡轮与螺杆钻具及其钻进工艺、冲击回转绳索取芯技术、反循环绳索取芯技术、定向钻进工艺、水文地质钻探与水井钻工艺、复杂地层钻进工艺及事故防治、钻孔施工设计及钻探环境保护等，定名为《岩土钻掘工艺学》。新教材在编写的内容安排上力图反映岩土钻掘破碎原理，钻孔弯曲原理，施工过程最优化准则，现代钻探工艺原理及取样技术，岩土钻掘现场工程设计等内容，从近年来成熟的国内外教材和公认的专业技术成果中吸取营养，提炼出当代本科生所需的"三基"内容，注重培养学生分析工程问题和解决实际问题的能力，适应本专业毕业生今后面向矿产资源的探采结合和城乡建设、交通水利、油气钻采等行业的工作需要。

本教材由鄢泰宁教授主编，各章节的编写分工如下：第1章、第2章、第4章、第5章、第14章，由中国地质大学(武汉)鄢泰宁教授编写；第3章、第8章、第9章，由成都理工大学石永泉教授编写；第6章、第7章、第11章，由吉林大学陈宝义教授编写；第12章，由中南大学彭振斌教授编写；第13章，由中南大学张绍和教授编写；第10章由鄢泰宁教授和石永泉教授编写；第15章、第16章，由中国地质大学(武汉)吴立教授编写。为了尽量求得全书的风格统一，层次清晰，覆盖本专业拓宽后的知识领域并力求文字精练，主编在统稿过程中，对许多章节进行了内容上的删节、合并和文字上的修饰，并补充了较多反映本专业近年来技术进步的内容，还对各校来稿中所有不清晰和不规范的图件用电脑重新进行了绘图。

虽然早在2000年前我们的祖先就开始用原始的工具进行岩土钻掘施工，虽然探矿工程学科在我国诞生与发展已有60多年的历史，但是由于该学科的许多工艺过程发生在地下深处，所受到的影响因素非常复杂，加之专业技术不断更新，所以"岩土钻掘工艺学"作为一门应用性技术学科，其学科体系还处在不断完善与定型的过程中。学科内容中属于生产经验总结与定性分析的叙述性内容还占有较大比例，在新一轮教材的编写中这一特点也难以避免。该书的编者们均是长期从事本专业教学与科研的骨干教师，但是，毕竟他们的学术经历和实践体会存在着差异，因此在教材的编写中必然会反映出一些学术观点难以完全统一的现象。我们认为，这种情况对学科的发展并非坏事。希望使用该书的教师和广大技术人员提出自己的见解，以促进学科的发展和教材的进一步完善。

本教材在编写过程中，参考了原探矿工程专业和兄弟专业(石油钻井、地下建筑工程)的多本教材与教学参考书，翻译并引用了21世纪以来钻探技术强国俄罗斯出版的多本高校教材和乌克兰超硬材料研究所新出版的专著，参考了各参编学校近年来的研究生论文，得到了各参编学校有关院系领导和同行的支持与协助，得到了中国地质科学院勘探技术研究所、探矿工艺研究所、探矿工程研究所、西安煤炭科学研究院、安徽313地质队等单位的支持，在该书的编辑出版过程中，中南大学出版社给予了积极热情的帮助。在此，我们一并表示衷心的谢意。

经过近五年的组稿、统稿，五易其稿，在征得教育部高等学校地矿学科教学指导委员会地质工程专业规划教材编委会审查后，新教材《岩土钻掘工艺学》终于与广大师生及读者见面了。由于编者的水平有限，书中的缺点错误在所难免，恳请读者给予批评指正。

编　者

2014年1月

目　录

第1章 绪 论

1.1 "岩土钻掘工艺学"课程的内容、地位和任务

大诗人李白曾在诗中感叹"蜀道之难，难于上青天"，似乎世界上最难的事是"上天"。其实不然，目前人类已经把宇航员送上了距地球 384401 km 的月球，把仪器和微型取样钻机送上了更遥远的火星，但"入地"的世界纪录只有 12262 m。因为地壳的密度比大气层大数千倍，而且随深度增大地层的压力和温度升高，这些因素都使得"入地"更难。所谓"入地"指的是我们从事的岩土钻掘工程(钻探、钻井工程、掘进工程)。

"岩土钻掘工艺学"和其他学科一样，是人类长期与自然界抗争和协调发展的经验总结，是伴随着人类对矿产资源和地下水资源的渴求而产生的。它的研究内容是如何借助机械方式或化学方式(爆破能)破碎岩土层，在地下形成其规格和质量符合设计要求的钻孔或坑道，并获取地下实物地质资料，服务于矿产资源勘查与开发、地基与基础工程施工、地质灾害防治和科学钻探等领域，涉及人类面临的资源和环境两大主题。"岩土钻掘工艺学"与地质学、机械工程、矿业工程、土木工程等学科有着密切的关系。随着近代工业技术的进步，尤其是大量高新技术的应用，"岩土钻掘工艺学"也得到了快速发展。

"岩土钻掘工艺学"是二级学科"地质工程"和三级学科"勘查技术与工程"的必修课程。顾名思义，岩土钻掘工艺应包括"钻探工艺"和"掘进工艺"两大内容。但考虑到近年来广大毕业生涉及与"钻"有关的业务量更大，因此，本教材在选材上以"钻"为主，兼顾"掘"的内容，将重点讲授岩石在外载作用下的破碎机理，钻柱结构，各类岩石破碎工具及其钻进工艺原理和参数控制，岩矿芯取样技术与工艺，钻孔弯曲与测量原理，防斜、纠斜和定向钻进技术，水井钻进工艺等内容；并兼顾地下坑道钻探及坑探、槽探技术与工艺。教材注重理论与实际相结合，培养学生运用所学知识和技能解决实际技术问题和组织钻掘施工的能力，为本专业毕业生今后进入地质矿产资源勘探、水资源探采结合及城乡建设、水利水电、油气钻采等行业从事技术、管理工作或进一步深造奠定基础。

"岩土钻掘工艺学"是一门实践性很强，多学科综合应用的技术学科，其自身的理论正处于不断发展和完善中。由于经验总结的成分在课程中占有较大比例，故而叙述性和定性分析的内容较多。这是实践性技术课程的固有特点，也是阅读和学习本教材时应注意的地方。

1.2 岩土钻掘工艺的渊源和发展概况

中国是世界上最早发明岩土钻掘工具的国家。大约在公元前 3 世纪，汉人便开始在四川南部开挖取盐水的深井，当时这些盐井中不时喷出天然气，从而以"火井"而闻名。最迟在公元前 1 世纪我们的祖先已开始有组织地钻这种井来采盐水，同时提取地层深处的天然气用于

燃烧和照明。这些情况在公元 2 世纪已见诸文字记载。先民们用传统的方法于清道光 6 年（1835 年）钻成了第一口超千米（1001.42 m）的井，使钻井技术达到了新高峰。该井被联合国教科文组织定为 19 世纪中叶前的钻井世界纪录，自 1835—1997 年沿用传统方法（裸眼采气、竹管输气）已累计产气 1.4 亿 m³。

英国著名科学史专家李约瑟博士在其《中国古代科学技术文明史》一书中认为，中国钻探科学技术对世界石油天然气勘探开发技术产生了巨大的启蒙、奠基和推动作用，在国际上领先数百年至一千多年。李约瑟指出："中国的卓筒井工艺在 11 世纪就传入西方，在公元 1900 年以前世界上所有的深井基本上都是采用中国人创造的工艺打成的"。因此，在美、英、德、俄等国出版的石油钻井教材和钻探手册中，开篇都要介绍中国古代的钻探史料：中国人借助麻绳把装在竹竿上的加重金属钻头提离孔底，再从一定高度落下来破碎孔底岩石，然后周期性地用小直径提桶把被破碎的岩屑与水混合物由孔底舀出。至今世界上广泛使用的钢丝绳冲击钻进的基本原理几乎完全参照中国古代的工艺。中西方早期绳式冲击钻设备与方法对比见图 1-1。有的学者还将中国这一伟大的创造誉为是继指南针、火药、造纸、印刷术之后中国古代的第五大发明。

图 1-1　中西方早期绳式冲击钻设备与方法对比图

(a)中国古代借助人力、畜力和麻绳、竹竿、金属钻头进行冲击钻进的示意图；(b)西方现代钢丝绳冲击钻进原理图

钻探作为地下资源勘探和开采的方法，在古埃及和欧洲也早有应用。至今在埃及尼罗河谷地还保留下来许多古人钻成的水井，有的至今仍在为沙漠中的人们提供地下水。欧洲大陆有记载的第一口井是 1126 年在法国南部钻成的，从此诞生了一个现代名词"自喷井"。1818 年法国农业部创立了钻探基金，1830 年巴黎钻探技师杰古谢在图尔地区钻成了一口 120 m 深的自喷水井。到 1839 年后开始用套管加固孔壁，从而进一步加深了钻孔深度。1855 年在巴黎曾钻成 528 m 深的水井，日产水量 1.5 万 m³。其他国家也在工业化之前就开始了地下水的钻探工作。俄罗斯还通过改进水井钻探工艺并用于其他工程目的——开采岩盐矿床。俄罗斯人于 17 世纪完成了第一部关于勘探与开采岩盐的钻探工艺手稿，详细描述了所用的钻探工

具、设备和工艺。该手稿中首次出现了起源于俄罗斯的 128 个钻探专业术语，表明当时其钻探技术达到了相当高的水平。1859 年美国塞尼加石油公司在宾夕法尼亚州泰特斯沃尔镇用机械钻探方法打成了第一口石油开发井(深约 21 m，日产原油 4.8 t)。

钻探工艺的质的飞跃发生在第一次工业革命。19 世纪中叶，随着重工业的发展和大量矿区投产，地质勘探工作量猛增，以勘探网为代表的新的钻探体系逐步取代昂贵而低效的山地勘探作业。钻探工艺的任务也发生了变化，已提出必须保证实物地质资料取样完整性、可靠性，保持钻孔空间形态，为孔内地球物理勘探创造条件等要求。这些新的要求从本质上使钻探工艺的内容更加系统化。

由于钻探技术在开发地下矿产资源方面的不可或缺性，美国、澳大利亚、南非和瑞典的一些采矿公司都把大量资金投向发展钻探技术和工艺。在钻探工艺发展的历史中，作为影响钻进过程关键要素之一的岩石破碎工具经历了几个主要的里程碑或转折点：

1909 年出现了一种原理上全新的孔底机具——牙轮钻头(美国工程师休斯)，它改变了钻头的回转运动形式，通过牙轮齿对孔底施加冲击与刮削破岩作用。

20 世纪 20 年代，出现了以碳化钨为基体的硬质合金切削具环形取芯钻头，比以前各种钢制切削具钻头具有更高的硬度和耐磨性，在Ⅶ~Ⅷ级以下的岩层中可以有效地钻进。

20 世纪 40 年代，出现了特殊的细粒金刚石取芯钻头和全面钻头。这种钻头可以破碎最坚硬的岩石，它的出现逐渐取代了另一种曾发挥重要作用但效率低的钻进方法——钻粒(又称钢粒)钻进。

由于天然金刚石资源有限，价格昂贵，从而制约了它的大面积推广普及。1953—1954 年瑞典和美国通用电气公司分别用人工方法合成了单晶人造金刚石，几年后投入了工业生产。苏联 1966 年研制成功人造金刚石孕镶钻头。我国从 20 世纪 70 年代末开始大批量生产人造金刚石钻头并迅速普及，目前已成为人造金刚石及其钻头的第一生产大国。70 年代后期，在人造金刚石基础上美、俄等国先后开发了聚晶金刚石(PCD)、金刚石复合片(PDC)和斯拉乌基奇等新型超硬复合材料，极大地丰富了钻探磨料。虽然后来岩石破碎工具不断翻新，但其基本工作原理并未摆脱上述类别。

为了进一步提高钻探效率，工程师们开始尝试用流体能量直接驱动孔底动力机破碎岩石。俄罗斯工程师 B·沃尔斯克于 20 世纪初叶研制了利用冲洗液水击现象破碎岩石的冲击脉冲发生器，并在高加索山区钻了几个深孔。美国工程师贝辛若尔于 1949 年制成了结构简单的高频液动冲击器，标志着现代液动冲击钻进工艺的开端。后来又出现了风动冲击器并得到广泛应用。1923 年俄罗斯工程师卡佩柳什尼克研制和应用了结构原理全新的涡轮式孔底动力机，到目前为止涡轮钻进仍是中硬岩石中钻进大口径油气探采孔的有效方法之一。美国人于 1962 年研制成功另一种容积式孔底动力机——螺杆钻具并用于生产，它结构简单，转速适中，更适用于小口径地质钻探孔钻进。

近 50 年来，随着科技进步涌现了大量岩土钻掘新技术、新工艺，并产生显著的经济效益。

岩土钻掘工程在国民经济中的服务领域可划分为 6 个方面：

(1)矿产资源勘探和部分矿产的开采。固体矿产勘探钻孔的深度可在几米至几千米的范围内变化。南非的小口径金刚石钻探孔深达 4.5 km；石油钻井的深度一般为 2~5 km，而最深者已达 9 km。除了开采液态、气态矿产外，还可通过钻孔(借助孔内浸析作用)开采铜、稀土元素和卤族元素。

(2)工程地质、水文地质勘查和地下水开采。用于查明土(岩)层的工程力学特性,地下水的埋藏条件,可能的产水量和化学成分,以及地下水开发(含热水井钻探)。

(3)地质灾害的防治与环境治理。用钻孔和锚固技术加固危岩,在坑道周围钻孔形成水力幕墙保护地下采矿作业安全或防治地下灾害。

(4)工民建和道路桥梁的基础工程。施工钻孔灌注桩等基础工程,非开挖管道铺设钻进工程,建筑物管道孔钻进工程等。现代钻探技术还用于施工矿山竖井、通风井和运输井。

(5)地球岩石圈、水圈的科学研究。为了研究与保护人类赖以生存的地球,国际上有大陆科学钻探、大洋科学钻探、深海钻探、生态环境钻探等计划。俄罗斯1992年完成的СГ-3科拉超深科学钻探孔深度达12262 m,至今没有哪个国家打破这个世界纪录。美国领衔的深海钻探计划(DSDP)在各大洋钻孔1092口,为验证大陆漂移和海底扩张理论,创建板块构造学说立下了丰功伟绩。

(6)国防工程。包括地下军工试验孔、核废料填埋孔等。

改革开放以来,资源短缺已经成为制约我国经济高速发展的主要瓶颈,已探明后备资源储量明显不足。以铜矿为例(参见图1-2),我国1991—2005年铜的消费量急剧上升,而铜矿的产量却基本未增加。据不完全统计,我国2005年进口铁矿石2.75亿t,铜矿石406万t;而到2011年进口铁矿石6.86亿t,2012年铜精矿进口量达创纪录的783万t。为落实《国务院关于加强地质工作决定》(国发〔2006〕4号文),大力推进深部和外围找矿工作,近年来,作为深入地球内部勘探与开发资源的重要手段,岩土钻掘技术得到了迅速发展。我国地质岩芯钻探及工程钻探的工作量剧增,迎来了钻探的春天。面向未来,我们相信,随着学科交叉和高新技术的引入,岩土钻掘工艺将展现出更强的生命力和适应性。

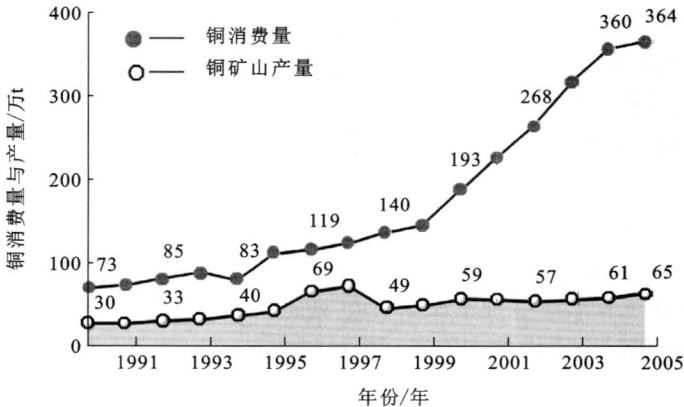

图1-2 1991—2005年我国铜消费量与产量的对比示意图

1.3 钻探的基本概念

钻探作业的目的是借助于专门的技术手段(钻探设备和钻具)在人无法到达的地下岩土

中形成其直径比深度小许多倍的圆柱形通道——钻孔。通常地质勘探钻孔尽量采用小口径（不大于 200 mm），以减轻设备和钻具的重量，提高钻进速度，降低勘探成本；钻竖井时直径也可达 8 ~ 10 m。地质岩芯钻孔按深度分为浅孔（< 300 m）、中深孔（300 ~ 1000 m）、深孔（1000 ~ 3000 m）和特深孔（> 3000 m）。

钻探工作一般在地表进行，也可以在地下坑道中进行，或者在水面（江河、湖泊、海洋）进行，甚至在其他星球表面进行（例如，已实现的月球钻探和火星钻探）。

1. 钻孔要素

如图 1 - 3 所示，钻孔要素包括：

孔口 1——在地表开孔的位置；

孔底 2——为使钻孔不断延伸，破岩工具作用的孔内工作面；

孔壁 3——钻孔的侧表面；

套管柱 4——为加固孔壁，呈同心圆地布置在钻孔内并相互连接起来的套管。如果孔壁稳定可不向孔内下套管；

孔身 5、6——钻孔在地下占据的空间；

钻孔轴线 7——连接钻孔各个横截面中心点的一条想象中的线。

根据钻进孔底的方法可分为无岩芯（全面）钻探和取芯钻探。

无岩芯钻探——钻进过程中整个孔底面积都被破碎掉。

取芯钻探——钻进过程中对孔底进行环状破碎，并保留岩芯。岩芯是环状破碎孔底时形成的岩石柱体，我们把取岩芯的钻进方法称之为岩芯钻探。岩芯钻成之后，使它与孔底分离并提升至地表供地质工程师研究，编制地质剖面并研究岩石的基本成分，为今后进行该矿区的矿体圈定和储量估算服务。

钻孔在地下的空间状态由下列因素确定：孔口的中心坐标 X、Y、Z；开孔的钻进方向；孔的顶角（或井斜角）、方位角、深度。

根据钻孔的方向可分为：垂直孔、倾斜孔、水平孔、倒垂孔（由坑道内垂直向上钻进）和倒倾斜孔（由坑道内倾斜向上钻进）。

2. 钻探方法分类

根据岩石破碎原理的不同，可把钻探方法分成物理属性完全不同的几类（参见框图 1 - 4）。

（1）机械钻探：通过钻头直接把机械能作用于孔底岩石表面使其产生局部破碎的钻探方法。

机械钻探具有可获取实物岩矿石样品（为编制地质剖面及综合地质研究服务）和钻进定

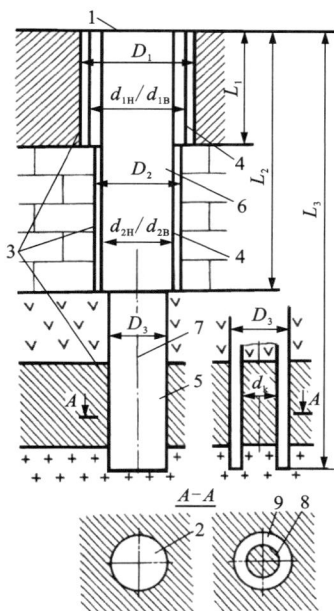

图 1 - 3 钻孔要素

1—孔口；2—全面孔底；3—孔壁；4—套管柱；5、6—无套管和有套管的孔身；7—钻孔轴线；8—岩芯；9—环形孔底；D_1、D_2、D_3—各孔段直径；d_{1H}、d_{1B}、d_{2H}、d_{2B}—各套管的外径和内径；d_k—岩芯直径；L_1、L_2—各孔段套管柱深度；L_3—钻孔总深度

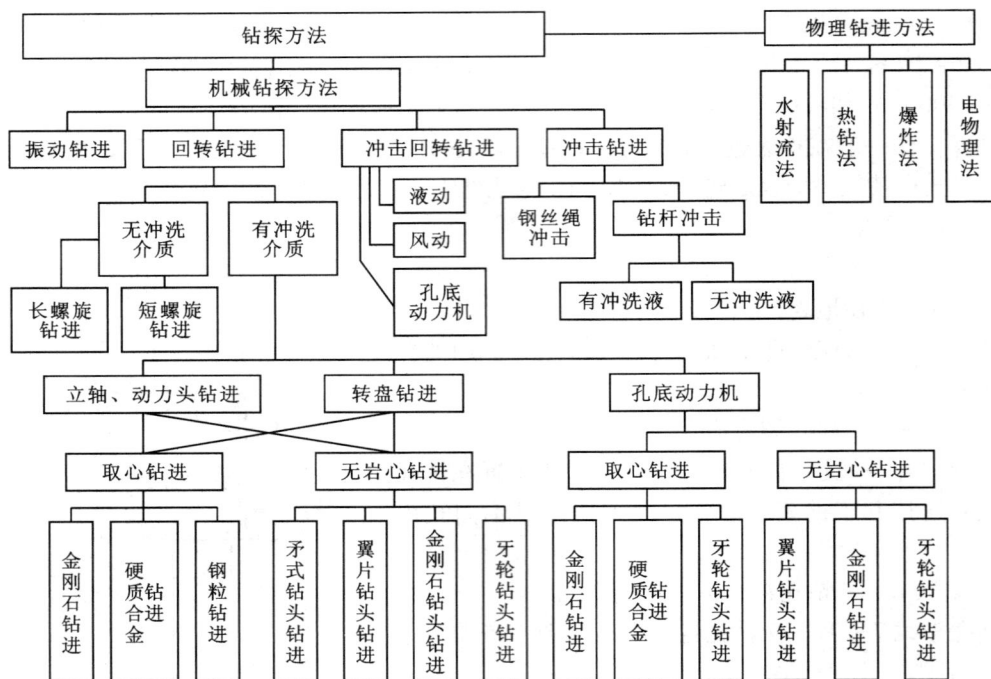

图 1-4　钻探方法的分类框图

向孔等优点。因此，基于钻头的机械钻探方法得到了广泛应用，目前仍在全球各类钻探作业中占统治地位。根据施工地质条件及工作任务的不同，可以选择不同的机械钻探类型。

机械钻探的缺点：①钻头的工作单元易磨损，需要及时更换，而为更换孔底钻头需花费大量时间升降钻具；从而促使人们开始寻找其他"无钻头"破碎岩石的钻进方法。②需通过细长的钻杆柱把来自地表钻机的机械能传递至孔底钻头上，能量利用率很低；随着钻孔加深该缺点越明显，于是出现了直接驱动钻头（岩芯管）的孔底动力机；当然孔底动力机仍无法克服第一条缺点。

（2）高压水射流钻探：借助高压水射流来破碎或溶解（蚀）孔底岩石的钻探方法。

射流全面破碎孔底并形成孔身，随岩石强度的不同破碎岩石的射流压力为 2～200 MPa。当射流水中加入的研磨材料（钢粒、石英砂）体积浓度达 5%～15% 时，射流破碎岩石的能力得以加强。

水射流只能部分地破碎和软化孔底岩石，孔身的形成还要靠带加速射流喷嘴的钻头。这种方法在软和疏松的岩石中进行无岩芯钻进时得到了实际应用。

（3）热钻、火钻或喷火钻：通过高温作用使岩石破碎。

从钻杆中往孔底下入双喷嘴火焰枪，由高压喷嘴中喷出的煤油在氧射流中燃烧并产生2300℃左右的高温（喷枪被水冷却）。孔底未被加热的围岩将阻碍高温下的岩石自由扩展，从而产生很大的热应力，形成大量岩石薄片并从母体剥落，然后被做完功的气体和蒸汽从喷枪作用区带走，返回地表。

火钻可钻进深度 8～50 m，直径 φ160～250 mm 的孔，已用于打爆炸孔。在石英岩中火钻的小班效率约为 30 m/班，而用传统的冲击回转钻进为 3~3.5 m/班。但热钻尚未应用于勘探钻进作业。

（4）热力机械钻进：首先用局部加热方法软化孔底岩石，接着用普通回转钻进工具破碎岩石。

（5）电热熔钻进：靠电热器熔化永冻的冰层成孔。

电热熔钻进可在南极冰层中钻成 1000 m 深，直径 $\phi300$ mm 的孔，并实现岩芯采取率 100%。电热丝的功率为 8 kW。孔内钻具中带有轴流泵，可及时把冰溶化产生的水抽上来。

（6）爆炸法钻进：用定向爆破方法使孔底岩石发生破碎。

用装满炸药的塑料小瓶每隔一定时间沿着钻杆在高压水流的作用下射向孔底，在冲击孔底的同时引爆炸药破碎岩石，通过冲洗液把被爆炸能破碎的岩屑带至地表。

当钻具内准备的炸药小瓶足够多时（300 个/h），爆炸法可在沉积岩中钻至孔深 2800 m。但孔内液柱压力使单次爆炸的能量随孔深的增加而减少，爆炸法钻进仍处于实验阶段，尚未得到实际应用。

（7）电物理方法钻进：直接采用电能来破碎岩石的钻进方法，包括：

①电液效应。在水中高压放电，占有一定体积的电火花瞬间强力推开液体，引起动水头冲击破碎岩石。

②电脉冲效应。让孔内充满电阻大于岩石电阻的液体（例如变压器油），在紧压孔底的两个电极上通以高压电流，电流便会从孔底岩石中流过，出现的电弧将击穿并有效地破碎岩石。

（8）其他岩石破碎方法还有超声波法、等离子体法、激光法等，但这些方法还未走出实验室阶段。

3. 钻探生产过程简介

下面以最常用的岩芯钻探为例说明钻探生产的基本工作过程（见图 1-5）。

开钻前要在设计的孔位处平整场地，挖好冲洗液的循环槽、池并安装塔架 14 和钻场房 15。在钻塔中安装钻机 7、泵 18 和驱动钻机与泵的动力机 19。用钻机按设计方向开孔，并固定井口管 6。

正常钻进时，用绞车 16 向孔内下放由钻头 1、岩芯管 3、异径接头 4 和钻杆 5 组成的钻柱，各部分之间用螺纹连接，钻柱总长度应大于孔深。钻柱上部穿过钻机的回转立轴 8，并用卡盘 9 夹紧。用高压胶管 17 把钻柱顶端的水龙头 10 与泵 18 相连。边冲洗钻孔，边回转地把钻头下至孔底并开始钻进。

根据所钻岩石的物理力学性质、钻头直径、钻头类型和孔深，选择合理的规程参数，通过给进机构、调速机构和立轴向钻柱传递钻头所需的轴向压力和回转速度。在轴向力和回转力的共同作用下，钻头在孔底钻出一个环形空间并产生岩芯 2，随着钻孔加深岩芯将充满岩芯管 3。

为了冷却钻头，清除孔底破碎下来的岩屑并把它带至地表，要用冲洗介质冲洗钻孔，在缺水地区还可用压缩空气或泡沫来冲洗钻孔。用泵经过吸水管 23 把冲洗液从泥浆池 22 中吸出，通过高压胶管 17、水龙头 10 和钻杆 5 压向孔底。冲洗液清洁孔底、冷却钻头后，携带岩屑沿钻孔上返并进入沉淀槽 20、沉淀池 21。在这里沉淀岩屑后，清洁的液体再流回泥浆池 22，如此循环。

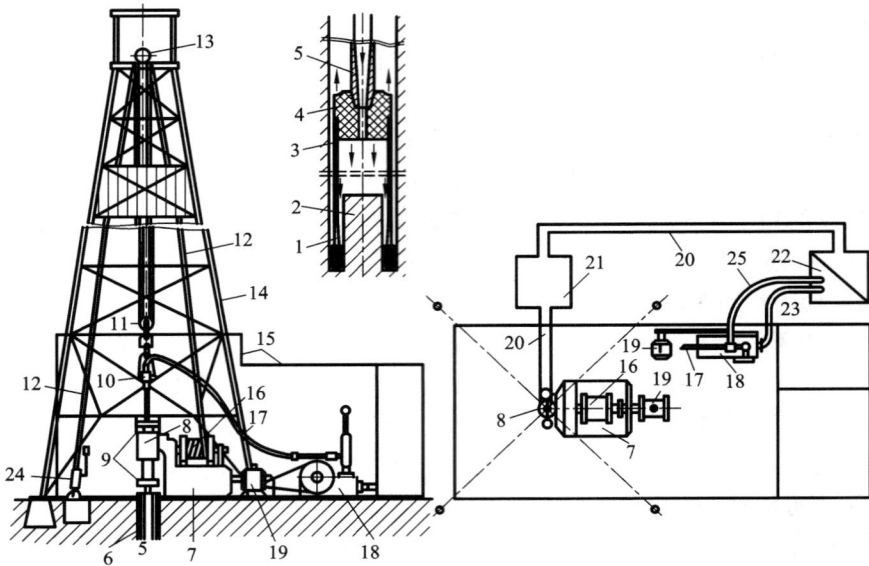

图 1-5 岩芯钻探全貌图

1—钻头；2—岩芯；3—岩芯管；4—异径接头；5—钻杆；6—井口管；7—钻机；8—立轴；9—卡盘；10—水龙头；11—动滑轮；12—钢丝绳；13—天轮；14—塔架；15—钻场房；16—绞车；17—高压胶管；18—泥浆泵；19—动力机；20—沉淀槽；21—沉淀池；22—泥浆池；23—吸水管；24—拉力计；25—分流管

岩芯充满岩芯管时，应把它从岩芯管的根部弄断并可靠地卡取。然后关泵，通过绞车16、钢丝绳12、天轮13和动滑轮11把钻杆柱提至地表。提钻时把钻杆柱卸成单独的立根，立根一般由2~4根钻杆用螺纹连接而成，立根长度取决于钻塔的高度，一般应比钻塔低3 m左右。

把钻具提至地表后，拧下钻头，从岩芯管内取出岩芯，丈量岩芯长度，再顺序摆放于岩芯箱中，标明取芯的孔段和岩芯采取率。与此同时，重新配好钻具，再把它们下放至孔内，继续钻进。应仔细观察每次提起的钻头，并更换已磨损的钻头。

在复杂地层中钻进，如果采用了专门的冲洗液还出现孔壁坍塌和缩径，只能下套管封隔不稳定的岩层，然后用小一级口径的钻头继续钻进。一般每钻过50~100 m后要进行钻孔测量。钻达设计深度后，要实施起拔套管、水泥封孔等终孔工作(水井还要下滤水管完井)，最后拆卸钻塔和钻机，并把它搬往新的孔位。

常用的钻进方法选用原则是：在软岩和中硬岩层中选用硬质合金钻头和PDC钻头回转钻进；在中硬及部分中硬以上岩层中采用PDC钻头和铣齿牙轮钻头钻进；在硬岩中采用金刚石钻头或钢粒钻头(现在已很少使用)钻进；在硬-脆岩层中采用液动(气动)冲击-回转钻进或镶齿牙轮钻进；在已知的岩层中或无矿的孔段，在仅为工程目的的钻孔中可使用无岩芯全面钻进，从而大大缩短升降钻具的时间，提高效率。

选择钻孔直径的依据是：钻进目的、钻孔结构和钻进方法。金刚石钻头(包括PDC钻头)主要用于ϕ60 mm、ϕ76 mm的小口径；钢粒钻头主要用于ϕ91 mm以上的口径；硬质合金和牙轮钻头则既可钻进小口径孔，又可钻进直径达ϕ2000 mm以上的大口径水井、工程施工孔和浅井。

4.钻孔冲洗液的循环方式

钻孔冲洗可分为三种方式:

1)全孔正循环[见图1-6(a)]

来自泵的冲洗介质通过钻柱中心进入孔底,由钻头水口处流出,经钻杆与孔壁环状间隙上返至孔口,流入地面循环槽中。

2)全孔反循环[见图1-6(b)]

来自泵的冲洗介质由钻柱与孔壁环状间隙进入孔底,由钻头水口进入钻柱中上返至地表,经胶管返回循环系统或水源箱中。全孔反循环时孔口必须密封,并允许钻柱能自由回转和上下移动。

3)孔底局部反循环[见图1-6(c)]

整个钻孔的大部分孔段为正循环,仅在孔底岩芯管部分实现反循环,使冲洗液的流动方向与岩芯的进入方向一致。

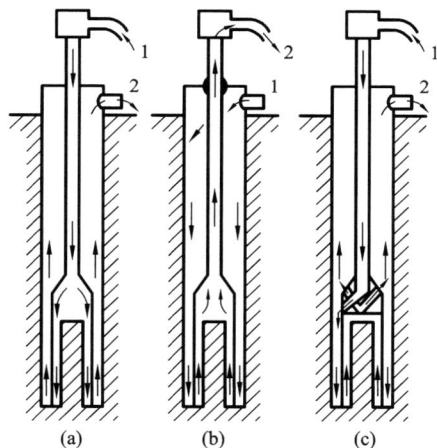

图1-6 三种常用的钻孔冲洗方式

(a)全孔正循环;(b)全孔反循环;(c)孔底局部反循环

1—来自泵;2—往冲洗液沉淀系统

第 2 章　岩土性质及其破碎机理

岩土钻掘的工作对象是岩土，为了选择合适的钻进工艺，提高岩土破碎的生产效率，保证孔(井)、硐壁岩层的稳定性，都需要深入认识和了解岩土的物理－力学性质及其破碎机理。

构成地壳的岩石是由一种或多种矿物在一定地质环境中形成的自然集合体。地学界通常按岩石的成因把岩石分为岩浆岩、沉积岩和变质岩三大类。其中，岩浆岩也叫火成岩，是在地壳深处或在上地幔中形成的岩浆在侵入到地壳上部或者喷出到地表冷却固结并经过结晶作用而形成的岩石；沉积岩又称为水成岩，是在地表不太深的地方，将其他岩石的风化产物和一些火山喷发物，经过水流或冰川的搬运、沉积、成岩作用形成的岩石；变质岩是地壳中原有的岩石受构造运动、岩浆活动或地壳内热流变化等内营力影响，使其矿物成分、结构构造发生不同程度的变化而形成的岩石。地表岩石遭受风化作用后，易溶物质被水溶解而流失，难溶物质及新生的稳定矿物则残留于原地，形成残积物。若残积物的表层富含腐殖质时则成为土壤。既然土壤是岩石的风化产物，所以下面我们着重讨论岩石的物理－力学性质，而对于土的物理－力学性质仅介绍其与钻掘工程有关的特性。

2.1　岩石的物理－力学性质

岩石的物理性质是岩石在生成过程、构造变动和风化过程中自然形成的特性，取决于岩石的物理成分、颗粒形状和大小、空间排列特征和颗粒间的连接力等条件。在形形色色的物理性质中我们仅研究那些直接或间接影响岩石破碎过程的物理性质，如黏结状态、孔隙度、密度和各向异性等。

岩石的力学性质是其在外载作用下物理性质的延伸，通常表现为岩石抵抗变形和破坏的能力，如强度、硬度、弹性、脆性和塑性等。

2.1.1　岩石按黏结状态的分类

从钻探施工的角度出发，可以按黏结状态把岩石分成以下 4 个基本类别。

1. 固结性岩石

固结性岩石的特征在于通常具有高硬度，无论在高压力还是在湿润条件下，当岩石破碎后其矿物质点之间的分子连接力都不会恢复。固结性岩石分成含石英和不含石英两类，前者硬度高，难以钻掘。通常在生产中会遇到完整(无裂纹)的和裂隙性的两种固结性岩石。在完整的固结性岩石中施工时，孔(井)壁稳定不必加固，而在强裂隙性岩石中穿过的孔(井)壁必须加固。

2. 黏结性岩石

黏结性岩石(黏土、亚黏土、白垩、铝矾土)由黏土矿物或主要由黏土矿物黏结的碎屑岩细粒组成，其特征是：

（1）在湿润条件下，黏结状态被破坏之前可以有大的残余变形；

（2）质点之间的内聚力，随湿润的程度不同可以在很宽的范围内变化；

（3）在黏结状态被破坏之后，可采取高压和增加湿润的办法使其内聚力得以恢复；

（4）某些黏结性岩石（黏土岩、白垩）具有膨胀性，即在湿润状态下体积膨胀，易造成孔（井）壁缩径或坍塌。

3. 松散性岩石

松散性岩石由相互之间无黏结性的不同形状与尺寸的细粒（砂、砾石、卵石、漂砾等）聚集而成。在这类岩石中钻掘的同时必须加固孔（井）壁，以防止坍塌。

4. 流动性岩石

流动性岩石（或流砂层）由含水的砂质黏土类岩石（细砂、亚砂土）组成。当砂粒之间存在着极细小的黏土颗粒时，这类岩石具有较强的流动性。如果位于上覆岩层形成的高水头压力之下，则流砂会沿着钻孔上涌。因此在这类岩石中施工必须一边钻掘一边加固孔（井）壁。

2.1.2　岩石的密度与容重

岩石的密度反映具有自然湿度和原状结构岩块的单位质量。由于岩石孔隙中可能充有水或气体，所以必须分别考虑岩石的骨架密度和体积密度。体积密度指在自然状态下岩样质量与带孔隙的岩样体积之比。

岩石的容重是单位体积岩石的重量。岩石的骨架容重是岩样重量与岩样中固相骨架体积之比。

一般情况下，岩石的密度越大强度也越大，从而影响钻进方法、破岩工具及钻进规程的选择。计算岩体压力时要用到岩石的容重；计算岩石的孔隙度时，要用到岩石的容重 γ 和骨架容重 γ_s。

岩石的密度 ρ、容重 γ 和骨架容重 γ_s 的计算公式分别示于式（2-1）、（2-2）和（2-3）。

$$\rho = \frac{m}{V} = \frac{m}{V_s + V_P} \quad (\text{kg/m}^3) \tag{2-1}$$

式中：m——岩样在自然状态下的质量，kg；

　　　V——岩样的总体积，m^3；

　　　V_s——岩样中的固相骨架体积，m^3；

　　　V_P——岩样中的孔隙体积，m^3。

$$\gamma = \frac{mg}{V} = \frac{mg}{V_s + V_P} \quad (\text{N/m}^3) \tag{2-2}$$

式中：g——重力加速度，9.8 m/s^2。

$$\gamma_s = \frac{mg}{V_s} \quad (\text{N/m}^3) \tag{2-3}$$

岩石密度与容重的关系是：

$$\gamma = \rho g \quad (\text{N/m}^3) \tag{2-4}$$

由式（2-2）和（2-3）可知，岩石容重常小于其骨架容重。在实际工作中测定岩石的骨架容重很麻烦，必须将岩石碾成粉末。而测定岩石的容重则比较方便，知道了容重按式（2-4）便可求得密度。

部分常见岩石的密度值示于表2-1。

表 2-1　部分常见岩石的密度值

岩石名称	密度 $\rho/(10^3\ kg\cdot m^{-3})$	岩石名称	密度 $\rho/(10^3\ kg\cdot m^{-3})$
蛇纹石化橄榄岩	2.66～3.20	花岗岩	2.55～2.67
拉长石	2.63～2.69	花岗闪长岩	2.62～2.78
辉长岩	2.75～3.10	正长岩	2.57～2.65
辉长-苏长岩	2.90～3.09	蛇纹岩	2.48～3.60
苏长岩	2.94～3.05	流纹石	2.14～2.59
含云母页岩	2.6～2.75	石英斑岩	2.54～2.66
大理石灰岩	2.65～2.68	安山岩	2.17～2.68
石英岩	2.62～2.65	玄武岩	2.22～2.85
泥质板岩	1.7～2.9	辉绿岩	2.62～2.95
泥质页岩	2.3～3.0	粉砂岩	1.8～2.8
磁黄铁矿	4.58～4.7	砂岩	2.0～2.9
砾岩	2.1～3.0	砂质页岩	2.3～3.0
泥灰岩	1.5～2.8	角砾岩	1.6～3.0
石灰岩	1.8～2.9	硬石膏	2.4～2.9
白云石	1.9～3.0	盐岩	2.15～2.3

2.1.3　岩石的孔隙度

岩石的孔隙度反映了岩石中含有孔隙和空洞的情况。岩石的孔隙度为岩石中孔隙体积与岩石总体积之比。

一切坚硬岩石都具有孔隙。岩石的孔隙性削弱了岩石的强度，尤其在含水之后。从而影响钻进方法、岩石破碎工具及钻进规程的选择。岩石的孔隙性增强了岩石的透水性，从而影响冲洗液漏失和水井的出水量等指标。岩石的孔隙性使岩石更松散，从而影响岩芯采取率。

岩石的孔隙度 P 按式（2-5）计算：

$$P = \frac{V_P}{V} \times 100\% = \left(1 - \frac{\gamma}{\gamma_s}\right) \times 100\% \qquad (2-5)$$

式中：V_P——岩石中的孔隙体积；

V——岩石的总体积；

γ——岩石的容重；

γ_s——岩石的骨架容重。

一般沉积岩具有高的孔隙度（砂岩55%，灰岩0%～45%），随着埋深的增大，岩石的孔隙度降低；随着风化程度加强，岩石的孔隙度增大。

按孔隙度可把岩石分为4级：低孔隙度（<5%），较低孔隙度（5%～10%），中孔隙度

（10%～15%）和高孔隙度（＞20%）。部分岩石的孔隙度大致平均值示于表 2 - 2。

表 2 - 2 部分岩石的孔隙度大致平均值

岩石名称	孔隙度/%	岩石名称	孔隙度/%
花岗岩	1.2	砂岩	3～30
辉绿岩	1	泥质页岩	4
辉长岩	1	黏土	45
石英岩	0.8	白垩	40～50
碳酸盐岩	1.5～2.2	凝灰岩	40
云英闪长岩	7	页岩	10～30
玄武岩	0.1～1.0	石灰岩	5～20
大理岩	0.5～2.0	板岩	0.1～0.5
片麻岩	0.5～1.5	流纹岩	4～6

2.1.4 岩石的各向异性

岩石中存在的片理、节理和层理（包括软硬互层）结构、构造决定着岩石的各向异性。即岩石在平行于层理方向上与垂直于层理方向上的力学性质指标有差异。由于存在着各向异性，将使钻头唇面不同方向上的破岩难易程度不同，从而导致孔斜（产生钻孔弯曲）。

用各向异性系数来表征岩石在不同方向上力学性质的差异：

$$K_a = x_c / x_p \tag{2-6}$$

式中：x_c——垂直于岩石层理方向的力学指标；

x_p——平行于岩石层理方向的力学指标。

以抗压强度为例，岩石的强度具有明显的各向异性。垂直于层理方向的抗压强度最大，平行于层理的抗压强度最小，与层理斜交方向上的抗压强度位于二者之间。部分岩石的各向异性示于表 2 - 3。

表 2 - 3 部分岩石在垂直于层理和平行于层理方向上的抗压强度

岩 石 名 称	抗压强度 σ_c/MPa		K_a
	垂直层理 σ_{cc}	平行层理 σ_{cp}	
石灰岩	180	151	1.19
粗粒砂岩	142.3	118.5	1.2
细粒砂岩	156.8	153.7	1.02
砂质页岩	78.9	51.8	1.52
页岩	51.7	36.7	1.41
泥板岩	114.2	65	1.76
碳酸盐化泥板岩	103.2	59.7	1.73

2.1.5 岩石的强度

岩石强度是岩石在外载(静或动载)作用下抵抗破坏的能力。岩石在载荷作用下变形到一定程度就会发生破坏。岩石在给定的变形方式(压、拉、弯、剪)下被破坏时的极限应力值称为岩石的(抗压、抗拉、抗弯、抗剪)强度极限。岩石的强度从总体上反映了为破碎孔底岩石需要加在钻头上的载荷大小。目前还只能用室内试验的方法来测定岩石的强度。

影响岩石强度的因素基本上可分为自然因素和工艺因素两大类。

(1)一般造岩矿物强度高者其岩石的强度也高。但沉积岩的强度取决于胶结物所占的比例及其矿物成分。胶结物所占的比例愈大,则胶结物强度对岩石强度的影响愈大,被胶结的造岩矿物的强度对岩石强度的影响愈小。细粒岩石的强度大于同一矿物组成的粗粒岩石。

(2)岩石的孔隙度增加,密度降低,其强度则降低,反之亦然。因此,一般岩石的强度随埋深的增大而增大。

(3)岩石的强度具有明显的各向异性。垂直于层理方向的抗压强度最大,平行于层理的抗压强度最小,在与层理斜交方向上的抗压强度介于两者之间。

(4)岩石的受载方式导致岩石的强度值差异很大。不同受载方式下的岩石强度相对值如表2-4所列。岩石在受压时表现出最大的抵抗破坏能力,而在大多数情况下岩石的抗剪强度极限几乎是抗压强度极限的10%左右。因此,我们希望在岩石钻掘过程中,破岩工具应主要以剪切的方式来破碎岩石。理论分析和实验研究都证明,切削具压入岩石时其下方存在着剪应力最大的危险极值带,在回转切削具的后方岩面会出现许多张裂纹,这就为我们以剪切和拉伸方式破碎岩石创造了条件。

表2-4 不同受载方式下的岩石强度相对值

岩 石	抗 压	抗 拉	抗 弯	抗 剪
花岗岩	1	0.02~0.04	0.08	0.09
砂 岩	1	0.02~0.05	0.06~0.20	0.10~0.12
石灰岩	1	0.04~0.10	0.08~0.10	0.15

1. 岩石的静强度

所谓静强度是指在静载或在液压试验机上以很慢速度加载时测得的岩石强度。

岩石的单轴抗压强度极限 σ_c 按下式计算:

$$\sigma_c = \frac{P}{F} \times 10^{-3} (\text{MPa}) \tag{2-7}$$

式中:P——岩石破坏瞬间的轴向载荷,kN;

F——岩石试样的截面积,m^2。

由于岩石为非均质物质,故其抗压强度极限应取多次重复试验的算术平均值:

$$\sigma_c = \frac{\sigma_{c1} + \sigma_{c2} + \cdots + \sigma_{cn}}{n} \quad (\text{MPa}) \tag{2-8}$$

式中:σ_{c1},σ_{c2},$\cdots$,σ_{cn}——岩样各次试验的抗压强度极限,MPa;

n——岩样试验的次数(对均质岩石，$n=3$；而非均质岩石，$n=6$)。

2. 岩石的动强度

动强度是指在动载或在液压试验机上快速加载时测得的岩石强度。

考虑到钻进过程中钻头经常是以动载(如，冲击、冲击回转和牙轮钻头等)或微动载(钻杆柱的震动作用于硬质合金和金刚石钻头上)方式破碎岩石，所以岩石的动强度更能反映孔底岩石破碎的难易程度。

用捣碎法测定岩石的动强度(F_d)：首先用小锤把待测岩样打碎成直径约 $1.5 \sim 2.0$ cm 的小块；从打碎的岩样小块中选出 5 块样品，体积约 $15 \sim 20$ cm^3。测试时把每个岩样放进管形钢筒内[见图 $2-1$(a)]，并让 2.4 kg 的重锤从 0.6 m 高落下冲击 10 次。捣碎后，把全部 5 份样品倒在孔径 0.5 mm 的筛网上过筛。把筛出的岩粉颗粒装入体积测筒内[见图 $2-1$(b)]，然后往测量筒内插入刻度柱塞。由于柱塞从上至下刻有 $0 \sim 160$ mm 的刻度，所以我们可以读出测筒内岩粉柱高度值 l。岩石的动强度指标 F_d 按下式确定：

$$F_d = 200/l \tag{2-9}$$

式中：l——被捣碎岩粉颗粒在测量筒内的高度，mm。

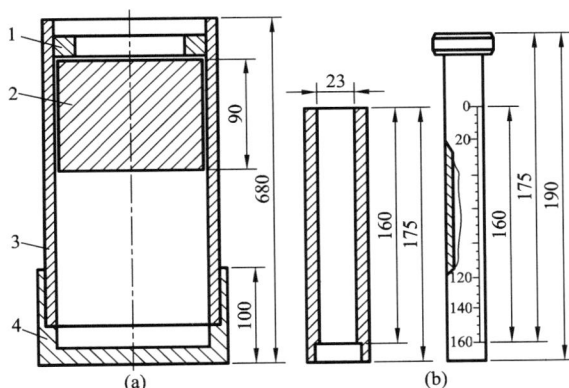

图 2-1　用于捣碎法确定岩石动强度的仪器

(a)落锤筒；(b)测量筒

1—挡圈；2—落锤；3—钢筒；4—套筒

对于同一种岩石用这种方法得出的动强度结果比较稳定。岩石的动强度 F_d 与岩石的单轴抗压强度 σ_c 和压入硬度 H_y 变化趋势大致相同。根据动强度可把岩石分成 6 级见表 $2-5$。

表 2-5　岩石的动强度分级表

指　标	岩石的动强度分级					
	I	II	III	IV	V	VI
动强度 F_d	≤8	8 ~ 16	16 ~ 24	24 ~ 32	32 ~ 40	≥40
动强度评价	弱	中弱	中	中强	强	极强

2.1.6 岩石的硬度

岩石的硬度反映岩石抵抗外部更硬物体压入(侵入)其表面的能力。

硬度与抗压强度有联系，但又有很大区别。抗压强度是固体抵抗整体破坏时的阻力，而硬度则是固体表面对另一物体局部压入或侵入时的阻力。因为回转钻进中，切削具是在微压入条件下破碎孔底岩石。因此，硬度指标更接近于钻掘过程的实际情况。

与岩石的强度一样，目前还只能用实验的方法来测出岩石硬度。没有条件实测时，可以从自然因素和工艺因素两方面来定性分析岩石硬度的大致范围。

(1)岩石中石英及其他坚硬矿物或碎屑含量愈多，胶结物的硬度越大，岩石的颗粒越细，结构越致密，则岩石的硬度越大。而孔隙度高，密度低，裂隙发育的岩石硬度将会降低。

(2)岩石的硬度具有明显的各向异性。但层理对岩石硬度的影响正好与强度相反。垂直于层理方向的硬度值最小，平行于层理的硬度最大，两者之间可相差 1.05～1.8 倍。岩石硬度的各向异性可以很好地解释钻孔弯曲的原因和规律，并可利用这一现象来实施定向钻进。

(3)在各向压缩条件下岩石硬度将增加。在常压下硬度越低的岩石，随着围压增大其硬度值增长越快。

(4)一般随着加载速度增加，将导致岩石的塑性系数降低，硬度增加。但当冲击速度小于 10 m/s 时，硬度变化不大。

1. 岩石的压入硬度

国际上普遍采用如图 2-2、图 2-3 所示的岩石硬度 H_y (通常称为压入硬度)测定装置。它模拟钻头切削具压入岩石的状态。对于研磨性不大，硬度在 2500～3000 MPa 以下的岩石用钢质圆柱形压头；研磨性大，硬度在 2500～3000 MPa 以上的岩石，应采用硬质合金圆柱形压头。如果岩石硬度大于 4000～5000 MPa，则采用截头圆锥形压头。

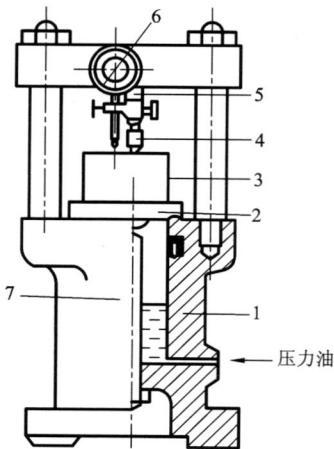

图 2-2 测试压入岩石硬度的装置

1—液压缸；2—液压柱塞；3—岩样；4—压头；
5—压力机上压板；6—千分表；7—柱塞导向杆

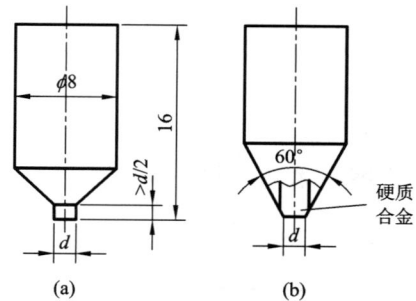

图 2-3 平底圆柱压头

(a)钢质或硬质合金圆柱形压头；
(b)截头圆锥形压头

常用的压头底面积 S：$S = 1 \sim 2\ mm^2$——用于致密均质岩石；$S = 3\ mm^2$——颗粒大于 0.25 mm，硬度又不很高的岩石；$S = 5\ mm^2$——低强度、多孔隙的岩石。

压入硬度的数值就是作用于压模单位面积上的破碎力：

$$H_y = P_{max}/S\ (Pa) \qquad\qquad (2-10)$$

式中：P_{max}——在压入作用下岩样产生局部脆性破碎时的轴载，N；

　　　S——压头底面积，m^2。

在测量岩石硬度的过程中，应在岩样表面均布测试点，注意区分造岩矿物颗粒的硬度和岩石的组合硬度。前者主要影响钻掘工具的寿命，而后者则主要影响机械钻速。例如，弱胶结砂岩不是坚硬岩石，然而它的主要造岩矿物——石英颗粒却具有很高的硬度，容易使钻头很快被磨钝而失效。

通常岩石的压入硬度 H_y 大于其单轴抗压强度 σ_c，这可解释为在压头作用下，岩石某一点上处于各向受压的应力状态。

2. 岩石的摆球硬度

我国研制的摆球硬度计（见图 2-4）通过观测摆球回弹现象来确定岩石的硬度（以回弹次数作为摆球硬度值）。岩石试样一般为圆柱形岩芯，直径大于 $\phi40\ mm$，长度大于 65 mm，两端切平，端面与岩芯轴线垂直，受试面还必须抛光。

2.1.7　岩石的变形特征及其分类

做压入试验时，记录下载荷 P 与侵入深度 δ 的相关曲线，按岩石在压头压入时的变形曲线和破碎特性（图 2-5）可把岩石分成以下三类：

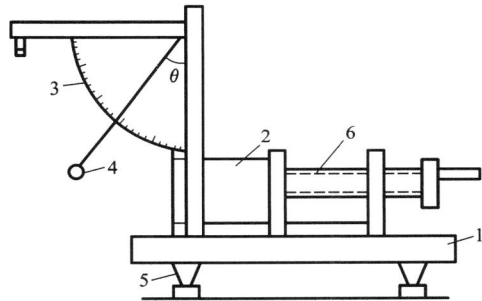

图 2-4　摆球硬度计

1—底盘；2—岩样；3—刻度盘；4—摆球；
5—水平调节螺丝；6—岩样固定器螺杆

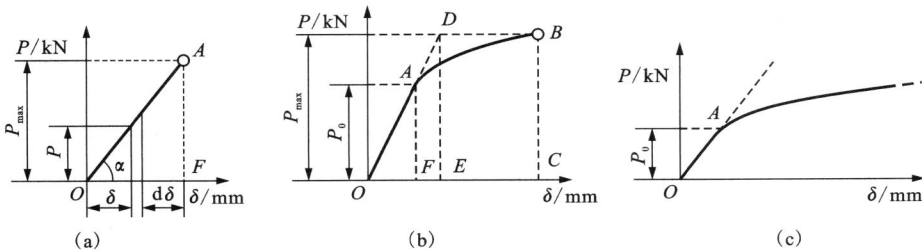

图 2-5　压头压入条件下的岩石变形曲线图

（a）弹-脆性岩石（石英岩）；（b）弹-塑性岩石（大理岩）；（c）高塑性岩石（盐岩）

P—压头载荷；P_0—从弹性变形过渡到塑性变形的载荷；P_{max}—岩石产生脆性破碎的载荷；δ—岩石产生弹性变形的侵深；α—变形角

1）弹-脆性岩石

弹-脆性岩石(花岗岩、石英岩、碧石铁质岩)在压头压入时仅产生弹性变形，至 A 点最大载荷 P_{max} 处便突然完成脆性破碎，压头瞬时压入，破碎穴的深度为 h [见图 2-5(a) 和图 2-6(a)]。这时破碎穴的面积明显大于压头的端面面积，且 $h/\delta > 5$。

2）弹-塑性岩石

弹-塑性岩石(大理岩、石灰岩、砂岩)在压头压入时首先产生弹性变形，然后塑性变形。至 B 点载荷达 P_{max} 时才突然发生脆性破碎[见图 2-5(b) 和图 2-6(b)]。这时破碎穴面积也大于压头的端面面积，而 $h/\delta = 2.5 \sim 5$，即小于第一类岩石。

3）高塑性和高孔隙性岩石

当压头压入高塑性(黏土、盐岩)和高孔隙性岩石(泡沫岩、孔隙石灰岩)时，在压头周围几乎不形成圆锥形破碎穴，也不会在压入作用下产生脆性破碎[见图 2-5(c) 和图 2-6(c)]，$h/\delta = 1$。因此，计算这类岩石的硬度时只能用 P_0 代替式(2-10)中的 P_{max}。

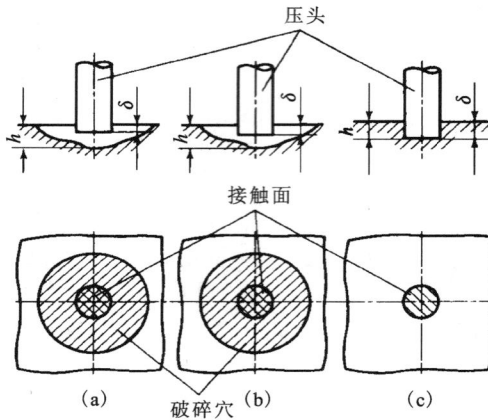

压头

接触面

(a) (b) (c)

破碎穴

图 2-6 岩石表面的压入与破碎穴

(a)弹-脆性岩石；(b)弹-塑性岩石；(c)高塑性和高孔隙性岩石

2.1.8 岩石的弹性、脆性和塑性

弹性——岩石在外力作用下产生变形，撤消外力之后恢复到初始形状和体积的能力。

脆性——岩石在外力作用下，未发生明显的塑性变形就被破碎的能力。

塑性——岩石在外力作用下(通常是各面压缩)，在未破坏其连续性前提下不可逆地改变自身形状和体积的能力。

影响岩石弹性和塑性的主要因素有：

(1)岩浆岩和变质岩中造岩矿物的弹性模量越高，岩石的弹性模量也高。在碎屑颗粒成分相同的条件下，沉积岩弹性模量的次序是：硅质胶结最大，钙质胶结次之，泥质胶结最小。

(2)单向压缩时岩石往往表现为弹-脆性体，但各向压缩时则表现出不同程度的塑性，破坏前都产生一定的塑性变形。这意味着在各向压缩下需要更大的载荷才能破坏岩石的连续性。

（3）温度升高岩石的弹性模量变小，塑性系数增大，岩石表现为从脆性向塑性转化。在超深钻和地热孔施工中应注意这一影响。

人们用岩石的塑性系数 K 来定量表征岩石的塑性及脆性大小。塑性系数 K 为岩石破碎前耗费的总功 A_F 与岩石破碎前的弹性破碎功 A_E 之比。在图 2 - 5（a）中，对于弹 - 脆性岩石，岩石破碎前耗费的总功 A_F 与弹性破碎功 A_E 相等，$K = 1$；对于高塑性岩石，很明显 $K \rightarrow \infty$。而对弹 - 塑性岩石［见图 2 - 5（b）］，

$$K = \frac{A_F}{A_E} = \frac{OABC \text{ 面积}}{ODE \text{ 面积}} > 1 \tag{2 - 11}$$

按塑性系数的大小可把岩石分成三类 6 级，如表 2 - 6 所示。

表 2 - 6　岩石按塑性系数的分级

岩石类别	弹 - 脆性	弹 - 塑性				高塑性
		低塑性→高塑性				
级　别	1	2	3	4	5	6
塑性系数	1	1 ~ 2	2 ~ 3	3 ~ 4	4 ~ 5	>6 ~ ∞

2.2　土的物理 - 力学性质特征

通常土由相互作用着的固体、液体、气体三部分组成。固体矿物颗粒（土粒）是土的骨架。在骨架间的孔隙中存在着液体（一般为水）和气体，在低温下还可能有冰。孔隙完全被水充满的土称为饱和土，孔隙完全被气体充满时称为干土。从岩土钻掘工程的角度出发，我们除了注意与岩石类似的物理 - 力学性质指标（密度、孔隙度、弹性等）外，还必须掌握土的以下物理 - 力学特征。

2.2.1　土的物理性质特征

土粒的大小、形状、矿物成分是决定土物理 - 力学性质的基础。粗大土粒往往是岩石经风化后形成的碎屑，或是岩石中未产生化学变化的矿物颗粒，如石英、长石等。而细小土粒主要是化学风化作用形成的次生矿物和生成过程中混入的有机物质。

1. 土的含水量

含水量是表示土的湿度的重要指标。天然土层的含水量变化范围很大，一般干的粗砂土含水量接近于零，而饱和砂土可达 40%。同类土，含水量增大，则强度降低。

土的天然含水量 ω：

$$\omega = \frac{\omega_W}{\omega_S} \times 100\% \tag{2 - 12}$$

式中：ω_W、ω_S——土中水的质量、土粒的质量，kg。

2. 土的密实度

天然状态下的无黏性土呈疏散状态时，其压缩性与透水性较高，强度较低；密实后其压

缩性小，强度较高，可作为良好的地基。工程上常用密实度来评定无黏性土的地基承载力。碎石土和砂土的密实度可根据野外鉴定结果分成密实、中密、稍密和松散几个等级。

3. 土的塑性指数和液性指数

黏性土在一定的含水量范围内，可用外力塑成任何形状，而当外力移去后仍保持原有形状，这种性能称为可塑性。土由可塑状态转为半固态的界限含水量称为塑限(ω_P)；土由流动状态转为可塑状态的界限含水量称为液限(ω_L)。土处在可塑状态的含水量变化范围用塑性指数(I_P)来表示，而判断黏性土的软硬程度则用液性指数(又称稠度)(I_L)表示。

$$I_P = \omega_L - \omega_P, \quad I_L = (\omega - \omega_P)/I_P \qquad (2-13)$$

4. 土的渗透系数

水通过土中孔隙的难易程度可用渗透系数来表示，在地基处理和沉降计算过程中常要用到这一指标。土的渗透系数：

$$k = v/i \quad (\text{cm/s}) \qquad (2-14)$$

式中：v——水在土中的渗透速度，cm/s；

i——水头梯度。

2.2.2 土的力学性质特征

1. 土的压缩性

土的压缩性通常用天然原状土在室内做有侧限压缩试验来确定。这种只受垂直压缩，侧向不变形的受力条件与自然土层承受大面积均匀载荷很接近。土的压缩系数：

$$a = \frac{e_2 - e_1}{P_2 - P_1} \quad (\text{MPa}^{-1}) \qquad (2-15)$$

式中：P_1、P_2——地基某深处土的竖向自重应力和该处自重应力与附加应力之和，MPa；

e_1、e_2——相应于P_1、P_2作用下压缩稳定后的孔隙比。

在《建筑地基基础设计规范》中以$P_1 = 0.1$ MPa，$P_2 = 0.2$ MPa 时对应的压缩系数作为土的压缩性分类标志。

2. 土的抗剪性

对于无黏性土，颗粒间的连接力很微弱，其抗剪力主要来自土粒间的内摩擦力和嵌合力，与土粒表面的粗糙度、密度、颗粒大小及粒度级配有关。对于黏性土，由于颗粒间存在着一定的连接力，除了内摩擦力外，其颗粒间连接力往往起着更重要的作用，同时它的内摩擦力随含水量的增高而降低。土的抗剪强度：

$$\tau_f = C + \sigma\tan\varphi \quad (\text{kPa}) \qquad (2-16)$$

式中：C——土的黏聚力，kPa；

σ——剪切滑动面上的法向总应力，kPa；

φ——土的内摩擦角，°。

常用的抗剪强度测定方法：直接剪切试验，三轴剪切试验，无侧限抗压试验和十字板剪切试验。

3. 土的极限平衡条件

当土体中任一点在某方向平面上的剪应力达到土的抗剪强度时，该点即处于极限平衡状态。它取决于C、φ与主应力σ_1、σ_3之间的关系。

由土的极限平衡条件可得出，剪切面上剪应力 $\tau = \tau_f = \dfrac{\sigma_1 - \sigma_3}{2}\sin 2\varphi$ 时，土体的剪切破裂面与最大主应力 σ_1 的夹角为 $45° + \dfrac{\varphi}{2}$。

2.2.3　土的工程分类

1）碎石土

粒径大于 $\phi 2$ mm 的颗粒含量超过全重 50% 的土称为碎石土。可分为块石（漂石）、碎石（卵石）、漂砾（圆砾）等。

2）砂土

粒径大于 $\phi 2$ mm 的颗粒含量不超过全重 50% 及粒径大于 0.075 mm 的颗粒超过全重 50% 的土称为砂土。可分为砾砂、粗砂、中砂、细砂和粉砂。

3）粉土

粒径大于 $\phi 0.075$ mm 的颗粒不超过全重 50%，且塑性指数等于或小于 10 的土称为粉土。可分为砂质粉土和黏质粉土。

4）黏性土

塑性系数大于 10 的土称为黏性土。黏性土分布最广，根据塑性指数可分为黏土和粉质黏土。

2.3　岩石的钻进特性

2.3.1　岩石的研磨性及研磨性分级

1. 岩石的研磨性

用机械方法破碎岩石的过程中，工具本身也受到岩石的磨损而逐渐变钝，直至损坏。岩石磨损工具的能力称为岩石的研磨性。岩石的研磨性决定着碎岩工具的寿命和效率，对钻进规程参数选择、钻头设计及使用具有重大影响。

在钻进过程中存在着两种类型的磨损：①破岩过程中的摩擦磨损。摩擦磨损将使钻头切削具变钝，减小钻头的内外径，从而缩短钻头工作寿命。它与所钻岩石的研磨性、钻头切削具的耐磨性及钻进规程参数有关。②磨粒磨损。磨粒磨损与从孔底分离出来的岩屑硬度和研磨性、孔底区域内岩屑的数量有关，即取决于钻进速度、冲洗或吹洗孔底的程度。在孕镶金刚石钻进中这种磨损形式是把双刃剑，如果岩粉量合适，能起到超前磨蚀钻头胎体帮助金刚石出刃，提高机械钻速的作用；但孔底岩粉量过多又可能导致钻头的非正常磨损，甚至导致事故的发生。

岩石的研磨性必须在具体条件下通过实测才能获得数据。没有测试条件时，可以通过分析自然因素和工艺因素的影响来定性确定岩石的研磨性。

（1）岩石颗粒的硬度越大，岩石的研磨性也越强，富含石英的岩石具有强研磨性。

（2）岩石颗粒形状越尖锐，颗粒尺寸越大，胶结物的黏结强度越低，岩石的研磨性越强。

（3）硬度相同时，单矿物岩石的研磨性较低，非均质和多矿物的岩石（如花岗岩）研磨性较强。因为这类岩石中较软的矿物(云母,长石)首先被破碎下来,使岩石表面变得粗糙,同时石英颗粒出露,而增强了研磨能力。

(4)介质会改变岩石的研磨性,湿润和含水的岩石研磨性降低。

(5)岩石的研磨性还与钻头的耐磨性,移动速度,岩屑能否完全排出孔底过程有密切关系。如果钻压不大转速很高,或者钻压很大转速很低,都可能增大磨损量。所以,要从岩石的研磨性出发选择钻头切削具材料、确定钻进规程和冲洗规程,以保证钻头的均衡磨损。

2. 岩石研磨性测试方法及其分级

目前国际上还没有测定岩石研磨性的统一方法。通常采用模拟某种钻进过程的方法来研究岩石的研磨性,因此不同方法测得的结果难以相互比较。常用的测定方法有:

1)钻磨法

钻磨法采用渗碳工具钢制成的 $\phi 8$ mm 平端杆件作为标准金属棒,其一端钻有 $\phi 4$ mm 深 $10 \sim 12$ mm 的圆孔。把金属棒夹在钻床上,在轴向载荷 150 N 和转速 400 r/min 的条件下,让金属棒在岩芯或岩块(不必磨光)上回转,用每一端各“钻”岩石 10 min,以 10 min 内钢杆与岩石摩擦后的平均失重 a(mg)作为研磨性指标[见图 2-7(a)],把岩石的研磨性分成 8 个级别,从极弱研磨性到极强研磨性(见表 2-7)。该方法在矿业中应用广泛,适用于刃具与岩石不断接触的碎岩工具(例如,刮刀钻头、环状取芯钻头等)。

表 2-7 与钻磨法对应的岩石研磨性分级

研磨性级别	岩石类别	研磨性指标 a/mg	代表性岩石举例
I	极弱研磨性	<5	石灰岩,大理岩,不含石英的软硫化物(方铅矿,闪锌矿,磁黄铁矿),磷灰石,石盐
II	弱研磨性	6~10	硫化物矿,重晶石-硫化物矿,泥板岩,软的页岩:碳质页岩,泥质页岩,绿泥石页岩,绿泥石-板岩页岩
III	中下研磨性	11~18	碧玉铁质岩,角岩(矿石和非矿石),石英-硫化物矿,细粒岩浆岩岩石,细粒石英和长石砂岩,铁矾矿,硅质石灰岩
IV	中等研磨性	19~30	石英和长石砂岩,细粒辉绿岩,粗粒黄铁矿,砷黄铁矿,石英脉,石英硫化物矿,细粒岩浆岩岩石,硅质石灰岩,碧玉铁质岩
V	中上研磨性	31~45	石英和长石砂岩,中粗粒斜长岩,霞石正长岩,细粒花岗岩,细粒闪长岩,玢岩,云英岩,辉长岩,片麻岩,矽卡岩(矿石和非矿石)
VI	较强研磨性	46~65	中-粗粒花岗岩,闪长岩,花岗闪长岩,玢岩,霞石正长岩,正长岩,角斑岩,辉岩,二长岩,闪岩,石英硅化页岩,片麻岩
VII	强研磨性	66~90	玢岩,闪长岩,花岗岩,花岗闪长岩,霞石正长岩
VIII	极强研磨性	>90	含刚玉的岩石

为模拟金刚石钻进的情况,也可在杆件前端镶焊金刚石作为标准测试杆。我国《地质岩芯钻探规程》按标准钢杆钻磨法把岩石研磨性分为三类 8 等;按标准金刚石杆钻磨法分为三类 4 等,见表 2-8。

表2-8 我国《地质岩芯钻探规程》颁布的岩石研磨性分类

研磨性分类	按钢杆研磨法		按金刚石杆研磨法	
	研磨性等级	研磨性指标/mg	研磨性等级	研磨性指标/mg
弱研磨性	1	<5	1	≤1.0
	2	5~10		
中等研磨性	3	10~18	2	1.1~2.5
	4	18~30		
	5	30~45	3	2.6~5.0
	6	45~60		
强研磨性	7	60~90	4	>5.0
	8	>90		

2)标准圆盘磨损法

该方法用圆盘金属试样在压力作用下对岩石作滑动摩擦[见图2-7(b)],以金属圆盘的磨损量表示岩石的研磨性指标。按单位摩擦路径上的相对磨损量把岩石的研磨性分成12个级别(见表2-9)。该方法近似模拟了牙轮钻头钢齿的磨损情况,可用于评价清水和水基泥浆冲洗条件下钢齿寿命。

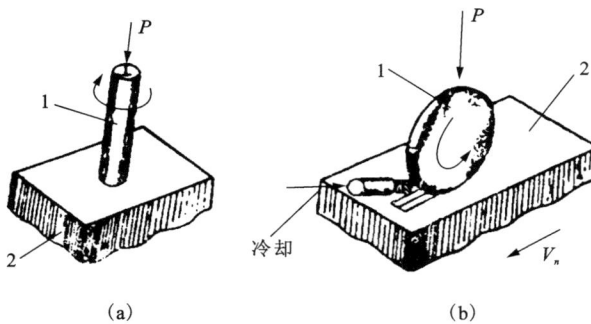

图2-7 测定岩石研磨性的主要方法

(a)钻磨法;(b)标准圆盘磨损法

1—金属试样;2—岩石试样;

P—加在金属试样上的载荷;V_n—给进速度

3)往复式球磨法

往复式球磨法测定岩石研磨性的仪器如图2-8所示。将测量动强度时过筛所得的碎岩样品(粒度不大于0.5 mm)填在装有16~19粒5号或4号猎枪铅弹的样品筒内。样品筒在专用试验台上以1400次/min的频率往复振动20分钟,让铅丸与岩石对磨,然后测量铅弹的失重。则研磨性系数K_a:

$$K_a = \Delta Q / 100 \tag{2-17}$$

式中：ΔQ——铅弹的失重，mg。

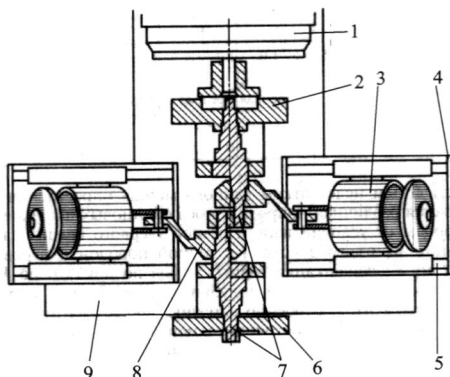

图2-8　测定岩石研磨性的球磨法示意图

1—电动机；2—联轴节；3—工作机构；4—卡板；
5—导向装置；6—端轮；7—轴；8—连杆；9—仪器底座

表2-9　与标准圆盘磨损法对应的岩石研磨性分级

研磨性级别	岩　石	对淬火钢的相对研磨性	对硬质合金的相对研磨性
1	泥岩和碳酸盐岩	1~3	1~3
2	石灰岩	6.5	6
3	白云岩	6.0	12
4	硅质结晶岩石	9	20
5	含铁-镁岩石及含5%石英的弱研磨性岩石	10	25
6	长石岩	12	30
7	石英含量>15%长石岩石及含10%石英的弱研磨性岩石	13	40
8	石英晶质岩石	16	45
9	石英碎屑岩，硬度$H_y>3500$ MPa	16~25	50
10	石英碎屑岩，硬度$H_y=2000~3500$ MPa及含10%~20%石英的岩石	25~35	50
11	石英碎屑岩，硬度$H_y=1000~2000$ MPa及含30%石英的岩石	35~60	50
12	石英碎屑岩，硬度$H_y<1000$ MPa	60~95	50

　　此方法按研磨性系数 K_a 的大小把岩石的研磨性分成从极弱到极强6个级别，见表2-10。

表 2 – 10　与往复式球磨法对应的岩石研磨性分级

研磨性级别	I	II	III	IV	V	VI
研磨性程度	极弱	弱	中下	中上	强	极强
研磨性系数 K_a/mg	<0.5	0.5~1.0	1.0~1.5	1.5~2.0	2.0~2.5	2.5~3.0 及更大

2.3.2　岩石的可钻性及可钻性分级

在钻探工程设计与实践中，人们常常希望能事先知道所施工岩石的钻进难易程度，以便正确选择钻进方法、钻头结构及工艺规程参数，制定出切合实际的钻探生产定额。因此，提出了"岩石可钻性"这个概念。岩石的可钻性及坚固性指标，在实际应用中占有重要地位。

1. 岩石的可钻性

岩石的可钻性反映在一定钻进方法下岩石抵抗被钻头破碎的能力。它不仅取决于岩石自身的物理 – 力学性质，还与钻进的工艺技术措施有关，所以它是岩石在钻进过程中显示出来的综合性指标。

由于可钻性与许多因素有关，要找出它与诸影响因素之间的定量关系十分困难，目前国内外仍采用试验的方法来确定岩石可钻性。不同部门使用的钻进方法不同，其测定可钻性的试验手段，甚至可钻性指标的量纲也不尽相同。其目的都在于使每种岩石可钻性测试方法能对应一种或几种岩石破碎工具及其钻进方法。例如，在回转钻进中以单位时间的钻头进尺（机械钻速 V_m）作为衡量岩石可钻性的指标（分成 12 个级别），以方便用于制定钻探生产定额。在冲击钻进中常采用单位体积破碎功 A_S 来进行可钻性分级，更贴近冲击碎岩的机理。

2. 确定岩石可钻性的方法及可钻性分级

1）按照岩石单一力学性质指标分级法

根据压入硬度值 H_y 可把岩石分为 6 类 12 级（表 2 – 11）。根据摆球回弹次数 H_n 可把岩石归为 12 级（表 2 – 12），由于第 I 级岩石太软，无法用摆球回弹次数测出，故从第二级开始有数据。

表 2 – 11　岩石按压入硬度的分级表

岩石类别	软			中硬			硬			坚硬		
岩石级别	I	II	III	IV	V	VI	VII	VIII	IX	X	XI	XII
压入硬度/MPa	≤100	100~250	250~500	500~1000	1000~1500	1500~2000	2000~3000	3000~4000	4000~5000	5000~6000	6000~7000	>7000

表 2 – 12　岩石按摆球回弹次数的分级表

岩石级别	II	III	IV	V	VI	VII	VIII	IX	X	XI	XII
摆球回弹次数	≤14	15~29	30~44	45~54	55~64	65~74	75~84	85~94	95~104	105~125	>125

由于单一的岩石力学性质指标难以全面反映孔底岩石破碎过程的实质，所以经常出现用上述两种方法确定的可钻性级别不一致的情况，这时可按回归方程式（2-18）来确定岩石的可钻性 K 值。

$$K = 3.198 + 8.854 \times 10^{-4}H_y + 2.578 \times 10^{-2}H_n \qquad (2-18)$$

例如：某种岩石用压入硬度计测得 $H_y = 1800$ MPa，查表 2-11 为可钻性Ⅵ级；而用摆球硬度计测得 $H_n = 76$ 次，查表 2-12 为可钻性Ⅷ级。同一种岩石相差两级，不便作为确定生产定额和选择钻进方法的依据。这时可把 $H_y = 1800$ MPa 和 $H_n = 76$ 代入式（2-18），算得 $K = 5.8$，则这种岩石的可钻性级别可定为 6.8 级。

2）按照岩石的联合力学指标分级法

为弥补按单一岩石力学指标分级的缺点，苏联提出并推广了按岩石联合力学指标进行可钻性分级的方法。联合力学指标是岩石动强度指标 $F_d(\text{mm}^{-1})$ 和研磨性系数 $K_a(\text{mg})$ 的函数。它反映了强度和研磨性共同对岩石破碎效果的影响。根据联合指标 ρ_m 确定的岩石可钻性分级表参见表 2-13。

表 2-13　按联合指标确定的回转钻进条件下岩石可钻性分级表

岩石特征	岩石可钻性等级	联合指标 ρ_m 值	岩石特征	岩石可钻性等级	联合指标 ρ_m 值
软、疏松	Ⅰ~Ⅱ	1.0~2.0	硬~坚硬	Ⅷ	15.2~22.7
	Ⅲ	2.0~3.0		Ⅸ	22.8~34.1
中软~中硬	Ⅳ	3.1~4.5		Ⅹ	34.2~51.2
	Ⅴ	4.6~6.7	极硬	Ⅺ	51.3~76.8
中硬~硬	Ⅵ	6.8~10.1		Ⅻ	76.9~115.2
	Ⅶ	10.2~15.1			

联合指标 ρ_m 的计算公式如下：

$$\rho_m = 3F_d^{0.8}K_a \quad (\text{mg/mm}) \qquad (2-19)$$

其中，动强度指标 F_d 来自式（2-9），而研磨性系数 K_a 来自式（2-17）。

3）按照实际钻进速度分级法

在规定的设备工具和技术规范条件下进行实际钻进，以所得的纯钻进速度 V_m 作为岩石可钻性级别，其量纲为 m/h。2010 年 11 月 11 日发布的中华人民共和国地质矿产行业标准 DZ/T 0227—2010《地质岩芯钻探规程》中给出的岩石可钻性分级表见表 2-14。

这种方法的缺点是：随着钻探技术与工艺水平的不断提高，必须定期校验作为分级依据的基础数据；当使用的钻头类型和钻进规程变化时，会出现机械钻速与表格中数据差别较大的现象。也就是说，机械钻速只是反映某个阶段可钻性大小的相对指标。

4）破碎比功法及其分级

用圆柱形压头作压入试验时，可通过压力与侵深曲线图求出破碎功，然后计算出单位接触面积上的破碎比功 A_s，根据破碎比功法对岩石可钻性进行分级的结果示于表 2-15。

表 2 - 14　我国地质矿产行业标准（DZ/T 0227—2010）岩石可钻性分级表

岩石级别	钻进时效/(m·h⁻¹) 金刚石	钻进时效/(m·h⁻¹) 硬合金	代表性岩石举例
I～IV		>3.90	粉砂质泥岩，碳质页岩，粉砂岩，中粒砂岩，透闪岩，煌斑岩
V	2.90～3.60	2.50	硅化粉砂岩，碳质硅页岩，滑石透闪岩，橄榄大理岩，白色大理岩，石英闪长玢岩，黑色片岩，透辉石大理岩，大理岩
VI	2.30～3.10	2.00	角闪斜长片麻岩，白云斜长片麻岩，石英白云石大理岩，黑云母大理岩，白云岩，蚀变角闪闪长岩，角闪变粒岩，角闪岩，黑云母石英片岩，角岩，透辉石榴石矽卡岩，黑云白云母大理岩
VII	1.90～2.60	1.40	白云斜长片麻岩，石英白云石大理岩，透辉石化闪长玢岩，混合岩化浅粒岩，黑云角闪斜长岩，透辉石岩，白云母大理岩，蚀变石英闪长玢岩，黑云角石英片岩
VIII	1.50～2.10		花岗岩，矽卡岩化闪长玢岩，石榴石矽卡岩，石英闪长玢岩，石英角闪岩，黑云母斜长角闪岩，伟晶岩，黑云母花岗岩，闪长岩，斜长角闪岩，混合片麻岩，凝灰岩，混合岩化浅粒岩
IX	1.10～1.70		混合岩化浅粒岩，花岗岩，斜长角闪岩，混合闪长岩，钾长伟晶岩，橄榄岩，混合岩，闪长玢岩，石英闪长玢岩，似斑状花岗岩，斑状花岗闪长岩
X	0.80～1.20		硅化大理岩，矽卡岩，混合斜长片麻岩，钠长斑岩，钾长伟晶岩，斜长角闪岩，安山质熔岩，混合岩化角闪岩、斜长岩，花岗岩，石英岩，硅质凝灰砂砾岩，英安质角砾熔岩
XI	0.50～0.90		凝灰岩，熔凝灰岩，石英岩，英安岩
XII	<0.60		石英岩，硅质岩，熔凝灰岩

表 2 - 15　按单位面积破岩比功对岩石可钻性分级表

岩石级别	I	II	III	IV	V	VI	VII	VIII	IX	X
破碎比功 A_s/[N·(m·cm⁻²)]	≤2.5	2.5～5.0	5.0～10	10～15	15～20	20～30	30～50	50～80	80～120	≥120

2.3.3　岩石的坚固性系数及其分级

由俄罗斯学者提出的岩石坚固性系数（又称普氏系数）至今仍在矿山和海洋勘探中广泛应用。岩石的坚固性反映的是岩石在几种变形方式组合作用下抵抗破坏的能力。因为在钻掘施工中往往不是采用纯压入或纯回转的方法破碎岩石，因此这种反映组合作用下岩石破碎难易程度的指标比较贴近生产实际情况。岩石坚固性系数 f 表征的是岩石抵抗破碎的相对值。因为岩石的抗压能力最强，故把被测岩石单轴抗压强度与致密黏土的抗压强度（10 MPa）之比作为该岩石的坚固性系数，即

$$f = \sigma_c/10 \qquad (2-20)$$

式中：σ_c——岩石的单轴抗压强度，MPa。

根据岩石的坚固性系数（f）把岩石分成 10 级（见表 2-16），等级越高的岩石越容易破碎。为了方便使用又在第Ⅲ~Ⅶ级的中间加了半级。把生产中很少遇到的抗压强度大于 200 MPa 的岩石都归入Ⅰ级。该方法缺点在于未完全反映孔底岩石破碎的难易程度，且现场难以实测岩石单轴抗压强度。

表 2-16　按坚固性系数对岩石可钻性分级表

岩石级别	坚固程度	代 表 性 岩 石	f
Ⅰ	最坚固	最坚固、致密、有韧性的石英岩、玄武岩和其他各种特别坚固的岩石	20
Ⅱ	很坚固	很坚固的花岗岩、石英斑岩、硅质片岩，较坚固的石英岩，最坚固的砂岩和石灰岩	15
Ⅲ	坚固	致密的花岗岩，很坚固的砂岩和石灰岩，石英矿脉，坚固的砾岩，很坚固的铁矿石	10
Ⅲa	坚固	坚固的砂岩、石灰岩、大理岩、白云岩、黄铁矿，不坚固的花岗岩	8
Ⅳ	比较坚固	一般的砂岩、铁矿石	6
Ⅳa	比较坚固	砂质页岩，页岩质砂岩	5
Ⅴ	中等坚固	坚固的泥质页岩，不坚固的砂岩和石灰岩，软砾石	4
Ⅴa	中等坚固	各种不坚固的页岩，致密的泥灰岩	3
Ⅵ	比较软	软弱页岩，很软的石灰岩，白垩，盐岩，石膏，无烟煤，破碎的砂岩和石质土壤	2
Ⅵa	比较软	碎石质土壤，破碎的页岩，黏结成块的砾石、碎石，坚固的煤，硬化的黏土	1.5
Ⅶ	软	致密黏土，较软的烟煤，坚固的冲击土层，黏土质土壤	1
Ⅶa	软	软砂质黏土、砾石，黄土	0.8
Ⅷ	土状	腐殖土，泥煤，软砂质土壤，湿砂	0.6
Ⅸ	松散状	砂，山砾堆积，细砾石，松土，开采下来的煤	0.5
Ⅹ	流沙状	流沙，沼泽土壤，含水黄土及其他含水土壤	0.3

2.3.4　岩石完整程度及裂隙性分级

1. 岩石的完整程度

岩体中存在各种裂纹的总体情况决定了岩石的完整程度。裂隙的存在破坏了天然岩体的完整性，岩块被裂缝分割（例如卡斯特空洞和蜂窝状通道），使岩石的强度降低，研磨性加大，将影响岩石的稳定性、透水性、含水性、硬度和可钻性。我国《地质岩芯钻探规程》将岩石的完整程度分为五级：即完整、较完整、较破碎、破碎和极破碎。但是没有给出具体的划分指标。

有些国家把岩石完整程度称为岩石的裂隙性。岩石具有明显裂隙性时，对钻探生产的最直接影响是岩芯采取率下降，钻孔漏失，甚至出现孔壁掉块。必须使用专用取芯钻具来保证取芯质量，进行护壁堵漏，或采取措施隔水、加固孔壁。

为了描述裂隙分布的密度和单个裂纹的尺寸大小，俄罗斯全俄勘探技术研究所取钻进过程中形成岩芯的能力作为岩石裂隙性程度指标。用 1 m 孔段或 1 m 岩芯断成小块的块数 K_L 来衡量（从孔内取上来的原始块数，不允许人工敲碎岩芯）。岩芯采取率越高，对单位长度岩芯的块数 K_L 评价越准确，它反映了岩石本身真实的裂隙性，其相关系数在 0.71 ~ 0.96 范围内。

同时，为了更准确地评定岩石的裂隙性，还可以引进一个补充准则——岩石的裂隙性指标 W（式 2-21）。岩石裂隙性指标 W 的物理实质是钻头每转一周遇到的裂纹数。

$$W = D_k K_L \lambda / \tan\beta \quad （个数/转） \tag{2-21}$$

式中：D_k——岩芯直径，m；

$\quad K_L$——单位长度岩芯的块数，块/m；

$\quad \lambda$——考虑岩芯将被二次破碎的经验系数；计算时可平均取 $\lambda = 0.7$；

$\quad \beta$——裂纹面与钻孔轴线的夹角（可以从岩芯上量取），度。

综合岩石的裂隙性指标 W、单位长度岩芯的块数 K_L 和岩芯采取率 B_k 三个指标，可更完整地评价岩石的裂隙性。这种描述岩石完整程度的指标可供我国钻探界参考。

2. 岩石的裂隙性分级

在综合上述裂隙性指标的基础上，可列出岩石裂隙性程度和取岩芯难易程度分类表（表 2-17）。其中，单位长度岩芯的块数 K_L 是评价岩石裂隙性的基本指标，而岩芯采取率 B_k 作为补充指标。

表 2-17 适用于回转岩芯钻探的岩石裂隙性分级

岩石的裂隙性分组	岩石的裂隙性程度	岩石的裂隙性判据		
		岩芯的单位块度 K_L /(块·m^{-1})	裂隙性指标 W /(个·转$^{-1}$)	岩芯采取率 B_k /%
Ⅰ	完整	1~5	<0.50	100 ~ 70
Ⅱ	弱裂隙性	6~10	0.51 ~ 1.00	90 ~ 60
Ⅲ	裂隙性	11~30	1.01 ~ 2.00	80 ~ 50
Ⅳ	强裂隙性	31 ~ 50	2.01 ~ 3.00	70 ~ 40
Ⅴ	极强裂隙性	>51	>3.01	60 ~ 30 甚至更低

为了做好岩芯采取和护壁堵漏工作，对于岩石裂隙性程度在 Ⅳ ~ Ⅴ 级的钻孔，应借助仪器进行孔内测量，分析裂纹组及其体系，搞清裂纹的张开程度（长度、宽度）及其走向和深度的变化，以确定裂纹的类型，估计岩石的破碎程度和稳定性，并确定可能对岩石性质产生的局部或区域性影响。

2.3.5　岩石的稳定性及稳定性分级

1. 岩石的稳定性

在钻探、矿山掘进和其他岩土作业过程中，岩体被打开后长时期保持初始状态的能力称为岩石的稳定性。它与地层条件、裂隙性和风化程度有关，反映的是在钻进过程中压力和破碎作用下岩体保持孔壁完整性的能力。对钻探作业而言，应力集中最严重，最危险的区域是孔壁周边的岩石。在弱稳定性岩石中钻进时，孔壁会发生破坏（崩落，坍塌，膨胀），岩芯采取率下降，钻头的非正常磨损量增大，因处理孔内复杂工况损失很多时间而使钻探效率（台月效率）明显降低。

岩石的稳定性评价是选择钻进方法、取芯工具、规程参数和设计钻孔结构、孔壁加固方法以及制定事故预防措施所必需的。正确评价岩石的稳定性有利于预测钻进中可能出现复杂情况的区段，更好地保护孔壁岩石免受来自地压，冲洗液和钻具振动等因素的影响。

2. 岩石的稳定性分级

全俄勘探技术研究所提出了岩石的稳定性分级表，其依据是岩石的裂隙性、可钻性和颗粒胶结物的类型（见表 2 – 18）。其中：

第 Ⅰ 组岩石，不要求采取专门技术措施来加固孔壁。

第 Ⅱ 组岩石，在遵守规定的工艺措施条件下也能保持稳定性，这些措施包括：使用专门的冲洗液、润滑剂，限制起下钻具的速度和其他措施。

第 Ⅲ 组岩石，要求在钻穿该孔段后，用套管和水泥灌浆来加固孔壁。

第 Ⅳ 组岩石，必须采用专门的工艺手段来钻进（例如，使用超前钻探或边钻边加固的办法）。

表 2 – 18　岩石的稳定性分级

岩石稳定性类别	稳定性程度	反映稳定性的工艺特征	岩石的裂隙性、可钻性和颗粒胶结物的特征	岩石可钻性
Ⅰ	稳定	钻具振动和冲洗液冲刷不会破坏孔壁	整块的和弱裂隙性的岩石	Ⅸ ~ Ⅻ
Ⅱ	较稳定	钻具振动和冲洗液冲刷会破坏孔壁	具有不同程度的裂隙性和硬度差异	Ⅳ ~ Ⅷ
Ⅲ	弱稳定	容易被钻具振动破坏的水溶性和永冻层岩石	强裂隙的脆性岩石和高塑性的黏结性岩石	Ⅲ ~ Ⅴ
Ⅳ	不稳定	容易被冲刷蚀和破坏的岩石	疏松、松散、易流动的岩石	Ⅰ ~ Ⅱ

2.4　岩石在外载作用下的破碎机理

目前世界各国在地质钻探中广泛采用的仍是机械式回转钻进破碎岩石的方法。其特点在于，切削具必须对岩石有一定的切入量，所以压入破碎在孔底过程中起着重要作用。

2.4.1　压模压入时岩石中的应力状态

为了简化起见，首先假设孔底岩石是均质的，各向同性的弹性体，只承受垂直方向静载，同时把切削具看成是一个没有尖锐切削刃的平底压模。从而可在弹性力学布希涅司克问题的基础上得出一些近似的结论。

推导结果表明，集中力 P 作用在弹性半无限体上时（见图 2-9），A 点的应力状态为：

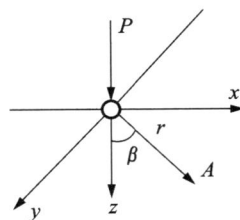

$$\sigma_z = \frac{3}{2} \frac{P}{\pi r^2} \cos^2 \beta$$

$$\sigma_x = \frac{1}{2} \frac{P}{\pi r^2} (1 + 2\mu)(\cos\beta - \frac{1}{1 + \cos\beta}) \qquad (2-22)$$

$$\sigma_y = \frac{1}{2} \frac{P}{\pi r^2} [(1 - 2\mu)\frac{1}{1 + \cos\beta} - 3\cos\beta\sin^2\beta]$$

图 2-9　集中力 P 作用在弹性半无限体上的示意图

式中：P——作用力；

　　　r——P 作用点与 A 点之间的距离。

当 $\beta = 0$ 时，在对称轴上全部是压应力。

$$\sigma_z = \frac{3}{2} \frac{P}{\pi r^2} \qquad (2-23)$$

$$\sigma_x = \sigma_y = \frac{1}{4} \frac{P}{\pi r^2}(1 - 2\mu) \qquad (2-24)$$

在岩样表面 $\beta = \pi/2$

$$\sigma_z = 0$$

$$\sigma_x = -(1 - 2\mu)\frac{P}{2\pi r^2}$$

$$\sigma_y = (1 - 2\mu)\frac{P}{2\pi r^2} \qquad (2-25)$$

如果 $\sigma_x = \sigma_y$，这就表明此处存在着纯剪切变形。

当 $r \to 0$，$\sigma_x \to \infty$ 时，由上述公式不能确定岩样表面的压应力。根据圣-维南原理，作用力 P_x 可以用分布在半径 a 范围内，大小与它等价的均布力 P' 来代替。在这种情况下，岩体表面的弹性变形分布是不均匀的。在中心处：

$$\sigma_0 = \frac{2(1 - \mu^2)P'a}{E} \qquad (2-26)$$

在边缘上：

$$\sigma_a = \frac{1.27(1 - \mu^2)P'a}{E} \qquad (2-27)$$

假设平底刚性压模的直径为 $2a$，根据以上研究思路，其下方的压力分布为：

$$p = \frac{P}{2\pi a\sqrt{a^2 - x^2}} \qquad (2-28)$$

在压模中心（$x = 0$）压力等于：

$$p = \frac{P}{2\pi a^2} \qquad (2-29)$$

在边缘上 $x = a$；$p \to \infty$。

出现在压模下岩样中的剪应力等值线经压模边缘呈圆周形分布(见图 2-10)。

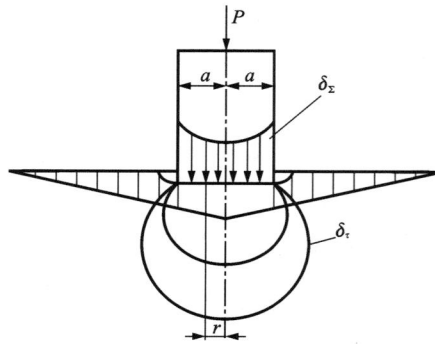

图 2-10 平底压模作用下岩样中的剪应力分布

分析导出的公式表明,剪应力随深度增大,当

$$z_{kp} = a \sqrt{\frac{2(1+\mu)}{7-2\mu}} \tag{2-30}$$

达到最大值,然后减少。深度 z_{kp} 称为临界深度,取泊桑系数 $\mu = 0.3$ 时 $z_{kp} \approx 0.64a$,这一点的剪应力达最大值 $\tau_{max} = 0.33P$。在这个深度经常会出现诱发岩石破碎的裂纹。

2.4.2 压模压入时的岩石破碎机理

1. 平底压模作用下

图 2-11 以相对值给出了平底压模作用下半无限体中最大剪应力与压应力之比(τ_{max}/p)的分布情况。剪应力等值线在压头边缘处合拢,边缘处的剪应力最大(如图所示,这时 $\tau_{max}/p = 0.34$),为第一危险极值带。在对称轴的 $z/a \approx 1$ 处及其邻近区域,剪应力也达最大(τ_{max} 约为平均压力 p 的 1/3)是第二危险极值带。如果危险极值带处的剪应力足够大,则会出现造成岩石破碎的裂纹,当第一、第二危险极值带的裂纹扩展并连通时,便将形成破碎穴。

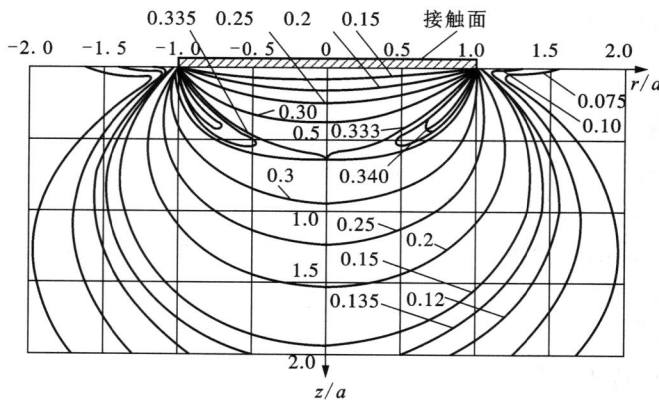

图 2-11 平底压模下岩样中相对剪应力的等值线分布图

在压模下面的岩石会形成直径等于压模端面直径的压密核。继续加载时未压密的岩石将沿压密核表面移动。

当达到临界值时，剪应力将沿与压模轴线呈 45°的方向延伸。由于在压密核内剪应力达临界值，所以在压密核边界外便会形成裂纹。随着剪应力增大，岩石产生塑性位移，岩石破碎的裂纹向岩面扩展。岩石破碎过程中一部分岩石碎块向外飞出，同时还有一部分岩石在压模和破碎穴底之间被压实，压模突然侵入岩石到一定的深度。

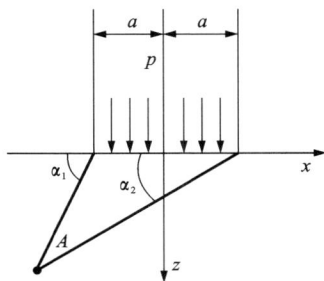

图 2 – 12 宽度 2a 的压模在均布载荷作用下侵入岩石的示意图

在切削具与岩石相互作用时，岩石中出现的应力状态接近于各向压缩。这时切削具吃入岩石的阻力相当高，所以只有在接触压力为单轴抗压强度极限的 10 ~ 12 倍时才可能产生岩石破碎。

复合片钻头和片状硬质合金钻头的切削具可用长方形压模（宽度 2a）在均布载荷作用下侵入岩石的情况来模拟。A 点的应力（见图 2 – 12）：

$$\sigma_y = -\frac{p}{2}\left[\alpha_2 - \alpha_1 + \frac{1}{2}(\sin2\alpha_2 - \sin2\alpha_1)\right]$$

$$\sigma_z = -\frac{p}{2}\left[\alpha_2 - \alpha_1 - \frac{1}{2}(\sin2\alpha_2 - \sin2\alpha_1)\right] \qquad (2-31)$$

剪应力可写出如下关系：

$$\tau = \frac{\sigma_x - \sigma_z}{2} = \frac{p}{\pi}\sin2\alpha \qquad (2-32)$$

当 $z = 0$，$\alpha = 0$ 时，$\tau = 0$；而 $\alpha = 45°$时，$\tau_{max} = p/\pi$。最大剪应力出现在深度 $b = a$ 处。针对所分析的问题，关于临界点位置 b 和对应的 τ_{max} 值的数据如表 2 – 19 所示。必须指出，当压模位移时其表面与岩石间存在摩擦力的情况下临界点 b 将向压模位移的方向移动。

表 2 – 19 临界点的位置

压模形状	临界点 b 的位置	对应的 τ_{max} 值
半径为 a 的圆形平底压模	$0.637a$	$0.33p$（其中 $p =$ 平均载荷，下同）
接触宽度 $2a$ 的圆筒形压模	$0.78a$	$2p/\pi a$
宽度为 $2a$ 的长条形压模	a	p/π

2. 球体压模作用下

金刚石钻进时，钻头上的金刚石颗粒很小，单粒金刚石破碎岩石的过程显然不能用平底压模压入岩石的情景来模拟，而应该研究刚性球体压入岩石时的应力分布情况。

无载荷时，球体与岩石表面接触于一点。随着球体上载荷的不断增加，则形成球形接触面。如图 2 – 13(a)所示，接触面半径 a 为：

$$a = \sqrt[3]{\frac{3PR_c(1 - \mu^2)}{4E}} \qquad (2-33)$$

式中：R_c——球体半径。

接触面中心最大压力为 p_{max}，其值为：

$$p_{max} = \frac{3P}{2\pi a^2} \tag{2-34}$$

而压力沿接触面径向截面的分布情况，可用椭圆方程式表示[见图 2-13(b)]：

$$p = p_{max}\sqrt{1 - \left(\frac{r}{a}\right)^2} \tag{2-35}$$

接触中心点的最大位移等于：

$$h_{max} = \frac{3P(1-\mu^2)}{4aE} \tag{2-36}$$

固体应力状态分析表明，球体底下的应力场结构与平底圆柱形压头一样，但是球体压入时各向压缩区比平底圆柱形压模压入时小得多。球体压入时最大剪应力分布情况如图 2-13(b)所示。它也存在着两个危险极值带：第一极值带位于对称轴上距离接触面深度约 $0.5a$ 处，最大剪应力的极值等于 $0.31p_{max}$；第二极值带位于压入接触面边缘处，此处剪应力大于接触面中心的剪应力，还存在着径向拉应力。

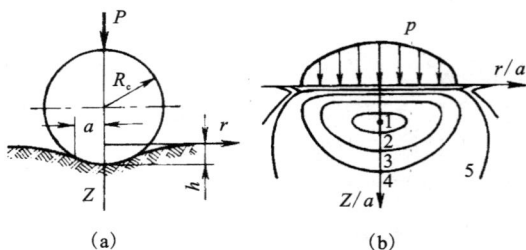

图 2-13 球体压入岩石表面计算示意图(a) 及压力分布和相对剪应力等值线分布图(b)

其中，τ_{max}/p_{max} 等值线的值(取 $\mu = 0.3$)：
1~0.31；2~0.30；3~0.25；4~0.20；5~0.10

2.4.3 双向力共同作用下岩石中的应力分布

钻进中破岩工具上往往同时作用有轴向力和切向力。光弹试验表明，切削具上仅作用有轴向力时，半无限体内的等应力线是对称均匀分布的(参见图 2-11)。而在轴向力和切向力共同作用下，半无限体内的等应力线发生了畸变(见图 2-14)。对比图 2-11 和图 2-14 可以看出，有切向载荷存在时，应力状态的畸变使极值带沿切向载荷作用方向朝条带边缘和表面偏移，并且极值带的剪应力强度增大。

这时，在破岩工具下方的岩石中会出现各向压缩区Ⅰ、各向拉伸区Ⅱ和过渡区Ⅲ。各向压缩区Ⅰ随着切向力的增大而缩小。在过渡区中既有压应力又有拉应力。如果切向力的相对值越大，则应力状态畸变越严重，极值带沿切向朝接触面边缘偏移越明显，极值带的剪应力强度增长也越多，破碎越容易。

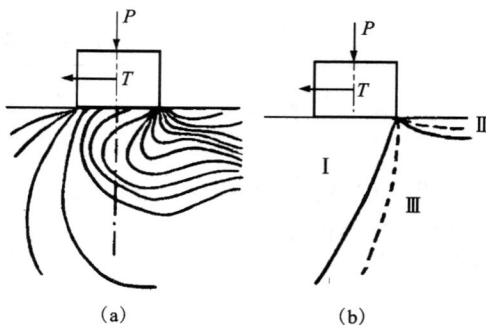

图 2-14 轴向力和切向力作用下的应力分布示意图
(a)等应力线图；(b)应力状态特征

2.4.4 双向力共同作用下的岩石破碎机理

钻进时，钻头切削具(以楔形切削具为例)在轴向力 P_y 的作用下吃入岩石一定的深度 h，并在产生扭矩的切向力 P_x 作用下沿圆周位移，使岩石产生剪切或切削破碎。在两种位移的共同作用下，切削具将沿螺旋线运动。由于切削具的吃入深度相对于孔径非常小，所以可认为孔底的倾斜角几乎等于零。

作用于切削具上的双向力 P_y、P_x 的合力 R 作用于倾斜平面 $I - I$ 上，它与轴向载荷的作用方向呈某个角度 γ。在切削具与岩石接触的地方，合力 R 将使岩石中产生弹性变形，并形成等应力球面。如图 2 – 15 所示，只是其等应力球面沿着合力方向被拉长成椭圆的形状(参阅图 2 – 11 更容易理解"等应力球面"的概念)。在第一危险极值带会形成环形裂纹，呈圆锥形向深部延伸，到一定深度后截止。而对称轴上的第二危险极值带朝边缘方向发展，形成镰刀状极限状态区。

由于岩石的抗剪强度很小，岩石破碎就发生在其最大应力超过岩石抗剪强度的球面上。这样的球

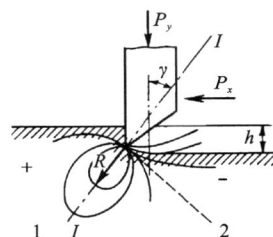

图 2 – 15 切削具在双向力作用下
吃入弹塑性岩石的示意图

1、2—分别为压应力与拉应力区

面位于切削具刃前棱面前方的受压区，并沿着这些球面发生岩石的剪切。在外载作用下，一旦极限区向外推挤周围岩石的力足够大，被剪切的周围岩石便会突然崩离并形成破碎穴。

由于 P_y 力的作用，切削具的刃后棱面给岩石施加压力并压皱它。在切削具移过的地方(切削具后方)将出现拉应力区，引起岩石内聚力的削弱并产生许多微裂纹(参见图 2 – 15 中2)，为下一轮剪切破碎奠定基础。当下一个切削具作用于该区域时，微裂纹将进一步扩展、贯通，有助于产生剪切体积破碎。

如果钻进中使用的切削具不是楔形，而是球形或其他形状，它在双向力作用下的岩石破碎机理也基本与上述分析类似。只是岩石越坚硬，切削具与岩石的接触面积越大，其吃入岩石的深度将越小，切削具在孔底螺旋运动的倾斜角度更是微乎其微，使岩石等应力球面中的"危险极值"带更浅，产生的剪切破碎穴将更小，甚至出现工程界常说的"磨削"。

一般破碎穴的形成是瞬时发生的，具有"跳跃性"，如图 2 – 16 所示，切削具侵入初期岩石将发生一定的塑性变形，侵入深度小于 h_0 时，它与载荷 P_y 呈线性关

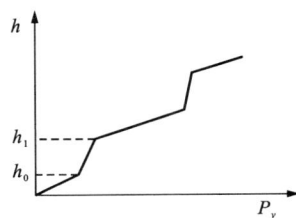

图 2 – 16 切削具入侵岩石时的
"跳跃性"过程示意图

系。然后由于脆性破碎，侵入深度增大到 h_1，继续加载又重复上述跳跃过程。只有当载荷达到一定值后才能产生大的破碎，这时破岩效果最好。如果载荷不足，则只能在岩石上产生压裂作用形成一些裂纹。

2.4.5 影响碎岩效果的因素

1. 载荷大小的影响

实践表明，钻进速度 v_m 与轴向比压 P_y 的关系曲线(见图 2 – 17)可分成三个区段：

在区域Ⅰ内，钻压很小，切削具上的比压不足以侵入岩石，仅存在由摩擦力引起的表面磨削。钻速很低，钻速与比压呈线性关系——称为表面破碎区。

在区域Ⅲ内，接触面上的压力等于或大于岩石的压入硬度，已能产生体积破碎，破岩的速度比区域Ⅰ大得多，钻速与比压呈更陡的线性关系——称为体积破碎区。

由表面破碎(区域Ⅰ)到体积破碎(区域Ⅲ)，要经过一个渐变的过程(区域Ⅱ)，在该区域内 v_m 与 P_y 呈曲线关系。这时接触面上的比压没有达到岩石的压入硬度，显然不会发生体积破碎，但也并非表面破碎。这时在岩石的弱面处形成裂纹，经多次作用后使其扩展增多，甚至相

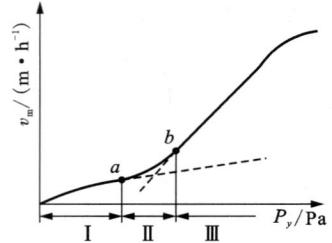

图 2 – 17　钻进速度与轴向
比压的关系示意图

互沟通，从而在较低的比压下形成小剪切。由于该过程需经多次外载的作用，故称为疲劳破碎区。

综上所述，只有保证钻头切削具上的比压达到或超过一定值(图 2 – 17 中 b 点)才可能使机械钻速 v_m 达最大值，使岩石处于体积破碎状态，其破碎效率才是最高的。

2. 破碎工具形状的影响

合理的破碎工具形状应使其压入岩石时的阻力最小。一般规律是：对于坚硬岩石采用球形工具较合理，对于较软的岩石宜选用楔形工具。

3. 破碎工具加载速度的影响

一般的规律是：对于弹 – 塑性的硬岩石采用冲击方式可在压入硬度增加不多的前提下，降低岩石的塑性系数，从而增大脆性破碎深度。虽然单位体积破碎功有所增加，但由于钻速提高，总的成本仍然合算。而对高塑性的软岩或多孔隙岩石，动载效应对硬度等力学指标的影响比硬岩要显著得多，故不宜采用冲击方式，而应采用压入回转切削方式破碎岩石。

4. 液柱压力的影响

孔内的液柱压力将给孔底破碎穴处的裂纹扩展和剪切体崩离造成阻力。也就是说，孔内液柱与岩层孔隙水的压力之差对破岩效率有显著影响。因此不论采用什么钻进方法都需要保证钻头上有足够的轴向压力，并尽量使用低密度、低固相的冲洗液，使孔底的压力差达最小。

2.5　本章知识在钻探工艺设计中的应用

2.5.1　岩石性质是制定钻探工艺的依据

制定具体地质条件下的钻探工艺设计是一个综合任务，包括深入掌握勘探矿区的地质情况、岩石特性，并在此基础上选择钻进方法、钻探设备和取样机具，设计合理的钻孔结构，制定钻探工艺规程并在实践中不断优化，实时评价钻探质量。这几个阶段既相互独立，又相互

关联。它们的共同基础是钻孔的目的，所钻岩石的特性等原始信息。

地质钻探的工艺流程总体框图如图2-18所示。这时需要做好以下准备工作：

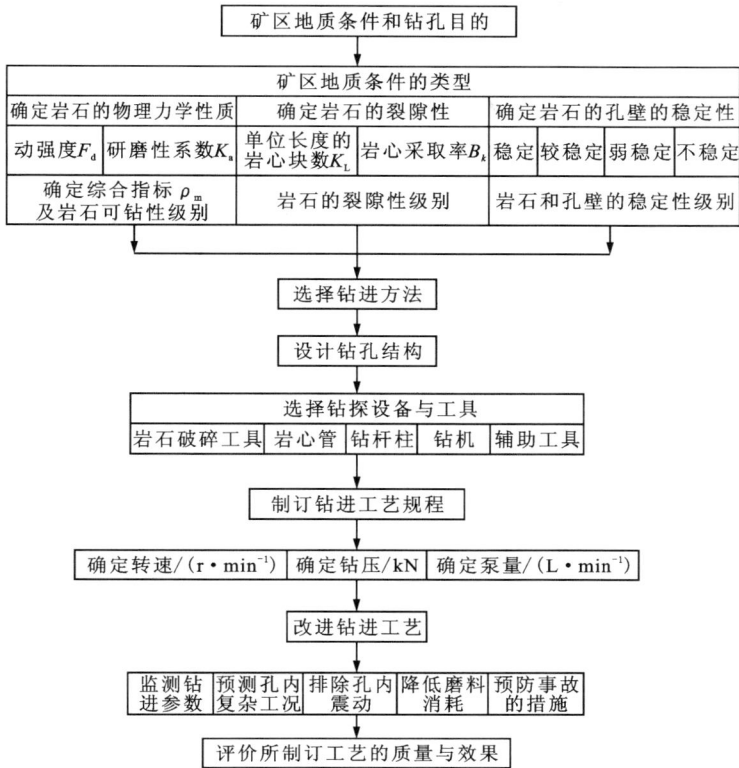

矿区地质条件和钻孔目的

矿区地质条件的类型		
确定岩石的物理力学性质	确定岩石的裂隙性	确定岩石的孔壁的稳定性
动强度F_d	研磨性系数K_a	单位长度的岩心块数K_L	岩心采取率B_k	稳定	较稳定	弱稳定	不稳定
确定综合指标ρ_m及岩石可钻性级别	岩石的裂隙性级别	岩石和孔壁的稳定性级别

↓

选择钻进方法

设计钻孔结构

选择钻探设备与工具				
岩石破碎工具	岩心管	钻杆柱	钻机	辅助工具

制订钻进工艺规程

确定转速/(r·min⁻¹)	确定钻压/kN	确定泵量/(L·min⁻¹)

改进钻进工艺

监测钻进参数	预测孔内复杂工况	排除孔内震动	降低磨料消耗	预防事故的措施

评价所制订工艺的质量与效果

图2-18 地质钻探工艺流程的总体框图

(1)根据矿区岩石的物理-力学性质(硬度、研磨性、联合指标)来确定岩石的可钻性。

(2)按一种或多种指标(单位长度岩芯块度K_L、岩芯采取率B_k)来综合确定岩石的裂隙性。

(3)通过调研了解孔内岩石及孔壁的稳定性。

(4)搞清楚钻探对象的可钻性、裂隙性和孔壁稳定性后，结合钻孔的目的、设计孔深等条件，就可以选择钻进方法、钻头和取芯工具，设计钻孔结构和制定钻探工艺规程。

2.5.2 根据岩石钻进特性选择钻进方法

钻进方法的选择取决于一系列因素，表2-20对不同地层的岩石钻进特性推荐了可供参考的钻进方法及适用钻具。在一些特殊条件下(专门的勘探任务，极复杂的地质条件)选择钻进方法和技术手段时可能与上述推荐方案有所不同。

2.5.3 根据岩石钻进特性设计套管系列

根据所选钻进方法、终孔直径和费用条件设计钻孔结构时，必须研究具体地质条件下的岩石钻进特性和剖面的复杂程度，并把他们作为设计钻孔结构的主要依据。

在具体条件下，根据岩石钻进特性和孔壁的稳定性程度，针对套管系列设计可把岩石分为4类：

（1）在钻完该层后需要马上下套管的层位——岩石稳定性差（不连续的冰川堆积物，强裂隙区段、矿山老窿破碎崩落区等）。

（2）孔壁附近的岩石处于不平衡状态，稳定性较差（裸孔孔身只能稳定1～20昼夜）。由于钻具的多次动载作用使该孔段孔壁不平衡状态加剧。这种岩性必须留有一级备用孔径，即所下套管内径应大于备用孔径。

（3）中等稳定性岩石能保持裸孔孔身稳定20～150昼夜。这类岩石构成的孔壁存在着弹塑性应力，但钻具的长时间作用不会对孔壁稳定性产生明显的影响。可以不下套管。

（4）坚固的孔壁。孔壁岩石可以在150个昼夜以上保持稳定性。不必设计套管。

表 2-20　根据岩石钻进特性选择钻进方法和取芯钻具类型一览表

岩石分组	岩石的特性			推荐的钻进方法	岩石裂隙性分级	推荐的适用钻具
	硬度 H_y	ρ_m 值	可钻性			
I	极硬	51～115	XI～XII	金刚石	1	单管，单动双管
II	硬-坚硬	15～51	VIII～X	金刚石、牙轮金刚石液动冲击	1	单管，单动双管，绳索取芯
					2～3	专用双管，单管，绳索取芯
					4～5	绳索取芯，专用双管，孔底局部反循环双管，空气双管钻具
III	中硬-硬	6.8～15	VI～VII	金刚石、PDC液动冲击、牙轮风动冲击	1	单管，单动双管，绳索取芯
					2～3	专用双管，单管，绳索取芯
					4～5	绳索取芯，专用双管，孔底局部反循环双管，空气双管钻具
IV	软-中硬	3.0～6.8	IV～V	硬质合金、PDC、风动冲击、全面钻头	4～5	空气双管钻具，部分取芯和取岩粉的钻具（风动冲击等方法），单管
V	疏松、易冲蚀、软	1～3	I～III	硬质合金、螺旋钻、刮刀钻头	5	空气双管钻具，部分取芯的钻具（风动冲击等方法），全螺旋钻具

第 3 章　钻杆柱与钻孔结构

　　钻杆柱是钻进机具中重要的组成部分，也是容易出折断事故的薄弱环节。钻柱一般由岩芯管、异径接头、取粉管、扶正器（或扩孔器）、钻铤、钻杆和主动钻杆等组成，借助接头或接箍连接的许多根钻杆是其中的主要成员。

3.1　钻杆柱功能与组成

3.1.1　钻杆柱的功用

　　钻杆柱是连通地面钻进设备与地下破岩工具的枢纽。钻杆柱把钻压和扭矩传递给钻头，实现连续给进；钻杆柱为清洁孔底和冷却钻头提供输送冲洗介质的通道；钻杆柱还是更换钻头、提取岩芯管和进行事故打捞的工作载体。同时，在绳索取芯钻进和水力反循环连续取芯钻进中，钻杆柱还是提取岩芯的通道；用孔底动力机钻进时，靠钻杆柱把动力机送至孔底，输送高压液体或气体并承担反扭矩；进行随钻测量时，钻杆是输送孔底信息的通道。

　　钻杆柱在井内的工作条件十分复杂。例如，当用 $\phi50$ 钻杆钻进孔深达 1000 m 的钻孔时，钻杆柱是一根细长比（直径与长度之比）达 1∶20000 的细长轴。它在非常恶劣的孔内工作条件下承受着复杂的交变应力，因此往往是钻进设备与工具中最薄弱的环节。在日常生产中，钻杆脱扣、刺漏、折断是常见的孔内事故，并可能因此导致孔内情况进一步恶化。随着我国地质工作与能源开发向深部发展，深井（包括斜井和大位移水平井）钻探的工作量与日俱增，对钻杆柱的性能指标提出了更高的要求。因此研究钻杆柱在孔内的工作条件与工艺要求，合理地设计和使用钻杆柱，对于预防恶性事故，实现快速优质钻进具有重要的意义。

3.1.2　钻杆柱的材质

　　常规钻杆通常由含不同合金成分的无缝钢管制成，常用合金成分有 Mn、MnSi、MnB、MnMo、MnMoVB 等，并且严格限制 S、P 等有害成分的含量。例如，许多钻探生产单位采用的 STM – R780 钻杆就是用上海宝山钢铁股份有限公司生产的热轧无缝钢管加工而成，其化学成分和力学性能见表 3 – 1 所列。

　　目前，地质管材钢级和性能一般执行 GB/T 9808—2008《钻探用无缝钢管》的规定，制作钻杆柱的钢管力学性能如表 3 – 2 所列。钻杆的钢级越高，其屈服强度越大。

　　对钻探管材的其他技术要求还包括：

　　（1）ZT590 以下钢级钢材中化学成分磷的含量不得大于 0.03%，硫不得大于 0.02%；ZT590 以上钢级磷的含量不得大于 0.02%，硫不得大于 0.015%。

　　（2）管材的内外表面不允许有目视可见的裂纹、折叠、结疤、轧折和离层。

表 3 – 1   STM – R780 钻杆化学成分和力学性能

化学成分 /%	C	Si	Mn	Mo	P	S	Cu	Cr	Ni
	0.38 ~ 0.45	0.15 ~ 0.35	1.55 ~ 1.85	0.15 ~ 0.25	< 0.025	< 0.020	< 0.20	< 0.30	< 0.30
力学 性能	规定总延伸强度 $R_{t0.5}$/MPa			抗拉强度 R_m/MPa			断后伸长率 A，%		
	≥520			≥780			≤15		

表 3 – 2   钻杆钢管的力学性能一览表

序号	钢级	抗拉强度/MPa	规定非比例延伸强度/MPa	断后伸长率/%	20℃冲击吸收能量*/J	硬度 HRC	交货的热处理状态
				不小于			
1	ZT380	640	380	14	—	—	正火、正火 + 回火等
2	ZT490	690	490	14	—	—	
3	ZT520	780	520	14	—	—	
4	ZT590	780	590	14	—	—	
5	ZT640	790	640	14	—	—	
6	ZT750	850	750	14	54	26 ~ 31	调质
7	ZT850	950	850	14	54	28 ~ 33	
8	ZT950	1050	950	13	54	30 ~ 35	

* 冲击试验方向为纵向，采用全尺寸试样（宽度 10 mm × 高度 10 mm）。

（3）管材应采用涡流检验、漏磁检验或超声波检验中的一种方法进行无损检测。

为了确保钻杆质量，轧制的钢管必须经正火、回火或调质处理。由于钻杆柱在回转过程中经常与孔壁接触，为了强化表面的抗磨能力，钻杆表层必须经高频淬火。但是为了不影响钻杆的抗疲劳性能，淬火加硬的表层深度必须控制在 1 mm 以内。

钻杆连接螺纹是钻杆柱中最薄弱的部位，为了克服该弱点，常须把钻杆端部加热使管壁向外或向内镦厚，成为端部外加厚或内加厚的钻杆。为防止镦厚过程对钻杆造成热损伤，镦厚的钻杆必须进行正火、淬火和高温回火处理。

钻探管材螺纹将承受钻进过程中出现的拉、压、弯、扭等交变应力，既要求它有足够的强度，又要能在经常拧卸中耐磨。所以钻探管材螺纹必须按照国家标准（GB 3423—1982）专门设计。螺纹部分还要承受冲洗液流的高压作用，所以其端部应设有专门的端面密封。

为保证钻杆质量，满足钻探施工要求，并能实现钻杆柱升降作业自动化，对钻杆的几何公差也有严格的要求。主要包括直线度、圆度和壁厚不均、通径要求等，其中：公称壁厚 15 mm 以下的管材直线度应不大于 1.50 mm/m；公称壁厚 15 mm 以上的管材直线度应不大于 2.0 mm/m，且全长直线度偏差不大于管材总长度的 1.0%。对钻探管材的其他技术要求请参阅《地质钻探手册》。

3.1.3　地质岩芯钻探用钻杆柱的代号

为适应地质钻探工作现代化的需求,我国有关部门已将不同类别、不同规格的地质岩芯钻探管材编制了统一代号。钻具代号一般由类别、规格、类型、产品特征等信息组成。一般将代号字母刻印在钻具总成端面或外表面上。

由于钻具代号中要用到地质岩芯钻探口径系列的规格代号,所以有必要先介绍钻探工程中最基础的口径系列规定。我国的地质岩芯钻探口径系列依照国际通用的标准采用 R、E、A、B、N、H、P、S 作为代号,规格代号及对应的公称口径见表 3 – 3。

表 3 – 3　地质岩芯钻探规格代号及对应的公称口径

规格代号	R	E	A	B	N	H	P	S
公称口径*/mm	30	38	48	60	76	96	122	150

*　公称口径只代表理论钻孔口径尺寸,以便于统一钻具的规格系列,实际的钻头、扩孔器外径尺寸可根据不同的钻进方法和地层情况在合理范围内确定。

钻具类型分为三类:钻杆用符号 R 表示;取芯钻具用符号 B 表示;套管用符号 C 表示。外丝钻杆、坑道钻探用外平钻杆和加重钻杆的规格以公称外径(mm)表示,其余以钻孔规格代号表示。

地质岩芯钻探用钻杆、套管的表示方法如下:
- 绳索取芯钻杆以 C 表示,其中:基本型(通用型)、加强型、薄壁型分别以 S、P、M 表示;
- 普通钻杆:内加厚外丝钻杆以、外加厚外丝钻杆、内丝钻杆分别以 L、V、G 表示;
- 坑道钻探用外平钻杆以 U 表示;
- 加重钻杆以 H 表示;
- 套管分为接头连接式(以 X 表示)和直连式(以 W 表示)。

地质岩芯钻探用钻杆、套管的代号汇总见表 3 – 4。

3.1.4　钻杆柱的结构

1. 主动钻杆

主动钻杆(又称机上钻杆)位于钻杆柱的最上部,由钻机立轴或动力头的卡盘夹持,或由转盘内非圆形卡套带动回转,向其下端连接的孔内钻杆传递回转力矩和轴向力。主动钻杆上端连接水龙头,以便向孔内输送冲洗液。主动钻杆的断面尺寸大,便于卡盘夹持回转,不易变曲,其断面形状有圆形、两方、四方、六方和双键槽形。主动钻杆的长度应比钻杆的定尺长度与回转器通孔长度之和略长一些,常用的有 4.5 m 或 6 m。

2. 钻铤

在大口径钻进中常用到钻铤。钻铤直径大于钻杆,位于钻杆柱的最下部。其主要特点是壁厚大(相当于钻杆壁厚的 4~6 倍),具有较大的质量、强度和刚度。

钻铤的主要作用是:①给钻头施加钻压;②保证复杂应力条件下的必要强度;③减轻钻头的振动,使其工作平稳;④控制孔斜。

表 3 – 4　地质岩芯钻探用钻杆、套管代号一览表

类别	规格代号	类型与特征代号		代号组合示例
钻杆 R	A、B、N、H、P	绳索取芯 C	通用型 S	R – NCS（N 规格通用型绳索取芯钻杆）
			加强型 P	R – NCP（N 规格加重型绳索取芯钻杆）
			薄壁型 M	R – NCM（N 规格薄壁型绳索取芯钻杆）
	42、50、60、73、89	普通 外丝	内加厚 L	R – 60L（60 mm 内加厚外丝钻杆）
			外加厚 V	R – 60V（60 mm 外加厚外丝钻杆）
	R、E、A、B、N	普通 内丝	G	R – NG（N 规格内丝钻杆）
	42、50、60.5、73、89	坑道	U	R – 50U（50 mm 坑道钻探用外平钻杆）
	68、83	加重	H	R – 68H（68 mm 加重钻杆）
		加强型 P		B – NCP（N 规格加强型绳索取芯钻杆）
套管 C	E、A、B、N、H、P、S、U	接头连接 X		C – NX（N 规格 X 套管）
		直连式 W		C – NW（N 规格 W 套管）

3.钻杆的连接方式

1）内丝钻杆

用接头连接的内丝钻杆两端内壁车有扁梯形螺纹。我国金刚石岩芯钻探（非绳索取芯）均采用内丝钻杆螺纹连接，这是金刚石钻进的特点所决定的，因为金刚石钻进孔径小、转速高，必须使钻杆外径和孔壁之间环状间隙很小，因此要求整个钻杆柱的外表面基本是平滑一致的，从而决定了其只能用内丝钻杆连接方式。

2）外丝钻杆

用接箍连接的外丝钻杆两端管壁有内、外加厚，并车有带锥度的三角螺纹。接箍外径较钻杆大，可减少钻杆磨损和其在孔内的弯曲程度，但却占用较大的钻杆外环状间隙。在合金和钻粒钻进中，基本是采用外丝钻杆。

3）用焊接接头连接

这种钻杆两端与钻杆接头之间用焊接的方法连接起来，接头之间再用螺纹连接。在水井、地热井钻进中常采用烘装焊接连接方式的钻杆，在金刚石绳索取芯钻进中则采用对焊连接方式的钻杆。

为减少升降工序中拧卸钻杆的次数与时间，由 2~4 根钻杆连接成立根，一次升降一个立根，在钻孔过程中不再卸开。为了便于拧卸，立根之间用两个一组的公母锁接头连接（见图 3–1），其外径与接箍相同。为了升降钻具拧卸与挂提引器方便，公母锁接头上均开有方切口。公母锁接头间的连接螺纹锥度大、螺距大，自动对中好，拧卸省力又省时。

对于内丝钻杆，立根间也用公母锁接头，但其螺纹为扁梯形、无锥度。公锁接头还用于内丝钻杆间的连接（见图 3–1）。

常用的普通钻杆及其连接的规格见表 3–5 所列，用于大口径工程施工孔的钻杆可查阅石油钻杆规范，而金刚石岩芯钻探用的钻杆的规格可查阅 GB 3423—1982。

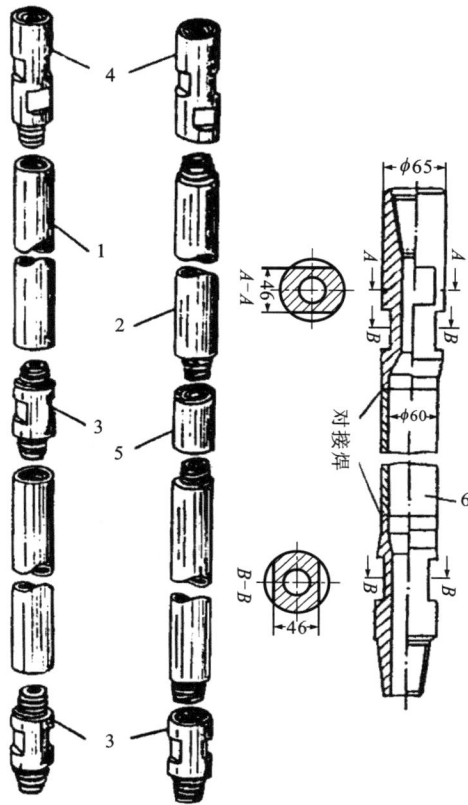

图 3-1　钻杆的连接方式

1—内丝钻杆；2—外丝钻杆；3—公锁接头；4—母锁接头；5—接箍；6—钻杆

表 3-5　普通钻杆及其连接的主要规格*[YB 235—1970]

加厚方式	钻杆					接箍			锁接头					
	外径	内径	定尺长	每米质量 /(kg·m⁻¹)	附加质量 /(kg·根⁻¹)	外径	长度	质量/(kg·个⁻¹)	外径	内径	切口宽	公锁接头长	母锁接头长	连接后全长
无加厚	33.5	23		3.72					34	15				
内加厚	42	32	3000	4.56	0.65	57	130	1.4	57	22	40	165	230	355
	50	39	4500	6.04	0.96	65	140	1.7	65	28	45	190	255	395
	60	48	4500	7.99	1.44	75	140	2.04	75	38	50	215	290	445
外加厚	60	48	6000	7.99	1.5	86	140	2.7	86	44.5	50	241	310	481
	73	59	6000	11.4	2.5	105	165	4.7	105		50	241	310	481
	89	69	8000	19.48	3.5	118	165	5.2	121	68	50	355	280	533

*　除单独说明者外，单位均为 mm。

3.1.5　铝合金钻杆

随着我国地质工作与能源开发向深部发展，对钻杆柱的性能指标提出了更高的要求。人们希望在不更换大吨位钻机的前提下能钻得更深，轻质铝合金钻杆便应运而生。

20 世纪 60 年代初，苏联开始在钻井中使用铝合金钻杆，经过不断改进，目前俄罗斯批量生产的高可靠性铝合金钻杆达世界领先水平并大量出口。欧盟在俄罗斯铝合金钻杆标准的基础上，于 2002 年制定了铝合金钻杆的 ISO 15546：2002 国际标准，其地位与美国制定的钢钻杆 API 国际标准等同。我国国家质量监督检疫总局和国家标准化管理委员会全文翻译了该国际标准，并于 2006 年 12 月 15 日作为中华人民共和国国家标准 GB/T 20659—2006/ISO 15546：2002《石油天然气工业 铝合金钻杆》正式发布。目前国内的地质钻探高强度铝合金钻杆也已批量生产，并顺利完成了生产试验。

1. 铝合金钻杆的优点（与钢钻杆相比）

（1）与传统钻杆材料钢相比，铝合金具有宝贵的物理力学性能。铝合金的密度和弹性模量几乎是钢的 1/3，而比强度（断裂强度极限与密度之比）却是钢的 1.5～2 倍。

（2）铝合金钻杆重量轻，在钻机能力一定的条件下，用铝钻杆能钻达钢钻杆无法达到的深度。俄罗斯 CГ－3 井现场 400 t 能力的钻机额定最大井深为 8000 m，但用铝合金钻杆取代钢钻杆后钻成了世界最深的 CГ－3 井（12262 m）。

（3）铝合金在腐蚀环境中的稳定性非常好。它表面覆盖一层稳定的氧化膜阻止与环境的进一步反应，可用于任何浓度的硫化氢和二氧化硫环境，而且其抗腐蚀能力与温度无关。

（4）铝合金钻杆与井壁的磨阻小，浮力系数也比钢小得多，所以可减轻起下钻的阻卡，节省 20%～25% 的起下钻时间。铝合金钻杆用于 3000 m 以上的钻井最有效。

（5）在相同井眼曲率下，铝合金钻杆的弯曲应力远小于钢钻杆。从而适用于钻斜井、曲率半径小的定向井和水平段长的水平井。

（6）铝合金钻杆具有和镍钛合金相似的无磁特性，方便随钻测量仪器的使用。

（7）铝合金钻挂内泥浆的流动阻力小，可提高钻头的水马力。

（8）钻杆柱的钢接头可有效保护铝合金钻杆免受过渡磨损。

（9）处理井内事故时，用全面钻头就可把井下铝合金钻具钻掉，钻速为 30 m/h 左右。

2. 三类钻杆材料基本参数及其最大允许使用长度的对比

三类钻杆材料基本参数的对比见表 3－6。

表 3－6　钢钻杆、铝合金钻杆和钛合金钻杆的基本参数对比表

材料	密度/(g·cm⁻³)	纵向弹性模量/MPa	剪切模量/MPa	抗拉强度/MPa（20℃时）	泊桑系数	线膨胀系数×10⁻⁶/℃	比热/[J·(kg·℃)⁻¹]
钢	7.85	210000	79000	380～1030	0.27	11.4	500
铝合金	2.78	71000	27000	410～530	0.30	22.6	840
钛合金	4.54	110000	42000	490～1080	0.28	8.4	460

按照三类钻杆的强度、钻杆密度和钻井液密度，可算出等尺寸条件下三类钻杆的最大允

许使用长度理论值(见图 3 - 2)。图中实线、虚线对应于不同的泥浆密度。可见,在同等条件下铝合金钻杆可适用的井深最大,钛合金次之,钢钻杆最小。

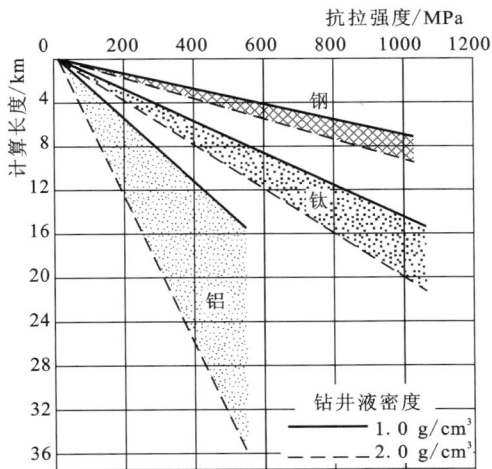

图 3 - 2　三类钻杆最大允许使用长度(理论值)

3. 铝合金钻杆的连接方式

铝合金钻杆柱的关键结构要素是铝钻杆与钢接头的连接问题。高可靠性铝钻杆的连接方式(见图 3 - 3)有 3 个特点:

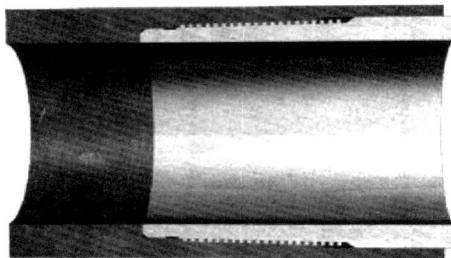

图 3 - 3　铝合金钻杆的连接方式

(图中黑色为钢接头,白色为铝钻杆)

(1)采用梯形丝扣与接头连接;

(2)铝钻杆设置了内支撑端面和锥形配合面;

(3)通过高温装配工艺实现丝扣、配合面及支撑端面的过盈配合。

众所周知,在深井(尤其是斜井和水平井)钻进条件下,钻杆柱最容易发生疲劳破坏。而新型铝钻杆的锥形配合面及支撑端面可减轻丝扣的负担,明显提高接头的抗疲劳指标,比普通三角形螺纹提高抗疲劳强度 60% ~ 80% 。

实践证明,铝钻杆与钢接头的新型连接方式可适应极大的钻压载荷。俄罗斯 СГ - 3 井用铝合金钻杆取代钢钻杆后钻达 12262 m。统计该井 195 个回次中钻杆的磨损情况表明,最大磨损量发生在钢接头上(径向磨损 6.8 mm),由于钢接头的保护铝合金钻杆本体的最大磨损量仅为 0.92 mm。这类铝钻杆自 1993 年起已成功用于海洋深水钻井作业。

3.2 钻杆柱的工况

3.2.1 钻杆柱的工作状态

钻杆柱在孔内的工况随钻进方法、钻进工序的不同而异。钻杆柱主要是在起下钻和钻进这两种条件下工作。

在直孔中起下钻时,钻杆柱基本不接触孔底,整个钻杆柱处于悬挂状态,在自重作用下,钻杆柱处于受拉伸的直线稳定状态。

在正常钻进时,由于钻杆柱自身的偏心和由自重失稳而产生的某些弯曲,造成钻杆柱有一定的质量偏离回转中心。这些偏心质量在回转运动中则产生离心力,更促使钻杆柱弯曲。与此同时,钻杆柱给孔底工作的钻头传送所需钻压主要依赖于钻杆柱自身的重量,多余的部分由钻机提拉而减压;如果不足,则需靠钻机补充(即所谓加压钻进)。因此,钻杆柱上还有由自重、钻机给进力及摩擦力合成的纵向压力。在离心力、纵向压力和扭矩的联合作用下,钻杆柱轴线一般呈变节距的空间螺旋弯曲曲线形状。弯曲程度取决于这三种力作用的大小。由于钻杆柱愈往下,所受重力愈大,因此,弯曲的钻杆柱轴线在孔底螺距最小,往上逐渐加大。如图 3-4 所示。

我们把钻杆柱中心线和钻孔的轴线相交两点间的一段纵向长度称为半波长,以 l 表示。根据萨尔基索夫的理论推导,距零断面(零断面的概念见本节后续内容)距离为 Z 处的半波长可按式(3-1)计算。

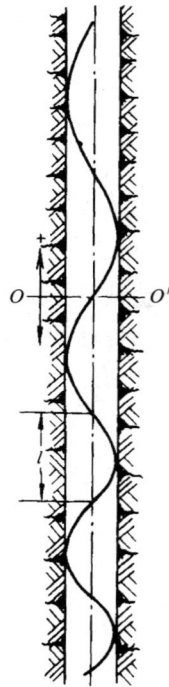

图 3-4 钻杆柱在孔内的波形弯曲

$$l = \frac{100}{\omega}\sqrt{\pm 0.5Z + \sqrt{0.25Z^2 + \frac{0.235J\omega^2}{q}}} \quad (\text{m})$$

$$(3-1)$$

式中:q——冲洗液中单位长度钻杆柱的质量,kg/m;

ω——钻杆柱转速,r/min;

Z——所求断面距零断面的距离,在零断面以下压缩部分取负号,反之取正号,m;

J——钻杆柱横断面的轴惯性矩,cm^4。

萨尔基索夫公式的前提条件是理想的钻杆柱在孔壁完整的钻孔中以钻孔的轴线为中心作公转运动,并呈平面弯曲状态,该公式仅表示了钻杆柱在孔内弯曲的基本状态。

螺旋弯曲的钻杆柱在孔内是怎样旋转的呢?这是一个极为复杂的问题。钻杆柱在孔内的旋转运动可能有三种形式。

（1）钻杆柱围绕自身弯曲轴线旋转（自转）。钻杆柱自转时在整个圆周上与孔壁接触，产生均匀的磨损，但受到交变弯曲应力的作用。

（2）钻杆柱围绕钻孔轴线旋转并沿着孔壁滑动（公转）。钻杆柱公转时不受交变弯曲应力的作用，但产生一边偏磨。

（3）钻杆柱围绕钻孔轴线旋转，但不是沿着孔壁滑动而是沿着孔壁反向滚动（公转与自转的结合），钻杆柱同时围绕自身轴线和钻孔轴线旋转。其磨损均匀，也受到交变弯曲应力的作用，但循环次数比第一种形式低得多。

从理论上讲，如果钻杆柱的刚度各方向是均匀一致的，那么钻杆柱以何种形式旋转就取决于外界阻力的大小，按常规是以消耗能量最小的形式转动。当钻杆柱自转时，旋转经过的行程比其他运动形式都小，克服泥浆阻力及孔壁摩擦力所消耗的能量也较小。因此，一般认为呈半波弯曲的钻杆柱的主要形式是自转，但也可能产生两种形式的结合，即有时以自转为主 + 公转，有时以公转为主 + 自转。

3.2.2　钻杆柱的受力

在钻进过程中，钻杆柱承受着各种载荷的作用，钻杆柱的弯曲不仅对钻杆柱造成严重的应力，而且在弯曲条件下钻杆柱自转造成的疲劳破坏是十分严重的，因此，钻杆柱必须具有足够的强度，以承受各种可能的载荷。

1. 轴向压力和拉力

当钻孔达到一定深度时，孔内钻杆柱的重量已超过了钻头所能承受的钻压值，则必须减压钻进。即上部钻杆柱受拉，其中孔口处拉力最大，向下逐渐减小；下部钻杆柱受压，孔底压力最大（图 3 - 5）。在某一深处轴向力等于零，称之为零断面或中和点。在施工设计中应使中和点落在刚度大、抗弯能力强的钻铤上，保证上部的钻杆处于受拉伸的稳定状态。即使在小口径的条件下，不可能使用钻铤，也应避免中和点落在强度和刚度较弱的旧钻杆上，以免加剧其受压弯曲，在自转中造成疲劳破坏。

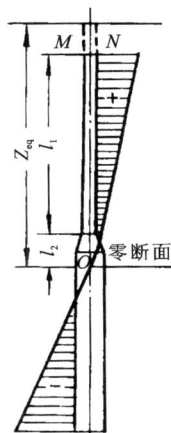

图 3 - 5　轴向力分布示意图

1）钻杆柱在泥浆中空转时所受的拉应力

在垂直孔中，钻杆柱在泥浆中的重力 Q_1 为：

$$Q_1 = \alpha q_0 L \left(1 - \frac{\gamma_m}{\gamma_s}\right) \quad （N） \qquad (3 - 2)$$

式中：α——考虑接箍和管端加厚对钻杆单位长度质量的修正系数，$1.05 \sim 1.10$；

　　　q_0——单位长度钻杆重量，N/m；

　　　L——钻杆柱长度，m；

　　　γ_m——冲洗液密度，kg/m^3；

　　　γ_s——管材密度，kg/m^3。

孔口处钻杆柱横截面的拉应力 σ_t 为：

$$\sigma_t = \frac{Q_1}{F} \quad (\text{Pa}) \tag{3-3}$$

式中：F——孔口处钻杆柱横截面积，m^2。

孔口以下钻杆柱某一横截面的拉伸负荷 Q_i 为：

$$Q_i = \alpha(q_0 L_i - F L \gamma_m g) \quad (\text{N}) \tag{3-4}$$

式中：F——钻杆柱横截面积，m^2；

L_i——横截面以下钻杆柱的长度，m；

g——重力加速度，9.8 m/s^2；

L、α、γ_m、q_0——符号意义同前。

孔口以下钻杆柱某一横截面的拉应力为：

$$\sigma_{ti} = \frac{Q_i}{F} \quad (\text{Pa}) \tag{3-5}$$

2）钻进时孔口处钻杆柱所受的拉应力

$$\sigma_t = \frac{Q_1 - P}{F} \quad (\text{Pa}) \tag{3-6}$$

式中：P——钻压，N；其他符号意义同前。

3）提升钻杆柱所产生的拉应力

在垂直孔中提升钻杆柱最大的拉力 Q 为：

$$Q = Q_1 + Q_2 + Q_3 \quad (\text{N}) \tag{3-7}$$

式中：Q_1——意义同前；

Q_2——提升钻柱时孔内增加的阻力；

Q_3——提升加速度的惯性力。

其中，Q_2 力与孔斜状态，孔壁间隙，孔壁岩石性质及状态，泥浆性能，钻杆柱本身的刚度及弯曲状态等因素有关，难于精确计算，应据现场具体条件测定；Q_3 力取决于提升操作状况，在操作中快速猛提会使加速度很大，从而增大惯性拉力。实际准确计算 Q_3 力有困难，一般也采用钻杆柱重量乘以一个增大系数 k 的办法来确定，如取 $k = 1.2 \sim 1.3$。

2. 弯矩与离心力

已经弯曲的钻杆柱在轴向力的作用下，将受到弯矩的作用，如绕自身轴旋转则会产生交变的弯曲应力。如钻杆柱公转，则产生离心力。离心力又将加剧钻杆柱的弯曲变形。

若把钻杆的弯曲视为正弦波形（参见图 3-4），钻杆柱的弯曲曲线方程式为

$$y = f \sin \frac{\pi x}{l}$$

由材料力学知，弯曲曲线的方程式为

$$EJ \frac{\mathrm{d}^2 y}{\mathrm{d} x^2} = -M$$

所以有 $M = EJ \dfrac{f \pi^2}{l^2} \sin \dfrac{\pi x}{l}$，当 $x = l/2$ 时，$M = M_{max}$，故

$$M_{max} = \frac{\pi^2 EJ}{l^2} \cdot f \tag{3-8}$$

因为 $\sigma_{\mathrm{w}} = \dfrac{M_{\max}}{W}$，且圆管的断面模量为 $W = \dfrac{2J}{d}$，所以便可得：

$$\sigma_{\mathrm{w}} = \frac{\pi^2 EJ}{l^2} \cdot f \cdot \frac{d}{2J} = \frac{\pi^2 Ed}{2l^2} \cdot f \qquad (3-9)$$

若取 $\pi^2 \approx 10$，$E = 2 \times 10^6 (\mathrm{kg \cdot f/cm^2})$[①]，则得

$$\sigma_{\mathrm{w}} \approx 100\,\frac{df}{l^2} \quad (\mathrm{MPa}) \qquad (3-10)$$

式中：f——最大挠度，为钻孔直径 D 与钻杆直径 d 的一半；l 的计算单位为 m；d 的计算单位为 cm。

　　由式（3-10）可知，钻杆柱的弯曲应力与钻杆直径和最大挠度 f 成正比，而与半波长度的平方成反比。所以半波长越小，弯曲应力越大。由萨尔基索夫公式知，半波长度又与 ω（转速）成反比，所以半波长受钻杆柱转速的影响较大。高转速产生更大的离心力，加强了钻杆柱的弯曲。

3. 扭矩

　　在正常钻进条件下，回转钻杆柱所需的功率 N_{d} 为

$$N_{\mathrm{d}} = N_1 + N_2 + N_3 (\mathrm{W}) \qquad (3-11)$$

式中：N_1——空转钻杆柱的功率；

　　　　N_2——克服由于传送钻压、钻杆柱弯曲并与孔壁接触而产生摩擦阻力时增加的功率；

　　　　N_3——钻头破碎岩石所需的功率（包括钻头与孔底的摩擦功率）。

　　考虑到钻杆尺寸及连接方式、钻孔直径、孔斜情况及孔壁状态、钻头类型及孔底岩石性质等因素差异很大，所以通过理论计算确定的 N_1、N_2、N_3 值往往误差很大，通常需要在具体条件下进行实际测量或依据经验数据而定。在确定钻杆柱上端所传送的总功率后，在一定的转速条件下，即可按式（3-12）算得钻杆柱上端承受的最大扭矩 $M(\mathrm{N \cdot m})$。

$$M = 9550\,\frac{N_{\mathrm{d}}}{n}\eta \quad (\mathrm{N \cdot m}) \qquad (3-12)$$

式中：N_{d}——回转钻杆柱所需的功率，kW；

　　　　n——立轴转速，r/min；

　　　　η——传动效率。

　　钻进中钻杆柱受到扭矩的作用，在钻杆柱各个截面上都产生剪应力。钻杆柱在孔口处承受的扭矩最大；在孔底最小。

4. 纵振、扭振与摆振

　　孔底跳跃式的破碎岩石（尤其是冲击钻进、牙轮钻进或钻进裂隙性岩石的条件下）会引起钻杆柱的纵向振动，在中和点附近产生交变的轴向应力。当产生共振时，钻杆柱容易疲劳破坏。当孔底岩石对钻头的回转阻力不断变化时，会引起钻杆柱的扭转振动，从而产生交变的剪应力。在某一临界转速下，钻杆柱会出现摆振，其结果是迫使钻杆柱公转，引起钻杆柱严重的偏磨。

　　由以上分析不难看出，钻杆柱受力严重部位是下部、孔口处和零断面附近。

---

①　$1\ \mathrm{kg \cdot f/m^2} = 98\ \mathrm{kPa}$。

3.2.3　钻杆柱的疲劳破坏

国内外大量现场资料证明，疲劳破坏是钻杆柱破坏最常见的形式。疲劳破坏分三种基本类型：纯疲劳破坏、伤痕疲劳破坏和腐蚀疲劳破坏。

1. 纯疲劳破坏

纯疲劳破坏事先没有任何明显的原因。材料在动载情况下比在静载情况下显得更脆弱。当钢材承受的交变应力超过一定值和循环次数后被破坏，即为疲劳破坏。疲劳破坏是逐渐发展而形成的。开始时钢晶体中的原子沿着晶体的滑移面发生微屈服，在应力的交替作用下产生热能，使组分间的结合强度降低，形成微裂纹。裂纹在交变应力作用下不断张开和闭合，不断扩大，最后在应力小于材料强度的情况下也会发生破坏。

2. 伤痕疲劳破坏

伤痕疲劳破坏是钻杆表面各种缺陷引起的破坏，是微小裂纹逐渐发展蔓延的结果。钻杆在弯曲状态下自转时受着交替拉伸和压缩。如果钻杆表面有一个缺陷就将不断地开启和关闭。每开启一次都促使缺陷扩展。当缺陷底部的应力达到一定程度时，缺陷将逐步扩大，直到最后剩下的实体材料不足以承受整个负荷而发生破坏。因此，无论是由于机械原因还是由于冶炼原因出现的表面缺陷，都将大大影响钻杆的疲劳极限，其影响程度取决于缺陷的位置、方向、形状和大小。如果伤痕位于离接头 50 cm 以内产生最大弯曲力矩处，沿圆周方向，且底部呈尖锐形状，将加剧钻杆的疲劳破坏，直至无法工作。

3. 腐蚀疲劳破坏

在腐蚀环境中造成的疲劳破坏称为腐蚀疲劳破坏。化学腐蚀和电化学腐蚀是造成钻杆早期破坏最常见的原因之一。由于腐蚀使钻杆截面积减小或由于腐蚀坑造成应力集中，都会使疲劳强度大为降低。

为减少钻杆柱的疲劳破坏，应尽可能降低钻杆柱承受交变应力的水平；控制泥浆对钻杆的腐蚀性；防止拧卸钻杆时造成伤痕；储存、运输钻杆时，应清除各种盐类和腐蚀物质并用防锈脂涂抹丝扣。

3.3　套管柱与钻孔结构

3.3.1　套管柱

地质钻探用套管分为 X 和 W 两个系列，其标准代号参见表 3-4。

套管柱连接方法主要有三种：

1）直接连接

W 系列套管的管体两端分别进加工有内、外螺纹，可以直接连接。连接后具有光滑的内外表面，便于下放和起拔套管柱，也便于升降钻具，适用于浅孔。我国金刚石钻进常用此种套管柱。但直接连接的套管柱强度较小，因此适应于直径不大于 89 mm 的套管连接。

2）接头连接

X 系列的管体两端均为内螺纹，采用套管接头将单根套管连接成套管柱，连接后外表面光滑，有利于下放套管，我国合金和钻粒钻进用的套管都采用接头连接。

3）接箍连接

石油钻井多采用接箍将单根套管连接成套管柱，连接后的内表面是光滑的，保证有足够的强度，但不利于下放或起拔套管柱，在岩芯钻探中基本不用此种连接方式。

单根套管长度 3 ~ 6 m。丝扣采用牙距 4 mm 和 6 mm 的梯形螺纹，由于套管柱在孔内承受着较大的应力，故必须用优质钢制成。目前我国用 DZ – 40 ~ DZ – 85 等钢号，其钢种有 45 号和 50 号优质碳素钢、50Mn 和 45Mn$_2$ 等无缝钢管。

在下套管柱之前，应根据自重和最大起拔力的实际需要对其抗拉强度、丝扣连接强度进行校核，以防长套管柱有可能在纵向力（套管自重）的作用下出现断裂或因丝扣损坏而脱开。故深孔下套管应在验算套管柱的强度以后才能确定最大允许下入深度。

在套管柱自重作用下，套管柱上部危险断面的拉应力为：

$$\sigma = \frac{Q}{F} = \frac{qL\left(1 - \dfrac{\gamma_1}{\gamma}\right)}{F} \quad (\text{kPa}) \qquad (3-13)$$

起拔套管时，除自重外还有套管柱与孔壁的摩擦阻力，取安全系数为 2，故套管柱的拉应力不得大于屈服点的 1/2。即

$$\sigma \leqslant \frac{\sigma_s}{2} = [\sigma] \quad (\text{kPa}) \qquad (3-14)$$

式中：$[\sigma]$——套管许用拉应力，kPa；

  q——套管柱（考虑接箍）单位长度重量，kN/m；

  L——套管柱全长，m；

  γ_1——泥浆密度，kg/m^3；

  γ——钢材密度，kg/m^3；

  σ_s——套管柱屈服点，kPa；

  F——套管柱的危险断面面积，m^2。

此外，在弯曲的钻孔中下套管时，套管柱上会产生很大的弯曲应力。因此，在往深孔中下套管时，必须通过强度验算来确定套管的最大允许下入深度。

3.3.2 钻孔结构设计

1. 钻孔结构设计原则

钻孔结构是指钻孔纵剖面的形状。即由开孔至终孔，孔身剖面中各孔段的深度和口径的变化情况。一般来说，钻孔换径次数越多，钻孔结构越复杂。

一般开孔前设计钻孔结构时需要：

（1）根据地质设计要求确定相应地层的穿矿口径和终孔直径，如果属找矿勘探孔，则取决于矿产类型是否对岩芯的最小直径有特殊要求；

（2）根据地层条件（所钻岩石的物理 – 力学性质，尤其是它们的硬度、稳定性和水敏性等）、钻孔设计深度和倾角、钻进方法、护壁措施及钻探设备的技术参数和孔内测量仪器的外径尺寸等因素，合理确定开孔直径、换径次数及其深度，阐明选择钻孔结构的依据；

（3）确定套管的规格、数量、下入深度和程序；

（4）在施工设计指示书中要绘制相互对照的地质柱状图和钻孔结构设计图。

当钻孔在含砾石、卵石和漂砾的砂质－黏土质岩土中施工时，孔壁可能坍塌，在水敏性地层中钻孔可能缩径，在流砂层中则成孔非常困难，所以在复杂地层中必须采取专门措施加固孔壁。如果用泥浆或专门配制的处理剂护壁无效的话，则必须用套管来隔离不稳定的孔壁。如钻遇漏水层或涌水层用泥浆材料处理无效时，也应下套管隔离漏水层或涌水层。一般情况下，开孔时必须在孔口下孔口管，以保护孔口处岩土层不被冲坏并将冲洗液导向循环槽，孔口管的另一个重要作用是导正钻孔方向。有时虽然钻孔不深，也需要下一层甚至数层套管，形成多级台阶形的钻孔结构。所以开孔直径将比终孔直径大好几级。

通常采用自下而上的方法设计钻孔结构，即首先确定所需的终孔直径。例如，金刚石钻进推荐终孔直径为 $\phi48$ mm 或 $\phi60$ mm；硬质合金钻进常用 $\phi60$ mm、$\phi76$ mm、$\phi96$ mm 的钻头终孔，但用于煤系地层时应不小于 $\phi76$ mm，用于无机盐勘探时应不小于 $\phi96$ mm；用于工程地质勘查的终孔直径一般应不小于 $\phi122$ mm，用于水井和工程施工的孔径可达 $\phi300$ ~ $\phi500$ mm 以上。确定了终孔直径以后，根据地层剖面找出需要加固的危险孔段，再设计对应孔段下入套管的直径和深度。

为了降低生产成本，应尽量简化钻孔结构，少下或不下套管。因为每下一层套管钻孔便缩小一级口径，套管柱的上下端固定与密封、套管间的丝扣连接强度及保持钻孔方向等方面都会出现一系列技术问题。往往钻孔结构越复杂，套管层数越多，则孔内事故隐患越多。钻孔结构越简单，越能减少钻柱的振动，充分发挥钻柱高转速的优势，从而提高钻探效率和钻探质量。

在设计钻孔结构时（尤其在新区）通常要留一级备用口径，万一出现无法处理的孔内复杂情况，还可以补下一层套管，以保证工程结束时能达到终孔直径的设计要求。

2. 钻孔结构设计举例

某矿区为勘探埋藏在岩层中的放射性元素，规定在孔深 180 ~ 700 m 范围内必须定向取芯，并进行地球物理测井和全孔测斜工作。

根据不同孔段的岩石可钻性，0 ~ 600 m 孔段拟采用硬质合金钻头取芯钻进，而在 600 ~ 700 m 孔段使用金刚石钻头取芯钻进。由于矿床倾斜角超过 30°，所以钻孔应设计为斜孔。

按照勘探规范，该矿种的最小终孔直径为 38 mm。但考虑到矿体岩石的破碎程度和裂隙性，为了取出所需的代表性岩芯并保证岩芯采取率以满足化验需要，必须加大钻孔口径。同时考虑到所用定向取芯装置的直径为 57 mm，用于测斜和其他孔内地球物理测井的仪器外径小于等于 50 mm，故选定终孔直径为 60 mm（B 规格）。

为了加固孔口，防止孔口被冲刷，保证冲洗液能顺利流入泥浆槽中，并保证开孔的方向，在 0 ~ 4 m 孔段必须埋设导向孔口管并用水泥固定。

针对上述勘探孔的例子，与地质柱状图对照的钻孔结构设计示于图 3－6。

该孔 0 ~ 62 m 孔段为黏土岩，必须用套管隔离。为下入套管，钻进深度应超过 62 m，以便把套管下在坚硬致密的岩石上，我们选取钻进深度为 65 m。套管的下部应用水泥固定。

选用的套管直径应从下往上设计。为了能通过直径 60 mm 的钻头，套管的内外径应分别为 65 和 73 mm。为了保证这种尺寸的套管能在膨胀性岩层中顺利下入，设计用 96 mm 的钻头钻进。在这种情况下，为了方便 96 mm 钻头（H 规格）能顺利通过，孔口定向套管的内、外径分别选择 99 和 114 mm。为了下孔口管，应用直径 122 mm（P 规格）的钻头钻进深度不小于 4 m。

层号	地质柱状图	间隔/m 由	间隔/m 至	岩层名称	可钻性级别	钻孔结构
1		0	3	亚砂土	II	ϕ122　ϕ114
2		3	40	含砂黏土	II～III	4m　ϕ96
3		40	62	致密黏土	III	ϕ91
4		62	180	粉砂岩	V～VI	65m
5		180	600	泥质板岩夹层，粉砂岩和砂岩	VII～VIII	ϕ60
6		600	670	破碎带（矿层）	VIII～IX	
7		670	700	霏细岩（节理）	X～XI	700m

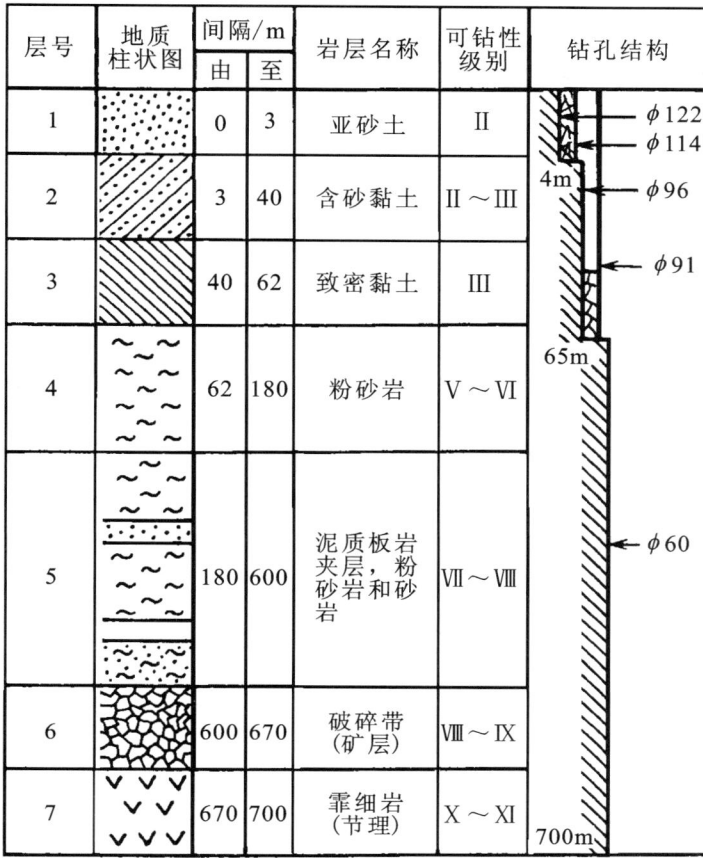

图 3-6　针对举例地质条件和勘探要求的典型钻孔结构示意图

　　在研究程度不够的地质条件下钻进普查勘探孔时，还必须有一级备用的孔径 76 mm（N 规格）。以便在孔内出现复杂情况时，可以用这种直径的钻头钻进。于是，上二级套管的内/外径将分别是 80/91 mm 和 99/114 mm。在这种套管系列下的孔径分别为 96 和 122 mm。

第4章　回转钻进的孔底过程及钻头

当今世界上所有的岩土钻进(井)方法可分为机械方式和物理方式两大类。物理方式中只有热力钻进法在俄罗斯有少量工业应用,其余的如等离子体法、水力法、电脉冲法还停留在实验室研究阶段。实际生产中绝大多数采用的是机械方式,主要有:① 伴有循环冲洗介质的硬质合金、金刚石、PDC、钢粒、牙轮钻头回转钻进和长螺旋干式回转钻进;② 采用冲洗液驱动(或压缩空气驱动)的孔底涡轮钻具、螺杆钻具回转钻进;③ 采用液动、气动孔底冲击器的冲击—回转钻进;④ 钢丝绳冲击钻进;⑤ 振动钻进。上述方法中使用最广泛的是回转钻进。冲击—回转钻进也是在回转的基础上增加孔底冲击载荷,以提高脆性岩石的破碎效果。而钢丝绳冲击钻进主要用于水井施工,振动钻进和长螺旋干式回转钻进主要用于在土壤和松散软岩中打浅孔。

选择回转钻进用钻头的一般原则是:在软岩层中用硬质合金回转钻头;在中硬和部分硬岩(可钻性7~8级,研磨性弱~中)岩层中用硬质合金、金刚石或金刚石－硬质合金复合片(PDC)回转钻头;在中硬及部分中硬以上岩层中采用铣齿牙轮钻头;在中硬~坚硬岩层中采用其粒度、胎体硬度与岩层硬度、研磨性相适应的金刚石钻头;在硬－脆岩层中采用镶齿牙轮钻头或钢粒钻头。钻孔的直径取决于钻进目的、钻孔结构和钻进方法。金刚石钻头(含PDC钻头)主要用于60 mm,76 mm的小口径;钢粒钻头主要用于96 mm以上的口径;硬质合金和牙轮钻头则既可钻进小口径,又可钻进大口径水井、工程施工孔和浅井。必须指出,虽然钢粒钻头在硬~坚硬岩层中钻进具有成本低廉的优点,但因其钻进工艺较复杂,而且钻进速度慢,取芯质量差,近年来已逐步被人造金刚石钻头所取代。

4.1　硬质合金钻进的孔底碎岩过程

4.1.1　钻探用硬质合金

1.硬质合金的特性

硬质合金是以微米级的高硬度难熔金属碳化物(WC、TiC)粉末为主要成分,以钴(Co)或镍(Ni)、钼(Mo)等黏结金属为黏结剂,在真空炉或氢气还原炉中烧结而成的粉末冶金制品。硬质合金分为钨－钴和钨－钴－钛合金,地质矿山工具通常用钨－钴类硬质合金作为切削具。骨架材料碳化钨的高硬度保证了切削具的耐磨性;黏结金属钴粉保证了硬质合金切削具的韧性。

地质矿山工具用硬质合金采用代号 G 表示,G 后面用两位数字"05、10、20…"的后缀构成组别号,根据需要还可在两个组别号之间增加一个中间代号"15、25…"。表4－1中列出了各组别钨－钴类硬质合金的基本组成和性能对比资料。表4－2中列出了常用组别硬质合金新、旧牌号对比及推荐用途的资料,其中后缀 C 表示成分中的 WC 为粗颗粒(后缀 X 则为

细颗粒)。由表中数据可知,随着含钴量的增大,硬质合金的耐磨性有所减弱,而抗弯强度有
所提高。在成分相同的钨钴类硬质合金中,WC 的颗粒越细,则硬质合金的硬度越大,耐磨
性越强。反之抗弯强度提高,韧性增强。实践证明,采用含钴量不高的粗颗粒硬质合金切削
具有助于提高钻进效率,并保证一定的钻头寿命。

表 4 – 1　各组别硬质合金的基本组成和性能对比

硬质合金代号		基本组成/%			力学性能		推荐适宜使用的岩层
		Go	WC	其他	洛氏硬度 HRA	抗弯强度 MPa	
G	05	3 ~ 6	其余	微量	≥88.0	≥1600	单轴抗压强度 σ_c < 60 MPa 的软岩或中硬岩
	10	5 ~ 9	其余	微量	≥87.0	≥1700	σ_c = 60 ~ 120 MPa 的软岩或中硬岩
	20	6 ~ 11	其余	微量	≥86.5	≥1800	σ_c = 120 ~ 200 MPa 的中硬岩或硬岩
	30	8 ~ 12	其余	微量	≥86.0	≥1900	σ_c = 120 ~ 200 MPa 的中硬或硬岩
	40	10 ~ 15	其余	微量	≥85.5	≥2000	σ_c = 120 ~ 200 MPa 的中硬或硬岩
	50	12 ~ 17	其余	微量	≥85.0	≥2100	σ_c > 200 MPa 的硬岩或坚硬岩

表 4 – 2　常用组别硬质合金新、旧牌号对比及推荐用途

新牌号	旧牌号	物理 – 力学性能		推荐的适用范围
		抗弯强度/MPa	洛氏硬度(HRA)	
G05	YG4$_c$	≥1600	≥88.0	适用于钻进软硬互层岩层的地质钻探用钻头
G10	YG6	≥1700	≥87.0	适用于煤炭电钻钻头,钻进不含黄铁矿的煤层,无硅化片岩,钾盐等岩层
G20	YG8	≥1800	≥86.5	适用于钻进软岩层和硬煤层的取芯钻头和刮刀钻头
G20	YG8$_c$	≥1850	≥86.0	适用于钻进中硬岩层的取芯钻头和刮刀钻头,以及钻凿坚硬岩层的冲击钻头

2. 选用硬质合金切削具的基本原则

按照我国的行业标准,硬质合金切削具主要有薄片状、方柱状、八角柱状和针状等形状。
在确定硬质合金的牌号后,选择切削具形状与规格的一般原则是:

(1)片状硬质合金刃薄易于压入和切削岩石,但抗弯能力差,适用于 Ⅰ ~ Ⅴ 级软岩,它
在钻头体上的出刃应大些。

(2)柱状硬质合金抗弯能力较强,压入阻力也较小,主要适用于 Ⅳ ~ Ⅶ 级中硬岩石,其
中八角柱状切削具抗崩能力强,利于排粉和破岩,并易于焊牢,故在较硬岩层和裂隙发育的
地层中得到广泛的应用。

(3)针状和薄片状硬质合金,主要用于镶焊自磨式钻头,在硬地层或研磨性岩石中使用。

4.1.2 硬质合金钻进的孔底碎岩过程

1. 硬质合金钻进孔底过程的力学分析

分析硬质合金工具破碎岩石的孔底过程时，首先假定切削具在岩石中有一定的初始切入量。硬质合金钻头单个切削具的工作情况如图 4-1 所示。在轴向载荷 P 作用下切削具侵入岩石，在切削具刀刃上作用有岩石反作用力 N_1 和 N_2。切削具沿与水平线成 γ 角的螺旋线移动：

$$\gamma = \arctan \frac{v_m}{v_0} \qquad (4-1)$$

式中：v_m——机械钻速；

　　　v_0——钻头圆周上切削具的线速度。

可以看出，$v_0 \gg v_m$，所以 γ 角非常小。反作用力 N_1 和 N_2 的方向垂直于切削具前棱面和后棱面。切削具移动时，沿棱面会出现摩擦力 $N_1 \tan\varphi$ 和 $N_2 \tan\varphi$，其中 φ——切削具与岩石的摩擦角。

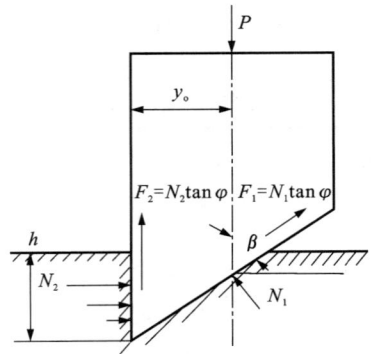

图 4-1　硬质合金钻头单个切削具的工作示意图

把图 4-1 中各作用力往垂直轴和水平轴上投影，建立平衡方程组：

$$\left. \begin{array}{l} \sum F_z = -P + N_2 \tan\varphi \cos\beta + N_1 \sin\beta = 0 \\ \sum F_y = N_2 + N_1 \tan\varphi \sin\beta - N_1 \cos\beta = 0 \end{array} \right\} \qquad (4-2)$$

由方程式（4-2）中的第 2 个方程可得出 N_2：

$$N_2 = N_1 \cdot \frac{\cos(\varphi - \beta)}{\cos\varphi} \qquad (4-3)$$

改写式（4-2）中的第 1 个方程（推导过程从略），可得式（4-4）：

$$P = N_2 \frac{\sin\varphi}{\cos\varphi} + N_1 \frac{\sin(\varphi + \beta)}{\cos\varphi} \qquad (4-4)$$

把由式（4-3）得到的 N_2 值代入式（4-4）：

$$N_1 = \frac{P\cos^2\varphi}{\sin\varphi \cdot \cos(\varphi - \beta) + \cos\varphi \cdot \sin(\varphi + \beta)} \qquad (4-5)$$

N_1 的值可由下式算出

$$N_1 = H_y \sin\beta\, bh / \cos\beta = hb H_y \tan\beta \qquad (4-6)$$

式中：$H_y \sin\beta$——切削具刃后棱面上的压应力；

　　　h——切削具的吃入深度；

　　　b——切削具的宽度。

由式（4-5）和（4-6）可得

$$h = \frac{\eta P}{b H_y \tan\beta} \qquad (4-7)$$

式中：$\eta = \dfrac{\cos^2\varphi}{\sin\varphi \cdot \cos(\varphi - \beta) + \cos\varphi \cdot \sin(\varphi + \beta)}$。

切削具与岩石的摩擦角 φ 为 $15° \sim 25°$，所以，系数 η 的值在 $0.93 \sim 0.97$ 之间变化。如

果切削具不回转只压入岩石，则这种方式类似于压模压入岩石的情况。在这种情况下，可以在误差允许的范围内用岩石的压入硬度 H_y 来代替岩石强度 σ_c 的值。

式(4－7)从理论上确定切削具侵入岩石的深度 h 随着载荷 P 增大而增大，随着岩石压入硬度 H_y 增大而减小，随着切削具刃尖角 β 减小而增大。但如果 β 角太小，切削具尖刃在遇到坚硬夹层时容易崩断，生产中 β 角一般取 $60° \sim 80°$，最小值为 $45° \sim 50°$。对于装有薄片状或针状硬质合金的自磨式钻头，因为 β 角等于 $90°$，故不能采用式(4－7)。

2. 塑性岩石的孔底破碎过程

如图 4－2 所示，在钻进塑性岩石的过程中，切削具前面的岩石在分力 F 的作用下不断产生塑性流动，并向自由面滑移，即所谓切削作用。这和软金属的切削加工没有多大区别，切削过程基本上是平稳的，水平力 T 变化不大。同时，切削具在塑性岩石中形成的切槽与刃宽基本吻合。

实际上，由于孔底钻具的振动和重复破碎，加之冲洗液的循环，塑性岩石被切削下来的岩屑不可能像金属切削那样成为连续的切屑，而是碎裂成岩粉被冲洗液带至地表。图 4－2 中的切入深度为 h_1，而不是图 4－1 中的 h，这是由于在 P 和 T 共同作用下比 P 力单独作用下切入更容易，故 $h_1 > h$。

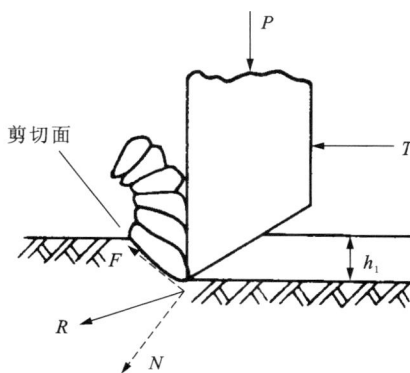

图 4－2　硬质合金切削具在双向力作用下破碎塑性岩石

3. 弹－塑性岩石的孔底破碎过程

在实际生产中，硬质合金钻头的主要钻进对象是弹－塑性岩石。硬质合金切削具破碎弹－塑性岩石的机理虽与塑性岩石有相似之处，但更有不同的特点。

从理论上讲，只有当切削具与岩石接触面上的压强达到或超过岩石的压入硬度时，才能有效地切入岩石。但是，弹－塑性岩石的压入硬度远大于塑性岩石，若仅靠 P_y 力来形成 h_0 的切深，则需要在切削具上施加很大的轴向压力。例如，硬石膏的塑性系数为 $2.9 \sim 4.3$，属弹－塑性岩石，其压入硬度为 $1000 \sim 1500$ MPa，若用镶焊 6 块方柱状硬质合金的 $\phi 96$ mm 钻头钻进，当切削具高度磨损 1 mm 时，则算得要在钻头上施加 $48 \sim 72$ kN 的轴压才能切入岩石。而在实际生产中，仅需加 $8 \sim 10$ kN 左右的轴压便可在硬石膏中获得理想的钻速。究其原因，主要是切削具并非以静压入的方式破岩，而是在双向力的共同作用下破碎岩石。正如2.4.4 节中的"双向力共同作用下的岩石破碎机理"分析的(参见图 2－15)，在切削具与岩石接触的地方，双向力 P_y、P_x 的合力 R 将使岩石中形成椭圆形等应力球面，在危险极值带形成裂纹并向深部和边缘延伸，形成镰刀状极限状态区。岩石剪切破碎就发生在切削具刃前受压区中最大应力超过抗剪强度的球面上。同时，由于 P_y 力的作用，在切削具移过的地方将出现拉应力区，为下一轮剪切破碎奠定基础。实验表明，在 P_y 和 P_x 共同作用下岩石中的剪切作用比纯压入时要大得多。前面关于切削具侵入深度的公式(4－7)并未考虑这个因素，所以只能定性地反映切削具与孔底岩石相互作用的情况。

如果说塑性岩石破碎是以连续平稳的切削为主，那么弹－塑性岩石的破碎则有其显著特点，岩石在切削具作用下以跳跃式的剪切破碎为主(见图 4－3)。岩石破碎大体分三个阶段：

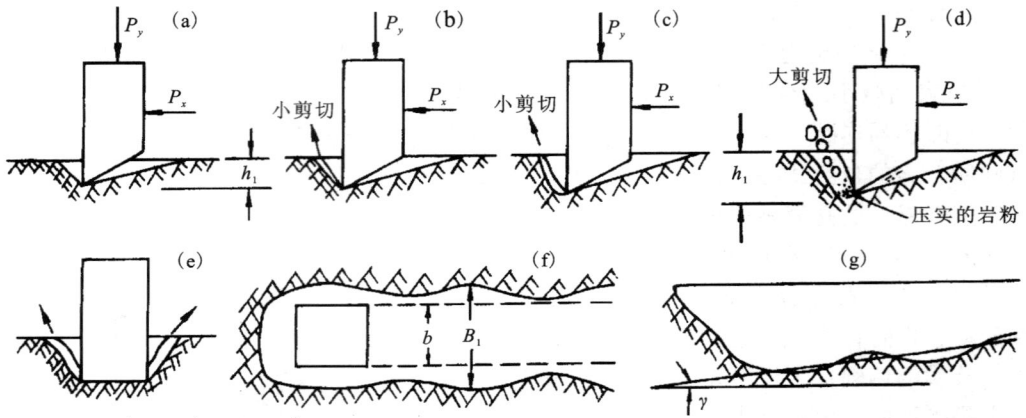

图 4 - 3　切削具破碎弹 - 塑性岩石的过程示意图

（1）切削具在双向力作用下吃入岩石，使刃前岩石沿剪切面破碎，P_x 力减小，继续前移，碰撞刃前岩石[见图 4 - 3(a)]。

（2）切削具刃前接触岩石的部分面积很小，对前方岩石产生较大的挤压力，压碎刃前的岩石，随着 P_x 力增大，使岩石产生小的剪切破碎[见图 4 - 3(b)]。继续向前推进可能重复产生若干次小剪切，碎裂的岩屑向自由面崩出[见图 4 - 3(c)]。

（3）当切削具前端接触岩石的面积较大时，前进受阻。一方面切削具继续挤压前方的岩石（部分被压成粉状）；另一方面 P_x 力急剧增大，当 P_x 力达到极限值时，迫使岩石沿剪切面产生大的剪切破碎，并在刃尖前留下一些被压实的岩粉，然后 P_x 力突然减小[见图 4 - 3(d)]。

切削具不断向前推进，重复着碰撞、压碎、小剪切、大剪切的循环过程。在每次循环中，切削具两侧的岩石也会和刃前岩石一样，分别产生一组相近似的小剪切体和大剪切体，使切槽断面近似于梯形[见图 4 - 3(e)]。由于剪切过程发生在孔底局部夹持和小剪切、大剪切交替出现的条件下，故孔底和切槽边沿都是粗糙不平的，而且有规律地变化着。当数次小剪切恒槽壁也产生侧崩时，便改善了切削具的夹持状态，为大剪切创造了条件，如图 4 - 3(f)、(g)所示。图 4 - 3(f)中 b 为切削具刃宽，B_1 为大剪切时岩石的切槽宽。整个破碎过程沿着倾角为 γ 的螺旋面进行[见图 4 - 3(g)]。必须指出，由于切削具切入弹 - 塑性岩石的深度非常有限，所以 γ 是一个接近于 0 的很小角度。图 4 - 3 中只是为了便于解释孔底过程，才将 γ 角画得较大，请读者不要误解。

综上所述，用切削具破碎弹 - 塑性岩石时，在每个剪切循环中和各个循环之间，水平力 P_x 都是跳跃式的有规律地变化着（见图 4 - 4）；而在塑性岩石中，水平力 P_x 则没有显著的变化，基本上可以认为是常量。

4. 组合切削具产生的预破碎区对钻进效果的影响

前人在研究孔底岩石破碎机理时，多是以一个切削具为观察对象来研究在外载作用下岩石内部的应力、应变规律和岩石破碎的机理。而在钻探生产中，每个钻头上必然有若干个（组）切削具。因此，研究组合切削具破碎岩石时，预破碎区对钻进效果的影响，更具有重要理论意义和实用价值。

　　乌克兰学者曾在实验室用一组切削具同时作用于岩块进行钻进试验,当切削具之间的间距 T_y 达最优值时,由于多个切削具产生的预破碎区裂纹相互贯通,使两个相邻切削具之间的岩脊不用消耗附加能量就能被破碎(见图 4 − 5)。因此,在多个切削具共同作用下岩石破碎的能耗明显下降。

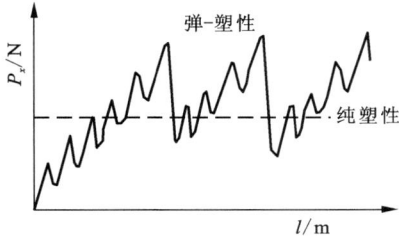

图 4 − 4　水平力的跳跃过程示意图

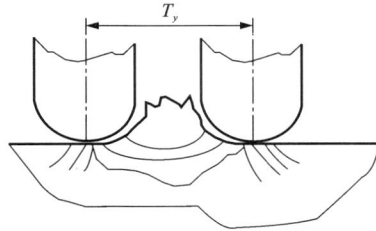

图 4 − 5　两个切削具共同作用下
岩脊中生成贯通式裂纹的示意图

　　为了研究切入深度与预破碎区深度的关系,曾在光学玻璃和砂岩上进行切削破碎试验。其中,用光学玻璃来模拟花岗岩或石英岩类的弹脆性岩石,它的预破碎区用肉眼就可以直接观察到;而砂岩中的预破碎区则用裂纹荧光分析法作为观察手段。

　　砂岩和光学玻璃中预破碎区深度 h_y 与切削具切入深度 h_p 之间的关系如图 4 − 6 所示。可见,砂岩预破碎区深度 h_y 是切入深度 h_p 的 2 ~ 3 倍;而光学玻璃的增长幅度更大,达 5 ~ 8 倍,这与其具有明显的弹 − 脆性有关。图 4 − 7 显示,在各向同性的光学玻璃中,切入深度 h_p 达 2 mm时预破碎区深度 h_y 已近 14 mm。

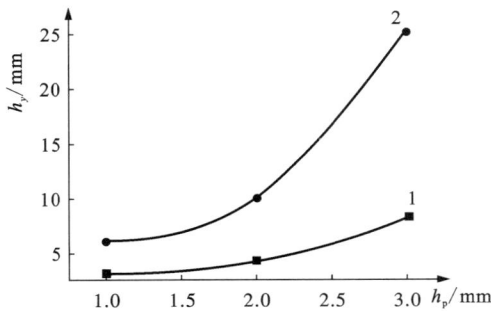

图 4 − 6　预破碎区深度 h_y 与切入深度 h_p 的关系

1—砂岩;2—光学玻璃

　　由多次切削砂岩的实验结果可以看出,由于前一个切削具产生的预破碎区裂纹相互贯通,使岩石强度和破碎能耗明显下降。因此,设计钻头时必须根据所钻岩石的实际情况选择最优的切削具间距,使后一个切削具的切削作用能与前面切削具形成的预破碎区产生相互作用,使岩石破碎的能耗最小。

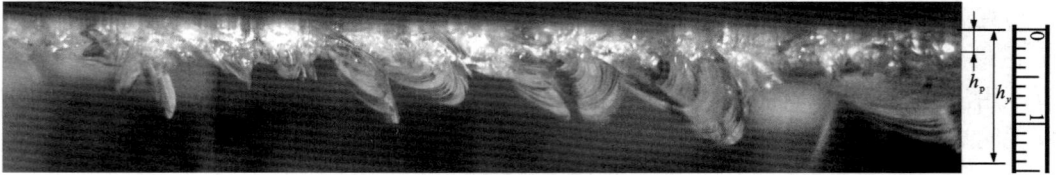

图 4 - 7　玻璃试样切口深 2 mm 时出现的预破碎区达 14 mm 深

上述关于组合切削具预破碎区对钻进效果影响的研究思路及其结果，同样适用于复合片（PDC）钻头和金刚石钻头。

4.1.3　硬质合金切削具的磨损

钻进中由于切削具被磨损，钻速将逐渐衰减，切削具磨损越快，则衰减越厉害。

1. 关于切削具磨损和钻速问题的研究

费得洛夫等人用鱼尾钻头对硬质合金切削具的磨损问题进行过大量研究，得出如图 4 - 8 所示的磨损曲线。该曲线反映了切削具单位时间磨损量 W 与切削具刃端面积上比压 σ 的关系。横坐标上的分界点 σ_0 表示岩石的压入硬度，在其前后属于两种不同性质的磨损。

（1）曲线 I 当 $\sigma < \sigma_0$ 时，切削具未能有效地吃入岩石，钻进处于表面破碎状态。此时切削具单位时间的磨损量 W 正比于切削具上的比压 σ。

（2）曲线 II 当 $\sigma > \sigma_0$ 时，岩石呈体积破碎。随着切削具上的比压 σ 增大，单位时间的磨损量 W 不仅未增加，反而出现下降的趋势。即在体积破碎条件下，切削具的磨损主要不取决于轴向压力，而取决于岩石的硬度、切削具的材质及切削具的磨钝面积。

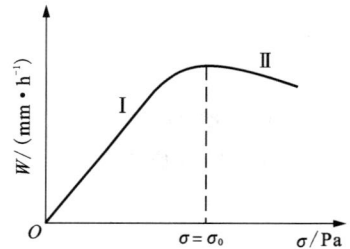

图 4 - 8　不同比压下切削具的磨损

I —表面碎岩；II —体积碎岩

费得洛夫提出，在一定条件下切削具的磨钝面积与其初始面积和钻进时间有关

$$S(t) = S_0 + \theta t \qquad (4 - 8)$$

式中：S_0——切削具的初始面积，mm^2；

　　　　t——磨损时间，min；

　　　　θ——取决于岩石性质的磨损系数，mm^2/min。

硬质合金钻进的机械钻速随着切削具接触面积的增大而下降，其瞬时机械钻速 v_m 与切削刃磨钝面积的平方成反比

$$v_m = \frac{A}{(S_0 + \theta t)^2} \qquad (4 - 9)$$

式中：A——系数，当岩性、钻进规程及钻头一定时它为常量。

设钻进的初始钻速为 $v_0 = \dfrac{A}{S_0^2}$，式（4 - 9）可写成

$$v_m = \frac{v_0 S_0^2}{S_0^2 + 2 S_0 \theta t + \theta^2 t^2} = \frac{v_0}{(1 + k_0 t)^2} \qquad (4-10)$$

式中：$k_0 = \theta / S_0$，k_0 为钻速下降的特征系数。

假定地层条件和钻进规程不变，则钻头在 t 时间内的总进尺为 $H = \int_0^t v_m \mathrm{d}t$，将式 $(4-10)$

代入，则有 $H = \dfrac{v_0 t}{1 + k_0 t}$。因此，平均钻速为 $\bar{v}_m = \dfrac{v_0}{1 + k_0 t}$，通过变换可把平均钻速写成以进尺 H 为自变量的一元线性方程

$$\bar{v}_m = v_0 - k_0 H \qquad (4-11)$$

式 $(4-11)$ 中，v_0 是在纵坐标上的截距，k_0 为直线的斜率。进尺 H 是在钻进过程中容易准确测得的参数，我们可以用一元回归分析的方法（一般的计算机和中高档计算器上都有回归分析的软件），在若干观察值的基础上求出 k_0 值，从而利用式 $(4-11)$ 来预测切削具磨损对钻速的影响。

2. 切削具在孔底磨损的实际状况

前述理论分析的基础是假定切削具刃部为均匀磨损，实际上在钻进过程中，钻头硬质合金切削具出刃的内、外侧磨损量是不均匀的（见图 4-9），即

$$y_外 > y_内 > y,\ t_外 > t_内 > t$$

切削具底端也不是像想象的那样，被磨损成平面，而是呈圆弧形，刃前缘和后缘磨损更厉害（见图 4-10）。

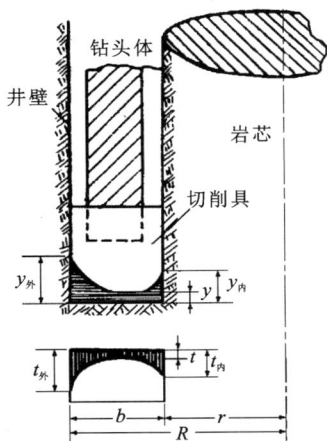

图 4-9　切削刃的实际磨损情况

y—切削刃磨损高度；$y_内$，$y_外$—切削刃内、外侧磨损高度；t—刃端磨损宽度；$t_内$，$t_外$—刃端内、外侧磨损宽度；b—环槽宽度；r，R—环槽内、外径

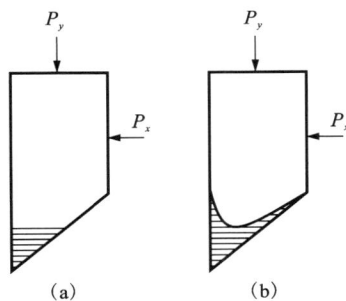

图 4-10　切削具刃端磨损的理想情况（a）与实际情况（b）

3. 减轻切削具磨损的措施

虽然切削具的磨损是不可避免的，但我们应设法把它控制在最低限度内。可采取的主要措施是：

（1）避免切削具在表面破碎状态下工作。尤其在高转速、低钻压的条件下钻进研磨性岩石时，切削具磨损更快。

（2）切削具的磨损速度取决于切削具的硬度与所钻岩石的硬度之比、岩石的研磨性、裂隙性等性质，还取决于切削具在钻头唇面的布置。应根据岩性选用合适的硬质合金牌号和型号，采用合理的钻头唇面结构。

（3）每次下钻前应修磨切削具刃端，减小初始接触面积，以降低其磨损率。

（4）采取等强度磨损的原则，对磨损严重的钻头切削具内外侧面进行补强。

（5）尽量采用具有润滑作用的乳化液或泥浆洗孔，以减轻切削具的磨损。

4.2 硬质合金钻头

硬质合金钻头包括取芯钻头和不取芯全面钻头，本节仅讨论取芯钻头，全面钻头放在本章第 8 节中介绍。

4.2.1 取芯式硬质合金钻头结构要素

一定数量的硬质合金切削具，按一定的形式排布在钻头体上，可形成钻进不同地层的钻头结构。这些决定钻头结构的因素称为硬质合金钻头的结构要素。

1. 钻头体

钻头体也称为空白钻头，是切削具的支撑体，它把轴载和扭矩传递给切削具，承受切削具破岩的反作用力和孔底的动载效应，并长时间处于孔底的摩擦环境中。因此，钻头体要用 DZ-40 地质钻探用无缝钢管或 45 号无缝钢管制成。钻头体上端车有与岩芯管连接的外螺纹，其内壁上有为卡取岩芯设计的内锥度。

2. 切削具出刃

切削具出刃指的是切削具在钻头体内、外侧和底唇面突出的一定高度，其出刃高度取决于岩石的硬度、均质性和在该岩石中的钻进速度。

1）内、外出刃

内、外出刃的作用是保证钻头体与孔壁、钻头体与岩芯之间留有一定的间隙，以避免钻头体承受来自孔壁和岩芯的摩擦力，并为循环冲洗提供通道。硬质合金钻头出刃的参考值如表 4-3 所列。一般对于软岩层应取较大的出刃值。若钻进遇水膨胀或单位时间内产生大量岩粉的软地层，则一般地加大出刃也不能满足要求。这时必须在钻头体上加焊肋骨，以增大内、外环状空间。

表 4-3　硬质合金切削具出刃规格　　　　　　　　　　　　（单位：mm）

岩石性质	内出刃	外出刃	底出刃
松软、塑性、黏性、弱研磨性	2~2.5	2.5~3	3~5
中硬、强研磨性	1~1.5	1.5~2	2~3

2）底出刃

底出刃的作用是保证切削具能顺利地切入岩石，并为冲洗液及时冷却切削具和排除孔底岩粉提供通道。底出刃的概念应包括出刃大小和底刃排列方式两方面的内容。

底出刃大小包括切削具的切入深度和过水间隙（图 4 – 11），即 $H = h_1 + h_2$。若 H 值过大，容易在硬岩和裂隙性岩层中造成切削具崩断，故应在钻头体上增加补强部分，有很好的防崩效果。

钻头的底出刃可以排成平底式，也可以排成阶梯式。后者可使孔底岩石破碎成台阶形（见图 4 – 12），即在孔底形成掏槽，为上面一排切削具破碎岩石创造第二自由面，使体积破碎更容易。尤其对具有一定脆性及较硬的岩层效果更佳。

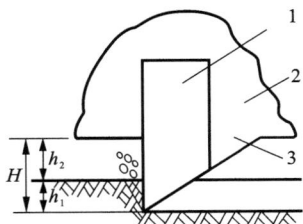

图 4 – 11　切削具底出刃和补强示意图

1—切削具；2—钻头体；3—补强

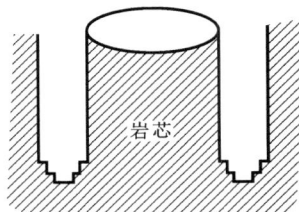

图 4 – 12　阶梯形环状孔底示意图

3. 切削具的镶焊角度

针对不同性质的岩层，可以把具有一定刃角 β 的切削具以不同的前角（亦称镶焊角）镶焊在钻头体上，从而获得不同的钻进效果。

切削具在钻头唇面上有三种镶焊方式：切削具以正前角斜镶的称为正斜镶[见图 4 – 13（a）]，垂直摆放的为直镶[见图 4 – 13（b）]，以负前角斜镶的称为负斜镶[见图 4 – 13（c）]。

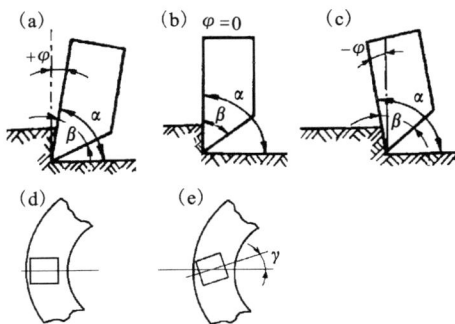

图 4 – 13　切削具的镶焊方式

α—切削角；β—刃角；φ—前角；γ—切削具相对于钻头径向的扭转角；

（a）、（b）、（c）、（d）、（e）—切削具在钻头体上的不同状态

不同刃角的切削具使用范围也不同，其推荐值如下：

（1）$\beta = 45° \sim 50°$，用于 Ⅰ ~ Ⅳ 级非裂隙性岩石；

(2)$\beta = 65°$，用于 Ⅴ ~ Ⅶ 级岩石；

(3)$\beta = 90°$ 的小切削具，用于自磨式钻头。

切削角 α 的大小应根据所钻岩石性质来选择。一般来说，钻进软岩 α 应取小些，但也不宜过小。因为 α 过小可能使切削具后面直接与岩石表面摩擦。硬质合金钻头不同镶焊角形式所适用的地层情况见表 4 - 4。

表 4 - 4 不同切削角 α 适用的地层对照表

适用的地层	切削角 α
Ⅰ ~ Ⅲ 级均质软岩石	70° ~ 75°
Ⅳ ~ Ⅵ 级均质中硬岩石	75° ~ 80°
Ⅶ 级均质硬岩石	80° ~ 85°
Ⅶ ~ Ⅷ 级非均质有裂隙的硬岩石	90° ~ 105°

究竟选择何种镶焊角形式(正斜镶、直镶、负斜镶)，应考虑下述原则：

(1)对所钻岩石切入和回转阻力小；

(2)某种镶焊形式可保证钻头体上的切削具有较大的抗弯和抗磨损能力；

(3)有利于及时排除岩粉；

(4)磨损后的切削具应保持一定的切削能力，即端面的接触面积不能过快地增大。

上述条件很难同时满足，设计钻头时应根据岩性，有所侧重地考虑。

分析表明，在切入深度相同的条件下，切入岩石所需的轴向力 P_y 和水平力 P_x 在正斜镶情况下最大，直镶次之，负斜镶最小；当磨损体积相同时，切削刃端的磨损面积正斜镶最大，直镶次之，负斜镶最小；当三者出刃大小一致时，切削刃上的弯矩正斜镶最大，直镶次之，负斜镶最小；排粉条件是正斜镶最好，直镶次之，负斜镶最差。所以，通常正斜镶的钻头在软岩中具有高钻速，而负斜镶钻头适用于硬岩和非均质岩层，最常用的是直镶。

4. 切削具在钻头体上的布置方式

硬质合金钻头切削具的排列方式很多，按切削具在钻头体唇面上的分布圈数，可分为单环排列、双环排列和多环排列(见图 4 - 14)。再加上切削具摆放的密集程度，是否扭转一定的角度等因素都可有所变化，从而构成多种类型的钻头形式。确定切削具布置方式时应考虑以下原则：

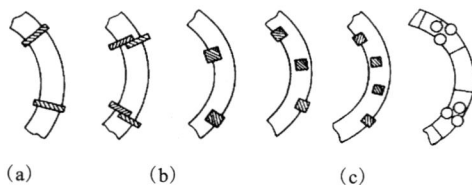

图 4 - 14 切削具在钻头体上的布置

(a)单环排列；(b)双环排列；(c)多环排列

（1）能保证钻头在孔底工作平稳；

（2）双环、多环排列或分组排列时，每个切削具只破碎孔底的一部分，叠加起来完成整个环状切槽的切削，如果各环之间能相互造成自由面，则破岩效果更佳；

（3）尽量使每个切削具负担的破岩量接近，避免局部磨损过甚；

（4）切削具之间应保持一定的距离，以利于排粉；

（5）对切削具的镶焊和修磨方便。

5. 切削具在钻头体上的数目

一般钻头上切削具数目越多，同时参加破岩的切削点就多，钻头寿命较长。但是，由于轴向载荷有限，单个切削具上的载荷不足，只能形成表面破碎；加之切削具数目太多，则岩石破碎处于相互夹持状态，使剪切体变小，造成重复破碎，孔底冷却效果变差，最终严重影响钻进效率。实验表明，钻头体上两组（粒）切削具间的距离 l 与切削具厚度 b 之比应为：$\dfrac{l}{b} \geqslant 2.5$。

切削具数目取决于岩性、钻头直径和切削具形状。对软岩取较少的数量，对较硬和非均质及研磨性岩石，保证一定的钻头寿命是主要矛盾，一般应取密集式排列。

6. 钻头的水口和水槽

钻头上一定数量的水口和水槽(水槽下端应与水口顶端相通)，是冲洗液流经钻头，冲洗孔底并返回钻柱外环空间的通道。它直接影响着切削具的冷却和孔底及时排粉的效果。

硬质合金钻头体上的水口形状可以有矩形、半圆形、梯形和三角形，但效果最好的是三角弧形水口。水口的数目应等于钻头体上切削具的数目或组数。水口的总面积应大于或等于钻头外环空间(包括回水槽)的面积，以减少钻头处的水马力损失。

4.2.2　取芯式硬质合金钻头

按切削具的磨损形态，可把硬质合金钻头分成磨锐式和自磨式两大类。

1. 磨锐式硬质合金钻头

磨锐式硬质合金钻头的切削具被磨钝后，可重新用砂轮修磨成具有锐角的单斜面切削刃，以利切入岩石。当然，修磨后的切削具下孔钻进时又会被磨损，随着切削具的磨损，机械钻速将逐渐下降，如图 4-15 的曲线 Ⅰ 所示。

按钻头体的外形可把磨锐式钻头分成肋骨钻头和普通环状钻头。肋骨钻头是在钻头体外侧均匀分布地焊上数块肋骨片，并在肋骨上镶焊小刃角的切削具，从而保证很大的外出刃和外环通水面积，可用于水敏性地层和松软岩层。普通环状钻头使用最为广泛，可钻进中硬或中硬以上的弱研磨性地层，其主要矛盾是如何提高钻头破岩效率和耐磨性。

2. 自磨式硬质合金钻头

钻进坚硬岩石时，除了采用金刚石钻头、钢粒钻头外，常用的是自磨式硬质合金钻头。自磨式钻头的切削具断面小，被磨损后其接触面积保持不变，不存在磨锐式钻头切削具逐渐变钝的弱点，故它的机械钻速基本平稳，如图 4-15 的曲线 Ⅱ 所示。由于小断面切削具的抗折断能力很差，所以必须用齿状软钢支撑切削具。如图 4-16 所示，在软钢支撑体上贴焊了薄片式硬质合金。在钻进过程中软钢的磨损超前于硬质合金，使切削具能永远保持一定的出刃。为了加强这种自磨出刃的效果，有时在软钢支撑体上钻两个小孔。如果把粗颗粒的铸造碳化钨焊在钻头唇面上，这种自磨式钻头可在高转速、大钻压、较小泵量的规程下钻进强研磨性岩石。

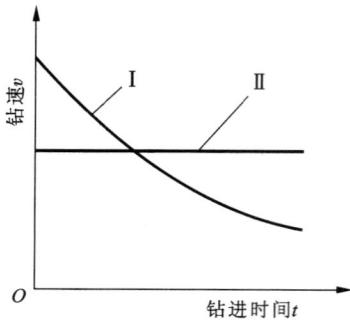

图 4-15　两种钻头的钻速曲线

Ⅰ—磨锐式；Ⅱ—自磨式

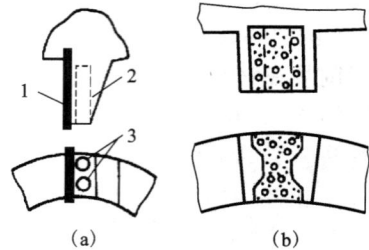

图 4-16　自磨式切削具示意图

(a)薄片式；(b)铸造碳化钨自磨式切削具

1—硬质合金薄片；2—软钢支撑体；3—小孔

3. 典型钻头结构举例

1) 螺旋肋骨钻头

钻头体外侧焊有三块与底唇面呈45°的螺旋肋骨（见图 4-17）。回转钻进时，它可帮助液流上返，提高了排除孔底岩粉能力。切削具正斜镶，利于切削软岩石。由于通水截面积大，循环阻力小，使孔底比较干净，避免了重复破碎，从而提高钻进效率。该钻头适用于钻进Ⅱ～Ⅳ级（部分Ⅴ级）松软岩层、黏土层、风化砂岩及铝土页岩等。

2) 薄片式硬质合金钻头

该钻头切削具锋利，采用掏槽刃的结构（见图 4-18），容易切入岩石，而且出刃较大，保证有较大的间隙来冲洗岩粉，主要用于钻进黏结性较小的软岩。

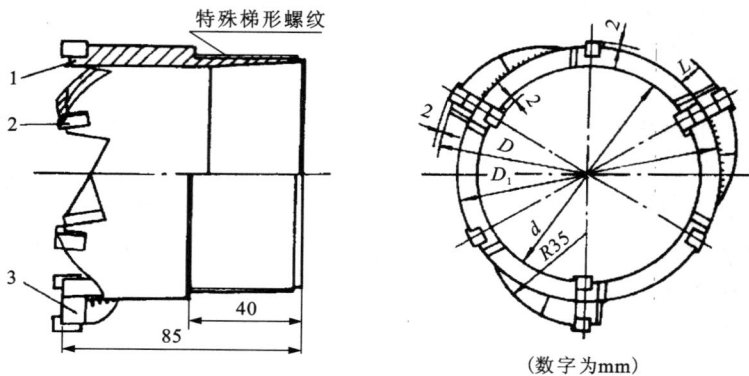

（数字为mm）

图 4-17　螺旋肋骨钻头

1—钻头体；2—肋骨；3—切削具

3）"品"字形硬质合金钻头

该钻头把三颗硬质合金切削具焊成一组，呈"品"字形（见图 4 - 19）。中间的切削具出刃较大，一般用小八角柱状合金，起掏槽作用；两边的切削具一般用四方柱状或大八角柱状合金，底出刃较小，起扩槽破碎作用。该钻头在软硬互层的条件下应用很普遍，主要用于钻进Ⅳ ~ Ⅵ级岩石。切削具可以直镶也可以正斜镶。

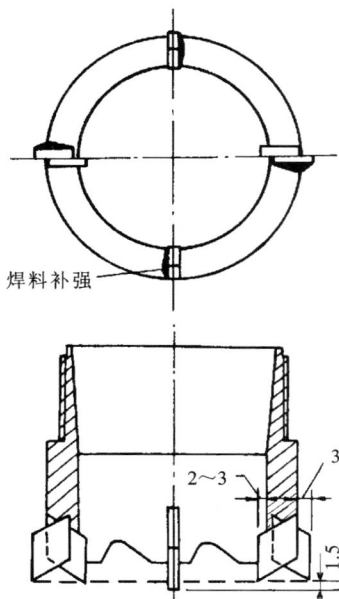

图 4 - 18　薄片式硬质合金钻头

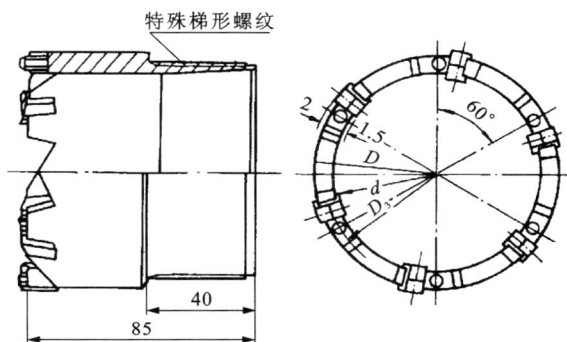

图 4 - 19　品字形硬质合金钻头

4）CM6 切削型硬质合金钻头

俄罗斯常用的 CM6 切削型钻头（见图 4 - 20）切削部分用截面 3 mm × 3 mm，高 8 mm，顶角 18°的硬质合金补强。切削具以负斜镶 15°，扭角 15°和 10°的方式布置。由于钻头增加了辅助保径切削具，从而可提高钻头的寿命，用于钻进可钻性Ⅵ ~ Ⅶ级和部分Ⅷ级的弱 - 中等研磨性、完整的或裂隙性岩石（石灰岩，蛇纹岩，橄榄石等）。

5）针状自磨式钻头

该钻头把预制好的胎块焊在钻头体上（见图 4 - 21）。作为硬支点的针状硬质合金在胎块中的摆放原则是：保证切削具能均匀对孔底环状断面进行破碎，不留下空隙；内、外保径处的针状合金数应适当增加。作为支撑体的胎体硬度要合适，以保证超前磨耗利于自磨出刃。这种钻头可用于钻进Ⅵ ~ Ⅶ（部分Ⅷ）级的中等研磨性岩石。

4.2.3　硬质合金钻头选型表

实际生产中，可参考表 4 - 5 选择适应所钻岩性的硬质合金钻头形式，以取得更好的钻探经济效益。

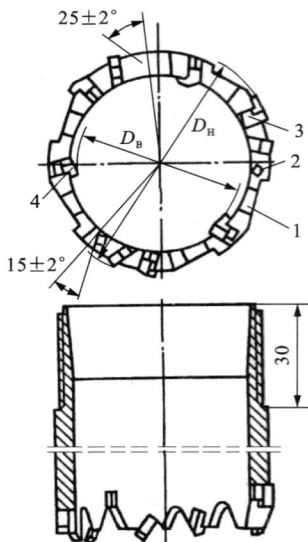

图 4-20　俄罗斯切削型钻头

1—钢体；2—中环切削具；

3、4—外环和内环切削具

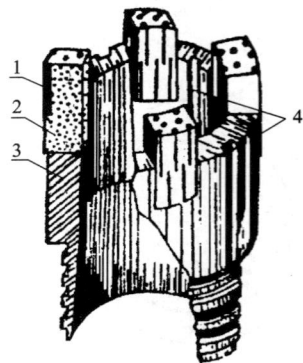

图 4-21　针状自磨式钻头

1—针状硬质合金；2—胎体；

3—钻头体；4—水槽

表 4-5　常用硬质合金钻头及其使用范围表

类别	钻头类型	岩石可作性级别								适用岩石
		Ⅰ	Ⅱ	Ⅲ	Ⅳ	Ⅴ	Ⅵ	Ⅶ	Ⅷ	
磨锐式钻头	螺旋肋骨钻头	—	—	—						松散可塑性岩层
	阶梯肋骨钻头			—	—	—				页岩，砂页岩
	薄片式钻头		—	—	—					砂页岩，碳质泥岩
	方柱状钻头			—	—	—				均质大理岩，灰岩，软砂岩，页岩
	单双粒钻头				—	—	—			中研磨性砂岩，灰岩
	品字形钻头					—	—			灰岩，大理岩，细砂岩
	破扩式钻头			—	—	—				砂砾岩，砾岩
	负前角阶梯钻头						—	—	—	玄武岩，砂岩，辉长岩，灰岩
自磨式	胎体针状钻头							—	—	中研磨性片麻岩，闪长岩
	钢柱针状钻头						—	—	—	研磨性石英砂岩，混合岩
	薄片式自磨钻头						—	—		研磨性粉砂岩，砂页岩

4.3　金刚石钻进的孔底碎岩过程

4.3.1　钻探用金刚石

1. 钻探用金刚石的分类

金刚石是迄今为止人类发现的最坚硬研磨切削材料，它在机械、采矿、冶金、光学仪器、电子等工业部门得到广泛应用，地质钻探用金刚石约占世界工业金刚石用量的 20%。

钻探用金刚石有天然金刚石和人造金刚石两大类。国际上用于制造钻头的天然金刚石可分为"包布兹"（Bortz），"刚果"（Congo），"卡邦纳多"（Carbonado），"巴拉斯"（Ballas）和"雅库特"（Якут）五类。其中，"包布兹"主要用于制造表镶钻头，"刚果"主要用于孕镶钻头，"卡邦纳多"和"巴拉斯"现已很少用于钻头，"雅库特"主要在苏联境内使用。

但是天然金刚石资源非常有限，而且十分昂贵，因此，人造金刚石成为人们追求的破岩磨料。人造金刚石包括单晶、聚晶和金刚石复合片等品种。目前我国已成为全球人造金刚石第一生产大国，世界上每年的人造金刚石总产量中有 80% 来自中国。我国在地质钻探领域大量使用以人造金刚石单晶为原料的孕镶钻头。

2. 与钻探有关的金刚石物理力学性质

1）硬度

硬度是金刚石最重要的性能之一。金刚石的硬度极高，莫氏硬度为 10 级，显微硬度为 95000～100600 MPa，研磨硬度是刚玉的 150 倍，是石英的 1000 倍。

2）强度

金刚石具有极大的抗静压强度。天然金刚石的抗压强度大约 8600 MPa，约为刚玉的 3.5 倍，硬质合金的 1.5 倍，钢的 9 倍。用于钻探的人造金刚石一般要求强度达 2500 MPa 以上。

3）耐磨性

金刚石的弹性模量极大（8800 MPa），在空气中与金属的摩擦系数小于 0.1，所以具有极高的耐磨性，是刚玉的 90 倍，硬质合金的 40～200 倍，钢的 2000～5000 倍。用于钻探的人造金刚石聚晶体一般要求与中硬碳化硅砂轮的磨耗比在 1:30000 以上。

4）热性能

金刚石是热的良导体，它散热比硬质合金刃具快。金刚石的线膨胀系数很低，仅为硬质合金的 1/4～1/5，钢的 1/8～1/10，但随温度的升高增长较快，这对金刚石钻头的包镶和使用产生不利影响。金刚石容易受到热损伤，虽然温度尚低于其燃烧温度，但金刚石的强度、耐磨性已受到严重影响。

金刚石作为钻头切削具也存在着明显的弱点：① 它的脆性较大，遇到冲击载荷会出现碎裂；② 热稳定性较差，在高温下遇氧便氧化并被转化为石墨，称为"石墨化"。因此，在金刚石工具的制造过程中，须隔氧，避免长时间受高温；在使用中，须避免承受冲击载荷并及时冷却切削刃，防止发生金刚石钻头烧钻事故。

3. 钻探用金刚石的粒度和品级

1）钻探用金刚石的粒度

国际上通用的金刚石计量单位是克拉（carat）（1 克拉 = 0.2 g）。钻探用金刚石常用一克拉多少粒或用过筛网目数(每英寸长度内的网格数)"目"来衡量。

钻探采用的金刚石粒度:

粗粒——5~20粒/克拉;

中粒——20~40粒/克拉;

细粒——40~100粒/克拉;

粉粒——100~400粒/克拉。

其中,粗、中粒多用于表镶钻头和表镶扩孔器,细、粉粒多用于孕镶钻头和孕镶扩孔器,石油钻井表镶钻头常用0.5~15粒/克拉的金刚石。

金刚石颗粒的粒度与尺寸的对应关系见表4-6。

表4-6 金刚石颗粒的粒度与尺寸对照表

金刚石粒度/(粒·克拉$^{-1}$)	2~5	5~10	10~20	20~30	30~40	40~60
平均线性尺寸/mm	3.3~4.0	2.5~3.3	1.8~2.5	1.5~1.8	1.3~1.5	1.1~1.3
金刚石粒度/(粒·克拉$^{-1}$)	60~90	90~120	120~200	200~300	300~400	400~600
平均线性尺寸/mm	1.0~1.1	0.9~1.0	0.8~0.9	0.7~0.8	0.6~0.7	0.5~0.6

2)人造金刚石单晶

人造金刚石单晶是我国制造人造金刚石钻头的主要原料。用于钻探的国产人造金刚石单晶分级方法及性能指标如表4-7所示。

表4-7 国产钻探用人造金刚石单晶分级方法及性能指标

金刚石品级	代号	品级要求	粒度(目)						适用地层
			36#	46#	60#	70#	80#	100#	
特级	JRT	抗压强度/N	100	90	80	70	60	50	硬-坚硬
		完整晶形比例/%	15	15	18	20	20	25	
		热冲击韧性(TTI)	>87%						
优质级	JRY	抗压强度(N)	60	55	50	45	40	35	硬
		完整晶形比例/%	8	8	8	12	12	12	
		热冲击韧性(TTI)	80%~86%						
标准级	JRB	抗压强度/N	55	50	45	40	35	30	中硬-硬
		完整晶形比例/%	7	7	7	10	10	10	
		热冲击韧性(TTI)	70%~80%						

注:表中J—金刚石;R—人造金刚石;T—特级;Y—优质级;B—标准级。

其他要求:①等积形不低于80%;②连、聚晶体不超过3%;③高于强度规定值的颗粒不低于45%。

表4-7中人造金刚石单晶抗压强度的测定方法是,在混匀的批料中按四分法抽取出约1

克拉的样品，取一粒金刚石置于抗压强度测定仪台面上，测其尺寸后，再在垂直方向逐渐增大压力，直至其破裂，记下负荷值，共测 40 粒，剔除无用数据后求出算术平均值，即为所测金刚石单晶的抗压强度。

表 4 – 7 中提及的完整晶形、等积形、连晶、聚晶等形态的具体含义如下：

（1）完整晶形。晶面、晶棱清晰，晶体生长饱满；没有两个以上孪生或共生晶体；允许有四分之一的缺角或蚀坑。

（2）等积形。晶体长轴与短轴之比不超过 1.5∶1 的为等积形。

（3）连晶。凡有两个以上晶面或晶棱的晶体及若干非完整晶体连生者为连晶。

（4）聚晶。许多微小的晶体无规则地聚合丛生称为聚晶。

3）人造金刚石聚晶

所谓"聚晶"是由许多细颗粒单晶在高温高压下烧结而成。聚晶中的晶粒呈无序排列，其硬度、耐磨性在各方向上相对接近，同时具有很好的断裂韧性。国内外在钻探工具中常用的人造金刚石聚晶材料有两种：一是在硬质合金衬垫底上烧结一层细粒人造聚晶金刚石，形成金刚石 – 硬质合金复合片（简称 PDC），具有金刚石耐磨性高和硬质合金韧性好的优点，因此复合片具有很高的强度、耐热性和冲击韧性；二是利用人造金刚石微粉进行二次聚合，形成尺寸较大的圆柱形、圆锥形和三角形聚晶金刚石。金刚石聚晶体的特点是热稳定性好，可以耐 1000℃ ~1100℃ 的高温，并可直接烧结成切削齿的形状，但耐磨性、抗冲击性较差。在 PDC 生产技术尚未成熟的一段时间内，这类产品在国内曾大量应用于石油、煤田及地质钻探，取代大颗粒天然金刚石表镶钻头。大颗粒聚晶还可用作钻头保径。

国内用磨耗比作为人造金刚石聚晶品级的分类依据。以借助 JS – 71A 型磨耗比测定仪测得的 PDC 和砂轮失重量来确定 PDC 的磨耗比。虽然这种方法的检测误差较大，但仍是目前国内使用最广泛的聚晶分级依据。国产人造金刚石聚晶品级分类表见表 4 – 8。

表 4 – 8　人造金刚石聚晶品级分类表

聚晶级别	代　号	磨耗比
特级	RJT	＞1∶30000
优质级	RJY	1∶20000 ~1∶30000
标准级	RJB	1∶15000 ~1∶20000

考虑到近年来 PDC 钻头已广泛应用于油气钻井和地质钻探，并取得优异的钻进效率和经济效益，所以把 PDC 钻头及其孔底碎岩过程单独列一节展开讨论。

4.3.2　金刚石钻进的孔底碎岩过程

1.金刚石钻进孔底过程的力学分析

单粒金刚石吃入并破碎弹 – 脆性岩石的过程如图 4 – 22 所示。在金刚石上作用着轴向载荷 P_y 和保证其沿孔底位移的切向力 P_x，这时金刚石吃入岩石深度为 h。

钻头每转一圈金刚石的切入深度 h 取决于机械钻速和钻头转速，可写出下式：

$$h = \frac{kV_m}{nm} \text{（mm）} \qquad (4-12)$$

式中：k——反映与岩石接触的钻头唇面上金刚石
分布状况的系数；

V_m——机械钻速，mm/min；

n——钻头转速，r/min；

m——钻头唇面上的金刚石粒数。

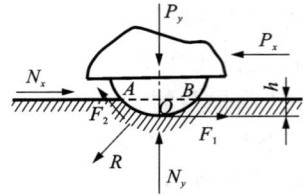

图 4-22　细粒金刚石破碎岩石示意图

设金刚石侵入岩石时遇到的吃入阻力和正面切削阻力为 N_y 和 N_x。

切削具切入岩石的阻力可表示为

$$N_y = S_0 H_y = \pi d h H_y \qquad (4-13)$$

式中：S_0——切削具切入岩石时岩石的承压面积，即球冠 AOB 的表面积（据数学公式球冠表面积 $= 2\pi Rh$，其中 R 为球的半径；h 为球冠高度）；

H_y——岩石的压入硬度；

d——金刚石粒径。

岩石抵抗切削具位移的阻力等于

$$N_x = S_1 \sigma_{ck} = \frac{\pi d h}{2} \sigma_{ck} \qquad (4-14)$$

式中：S_1——金刚石刃前被剪切破碎的岩石面积，即球冠 AOB 表面积一半；

σ_{ck}——岩石的抗剪强度。

金刚石将在合力 R 作用下切入岩石

$$R^2 = N_y^2 + N_x^2 \qquad (4-15)$$

代入 N_y、N_x 的值，得：

$$R^2 = (\pi d h H_y)^2 + (\pi d h \sigma_{CK}/2)^2 \quad \text{或} \quad R = \pi d h \sqrt{H_y^2 + \left(\frac{\sigma_{ck}}{2}\right)^2} \qquad (4-16)$$

于是由（4-16）可得

$$h = \frac{R}{\pi d \sqrt{H_y^2 + \left(\dfrac{\sigma_{ck}}{2}\right)^2}} \qquad (4-17)$$

考虑到（4-12）中的 h 值，则有 $\dfrac{R}{\pi d \sqrt{H_y^2 + \left(\dfrac{\sigma_{ck}}{2}\right)^2}} = \dfrac{kV_m}{nm}$，

同时，考虑到金刚石的颗粒很小（即钻头的切削具出刃很小），可以接受 $Rm \approx P$（其中 P 为钻头上的轴向载荷，即图 4-22 中的 P_y）。于是

$$V_m = \frac{Pn}{k\pi d \sqrt{H_y^2 + \left(\dfrac{\sigma_{ck}}{2}\right)^2}} \qquad (4-18)$$

所以，金刚石钻头破碎岩石的效果取决于钻探规程参数：钻头转速 n、金刚石颗粒平均直径上的载荷 P/d、钻头唇面上金刚石的分布系数 k 及岩石的强度，主要是岩石的压入硬度

H_y，岩石的抗剪强度 σ_{ck} 次之。

2. 表镶金刚石钻头的孔底碎岩过程

表镶金刚石钻头的岩石破碎过程取决于岩石的力学性质和金刚石的几何形状等因素。钻进坚硬的脆性岩石时，主要的破碎形式是岩石被压皱和压碎，在弹 - 塑性岩石中占优势的将是切削过程。

单粒金刚石切入时，岩石破碎的实际深度 h_p 超过了金刚石的侵入深度 h_{p1}（见图 4 – 23）：

$$h_p = k_p h_{p1} \tag{4 – 19}$$

式中：k_p——取决于岩石的性质（如表 4 – 9 所示）。

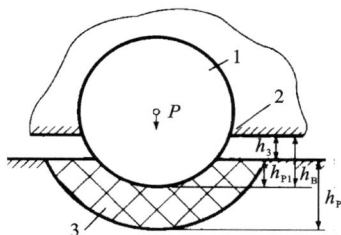

图 4 – 23　单粒金刚石岩石破碎示意图

1—金刚石；2—胎体；3—岩石；h_3—胎体与孔底间的间隙；h_B—金刚石在胎体上的出刃；h_p—岩石破碎的实际深度；h_{p1}—金刚石侵入岩石的深度

表 4 – 9　系数 k_p 的数值

岩石	k_p
大理石	1.3 ~ 1.5
硅质页岩	3.0 ~ 4.0
角岩	4.2 ~ 8.0
玢岩	3.0
辉长岩	9.0
石英岩	10
花岗岩	9 ~ 10
石灰岩	10 ~ 12

当金刚石沿坚硬和弹脆性岩石表面移动时，岩石破碎过程中往往伴有压皱和碾压作用。由于岩石被剪切的瞬间金刚石接触点上的压力下降，然后又升高到破碎必需的数值，所以金刚石钻头钻进硬岩和弹脆性岩石时也具有与硬质合金钻头类似的"跳跃式"特征，只是因为金刚石颗粒小，其幅度要小得多。这时形成的破碎穴宽度是金刚石吃入宽度的 1.2 ~ 1.8 倍，而破碎穴的深度是吃入深度的 1.3 ~ 5 倍。钻渣分布在破碎穴的两侧，且破碎穴底部钻渣被压实（参见图 4 – 23）。

在弹 - 塑性地层中钻进时通常伴有微切削作用。在这种情况下，金刚石前面的棱面不断地与岩石接触，岩石破碎穴的大小接近于金刚石吃入岩石部分的大小。实际情况是，金刚石与岩石仅有很小的点接触，一般只有几微米到 30 ~ 40 μm。

如图 4 – 24 所示，吃入岩的单粒金刚石前棱面将出现压应力，而在后面为拉应力。岩石在轴向载荷 P 和切向力 R_T 作用下发生破碎。金刚石上作用的扭矩消耗在克服岩石破碎的阻力 R_b 和摩擦力 T 上。

$$R_T = R_b + Pf = R_b + T \tag{4 – 20}$$

式中：R_T——消耗于岩石破碎和摩擦的力，N；

　　　R_b——岩石破碎的阻力，N；

　　　f——金刚石与岩石的摩擦系数；

T——摩擦力，N。

钻进过程中有 70% ~75% 的扭矩用于克服孔底摩擦力，所以建议采用椭圆化和表面抛光的金刚石，它们与岩石的摩擦系数低。采用这样的金刚石可提高机械钻速并降低金刚石的磨损程度。

金刚石的抗弯和抗剪强度不高，因此在钻进裂隙性岩石和金刚石出刃过大的情况下，金刚石会碎裂，导致钻头过早报废。在实践中出刃的大小应控制在金刚石粒径 5% ~25% 范围内。在非常破碎的岩石中应采用出刃较小的钻头，即细颗粒金刚石孕镶钻头。

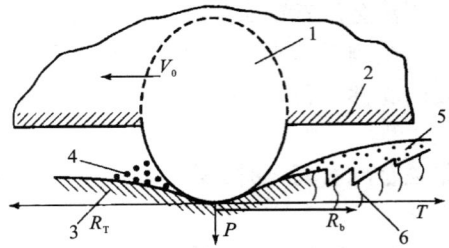

图 4-24　单粒金刚石破碎岩石的示意图

1—金刚石；2—钻头胎体；3—岩石；4—钻渣；
5—被压皱的岩石；6—被裂纹削弱的岩石

3. 孕镶金刚石钻头的孔底碎岩过程

孕镶金刚石钻头的孔底碎岩过程不同于表镶钻头。它用的金刚石颗粒小，且埋藏于胎体之中，孕镶钻头孔底碎岩过程的特点是以唇面上多而小的硬质点（金刚石）对岩石进行磨削或部分微切削，并随着硬质点的逐渐磨损、消失及胎体的不断磨耗，新的硬质点又裸露出来参加工作。人们把这种自磨出刃的过程称为"自锐"，只有能保证"自锐"过程的钻头才能维持钻速不衰减。如果胎体性能与所钻岩石不适应或没有保证足够的钻压，胎体不能超前磨耗并让丧失破岩能力的金刚石颗粒自行脱落，则无法实现"自锐"。在孔底过程中表现为钻头"打滑"，钻速迅速下降。

金刚石颗粒在胎体中的布置方式对钻进效果有重要影响。假设金刚石钻头某个扇形块唇面布置了 1~8 粒金刚石（如图 4-25 所示），那么其中每一粒将从孔底切去一层岩屑。而排在前端的金刚石颗粒将承担最大的工作负担（如图中的第 1 和第 9），所以它们的磨损量也最大。如果金刚石颗粒拥有不同的出刃大小，也会出现类似情况。各金刚石颗粒应尽可能承担均衡的破岩负担（$h_{pi} \approx const$）。

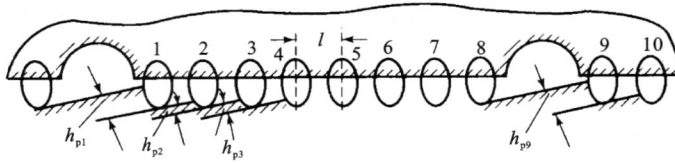

图 4-25　金刚石颗粒在扇形块唇面上的布置

增加金刚石对岩石的吃入深度是有一定限度的。由金刚石的质量指标可知，金刚石颗粒在 50~100 N 的力作用下便开始劈裂。因此，提高金刚石钻进的机械钻速 v_m 只能靠增大高浓度金刚石钻头的转速来实现（我国规定金刚石钻头线速度 $v_0 = 1.5 ~3.0$ m/s，而俄罗斯推荐 $v_0 = 3.5 ~5.0$ m/s）。

$$v_m = h_0 n \tag{4-21}$$

　式中：h_0——工具每转的切入深度；

　　　　n——工具的每分钟转速。

　　可以认为

$$h_0 = h_{pi}i \qquad\qquad (4-22)$$

式中：i——工具切削线上的金刚石数量；

　　　　h_{pi}——第 i 粒金刚石的实际吃入深度（参见图 4-25），于是 $v_m = h_{pi}in$。

　　必须指出，如果金刚石上的轴向载荷过大（超过允许值）可能导致金刚石碎裂。碎裂的金刚石碎片又会破坏其他完整的金刚石颗粒，使钻头很快失效。钻头即将进入失效阶段的规程称为"临界规程"。向临界规程的过渡是跳跃式的，这时不仅机械钻速和磨损量增大，而且孔底消耗的功率也急剧增大（见图 4-26）。

　　金刚石对其工作的温度环境非常敏感。当温度超过 900~1000℃ 时金刚石将石墨化并失去作为岩石破碎工具的能力。金刚石钻进规程要求保证其工作温度不超过 150~200℃。温度进一步升高将对金刚石的强度特性产生负面影响。例如，当温度达 500℃ 时其强度指标将近下降一半（见图 4-27）。

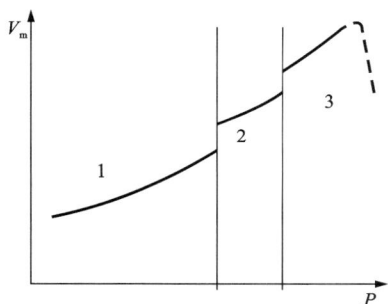

图 4-26　机械钻速与金刚石上轴向载荷的关系
1、2、3—分别为工作规程、过渡规程和临界规程

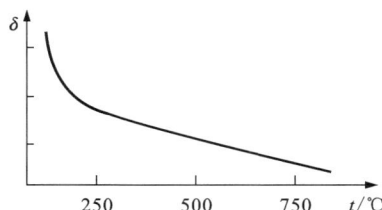

图 4-27　金刚石强度与温度的关系曲线

　　我们知道，孔底的钻渣必须从钻头水口排出。在钻头回转过程中，钻渣总是以小于扇形块回转的速度就近定向移动。结果在钻头唇面以下总会残留一些钻渣。当钻头水口与钻渣所在位置重合时，钻渣才顺利从孔底排出。钻渣能否完全排出取决于冲洗液的供给强度和钻头的水口结构。

　　在一定的条件下（冲洗液的供给不足，扇形块长度太大，钻头水口结构不合理），钻渣会积存在扇形块回转方向的后部，甚至完全充填胎体和孔底之间的间隙。如果出现这种情况，则金刚石的冷却条件急剧恶化，将出现金刚石的石墨化过程（烧钻）。最好采用长度较小的扇形块，以利于排渣。观察钻头扇形块唇面可明显看出，离轴心越远的切削线上金刚石数量越多，因此，离轴心越远单粒金刚石上的载荷越小，其吃入深度便较小，同时它们的回转线速度又最大。结果导致金刚石被抛光。解决这一问题的途径之一是尽量采用薄壁钻头。

4.4　金刚石钻头和扩孔器

　　在针对硬和坚硬地层的钻探工作中，使用最多的是表镶和孕镶金刚石钻头（其结构如图 4-28，图 4-29 所示）。虽然复合片（PDC）钻头的切削具主要成分是聚晶金刚石，应属于此范畴，但考虑到近年来 PDC 钻头在地质钻探中广泛应用，后续将专列一节讨论。

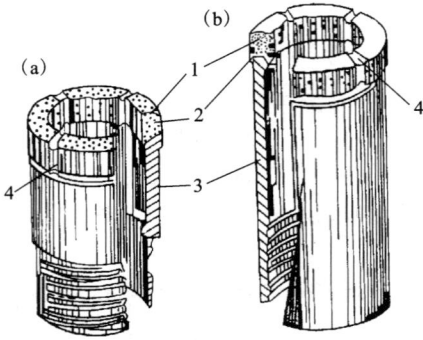

图 4－28　金刚石钻头的基本结构

（a）表镶钻头；（b）孕镶钻头

1—金刚石；2—胎体；

3—钻头体；4—水口

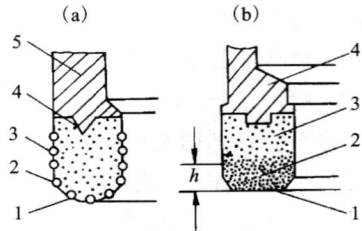

图 4－29　金刚石钻头刃部结构

（a）表镶钻头：1—底刃金刚石；2—规径金刚石；3—侧刃金刚石；4—胎体；5—钻头体；（b）孕镶钻头：1—金刚石；2—工作部分胎体；3—非工作部分胎体；4—钻头体；h—孕镶层高度

4.4.1　表镶金刚石钻头

1. 金刚石的粒度和选择

表镶金刚石钻头常选用粒度 15～40 粒/克拉的天然金刚石或粒度更细的人造金刚石，具体的粒度大小主要取决于岩石性质（见表 4－10）。表镶用的金刚石原料随其质量不同往往事先进行圆化处理，或用热处理消除其内应力。

表 4－10　表镶钻头推荐的金刚石粒度与岩性对应表

粒度级别	粗粒	中粒	细粒
粒度/（粒·克拉$^{-1}$）	10～25	25～60	60～100
适用岩层	中 硬	硬	坚 硬

2. 金刚石在唇面的排列

在钻进过程中，钻头外侧的规径刃和内边棱部的金刚石负担最重，其次为底刃，再次为侧刃。所以制造钻头时须选择优质金刚石作规径刃和内边刃，用回收的金刚石作侧刃，以求均衡磨损。

金刚石在钻头唇面上的排列方式有放射排列，螺旋排列和等距离排列等（见图 4－30）。金刚石在钻头唇面厚度方向多采用同心环排列，并在径向必须有一定的重叠度，以保证钻进中不会在孔底形成"岩脊"。

3. 钻头的端部断面形状

表镶金刚石钻头的端部断面形状应根据岩性、钻头的壁厚和工作稳定性来选择。小口径钻头有五种标准的端部胎体形状剖面：

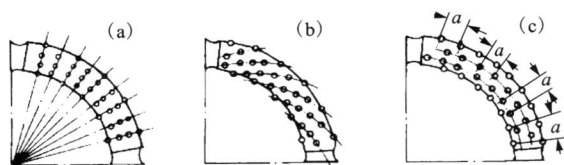

图 4 - 30　金刚石在钻头唇面上的排列方式

(a)放射排列；(b)螺旋排列；(c)等距排列

（1）圆形端部，见图 4 - 31(a)。具有圆形半径 R，R 等于胎体厚度的一半($a/2$)。这种剖面特别适合于在胎体表面切削部分均衡地布置金刚石，并有利于金刚石的固定。可较好地保护钻头的内外径，适用于中硬和硬岩层，使用范围广。

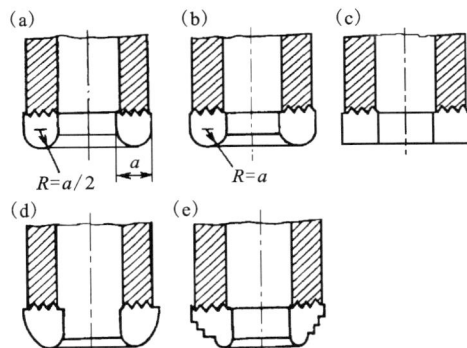

图 4 - 31　金刚石钻头端部的五种标准剖面

（2）半圆形端部，见图 4 - 31(b)。半径与胎体厚度 a 相等。可布置较多的金刚石，保证金刚石较好地固定在剖面拐弯处，缓解了边刃的过分磨损。半圆形剖面广泛应用于钻进坚硬和软硬互层的研磨性岩层。

（3）平底端部，见图 4 - 31(c)。在端部容纳的金刚石量最少，机械钻速高。其不足是端部边缘金刚石的固定效果不好，可能造成过早剥落和在钻头端面形成磨损的倒角(这种剖面常用于孕镶钻头)。

（4）双圆形端部，见图 4 - 31(d)。有沿胎体外侧的大半径和沿胎体内侧的小半径。这种胎体形状可沿外径布置较多金刚石，适用于强研磨性和破碎的岩层及容易引起钻头内边刃过早磨损的岩层，也可钻进砾岩，用于厚壁钻头，在钻进裂隙性破碎岩石时增加钻头的寿命。

（5）阶梯形端部，见图 4 - 31(e)。沿外径方向上胎体的表面积增大，使得可以在其表面布置更多的金刚石，增加钻头的寿命。这种钻头可在孔底形成附加的自由面，从而加速岩石破碎过程，并使钻头工作更稳定。这种剖面的钻头主要用于壁厚大的绳索取芯钻进，适用于中硬和硬岩层，有利于破岩和导向。

4. 钻头的水口与水槽

钻头的水路直接影响着孔底冲洗及钻进效果。常用的水口形状见图 4 - 32。由于表镶钻头的主水路是唇面与孔底之间的间隙，故水口和水槽的数目不能太多，这样可强制让冲洗液从主水路通过，以便有效地冷却唇面金刚石和及时排除孔底岩粉。

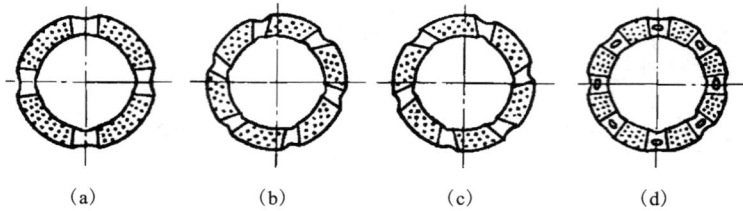

图4-32 表镶金刚石的水口形式

(a)直水口；(b)正螺旋水口；(c)反螺旋水口；(d)底喷扫水口

4.4.2 孕镶金刚石钻头

我国钻探生产中主要采用孕镶金刚石钻头，与表镶钻头相比孕镶钻头的优越性在于：

（1）对金刚石品级的要求低于表镶钻头；

（2）孕镶钻头抗冲击载荷的能力较好，如果钻头唇面的金刚石发生剪崩，对钻进效果的影响小于表镶钻头，对违反操作规程的敏感程度也小于表镶钻头。

（3）因为不必按规定用手工布置摆放金刚石颗粒，孕镶钻头的工业制造过程更简单。

1. 孕镶钻头用金刚石

孕镶钻头使用的天然和人造金刚石粒度取决于所钻岩性（见表4-11）。

表4-11 孕镶钻头用的金刚石粒度推荐表

适用地层	岩石类别	中硬			硬			坚硬		
	可钻性级别	IV~VI			VII~IX			X~XII		
	研磨性	弱	中	强	弱	中	强	弱	中	强
天然或人造金刚石粒度/目	20~40	—	—	—						
	40~60	—	—	—	—	—				
	60~80			—	—	—	—	—		
	80~100					—	—	—	—	—

2. 金刚石在胎体中的含量

钻头胎体用于包镶金刚石并与钢体牢固连接。孕镶钻头用浓度来表示金刚石在胎体中的含量，它是影响孕镶钻头性能的重要结构参数。浓度的算法沿用砂轮制造业的"400%浓度制"，当金刚石的体积占胎体工作层体积的1/4时，其浓度为100%，全部都是金刚石时，浓度为400%。选择金刚石浓度的依据是所钻岩性、金刚石的品级和粒度，同时必须兼顾胎体的包镶能力和钻压值的大小。即岩石越坚硬致密，金刚石质量越好，粒度越细，浓度宜较低；唇面比压较大时可选较高的浓度，这样对提高胎体耐磨性也有好处。合适的浓度为70%～

120%，过高了将影响胎体的包镶能力和钻速。

3. 钻头的胎体性能

金刚石钻头对胎体性能有一系列要求：胎体不仅要能牢固包镶金刚石，满足钻进条件下的强度、抗冲击性能要求，而且对其在钻进过程中的磨损速度也有严格要求。对孕镶钻头而言，根据所钻岩石性质正确选择胎体硬度（耐磨性）显得更为重要。为了保证孕镶金刚石能及时出刃，在钻进过程中孕镶钻头胎体的磨损应稍超前于金刚石。合适的胎体耐磨性应能使唇面金刚石正常出刃，并且在每粒金刚石的后面形成蝌蚪状支撑（见图 4 - 33）。随着工作金刚石的磨钝，胎体应在岩粉的磨蚀下超前磨耗，帮助新的金刚石出刃。

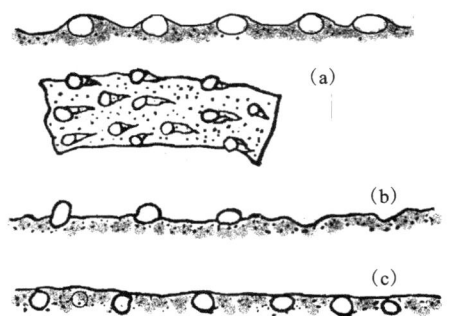

图 4 - 33　孕镶金刚石的出刃情况
(a)出刃适当；(b)出刃过快；(c)出刃过慢

当岩石更硬时，金刚石磨损得更快，但这时产生的岩屑更薄，数量更少，因此岩屑对胎体的磨蚀作用弱于稍软的岩石。所以在坚硬的岩石中钻进时，必须选择低耐磨性（硬度较小）的胎体。

由于测定硬度的方法简单，虽然胎体的硬度不能完全代表其耐磨性，但目前仍习惯于用胎体的硬度来表示其耐磨性。我国孕镶金刚石钻头制造业采用的胎体硬度（耐磨性）指标如表 4 - 12 所示。

表 4 - 12　孕镶金刚石钻头的胎体硬度和耐磨性

代号	级别	胎体硬度（HRC）	耐磨性	适应岩层
0	特软	<20	低	坚硬致密的弱研磨性岩层
1	软	20～30	低中	坚硬弱研磨性岩层，坚硬中等研磨性岩层
2	中软	30～35	中等	硬的弱研磨性岩层，硬的中等研磨性岩层
3	中硬	35～40	中高	中硬的中等研磨性岩层，中硬的强研磨性岩层
4	硬	40～45	高	硬的强研磨性岩层
5	特硬	>45	特高	硬 - 坚硬的强研磨性岩层，硬、脆、碎岩层

另外，胎体的强度（多用抗弯强度）和抗冲击韧性也是胎体性能的重要指标，不过常规的胎体配方是可以满足要求的。

4. 钻头的唇部形状

钻头的唇部形状选择取决于钻头的用途和使用条件。表 4 - 13 列举了国内外常用的金刚石钻头胎体唇部形状，并简述了其特性及使用领域。孕镶金刚石钻头的胎体唇面多选用平底形，在孔内磨合一段时间后便自然形成圆弧形。如果坚硬、弱研磨性的岩石或钻头壁较厚，可把钻头唇部做成同心环槽、锯齿状或阶梯形，以使比压集中并在孔底形成破岩自由面。孕镶金刚石钻头常用聚晶保径，可取得满意的钻进效果。

表 4 – 13 国内外常用的金刚石钻头胎体唇部形状

唇部形状	特性简述、用途和使用领域	唇部剖面
平底形	制造孕镶钻头时通常采用平底胎体，主要用于钻进低研磨性的中硬和坚硬岩石。这可解释为，该类钻头的胎体周边刃磨损增大也不会引起钻头过早失效。相反，如果胎体高度加大并保持平底，则有利于保持钻进过程中钻头的工作直径	
短半圆形	倒成圆角的切削部分有利于发挥钻头外径和内径的作用。这种形状的金刚石钻头常用于取芯钻进。胎体端部圆的半径总是大于胎体壁厚的一半	
半圆形	胎体端部的圆形半径等于胎体壁厚的一半。完全做成圆形的切削部分可更好地利用外表面，特别适合钻进裂隙性、很坚硬和频繁互层的研磨性岩石	
外锥形	切削唇面有不对称的形状。胎体端部的这种剖面通常用于双管厚壁取芯钻头。外锥形有利于在钻进容易破碎的软岩时提高岩芯采取率并减少钻孔弯曲	
导向形	在钻进垂直孔时该钻头有利于保持钻孔方向。常用于钻进中硬岩石	
专用导向形	与上述形状相同。常用于钻进坚硬和中硬岩石	
二阶梯形	适于胎体端部宽的双管取芯钻头。切削性能比前述形状更弱。常用于钻进中硬岩石	
多阶梯形	在钻头标准中宽度最大的钻头，广泛用于绳索取芯钻进。能较好地保持钻孔方向，常用于钻进中硬岩石和坚硬岩石。适于胎体端部宽的钻头	
反锥形	适于胎体端部宽的双管取芯钻头。常用于钻进强研磨性和破碎岩石，这时所钻岩石将加速钻头胎体内径方向周边的金刚石超前磨损	

续表 4 – 13

唇部形状	特性简述、用途和使用领域	唇部剖面
锯齿形	适于中硬岩石的单管取芯钻进和绳索取芯钻进	
掏槽形	常用于钻进沉积岩和变质岩，可以获得很高的机械钻速	
高胎体双层水口	孕镶的金刚石层高，适用于强研磨性地层或深孔条件下增加纯钻进时间，从而减少起下钻作业，提高钻探效率	

5. 钻头的水口与水路

因为孕镶钻头的金刚石出刃非常小，故它的主水路不是钻头唇面与孔底的间隙，而是水口。在唇面扇形块的下面只存在漫流（或湿润）区，用于冷却和排粉的水流主要通过水口和水槽。因此，孕镶钻头往往设计成多水口、小水口，这样对防止烧钻有利。

4.4.3　金刚石扩孔器

在硬岩和研磨性岩石中钻进地质勘探孔时广泛采用金刚石扩孔器。

金刚石扩孔器是一个钢制空心圆筒，扩孔器外表面的槽子中镶焊有超硬材料（包括金刚石聚晶）或金刚石，扩孔器表面带冲洗液水槽。扩孔器位于钻头和岩芯管之间，两端都有与金刚石钻头及岩芯管连接的螺纹。根据用途，扩孔器的螺纹可以是内螺纹或外螺纹。扩孔器的直径应略大于钻头直径（一般大 0.5 mm），其结构如图 4 – 34 所示。其主要功能是：

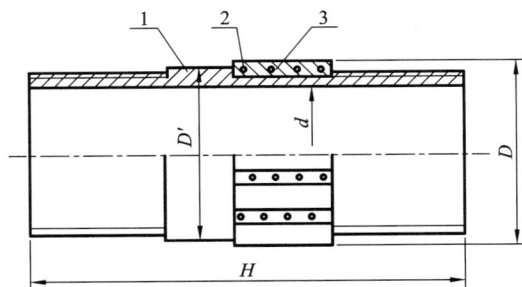

图 4 – 34　金刚石扩孔器结构示意图

1—钢体；2—金刚石；3—胎体；D'—扩孔器钢体外径；

d—扩孔器内径；H—扩孔器长度；D—扩孔器外径

（1）在钻进过程中修整孔壁，保持和扩大孔径，以防钻进过程中钻头外径过早磨损，从而减少新钻头下孔时的扫孔工作量；

（2）金刚石扩孔器可帮助稳定下部钻杆柱和岩芯管的工作状态，从而明显降低孔内钻具振动和减少钻孔弯曲。

俄罗斯用于可钻性Ⅷ～Ⅹ级硬–坚硬岩石单管钻进的金刚石扇形扩孔器如图4–35所示。每个金刚石扇形块长21 mm，宽17 mm，扇形块朝向钻头的前缘部分带有一个8°圆锥形导入角，卡心装置安装在扩孔器钢体1的锥形内壁上，扩孔器与岩芯管的内螺纹相连。另外，在靠近金刚石扇形块2的外径上有方便管钳操作的圆孔。双管扩孔器与单管扩孔器的区差别在于：卡心装置的安装位置、内孔大小、总长度和连接螺纹不同。

4.4.4 金刚石钻头及扩孔器选型表

金刚石钻头和扩孔器的选用见表4–14。

4.4.5 金刚石钻头及扩孔器的制造

1. 无压浸渍法

将金刚石放入石墨模具上按设计加工好的坑内，再把骨架金属放入模槽并安放钻头钢本。装模后轻轻敲击模壁使骨架粉末密实，再把黏结金属碎片放于模心内并撒上助熔剂和保温砂，即可放入马弗炉中烧结。当温度达1100℃时，黏结金属熔化并渗入骨架金属中形成有硬质点的胎体，把金刚石与钻头钢体黏结在一起，便制成了表镶金刚石钻头。在整个烧结过程中无须加压。此方法尤其适用于制造表镶金刚石钻头和聚晶体钻头、特殊形状钻头和金刚石扩孔器。

2. 热压法

热压法主要用于制造孕镶金刚石钻头。先将胎体的骨架金属粉末和黏结金属粉末按设计的比例混合，并在胎体的工作层中混入一定浓度的金刚石，装入石墨模具内。在电阻热压炉上烧结，边加温边加压，按照设计的烧结工艺流程（一般全压为10～15 MPa，最高温度1000℃左右）即可制成孕镶金刚石钻头。此方法是目前国内外常用的制造钻头方法。

3. 电镀法

利用电镀方法制造孕镶金刚石钻头在我国发展较快，该方法的主要优点是在制造工艺中金刚石不接触高温。其原理是在电镀槽内将镍、钴一类的金属沉积到钻头体上，同时分层分次把金刚石微粒撒到电镀面上，利用沉积的金属把金刚石孕镶在胎体之中。金刚石扩孔器也可采用该方法来制造。该方法的缺点是生产周期长。

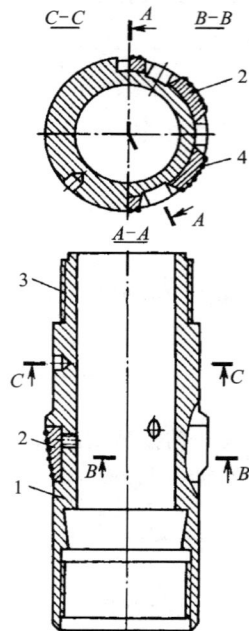

图4–35　金刚石扇形扩孔器
1—钢体；2—含金刚石的扇形块；
3—连接丝扣；4—金刚石

表 4-14　金刚石钻头和扩孔器选用推荐表

常见岩石举例			泥灰岩,绿泥石片岩,页岩,千枚岩,泥质砂岩,硬质片岩	大理岩,石灰岩,泥灰岩,蛇纹岩,辉绿岩,安山岩,辉长岩,片岩,白云岩,硬砂岩,橄榄岩			片麻岩,玄武岩,闪长岩,石英二长岩,混合岩,矽卡岩,伟晶岩,花岗闪长岩,流纹岩,花岗岩,钠长岩			石英斑岩,高硅化灰岩,坚硬花岗岩,碧玉岩,霏细岩,石英岩,石英脉,含铁石英岩		
可钻性	类别		软	中硬			硬			坚硬		
	级别		1~3	4~6			7~9			10~12		
研磨性			弱	弱	中	强	弱	中	强	弱	中	强
表镶钻头	聚晶金刚石烧结体		●	●	●	●	●	●				
	天然金刚石粒度/（粒·克拉⁻¹）	10~25		●	●							
		25~40			●	●	●	●				
		40~60					●		●			
		60~100							●	●	●	●
	胎体硬度（HRC）	20~30		●			●			●		
		35~40				●					●	
		>45							●			●
孕镶钻头	人造或天然金刚石/目	20~40		●			●					
		40~60			●	●	●					
		60~80					●		●		●	
		80~100				●			●	●	●	●
	胎体硬度（HRC）	10~20								●		
		20~30		●			●			●	●	
		30~35			●		●		●			
		35~40			●			●				
		40~45				●		●				
		>45										●
扩孔器	表镶			●	●	●	●	●				
	孕镶				●	●	●	●	●	●	●	●

4. 二次镶嵌法

该法先用热压法或无压浸渍法烧结好含有金刚石的胎块，然后用钎焊法将胎块焊接到预先烧结好的钻头体上。

4.5 PDC 钻头及其孔底碎岩过程

近十几年来，继石油、天然气钻井之后，国内外地质勘探和矿山钻探领域也大量使用金刚石－硬质合金复合片（PDC）钻头。其发展势头之猛，甚至有逐步取代硬质合金钻头和金刚石聚晶表镶钻头的趋势。但目前国内外对于复合片工具的理论研究明显落后于工程实践，对其孔底岩石破碎机理尚无权威性的统一的观点。

4.5.1 钻探用复合片

大部分复合片做成双层的［见图 4 – 36（a）］。复合片上部为聚晶金刚石薄层（聚晶金刚石是经过特殊工艺将金刚石微粒黏结在一起形成的复合材料），作为切削齿的刃口，硬度及耐磨性极高，但抗冲击性较差。复合片下部为碳化钨基片，聚晶金刚石片与碳化钨基片的有机结合，使得 PDC 齿既具有金刚石的硬度和耐磨性，又具有碳化钨的结构强度和抗冲击能力。烧结复合片时以碳化钨、含钴材料作为胶接物，使由于金刚石和垫板热膨胀系数不同而引起的层间应力最小。PDC 片具有良好的自锐性能，聚晶金刚石晶粒在切削岩石的过程中不断脱落，使刃面能及时更新自锐。此外，碳化钨基片先磨损有利于形成锋利的刃口，同时其良好的抗冲击性能将为金刚石提供良好的弹性依托。

美国 General Electric 公司生产的复合片 Stratopax（片径 13.5 mm，厚度 3.5 mm，其中聚晶金刚石层 0.5 mm 厚）在钻探作业中得到了最广泛的应用。还有用圆形片切制成的三角形、方形、菱形和弧形复合片。南非 De Beers 公司生产的圆形 Sindit 由 1.0～1.5 mm 厚金刚石层和硬质合金垫板组成，在金刚石层和垫层之间还有一个 50 μm 厚的中间层，它由很细小（1～5 μm）的烧结金刚石微粒组成，从而可避免在钻进过程中因发热使复合片遭受破坏。日本 Sumitomo Electric 公司生产了三种型号复合片。其中有免加工的三角形、方形和菱形复合

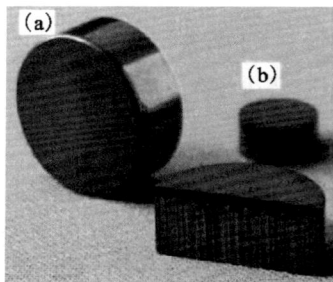

图 4 – 36　钻探用金刚石复合片
（a）普通复合片；（b）波浪形结合面的复合片

片，其刃长 3～6 mm、厚度 1.5～5.0 mm，具有高耐磨性。独联体生产的岩石破碎用复合片有直径 8.5 mm、厚度 3.0 mm 和直径 13.5 mm、厚度 3.5 mm 两种规格，其中金刚石层 0.7～0.8 mm 厚。该复合片在切削石英砂岩中可钻进 700 m 以上，寿命超出了类似尺寸的 Stratopax 复合片。

为增加两层间的结合力可做成如图 4 – 36（b）所示波浪形结合面的复合片或牙嵌式结合的复合片。

目前我国的金刚石－硬质合金复合片（PDC）产量已跃居世界首位。常用的国产复合片型号如表 4 – 15 所示。

表 4 – 15　常用的国产复合片型号及尺寸

产品代号	直径/mm	高度/mm	金刚石层厚度/mm
0803	8.20	3.56	1.5 ± 0.2
0808	8.20	8.00	1.5 ± 0.2
1004	10.00	4.50	1.5 ± 0.2
1304	13.30	4.50	1.5 ± 0.2
1308	13.44	8.00	2.0 ± 0.2
1313	13.44	13.20	2.0 ± 0.2
1604	16.00	4.50	2.0 ± 0.2
1608	16.00	8.00	2.0 ± 0.2
1613	16.00	13.20	2.0 ± 0.2
1905	19.05	5.00	2.0 ± 0.2
1908	19.05	8.00	2.0 ± 0.2
1913	19.05	13.20	2.0 ± 0.2
1916	19.05	16.31	2.0 ± 0.2

4.5.2　PDC 钻头的孔底碎岩过程

1. PDC 切削刃的受力分析

一般认为，PDC 钻头在弹 – 塑性岩石中的破岩机理与孕镶金刚石钻头有着本质区别。PDC 钻头破碎岩石的方式是以切削（剪切）破碎为主，挤压破碎为辅。

根据金属切削理论，单个 PDC 片在有一定吃入量的情况下切削破碎岩石时的受力如图 4 – 37 所示。其中，P_{ym}、P_{xm} 为施加在单个 PDC 片上的轴向载荷

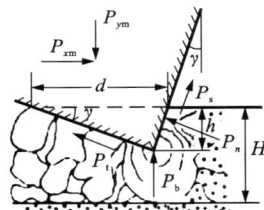

图 4 – 37　有一定吃入量的单个复合片切削破碎岩石时的受力示意图

和切向力；P_n、P_s 为 PDC 片切入岩石部分前端面对岩石的压持作用力和与岩石的摩擦力；P_b、P_t 为 PDC 片底端所受岩石的反力以及与岩石的摩擦力。可以写出下述方程：

$$\left.\begin{array}{l} \sum F_y = 0, \quad P_{ym} - P_b - P_n\sin\gamma - P_s\cos\gamma = 0 \\ \sum F_x = 0, \quad P_{xm} - P_t - P_n\cos\gamma - P_s\sin\gamma = 0 \end{array}\right\} \qquad (4-23)$$

$$P_s = f \cdot P_n = P_n\tan\varphi, \quad P_t = f \cdot P_b = P_b\tan\varphi \qquad (4-24)$$

设

$$k = \frac{P_x}{P_y} = \frac{mP_{xm}}{mP_{ym}} \qquad (4-25)$$

式中：f——切削具与岩石间的摩擦系数，一般 $f = 0.3 \sim 0.4$；

φ——切削具与岩石间的摩擦角；

k——切削力系数，一般与切入深度、切削面积和切削角等因素有关；

m——参与工作的切削刃数量。

切削刃破碎岩石的条件为：

$$P_n = \sigma_c S_a = \frac{\pi}{2} H_y \cdot \sqrt{R} \cdot \left(\frac{h}{\cos\gamma}\right)^{\frac{3}{2}} \qquad (4-26)$$

式中：σ_c——岩石的极限抗压强度，由于在这里是切削具局部吃入岩石表面，更符合压入硬度的概念，所以可用压入硬度 H_y 来替代它；

S_a——切削刃前端面与岩石间的压入面积；

R——圆形复合片的半径；

γ——复合片的安装角度；

h——单个切削刃切入岩石的深度，$h = \dfrac{H}{m}$；

H——每转给进量。

由式（4-23）至（4-26），可确定金刚石切削具前表面使岩石变形和破碎所需的切向力：

$$P_x = mP_{xm} = \frac{\pi}{2} k \cdot K_o H_y \cdot \sqrt{\frac{R}{m}} \cdot (\cos\gamma)^{-\frac{1}{2}} \cdot H^{\frac{3}{2}} \qquad (4-27)$$

其中 $K_o = \dfrac{(1 - \tan^2\varphi)}{k - \tan\varphi}$。考虑到钻进过程是一动态过程，并可能具有一定冲击作用，以及用不同尺寸切削具切削或切入深度不同时岩石力学性能的变化等因素，在式（4-27）中引进一个动载系数 B（一般取值 $B = 0.1 \sim 0.9$，动载越强 B 值越小），于是

$$P_x = \frac{\pi}{2} Bk \cdot K_o H_y \cdot \sqrt{\frac{R}{m}} \cdot (\cos\gamma)^{-\frac{1}{2}} \cdot H^{\frac{3}{2}} \qquad (4-28)$$

据式（4-28），可确定回转切削型 PDC 钻头的机械钻速

$$V_M = nH = n \cdot \left(\frac{m \cdot \cos\gamma}{R}\right)^{\frac{1}{3}} \cdot \left(\frac{2P_y}{\pi BK_o H_y}\right)^{\frac{2}{3}} \qquad (4-29)$$

式中，n——转速，r/min；

B——动载系数。

可见，影响切削刃机械钻速的因素有：复合片的尺寸结构（切削刃的尺寸 R 和负斜镶安装角度 γ）；岩石性质（岩石的压入硬度 H_y、研磨性和弹-塑性等）和钻进规程（主要指钻压 P_y 和转速 n）。

式（4-28）表明：岩石的压入硬度越大，复合片的尺寸和安装角越大，轴向载荷（切入深度）越大，则所需的切向力 P_x 越大。所以，在岩石较硬的情况下不宜盲目追求大直径复合片、较大的负斜镶安装角和增大轴向载荷（切入深度）。

式（4-29）表明：轴向载荷 P_y 和转速 n 越大，岩石的压入硬度和复合片尺寸越小，机械钻速将显著增加。此外，还应考虑切削不均匀、冲击作用的影响和钻杆柱的稳定性等其他因素。

2. PDC 钻头的孔底碎岩过程分析

在生产实践中，金刚石-硬质合金复合片不仅可以钻进软-中硬岩石，还可以钻进部分中硬以上的（Ⅶ～Ⅷ级）岩石。PDC 钻进不同岩层的工作机理是一个复杂问题。在上述分析

切削刃受力情况的基础上，可以对 PDC 钻头的孔底碎岩过程进行如下定性分析。

1）单片 PDC 的孔底碎岩过程分析

PDC 片在垂直力和水平力共同作用下（图 4－38），比压最大处位于前端面刃尖附近（图中圆点处），接触点的压力使岩石内部产生弹性应力和应变并逐渐增大，岩石中的初裂纹也应在此处首先开始萌生并发展。此处会出现三种性质的微裂纹：一是受剪切作用的剪切裂纹，将向自由表面发展；二是受前端面压力作用的压应力裂纹，具有向深部发展的趋势；三因底部摩擦拉应力产生的张裂纹，有向深部和后侧表面发展的趋势。这三个微裂纹在外载增加的情况下都会迅速发展并分岔。

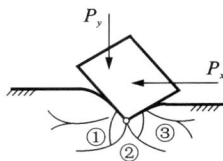

图 4－38　PDC 作用下岩石中
裂隙发育情况示意图

①剪切微裂纹；②压入微裂纹；
③拉伸微裂纹

由于岩石的抗拉和抗剪强度比抗压强度低得多，因此 PDC 片前端接触岩石的剪切裂纹发育得快些。剪切裂纹分岔后，一部分向表面发展并相互贯穿，有利于岩石产生体积剪切破碎；一部分裂纹向深部发展，由于受深部岩石各向压缩阻力作用而再转向水平方向，虽然对当前的破碎没有直接影响，但它与张裂隙一起为后续 PDC 片破碎岩石准备了预破碎区。可以认为，岩石破碎是在外载下岩石内部裂纹产生、扩展和贯通的过程。

在较软和塑性较明显的地层中，PDC 片钻进类似于车刀切削金属的连续切削（剪切）破碎过程。复合片切削刃在轴向和水平载荷作用下吃入岩石并前移，当刃前的岩石内某一位置剪应力达到其屈服极限时，岩石开始沿剪切力相等的"初滑移面"产生塑性滑移而实现切削破碎（参见图 4－39，其中 OA 面为滑移面，该面左边代表弹性变形区，右边代表塑性变形区）。这时岩石实质是在挤压过程中以滑移变形方式成为切屑。破碎区的深度和宽度与金刚石复合片的吃入深度和宽度相当。

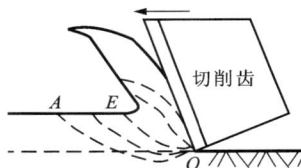

图 4－39　PDC 沿滑移面切削
破碎软岩石示意图

在中硬及部分硬的、脆性较明显的地层中，PDC 片钻进的破碎过程是碰撞→多次压碎及小剪切→大剪切的不连续（波动）过程。钻头上的载荷和破碎区的深度和宽度亦是变化的，一般会大于金刚石复合片的吃入深度和宽度。

2）组合 PDC 的孔底碎岩过程分析

PDC 钻进破碎岩石的外载荷不仅取决于岩石性质和单个 PDC 的几何特性，还取决于多个组合 PDC 的空间布置特性，因为前面切削刃产生的预破碎区和切槽自由面会极大影响后续 PDC 片破碎岩石的效果。

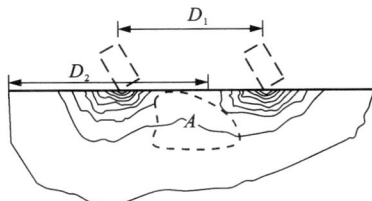

图 4－40　组合 PDC 的孔底碎岩过程示意图

如图 4－40 所示，设岩面上同时作用两个安装距离为 D_1 的 PDC 片，单个 PDC 片作用下岩石的变形及裂纹发育范围为 D_2，则影响岩石破碎效果的重要因素之一是变形交叉带的性质。

若 $D_1 < D_2$，则两变形带相交，变形发展相互关联。这样，两相邻 PDC 之间区域 A 在多数情况下可以被破碎。当作用于 PDC 片的载荷进一步增大时，区域 A 的破碎岩石被挤出，产生更大的体积破碎。当然，如果两 PDC 片过于接近，区域 A 中的岩石受到扩大的各向压缩作用，可能使得岩石破碎反而更加困难。

若 $D_1 > D_2$，两变形带不相交，变形发展相互关联微弱，不利于形成体积破碎，但前面切割具产生的裂纹可为后续 PDC 破碎岩石提供良好的预破碎作用。

可见，钻头上两相邻 PDC 布置过密或过疏都不利于产生良好的岩石破碎效果。

4.5.3　PDC 钻头

1. PDC 钻头的结构

1）胎体式 PDC 钻头和钢体式 PDC 钻头

按钻头体材料及切削具的结构，可把钻头分成胎体式 PDC 和钢体式 PDC 两大类。胎体式用粉末冶金方法烧结钻头体，烧结时将复合片直接焊接在钻头唇面上预留的窝槽中。钢体式钻头的钻头体用合金钢制成，先把复合片焊接在齿柱上制成切削齿，再将切削齿镶焊在钻头体上，并用金刚石聚晶或其他超硬耐磨材料镶嵌体实现保径（见图 4-41）。

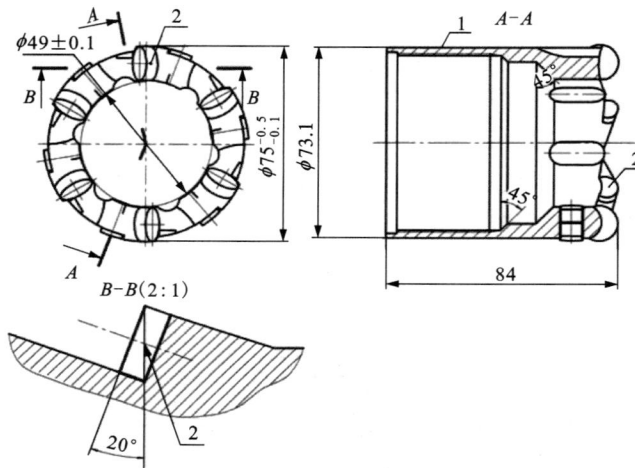

图 4-41　钢体式 PDC 钻头的结构示例

2）PDC 钻头的结构要素

（1）研究和生产实践表明，非整形 PDC 比整形 PDC 的岩石破碎效果更好。在工艺成本允许的条件下应优先选用经二次切割的非整形 PDC 片。表 4-16 列出了常用非整形复合片的形状和尺寸。一般用电火花和金刚石砂轮切割两种方法沿径向把复合片分割成 2~4 部分，再借助专用支架，用焊料把复合片焊牢在钻头钢体或胎体上。

（2）在保证相邻 PDC 之间具有合理距离（即发挥组合切削具预破碎区的作用）并保证钻头端面载荷均匀分布的基础上，钻头上布置的切削具数量应尽量少（参见图 4-42），以保证单个 PDC 片上具有较大的破岩载荷。国内 PDC 钻头的切削具数量推荐值见表 4-17。

表 4 – 16 非整形 PDC 复合片的形状与尺寸

№	形状	尺寸 l/mm	端面面积 S/mm²
1	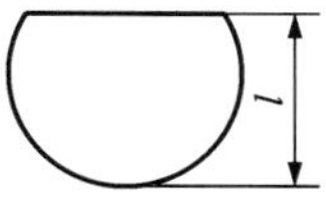	11.2	127.5
2	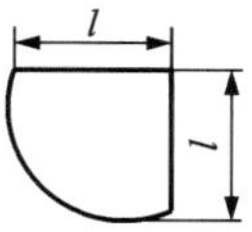	11.2	112.1
3		6.2	64.1
4	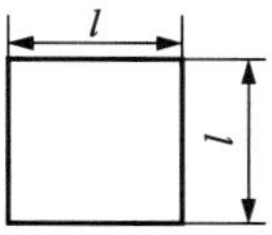	9.2	84.6
5	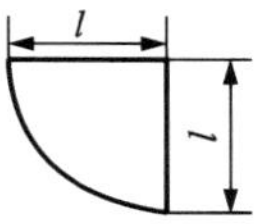	6.2	28.7

表 4 – 17 单管和双管 PDC 钻头的复合片数量

规格代号	外径 D/内径 d/mm		复合片数量/片	
	单管	双管	单管	双管
A	48/38	48/33	3 ~ 4	4 ~ 5
B	60/48	60/44	4 ~ 5	5 ~ 6
N	76/60	76/58	5 ~ 6	6 ~ 7
H	96/76	96/73	7 ~ 8	8 ~ 9
P	122/98		10 ~ 12	

（3）为了有效地清除岩粉，减轻因孔底积聚岩屑对钻头端面的影响并防止烧钻，应在保证复合片切削具强度的条件下尽量设计大的出刃量。

（4）关于 PDC 的工作角设计（见图 4 – 42）。试验研究和生产实践都表明，PDC 片以负斜镶方式切削破碎岩石最有效。这种情况下 PDC 以较小的作用力（轴向力和切向力）即可获得给定的压入深度。而且可对切削齿起到保护作用，延长钻头寿命。理论上负前角 γ 的取值范围是 0°~20°，但常用 5°~20°，软地层负前角 γ 取小值，硬地层可大一些。

关于 PDC 钻头的扭转角 φ，主要考虑的因素是钻头旋转时 PDC 片能对岩屑施加侧向推力，有利于及时排出孔底岩屑。同时，一定的扭转角 φ 可减少复合片在钻头切向与岩石的接触面积，有利于切削破岩。因此，当冲洗液为正循环时，扭转角 φ 应设为正角，即 PDC 前端面法向指向孔外侧；当冲洗液为反循环时，则 φ 应为负角，前端面法向指向孔内侧。一般认为，最优的 PDC 扭转角为 10°~15°。

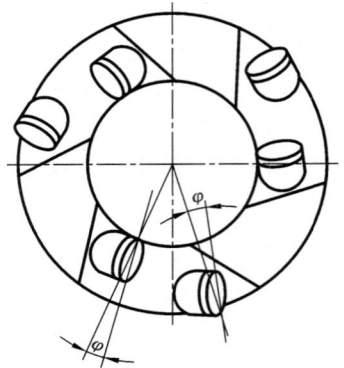

图 4-42 钻头上 PDC 片的布置、负前角和扭转角示意图

2. PDC 钻头的制造

PDC 钻头破碎岩石过程中主要的损坏形式是：

(1) 复合片焊接不牢或胎体冲蚀磨损严重而"脱片"；

(2) 焊接温度过高使复合片耐磨性、切削能力下降，工作寿命短；

(3) 孔底震动条件下复合片出现崩刃、断裂、分层。

其中，前两条都与焊料及工艺有关，第 3 条主要取决于复合片质量。因此，复合片的焊接工艺是决定 PDC 钻头效率和寿命的关键技术。

因钻头钢体与 PDC 基底硬质合金的性能差异较大，加之金刚石层中有触媒金属，PDC 热稳定性不好，可能导致复合片在加热至 1000℃ 以上时性能下降，在金刚石层中出现径向裂纹，甚至与硬质合金衬底分层，所以必须用低温方法把其焊在钻头刚体或胎体上，以保护其切削与耐磨能力。一般低熔点焊接的强度低，而 PDC 钻头的孔底过程要求焊接强度高，以防产生脱片现象。目前国内外主要采用银基焊料焊接复合片。我国要求焊接温度不大于 750~800℃，但对复合片在钻头钢体上的焊接强度和抗冲击力没有具体要求。在超硬材料领域处于高水平的乌克兰，其低温焊接国家标准是：焊料的熔化温度为 590~610℃，应保证复合片在钻头钢体上强度达 360~420 MPa，抗冲击力不少于 20 kN。

4.6 钢粒钻头及其孔底碎岩过程

用未镶焊切削具的钻头压住可连续补给的钢粒，并带动它们在孔底翻滚而破碎岩石的钻进方法称为钢粒钻进（亦称为钻粒钻进）。钢粒钻进曾广泛应用于Ⅶ~Ⅻ级的岩石，随着金刚石钻进的普及，它在中、小口径钻进中已逐渐被淘汰。但是，由于金刚石钻头价格昂贵，故钢粒钻进在大口径硬岩钻进（包括桩基础）中仍占有一席之地。

4.6.1 钢粒及钢粒钻进用钻具

1. 钢粒的特性

钻探用钢粒应具有较高的抗压碎强度、硬度和耐磨性，以减少破岩过程中自身的消耗；应具有较高的屈服极限，使其在轴向载荷下不至于产生明显的塑性变形，以利于在孔底翻滚。为了保证钢粒在孔底容易翻滚，应把钢粒切制成高度和直径基本相等的圆柱形。

2. 钢粒钻头与钻具

钢粒钻头的功能是将轴向载荷和水平回转力传递给钢粒，带动其在孔底翻滚。钻头呈圆筒形，下部开有弧形水口，用于排除岩粉、分选钢粒和"导砂"（即利用水口的弧形面把完好的钢粒引导到钻头底唇面下）。整套钻具（见图 4 - 43）由钻头 1、岩芯管 2、异径接头 3、取粉管 4 和钻杆柱 5 组成。它的主要特点是：钻头体上不镶焊切削具，钻头体上只有一个高而倾斜的水口，异径接头上带有取粉管。

4.6.2　钢粒钻进的孔底碎岩过程

圆柱形钢粒在钻头给予的轴向力和回转力（应理解为钻头唇面与钢粒间的联系力）作用下，在孔底岩石表面不断翻滚，主要以动压入体积破碎方式和动疲劳破碎（碾压）方式破岩。

1. 动压入体积破碎

圆柱形钢粒在孔底每翻滚一次都会给岩石一个微动载作用。当完整钢粒的棱边与岩石接触时，类似于楔形工具动压入破岩的情况［见图 4 - 44(a)］，这时钢粒 A、B 与岩石的接触面积很小，造成压应力集中，使其周围的岩石首先出现裂纹，继而产生跳跃式体积破碎。由于孔底不平，可能轴载瞬时集中在少数钢粒上，更加强了这种动压入体积破碎。

2. 动疲劳破碎

钢粒在不断翻滚中，逐渐被磨成椭球形或球

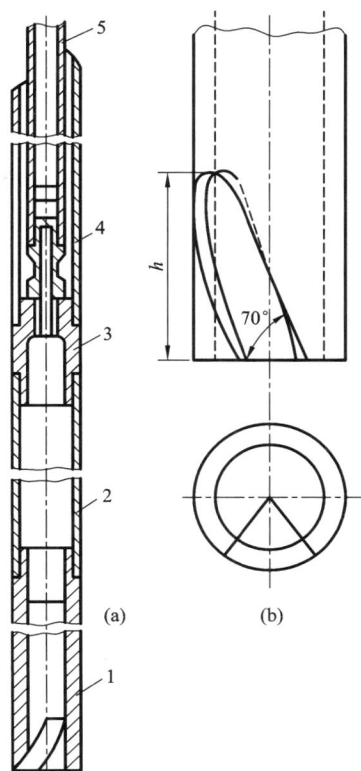

图 4 - 43　钢粒钻进用钻具

(a) 概貌图；(b) 钢粒钻头
1—钻头；2—岩芯管；3—异径接头；
4—取芯管；5—钻杆柱

形。它以一定的压力压于岩石表面时，可看成类似于球形压模动压入岩石的情况，其下部岩石中存在着两个危险极值带，其中压力边缘处存在拉伸应力，有助于产生一定深度的表面裂纹［见图 4 - 44(b)］。随着众多钢粒的重复碾压，裂纹加深加密，加之冲洗液的侵蚀作用，使交叉发育的裂纹以岩屑的形式被剥离下来离开母体。这就是钢粒钻进的主要破岩方式——动疲劳破碎。轴载越大造成疲劳破碎所需要的重复次数越少，破岩效果越好。

在实际生产过程中，上述两种破岩方式往往是同时发生的，只是新鲜的圆柱形钢粒以第一种分式为主，被磨圆的钢粒以第二种分式为主。由于孔底不平，经冲洗液分选后的钢粒形状不一、尺寸不均、压力不均，加之孔底环状间隙大，这些都造成钢粒钻具振动加剧，这种振动对钢粒动压入、动疲劳破岩是有利的。

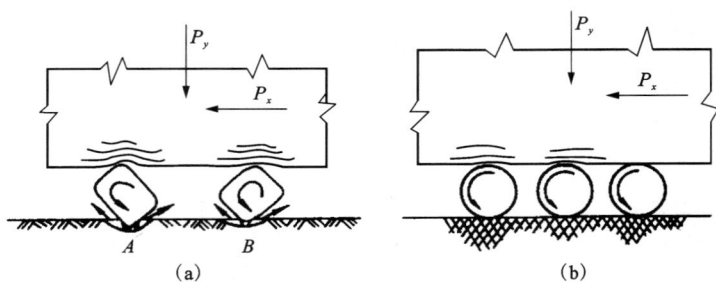

图 4 - 44　钢粒钻进的碎岩过程示意图
P_y—轴向压力；P_x—回转水平力

4.7　牙轮钻头及其孔底碎岩过程

牙轮钻头在油气钻井和大口径施工钻进中应用广泛，其中油气钻井中牙轮钻进的工作量占 80% 左右。牙轮钻头多数用于不取芯全面钻进。牙轮钻头（铣齿式、镶齿式）主要以压碎－剪切方式破碎岩石，其中效果最好的是 Ⅵ～Ⅹ 级岩石。

4.7.1　牙轮钻头的结构

按牙轮的数量可分成单牙轮钻头、双牙轮钻头、三牙轮钻头和用于取芯的四牙轮、六牙轮钻头，其中三牙轮钻头（见图 4 - 45）使用最广泛，双牙轮钻头主要用于小口径钻进。

按钻头体的结构可把牙轮钻头分成无体式和有体式。直径较小的（46～320 mm）多为无体式，它把单独的结构单元——带牙轮的牙掌相互焊接成一体，然后在钻头体上车连接螺纹。有体式多为大口径（346～490 mm），它在钻头体上焊接带牙轮的牙掌，并在钻头体上加工内螺纹。

牙轮钻头分为铣齿式和镶齿式。铣齿是铣或锻压出来的，主要钻进软和中硬岩石（部分硬岩）。镶齿式是用硬质合金镶嵌体作为齿冠，主要钻进硬和坚硬岩石。

牙轮钻头的冲洗机构分为中心冲洗式和圆周冲洗式两种形式。带喷嘴的水力喷射式钻头更有利于提高软岩中的钻速。

牙轮钻头的轴承承受着由钻柱重量和孔底振动造成的很大载荷，是最容易磨损的薄弱环节，必须注意加强润滑和保护。

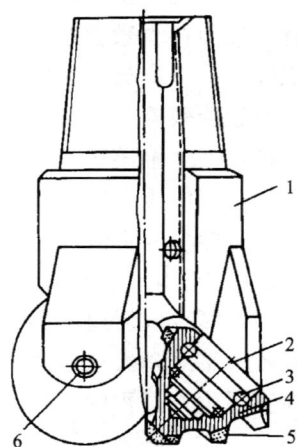

图 4 - 45　牙轮钻头的结构

1—牙掌；2—轴颈；3—轴承；
4—牙轮；5—铣齿或镶齿；6—销钉

4.7.2　牙轮钻头的孔底碎岩过程

牙轮在孔底的运动有顺时针公转、逆时针自转、纵振和径向、切向滑动。由纵向振动引起的冲击载荷对孔底岩石产生冲击压碎作用；由牙轮超顶、复锥和移轴引起的牙齿滑动对孔底产生剪切破碎作用，有利于切削破碎齿间岩脊。

1. 牙轮的公转与自转

牙轮钻头工作时，固定在牙轮上的牙齿随钻头一起绕钻头轴线顺时针旋转运动，称为公转，公转的速度就是钻机转盘的回转速度。牙轮上各排牙齿的公转线速度是不同的，外排齿公转的线速度最大。牙齿绕牙轮轴逆时针旋转称为自转，自转转速与公转的转速及牙齿对孔底的作用有关。牙轮自转是破岩时牙齿与地层岩石之间相互作用的结果。如果只有公转，没有自转，牙轮钻头将失去由纵向振动造成孔底冲击破碎的优越性。

2. 钻头的纵向振动及对地层的冲击、压碎作用

钻进时，钻头上承受的钻压经牙齿作用在岩石上，除静载以外还有一冲击载荷，这是由牙轮的牙齿与孔底单齿、双齿交替接触造成的(图 4 - 46)。单齿接触孔底时，牙轮的中心处于最高位置；双齿接触时牙轮的中心下降。牙轮在滚动过程中，牙轮中心的位置不断上下交替，使钻头在承受钻杆柱自重的情况下沿轴向做上下往复运动，这就是钻头的纵向振动。实际钻进过程中，在此基础还由于孔底凹凸不平叠加了振幅较大的低频振动。

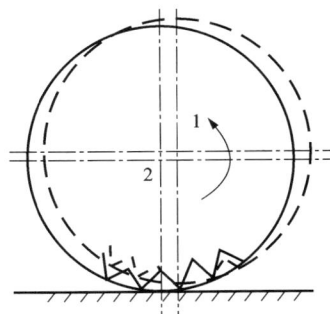

图 4 - 46　单、双齿交替接触孔底引起的牙轮纵向振动

钻头在孔底的纵向振动，使钻杆柱不断压缩与伸张，这种周期性变化的弹性能通过牙齿转化为对地层的冲击作用以破碎岩石，与静载压入一起形成了钻头对地层的冲击、压碎作用，这种破岩方式是牙轮钻头的主要形式。

3. 牙齿对地层的剪切作用

牙轮钻头除对岩石产生冲击、压碎作用外，还对地层有剪切作用。剪切作用主要是通过牙轮在孔底滚动的同时还伴有牙齿对孔底的滑动来实现的，产生滑动的原因在于牙轮采用了超顶、复锥和移轴三种结构。

1) 超顶引起的滑动

如图 4 - 47 所示，牙轮锥顶超过钻头轴心的结构称为超顶，超过的距离 Ob 为超顶距 c。以下定性地分析由超顶引起的滑动。

设钻头工作时牙轮上每一点的公转与自转转速分别为 ω_b 和 ω_c。

由 ω_b 引起的牙轮与地层接触的母线上每一点 x 的速度 V_{bx} 是呈直线分布的，在 Oa 段方向向前，在 Ob 段向后，在钻头中心 O 处速度 $v_{bO}=0$。由 ω_c 引起的速度 v_{cx} 也是呈直线分布的，方向向后，在 b 点 $v_{cb}=0$。速度合成后，在 Ob 段形成一个向后的滑动速度 v_{sx}，此时牙轮受到一滑动阻力 P_s(其方向与滑动方向相反)，因而有滑动阻力矩 $M_s(-)=P_sR$。该速度使牙轮的角速度 ω_c 降低。由于牙轮角速度降低，则在 Oa 段由 v_{bx} 和降低的 v_{cx} 合成一个滑动速度 v_{sx}(此滑动速度在靠近 O 的一端向后，靠近 a 的一端向前)，同时在靠近 O 的部分产生一个与 $M_s(-)$ 方向相同的滑动阻力矩 $M'_s(-)$，在靠近 a 的部分产生一个与 $M_s(-)$ 方向相反的滑动阻力矩 $M_s(+)$。$M_s(-)$、$M'_s(-)$ 及 $M_s(+)$ 达到平衡，使 $\sum M_s=0$。于是牙轮的角速度便稳定在一个新数值下，不再减慢。$\bar{v}_{sx}=\bar{v}_{bx}+\bar{v}_{cx}$，即牙轮相对于岩石的滑动速度，如图中的

$\bar{v}_s$，呈直线分布，它与 ab 线交于 M 点，$v_{sM}=0$ 为纯滚动点。点 M 相对于地层无滑动，bM 段滑动是向后的，aM 段滑动是向前的。

牙轮由超顶产生的滑动速度随超顶距 c 的增大而增大。

2）复锥引起的滑动

复锥牙轮包括主锥和副锥（见图4－48），副锥可以有一个或几个。

如图4－49所示，主锥顶（锥顶角 $2\alpha_1$）与钻头中心 O 点重合，而副锥锥顶（锥顶角 $2\alpha_2$）的延伸线是超顶的。

复锥牙轮之所以产生滑动，主要是由于牙轮线速度 v_{cx} 不再作直线分布，而是作折线分布。假设 $V_{ca}=V_{ba}$，就只会出现向后的 V_{sx}，它构成了 $M_s(-)$，将 ω_c 刹慢一些，以达到一个新的平衡点，此时在母线 aO 对侧出现向前的 V_s 和 $M_s(+)$，这样 $\sum M_s=0$，牙轮在新的 $\omega_c=$ 常数条件下运转。

通过以上分析可以看出，复锥牙轮产生的切线方向滑动有一纯滚动点 M（位于副锥上）。

$\bar{v}_s\approx\dfrac{\alpha_1}{\alpha_2}$，要增加 $\bar{v}_s$ 就要增大 α_1 或减小 α_2。

3）移轴引起的滑动

在钻头的水平投影面上，让牙轮轴线沿钻头旋转方向相对于钻头径向平移一段距离，这种结构称为牙轮的移轴。图4－50中 O 点为钻头轴线的水平投影，O' 点为牙轮锥顶，牙轮轴线相对于钻头轴线平移一段距离 $S=OO'$ 称为偏移值。

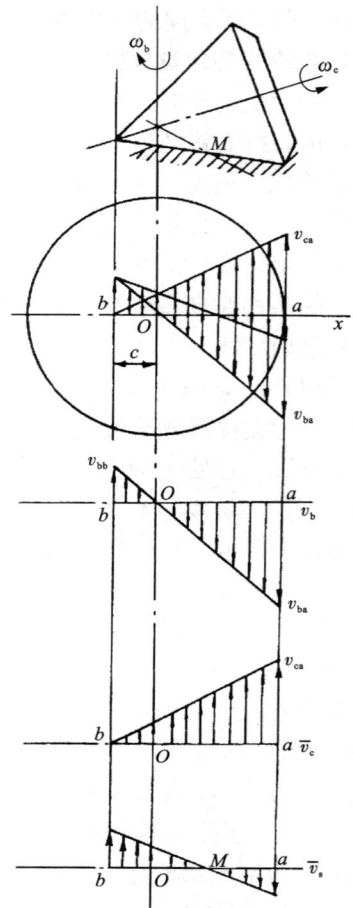

图4－47　超顶产生的滑动

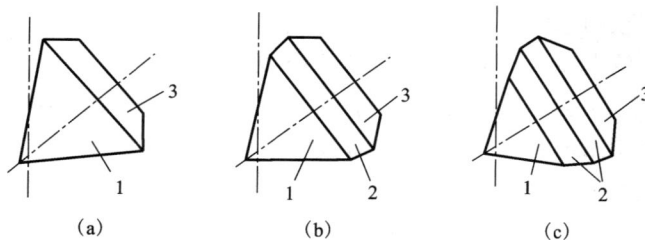

（a）　　　　　　　　（b）　　　　　　　　（c）

图4－48　牙轮的几何形状与复锥

（a）单锥；（b）、（c）复锥

1—主锥；2—副锥；3—背锥

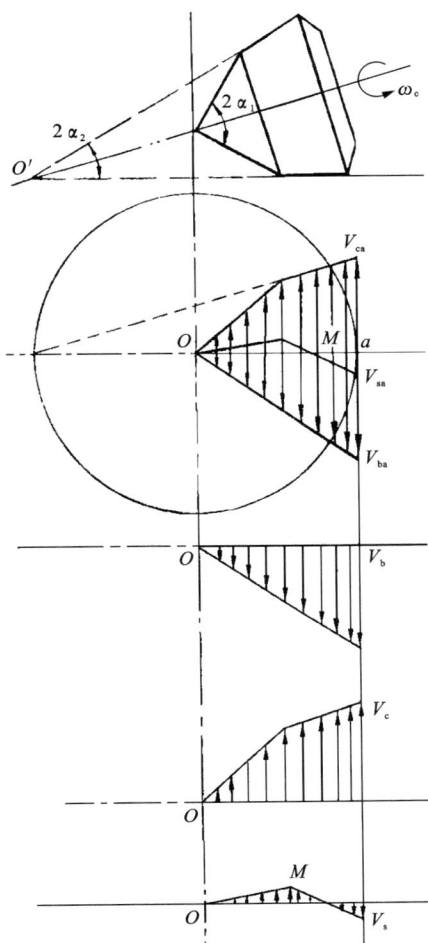

图4-49   复锥产生的滑动

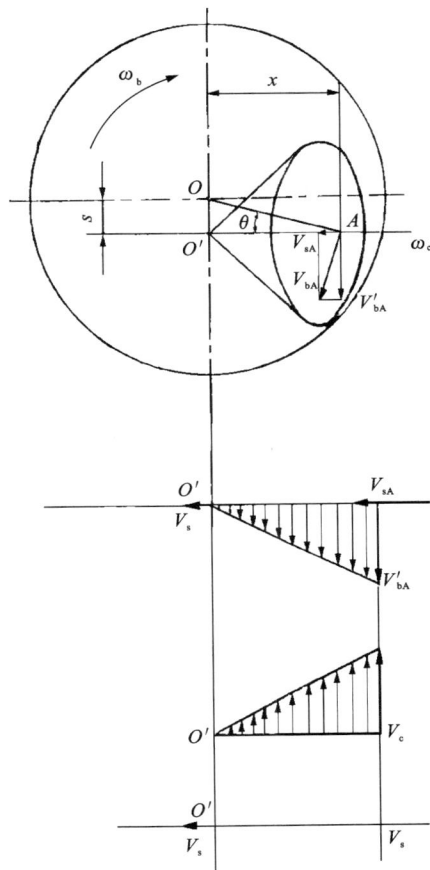

图4-50   移轴产生的滑动

当牙轮作公转时,牙轮与岩石接触母线上任一点 A 的线速度 $V_{bA} = \omega_b \cdot OA$。$V_{bA}$ 的方向垂直于 OA,它可以分解为垂直于牙轮轴的分速度 V'_{bA} 和沿牙轮轴方向的分速度 V_{sA}。其中:

$$V_{sA} = V_{bA} \cdot \sin\theta = \omega_b \cdot OA \cdot \frac{s}{OA} = \omega_b \cdot s$$

同样:

$$V'_{bA} = \omega_b \cdot O'A = \omega_b \cdot x$$

在牙轮锥顶 O' 点处,因 OO' 与牙轮轴垂直,即 $\theta = 90°$,所以

$$V'_{sO} = \omega_b \cdot S, \quad V'_{bO} = 0$$

考虑到牙轮是一个刚体,因此在接触母线上各点会同时产生一轴向滑动速度。

$$V_s = V_{sA} = V'_{sO} = \omega_b \cdot s \qquad (4-30)$$

通过分析可知,移轴后将产生牙轮与偏移值成正比的轴向滑动。

综上所述,超顶和复锥引起的切线方向滑动,除以冲击、压碎作用破碎岩石外,还可以剪切掉同一齿圈相邻牙齿破碎坑之间的岩脊;移轴产生的轴向滑动,可以剪切掉齿圈之间的

岩脊。

牙齿的滑动虽然可以提高破岩效率，但也造成牙齿磨损剧烈，因此须注意牙齿（尤其对铣齿）的加固。实际上，用于软－中硬地层的钻头一般兼有移轴、超顶和复锥；一部分用于中硬或硬地层钻头有超顶和复锥；用于坚硬和强研磨性地层的牙轮钻头是纯滚动而无滑动的（即单锥，不超顶，也不移轴）。

4. 牙轮钻头的自洗

牙齿钻头在软地层钻进时，牙齿间易积存岩屑产生泥包，影响钻进效率。为此，出现了自洁式钻头（见图4－51）。这类钻头各牙轮的牙齿互相啮合，一个牙轮的牙齿间积存的岩屑由另一个牙轮的牙齿剔除。钻进塑性和黏结性岩石时，常采用自洗式牙轮钻头。

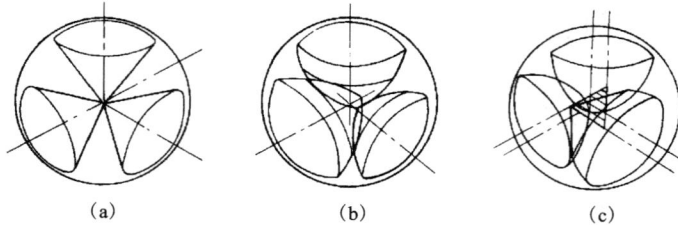

图 4－51　牙轮布置方案
（a）非自洗式布置；（b）自洗不移轴布置；（c）自洗移轴布置

4.7.3　牙轮钻头的分类法

1. 我国牙轮钻头的分类和代号

牙轮钻头型号由钻头直径代号、钻头系列代号、钻头分类号和附加结构特征代号组成。如图4－52所示。

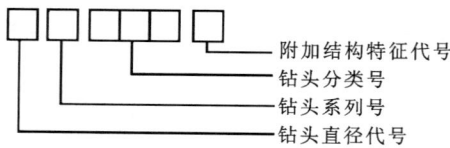

　　附加结构特征代号
　　钻头分类号
　　钻头系列号
　　钻头直径代号

图 4－52　牙轮钻头型号标识图

（1）钻头直径代号用数字（整数或分数）代表钻头直径的英寸数。钻头的直径应符合SY/T 5264的规定，特殊订制的非标准尺寸钻头用公制尺寸表示。

（2）钻头系列号用1～3个字母组成，表示钻头的结构特征，其代表意义如下：

第一个字母（表示轴承结构特征）：H——滑动轴承；G——滚动轴承；F——浮动轴承；W 系列——非密封滚动轴承。

第二个字母（表示密封结构）：A——橡胶密封；J——金属密封；W 系列无第二个字母，表示非密封。

第三个字母（表示特殊结构）：T——特殊保径；S——副齿。

（3）钻头分类号采用 3 位数字组成的 SY/T 5164 分类规定。第 1 位数表示钻头切削结构类别及地层系列号；第 2 位数表示地层分级号；第 3 位数为钻头结构特征代号。

2. IADC 牙轮钻头分类方法及编号

近年来国际上趋向于采用国际钻井承包商协会 IADC 的牙轮钻头分类标准和编号，以便于识别和选用。钻头根据地层分为软、中、硬、极硬 4 类，而每一类又分为 4 个等级，根据钻头结构特征分为 9 类，根据钻头附加结构分为 11 类。

IADC 规定，每一种钻头用四位字码进行分类及编号，各字码的意义如下。

（1）第一位字码为系列代号（共有 8 个系列），表示钻头牙齿特征及所适应的地层：

1——铣齿，软地层（低抗压强度，高可钻性）；2——铣齿，中－中硬地层（高抗压强度）；3——铣齿，硬、研磨性或半研磨性地层；4——镶齿，软地层（低抗压强度，高可钻性）；5——镶齿，软—中硬地层（低抗压强度）；6——镶齿，中硬地层（高抗压强度）；7——镶齿，硬、研磨性或中等研磨性地层；8——镶齿，极硬（高研磨性地层）。

（2）第二位字码为岩石级别代号，表示在第一位数码表示的所钻地层中再依次从软到硬分成 1、2、3、4 共 4 个等级。

（3）第三位数码为钻头结构特征代号，用 9 个数字表示，其中 1～7 表示钻头轴承及保径特征，8 与 9 留待未来的新结构钻头用。1～7 表示的意义如下：

1——非密封滚动轴承；2——空气清洗、冷却，滚动轴承；3——滚动轴承，保径；4——滚动密封轴承；5——滚动密封轴承，保径；6——滑动、密封轴承；7——滑动、密封轴承，保径。

（4）第四位字码为钻头附加结构特征代号，用以表示前面三位数字无法表达的特征，用英文字母表示。目前 IADC 已定义了 11 个特征：

A——空气冷却；C——中心喷嘴；D——定向钻进；E——加长喷嘴；G——附加保径/钻头体保护；J——喷嘴偏射；R——加强焊缝（用于顿钻）；S——标准铣齿；X——楔形镶齿；Y——圆锥形镶齿；Z——其他形状镶齿。

有些钻头其结构可能兼有多种附加结构特征，则应选择一个主要的特征符号表示。

4.8　全面钻头

全面钻头是不采取岩芯，对孔底岩石进行全面破碎的钻头。使用全面钻头不受回次进尺的限制，可节约大量升降钻具和取芯的辅助作业时间，因此在油气钻井、水井钻探和工程施工钻井中得到广泛应用。随着物探测井技术的完善，在地质钻探工作中也逐渐部分地取代取芯钻进。全面钻头包括硬质合金全面钻头、金刚石全面钻头、钢粒全面钻头、牙轮钻头和螺旋钻头等。由于牙轮钻头前已论述，钢粒全面钻头较少使用，故本节着重讨论硬质合金、金刚石和复合片全面钻头的结构，其破岩机理与取芯钻头类似不再重复。

全面钻头的选择主要取决于岩石的可钻性，大致适用范围是：Ⅰ～Ⅴ级以螺旋钻头、硬质合金和翼片钻头为主；Ⅴ～Ⅷ级以 PDC、金刚石和针状硬质合金全面钻头为主，也可用牙轮钻头；Ⅷ～Ⅻ级以牙轮钻头或钢粒全面钻头为主。

4.8.1 硬质合金全面钻头

1. 翼片式全面钻头

翼片式全面钻头主要包括刮刀钻头和翼片钻头,前者刀翼锻制成曲面形,且有正斜镶的切削具和较小的刃尖角,多用于钻进松软、软岩层的工程钻、水井钻及石油钻;后者翼片沿钻头母线方向焊接于钻头体上,切削具采用直镶,多用于钻进较软和部分中硬岩层的勘探孔。翼片式全面钻头以其刀翼数量命名,如三刀翼的称为三刮刀钻头或三翼钻头,两刀翼的常称为鱼尾钻头。

1) 刀翼的结构角

结构角(见图 4 - 53)包括刃尖角、切削角、刃前角和刃后角。

刃尖角 β 表示刀刃的尖锐程度,是刀翼尖端前后刃之间的夹角。从切入岩石和提高钻速出发,β 角越小越好,但 β 角太小刀翼强度不能保证。一般岩石软时,β 角可取为 10°或 8°~9°;岩石较硬时,β 角应增大为 12°~15°;夹层多,孔较深时,β 角也应适当增大。

图 4 - 53 刀翼的结构角

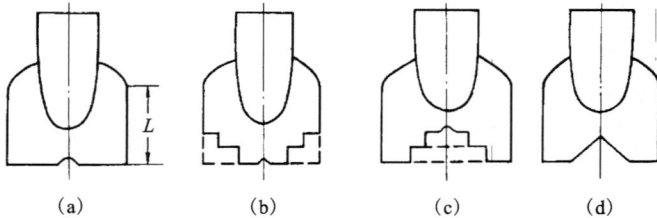

切削角 α 是刀翼前刃与水平面间的夹角,当其他条件一定时,α 角越大,吃入深度越深,但 α 角过大时,刃前岩石的剪切破碎困难,钻进时蹩劲大。一般规律是:松软地层取 $\alpha = 70°$;软地层 $\alpha = 70°~80°$;中硬地层 $\alpha = 80°~85°$。

刃后角 $\psi = \alpha - \beta$。刃后角必须大于孔底角 γ(刀翼以螺旋面的运动轨迹吃入岩石,螺旋面与水平面的夹角为 γ),以免刀翼背部直接与孔底岩石接触而影响钻速。

2) 刀翼背部几何形状

钻头工作时,刀翼的受力类似于悬臂梁,根据等强度要求,刀翼背部应成抛物线形状,即刀翼的厚度随距刃尖的距离增加而逐渐增厚。

3) 刀翼底部几何形状

刀翼底部有平底、正阶梯、反阶梯和反锥形几种形状(见图 4 - 54)。底部形状不同,破碎岩石形成的孔底形状也不同。平底刀翼形成的孔底只有一个裸露自由面,而阶梯钻头可形成较多自由面。实验表明,在轴向压力一定的条件下,阶梯刮刀钻头的钻速比平底钻头快,而所需的扭矩和功率消耗比平底钻头低。

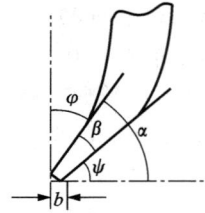

(a)   (b)   (c)   (d)

图 4 - 54 刀翼底部几何形状

(a)平底;(b)正阶梯;(c)反阶梯;(d)反锥形

虽然多阶梯钻头破岩效率高，但正阶梯［见图 4－54（b）］容易磨损成锥形，而使钻孔缩径。反阶梯刮刀钻头可在一定程度上解决缩径问题，但刀翼外侧底刃既起掏槽作用又起保径作用，磨钻严重。大庆油田根据反阶梯钻头的特点，设计了反锥形刮刀钻头，刀翼的底刃可设计一个或两个斜面，使孔底形成一两个截锥体。

4）提高刀翼的耐磨性

为保证足够的强度，钻头的刀翼一般用高强度合金钢锻制而成。在刀翼表面平铺一层 YG8 硬质合金块以增强刀翼的耐磨性和防止泥浆对刀翼的冲刷。刀翼的侧部镶焊 YG8 硬质合金以保径。

5）典型翼片钻头举例

（1）常用的二翼、三翼钻头（见图 4－55）适用于可钻性Ⅰ～Ⅳ级的岩层。其中三翼钻头在大口径钻进中得到广泛的应用，它的钢体上装有可更换的水眼喷嘴，喷嘴中射出的高速水有助于提高机械钻速。

（2）三翼片阶梯钻头（见图 4－

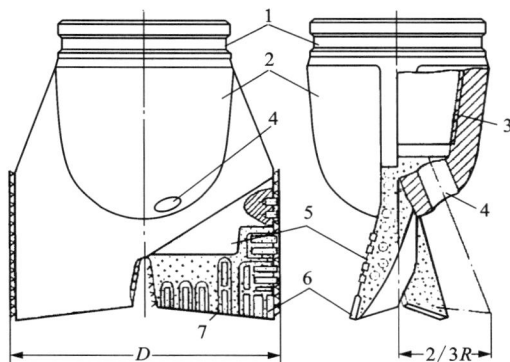

图 4－55　二翼片钻头举例

1—标记槽；2—钻头钢体；3—螺纹；4—水眼；
5—翼片；6—硬质合金薄片；7—刮刀

56）可用于地质勘探孔钻进Ⅲ～Ⅳ级页岩，部分Ⅴ级砂页岩和灰岩。阶梯翼片直焊在钻头体上，根据不同岩性取不同的翼片偏离中心距，以保证在中心处能剪切碎岩不留下小岩芯。

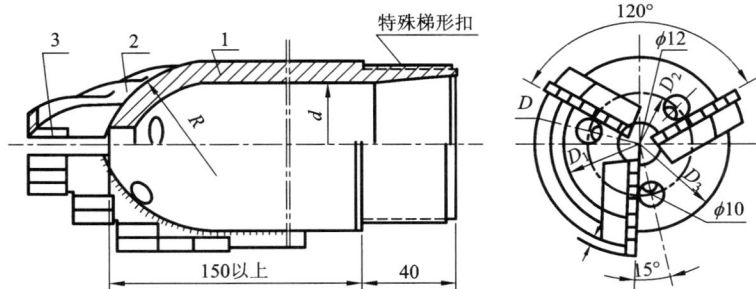

图 4－56　三翼片阶梯钻头

（3）针状自磨式全面钻头（见图 4－57）可做成三翼、四翼或六翼，耐磨性能好。随着翼片的磨损，切削具与岩石的接触面积不变，使钻速保持均匀，一次钻程可达 4～8 h。适宜在Ⅴ～Ⅶ级的研磨性岩层中钻进小口径深孔。

2. 螺旋全面钻头

干式螺旋钻在松软岩土层中成孔速度快，无冲洗液，不污染环境，在地震勘探爆破孔、工程地质、水文地质调查孔、地质普查与填图浅孔钻进和工程施工中得到了广泛应用。

1）螺旋钻具

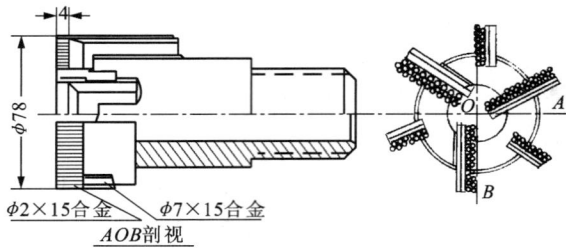

图 4-57　六翼针状自磨式全面钻头

螺旋回转钻进分为长螺旋和短螺旋两种形式。长螺旋钻进是直接把破碎的孔底岩土产物通过分布在整个钻杆长度上的螺旋面输送到孔口。这种钻进方法适用的深度一般为 50 m（少数可达 80 m），孔径 60～800 mm。短螺旋只是在靠近钻头部分有螺旋叶片，每次把岩屑积聚在有限几个螺旋面上，然后与钻头一起提至地表甩掉，所以短螺旋钻对地层的适应性比长螺旋广。

长螺旋钻具由钻头和长螺旋钻杆组成。长螺旋钻柱由直径 60～73 mm、长 1～3 m 的单根钻杆组成，钻杆上绕焊着厚 5～6 mm 的螺旋钢带，其宽度与钻头的外径相匹配（螺旋带的外径比钻头直径小 15 mm 左右），螺距为螺旋直径的 0.7～0.9 倍[见图 4-58(b)]。为了取芯可以采用大通孔长螺旋钻杆，甚至其中还可容纳绳索取芯机构。

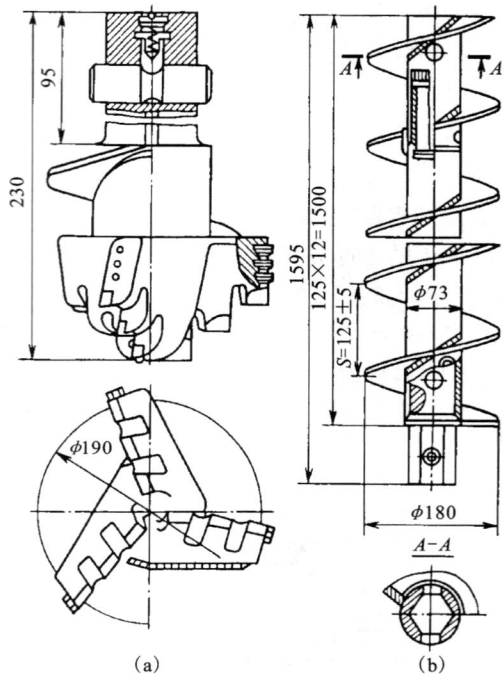

图 4-58　长螺旋钻进的钻头与钻具

2）螺旋钻头

钻头可分为两种类型，应根据岩土性质来进行优选。

锐角型切削翼片。采用与孔底呈 30°～60°锐角的犁形翼片切削破碎岩石，并使破碎下来的岩屑直接沿钻头翼片滑到长螺旋钻杆上被输送上来。这样的钻头在塑性黏土和类似的岩层中钻进效率高。常用的阶梯形两翼和三翼硬质合金长螺旋钻头如图 4-58(a)所示。

直角型切削翼片。与孔底呈直角，在轴向力的作用下切入岩石，并在回转作用下切削或松动岩石。这时岩石并不马上进入螺旋带，而是在孔底被重复破碎和松动。常用的普通平底螺旋钻头和耙式螺旋钻头如图 4-59(上，下)所示。其中，平底螺旋钻头由心管、螺旋带（双头螺旋)、平刀与中心刃刀等组成,钻头的平刀长度比螺旋叶片的外径大 10 ~ 20 mm,适用于一般的土层。耙式螺旋钻头由心管、螺旋带(双头螺旋)、中心刃刀、切削刀齿等组成。该钻头在切削刀齿上镶焊硬质合金,适用于含有大量砖头、瓦块的杂填土层及松软岩层钻进。

3. 笼式全面钻头

近年来,在大口径钻孔灌注桩的施工中大量使用笼式全面钻头,又称双腰带笼式钻头。它适用于黏土、粉砂、细砂、中粗砂和含少量砾石的土层。

1)笼式全面钻头的结构

这种钻头由中心管、翼板、上下导正圈(俗称"腰带")、立柱、横支杆、斜支杆和超前小钻头等组成(见图 4 - 60)。上下导正圈的距离不小于钻头直径,在上下导正圈的外圆柱面上加焊带硬质合金的肋骨,以扩大孔径,修圆钻孔。翼板按一定的角度焊在下导正圈的内壁上,在翼板上直接镶焊硬质合金切削具,或者用螺栓将焊有切削具的刀头紧固在翼板上,成为可拆换式切削具。翼板的数量视钻头直径而定:ϕ800 mm 钻头用 4 片;ϕ1000 mm 钻头用 4 ~ 6 片;ϕ1200 mm 以上钻头用 6 片。

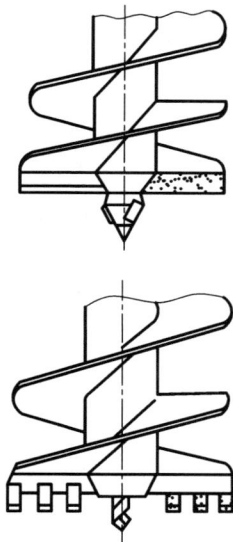

图 4 - 59 平底螺旋钻头(上)
和耙式螺旋钻头(下)

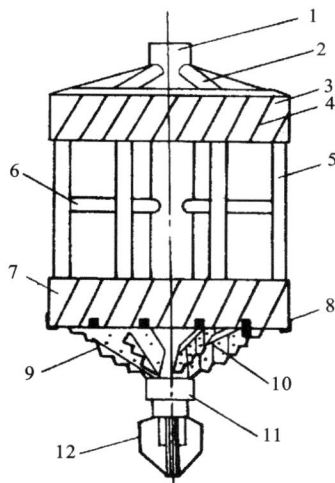

图 4 - 60 双腰带笼式钻头结构
1—心管;2—斜支撑;3—上导正圈;4—肋骨;
5—支柱;6—横支杆;7—下导正圈;8—肋骨;
9—翼板;10—刀体;11—接头;12—小钻头

2)笼式钻头的特点

(1)由双腰带和立柱、支柱组成的具有一定高度的圆笼,对钻头具有良好的导正作用,超前的四翼锥形小钻头主要起定向作用(并保护出浆口不被阻塞),使钻头工作平稳,扩孔率也小,钻孔的垂直精度较高。

(2)钻头底部呈锥形阶梯状,端部有小钻头超前钻进,故孔底破岩自由面大,钻效高。

(3)小钻头可对砂砾层起松动作用,少量不易破碎的卵砾石可挤进圆笼内,不妨碍继续钻进;并可在钻程结束后随钻头一起提升至地表,从而减少孔底可能发生的重复破碎。

4.8.2 金刚石全面钻头

金刚石全面钻头与 PDC 全面钻头用于无岩芯钻探，也可作为辅助工具用于定向钻进和多孔底钻进。

1. 小口径金刚石全面钻头

常用的小口径表镶和孕镶金刚石全面钻头都呈端面内凹的形状。示于图 4-61 的内凹形小口径全面钻头的水路系统为中心水眼加由中心向外辐射的水槽。标准钻头的胎体硬度一般取 HRC20~25，用于钻进可钻性Ⅶ~Ⅸ级的岩石。

表镶全面钻头采用粒度 20~30 粒/克拉的金刚石作为唇面主体破岩金刚石和侧刃保径金刚石，要求其唇面金刚石的出刃量达粒径的 20%。

孕镶金刚石全面钻头采用粒度 120~150 粒/克拉的金刚石。

2. 大口径金刚石全面钻头

1）工作剖面的几何形状

根据所钻岩性及设备工艺条件，合理选择钻头的工作剖面是提高钻进效率的最重要因素之一。金刚石全面钻头的常用工作剖面形式有以下几种。

（1）双锥阶梯形剖面，见图 4-62（a）。它除了两个锥面外还有阶梯或螺旋阶梯，增加了岩石破碎的自由面，有利于提高钻进效率，但钻头顶部金刚石受力很大。适用于软-中硬的地层，如硬石膏、泥岩、砂岩、灰岩等。

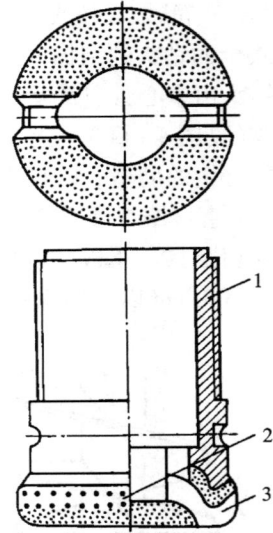

图 4-61 小口径金刚石全面钻头结构
1—钻头钢体；2—唇面金刚石和
聚晶保径；3—水路

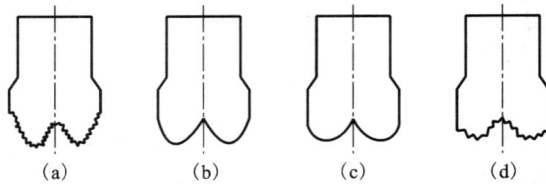

图 4-62 金刚石全面钻头的不同工作剖面
（a）双锥阶梯形；（b）双锥形；（c）B 型；（d）带波纹的 B 型

（2）双锥形剖面，见图 4-62（b）。在较硬和致密岩石中钻进时，前一种剖面的顶部和阶梯处金刚石易碰碎而出现较多的薄弱环节。采用双锥形剖面较合适。该钻头的工作面由内锥、外锥和顶部圆弧三部分组成。内锥角一般为 60°~70°，外锥角为 40°~60°。

（3）B 型剖面，见图 4-62（c）。为使在硬地层中钻进时钻头各部分金刚石受力尽可能均匀，防止局部金刚石早期损坏，B 型剖面由内锥与圆弧面组成，内锥角不小于 90°。其结构特点是顶部较宽也较平缓，适用于硬地层，如硬砂岩、致密的白云岩等。

（4）带波纹的 B 型剖面，见图 4 – 62(d)。其外形与 B 型剖面相同，不同的是内锥和圆弧面上带有螺旋形波纹槽。金刚石就镶在波纹的波峰上，适用于石英岩、燧石、火山岩和坚硬砂岩等坚硬地层。

2）水力结构

钻头工作时，金刚石承受钻压并在孔底高速运动，产生大量热能使金刚石温度升高，如果冲洗液不能及时冷却则会产生"烧钻"事故。因此，钻头必须采用水孔 – 水槽的水力结构，为每粒金刚石的冷却、润滑和清洗提供保证。常用的水力结构有下述四种（见图 4 –63）：

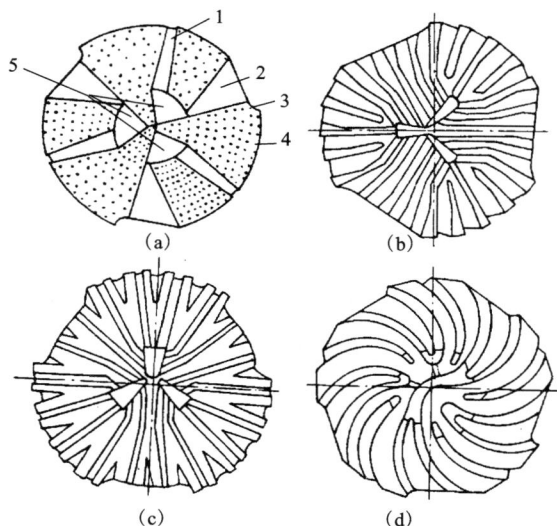

图 4 – 63　天然金刚石钻头水力结构的水槽类型
（a）逼压式水槽；（b）辐射型水槽；（c）辐射形逼压式；（d）螺旋形水槽
1—高压水槽；2—低压水槽；3—排屑槽；4—金刚石；5—水眼

（1）逼压式水槽，见图 4 – 63(a)。分布在金刚石钻头唇面上的水槽分为高压水槽和低压水槽，高压水槽入口截面积大于低压水槽，但随着水槽向外延伸，高压水槽的截面积逐渐减小，而低压水槽的面积却逐渐扩大。因此，在高、低压水槽间形成一定的压差。在压差作用下，部分冲洗液从高压水槽漫过金刚石表面进入低压水槽，能有效地清洗、冷却和润滑每一粒金刚石。这种水槽用于软地层。

（2）辐射型水槽，见图 4 – 63(b)。辐射型水槽在钻头唇面分布均匀，金刚石工作面很窄，所以冲洗液从水眼流到水槽后能很好地冲洗岩屑，冷却金刚石，适用于软 – 中硬地层。

（3）辐射型逼压式水槽，见图 4 – 63(c)。它是上述两种水槽结构的组合，适用于中硬 – 硬地层钻头和涡轮钻金刚石钻头。

（4）螺旋形水槽，见图 4 – 63(d)。水槽为反螺旋流道，在高转速条件下强迫冲洗液流过金刚石工作表面。适用于高转速金刚石钻头。

3）金刚石粒度和排列

钻头用金刚石的粒度据地层而定，较软地层，粒度较大；较硬地层，粒度较小。钻头唇面金刚石颗粒的排列方式与取芯式钻头类似，必须注意钻头唇面的金刚石充满度、覆盖系数和等强度磨损等问题。

4.8.3 PDC 全面钻头

PDC 全面钻头与取芯钻头类似，也可分为胎体式 PDC 和钢体式 PDC 两大类。PDC 全面钻头常采用三翼或四翼的结构，适用于钻进软至中硬地层，其常用规格系列与硬质合金全面钻头相同（见表 4 – 18）。

表 4 – 18 PDC 全面钻头的规格代号

钻头种类代号		F					
钻头体材料代号	胎体式	M					
	钢体式	S					
冠部形状	名称	圆弧支柱状	内凹刮刀形	阶梯刮刀形	锥形刮刀形	平底形	抛物线形
	代号	Y	N	J	Z	P	W

PDC 全面钻头型号的表示方法如图 4 – 64 所示。例如，"FMN75G"表示：金刚石复合片钻头，钻头体材料为胎体式，冠部形状为内凹刮刀型，钻头直径75 mm，复合片类型为高磨耗比复合片。

图 4 – 64 PDC 全面钻头型号的表示方法

作为举例，抛物线形二翼刮刀型复合片钻头、支柱型复合片钻头和四翼复合片钻头如图 4 – 65 所示。

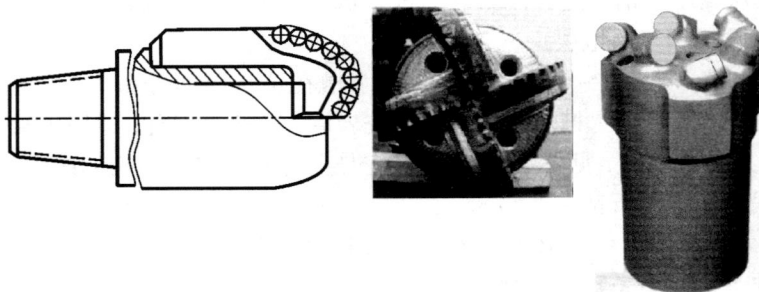

图 4 – 65 抛物线形两翼、四翼和支柱式 PDC 全面钻头的举例

第 5 章　回转钻进工艺

5.1　钻进效果指标及钻进规程参数间的关系

5.1.1　钻进效果指标

衡量钻进工艺效果的主要指标有：钻速、每米钻孔成本、岩矿芯采取率和钻孔方向等，它们受到多因素的影响和制约。这些因素包括不可控因素和可控因素，不可控因素是指客观存在的因素，如所钻的地层、岩性及其埋深等；可控因素是指通过一定的设备和技术手段可以进行人工调节的因素，如钻头类型、冲洗液性能、钻压、转速和泵量等。在这些因素中，钻速是一般情况下考核钻进工艺和生产管理水平的最重要依据。根据不同的技术统计工作需要可求出下列钻速：

1. 平均机械钻速

平均机械钻速表示在纯钻进时间内的平均钻进效果：

$$v_{\mathrm{m}} = \frac{H}{t} \quad (\mathrm{m/h}) \tag{5-1}$$

式中：H——钻孔进尺，m；

t——纯钻进时间，h。

2. 回次钻速

从往孔内下放钻具→钻进→从孔内提起钻具称之为生产循环中的一个回次。虽然纯钻进是我们的主要任务，但随着钻孔加深和岩石可钻性级别提高，在一个回次中起下钻具的作业将占去很多时间。因此必须优选钻进参数，实现钻具升降作业机械化，以提高回次钻速。

$$v_{\mathrm{R}} = \frac{H}{t + t_1} \quad (\mathrm{m/h}) \tag{5-2}$$

式中：t_1——为接长钻杆、更换钻头和提取岩芯必须的起下钻具时间和其他辅助作业（冲孔、扫孔等）时间，h。

3. 技术钻速

在生产中往往一个月计算一次考虑补充作业时间的技术钻速

$$v_{\mathrm{T}} = \frac{H}{t + t_1 + T_1} \quad (\mathrm{m/h}) \tag{5-3}$$

式中：T_1——消耗在固孔、测量孔斜、地球物理测井、孔内注浆、人工造斜等工作中的补充作业时间，h。

4. 经济钻速

经济钻速在国外也称为商业钻速，一般按月、季计算

$$v_B = \frac{H}{t + t_1 + T_1 + T_2} \quad (\text{m/h}) \qquad (5-4)$$

式中：T_2——用于钻机安装、大修、处理孔内事故等非生产性作业的时间，h。

5. 循环钻速

循环钻速指的是从开孔到终孔整个生产大循环的平均钻速

$$v_C = \frac{H}{t + t_1 + T_1 + T_2 + T_3} \quad (\text{m/h}) \qquad (5-5)$$

式中：T_3——用于安装和拆卸钻塔、起拔套管、封孔等开孔准备和终孔作业的时间，h。

5.1.2 钻进规程

所谓钻进规程是指为提高钻进效率、降低成本、保证质量所采取的技术措施，通常指可由操作者人为改变的参数组合。在回转钻进中主要的钻进参数有：钻压（钻头上的轴向载荷）、钻具转速、冲洗介质（水、钻井液或压缩空气）的品质、单位时间内冲洗介质的消耗量等工艺参数。

在生产中可以采用不同的钻进规程：最优规程、合理规程、专用规程。

1. 最优规程

当地质－技术条件和钻进方法已确定时，在保证钻孔质量指标（钻孔方向、岩矿芯采取率等）的前提下，为获取最高钻速或最低每米钻进成本［见式(5－6)］而选择的钻进参数搭配称为最优规程。实现最优钻进规程的条件是：钻机设备的功率、转速、钻杆的强度、冲洗介质的品质等因素不限制钻进参数的选择。

每米钻进总成本

$$C = \frac{C_b + C_r(t + t_1 + T_1 + T_2)}{H} \quad (\text{元/m}) \qquad (5-6)$$

式中：C_b——钻头价格，元；

$\quad\quad C_r$——钻机单位时间作业费用，元/h；

$\quad\quad H$——钻头进尺数，m。

对式(5－6)进行变换，可写成

$$C = \frac{C_b}{v_m \cdot t} + \frac{C_r(1 + k + K_1 + K_2)}{v_m} \quad (\text{元/ m}) \qquad (5-7)$$

式中：v_m——机械钻速，m/h；

$\quad\quad k = t_1/t$——辅助作业时间在纯钻进时间中所占的百分比，对于一定的设备条件和孔深，它基本上为一经验值；

$\quad\quad K_1 = T_1/t$——用于固孔、测斜等补充作业的时间在纯钻进时间中所占的百分比，对于一定的钻孔类型和孔深，它基本上为一经验值；

$\quad\quad K_2 = T_2/t$——用于钻机安装、大修和孔内事故处理的时间在纯钻进时间中所占的百分比，在一定条件下，可取为经验统计值。

而在式(5－7)中

$$t = h/v_d \qquad (5-8)$$

式中：h——钻头切削具的允许磨损高度，mm；

v_d——钻头切削具的磨损速度，mm/h。

钻头切削具的磨损速度 v_d 往往又是钻进速度的函数，$v_d = f(v_m)$，钻头切削具的允许磨损高度 h 往往也是已知的，例如孕镶金刚石钻头为 $2 \sim 3$ mm。于是，建立了每米钻探成本与钻速之间的关系式 $C = f(v_m)$，可通过它来求出对应于最低成本 C_{min} 的最优钻速 $v_{m优}$，并由此可确定最优的钻压、转速等规程参数。

2. 合理规程

在给定的技术装备条件下，当钻进规程参数的选择受到某种制约时（例如设备功率不足，钻机的转速达不到要求，钻具强度不够，冲洗液泵量不足等），在保证钻孔质量指标的同时争取合理的高钻速的钻进参数组合称为合理规程。

3. 专用规程

为完成特种取芯、矫正孔斜、进行定向钻进等任务所采用的参数搭配为专用规程。这时，钻速已成为从属的目标。

确定钻进规程的一般步骤是：首先，根据地层条件、钻头类型、设备条件和工人的技术水平等因素，查阅有关手册或标准，对每个工艺参数初选一个取值范围；其次，在以往经验的基础上，初步确定规程参数的若干组取值；最后，在生产实践中边钻进，边测算钻速和钻进成本，加以分析对比或借助计算机进行处理，找出使钻效高、成本低的参数组合。

5.1.3　钻进过程中各参数间的基本关系

1. 钻压对钻速的影响

钻进中钻头上的轴向压力应为给进力（钻具重量 + 正或负的机械施加力）减去冲洗液浮力及孔内摩擦阻力后剩余的载荷。常用的表示钻压的方法有：

（1）钻压 P——整个钻头上的轴向载荷，它受钻头类型、口径和切削具数量影响，可比性较差；

（2）钻头唇面比压 p——切削具与岩石接触单位面积上的轴向载荷，它涵盖了钻头口径和类型的影响，可比性较好。

实践证明，在一定的钻进条件下，钻压影响钻速的典型关系曲线如图 5 - 1 所示。可见，钻压在很大的变化范围内与钻速近似呈线性关系，当钻压取值在 a 点之前时，钻压太低，钻速很慢；在 b 点之后，钻压过大，岩屑量过多，甚至切削具完全吃入岩层，孔底冷却和排粉条件恶化，钻头磨损也加剧，使钻进效果变差。因此，可按图中的直线段来建立钻压 P 与钻速 v_m 的定量关系，即

$$v_m \propto (P - W) \tag{5-9}$$

式中：W——ab 线在钻压轴上的截距，相当于切削具开始压入地层时的钻压。它在石油钻井中称为门限钻压，主要取决于岩层性质。不同地层的门限钻压各异。

2. 转速对钻速的影响

图 5 - 2 为钻进不同岩石时测得的钻速 v_m 与转速 n 的关系曲线。

由图可知，在黏土类软而塑性大、研磨性小的岩层中钻进时（曲线 I），钻速 v_m 与转速 n 关系基本呈线性关系；在中等硬度、研磨性较小的岩层中钻进时（曲线 II），钻速 v_m 与转速 n 的关系开始呈直线关系，但随着 n 继续增大而逐渐变缓，转速愈高，钻速增长愈慢；在中硬、研磨性强的岩层中钻进时（曲线 III），开始时类似于曲线 II，但钻速随转速增大而增大的速率

较缓慢，当超过某个极限转速 n_0 后(n_0 的大小随岩性、钻压和切削具形状而 异)，钻速 v_m 还有下降的趋势。曲线 Ⅱ、Ⅲ 反映了岩石破碎过程的时间效应问题。

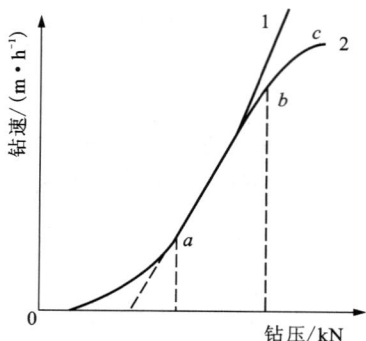

图 5-1　钻压与钻速的关系曲线

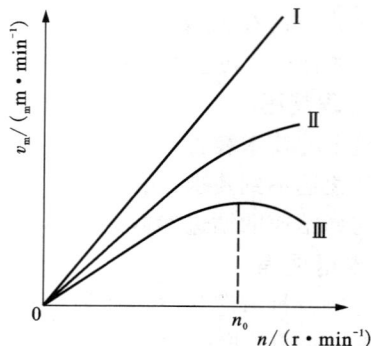

图 5-2　钻速与转速的关系曲线

在钻压和其他钻进参数保持不变的情况下，钻速可表述为

$$v_m \propto n^\lambda \tag{5-10}$$

式中：λ——转速指数，一般小于1，其数值大小与岩性有关。

3. 切削具的磨损对钻速的影响

在钻进过程中随着切削具的磨钝，切削具与岩石的接触面积逐渐增大，若此时钻压值保持不变，则机械钻速 v_m 也必然逐渐下降。这一过程实质上是钻头唇面比压 p 下降引起的，故仍可归结为钻压的影响。

4. 水力因素对钻速的影响

在钻进过程中，及时有效地把钻头破岩产生的岩屑清离孔底，避免岩屑的重复破碎，是提高钻速的一项重要措施。孔底岩屑的清洗是通过钻头喷嘴(或水口)处形成的冲洗液射流来完成的。表征钻头及射流水力特征的参数统称为水力因素。在油气钻井的牙轮钻头、刮刀钻头及大口径表镶金刚石钻头中，水力因素的总体指标通常用孔底单位面积上的平均水功率(称为比水功率)来表示。一定的钻速条件下，意味着单位时间内钻出的岩屑总量一定，而该数量的岩屑需要一定的水功率才能完全清除，低于这个水功率值，孔底净化就不完善，则钻速降低。当然，对孕镶金刚石钻头和自磨式钻头而言，若遇到弱研磨性岩石，为了保持钻头唇面切削具的自锐能力还必须在孔底保存一定的岩粉量，这时过大的水功率将导致钻速下降，甚至引起钻头被抛光。

水力因素影响钻速的另一种形式是对软岩的水力破岩作用。当水力功率大于孔底净化所需的水功率后，由于水力参加破岩，使机械钻速仍可能升高。这时可理解为水力使钻压-钻速关系中的门限钻压值有所降低。

5. 冲洗液性能对钻速的影响

冲洗液性能对钻速的影响比较复杂。大量的试验表明，冲洗液的密度、黏度、失水量和固相含量及其分散性都对钻速有不同程度的影响。

1)冲洗液密度对钻速的影响

冲洗液密度对钻速的影响，主要表现为由密度决定的孔内液柱压力与地层孔隙压力之间的压差对钻速的影响。实验室研究和钻进实践都表明，孔底压差对刚破碎下来的岩屑有压持作用，阻碍孔底岩屑的及时清除，压差增大将使钻速明显下降。图 5 - 3 显示了钻进页岩时，孔底压差对实际钻速 v_m 的影响曲线。数据处理后可得出

$$v_m = v_0 e^{-\beta \Delta p} \tag{5-11}$$

式中：v_0——零压差时的钻速，m/h；

　　　Δp——孔内液柱压力与地层孔隙压力之间的压差，MPa；

　　　β——与岩层性质有关的系数。

2）冲洗液黏度对钻速的影响

冲洗液的黏度是通过影响孔底压差和孔底净化作用而间接影响钻速的。其他条件一定时，冲洗液黏度的增大，将使孔底压差增大，并使孔底钻头获得的水功率降低，从而使钻速降低。

3）冲洗液固相含量及其分散性对钻速的影响

实践表明，冲洗液固相含量及其固相颗粒的大小和分散度对钻速和钻头寿命都有明显影响。一般应采用固相含量低于 4% 的低固相不分散冲洗液。由图 5 - 4 可见，固相含量相同时，分散性冲洗液比不分散冲洗液的钻速低。固相含量越少，两者的差别越大。

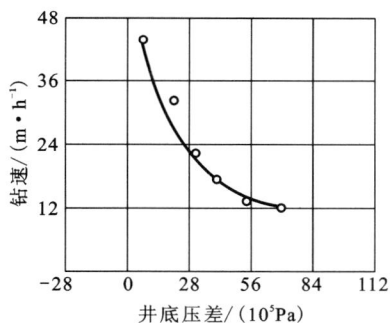

图 5 - 3　孔底压差与钻速的关系曲线

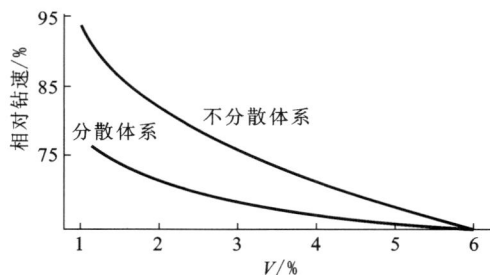

图 5 - 4　固相体积（V）和分散性对钻速的影响

5.2　硬质合金钻进工艺

生产中用得最多的是磨锐式硬质合金钻头，而自磨式钻头的钻进规程与磨锐式有共同之处，故本节着重讲述磨锐式钻头的规程选择，对自磨式仅强调其规程参数的特点。

5.2.1　钻头压力的选择

钻压是决定硬质合金钻头机械钻速的最重要参数。在图 5 - 1 所示的钻压 - 钻速曲线中，如果在 a 点钻压的基础上继续增加钻压，其钻速将呈直线增长。钻压增大一倍时钻速增长率的试验曲线（见图 5 - 5）也证明了这一点。图 5 - 5 表明，对不同岩石而言，其钻速增长率对钻压的敏感程度是不同的。其中以中硬 - 硬（Ⅵ ~ Ⅶ级）岩石最敏感，也就是说，这类岩石增大钻压最有效。而Ⅳ ~ Ⅴ级岩石如果钻压过大，将使孔底排粉和冷却条件恶化，从而阻碍了

钻速的成比例上升；另外Ⅷ～Ⅸ级岩石基本不适宜用硬质合金钻进，在钻杆强度允许的范围内很难通过增大钻压来使钻速呈直线增长。

在钻进中，应充分发挥切削具初刃的切入破岩优势。实践证明，硬质合金钻进开始时就应以允许的最大初始钻压钻进。如果初始钻压不足，在切削具磨钝后，再增大钻压也不可能获得好的效果。

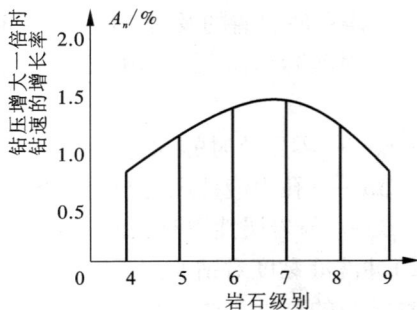

图 5-5　钻压增大一倍时，钻速增长率与岩石级别的关系

以上从两个方面分析了增加钻压的意义，在岩石方面——钻压是产生体积破碎的决定性因素，尤其在中硬岩层中钻进时，增加钻压对提高钻速更为有效；在切削具方面——初始钻压应取合理的最大值，以充分发挥切削具初刃的优势。随着切削具被磨钝，应逐渐补充钻压。但须注意，在钻进过程中频繁调整钻压可能导致岩芯堵塞及钻孔弯曲。同时，由于孔内钻柱的振动等原因，钻头上的实际瞬时钻压值与地表的测量值有较大差距。

目前，还没有一个公认的能反映上述影响因素的钻压公式。在实际生产中，一般根据经验（见表5-1）首先选择每颗切削具上的压力值 p，然后在钻进过程中根据钻速的变化情况，适时加以调整。钻头上的总压力为：

$$P_{总} = p \times m \tag{5-12}$$

式中：p——每颗切削具上应有的压力；

　　　m——钻头唇面上的切削具数目。

表 5-1　G20（旧牌号 YG8）硬质合金切削具的单位压力推荐值

岩　层	切削具形状	单位（颗）压力推荐值 p/kN
Ⅰ～Ⅳ级 软-部分中硬岩石	片状	0.40～0.70
V～Ⅶ级 中硬-部分硬岩石	方柱状	0.80～1.20
	中八角柱状	0.90～1.40
	大八角柱状	1.50～1.80
研磨性大的岩石	方柱状	1.20～1.40
	中八角柱状	1.20～1.70

如果岩石愈硬，可钻性级别愈高，p 值可取上限；岩石的研磨性越高，p 值也应该越大，以免切削具未能有效地切入岩石即被磨钝；对黏性大，易糊钻的软岩，应取比推荐值更小的 p 值，以免进尺过快，排粉、冷却困难酿成事故；对裂隙性岩石，也应取较小的 p 值，以免发生崩刃。

5.2.2　钻头转速的选择

人们长期习惯用转速 n 来表述钻头的回转速度，实际上用钻头切削具的线速度 v 更科学，它消除了口径的影响。两者的关系为：

$$v = \frac{1}{60}\pi Dn \quad (\text{m/s}) \tag{5-13}$$

式中：D——钻头平均直径，m；

　　　n——钻头转速，r/min。

选择钻头转速的主要依据是岩石的性质和破岩的时间效应影响。图 5 - 2 所示的钻速 - 转速关系曲线已表明，在软岩层中钻进时（曲线 I）提高转速的效果最明显；而在另两类岩石中（曲线 II、III）由于破岩的时间效应影响更显著，故钻速随转速而增大的趋势下降。

所谓时间效应指的是，岩石在切削具作用下，从发生弹性变形→形成剪切体→跳跃式吃入岩石至一定深度，需要一个短暂的时间 Δt。即要求承受载荷的切削具在即将发生破碎的岩石表面停留一个短暂的时间 Δt，使裂隙得以沿剪切面发育至自由面，才能形成剪切体。如果转速超过临界值（$n > n_0$），则切削具作用于岩石的时间小于 Δt，岩层中的裂隙尚未完全发育载荷便移走了，从而造成破岩深度减少，甚至使岩石破碎状态转化为表面破碎。

岩石的研磨性也从另一个角度影响了时间效应。转速过高（$n > n_0$）时，不仅破岩深度减小，而且单位时间内切削具与岩石的摩擦功明显加大，切削具快速被磨钝，造成接触面上比压降低，从而使得岩石中裂纹发育所需的时间间隔更长，对破碎岩石更加不利。

综上所述，对于较软的、研磨性较小的岩石，可以用增大转速的办法来提高钻速；而在硬的、研磨性较强的岩石中，转速过高不仅不能提高钻进效果，而且对钻进过程无益有害。一般推荐的转速值用线速度表示（见表 5 - 2），选择转速的取值范围时，还应考虑到钻头形式、冲洗液类型（有无润滑剂）、钻机能力、钻杆柱的强度和切削具的情况，通过综合分析来确定所需的转速值。

表 5 - 2　硬质合金切削具的线速度推荐值

岩石性质	线速度取值范围/(m·s^{-1})
软的、弱研磨性岩石	1.2 ~ 1.6
中硬的、具有研磨性的岩石	0.9 ~ 1.2
中硬 - 硬的研磨性岩石	0.6 ~ 0.8
裂隙性岩石	0.3 ~ 0.6

5.2.3　冲洗液泵量及其性能的选择

在冲洗液的排粉、冷却、润滑和护壁诸功能中，以排粉所需的泵量最大，故应以孔底岩粉量的多少为主要依据来选择泵量。同时，还必须注意到液流的阻力与流速的平方成正比，如果泵量过大，引起的孔底脉动举离力将抵消一部分钻压，造成在岩芯管内、外环间隙中流速过高，可能冲毁岩芯或孔壁。因此，合理的泵量值应在满足及时排粉的前提下兼顾其他工艺因素。

可根据下式来确定冲洗液的泵量

$$Q = m \frac{\pi}{4} (D^2 - d^2) v_1 \quad (\text{kL/min}) \tag{5-14}$$

式中：v_1——冲洗液在外环空间的上返速度，m/min；

D、d——分别为钻孔直径和钻杆外径，m；

m——由于孔壁、孔径不规则引起的上返速度不均匀系数，m 取 $1.03 \sim 1.1$。

上返速度的推荐值：清水时取 $0.25 \sim 0.6$ m/s；泥浆时取 $0.20 \sim 0.5$ m/s；对于少数怕冲蚀的岩层推荐的上返流速可稍低于 0.2 m/s。必须兼顾的其他技术因素是：孔径大、钻速高、岩石研磨性强、钻头水口水槽宽者可取上限，反之亦然。

本章第一节讨论了冲洗液性能对钻速的影响。由此可得出结论，为了提高钻速，在可能的条件下应尽量选用清水作冲洗液；若用泥浆时，其黏度和密度值宜小不宜大，并尽量采用低固相不分散泥浆。

5.2.4 P、n、Q 参数间的合理配合

不同钻孔口径条件下硬质合金钻进的 P、n、Q 参数推荐取值范围见表 5-3。

表 5-3 硬质合金钻进的 P、n、Q 参数推荐取值范围

钻进参数	单 位	钻 孔 口 径			
		N	H	P	S
钻 压	kN	$5 \sim 7$	$6 \sim 8$	$8 \sim 11$	$9 \sim 12$
转 速	r/min	$100 \sim 500$	$70 \sim 400$	$50 \sim 300$	$30 \sim 200$
泵 量	L/min	$50 \sim 120$	$60 \sim 150$	$80 \sim 180$	$100 \sim 200$

在实际钻进过程中，钻进规程的三个主要参数：钻压 P、转速 n 和泵量 Q 都不是单独起作用的，它们之间存在着交互影响。如果我们只是"单打一"地追求各参数的最优值，而不考虑其交互影响，则不仅达不到高钻速低成本的效果，甚至可能导致相反的结果。

关于 P、n、Q 参数间合理配合的一般原则可概括为：

(1)软岩石研磨性小，易切入，应重视及时排粉，延长钻头寿命，故应取高转速、低钻压、大泵量的参数配合；

(2)对研磨性较强的中硬及部分硬岩石，为保持较高的钻速并防止切削具早期磨钝，应取大钻压、较低的转速、中等泵量的参数配合；

介于两者之间的中等研磨性的中软岩石，则应取两者参数配合的中间状态。

总之，定性分析的原则是：钻进 Ⅳ ~ Ⅴ 级及其以下的岩层，应以较高转速为主；钻进 Ⅴ ~ Ⅵ 级及其以上的岩层，应以较大的钻压为主。若要进行定量分析，可借助方差分析法在统计资料的基础上找出对钻速或成本影响最显著的因素。

5.2.5 确定最优回次钻程时间的方法

用磨锐式钻头钻进时，在规程未改变的条件下，其钻速是随切削具的磨钝而递减的。当

钻速很低时，只有起钻换钻头才能在新回次中获得较高的钻速。但在起、下钻的辅助作业中将消耗许多时间。如果早一点起钻，对提高平均钻速有利，但辅助作业时间所占比例加大；如果晚一点起钻，可减少起、下钻次数，但钻头是在钻速很低的状态下继续钻进。因此，必须确定一个最佳回次钻程时间。最佳回次钻程时间的标准应是该回次的回次钻速达最大值。

在第 4 章中曾由式(4 – 10)推出钻头在 t 时间内的进尺 H 为

$$H = \frac{v_0 t}{(1 + k_0 t)} \qquad (5 - 15)$$

式中：v_0——钻进开始时的瞬时钻速；

　　　k_0——表示钻速下降特征的系数，它主要取决于岩性、钻进规程和钻头类型。

把式(5 – 15)代入计算回次钻速的式(5 – 2)，再用求极大值的方法可求出最佳钻程时间 t_0。

$$t_0 = \sqrt{t_1 / k_0} \qquad (5 - 16)$$

于是，此时的最优回次钻速为：

$$v_R = \frac{v_0}{1 + 2\sqrt{t_1 k_0} + k_0 t_1}$$

据瞬时钻速 v_m 与进尺 H 的关系，并把式(5 – 16)代入，可求出此时的瞬时钻速为：

$$v_m = \frac{\mathrm{d}H}{\mathrm{d}t} = \frac{v_0}{1 + 2\sqrt{t_1 k_0} + k_0 t_1} \qquad (5 - 17)$$

由式(5 – 16)和式(5 – 17)可知，在 t_0 时刻，瞬时钻速与回次钻速正好相等。这便为在现场用绘图法确定最佳钻程时间 t_0 提供了理论依据。如图 5 – 6 所示，在生产过程中随时记录并作 v_m 和 v_R 曲线，当两条曲线相交时，它对应的就是最佳回次钻程时间 t_0，这时必须起钻结束回次钻程。

虽然以上分析从理论上解决了确定最佳回次钻程时间 t_0 的问题，但在现场实施仍有很 多困难：①在野外条件下仅靠手工实时测算并绘制两条曲线，并非易事；②上述理论推导的基础为规程和岩性一定，但实际钻进过程很难保证岩性不变，加之其他随机因素的干扰，实际绘出的钻速曲线不可能像图 5 – 6 那样有规律。因此，目前在现场仍是凭经验，根据钻头类型和孔深的不同确定最佳起钻时间。

必须指出，随着计算机和自动检测技术的普及，上述确定最佳钻程时间的方法已经可以在现场自动实现了。即在钻进过程中定期检测进尺量，每 7 s 时间由微机计算一次瞬时钻速 v_m 和回次钻速 v_R 并存储起来，同时按不等式

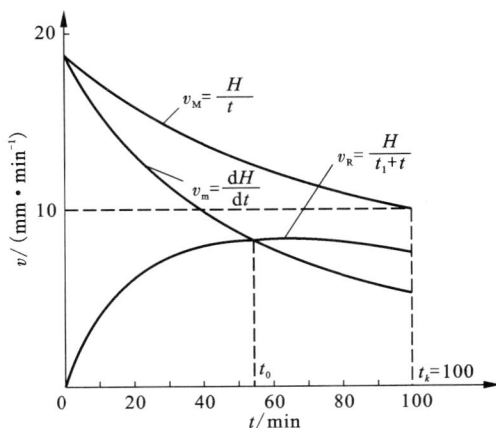

图 5 – 6　确定最佳钻程时间 t_0 的方法

$$\frac{v_R}{v_m} < C_m \quad (C_m的取值为 1.1 \sim 1.2) \tag{5-18}$$

判断是否需要终止回次钻程。如果式(5-18)能满足，则钻进过程处于图5-6中 t_0 点的左边或刚过 t_0 点，可继续钻进。如果不满足，说明已稳定地超过 t_0 点。但为了防止因偶然因素或规程变化造成的虚假现象，还需继续观察5 min。这时微机系统给钻压一个增量 ΔP，以便观察瞬时钻速 v_m 是否会继续增大而重新满足式(5-18)，同时每秒钟测算一次 (v_R/v_m) 值，如果不满足式(5-18)的次数达60%，则发出"起钻"的命令。在俄罗斯某矿区的生产试验证明，该方法可使回次钻速提高10%~20%。

5.2.6 自磨式硬合金钻头的规程特点

自磨式钻头与磨锐式钻头的主要区别在于，切削具与孔底接触面积恒定，要求切削具能正常自磨出刃，其破岩过程以微剪切和磨削为主，钻速比较平稳等。自磨式钻头的钻进规程特点是：

1）钻压

自磨式钻头唇面有软钢等材料制成的支撑体或胎体，与岩石的接触面积大，总的钻压应大于磨锐式钻头。以胎块式针状合金钻头为例，一般钻压比磨锐式大20%~25%可取得较理想的效果。

2）转速

由破岩机理可知，自磨式钻头必须采用比磨锐式更高的转速，以提高单位时间的破岩次数。

3）泵量

自磨式钻头的胎块或支撑体之间的过水断面大，为了净化孔底，应采用大于磨锐式的泵量。同时，随着胎块的磨耗，过水断面减小需及时调小泵量，以防蹩泵。

针状自磨式硬质合金钻头的 P、n、Q 参数推荐取值范围见表5-4。

表5-4 针状自磨式硬质合金钻进的 P、n、Q 参数推荐取值范围

钻头名称	岩石可钻性级别	压力/kN	转速/(r·min^{-1})	泵量/(L·min^{-1})
四齿针状	5~6	6~8	150~300	80~130
六齿针状	6	9~12	100~200	80~120
四齿肋骨针状	4~6	6~8	100~250	100~130

5.3 金刚石钻进工艺

5.3.1 合理选择金刚石钻头

金刚石钻头是目前最锐利的钻岩工具，从理论上讲它应该可以顺利地钻进各类地层，但在实践中往往出现一些反常现象：如在某些地层中，钻头金刚石耗量很大而钻头进尺很少；

在另一些地层中，钻头的钻速很低，甚至出现钻头"打滑"不进尺的情况；有时某种钻头在一个矿区钻效很高，而在另一个矿区却效果很差。这些现象归结起来说明一个问题，金刚石钻进中所选用的钻头必须和所钻的岩性相适应，这是提高金刚石钻进技术经济指标的关键环节之一。

尤其是孕镶金刚石钻头的结构参数较为复杂，选择时应根据所钻岩层性质综合考虑到金刚石品级、胎体性能(保证钻头自锐)、唇面形状、内外径补强和水路设计等因素。

根据岩性选用金刚石钻头时可参考第 4 章表 4 – 14 的推荐选型。

5.3.2　金刚石钻进规程

评定金刚石钻进规程优劣的主要依据是钻速、钻头总进尺和单位进尺的金刚石耗量三个指标。

1. 钻压

随着钻压加大，机械钻速将增大。然而过大的轴向载荷使金刚石切入岩石深度加大，胎体紧贴孔底，与岩石的间隙减小，使钻头下的岩粉很难排出，钻头冷却状况恶化，导致机械钻速下降。当轴向载荷低于临界值时，金刚石切入量不足，胎体几乎不能有效地被磨损，出现金刚石表面磨损并被抛光，岩石破碎过程也非常低效。所以，为了实现体积破碎，必须针对不同类型的钻头选择最优钻压值。

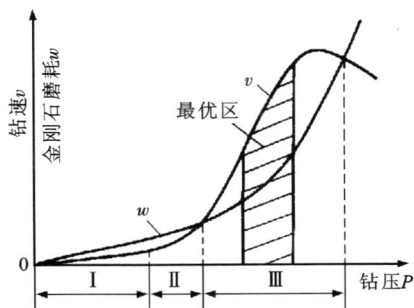

图 5 – 7　钻压对钻速和金刚石耗量的影响

钻压与钻速和金刚石耗量的关系曲线如图 5 – 7 所示，可分为三个区：Ⅰ区为表面研磨破碎，钻速极低；Ⅱ区为疲劳破碎，依靠多次重复使裂纹扩展才能破碎岩石；Ⅲ区为体积破碎区，钻速随钻压增长很快，但单位进尺的金刚石耗量也增长很快；过大的钻压将导致钻速有所下降，因此建议取钻压值在图中的最优区(Ⅲ区)内。

1)表镶金刚石钻头的钻压 P

$$P = Gp \quad (kN) \tag{5－19}$$

式中：G——钻头上的金刚石粒数；

　　　p——单粒金刚石上允许的压力，kN/粒。对细粒金刚石 $p = 0.010 \sim 0.015$ kN/粒，中粒金刚石 $p = 0.015 \sim 0.020$ kN/粒，粗粒金刚石 $p = 0.020 \sim 0.030$ kN/粒，特优质级金刚石 $p = 0.050$ kN/粒。

2)孕镶金刚石钻头的钻压 P

$$P = qS \tag{5－20}$$

$$S = \frac{\pi}{4}(D_1^2 - D_2^2) - mba$$

式中：q——单位底唇面面积上允许的压力，kN/cm^2；

　　　S——钻头工作端面的面积，cm^2；

　　　D_1、D_2——钻头的外、内径；

　　　m——钻头上水路通道的数量；

b——水路通道的宽度，cm；

a——胎体厚度，cm。

我国《地质岩芯钻探规程》推荐孕镶钻头单位底唇面压力值为 $q = 0.4 \sim 0.8$ kN/cm²，《地质钻探手册》推荐对中硬 – 硬地层 $q = 0.5 \sim 0.7$ kN/cm²，硬地层 $q = 0.7 \sim 0.9$ kN/cm²，坚硬地层 $q = 0.9 \sim 1.0$ kN/cm²。而俄罗斯规定为 $q = 0.7 \sim 1.3$ kN/cm²。

表 5 – 5 列出了不同类型金刚石钻头推荐采用的钻压值，可供选择时参考。

表 5 – 5　不同规格金刚石钻头钻进时适用的钻压值　（单位：kN）

钻头种类		钻头规格					
		A	B	N	H	P	S
表镶钻头	初始压力	0.5 ~ 1.0	1.0 ~ 2.0	2.5	3.0	3.5	
	正常压力	3 ~ 6	4 ~ 7.5	6 ~ 10	8 ~ 11	10 ~ 13	11 ~ 14
孕镶钻头		4 ~ 7	4.5 ~ 8.5	6 ~ 11	8 ~ 15	12 ~ 17	14 ~ 19

选择和施加钻压时还应注意以下几点：

（1）在钻进过程需要均匀调整轴向载荷，不允许急剧增大或减小载荷，因为这样可能引发孔内事故。不允许采用大于临界值的轴向载荷。过大的载荷会导致金刚石急剧崩裂并极大地增加金刚石耗量。过小的比压同样是不容许的，因为这样可能引起金刚石在完整的弱研磨性岩石中被抛光，并造成金刚石无法切入岩石。

（2）应根据岩石性质来选择钻压。对表镶钻头，在岩石坚硬完整的情况下可采用较高的单粒压力；反之，应采用较低的单粒压力。对孕镶钻头，钻进中硬的弱研磨性或破碎、非均质岩层时，宜选下限钻压，在完整、中硬 – 坚硬或强研磨性岩层中应取上限。

（3）应根据金刚石来选择钻压。钻头上的金刚石质量好、数量多、粒度大时宜选用上限钻压，反之亦然。

（4）确定轴向载荷时必须考虑由于钻柱与孔壁摩擦和冲洗液上举力引起的钻头载荷下降。根据孔底传感器的数据，实际的轴向载荷几乎只有地表仪表所读数值的 1/2。用新钻头钻进时，在前 5 ~ 10 min 钻头接触孔底时应以大约 2 ~ 3 kN 的小钻压和 150 ~ 200 r/min 的转速。当钻头与孔底磨合之后可逐渐把钻探规程参数加到优化值。即注意施加钻压的阶段性。

（5）孔底实际钻压。一般地表测得的钻压值都是钻具自重加上或减去油压的指示值，而由于钻孔弯曲、泵压的脉动和岩性不均质造成钻具振动，使孔底实际的瞬时动载钻压可能是地表仪表指示钻压的 1 ~ 3 倍。因此，对于深孔、斜孔和非均质岩层应取较小的钻压。

2. 转速

由金刚石钻进的机理可知，转速是影响金刚石钻头钻速的重要因素，在一定的条件下，转速越快，钻速也越高。转速与金刚石磨损的关系比较复杂，若其他条件不变，钻头转速存在着临界值，即在某一转速下金刚石磨损量最小。随着钻孔加深，功率消耗和加在钻杆柱上的载荷增大，岩石的研磨性和裂隙性增大，应降低金刚石钻头的转速。

选择回转速度时，通常是根据钻头线速度的经验推荐值 v_0 来估算。

1）表镶金刚石钻头的线速度 v_0

表镶金刚石钻头所用的金刚石粒度较大，出刃量也较大，允许有较大的切入量，所以转速应低于孕镶钻头。我国《地质岩芯钻探规程》和《地质钻探手册》推荐的表镶钻头线速度为 $v_0 = 1 \sim 2$ m/s，而俄罗斯规定为 $v_0 = 1 \sim 3$ m/s。

2）孕镶金刚石钻头的线速度 v_0

孕镶金刚石钻头所用的金刚石粒度很小（一般粒径 0.2 mm 左右），出刃量微小，主要靠高转速来获取钻进效率。我国《地质岩芯钻探规程》和《地质钻探手册》推荐的孕镶钻头线速度为 $v_0 = 1.5 \sim 3$ m/s，而俄罗斯规定为 $v_0 = 2 \sim 4$ m/s。

转速的计算公式：

$$n = \frac{60v_0}{\pi D} \tag{5-21}$$

式中：v_0——钻头的回转线速度，m/s；

　　　D——钻头的平均直径，m，$D = (D_1 + D_2)/2$，其中 D_1、D_2 为钻头的外径和内径。

推荐的各类表镶和孕镶钻头的适用转速如表 5-6 所列。

选择合理的转速时，还应考虑以下几点：

（1）岩石性质。选择钻头转速时必须考虑岩石的硬度、研磨性和裂隙性。如果岩层较破碎、软硬不均、孔壁不稳时，宜选用下限转速。

（2）钻孔。如果钻孔结构简单、环空间隙小、孔深不大时，应尽量选用高转速，反之亦然。小口径钻孔取上限，大口径钻孔取下限。

（3）设备和钻具。采用高转速的限制是钻机动力机的功率和钻柱的强度。

表 5-6　各类金刚石钻头的适用转速推荐表　　　　　　（单位：r/min）

钻头种类	钻 头 规 格					
	A	B	N	H	P	S
表镶钻头	500 ~ 1000	400 ~ 800	300 ~ 550	250 ~ 500	180 ~ 350	150 ~ 300
孕镶钻头	750 ~ 1500	600 ~ 1200	400 ~ 850	350 ~ 700	260 ~ 520	220 ~ 440

3. 冲洗液泵量

金刚石钻头的出刃量很小，如果孔底积聚大量岩屑将减少金刚石的切入深度。因此，金刚石钻进过程中快速清除孔底岩屑有助于提高机械钻速。冲洗液在金刚石钻进中除了完成排粉、冷却、护壁功能外，还将起到润滑钻具、帮助孕镶钻头自锐的作用。

一般根据液流上返速度来确定金刚石钻进所需的泵量 Q：

$$Q = 6vF \quad (\text{L/min}) \tag{5-22}$$

式中：v——环隙空间的上返流速，m/s；

　　　F——钻孔的环空面积，cm²。

还可以按每米钻头直径上的推荐泵量 q 来估算合理的冲洗液消耗量（L/min）：

$$Q = qD \tag{5-23}$$

式中：q——每厘米钻头直径上的单位泵量，L/min；

　　　D——钻头外径，cm。

我国《地质岩芯钻探规程》和《地质钻探手册》推荐的金刚石钻进上返速度为 0.3 ~ 0.7 m/s，而俄罗斯规定每厘米钻头直径上的冲洗液耗量取 4 ~ 8 L/min。钻进软岩石时机械钻速大，岩粉量多，所以 q 应取大值，而钻进致密的坚硬岩石时应减小。

由于表镶、孕镶金刚石钻头钻进时钻孔环状间隙很小，冲洗液的流动阻力很大，所以金刚石钻进基本是以不大的泵量和较高的泵压来工作的。但泵压过大导致钻头举离孔底，抵消钻压，甚至可能冲蚀胎体和岩芯。冲洗液的压力脉动还会增大钻柱的附加振动。另外，泵压是反映孔底工况的敏感参数之一，必须密切加以注意。例如，钻进中突然钻速降低而泵压猛增时，可能是发生岩芯堵塞或"烧钻"的预兆；泵压逐渐下降则可能是钻杆产生裂纹并正在逐渐扩大。

表 5 – 7　金刚石钻进适用泵量　　　　　　　　　　（单位：L/min）

钻 头 规 格	A	B	N	H	P	S
适用泵量	25 ~ 40	30 ~ 45	40 ~ 65	50 ~ 80	60 ~ 100	80 ~ 120

表 5 – 7 中的数据可供选择金刚石钻进泵量时参考。同时还应综合考虑下述内容：

(1) 岩层性质。钻进坚硬致密的岩层时，单位时间产生的岩粉量少，可选择下限泵量，反之亦然。钻进强研磨性岩层时，需要较大泵量吸收摩擦产生的热量，但携带岩粉磨粒的高速液流会严重冲蚀胎体，诱发金刚石颗粒过早脱落。因此，应权衡利弊选择合理的泵量。

(2) 钻头类型。孕镶金刚石钻头出刃微小，钻头唇面与岩面间只存在漫流区，主要靠多个水口循环，加之常以高转速钻进，因此宜用较大的泵量，以防止发生烧钻。而表镶钻头的出刃较大，排粉和冷却条件也较好，故可选用较小的泵量。

(3) 防止烧钻。试验表明，用于冷却钻头所需的泵量并不大，只需泵量达每厘米钻头直径 0.2 ~ 0.3L/min 就可满足胎体迅速散热的需要。但当转速为 800 r/min，钻头唇面压力为 10 MPa 时，钻头每转一圈，胎体温度将升高 1.73℃。所以钻进中若冲洗液停止循环 1 ~ 2 min，便可能造成烧钻的恶性事故。

(4) 钻头水口的大小，直接影响钻头内外的冲洗液压差，保持适当的压差，有利于钻头底部岩粉的排出和冷却。随着钻头胎体消耗，钻头水口要进行修磨，修磨后其高度不得小于 3 mm。

(5) 金刚石钻进时最好的冷却液是水、乳化液和聚合物溶液。应限制使用黏土冲洗液，只有在钻进不稳定的风化复杂岩层时才使用。

4. 防治钻柱振荡

在金刚石钻进过程中转速过高将引起钻柱振荡。在扭矩和轴向载荷的作用下，钻柱呈现一定螺距的螺旋形。在回转过程中，螺距的大小随着振幅变化而变化。当外界的强迫振荡频率与钻柱自身的固有频率重叠时，将出现共振现象，振动加剧。振动将破坏正常的钻进过程，引起金刚石耗量增大，降低机械钻速，增大钻柱和地表设备的磨损，急剧增长钻探功率消耗。

引起振动的原因与地质因素、技术和工艺因素有关。属于地质因素的有岩石的裂隙、空洞、粒度不均匀和岩石的软硬互层。造成振动的技术因素包括：钻柱与孔壁之间的间隙较大，钻杆弯曲，钻杆接头、主动钻杆和立轴的同轴性差，钻机地基的刚性差和钻机部件被磨损而间隙较大等。可能引发振动的工艺原因包括：在钻杆柱不平衡条件下（如钻杆或接头偏心明显弯曲）开高转速钻进，使用与岩石物理力学性质不匹配的金刚石钻头，在已经出现岩芯自卡的情况下钻进等。

防治振动的措施：①找出并排除发生振动的原因；②正确选择钻杆柱及其接头类型。金刚石钻进的钻柱与孔壁间隙应不大于 1.5 ~ 2 mm，推荐使用轻合金钻杆；③加入专用润滑剂：稠油和乳浊液。

涂抹在钻杆上的防振润滑脂可减少它们与孔壁的摩擦并减少纵振和扭振，吸收钻柱与孔壁撞击的能量并降低横向振荡。润滑脂还能被挤入岩石的裂纹，填满裂纹并防止冲洗液的漏失。

5.3.3　金刚石钻进的临界规程

随着金刚石钻进的普及与推广，科研人员不满足于前述传统的规程问题定性结论，而是通过分析钻进中的热物理过程，对钻进规程参数与胎体温度、破岩功率消耗、机械钻速、胎体磨损之间的关系进行了定量研究，并在此基础上提出了金刚石钻进的正常规程和临界规程的见解。正常规程下，钻头胎体温升正常，功率消耗平稳，同时钻头磨损轻微；而临界规程下，钻头胎体温度将急剧上升，功率消耗剧增，钻头磨损严重，甚至出现烧钻。

1. 胎体温度与钻压 P 和转速 n 的关系

用人造金刚石（粒度 200 ~ 400 μm）孕镶钻头钻进花岗岩时，测得的胎体温度和 P、n 之间的关系如表 5 − 8 所列。当钻压 P 和转速 n 达某一值时，胎体温度由 100 ~ 200℃ 急剧升至 600 ~ 700℃ 的高温。这时的钻进规程已由正常规程转入了临界规程。对于具体的岩石而言 $P \cdot n$ 的临界值基本上是个常量。表 5 − 8 中的黑体字划出了正常规程与临界规程的分界线。胎体温度和功率消耗与 $P \cdot n$ 值的关系如图 5 − 8 所示，图中斜线部分为 $P \cdot n$ 临界值的范围。

表 5 − 8　钻头胎体温度(℃)与轴向压力 P 和转速 n 的关系

钻头转速 n /(r·min⁻¹)	轴 向 压 力 P/kN									
	1.0	2.0	3.0	4.0	5.0	6.0	7.0	8.0	9.0	10.0
600						60	160	190	190	**560**
750					100	70	100	**590**		
950				70	80	80	**620**	**650**	**670**	
1180			90	120	**640**					
1500	50	70	120	**550**						

2. 功率消耗、机械钻速与钻进规程的关系

试验还发现，钻进时的功率消耗、机械钻速也与临界规程有直接关系。表 5 − 9 中功率消耗的规律与胎体温度升高的趋势完全一致。即当胎体温度急剧升高时，功率消耗也由 2.04 ~ 2.64 kW 突然增至 5.3 kW 以上，功率消耗与胎体温升同步进入临界状态。钻进花岗岩的钻

速也发生在同一 $P \cdot n$ 临界值的条件下(类似于表 5-8 数据所示的趋势),即用该孕镶金刚石钻头钻进该花岗岩时,其最高钻速不得超过临界值 37 mm/min,否则将出现胎体温度剧增的严重后果。

3. 胎体温度与冲洗液的关系

试验表明,当钻进过程进入临界状态后,冲洗液的冷却效果也是有限度的。由表 5-10 的数据可知,当泵量由 15 L/min 增至 30 L/min 时,胎体温度和功率消耗虽有某种程度的降低,但泵量增大一倍并不能使钻进过程从临界状态转化为正常规程。也就是说,若 $P \cdot n$ 已达临界值,想单纯依靠增大泵量来解决防止烧钻的问题,是不可能的。

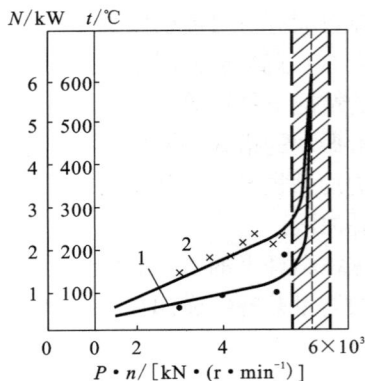

图 5-8　胎体温度和功耗与 $P \cdot n$ 的关系
1—胎体温度;2—功率消耗

表 5-9　钻进功率消耗(kW)与钻压 P 和转速 n 的关系

钻头转速	轴向压力 P/kN									
n/(r·min^{-1})	1.0	2.0	3.0	4.0	5.0	6.0	7.0	8.0	9.0	10.0
600						1.71	1.86	1.92	2.32	**5.34**
750					1.80	1.86	2.04	**5.67**		
950				1.95	2.31	2.79	**5.37**	**6.56**	**6.91**	
1180			2.16	2.64	**5.52**					
1500	0.48	1.44	2.16	**5.56**						

表 5-10　泵量对胎体温度和功率消耗的影响

指 标	冲 洗 液 泵 量/(L·min^{-1})		
	15	20	30
胎体温度/℃	725	640	550
钻进功率消耗/kW	5.67	5.22	5.13

4. 钻头磨损与钻进规程的关系

图 5-9 示出了钻头胎体相对磨损量(量纲为单位破碎功的体积磨耗)与钻进规程(钻头轴压与回转线速度的乘积)间的关系。图中 a 线为正常规程,b 线为临界规程,无论在实验室还是在生产条件下,当由正常规程转入临界规程时,钻头磨耗都是突然急剧增大。图中显示,曲线 II 的磨耗量要比曲线 I 高 3 倍,这可能与野外条件下孔内的动载,进入临界规程后钻头上的高温持续时间长使金刚石强度和胎体硬度明显降低有关。

综上所述，可以得出两点结论：

(1)金刚石钻进每种岩石都存在着临界规程，其 $P \cdot n$ 值基本是个常数。也就是说，钻压 P 和转速 n 两个参数之间存在着明显的交互影响，必须同时考虑它们的取值。进入临界规程的主要表现是胎体温度急剧升高，钻头严重磨耗，虽然此时钻速也很高，但可能导致烧钻事故。因此，必须保证钻进工艺处在小于临界规程的状态下。

(2)钻进过程中的胎体温度和钻头非正常磨耗是重要的孔内工况指标，但不便于测量。而功率消耗便于在地表检测，又与上述二指标同步进入临界规程，因此可

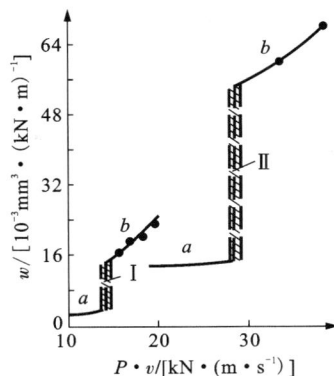

图 5 - 9　钻头磨耗与钻压及线速度乘积的关系
Ⅰ—实验室条件下；Ⅱ—生产条件下

通过测量钻进功率来判断钻进过程正常与否。一旦出现功耗突变，便可发出进入临界规程的报警。这是由凭经验打钻走向科学钻进的一个重大进步。

5.3.4　金刚石钻头的合理使用

通过分析机械钻速的变化也可确定金刚石钻头的使用是否合理。各种类型钻头机械钻速的变化速率是不同的。在正确选择规程参数组合的条件下，孕镶钻头的机械钻速应变化不大。表镶钻头的初始机械钻速较高并在短时间内呈增长趋势，达到一定的最大值后将开始下降。但是，目前还无法根据仪器检测结果和已有的准则来确定应何时起钻换钻头，通常还是根据机械钻速的变化特征，用目测的方法观察钻头磨损情况来评估金刚石钻头的使用程度。

对于表镶钻头在下列情况下应结束钻头的工作回次并更换：

(1)胎体的外径、内径和高度磨损严重。根据保径金刚石粒度不同，胎体的内外表面磨损量已达 0.5 ~ 0.7 mm。根据主体金刚石粒度不同，对于粒度为 90 ~ 60、60 ~ 40 和 30 ~ 20 粒/克拉，金刚石胎体允许的高度磨损量分别为 0.5、0.7、0.9 mm；

(2)正常的胎体剖面已经被改变，在内外表面已出现了锥度。以及在胎体端部外缘或中部已出现了深度超过 0.5 mm 的拉槽和倒角；

(3)金刚石出刃过大(超过了其线性尺寸的 1/3)，可能导致金刚石脱落和破坏；

(4)胎体冲蚀严重，使其强度下降，可能导致某个扇形块脱落或整个包镶金刚石的胎体层脱落；

(5)胎体和钻头钢体存在机械损伤(胎体出现鼓包、裂纹，钢体或螺纹被磨损，等)；

(6)由于胎体硬度与岩石的研磨性或钻探规程参数、所钻岩石的性质不匹配，造成钻头上的金刚石被抛光。

孕镶钻头可一直用到主体金刚石被完全磨完。只是当胎体内外侧面出现倒角，且倒角的深度超过了孕镶层厚度时，才认为钻头已经报废，必须更接新钻头。建议不要使用胎体、钢体或螺纹有缺陷的孕镶钻头，以及主体金刚石已经被抛光的孕镶钻头。

5.4 PDC 钻进工艺

5.4.1 PDC 钻进规程参数

1. PDC 钻头的钻压

PDC 钻头在较低的钻压条件下，就可在中硬地层（例如沉积岩）中获得很高的钻进速度，综合经济效益显著。

PDC 钻头的总钻压按下式估算

$$P = mp \quad (\text{kN}) \tag{5-24}$$

式中：m——钻头上的复合片个数；

p——每个复合片上允许的压力，kN/片，p 的取值范围为 0.6 ~ 1.0 kN，随着复合片磨钝，接触面积增加，钻压可逐渐增大。

2. PDC 钻头的转速

复合片在钻头体上出刃量大，主要靠剪切破碎岩石，不宜用太高的转速。推荐的线速度范围为 0.5 ~ 1.5 m/s。转速的计算公式同式（5-21）。

借鉴某些文献的资料可以看出，PDC 钻头可以在比孕镶金刚石钻头更低的规程参数组合下，实现中硬 - 部分硬岩石正常钻进。但 PDC 钻头的规程参数组合中钻压不能低于 5.0 kN，转速不能低于 300 r/min。

3. PDC 钻头的泵量

PDC 钻头的出刃量大，底唇部分水流面积大，所以选择冲洗液泵量时应以及时排粉为主，以冷却、润滑、护壁和其他工艺因素为辅。可根据式（5-14）来确定冲洗液的泵量。我国《地质岩芯钻探规程》和《地质钻探手册》推荐的 PDC 钻进冲洗液在外环空间的上返速度 v_1 取 0.3 ~ 0.7 m/s（清水）或 0.25 ~ 0.6 m/s（泥浆），而俄罗斯规定复合片钻进的泵量可超过表镶或孕镶钻头泵量的 20% ~ 50%（我国推荐的金刚石钻进上返速度为 0.3 ~ 0.7 m/s）。对孔径大、钻速高、岩粉多、岩石研磨性强、钻头出刃量大者可取上限，反之亦然。

5.4.2 PDC 钻头的使用

PDC 钻头适用于软 - 中硬的大段均质岩层（含部分中硬以上Ⅶ ~ Ⅷ级岩层），不适合钻软硬交错地层、砾石层和裂隙性岩层。与牙轮钻头相比，PDC 钻头宜采用低钻压、高转速钻进，由于 PDC 钻头无任何活动部件，更适合高转速的涡轮钻进。新钻头下井前孔底要清洁，宜用小钻压和低转速磨合孔底。为了进一步提高 PDC 钻进的技术经济指标，用户在工程实践中还应注意以下 PDC 钻头的使用问题。

1. PDC 钻头的磨损特性

图 5-10 表明，负斜镶的 PDC 片磨损后对钻探指标将产生显著影响。为了验证该结论，曾安排 PDC 钻头在恒定钻进规程下钻进辉长岩的试验：轴向载荷 5.0 kN、转速 125 r/min。试验结果见图 5-11。

初始状态（当复合片还尖锐时）钻头表现出很高的机械钻速（将近 4 m/h），单位体积破碎功也不大（一般在 0.6 kN·m/cm³）。但是随着切削具被磨损，机械钻速度降至原先的 1/3，

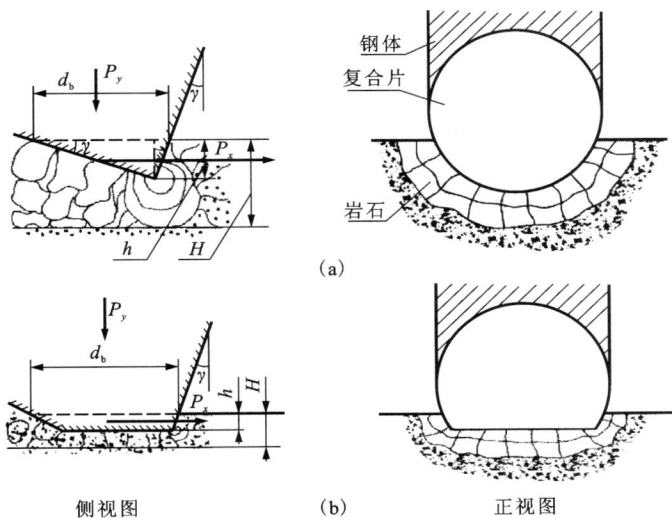

图 5-10　尖锐复合片(a)和磨钝复合片(b)在恒定轴载 P_y 作用下切入岩石示意图

而单位体积破碎功增至 $1.5\sim1.7$ kN·m/cm³。此后，钻进指标稳定在该水平直至复合片损坏为止。随着复合片损坏钻速急剧下降，单位体积破碎功耗增长，表明 PDC 片的磨损对钻头工作性能存在着实质性影响。为了提高已磨钝钻头的效率必须增大轴向载荷。

同时还应看到，当复合片钻头处于稳定工作期时(例如图 5-11 横坐标中进尺 $4\sim10$ m 的阶段)，它必然伴有切削刃自磨锐过程的特征。

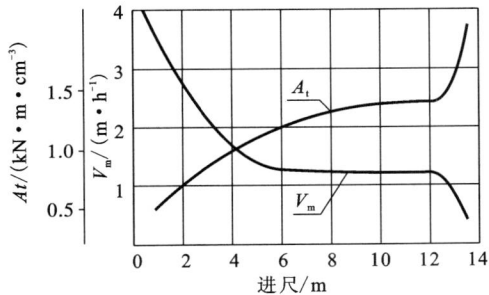

图 5-11　机械钻速 v_m 和体积破碎功 A_t 与钻头磨损的关系

(辉长岩 $P=5.0$ kN, $n=125$ r/min)

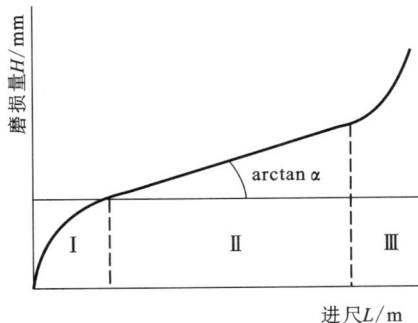

图 5-12　切削具磨损与切削路径的关系

俄罗斯学者在研究切削具磨损与摩擦路径的关系时，曾把它分为三个区域(如图 5-12 所示)，其中：I 区——强烈磨损区。在这个时段切削端部被磨成平面，这时接触面上压力被平均分配。II 区——稳定磨损区。这时磨损与路径的关系是线性的，切削具产生磨蚀磨损。接触压力恒定或缓慢地接近一个定值。III 区——疲劳磨损或热磨损区。这时磨损面上出现特别高的温度，如果磨损面积很大则磨损强度急剧增强并形成裂纹网。这时钻进过程已进入临界规程，这是不允许的。应选择合理的规程以保证复合片切削具中的硬质合金部分被磨掉，使金刚石能保证自锐，从而减小磨钝的面积。

对比图 5 - 11 和图 5 - 12 可以看出，和硬质合金钻头一样，使用复合片钻头时必须尽量使钻进过程稳定在 Ⅰ 区 ~ Ⅱ 区，并尽量延长其持续的时间。在钻压 P_y 和转速 n 恒定的规程下，当工具工作在 Ⅱ 区时（自锐状态），由于接触面积稳定将导致机械钻速稳定。

2. PDC 片的数量和排列

在第 4 章 4.5 节中曾分析 PDC 片的切入角、扭转角影响。事实上，合理的 PDC 片数量和排列方式同样将直接影响钻进速度和钻头寿命。

钻头上 PDC 复合片数量越多，将使得分配在每个 PDC 上的载荷减少，影响孔底破碎岩石的效果。使用者应根据式（5 - 24）和钻杆柱所能提供的钻压大小，在钻头端面载荷均匀分布，并使相邻 PDC 之间具有合理距离（即发挥组合切削具预破碎区的作用）的基础上，尽量减少钻头上布置的 PDC 片数量。

关于 PDC 片的排列布置问题，主要应考虑切削槽状态和孔底岩石重复破碎对钻进效果的影响。当钻头上各 PDC 片都布置在同半径上（成单环排列）时［见图 5 - 13（a）］，孔底破碎槽呈封闭式［见图 5 - 13（c）］。这时切削具与岩石接触的周长最大，摩擦功和能耗最大。当 PDC 布置在不同半径位置处，即 PDC 错开布置时［见图 5 - 13（b）］，PDC 片端面仅被覆盖一部分，相邻两个 PDC 片的切削槽相互重复一部分，形成半封闭式工作环境［见图 5 - 13（d）］，从而可在环形孔底为岩石破碎提供自由面，使接触面、摩擦功和能耗都较小，而钻进效率提高。生产实践中曾出现在相近条件下（每片 PDC 的钻压和线速度基本相同）PDC 绳索取芯钻头比 PDC 单管钻头钻效高的情况，就是复合片在钻头上的排列方式及其形成的孔底封闭状态不同所致。因为绳索取芯钻头壁厚，PDC 片可以分环布置，其处于半封闭状态，接触岩石的面积较小，而排粉条件更好。

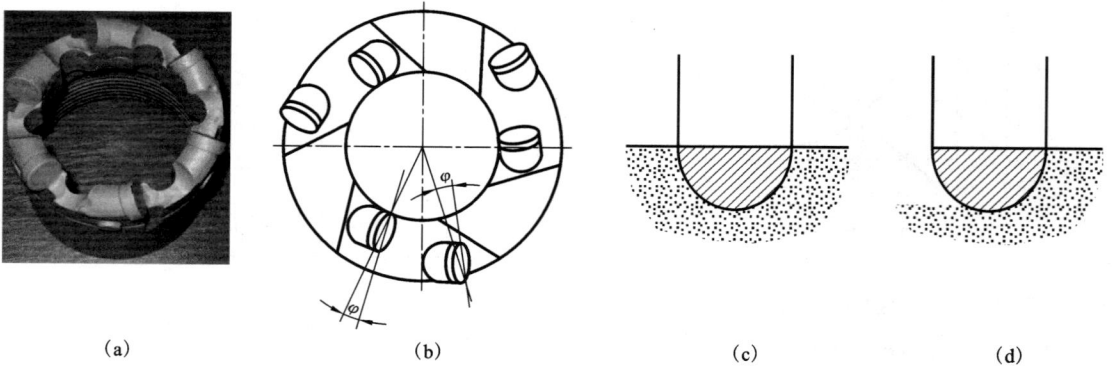

| (a) | (b) | (c) | (d) |

图 5 - 13　复合片在钻头上的排列方式及其形成的孔底封闭状态示意图

5.5　钢粒钻进工艺

5.5.1　影响钢粒钻进效果的因素

一般选粒度较大的钢粒对提高钻速有利。但粒度加大要求钢粒钻头的壁厚也要加大，且易导致岩芯过细，孔径扩大，对取芯和防斜不利。常用的钢粒直径为钻头壁厚的 1/3～1/4。

钢粒钻进中，为了能有效地带动钢粒在孔底翻滚破岩，要求钢粒钻头与钢粒之间存在着一种水平联系力。由于钢粒处于"半自由"状态，这种联系力是靠钻头唇面的变形和摩擦力来实现的。联系力的大小应大于钢粒翻滚时的阻力。因此，钢粒钻头的底唇硬度应略低于钢粒的硬度，才能有效地带动钢粒在孔底翻滚。

钢粒钻头的水口形状如图 5－14 所示。选择水口形状的原则是：应具有良好的"导砂"性能；能保持较稳定的孔底过水断面；当钻头磨损后，钻头唇面的压砂面积变化幅度较小；水口加工方便。采用双斜边和双弧形水口有利于顺利导砂，同时在水口高度磨短后，钻头唇面的面积变化相对较小，可保持轴向压力基本不变。

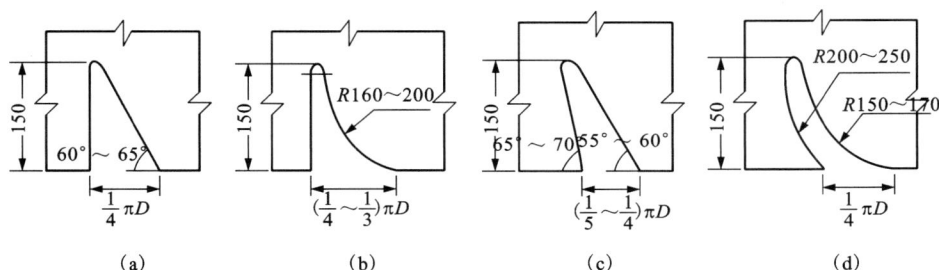

图 5－14　钢粒钻头水口形状展开图（单位：mm）
（a）单斜边水口；（b）单弧形水口；（c）双斜边水口；（d）双弧形水口

5.5.2　钢粒钻进的规程选择

钢粒钻进要求孔内有一定量的钢粒储备，因而其规程中除了钻压、转速、泵量外，还包括投砂方法与投砂量两个规程参数。

1. 投砂方法及投砂量

1）一次投砂法

在回次开始之前，把回次进尺所需要的钢粒一次投入孔内的方法称为一次投砂法。投砂量取决于岩石性质和回次进尺的长短。投砂量不足将造成钻速很低、钻孔缩径，甚至发生挤卡钻具的事故。但投砂过多，不利于排粉和孔底的钢粒分选，也影响钻速和取芯质量。一般按下式估算钻进Ⅷ～Ⅹ级岩石的一次投砂量 G。

$$G = KD \quad (\text{kg}) \tag{5－25}$$

式中：D——钻头直径，cm；K（系数）＝0.15～0.3 kg/cm，岩石可钻性级别高、研磨性强者取上限。

2）结合投砂法

对可钻性达Ⅺ、Ⅻ级的岩石宜采用结合投砂法。结合投砂法是在回次开始前先投入所需钢粒的50%～60%，待到确认孔底钢粒已消耗得差不多时，再从钻杆中分1～2次补投其余的钢粒。结合投砂法可适当延长回次纯钻进时间，主要用于钢粒消耗量大的Ⅺ、Ⅻ级坚硬或强研磨性岩石。

2. 钻压的选择

钢粒钻头上钻压的大小决定着孔底的破岩方式。一般按下式计算总的钻压值 P：

$$P = kp \frac{\pi}{4}(D^2 - d^2) \quad (\text{N}) \qquad (5-26)$$

式中：k——考虑水口使钻头唇面面积减少的系数，$k = 0.7 \sim 0.8$；

p——钻头唇面的单位压力，Pa；

D、d——钻头外径和内径，m。

实验室研究和生产实践证明，随着单位压力 p 的增大，机械钻速几乎呈直线上升，但当 p 达一定值（p_{max}）后，这一线性关系不复存在了。这时，钢粒可能被压碎或"嵌入"钻头唇面，故造成钻速明显下降。影响 p_{max} 大小的因素有：钢粒钻头的唇面硬度、钢粒的强度、岩石的可钻性和钻头的转速。岩石愈硬，钢粒的相对强度和耐磨能力愈低，则所需的压力 p_{max} 也较低；在钢粒钻进中，随转速加快钢粒在孔底翻滚的脉动频率升高，对提高钻速有利，所以，当转速较快时 p_{max} 值下降。

3. 转速的选择

由于钢粒在孔底的翻滚受到孔壁和岩芯的限制，故其运动的速度滞后于钻头的线速度。加之钢粒钻进主要用于脆性岩石，岩石破碎的时间效应不明显。同时钢粒可在孔底自动分选与补给，所以，钢粒钻进可以采用较高的转速。

钢粒钻进的转速参考值如表5-11所列。一般选择转速时应综合考虑钻头的口径、钢粒的相对抗压碎强度、孔深和钻杆强度等因素。其中钢粒的相对抗压碎强度与岩石硬度及孔底的脉动频率有关，所以在坚硬岩石中宜取下限转速。

表 5 – 11 ϕ110 mm 钢粒钻头的转速选择参考表

岩石级别	Ⅶ ～ Ⅸ			> Ⅹ	
孔深/m	0 ～ 200	200 ～ 400	> 400	0 ～ 300	> 300
转速/(r·min⁻¹)	180 ～ 250	180	140 ～ 180	180	150 ～ 180

4. 泵量的选择

在钢粒钻进规程中，泵量是个非常重要的因素。因为它除了排粉、冷却的功能外，还在孔底钢粒的补给、分选中起主要作用。这是硬质合金和金刚石钻进中冲洗液所不具备的特殊功能。

泵量也存在着最优值。若泵量不足，无法正常地排除孔底岩屑和已丧失工作能力的碎钢粒，使完整钢粒的翻滚阻力增大，甚至较少接触孔底，故钻速很低。若泵量过大，会把孔底完整钢粒冲上来，既破坏了钻头唇面附近钢粒新陈代谢的动平衡，又将加剧岩芯管的磨损，必然导致钻速下降，甚至酿成岩芯管折断或钢粒卡钻的恶性事故。泵量的选择取决于岩性、钢粒 规格、钻头直径、水口尺寸、钻压和转速的大小、冲洗液性能及一次投砂量等因素。估算泵量 Q 的公式为：

$$Q = q_0 D \quad (\text{L/min}) \tag{5-27}$$

式中：D——钢粒钻头直径，cm；

q_0——单位钻头直径上的泵量，使用清水时 $q_0 = 3 \sim 5$ L/(min·cm)，使用泥浆时 $q_0 = 1.5 \sim 3$ L/(min·cm)。当岩石级别较高、钢粒钻头水口较小、钻压较低、转速较高、孔底存砂量较少时，q_0 取下限，反之亦然。

实际生产中，随着进尺的增加，钻头水口将逐渐被磨短，水口处的流速将加快；另外这时的孔底钢粒也已被磨小，钻头处的工作钢粒数量减少。因此，在整个回次钻程中应分段逐次改小泵量，到回次末取允许的最小泵量。现场人员称此过程为"改水"。

5.5.3 钻进规程合理性的判断

在生产中主要通过分析钢粒钻头的磨损和岩芯的形态来定性判断规程是否合理。若回次末提上来的钻头底唇面呈弧形且麻痕均匀，说明规程掌握合理；若钻头底唇面光滑没有麻痕，表明孔底没有钢粒，钻头直接与岩石接触；若钻头水口上有涡坑，说明投砂量过大，泵量过小，冲洗液从水口流出时不能悬浮和分选钢粒。投砂量和泵量正常时，钻头上的麻痕高度基本与水口高度一致。若钻头外侧的麻痕过高或过低，则说明规程掌握不合理。若取上来的岩芯上下粗细基本均匀，说明投砂量和泵量合理。若岩芯呈"宝塔形"，说明一次投砂量过多，回次之初泵量过小而回次之末泵量过大，应注意逐步改水或改为结合投砂法。

5.6 牙轮钻进工艺

牙轮钻头用于油气钻井已有很长的历史，积累了丰富的理论研究成果和实践经验。考虑到近年来在地质钻探和岩土工程施工中也越来越多地使用牙轮钻头，下面简要介绍一些与牙轮钻进工艺及参数优选有关的知识与结论。

5.6.1 牙轮钻头的选用

1. 牙轮钻头的选用原则

合理选用钻头对于钻井效果至关重要，往往由于钻头选用不适当，使得钻井成本高，速度慢。正确选择钻头的前提是，深入分析所钻地层性质（岩性、硬度、塑性系数、抗压强度及覆盖压力、孔隙压力、渗透性等）；对现有钻头的结构、特点、破岩机理非常熟悉；对邻近井的钻头使用情况（如钻头进尺、磨损情况、钻井成本等）有所了解。

通常钻头厂家已对某类型钻头适用于什么地层有详细说明。在选用钻头时一般还要考虑以下情况。

（1）在浅井段，选用机械钻速快的钻头；

（2）在深井段，则选用钻进寿命长的钻头；

（3）当发现钻头的外排齿磨圆，而中间齿磨损较少时，应选用带保径齿的钻头；

（4）所钻的地层有砂岩夹层时，应考虑用镶齿保径的钻头；

（5）对于易产生井斜的地层，选用偏移值小，无保径齿及齿多而短的钻头；

（6）选用镶硬质合金齿钻头时，需要注意以下几点：所钻地层页岩占多数时，用楔形齿钻头；钻灰岩地层时，使用抛物体形或双锥形齿钻头；用重泥浆钻井时，使用楔形齿钻头；所钻地层中页岩成分增加或泥浆密度加大时，用偏移值大的钻头；钻灰岩或砂岩地层，选用偏移值小的钻头；钻硬的研磨性灰岩、硬白云岩、燧石、石英时，用无移轴或双锥齿（或球齿）钻头。

选用的钻头对所钻地层是否适合，要通过实践的检验才能下结论。对同一地层使用了几种类型钻头，如何对比分析它们的效率高低呢？不能单纯的用进尺最多或机械钻速最快来衡量，因为所钻地层深浅，钻头成本以及设备使用费等都必须考虑。评论所选钻头是否合理的最终标准应是"每米钻探成本"。每米成本的计算公式见式（5-6），把所用不同类型钻头的有关数据代入公式分别计算出每米成本值，每米成本最低的钻头就是最合理的选型。

2. 双牙轮钻头

由于小口径钻进无法形成很大的钻压，所以双牙轮钻头适用于小口径地质勘探钻孔（孔径48、60、76、96、122和150 mm）钻进。采用普通地质钻探设备＋双牙轮钻头可比三牙轮钻头提高机械钻速15%～20%，孔深可达2000 m。加之双牙轮钻头的钻头体相对尺寸比三牙轮大5%～10%，所以耐磨性更强，加之双牙轮制造工艺比三牙轮更简单，故成本更低。双牙轮钻头的不足是牙轮破岩齿对孔底的覆盖程度比三牙轮钻头低30%左右。由于钻进中的振动加剧，使得钻头的外径磨损更快并容易导致钻孔弯曲比三牙轮钻进时更严重。

根据双牙轮钻头的用途可分为三种类型：

1）用于软～中硬岩石的双牙轮钻头

该类钻头用于可钻性Ⅰ～Ⅳ级的软～部分中硬岩石。针对所钻岩性，该类钻头设置了射流喷嘴或水枪式喷嘴，高速喷出的液流可辅助破碎并清洁孔底，从而提高钻速。这种钻头（见图5-15）在牙轮1上有34°～39°角的楔锥形钢齿，其表面堆焊了列立特硬质合金。由于增大了牙轮轴向的超顶量，并加大了牙轮轴对钻头轴线的倾斜角，所以可保证牙轮沿孔底滚动时伴有较大幅度的滑动。使牙齿可以在较小的钻压条件下（每厘米钻头直径上的比钻压为1～3.5 kN）完成剪切和切削破碎。

因为在软岩中使用翼片式刮刀钻头就可取得很好的钻进效果，所以该型牙轮钻头的应用领域有限。

2）用于中硬～硬岩石的双牙轮钻头

用于可钻性Ⅴ～Ⅶ级含硬夹层的中硬岩石的地质勘探双牙轮钻头上有39°～42°的楔锥形钢齿（其表面堆焊了列立特细晶硬质合金）或与钢齿错开布置的硬质合金镶齿，所需的每厘米钻头直径上比钻压为1.5～4.5

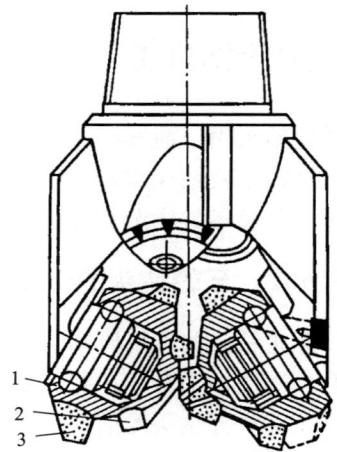

图5-15　双牙轮钻头的结构举例
1—牙轮；2—钢质铣齿；
3—铣齿表面堆焊的列立特硬质合金

kN。由于这种钻头的牙轮具有轴向超顶量，并加大了牙轮轴对钻头轴线的倾斜角，所以牙轮沿孔底滚动的同时有一定程度的滑动，对岩石产生冲击、压碎和剪切破碎。

3)用于硬~坚硬岩石的双牙轮钻头

用于可钻性Ⅷ~Ⅸ级岩石的地质勘探双牙轮钻头上配有43°~49°的楔锥形钢齿(其表面堆焊了列立特细晶硬质合金)或直接采用硬质合金镶齿。所需的每厘米钻头直径上比钻压为2~5 kN。用于可钻性Ⅸ~Ⅻ级坚硬岩石的地质勘探牙轮钻头采用硬质合金镶齿或球形硬质合金齿。所需的每厘米钻头直径上的比钻压分别为3~6 kN 和25~50 kN。这两种钻头均可保证牙轮只滚动不滑动,以适应硬和坚硬岩层钻进。

3. 三牙轮钻头

三牙轮钻头在油气钻井和大口径地质钻探(孔径大于150 mm)、地质工程岩土施工中应用广泛。三牙轮钻头可以更充分地利用钻孔尺寸来配置牙轮,拥有更多的主破岩齿和保径齿,具有更强的牙轮支撑体系。三牙轮钻头有普通铣齿钻头、喷射式铣齿钻头、滚动密封轴承喷射式铣齿钻头、滚动密封轴承保径喷射式铣齿钻头、滑动密封轴承喷射式铣齿钻头、滑动密封轴承保径喷射式铣齿钻头和镶硬质合金滚动密封轴承喷射式镶齿钻头、镶硬质合金滑动密封轴承喷射式镶齿钻头等规格,能适应从软岩至硬岩的多种地层钻进。

三牙轮钻头的选用原则与双牙轮钻头相同。考虑到大部分坚硬岩石均具有脆性,应采用镶硬质合金柱的钻头,用纯滚动而无滑动的牙轮钻头钻进,牙齿借助于轴压力和冲击力的作用破碎岩石。对于中硬具有塑性的岩石,为了提高破碎效果,牙轮应滚动 + 滑动剪切破碎岩石。而钻进软岩的铣齿牙轮钻头则主要以滑动方式切削岩石。

5.6.2　牙轮钻头钻进工艺

1. 牙轮钻进的规程参数

牙轮钻头的钻进效率取决于孔底钻压、钻头转速和冲洗液泵量等钻进规程参数。

1)钻压和转速的选择

进行孔底全面钻进时,常采用可自由给进的钻机(例如转盘钻机)仅靠钻具自重来施加轴向载荷,这种钻机可实现较长的回次进尺。为了防止孔斜,牙轮钻进时通常采用钻铤或加重钻杆来提供孔底岩石破碎所需要的钻压。通过取舍加接在钻头上的加重钻杆长度和直径来调节钻压的大小。因此,必须非常重视孔内钻具组合方案,尽量减少下部钻具与孔壁的径向间隙,并解决好大钻压在钻具组合中的传递问题。使用加重钻杆(或钻铤)的直径应仅比牙轮钻头的直径小一级。

根据钻孔直径和所钻岩石的性质推荐三种钻具组合(见图5-16)。第一种钻具组合适用于钻进小口径孔(76~122 mm);第二种适于钻进口径超过150 mm 的孔;第三种适用于在脆性岩石中钻进大口径孔,这种情况下产生的岩屑颗粒大,冲洗液流很难把大颗粒岩屑直接排至地表。

加重钻杆及钻铤的重量应比孔底所需钻压大25%,使钻进过程中可用绞车吊住上部钻具,仅靠加重钻杆及钻铤与钻头的重量给孔底提供钻压(即孔底加压方式),从而有利于维持钻孔的方向。以加重钻杆为例,其长度 $L(\text{m})$ 由下式算出:

$$L = \frac{1.25P}{q\left(1 - \dfrac{\rho}{\rho_p}\right)} \tag{5-28}$$

式中：P——轴向载荷,kN;

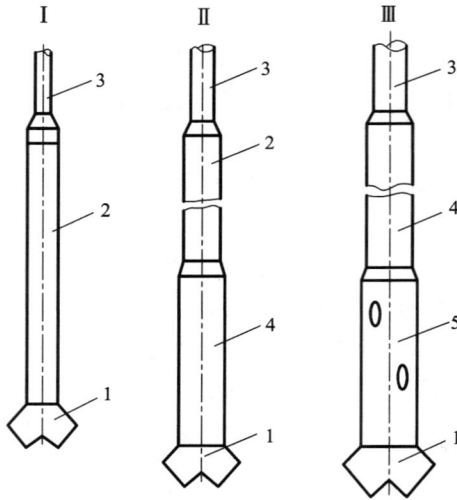

图 5-16   钻具组合（Ⅰ～Ⅲ）

1—钻头；2—加重钻杆；3—钻杆；4—钻铤；5—闭式取粉管

q——每 1 m 加重钻杆的重量，kN；

ρ——冲洗液密度，kg/m^3；

ρ_p——加重钻杆材料的密度，kg/m^3；

1.25——轴向载荷增大系数。

钻头上的轴向载荷按下式计算：

$$P = pD \qquad\qquad (5-29)$$

式中：p——每 1 cm 钻头直径上的比钻压，kN；

　　　D——钻头直径，cm。

牙轮钻头的转速选择方法与硬质合金钻头和金刚石钻头一样，以推荐的回转线速度为基础进行估算，再结合所钻岩石性质和孔内情况加以选择。当钻进弱研磨性岩石时，建议钻头的回转线速度为 1～2 m/s，而在研磨性岩石中应不超过 1 m/s，因为高转速将引起钻头磨损加剧。一般在地质勘探孔中牙轮钻头的转速应不超过 200～300 r/min。

在实际生产中，钻压和转速的确定既要根据地层特点能有效破碎岩石，同时又要注意到钻压和转速对钻头轴承和牙齿的影响，以保证钻头有最大的工作寿命。在选择钻压和转速时要考虑以下几个因素。

（1）转速对钻速的影响。有限的钻进试验表明，在镶齿钻头常用的 35～55 r/min 范围内，钻速和转速接近线性关系。

（2）钻压对钻速的影响。根据所钻岩石的性质，当比钻压在 13.6～27 kN/in 范围内，钻速与所加钻压成正比。一般常用最佳范围为 18.2～22.7 kN/in（1 in = 25.4 mm）。

（3）转速对钻头轴承寿命的影响。滑动轴承不同于滚动轴承，它不存在总转数标准（即在一定钻压和介质条件下的轴承寿命），它对转速的限制和轴承的线速度有关。滑动轴承线速度过高时，摩擦力增大，发热量也增加，会产生咬合现象。一般密封滑动轴承钻头转速应控制在 35~65 r/min 范围内(与轴承直径大小有关)。

(4)钻压对轴承寿命的影响。对于铣齿钻头,最大钻压是根据轴承承压能力确定的。但对镶齿钻头来说,轴承承压能力一般比镶齿部分大,因此实际使用的钻压范围,对轴承寿命无直接影响。

(5)钻压和转速对牙齿寿命的影响。硬质合金齿很少因磨损而失效,而是由于疲劳和应力过大使牙齿折断而失效。不论是哪种情况引起的破坏,其主要原因都是冲击。冲击的强度与岩石的硬度、单位面积上的钻压和牙轮的线速度有关。此外,冲击负荷又直接与所加的钻压成正比,所以,转速和钻压直接或间接地影响到牙齿的寿命。在允许的转速范围内,绝大多数滑动轴承镶齿钻头都能很好地工作。如果钻压改变,一定要反向改变转速使冲击负荷不致增大。

一般钻头厂家都会给出各类钻头的钻压和转速推荐范围,有的是给出钻压和转速乘积的允许值。铣齿钻头允许的最大钻压是根据轴承能力而不是切削部分,镶齿钻头的最大钻压取决于切削部分,而不是轴承能力。

国产滚动密封轴承钻头和滑动密封轴承钻头推荐的钻压和转速见表5-12,表5-13。

表5-14中列出了俄罗斯钻探界根据实践经验和实验研究结果得出的根据岩石物理力学性质和钻头类型来选择牙轮钻头每1 cm 直径上比钻压值的结果,其中下限用于钻进塑性岩石和裂隙性岩石,上限用于钻进坚硬和研磨性岩石。

表 5 – 12　国产普通牙轮钻头的推荐钻压和转速值

类型	转速 / (r·min⁻¹)	钻头号											
		4	5	6	7	8	9	10	11	12	13	14	18
		钻压/kN											
JR R	110~150	35	45	55	66	75	85	95	105	115	125	135	175
ZR Z	80~110	40	65	80	95	110	125	140	156	170	185	200	260
ZY Y JY	60~80	70	90	110	130	150	170	190	210	230	250	270	350

表 5 – 13　国产密封轴承钻头的推荐钻压和转速值

地层	转速/(r·min⁻¹)		比钻压 /(kN·in⁻¹)	钻压/kN		
	密封滚动轴承	密封滑动轴承		φ244 钻头	φ215 钻头	φ152 钻头
软	65~85	40~60	12~17	110~170	100~140	30~60
中			14~19	130~190	120~160	40~70
硬	50~75		16~21	150~210	140~180	50~80

表 5 – 14　俄罗斯地质钻探牙轮钻头比钻压的推荐值　　　　（单位：kN/cm）

钻头类型	岩石可钻性级别					
	Ⅰ ~ Ⅱ	Ⅲ	Ⅳ ~ Ⅴ	Ⅵ ~ Ⅶ	Ⅷ ~ Ⅸ	Ⅹ ~ Ⅻ
M	1.5 ~ 2.0	2.0 ~ 3.0	—	—	—	—
C	—	—	2.0 ~ 3.0	2.0 ~ 3.0	—	—
T	—	—	—	2.5 ~ 3.5	2.5 ~ 4.0	—
K	—	—	—	—	2.5 ~ 4.0	—
OK	—	—	—	—	3.0 ~ 5.0	4.0 ~ 5.0

　　美国休斯公司生产的各类钻头推荐参数见表 5 – 15。在确定参数时，如果钻压取低值，转速则可以取高值，反之，若钻压取高值则转速应取低值。

表 5 – 15　美国休斯公司各类钻头推荐参数

序号	钻头类型	比钻压/(kN·in^{-1})	转速/(r·min^{-1})	适应地层
1	J22	14 ~ 17.8	100 ~ 35	软地层，如泥岩、软页岩、松砂岩
2	J33	15.2 ~ 22.9	80 ~ 35	中软地层，如软石灰岩、页岩、
3	J44	17.8 ~ 25.4	60 ~ 35	中硬地层，如硬页岩、石灰岩
4	J55	17.8 ~ 25.4	60 ~ 35	中硬地层，如白云岩、硬灰岩、砂岩
5	J55R	17.3 ~ 27.9	50 ~ 35	中硬地层，如白云岩、石灰岩、砂岩
6	J77	20.3 ~ 27.9	50 ~ 35	硬地层，如石英砂岩，砂质白云岩
7	J99	22.9 ~ 31.8	50 ~ 35	极硬地层，如研磨性极大的石英砂岩
8	X3A，OSC – 3AJ	14 ~ 22.9	250 ~ 100	极软地层，如黏土、泥岩
9	X3，OSC – 3J，J2	15.2 ~ 27.9	140 ~ 90	软地层，如泥岩、软页岩，松砂岩
10	X1G，OSC – IGJ，J3	15.2 ~ 27.9	12 ~ 70	中软地层，如页岩、软石灰岩
11	XDG	14 ~ 31.8	180 ~ 80	中软地层，如页岩、软石灰岩
12	XV，OW – JJ$_4$OWV – J	17.8 ~ 35.6	100 ~ 40	中地层，如石灰岩，硬页岩
13	XDV	17.8 ~ 35.6	100 ~ 40	中地层，如石灰岩、硬页岩
14	OWC – J	17.8 ~ 40.8	80 ~ 40	中硬地层，如硬石灰岩，白云岩，砂岩
15	W$_T$C，W$_T$ – JJ$_T$	22.9 ~ 40.6	80 ~ 35	中硬地层，如硬白云岩，砂岩
16	W$_T$R – 25	22.9 ~ 40.6	70 ~ 35	硬地层，如白云岩、硬质灰岩
17	J$_B$，JD$_B$	22.9 ~ 45.7	70 ~ 35	硬地层，如白云质砂岩、致密白云岩

2）水力参数的选择

在牙轮钻头的水力参数中必须计算的 4 个主要水力参数是：射流喷速 V_0、射流冲击力 F_j、钻头压降 P_b 和钻头水功率 N_b。各水力参数随泵量 Q 的变化情况如图 5 – 17 所示。

为了清洗孔底，希望这 4 个水力参数都越大越好。但从图 5 – 17 可看出，这一要求是不可能办到的。当地面泵设备、钻具结构、孔身结构、冲洗液性能和钻头类型确定以后，真正对各水力参数大小有影响的可控参数就是冲洗液泵量和喷嘴直径。因此，水力参数优选的主要任务也就是确定钻进冲洗液泵量和选择喷嘴直径。

确定钻进过程所需最低泵量的方法与硬质合金钻头和金刚石钻头一样，主要考虑排除岩粉的需要，以推荐的冲洗液上升速度为基础进行估算，再结合所钻岩石性质和孔内情况加以选择。而喷嘴直径的最优值是随着最优泵量和孔深的变化而变化的。

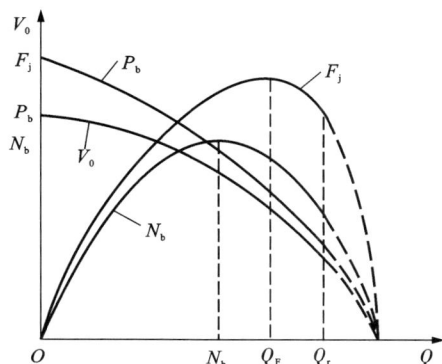

图 5 – 17　各水力参数随泵量变化的规律

Q—泵量；V_0—射流喷速；F_j—射流冲击力；

P_b—钻头压降；N_b—钻头水功率

为了有效地清除孔底岩屑，钻进软岩的上升液流速度应不小于 0.8 m/s，钻进硬岩为 0.4 m/s。

2. 牙轮钻进的工艺特点

1）关于牙轮钻进的机械钻速

在钻过程中，牙轮钻头的瞬时机械钻速是逐渐下降的，它受到包括岩石的物理力学性质、钻进规程参数等多种因素的影响。钻进中的平均机械钻速随着钻头进尺的增加而以近似于线性关系的形态下降，在 $v_m – h$ 坐标系中纵坐标上的截距就是初始机械钻速 v_{m0}。在实验研究的基础上可建立牙轮钻头初始机械钻速 v_{m0} 的数学模型：

$$v_{m0} = \frac{a\omega^\beta P^\alpha}{1 + (bP)^k} \tag{5 – 30}$$

式中：ω——钻头回转角速度，s^{-1}；

　　　P——轴向载荷，kN；

　　　a、b、β、α 和 k——给定条件下的常数项系数。系数 a、b、β、α 和 k 的值通过实验来确定。

牙轮钻进的瞬时机械钻速 v_m 与钻头进尺 h 的关系可写成：

$$v_m = v_{m0} - \varphi h \tag{5 – 31}$$

式中：v_m——瞬时机械钻速值；

　　　h——钻头进尺；

　　　φ——反映一个回次中机械钻速的下降速率。

生产实践表明，机械钻速下降的速率与钻头类型、钻探规程参数及岩石的研磨性有关。处理实验数据可得出整个机械钻速下降速率的关系：

$$\varphi = K_n P^q \omega^r a^r \tag{5 – 32}$$

式中：K_n、q、r——经验系数；

a——据巴隆法确定的岩石研磨性指标。

由式(5-32)可以看出，机械钻速的下降速率与钻头的角速度成正比，并与钻压的 q 次方和岩石研磨性的 r 次方成正比。经验系数 q、r 均为小于 1 的系数。综合分析上面三个公式，可以得出下述定性分析的结论：

(1)在根据岩层性质和钻机能力选定牙轮钻头后，应针对牙轮钻头的工况特点来确定工艺参数。例如，针对"滚动 + 滑动"破碎岩石的牙轮钻头应以较高转速为主；对于"多滚动 + 少滑动"或"纯滚动"的牙轮钻头应以较大钻压为主。

(2)虽然增大牙轮钻头的钻压和转速可提高其初始机械钻速 v_{m0}（参见式 5-30），但机械钻速的下降速率也将增大（参见式 5-32），其中钻头角速度的影响尤其显著。也就是说，在钻孔比较深的情况下，不能片面追求初始机械钻速，而要考虑整个回次钻速是否最优。

(3)岩石研磨性对机械钻速下降速率的影响程度取决于系数 r。而系数 r 的取值又来源于钻头类型。对钻进软 - 中硬岩石的铣齿牙轮钻头而言，岩石的研磨性越大，钻进时机械钻速下降的速率增长越快；对钻进硬 - 坚硬岩石的镶齿牙轮钻头而言，岩石研磨性对机械钻速下降速率影响不大。

2)牙轮钻头的正确使用

在正常情况下，钻头的使用时间决定于以下两个因素之一，一是轴承磨损以至不能再继续使用；二是牙齿磨钝，机械钻速显著下降。

(1)轴承磨损判断。滚动轴承磨损失效后，扭矩明显增大。井不太深时，可以从转盘和柴油机的负荷变化来判断，若使用转盘扭矩表来测定更为可靠。也可用其他间接办法测定，如在电驱动的设备中可以由电流表的变化中了解到。对于钻定向井和超深井来说，地面的反映不像一般中深井那样明显，这需要借助精密的扭矩测量仪。对于滑动轴承钻头，轴承磨损失效后，扭矩增长不像滚动轴承那样明显，所以使用时要特别注意。

(2)牙齿磨钝。当所钻的地层岩性没有显著变化时，随着钻头不断钻进，牙齿逐渐磨损，机械钻速不断下降。机械钻速下降使钻进时间增加而进尺增加不多，从而使单位进尺的成本增加，在新钻头开始钻进后，要随时计算钻进成本，到成本开始增加时，即应起钻。

(3)在每个回次开始的时候应以小钻压（最优值的 10% ~ 20%）和低转速试钻 10 ~ 15 min，探索机械钻速与钻压和转速的关系。然后，均匀地把钻压加至最优值，并将转速开到必须的快挡，此后则不要轻易改变钻进参数，应在稳定的规程下钻进。

(4)用牙轮钻头和金刚石钻头交替钻进地质勘探孔时需要用牙轮扩孔器或金刚石扩孔器来保径和减小孔身弯曲。

5.7 全面钻头钻进工艺

从严格意义上讲，全面钻头应包括不取芯的牙轮钻头。但上一节专门讨论了牙轮钻头钻进工艺，故本节仅介绍硬质合金、金刚石和 PDC 全面钻头的钻进工艺规程。

5.7.1　硬质合金全面钻头的规程选择

1. 翼片(刮刀)式全面钻头的规程选择

1)轴向载荷

$$P = q_{cm}D \ (\mathrm{kN}) \tag{5-33}$$

式中:D——钻头直径,cm;

　　q_{cm}——1 cm 钻头直径上的载荷,kN。

2)钻头转速 $n = 120 \sim 300 \ \mathrm{r/min}$

3)泵量

$$Q = 6 \times 10^4 vF \ (\mathrm{L/min}) \tag{5-34}$$

式中:v——冲洗液在环状空间的上返速度,m/s;

　　F——孔壁与钻杆环隙面积,m^2。

通常冲洗液在环状空间的上返速度 v 不小于 $0.25 \sim 0.5 \ \mathrm{m/s}$,机械钻速越高则应取 v 值越大;口径越小应取 v 值越大;q_{cm} 值一般为 $1 \sim 2.5 \ \mathrm{kN/cm}$,岩石越硬则应取 q_{cm} 值越大。全面钻进时,为了防止钻杆弯曲与折断,应在钻柱的下部使用钻铤,加重钻铤的合理长度 h 按下式计算:

$$h = kP/q_T \ (\mathrm{m}) \tag{5-35}$$

式中:P——钻头载荷,kN;

　　q_T——钻铤每米重量,kN/m;

　　k——经验系数,$k = 1.25 \sim 1.4$。

刮刀式钻头钻进时推荐的规程参数如表 5-16 所列。

表 5-16　刮刀式钻头钻进时推荐的规程参数

钻头直径/mm	钻头高度/mm	水眼直径/mm	轴向载荷/kN	转速/(r·min⁻¹)	泵量/(L·min⁻¹)
94 ± 0.5	158	14	$16 \sim 18$	$150 \sim 200$	$150 \sim 200$
	144	14	$20 \sim 22$		
113 ± 0.5	160	18	$20 \sim 22$	$150 \sim 200$	$200 \sim 250$
	150	18	$24 \sim 27$		
133 ± 0.6	150	25	$24 \sim 26$	$150 \sim 200$	$200 \sim 250$
		25	$30 \sim 32$		
153 ± 0.6	165	28	$27 \sim 30$	$150 \sim 200$	$200 \sim 250$
		28	$33 \sim 36$		

2. 干式螺旋钻的规程选择

螺旋钻分为长螺旋和短螺旋两类,长螺旋一般钻头部分 $1 \sim 2$ 个螺距为双螺旋,其余部分为单螺旋。短螺旋一般为双螺旋,整个钻头取 $2 \sim 3$ 个螺距。

1）转速

这里仅讨论用长螺旋钻垂直孔的情况。由于在长螺旋钻进中，钻屑只有依靠钻杆旋转时产生的离心力甩到螺旋叶片外侧才能输送上来，否则只有被随后切削下来的钻屑不断推着向上走，这很容易造成钻屑挤实而堵塞。因此钻进垂直孔的长螺旋钻的转速是个很关键的参数。

（1）临界转速的概念。转速较低时，钻屑的离心惯性力小，孔壁对钻屑的摩擦力不足以使钻屑与叶片之间产生相对运动，钻屑只能随叶片旋转而不上升。随着转速的增大，孔壁对钻屑的摩擦力也增大，转速超过某一临界值后，孔壁对钻屑的摩擦力足以使钻屑与螺旋叶片之间产生相对运动，钻屑才会上升。这一转速的临界值称为临界转速。也就是说，破碎下来的岩土体必须与长螺旋钻杆的螺旋形成了一对"螺杆"–"螺帽"副，破碎下来的岩土体才能上升。必须让表面粗糙的孔壁限制破碎下来的岩土体（"螺帽"），使其不能随钻杆回转或明显慢于螺旋钻杆的转速，这样在"螺旋输送器"转动时土体才能向上运动。

（2）临界转速的计算。如图 5–18（a）所示，取单颗钻屑为研究对象，当螺旋钻杆以临界转速 n_k（角速度为 ω_k）旋转时，颗粒仍随螺旋叶片一起旋转而不上升，处于临界状态。此时，颗粒在以下几种力的作用下处于"动静法"的平衡状态：重力 mg，惯性力 F_t，孔壁对颗粒的法向反作用力（它与惯性力为作用与反作用力关系），孔壁对颗粒的摩擦力 $F_t\mu_t$（μ_t 为颗粒与孔壁间的摩擦系数），螺旋叶片对颗粒的全反力（用分力 F_{sz} 和 F_{sy} 表示）。

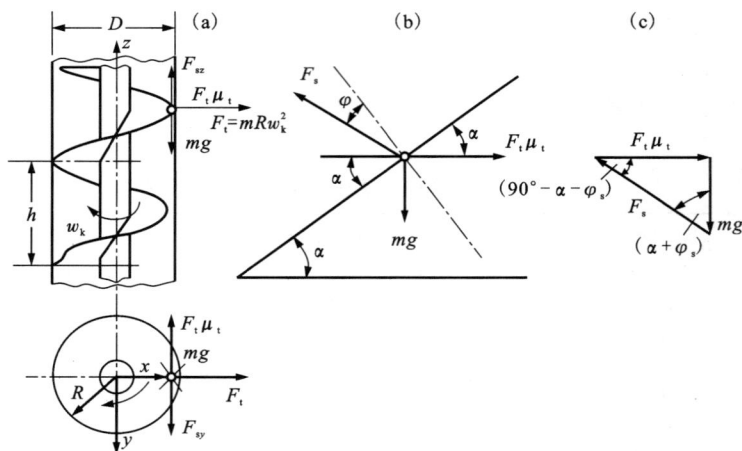

图 5–18 在极限条件下作用于土颗粒上的力

如图 5–18（b）所示，将钻屑颗粒所在的螺旋线展开，在临界钻速下，颗粒没有上升运动，孔壁作用于颗粒的摩擦力必是水平方向。在螺旋线展开的平面上，颗粒在三种力的作用下处于动平衡：重力 mg、螺旋面作用在颗粒上的全反力 F_s（F_s 与法线方向偏转一摩擦角 φ）、孔壁作用于颗粒的摩擦力 $F_t\mu_t$。由力多边形［见图 5–18（c）］可以得出：

$$\tan(90° - \alpha - \varphi_s) = \frac{mg}{F_t\mu_t} = \frac{mg}{m\omega_k^2 R\mu_t}$$

因而，$\omega_k = \sqrt{\dfrac{g}{R\mu_t}\tan(\alpha + \varphi_s)}$，以 $n_k = \dfrac{30\omega_k}{\pi}$ 代入，得临界转速为：

$$n_k = \frac{30}{\pi}\sqrt{\frac{g}{R\mu_s}\tan(\alpha + \varphi_s)} \quad (\text{r/min}) \tag{5-36}$$

式中：R——钻孔半径，m；

  μ_t——钻屑与孔壁之间的摩擦系数，它大于钻屑与叶片之间的摩擦系数；

  α——螺旋叶片外径处的螺旋升角，度；

  φ_s——钻屑与螺旋叶片之间的摩擦角，即摩擦系数的反正切，摩擦系数为 0.3 ~ 0.6。
    俄罗斯钻探著作推荐，孔内岩土体与孔壁岩石的摩擦系数为 0.8 ~ 1.0，岩土体
    与钢叶片的摩擦系数为 0.3 ~ 0.65。

（3）实际转速的计算。长螺旋为了能向上输土，实际转速应大于临界转速，取 $n = Kn_k$，K 值越大，向上输送钻屑的速度越快，但所需的功率也越大。一般取 $K = 1.2 ~ 1.3$，当功率允许时可选大一些。

对于短螺旋应 $n < n_k$。

长螺旋输送岩土体的效率应不低于既要钻出孔身又要松动岩石的钻头作业效率。通常，直径 70 ~ 100 mm 的长螺旋钻杆最小转速为 160 ~ 200 r/min，最大可达 500 ~ 700 r/min。随着长螺旋钻杆的直径增大，其最小和最大转速也将减小。

2）钻压

（1）根据工程地质勘查标准贯入试验所得的 N 值确定土层的单轴抗压强度 σ_c：

当 $N \leqslant 50$ 时，$\sigma_c = 0.0122N$；当 $N > 50$ 时，$\sigma_c = 0.033N$；一般情况下取平均值：

$$\sigma_c = 0.023N$$

（2）根据土层单轴抗压强度确定钻压 P

$$P = 0.262\sigma_c^{0.46}D \quad (\text{kN}) \tag{5-37}$$

式中：D——钻孔直径，cm；

  σ_c——土层单轴抗压强度，MPa。

长螺旋钻的钻杆柱较重，钻进时孔壁对钻具也有一个向下的力（像木螺钉），再加上叶片上土的重力，钻压较大。因此，长螺旋钻一般是用减压钻进，可用钻机的绞车或给进机构来实现减压。而短螺旋钻一般应取加压钻进。

3）其他工艺要点

（1）螺旋钻进的功率消耗。

在转速恒定和其他条件不变的情况下，长螺旋的功率消耗取决于给进速度和钻头每转切入岩石的深度。随着钻具的给进速度增大，岩土体对螺旋输送空间的充填系数增大，在松散和富含水的岩层中可能达到 1。这种情况下，岩石与螺旋输送面之间的摩擦力急剧增大，不利于把岩土体顺利排至地表，从而使非生产功率和传动负载急剧增大。

降低长螺旋钻进功耗的措施之一是，钻进干岩层和黏结性岩层时往孔底加一定量的水（2 ~ 5 L/min 或每进尺 1 m 加 8 ~ 20 L）。水可充满管外空间或经螺旋钻杆注入。这样一来，钻进速度将增加 30%，功率消耗减少 20%。

（2）不同地层的工艺特点。

在钻进永冻层、干的致密黏土层和砂层时，可能需要给钻头施加 15 ~ 30 kN 的轴向载荷。

钻进砾石地层时，如果单块碎石的尺寸不超过 80 mm。可采用通常的钻进规程。大而硬的包裹体和漂砾将被挤向孔壁或通过边回转、边升降钻具的办法来冲碎它。在含漂砾的沉积层，可用加重螺旋钻杆。加重螺旋钻杆起着飞轮的作用，可平抑疏松岩石中破碎碎石时对回转器的动态反作用力。

（3）关于取样效果。

长螺旋钻进的明显不足是很难确定所钻出岩矿样品的准确深度：用螺旋输送岩样时，由于岩样颗粒离螺旋转轴的距离不同，其运动速度也不同，所以它们一直处于不断翻滚的状态下。在许多情况下钻进 20 m 深的孔不能确定厚度小于 1 m 的夹层位置。可以通过下述工艺措施来部分地克服该缺点，每隔等量深度（例如 1 m）停止给进，按给定的取样间隔把全部样品都提取至地表。

5.7.2　金刚石全面钻头的合理使用及规程选择

由于金刚石性脆，耐冲击性差，热敏感性强，故其使用条件比其他钻头严格得多。

1. 基本要求

1）对孔底清洁的要求

在下入金刚石钻头前，必须用带取粉管的与金刚石钻头形状相似的硬质合金钻头修井。用水力把孔底的大岩屑、碎金属等物冲上来，沉落在取粉管中。

2）新钻头初磨要求

选用的新金刚石钻头直径必须小于非金刚石钻头，并进行磨合钻进。初转速宜用 40～50 r/min，初始钻压为正常钻压的 1/8，约钻进 0.15～0.2 m 后再转入正常钻进。

2. 钻进规程参数选择

1）钻压

确定钻压要考虑地层岩性和水力冲洗引起的孔底举离力。通常在软地层中钻头唇面的最大比压为 6.9 MPa。在硬地层，因金刚石切深小，与岩石接触面积小，而且在硬地层中金刚石易因过载而碎裂，故推荐用较小的比压，一般为 5.1 MPa。用于不同地层的大口径金刚石全面钻头的钻压值可按图 5－19 来选定。正常钻进的钻压值应当先选曲线的下限，随着金刚石的磨钝逐渐增大钻压，但不宜超过曲线的上限。通过估算或查曲线得出的钻压值还应加上孔内浮力和举离力的影响才是实际的钻压值。

图 5－19　金刚石全面钻头推荐的钻压值

2）转速

在钻头磨合后，理想的转速应尽可能高些，才能充分发挥金刚石钻进的效益。一般认为安全的转速为 150 r/min，在地层条件、钻杆质量和设备能力允许的条件下，转速增至 300 r/min 钻效更好。金刚石全面钻头配合涡轮钻时，已成功地用于 600～1100 r/min 并取得良好效果。

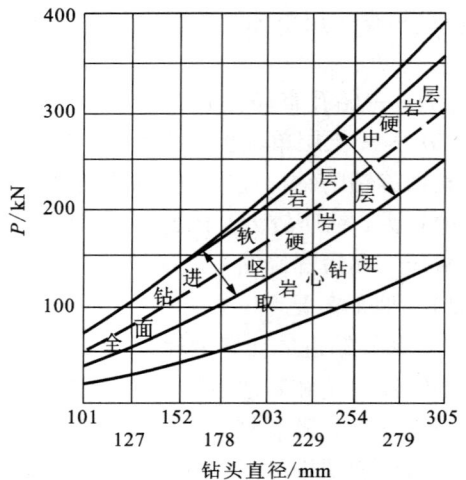

3）泵量

泵量首先应满足环形空间最低返流速度的要求，同时又要保证清洗孔底和冷却钻头的需要。图 5 - 20 给出了大直径（油气钻井）金刚石全面钻头推荐采用的泵量范围，高密度泥浆选用其下限，低密度则选用其上限。

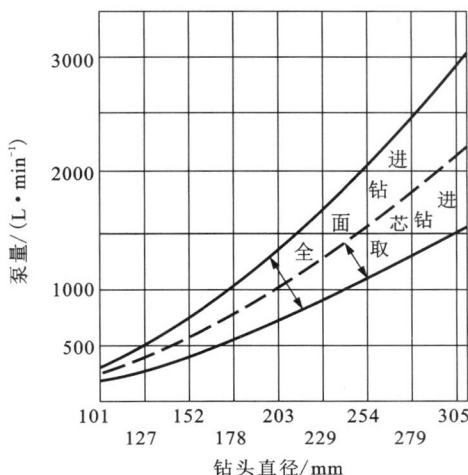

图 5 - 20　金刚石全面钻头推荐的泵量值

5.8　涡轮与螺杆钻具钻进

为了提高深孔回转钻进的能量利用率和钻探效率，世界钻探（井）界的工程师们一直致力于井下动力机的研发，曾研发过的动力机有涡轮钻具、螺杆钻具、电动钻具和叶片马达钻具。但是，电动钻具和叶片马达钻具由于技术上的原因，一直处于实验室研究或少量工业试验阶段。目前，普遍应用的仍是涡轮钻具和螺杆钻具。

5.8.1　涡轮钻具

涡轮钻具的概念最早由美国人 C. G. Gross 于 1873 年提出，随后，德国人 Max Blumerreich 和 M. C. Baker 对 C. G. Gross 的钻具进行了大量改进工作，翻开了涡轮钻井的新篇章。

20 世纪 50 年代以前，苏联、美国、法国都开展了涡轮钻具的研制和开发，50 年代到 70 年代，美国放弃了涡轮钻具的研究，而苏联则大力发展涡轮钻具，逐渐成为苏联的主要钻井方法，涡轮钻的年进尺量达到总进尺量的 80%；高速牙轮 + 涡轮钻具的机械钻速比转盘钻高 3 ~ 5 倍。

近年来，随着钻井新技术的飞速发展和新型金刚石钻头及 PDC 钻头的大量应用，而油气勘探的深度与难度不断加大，加之涡轮钻具在深井方面比螺杆钻具更有优势，使得国内外的涡轮钻井技术发展迅速。欧美大部分 PDC 钻头都用涡轮钻具驱动，在北海油田、加拿大、埃及等地区和国家涡轮钻具 + PDC 钻头的进尺量达总进尺的 70% 左右，机械钻速是转盘 + 牙轮钻头的 2 ~ 4 倍。至今，俄罗斯和美国仍是世界涡轮钻具技术最发达的两个国家，中东和我国在涡轮钻具研制和高速涡轮钻具应用方面也取得了长足进步。

1.涡轮钻具的工作原理

涡轮钻属于回转钻进。来自泵的高压冲洗液经软管和水龙头进入钻杆柱,利用冲洗液的水力能量驱动孔底涡轮,把冲洗液的水力能量转换成回转轴的机械能,再通过涡轮回转轴带动钻头破碎岩石。为了克服钻进时的反扭矩,必须在地表用转盘卡住主动钻杆,以保证涡轮外壳和钻杆柱不回转。这时钻杆柱仅承担给进的功能。

涡轮回转的工作原理如图 5-21 所示。涡轮钻具由大量完全一样的涡轮级(100 个左右)组成。每个涡轮级由定子和转子两部分组成。定子是不回转的部分,它就是固定在外壳上的一个个光滑的钢环,有许多弯曲的叶片 2 固定在其内轮缘 3 上。转子是回转部件,由环圈和与定子相似的叶片 5 组成,但叶片的曲面方向相反。转子叶片的外端连接在轮缘 6 上。定子和转子的间隙应保证转子能在定子中自由转动。

液流在定子中朝一个方向射出,而在转子中则朝另一个方向流出。改变射流方向使液体压力加在定子和转子壁上。力 A 作用在转子叶片上,力 B 作用在定子叶片上。这些力的大小相等,方向相反。

作用在转子叶片上的力 A 大小取决于钻头

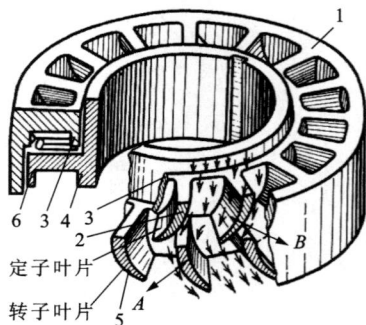

图 5-21 涡轮钻具的工作原理示意图

1—定子外缘;2—定子叶片;3—定子内缘;
4—转子内缘;5—转子叶片;6—转子外缘;
A—作用在转子叶片上的力;B—作用在定子叶片上的力

上的载荷和岩石破碎阻力。力 A 指向圆周的切向,可想象它作用于转子叶片中央。力 A 的力臂就是其圆周半径。一级涡轮的扭矩等于力 A 大小与该力臂的乘积。转子上所有涡轮级的扭矩叠加起来便形成了整个涡轮钻具的有效回转力矩。

类似地,作用于定子叶片组的力 B 形成了反扭矩,其大小等于有效回转力矩,但方向相反。反向转动力矩由钻塔和刹住的钻杆柱及涡轮钻具定子承担。

组装起来的俄罗斯产 T12M3 型单式涡轮钻具结构如图 5-22 所示,其中水力单元中的回转部分——转子通过键 4 与转轴相连[见图 5-22(b)]。来自钻探泵的高压液流沿图中的箭头方向穿过涡轮节,驱动完涡轮后直接进入钻头。

涡轮钻进的主要优点是把孔底动力直接加在岩石破碎工具(钻头)上。因此:

(1)减少了用于钻杆柱回转的能耗,涡轮钻具几乎所有的能量都用在钻头上。因此用于孔底破碎岩石的能量大于转盘钻进。

(2)减少了钻杆柱的磨损和事故率。

(3)涡轮钻具使钻头以比转盘钻进更高的速度回转,可获得比转盘钻进更高的机械钻速。加之钻进中钻头上的扭振和纵振较小,所以适用于金刚石钻头及 PDC 钻头钻进。

(4)钻杆柱不回转有利于用涡轮钻具钻进受控定向孔。

(5)由于转盘不回转,故可降低孔口噪声,改善劳动条件。

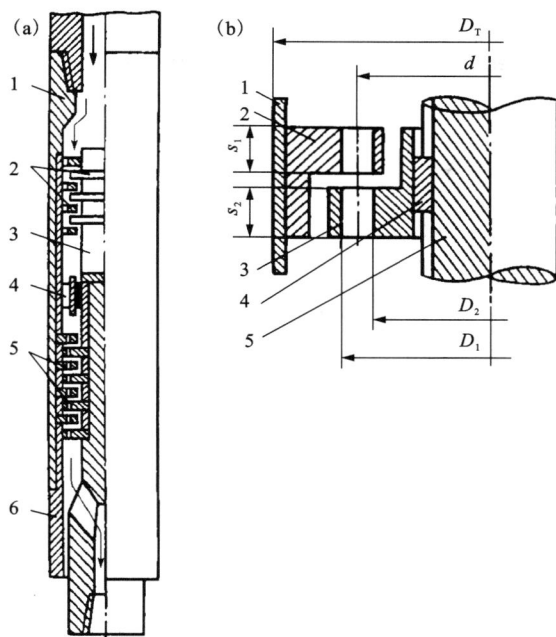

图 5 – 22　T12M3 型单式涡轮钻具

（a）涡轮钻具结构示意图：1—外管；2—止推轴承；3—转轴；4—中部径向轴承；5—涡轮；6—接
头；（b）涡轮工作副结构示意图：1—外管；2—定子；3—转子；4—键；5—轴

2. 涡轮钻具的分类

涡轮钻具按照其结构和用途大致可分为：单式涡轮钻具、复式涡轮钻具、弯壳体涡轮钻具、带减速器的涡轮钻具和取芯涡轮钻具等形式。以俄罗斯产涡轮钻具为例：

T12M3 型单式涡轮钻具有 100 ~ 120 级水力单元，外径为 172、195、215 和 240 mm，要求的泵量随涡轮钻具直径不同为 25 ~ 55 L/s。随着涡轮钻具直径增大其最大功率也随之由 40 kW 增至 180 kW。当达到最大功率时，涡轮中的压力降为 3.0 ~ 4.5 MPa，而轴的转速由 610 r/min 增至 770 r/min。

（2）TC5 和 3TC5 型复式涡轮钻具由两节或三节单式涡轮钻具组成，其拥有的涡轮级总数为 200 ~ 300 个。复式涡轮钻具随节数增多扭矩成正比地提高 1 ~ 2 倍。

（3）3TCⅢ 型心轴复式涡轮钻具由上段涡轮、下段涡轮和心轴组成。心轴式涡轮钻具的基本优点是涡轮钻具上部的径向橡胶金属止推轴承和下部的滚珠轴承具有可换性。通过更换可减少轴承的摩擦力，提高涡轮钻具的功率系数。目前批量生产的涡轮钻具基本采用这种类型。

（4）带分水接头的涡轮钻具用于带喷嘴的牙轮钻进时降低泵的压力。

（5）低速涡轮钻具有利于减少研磨磨损和提高钻头进尺。苏联曾用该涡轮钻具钻达深度 7000 m。

俄罗斯用于地质钻探的主要牌号涡轮钻具技术特性见表 5 – 17。

表5-17　俄罗斯地质钻探用涡轮钻具在最大功率状态下的技术参数

涡轮钻具型号	级数	泵量/(L·s⁻¹)	转速/(r·s⁻¹)	扭矩/(N·m)	功率/kW	压降/MPa	功率系数
T12M3Б-240	108	45	10.0	1620	101	3.43	0.66
3ТСШ-240	317	38	8.43	3350	177	7.10	0.66
T12M3Б-195	100	32	12.7	920	73.5	4.26	0.54
3ТСШ-195	285	25	9.85	1630	100	7.36	0.54
3ТС-195ТЛ	330	35	5.04	1370	44	2.10	0.60
T12M3Б-172	100	32	12.8	792	64	4.11	0.49
3ТСШ-172	369	19	9.0	И3О	64	7.80	0.43
А9Ш(240)	—	40	6.15	915	129.4	—	0.445
А6Ш(172)	—	20	7.92	279	35.3	—	0.42
А7ГТЕЩ195)	382	25	5.0	1865	58.5	7.06	0.28
А7Ш(195)	220	25	7.24	1862	101	8.04	0.42

目前涡轮钻具的发展方向是：高速涡轮钻具配表镶金刚石钻头或新型孕镶金刚石钻头；中高转速涡轮钻具配 PDC 钻头；高速涡轮钻具配新型孕镶金刚石钻头。

5.8.2　涡轮钻具钻进的工艺特点

1. 涡轮钻具的效率和功率

涡轮钻具的工作效率 η 表明输送给涡轮钻具的能量有多少得到了有效利用。

$$\eta = \eta_s \eta_r \eta_m = 0.5 \sim 0.6 \tag{5-38}$$

式中：η_s——与涡轮钻具水流通道阻力有关的水力效率；

　　　η_r——取决于连接处漏失情况的容积效率；

　　　η_m——取决于涡轮轴承上能量损失的机械效率。

功率 N 是指由动力机转动轴传递给钻头的功率。

$$N = \frac{QH\gamma_w}{100}\eta \ (\text{kW}) \tag{5-39}$$

式中：Q——冲洗液耗量，m^3/s；

　　　H——涡轮钻具中的压力降，m 水柱（1 m 水柱 = 9.8 kPa）；

　　　γ_w——冲洗液的密度，kg/m^3；

　　　η——涡轮的工作效率。

2. 涡轮钻具的工作特性

在试验台上测出的涡轮钻具工作特性示于图 5-23，它给出了在泵量 Q 一定的条件下，涡轮钻具回转扭矩 M、功率 N、工作效率 η 和压力降 Δp 与涡轮轴转速 n 的关系曲线。试验条件是在输入涡轮钻具泵量一定的条件下，改变涡轮的转速，为此，在涡轮钻具的输出轴上安装了制动装置和转速表。

制动状态是涡轮轴被刹住的状态（$n=0$），这时涡轮具有企图克服轴制动的最大回转扭矩

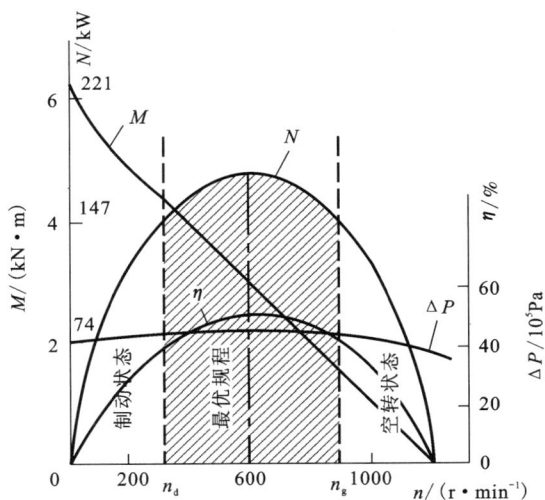

图 5 − 23　泵量衡定条件下涡轮钻具的工作特性

$Q = \text{const}$

M。如果轴渐渐卸载(制动力减小),转速增大,回转扭矩随之减小。随着涡轮钻具输出轴转速逐渐增大,回转轴上的功率 N 和工作效率 η 将增大,并达到某个最大值。如果完全停止轴制动,那么进入空转状态,这时轴的转速达最大,而回转扭矩减小到零。

总之,在制动状态和空转状态的临界转速值之间,涡轮钻具的功率 N 和工作效率 η 由零到最大,然后又减少到零,按抛物线规律变化。

涡轮钻具的压力降是涡轮入口压力 p_r 和涡轮出口压力 p_c 之差,在不同转速条件下变化不大。

$$\Delta p = p_r - p_c \tag{5-40}$$

涡轮钻具的最优规程是其功率 N 和工作效率 η 达到最大值,即图 5 − 23 中转速在 $n_d \sim n_g$ 之间的阴影区,一般涡轮钻具的出厂说明书会给出该值。涡轮钻具的结构给定后,根据其工作特性曲线有助于正确选择一定泵量条件下的最优工作规程。

在泵量一定条件下,复式涡轮钻具的工作特性指标随涡轮级数增多而改善,表现为压力降 Δp、扭矩 M 和功率 N 的最大值都增大。

3. 涡轮钻具各参数与泵量的关系

设 n_1 和 n_2、Δp_1 和 Δp_2、M_1 和 M_2、N_1 和 N_2 分别对应于初始泵量 Q_1 和新泵量 Q_2 的涡轮转速、压力降、回转扭矩和功率。那么存在如下关系:

(1)涡轮轴的转速直接与泵量变化成正比:

$$n_2 = n_1 \frac{Q_2}{Q_1} \tag{5-41}$$

(2)涡轮上的压力降、扭矩与泵量的平方成正比:

$$\Delta p_2 = \Delta p_1 \left(\frac{Q_2}{Q_1}\right)^2, \quad M_2 = M_1 \left(\frac{Q_2}{Q_1}\right)^2 \tag{5-42}$$

涡轮的功率与泵量的立方成正比

$$N_2 = N_1 \left(\frac{Q_2}{Q_1}\right)^3 \tag{5-43}$$

由于涡轮钻具中存在压力降，使得出现了沿轴线从上往下的水压力 P

$$P = p \frac{\pi D_0^2}{4} \tag{5-44}$$

式中：p——涡轮中的压力降 Δp（见式 5-40），N/cm^2（或 MPa）；

D_0——涡轮转子叶片中心处的直径，cm。

4. 涡轮钻进规程

（1）涡轮钻进规程的特点在于，钻头的转速变化取决于孔底载荷和所钻岩石的强度。在泵量 Q 衡定和岩石硬度不变的情况下，钻头上的载荷越大，钻头切削具切入孔底岩石越深，涡轮钻具输出的用于克服岩石破碎阻力的扭矩也越大。

（2）关于泵量。为了保证在难破碎坚硬岩石中获得高的机械钻速，应增加泵量，例如用增加附加泵的办法。这样可增大涡轮钻具所有工作参数的值，尤其是增大为克服岩石破碎阻力矩必需的回转扭矩。

（3）孔底的轴向载荷 G：

$$G = P + Q_t \tag{5-45}$$

式中：P——由式（5-44）确定的沿轴线从上往下的水压力；

Q_t——涡轮钻具整个回转系统及钻头的重量。

涡轮钻进最优轴向载荷的选择应与钻头最优转速的选择相协调。

（4）钻头转速。钻头转速取决于孔底轴向载荷大小、钻头结构和岩石的力学性能。涡轮钻具的转速随涡轮钻具轴的阻力矩而变化，而阻力矩又随着轴向载荷的增加和岩石硬度减小而增大。在最优规程下的转速约为涡轮空转转速的一半（参见图 5-23）。涡轮钻具带牙轮钻头常用转速为 150～400 r/min 或 150～600 r/min，过高的转速将增大钻头磨损。深孔钻进应尽量用金刚石钻头（包括 PDC 钻头）代替牙轮钻头，以获得高的钻头进尺，降低升降辅助作业时间。孔越深，金刚石钻头的效果越好。金刚石钻头多采用 400～800 r/min 的转速（平均 500 r/min 左右）。

（5）冲洗液耗量取决于涡轮钻具的型号尺寸及其工作特性。为了防止岩粉淤积在孔内液流速度应不低于 0.6～0.8 m/s。

5.8.3 螺杆钻具

在口径小于 160 mm 的地质勘探钻孔中使用涡轮钻具是不合适的。例如，直径 76 和 59 mm 的取芯钻探孔，通常需要 100 N·m 以上的回转扭矩，而 54 mm 的涡轮钻具为了建立这样的扭矩需要 4000 级以上的涡轮。这对于涡轮钻具的制造和使用都是很困难和不经济的，也没有必要。完全可以用螺杆钻具取而代之。

美国在 20 世纪 50 年代中期开始研制螺杆钻具，1962 年用于生产。目前，螺杆钻具的发展水平主要以美、英、法、苏联为代表。其中，比较有代表性的是美国的 Dyna-Drill、Navi-Drill 螺杆钻具和俄罗斯的 Д 型系列小口径螺杆钻具。例如，直径 197 mm 的 Dyna-Drill 螺杆钻具在冲洗液耗量为 28 L/s 条件下具有 320 r/min 的转速、1300 N·m 的扭矩、42 kW 的功率和 17 MPa 的压降，其功率并不比涡轮差很多，接近涡轮钻具的特性。国内螺杆钻具的研制起步较晚,从 20 世纪 80 年代中后期以来逐渐形成一定规模,目前常规螺杆钻具已规格化、系列化并覆盖国内绝大部分市场。

1. 螺杆钻具的工作原理

螺杆钻具属于容积式孔底动力机,它与涡轮钻类似都是把冲洗液的水力能量转换成回转轴的机械能,再带动钻头破碎岩石。

螺杆钻具主要由动力机和主轴两部分组成,动力机部分装有转子、定子和万向轴总成;主轴部分包括主轴、轴承、外壳和下接头(连接钻头)。

以俄罗斯 Д 型螺杆钻具为例(图 5-24),它采用多头螺旋结构,兼备容积式动力机和行星式减速器的功能。转子和定子就像是齿沿螺旋线布置的一对内啮合齿轮,可以认为转子是多头螺杆,而定子就像拥有不同螺距的多头螺帽。定子的"齿"数(螺纹头数)比转子多一个。转子倾斜地安装在定子中,并完全分隔了钻具的入口和出口腔。进入封闭容积的钻井液在压力作用下迫使转子沿定子表面完成行星状运动,在转子上形成扭矩和功率并传递给主轴和钻头。主轴的功能和结构与涡轮钻具类似。

螺杆钻具作为孔底回转动力机具有以下基本优越性:

(1)结构简单,一般外径小于涡轮钻具,转速适中,更适用于小口径地质钻探。表 5-18 列出了 Д-54 型螺杆钻具用于金刚石钻头和牙轮钻头钻进的参数推荐值。

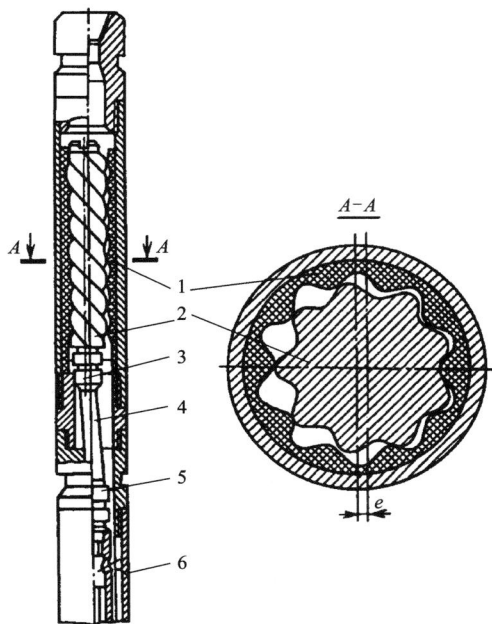

图 5-24 Д 型螺杆钻具的结构

1—定子;2—转子;3—铰接头;
4—万向轴;5—铰接头;6—主轴;e—偏心距

表 5-18 Д-54 型螺杆钻具用于金刚石和牙轮钻头钻进的参数

Д-54 型动力机	冲洗液耗量/(L·s⁻¹)	转速 n/(r·min⁻¹)	扭矩 M/(N·m)
金刚石钻进	2.5	680	80~100
牙轮钻头钻进	2.5	350~415	140~180

(2)在转子-定子副中产生的基本上是滚动摩擦和接触点上的局部瞬间滑动摩擦;转子旋转时,工作机构的线接触状态不断变化,有助于液流冲走腔室中的研磨颗粒。

(3)螺杆钻具已成为钻进斜孔、受控定向孔、大位移孔、对接孔、多分支孔、水平孔等工程的重要工具,开展造斜、纠斜、扭方位等特殊作业都可用螺杆钻具。

2. 螺杆钻具的分类

（1）按螺杆马达转子端面线型的"头"数 N，可把螺杆钻具分为单头钻具和多头钻具。$N=1$ 为单头钻具，$N \geq 2$ 为多头钻具。单头钻具具有转速高、扭矩小的特性，多头钻具具有低转速、大扭矩的特性。

（2）按螺杆马达的公称外径，可把螺杆钻具分为大、中、小尺寸系列，以方便钻探工程师们根据井眼尺寸选择相应的螺杆钻具。常用的大、中尺寸螺杆钻具有 $\phi165$、$\phi172$（用于 $\phi216$ mm 井眼）；$\phi197$、$\phi203$（用于 $\phi244 \sim \phi311$ mm 井眼）；$\phi244$（用于 $\phi311$ mm 以上井眼）。常见的小尺寸螺杆钻具有 $\phi120$、$\phi100$、$\phi95$、$\phi89$ 和 $\phi54$ 等，主要用于地质钻探及油气井的套管开窗侧钻和修井作业。

（3）按螺杆钻具万向轴壳体结构特征可分为常规直螺杆钻具和弯壳体螺杆钻具（万向轴壳体带结构弯角）。直螺杆钻具上方配弯接头主要用于钻常规定向孔；弯壳体螺杆钻具主要用于钻水平孔、大位移孔和多分支孔等。

5.8.4　螺杆钻具钻进的工艺特点

螺杆钻具在泵量一定条件下的工作特性（台架试验）如图 5 - 25 所示。螺杆马达的特性与涡轮马达有所不同。在理论上其转速 n 与泵量 Q 成比例，而与扭矩无关。

$$n = 60Q/V \qquad (5-46)$$

式中：Q——钻井液泵量，L/s；

　　　V——马达的腔体容积，L。

随着压降增大，钻头上的扭矩 M 增大：

$$M = \frac{\Delta PV\eta}{2\pi} \qquad (5-47)$$

式中：ΔP——螺杆马达中的压降；

　　　V——马达腔体容积；

　　　η——功率系数。

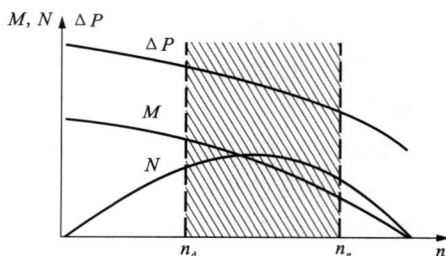

图 5 - 25　螺杆钻具的工作特性（$Q = \text{const}$）

实际上由于螺杆马达中存在的摩擦力和冲洗液泄漏，所以扭矩不是直接与压降成比例，而是随着转速增大扭矩有所减少，只是比涡轮钻具的减少程度要小得多。当扭矩升高时，容积式动力机中的压力会增大，这种情况下转速会降低。

螺杆马达的能量部分地损失在克服水力阻力、转子和定子的摩擦、主轴的摩擦和定子橡胶元件的变形上。因此，在螺杆马达最大的功率规程下总的初始功率系数为 48% ~ 55%。这时螺杆动力机的功率 N：

$$N = \Delta PQ\eta \qquad (5-48)$$

定子的寿命平均为 30 ~ 50 h（少数达 180 h）。用容积式马达钻进坚硬岩石时，钻头进尺比涡轮钻具高 1 倍，钻进软岩则只为涡轮钻的 20% ~ 50%，在上述两种情况下机械钻速都降低了 20% ~ 25%。该方法适应钻进垂直和倾斜孔。螺杆马达的特性提供了根据扭矩变化来监察钻头工作情况的可能性，因为随着扭矩增长马达中的压力也同时增长。当钻头轴承磨损时，在轴向载荷衡定的条件下，动力机中的扭矩和压力也增长，而钻头牙齿磨损时，扭矩和压力则减少。

螺杆动力机更适用于小口径孔身，因为它的压降较小，所以在深孔钻探中更有前景。

5.8.5　螺杆钻具与涡轮钻具的性能对比

涡轮钻具与螺杆钻具在结构、工作特性、设计方法、使用方法等方面都表现出很大的差异。为了更好地了解和认识这两种钻具，有必要对他们进行简单对比。

1. 结构差异

前面我们介绍了涡轮钻具和螺杆钻具的基本结构和工作原理。对比涡轮钻具的图 5 – 22 和螺杆钻具的图 5 – 24 可见，涡轮钻具比螺杆钻具结构更复杂，装配精度要求更高。

2. 工作原理不同

螺杆钻具是一种容积式（液压式）机械，其理论基础是液压传动的帕斯卡原理；而涡轮钻具是一种液力式机械，其物理基础是液力传动的欧拉方程。两者的工作原理存在着本质区别（公式推导从略）。以扭矩为例，涡轮钻具的扭矩与冲洗液泵量、密度和转速参数有关，而螺杆钻具的扭矩与压降有关，与泵量、密度及转速基本无关。涡轮钻具的压降取决于转速、结构尺寸和泵量，当这三个参数确定后，并不会随工况（钻压、扭矩）的变化而变化；但螺杆钻具的压降却随钻压和切削力矩的变化而变化，并与泵量、转速无关。

3. 工作特性的区别

图 5 – 23 和图 5 – 25 分别给出了涡轮钻具和螺杆钻具的工作特性。从对比两者曲线形状的差异可以看出，螺杆马达具有偏硬的机械特性，过载能力强；而涡轮马达具有软的机械特性，过载能力差，随着钻压增大、切削具力矩增大时，会引起转速迅速下降，甚至被"压死"而造成制动。从这方面来看，螺杆钻具更适宜钻井作业。

4. 转速差异

涡轮钻具的转速明显高于螺杆钻具。例如一般涡轮马达的转速多在 2000 r/min，其工作转速（即空转速度的一半）也多在 1000 r/min 左右；而单头螺杆马达的转速一般在 400 r/min 左右，多头螺杆马达在 100 r/min 左右。涡轮钻具的高转速小扭矩特性需要经过改造才能用于钻井。因此，降转速，增扭矩，一直是研发涡轮钻具的重要课题。目前，不少涡轮钻具的中等转速仍维持在 400～600 r/min，这适用于金刚石和 PDC 钻头钻进，对提高钻速有利。

5. 压降差异

由图 5 – 23 和图 5 – 25 可以看出，在泵量一定的条件下，涡轮钻具的压降基本不变。而螺杆钻具的压降是一个随钻压、扭矩和转速变化的量，且在外径相近、泵量相同的情况下，螺杆钻具的压降远小于涡轮钻具。涡轮钻具的高压降特性，在钻井水力设计中必须引起高度重视，特别是深孔钻进条件下。

6. 耐温性能差异

孔底动力机的橡胶部件是钻具承温能力的短板。螺杆钻具的定子衬里是耐油丁腈橡胶，一般工作温度不超过 125°，在深孔及超深孔钻进中的应用受到限制。而涡轮钻具中的橡胶元件很少，且随着技术进步可以完全不受高温的限制。这是涡轮钻具的一大优点，也是近年来涡轮钻具又成为业内关注热点的重要原因。

7. 直径影响的差异

钻具直径对涡轮钻具输出扭矩和功率等参数的影响远大于螺杆钻具。所以，涡轮钻具宜发展大口径产品，过小的涡轮钻具扭矩太小几乎没有工业价值（厂家建议孔径 160 mm 以上适宜用涡轮钻具);而小口径孔底动力机应主要发展螺杆钻具。实际情况也是如此,目前涡轮钻具产品的直径范围一般在 $\phi105 \sim \phi320$ mm,而螺杆钻具为 $\phi45 \sim \phi244$ mm。

8. 横向振动差异

螺杆钻具的转子在定子腔内作平面行星运动,产生离心惯性力,造成钻具的横向振动。而涡轮钻具的转子作定轴转动不会引起离心惯性力和钻具的横向振动。

9. 长度差异

在外径、扭矩相近的条件下,涡轮钻具的长度明显大于(甚至成倍于)螺杆钻具。长度过大不方便造斜作业,降低了钻具在弯曲钻孔中的通过能力。当然,涡轮钻具也在不断改进,已出现了短涡轮和用于造斜的弯涡轮钻具。

以上从几个方面分析对比了两种孔底动力机的异同之处,有助于读者全面认识两种钻具,为实际工作中根据各方面的条件和因素来正确选择孔底动力机提供依据。必须指出的是,从技术发展趋势来看,涡轮钻具和螺杆钻具都在克服自身的不足逐步走向完善,因此,简单地肯定或否定某种钻具都是无益的。

第6章　冲击回转钻进与冲击、振动钻进

6.1　概　述

冲击回转钻进是在钻头已承受一定静载荷的基础上，以纵向冲击力和回转切削力共同破碎岩石的钻进方法。叠加的冲击脉冲将使破碎过程的能量消耗降低，因为大部分岩石(尤其是脆性岩石)在动载作用下强度会降低。在岩石上施加冲击脉冲可使切削单元切入岩石的深度增长，并在孔底岩石中造成以裂纹形式出现的残余应变，最终钻头在冲击脉冲、轴向载荷和回转切削共同作用下完成岩石破碎。因此，冲击回转钻进在其适应的岩层中可以取得比纯回转钻进更高的效率。

冲击回转钻进最适用于粗颗粒的不均质岩层，在可钻性Ⅵ～Ⅷ级，部分Ⅸ级的硬－坚硬岩石中，钻进效果尤为突出。冲击回转钻具与硬质合金钻头、金刚石钻头及牙轮钻头配合使用，不仅可提高钻进效率和钻头寿命(金刚石液动冲击回转钻进效率比纯回转钻进提高0.5～1倍，而每米钻探成本降低10%～13%)，而且可克服裂隙地层堵心，坚硬致密地层"打滑"，及某些地层的孔斜等问题。冲击回转钻进已广泛应用于地质岩芯钻探、工程地质钻探、水文水井钻探、石油钻井、地震孔以及岩土工程的大口径桩基孔施工领域。

冲击回转钻进的核心部件是专用孔底冲击动力机——冲击器，根据驱动介质类型可分为液动冲击器和气动冲击器(亦称气动潜孔锤)。

液动冲击器以高压水或泥浆作为驱动介质，借助专用阀来实现机具中水流通道的突然改变，从而引发异常高的压力来驱动活塞(锤头)冲击铁砧，冲击能以冲击脉冲的形式沿岩芯管传递到钻头上。在地质钻探液动冲击器研究和生产应用方面卓有成效的是苏联，据文献介绍，苏联应用液动冲击器取芯钻进的最大深度曾达2000 m。在20世纪七十年代到八十年代末，我国地质、冶金、煤炭等部门也研制了多种型式和规格的小口径液动冲击器，累计钻探进尺达数百万米，取得了良好的经济效益。进入20世纪九十年代，液动冲击－回转钻进技术在石油钻进领域也得到空前重视。近年来，国内地质勘探行业还出现了液动冲击器与绳索取芯和水力反循环连续取芯相结合的技术方法，进一步拓展了液动冲击器的应用领域。液动冲击器在钻探现场的连接方式如图6－1所示，如果使用的液动冲击器没有特殊要求，只需在普通回转钻进的基础上把钻头更换为冲击－回转钻头，并在岩芯管上部增加孔内冲击器，即可实现冲击－回转钻进。液动冲击器按工作中的运动过程和液流分配方法分类。

气动冲击器用压缩空气作为驱动介质。由于其单次冲击功大，上返岩屑风速高，机械钻速明显高于液动冲击器，使钻探成本明显下降。气动冲击－回转钻进在永冻层地区、荒漠无人区和高原地区、干旱缺水地区和严重漏水地区的钻探工作中非常有效。近年来又出现了一些新的进展，如：用于反循环连续取芯的贯通式气动冲击器，用潜孔锤偏心扩孔钻头进行跟管钻进，大口径集束式潜孔锤，潜孔锤解卡装置等。另外，值得一提的是近年来油气钻井行

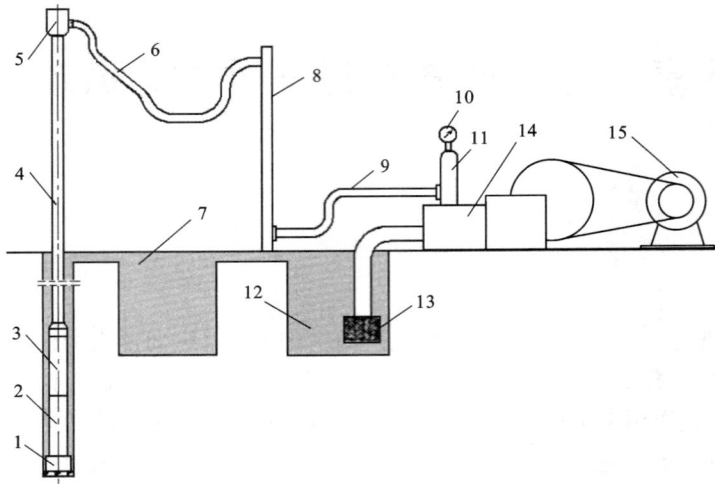

图6-1 液动冲击器现场连接方式示意图

1—钻头；2—岩芯管；3—冲击器；4—钻杆；5—水龙头；6—高压软管；7—沉淀池；8—立管；
9—高压管 10—压力表；11—空气室；12—泥浆池；13—莲蓬头；14—泥浆泵；15—电动机

业大量采用空气潜孔锤+球齿或牙轮钻头的钻井技术，取得了前所未有的高效率。

考虑到近年来国内外水文水井钻孔、工程地质勘查钻孔和大口径基础工程施工的工作量剧增，我们把上述领域仍广泛采用的钢丝绳冲击钻进和振动钻进方法也列入这一章的内容。与冲击回转钻进的区别在于：这两种钻进方法仅靠冲击、振动来破碎（切入）岩土，而回转仅是无动力驱动的一种随机现象，或者完全不回转。据统计，在美国至今钢丝绳冲击钻这种古老的钻进方法完成的工作量仍占10%，而在各国的工程取样和海底浅层取样工作中振动钻仍是其他方法不可取代的。

6.2 液动冲击器和气动潜孔锤

6.2.1 液动冲击器的结构与工作原理

1.阀式冲击器

1）正作用冲击器

正作用液动冲击器的活塞－锤头加速和冲击铁砧的动作靠水流能量来实现，而活塞返回初始状态则靠压缩弹簧的力量。

下钻时冲击器处于悬挂状态，其下部的销键9处于低位（见图6-2，Ⅰ）。钻具距孔底还有一定距离时首先开泵，高压流体自由地流过冲击器和岩芯管10冲洗孔底岩屑。而起钻过程中，销键9也处于低位，可排出钻杆1内的冲洗液。钻具到达孔底后销键合拢，阀体3覆盖了活塞4上的孔，阻断液体通道（见图6-2，Ⅱ）。在剧增的压力作用下阀体与活塞－锤头加速下移，压缩弹簧2和5。经过一个 Δt 时间当阀体上盖到达限制器11时，阀体停止位移并与活塞脱离。活塞4在动能驱动下继续向下运动并冲击铁砧7；钻头切削具在冲击作用下

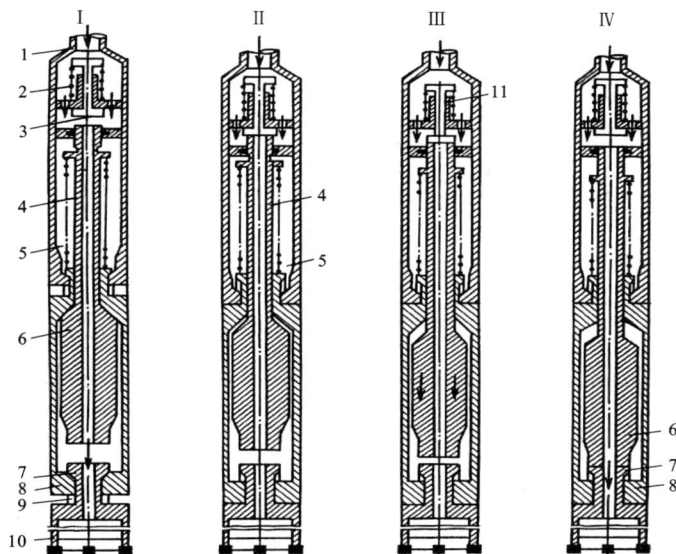

图 6-2 正作用液动冲击器工作原理示意图

Ⅰ—往孔内下放冲击器；Ⅱ—冲击器到达孔底；Ⅲ—冲击器活塞的工作行程；Ⅳ—冲击铁砧；
1—钻杆；2,5—弹簧；3—阀体；4—活塞；6—重锤；7—铁砧；8—滑套；9—销键；10—岩芯管；
11—限制器

破碎孔底岩石（见图 6-2，Ⅳ）。这时冲洗液又可经冲击器流向孔底。

为了改善冲击功的传递条件，铁砧 7 的销键 9 可以在一定范围内相对滑套 8 移动，从而防止冲击脉冲直接作用于冲击器外壳和钻杆柱。完成冲击后在受压弹簧的作用下阀体 3 和活塞 4、重锤 6 返回初始位置。当阀体又与活塞相遇时液流又经截止，压力剧增，重新激励液动冲击，又重复上述过程。

这种冲击器结构简单，技术成熟，但回动弹簧的反作用力将抵消相当大的冲击力。适用于钻进硬脆性岩石：花岗岩，砂岩，辉长岩，玄武岩等，在弹塑性岩石中效果并不好。

2）反作用冲击器

反作用冲击器又称为储能式冲击器，其活塞－锤头的加速与冲击铁砧作用取决于活塞－锤头的质量和弹簧的压缩能量，而活塞－锤头的上升－复位动作（同时压缩承力弹簧）靠水力冲击作用。这类液动冲击器为达到活塞－锤头所需的上返速度需要消耗大量冲洗液。其工作原理如图 6-3 所示。

下钻时砧子悬挂在外壳下部花键套上，冲锤 4 与砧子 9 脱开，液流畅通（见图 6-3，Ⅰ）。钻具到孔底后砧子 9 上移，冲锤 4 下端面与砧子 9 上端面紧密压合，阻断冲锤 4 下端排液口，液流从冲锤下部径向通孔进入冲锤 4 与下阀 7 之间的阀腔，推动下阀 7 下移压缩阀簧 8，直至下阀 7 压住砧子 9 上端面（见图 6-3，Ⅱ左侧所示）。液流再次受阻，液压继续升高推动冲锤上升压缩阀簧和锤簧，为开启下阀和击锤蓄能，并将停留在上腔的冲洗液排往下腔，再经砧子上的排液孔排至钻头和井底（见图 6-3，Ⅱ右侧所示）。当冲锤升至锤程上限带动下阀上升，阀腔内液压下降，被压缩的阀簧迅速释放能量将下阀提升到阀程上限，冲锤下

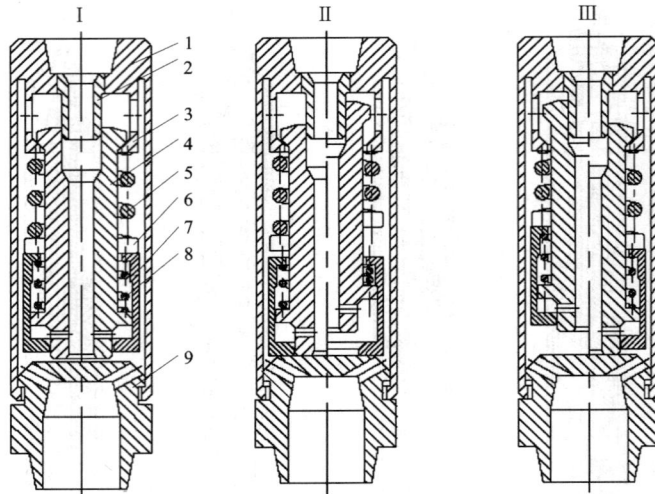

图 6-3　反作用液动冲击器工作原理示意图

1—外壳；2—导流管；3—限位环；4—冲锤；5—锤簧；
6—预压调节垫；7—下阀；8—阀簧；9—砧子

腔处于完全敞开卸压状态（见图 6-3，Ⅲ左侧所示）；冲锤在锤簧弹力作用下高速击打砧子（见图 6-3，Ⅲ右侧所示）。冲锤击砧后下阀在惯性力和阀腔内液力推动下迅速下移贴紧砧子上端面，冲锤内冲洗液进入阀腔，开始下一个工作周期。

这种冲击器靠压缩弹簧释放的能量与冲锤自重同时作用，故可获得较大的单次冲击功，但弹簧的工作寿命短，为使冲锤快速上移需要消耗大量冲洗液，故在勘探钻进中应用并不广泛。

3）双作用冲击器

（1）基本工作原理。

冲锤活塞正冲程和反冲程均由液体压力推动的冲击器称为双作用冲击器，其基本工作原理如图 6-4 所示。

当钻具到达孔底时，由于钻具自重作用，使活接头 f 被压紧到外套上的 g 处，这时冲击器内压力工作腔 d 处的液流分别作用在活阀 2 和塔形冲锤活塞 6 上，由于活塞上下两端的压差，迫使活阀上移到最上位置；由于冲锤活塞上下两端面积不同而产生的压力差，迫使其也向上移动；当冲锤活塞上行到与活阀结合时，通道 d_1 被关闭，冲锤活塞与活阀便一起急速下行，当下行 h 行程

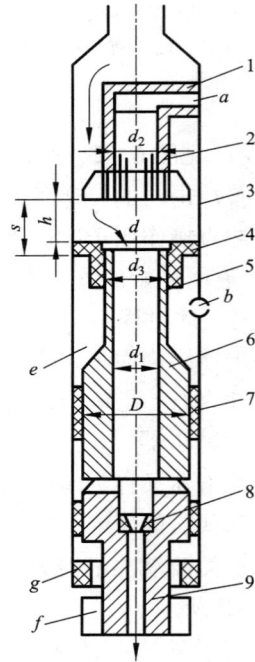

**图 6-4　双作用液动冲击器
基本原理示意图**

1—带孔的活塞座；2—活阀；3—外套；4—支撑座；5—导向密封件；6—塔形冲锤活塞；7—导向密封件；8—节流环；9—砧子

时，活阀被支撑座4限止，冲锤活塞与活阀分离，借助惯性作用继续下行，下行 s 行程时，冲击砧子9。由于冲锤活塞中心通道被打开，液流又恢复循环，在液流压力作用下，活阀急剧上升，冲锤活塞也急剧上行，如此周而复始进行。

这种冲击器采用差动运动方式，故必须有既滑动又隔压的密封件，为使冲击器内部能形成一个压力差，在铁砧部位设有"节流环"、"下阀"等元件，在与冲锤活塞中间部位和活阀上部对应的外壳处设有"呼吸道"。从理论上讲，该冲击器的液流功率利用率较高。

（2）YZX 系列复合式双作用冲击器。

近年来，我国自主研发的 YZX 系列复合式双作用液动冲击器在生产中应用广泛。该冲击器的特点是：密封副少，有效地降低了运动件的阻卡概率；运动副不用橡胶件、科学分流，取消了原有潜孔锤固定式节流环，减少击砧时的水垫作用，冲程过程中充分利用上下腔的压差持续作用，可自由调节冲锤的行程，输出的冲击功大，能量利用效率高，工作稳定；在出现冲击器不工作的情况下，可不提钻采取常规回转钻进方法完成整个回次钻进。

YZX 系列复合式双作用冲击器的主要零件有上阀组件、外管、冲锤组件和钻头（花键轴）等。如图 6-5 所示，来自地表泥浆泵的冲洗液经上接头1到达喷嘴2并高速喷射出来，在阀程区产生一低压区，诱使上阀4上行，而此液流将继续通过上活塞6和冲锤7抵达冲锤下腔形成高压，使冲锤在其上下活塞面积差的作用下快速上行并与已经处于上限位的上阀接触，将高速流动的冲洗液流截断，使原处于低压区的上阀区变成高压区，下腔则成为低压区。此时的压力差产生的推力快速推动上阀和冲锤下行，上阀运行一段距离（称为阀程）后在限位台阶作用下停止运动，冲锤则在惯性和由于阀、锤打开冲洗液畅通的液流共同作用下继续向下运动，直至冲击传功座将冲击能量输出，这样成为一个工作周期。如此循环周而复始。

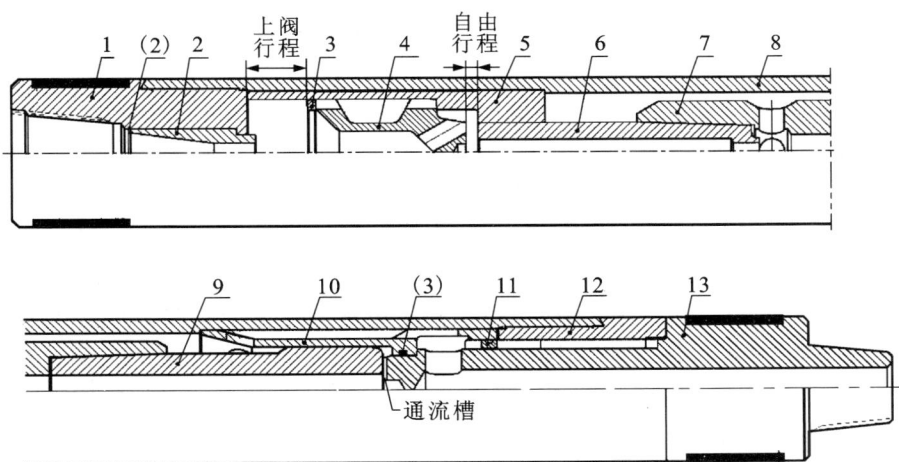

图 6-5 YZX 系列复合式液动潜孔锤的工作原理图

1—上接头；2—喷嘴；3—行程调节垫；4—上阀；5—上缸套；6—上活塞；7—冲锤；
8—外管；9—下活塞；10—下缸套；11—卡瓦；12—花键套；13—花键轴

YZX 系列复合式双作用冲击器的性能参数见表 6-1。

表 6−1　YZX 系列液动潜孔锤结构参数一览表

参数＼型号	YZX54	YZX73	YZX89	YZX98	YZX127	YZX146	YZX165	YZX178
外径/mm	54	73	89	98	127	146	165	178
孔径/mm	56～65	75～85	91～105	112～120	136～158	165～190	190～216	216～245
冲锤质量/kg	3.5	5.5	7.0	15	35	37	50	68
冲锤行程/mm	15～25	20～25	20～30	30～40	40～50	40～50	40～50	30～60
自由行程/mm	5～8	6～10	7～12	10～12	10～15	10～15	10～15	10～15
冲击频率/Hz	25～45	20～45	20～40	20～40	7～15	7～15	7～15	7～15
冲击功/J	10～50	15～70	20～90	80～120	120～250	150～300	150～350	200～400
工作泵量/(L·min⁻¹)	60～90	90～150	120～190	200～300	350～550	600～1000	900～1500	900～1800
工作泵压/MPa	0.5～2.0	0.8～3.0	1.0～3.0	1.5～4.0	2.0～5.0	2.0～5.0	2.0～5.0	2.0～5.0
总长/mm	863	1000	1000	1600	1950	2280	3180	2880
总重/kg	12	25	35	72	120	220	380	410
冲洗介质	清水、乳化液、优质泥浆							

2001—2005 年，在中国大陆科学钻探工程——CCSD1 井施工中，YZX127 液动锤共计下井 505 回次，累计进尺 3526.3 m，井深 5118.2 m。在可钻性 8～9 级榴辉岩和片麻岩中平均钻效 1.32 m/h，最高钻进效率 2.46 m/h，比纯回转钻进提高近一倍。岩芯采取率 90% 以上，创造了液动冲击器深孔取芯钻进的世界纪录，取得了令人瞩目的成果。

2. 无阀冲击器

1）射流式冲击器

射流式冲击器由原长春地质学院与辽宁地质矿产局第九地质大队合作研发，SC－89 和 JSC－75 型射流式液动冲击器曾获得 1982 年科学技术奖。该钻具主要由上接头、射流元件、缸体、活塞、冲锤、外缸、砧子、花键套和下接头等组成。

工作原理（如图 6－6 所示）：由泥浆泵输出的高压液流从射流元件 1 的喷嘴喷出，输入射流元件 2，假如在附壁作用下先附壁于右侧，高压液流便进入缸体 3 的上部，推动活塞 4 下行。此时，与活塞连接的冲锤 5 便冲击砧子 7。砧子与岩芯管相连，冲击能量经岩芯管传至钻头完成一次冲击作用。活塞冲程末了，缸体 3 上部腔体的压力上升，迫使射流由右侧切换到左侧输出，流体经连接的通道进入下缸，然后推动活塞 4 向上返回，当活塞运动到上限位置时，缸体 3 下腔的压力上升将射流又换到开始位置，如此往返实现冲击动作。缸体上下腔的回水可通过输出通道返回放空孔，再经放空孔通道、中接头及砧子内孔注入岩芯管及钻头，冲洗孔底后返回地表。

射流冲击器除活塞与冲锤外无弹簧、配水活阀等其他易损零件，冲锤向下冲击砧子时没有弹簧对冲击力的抵消作用，因而冲击能量利用率高，能适用于深孔作业。

2）射吸式冲击器

射吸式冲击器利用高压液流喷射时的卷吸作用，使活塞冲锤的上下腔产生交变压力差推动活塞往复运动(见图6-7)。

工作原理:启动前阀3与冲锤6均位于行程下限[见图6-7(a)],液流通道敞开;工作液流通过喷嘴1以大于40 m/s的速度由喷嘴射出,并通过冲锤上部的承喷器5扩散减速后进入冲锤下腔8,再从砧子9的侧孔排出[见图6-7(b)]。进入下腔的液流,由于通道扩大,流速减慢和砧子9节流孔的增压作用,使活塞下腔压力升高;于是,上、下腔形成压差,使冲锤活塞与阀同时上行。由于阀体的质量较轻,运动速度较快,先抵达行程上限,随后阀与冲锤上部的阀座闭合阻断液流通道而停止[见图6-7(c)];由于阻断的过程极其迅速,进入阀、锤上腔的高速射流骤然受阻产生水击[见图6-7(d)],上腔压力猛增;测试结果表明:当阀、锤上腔产生水击的同时,阀、锤的下腔也出现一次负水击(下腔压强降至零线),上下腔压差推动阀体和冲锤快速向下冲击,由于阀程小于锤程,当阀抵达阀程下限后冲锤因惯性继续向下冲击砧子,并使液流通道完全打开[见图6-7(e)],一个工作周期结束,阀与冲锤进入下一个工作周期,周而复始不停地冲击。

射吸式液动冲击器的阀控结构简单,由工作液流的体积压力推动冲锤做功,流量大冲锤输出的能量则大(反之亦然);启动泵压低,即使流量频繁变化也能及时响应,当流量稳定时频率与冲击功也很稳定。适于小口径钻进。

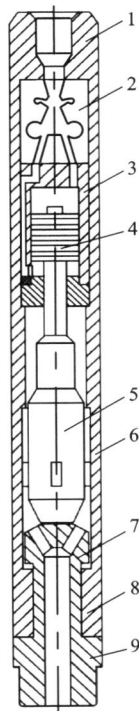

图6-6　射流式冲击器
工作原理示意图

1—上接头;2—射流元件;
3—缸体;4—活塞;5—冲锤;
6—外缸;7—砧子;8—花键
套;9—下接头

6.2.2　气动潜孔锤的结构与工作原理

1. 有阀潜孔锤

这类潜孔锤由配气机构的阀片控制气体推动活塞上下运动。按排气方式有阀潜孔锤可分为旁侧排气式和中心排气式两种,目前使用较多的是从钻头中心孔排出缸内废气的中心排气式。虽然其结构比较复杂,但排出岩粉的效果好,可降低钻头的磨耗和提高钻进效率。

带配气阀的气动潜孔锤按结构可分为四个基本部分(见图6-8)。

(1)配气装置,包括可翻转的摆动阀2,阀杆3,配气管5和阀体4;

(2)活塞组,包括缸体6,活塞7和下部衬套8;

(3)传递冲击载荷的零件,包括尾杆9,花键套10和下接头12;

(4)外壳和花键轴,包括上接头1,外壳13和花键联轴节11。

气动潜孔锤启动之前,钻杆柱已坐落在孔底,花键套和位于下缘的活塞紧贴在尾杆上。这时活塞的中心通道被覆盖。

来自上腔的压缩空气使摆动阀左翼打开,并经配气管和侧向通道进入活塞下腔。在空气压力作用下活塞向上运动并覆盖排气口a。在窗口b尚未打开之前活塞持续上移,此后,下腔的压力急剧下降。在惯性作用下活塞继续上移使上腔的压力升高,经过一个 Δt 时间超过了管线中的压力。结果摆动阀翻转,关闭下腔的空气通道。压缩空气进入活塞上腔,在空

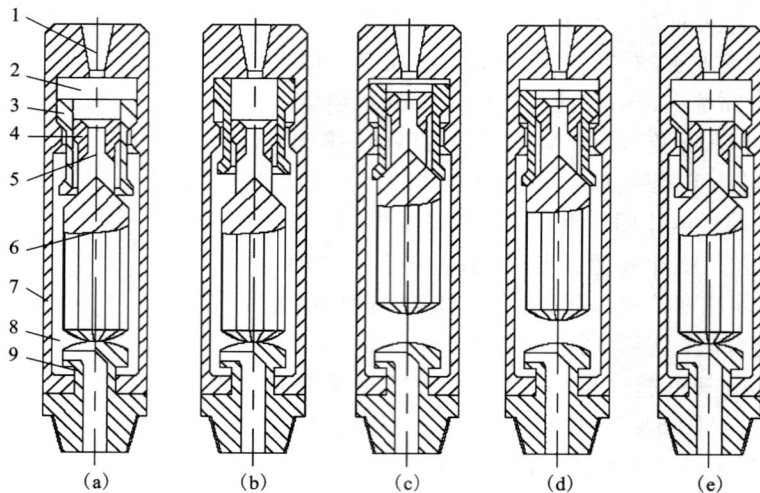

图6-7 射吸式冲击器工作原理示意图

1—喷嘴；2—上腔；3—阀；4—活塞；5—承喷器；6—冲锤；7—外壳；8—下腔；9—砧子

气压力和自身重量的作用下，活塞向下运动（工作行程）并冲击尾杆。过剩的冲击能量靠气孔c进行补偿。然后冲击作用又循环发生。

所有的气动潜孔锤都有自动联锁装置，即使冲击动作停止，也不会中断向孔底送气，即使在升降钻具的过程中也保证可同时往孔内送风。从而保证周期性地吹洗孔底，帮助冷却钻头并排除岩屑。当钻具处于悬挂状态时，岩芯管在自重作用下下沉，带动下接头使其伸出联轴节20～25 mm。这时静止的下部衬套中的通道被打开，使下腔与排气的环形间隙连通。结果两个腔体都处于开启状态，使气动冲击器停止工作，即现场常说的"防空打机构"。

阀式潜孔锤结构简单，便于制造和维修，但耗风量大，阀片、阀座易损坏，对风压适应性差。部分国产阀式潜孔锤技术性能参数见表6-2。

表6-2 国内阀式潜孔锤性能参数

型号	风压 /MPa	耗风量 /(m³·s⁻¹)	冲击功 /J	冲击频率 /Hz	外径 /mm	质量 /kg	长度 /mm	钻头直径 /mm
J－100B	0.63	9	165	16	95	30	870	110
CIR－90	0.5～0.7	7.2	107.8	14	80	17	864	90
CZ－90	0.5～0.8	3.5～7.0	82～122	10～20	90			90～105
CZ－110	0.5～0.8	7.0～12.0	190～290	13～18	110			108～130

2. 无阀潜孔锤

1）地质钻探用潜孔锤

地质钻探用无阀潜孔锤（见图6-9）的配气系统布置在活塞或气缸壁上，当活塞运动时，自动进行配气。其特点是：结构简单、工作可靠；取消了复杂的配气机构，代之以无阀配气，中心排气，气道路程短，气压损失小，单次冲击功较大。该类潜孔锤主要有国产的 W 系列和国外的 DHD 系列。

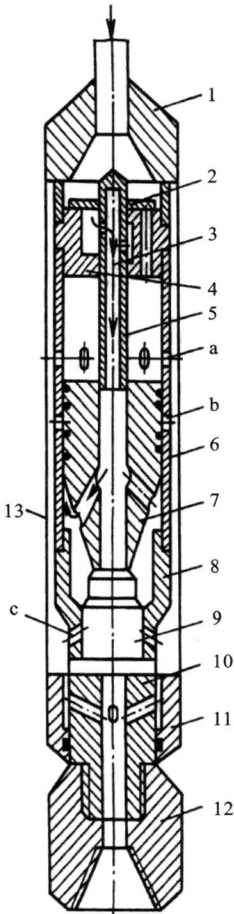

图 6 - 8 有阀式气动潜孔锤

1—上接头；2—摆动阀；3—阀杆；4—阀体；5—配气管；6—缸体；7—活塞；8—下衬套；9—尾杆；10—花键套；11—花键联轴节；12—下接头；13—外壳

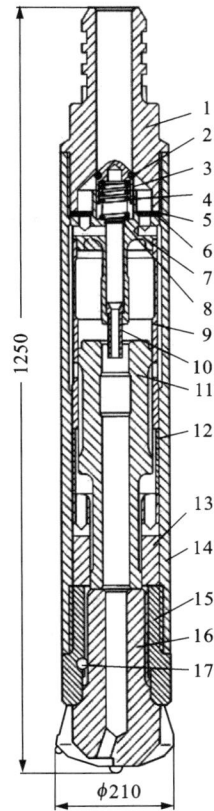

图 6 - 9 W - 210 无阀式冲击器

1—接头；2—密封圈；3—逆止阀；4—弹簧；5—调整垫；6—胶垫；7—进气座；8—弹簧挡圈；9—内缸；10—喷嘴；11—活塞；12—隔套；13—导向套；14—外缸；15—卡钎套；16—钻头；17—圆键

W - 210 型冲击器利用冲击活塞的运动自行配气。这种冲击器采用了低冲击速度、大活塞重量的设计方案。其工作原理如下：由中空钻杆来的压缩气体经上接头 1，逆止阀 3 进入进气座 7 的后腔，然后压缩气体分两路前进：一路经进气座和喷嘴 10 进入活塞和钻头的中空孔道，冷却孔底钻头和喷吹岩粉；另一路进入内缸 9 和外缸 14 之间的环形腔(此腔作为活塞运行的进气室)。位于进气室的压缩气体，经气缸的径向孔以及活塞上的环形槽进入前腔，推动活塞开始返回行程。当活塞上移关闭进气气路时，活塞靠压缩气体膨胀做功，待前腔与排气孔路相通时，活塞靠惯性运行。故对无阀冲击器而言，其返回行程包括进气、膨胀和滑行三个阶段。同理，活塞在冲程过程中，首先将压缩气体引入气缸后腔，然后也经历冲程进气，气体膨胀和惯性滑行三个阶段，完成整个工作循环。所不同的是各阶段运行的长度不同，冲程要保证有足够的进气长度，使活塞获得较大的速度，从而获得较大的冲击能。

无阀潜孔锤扩大了缸体有效工作直径，冲击功较大；利用压缩气体膨胀做功，使冲击器耗气量大为减少；冲击器主要零件有大致相近的使用寿命，使冲击器维护、运转条件得以改善。但是，无阀潜孔锤的加工精度要求高、主要零件（如缸体和活塞）加工工艺复杂，其结构与尺寸设计难度较大。另外，由于无阀冲击器的活塞长，行程短，所以限制了它的功率提高。

目前，国产无阀式潜孔锤已系列化，比阀式潜孔锤应用更广泛。部分国产无阀式潜孔锤性能参数见表6－3。

表6－3　部分国产无阀型潜孔锤性能参数

型号	风压/MPa	耗风量/(m³·s⁻¹)	冲击功/J	冲击频率/Hz	外径/mm	质量/kg	长度/mm	钻头直径/mm
WC－85	0.5～0.6	2.6～3	80～120	10～16	85	1112		95～110
G84	0.6～2.5	25.2～52.5	1350		182	198	1344	194～305
GM64	0.6～2.5	10.5～28.8	800		137	105	1216	152～254
ZD90	0.5～1.2	5.0～9.2	—		80	—	755	90～100

2）油气钻井用潜孔锤

近年来，国内外油气钻井领域大量应用空气钻井，并取得了非常显著的经济效益。

图6－10给出了典型的控制杆移动式潜孔锤结构。活塞锤击产生的冲击力通过接头传递给破碎岩石的钻头牙齿。在浅井环空围压很小的情况下，活塞以每分钟600～1700次（取决于气体的流量）的频率冲击钻头接头上方。然而，在深井环空围压很大的情况下，冲击频率只能达到每分钟100～300次。

图6－10所示的潜孔锤处于随钻柱提离井底的状态（钻头的台肩没有和传动接头台肩相接触）。在这个位置，压缩空气从潜孔锤上端的公接头流到钻头，并不激发活塞运动（即冲洗井眼状态）。当下放到井底，并有钻压加到潜孔锤上时，钻头接头就会被压向潜孔锤内密封舱，直到钻头台肩和传动接头台肩相连。这个过程使得活塞的一个通气口对准一个控制杆的窗口，使压缩空气能流到活塞底部的空间，推动活塞在潜孔锤腔内上移。在活塞的上行过程中，没有空气通过钻头流向岩石。实际上，在活塞的上行过程中暂停了岩屑的输送。

活塞到达冲程顶部时，另一个活塞的通气口对准了一个控制杆窗口，将压缩空气补充到活塞上方的空间。压缩空气迫使活塞向下运动，直到活塞撞击钻头接头的上方。与此同时，压缩空气流到活塞上方的空间，控制杆底部的底阀打开，钻柱内部的空气通过控制杆、钻头接头以及钻头喷嘴喷射到岩面上。排出的压缩空气携带孔底岩屑沿环状空间上移并送到地面。钻头上叠加的冲击力使钻头的破岩效率大大提高，使得潜孔锤能以较低的钻压钻进。典型的例子是，外径6¾ in的潜孔锤与7⅞ in的钻头配合钻进，钻压能够低到1500lbs（约合6.81 kN）。

空气钻进靠气流带走岩屑，但潜孔锤工作时其冲向孔底的气流并不是连续的。潜孔锤活塞提起时，空气不能通过钻头喷射出来。例如，活塞以 600 冲程/min 的频率冲击时，每个循环内有 0.05 s 的时间空气被封闭。当然这个时间太短，因此可以看作通过环形空间的气流是连续流动的。

6.3 冲击回转钻进用钻头

6.3.1 液动冲击回转钻进用钻头

液动冲击回转钻进常与硬质合金钻头、金刚石钻头配合使用。在油气钻井和大口径钻孔施工中，液动冲击器也可使用牙轮钻头。

1. 硬质合金钻头

液动冲击回转钻进用的硬质合金取芯钻头或全面钻头均采用钨钴类硬质合金。应根据岩石特性、冲击器单次冲击功大小来选择钻头结构和硬质合金牌号。要求硬质合金除了具有较高的硬度和抗弯强度外，还应有较高的抗冲击强度，一般硬度不低于 HRA86，抗弯强度不低于 140 kg/mm² 用于中硬岩石或小冲击功的冲击器，应选硬度较高的硬质合金；用于坚硬岩石或大冲击功的冲击器，则应选用硬度较低而抗弯强度较高的硬质合金，以防止合金片碎裂。冲击回转钻头最好用柱状或用厚度大的片状合金，并使合金切削刃具有负前角形状。一般认为 $\gamma = 10° \sim 15°$，$\alpha = 70° \sim 105°$ 为宜(参见图 6 – 11)。

硬质合金取芯钻头的钻头体一般较长，以安装岩芯卡簧；同时具有较大的液流通道，以适应冲击器要求的大泵量，此外，硬质合金镶焊的牢固性要比回转钻头高。

我国常用的取芯式硬质合金钻头有 HCT 型、大八角型、大八角肋骨型、长方片状肋骨型、异型钻头等。HCT 型硬质合金钻头示于图 6 – 12，主要参数见表 6 – 4。该型钻头把柱状合金垂直镶焊于钻头体上，双面刃不对称，液路通道断面较大，有利于钻头冷却和减少背压，常用于高频

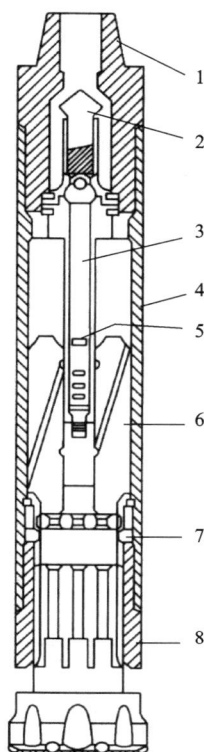

图 6 – 10 油气钻井潜孔锤结构示意图

1—上接头；2—回流阀；3—控制杆；
4—活塞缸；5—控制杆窗口(4 个)；
6—活塞；7—铁环；8—传动接头

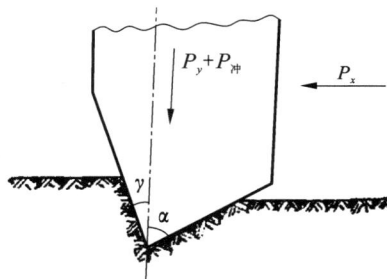

图 6 – 11 冲击回转钻头的
硬质合金刃

γ—负前角；α—磨锐角

低冲击功的冲击器钻进可钻性 V ~ Ⅶ的岩石。

俄罗斯用于液动冲击 – 回转钻进的 КГ1 型硬质合金钻头(见图 6 – 13)镶焊了 4 个底出刃相等的硬质合金。硬质合金片的刃尖被磨成不对称形状,以便在钻进过程中实现冲击碎岩的同时,还能有效地用切削刃切削破碎岩石。该钻头设计了三角形水口,使钻头端部具有更高的抗弯强度,并保证了足够的冲洗液通道面积。合金片的底座部分为圆柱形,可明显降低焊接时的接触应力,在任何方向上作用于切削具的总载荷都在合金片的宽度范围内。

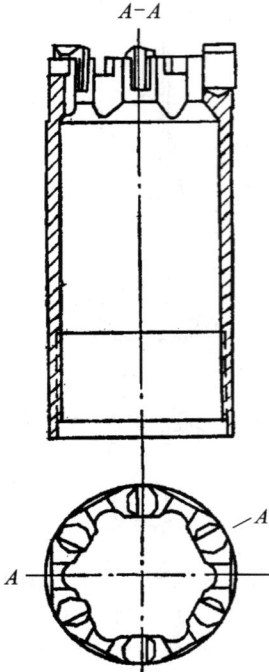

图 6 – 12　HCT 型硬质合金钻头结构图

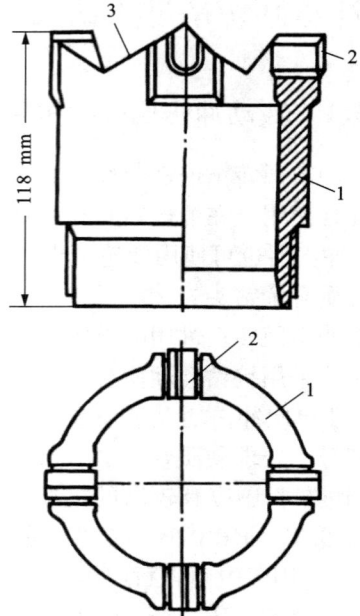

图 6 – 13　俄罗斯的液动冲击回转 КГ1 型钻头

1—钢体;2—切削具;3—水口

表 6 – 4　HCT 型硬质合金回转 – 冲击钻头主要参数

钻头型号	合金/粒	水口/个	硬质合金特性				外径/mm	内径/mm	底出刃/mm	钢体材料
			型号	牌号	冲击刃角	负前角				
HCT – 56 – 1	6	6	TC108 或 T110	YG6X 或 YG6T	95°	30°	56	39	4	45#
HCT – 56 – 2	8	8	TC107 或 T107	YG6X	95°	30°	56	39	4	45#
HCT – 56 – 3	6	6	TC208	YG6X	95°	30°	56	39	4	45#

2. 金刚石钻头

液动冲击回转钻进用金刚石钻头主要是取芯式孕镶钻头，常用在坚硬、"打滑"地层中，但一般要用高频低冲击功的液动冲击器。与常规金刚石钻头比冲击回转金刚石钻头在结构上应具有以下特点：

（1）金刚石冲击回转钻进仍以回转作用为主，冲击为辅，钻头首选人造孕镶金刚石钻头或聚晶体钻头；

（2）一般选用高强度的或经过浑圆化和金属镀层处理的金刚石；

（3）因为金刚石单晶的抗冲击韧性与粒度成反比，故粒度不要太大，最好选用 JR4 级、70~80 目左右的金刚石，金刚石浓度 75% 左右；

（4）钻头胎体要有足够的强度和硬度，避免受冲击作用而破裂。考虑到液动冲击回转钻进过程中，钻头出刃条件较好，为提高钻头使用寿命，可将钻头胎体硬度适当提高 3~5（HRC）。一般选用中硬 – 硬胎体，唇面形状以平底型、圆弧形和同心圆尖齿型为好；

（5）由于泵量大，为减少钻头处的水流阻力，钻头的过水面积应增大，除主水口外，可增设副水口（参见图 6 – 14），加长加深钻头钢体内壁水槽，适当增大胎体外径；

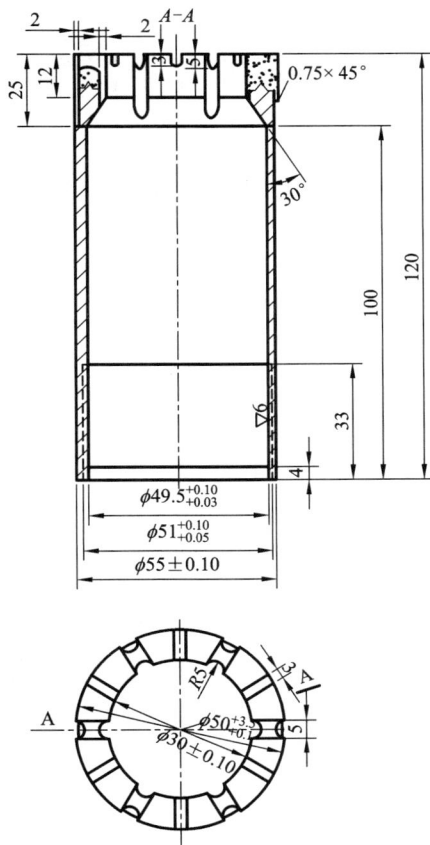

图 6 – 14　增加副水口的金刚石钻头结构图

（数字单位：mm）

为适应冲击回转钻进工况，钻头底唇形状可采用环槽形或交叉形。槽的顶端做成弧形，不仅可发挥体积破碎作用提高碎岩效率，而且具有较好的防斜作用。

3. 全面钻头

由于液动冲击器的冲击功小于气动潜孔锤，目前在坚硬岩层中一般推荐牙轮钻头与硬质合金球齿全面钻头配合使用（参见图 6 – 15）。使用冲击回转牙轮钻头可增大冲击碎岩的效果，但由于钻头将承受更大的冲击载荷，应注意选用滑动轴承和金属密封，喷嘴应尽可能选用大直径的并采用不等径组合。

使用冲击回转球齿全面钻头时，为适应液动冲击功较小的特点，在满足覆盖孔底的前提下应适当减少钻头上的球齿数量，切削齿以锥球齿为宜。由于液体的过流阻力较大，通常钻头水口通流面积需要增加 30%。推荐钻头底面形状：平底形、球弧形、中心凹形。

图 6 - 15　冲击回转钻进硬质合金球齿钻头和牙轮钻头外形图

6.3.2　气动潜孔锤钻头

气动潜孔锤钻头也可分取芯式和全面钻进式两种,目前使用最多的为后者。全面钻进用气动潜孔锤钻头就结构而言,可分为整体式和分体式两种。根据碎岩材料类型,可分为硬质合金型和金刚石加强型。根据切削刃形状的不同,又可分为刃片型、柱齿型和片柱混装型三种。

1. 取芯式气动冲击回转钻头

根据孔径的不同,地质勘探孔单管钻进的硬质合金气动冲击 - 回转取芯钻头镶嵌的硬质合金数为 6 ~ 12 块,镶嵌块的刃角分别取:外侧刃 70° ~ 75°;过度刃和中心刃 110° ~ 140°。钻头上硬质合金镶嵌块的刀刃以不同的扭角(相对于半径方向)定向布置,从而更均匀地覆盖孔底环状面积,并能集中最大的冲击能量,尤其是在耗能量大的外侧区域。俄罗斯广泛用于取芯钻进的气动冲击 - 回转钻头如图 6 - 16 所示。

2. 柱齿

国内外钻探(井)和地质工程界使用较多的是柱齿型气动冲击 - 回转钻头,这里着重介绍国产柱齿。

1)硬质合金柱齿

气动潜孔锤钻头所用的硬质合金牌号和性能与液动冲击钻头类似,其柱齿型号有:K30、K40、K41 等型,如图 6 - 17 所示。具体型号国家标准中都做了详细规定,如 K4012A,"K"表示矿产开采用,"40"表示半球形柱齿,"12"表示直径为 12 mm,"A"

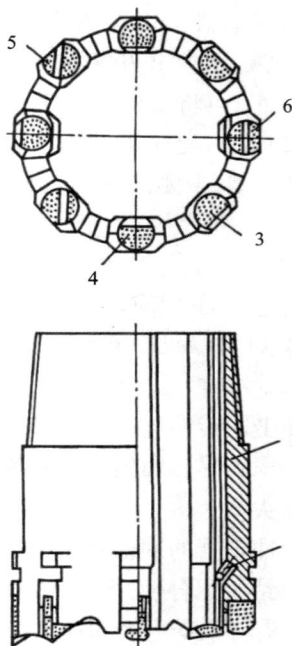

图 6 - 16　俄罗斯 KⅡ - 113 型气动冲击回转钻头
1—钻头钢体;2—取芯装置;3—外侧刃硬质合金镶嵌块;
4、5—过度刃镶嵌块;6—中心刃镶嵌块

表示高度。这些型号的合金柱齿中,就强度而言,半球齿最高,锥球齿次之,楔形齿最低;但凿岩效率则相反。因此,钻凿极坚硬和坚硬、磨蚀性强的岩石应采用半球齿,钻凿中硬或坚硬、性脆的岩石采用锥球齿，钻进软岩时宜采用楔形齿。

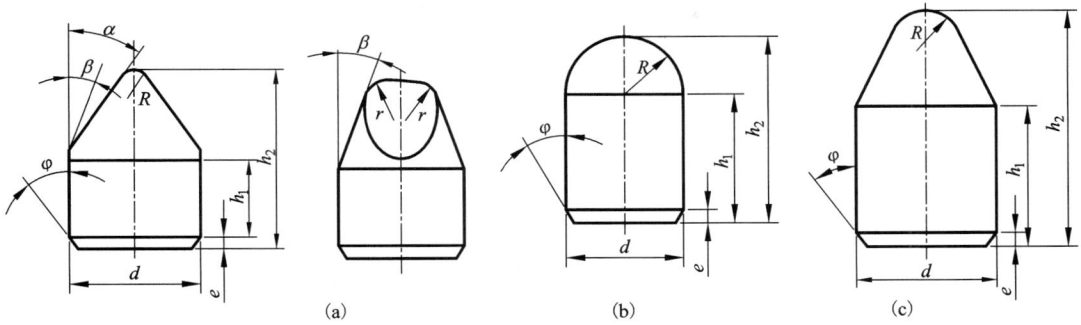

图 6－17　硬质合金柱齿外形图
（a）楔形齿（k30 型）；（b）半球形齿（k40 型）；（c）锥球齿（k41 型）

硬质合金柱齿由其自身的耐磨性较低，当钻进坚硬的磨蚀性强的岩石时，钻头周边柱齿磨损严重，钻头寿命短。为此，最好的办法是采用金刚石加强柱齿。

2）金刚石加强柱齿

该柱齿有聚晶型和孕镶型两种类型，它们都是将金刚石复合到硬质合金柱齿头部，在其上形成耐磨性很好的金刚石层，同时利用硬质合金良好的冲击韧性，所不同的是烧结工艺和钻头结构。金刚石加强柱齿可延长钻头寿命，提高钻速，降低钻进成本。

聚晶型柱齿在金刚石压机上采用高压技术烧结而成。为了克服金刚石聚晶层与硬质合金基体的热膨胀系数不同，弹性模量不同，在金刚石聚晶与硬质合金基体间采用了两层过渡层。在原料配比上力图实现由 100% 金刚石均匀过渡到 100% 的 C/Co 合金，使得弹性梯度与热膨胀梯度逐渐均匀变化，残余应力与剥落现象大为减少。孕镶型柱齿在中频炉上采用热压法烧结而成，其金刚石层中的金刚石含量为 75% 左右，采用了特殊的配方和烧结工艺，使得金刚石层与硬质合金基体牢固地连接在一起。

3. 潜孔锤柱齿全面钻头

1）地质钻探常用的潜孔锤钻头

地质钻探常用的潜孔锤钻头选 20Ni4Mo、34CrNiMo 等成分的钢材做钻头体，用冷压方法在钻头体的窝孔中嵌装一定数量的柱齿。与刃片型钻头相比，这类钻头的柱齿在钻进过程中能自行修磨，使钻头的钻速趋于稳定；柱齿损坏 20% 时，钻头仍可继续工作，而刃片型钻头在崩角后便不能使用；这种嵌装工艺简单，一般用冷压法嵌装即可。

柱齿钻头按头部形状可分为二翼型、三翼型和四翼型钻头。二翼型多用于小口径潜孔冲击器，三翼型适宜于硬岩钻进，四翼型钻头宜用于中硬以下岩石。图 6－18 是 J－200 型冲击器用的四翼型柱齿钻头，它近似于半球形的头部（亦称为球齿形钻头），使边齿的倾斜角扩大到 45℃，提高了钻头的寿命。

柱齿钻头还可按头部外形分为平头型、圆弧形、中间凹陷型及中间凸出型等。与刃片型超前刃钻头相比，圆弧形和中间凸出型钻头具有较高的钻孔速度。中间凹陷型钻头，由于钻孔时产生凸出的岩核起到定心的作用，所以，它能钻较直的钻孔。

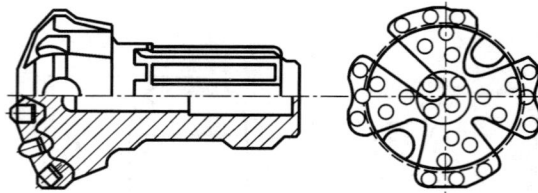

图 6 – 18   J – 200 型冲击器用四翼柱齿钻头

2）油气钻井常用的潜孔锤钻头

在空气钻井中，除了三牙轮钻头外常使用柱齿潜孔锤钻头，它相对于牙轮钻头的明显优势在于可钻进硬的研磨性地层，并且比牙轮钻头所需的钻压小得多。图 6 – 19 示出了五种常用的潜孔锤钻头剖面：中心凹槽型钻头［见图 6 – 19（a）］；凹面型钻头［见图 6 – 19（b）］；台阶型钻头［见图 6 – 19（c）］；双径型钻头［见图 6 – 19（d）］和平底型钻头［见图 6 – 19（e）］。这五种不同剖面的钻头可用于从弱研磨性中硬到强研磨性坚硬的岩层，其应用条件示于图 6 – 20。

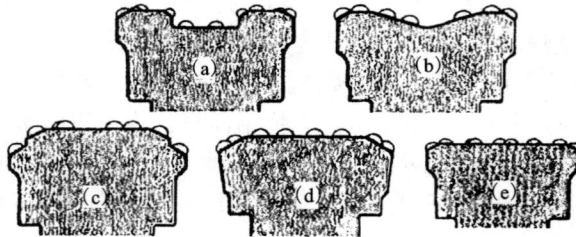

图 6 – 19   五种常用的空气钻井潜孔锤钻头剖面示意图
（a）中心凹槽型；（b）凹面型；（c）台阶型；（d）双径型；（e）平底型

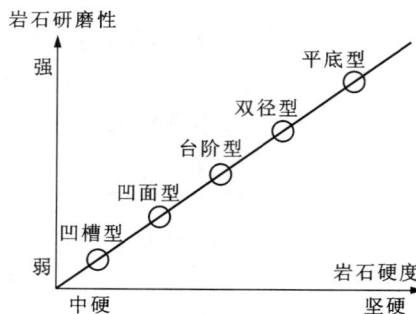

图 6 – 20   空气潜孔锤钻头类型与所钻岩层的适应性

6.4　冲击回转钻进工艺

6.4.1　冲击回转碎岩机理

冲击载荷碎岩的特点是接触应力瞬间可达极高值，应力比较集中，所以尽管岩石的动强度要比静强度大，但仍易产生裂纹。而且冲击速度愈大，岩石脆性增大，有利于裂隙发育。因此，用不大的冲击能（例如数十焦耳），就可以破碎极坚硬的岩石。

在冲击回转碎岩过程中，钻头刃具上同时作用有轴向静压力 P_J、冲击力 P_C 和回转力矩 M。刃具除冲击碎岩外，同时还有切削碎岩作用。所以，具有冲击碎岩和回转碎岩两者的特征，互相补充，发挥各自优点。冲击回转碎岩与纯回转碎岩过程的对比示于图 6 – 21。

钻进不同性质的岩石，冲击碎岩和回转切削碎岩所起的作用是不相同的。

在坚硬、脆性岩石中由于动载破碎岩石瞬时应力集中，主要是冲击力作用的结果，钻具的回转只是移动切削具的位置，改变冲击点，在移动中将裂隙发育的岩脊切削掉。而且，这种效果将随岩石脆性的增大而更为显著。

对于中硬、塑性较大的岩石，其破碎方式仍然是以回转切削为主，冲击作用是辅助性的。冲击作用在岩石中形成裂纹，为回转钻进切入岩石和切削岩石创造了十分有利的条件。

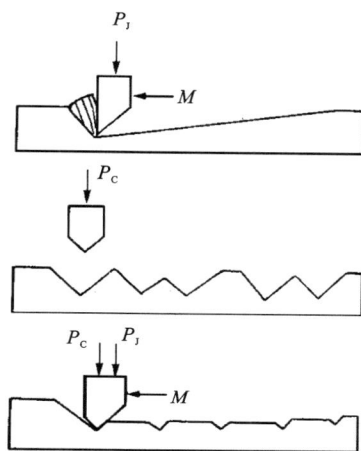

图 6 – 21　冲击 – 回转碎岩与纯回转
碎岩过程的对比示意图

对于塑性大的岩石，冲击力的碎岩作用不大，大部分冲击能量为岩石的塑性变形所吸收，不能导致大的体积破碎和分离，而回转切削破岩作用处于主导地位。

所以，根据冲击碎岩和回转碎岩作用的主次，可将冲击回转钻进分为冲击 – 回转碎岩和回转 – 冲击碎岩两种形式。

1. 冲击 – 回转碎岩

主要以冲击载荷碎岩为主，钻进硬岩时，液动冲击器的轴向载荷对于岩石破碎不起实质性作用。轴向载荷主要是保证钻头与岩石紧密接触并克服反弹力，以便冲击功能完全传递给岩石。轴向载荷仅使坚硬岩石引起弹性变形，而动载或冲击能量对岩石破碎产生更大的作用，岩石在冲击脉冲作用下发生破碎。回转力矩主要是使切削具沿孔底剪切两次冲击间残留下的岩脊。因此，拟定最佳回转速度时，应能够将中间凸起的扇形岩脊剪碎。对于脆性岩石来说，利用这种冲击剪崩和回转剪切作用，可造成大颗粒岩体的剥离作用。随着岩石的脆性与硬度增大，碎岩效果愈加显著。这种碎岩方法要求冲击器具有低频率，大冲击功，气动潜孔锤即属此类。

2. 回转－冲击碎岩

回转－冲击碎岩是把高频低冲击功加在一般回转钻进的硬质合金钻头或金刚石钻头上。与纯回转钻进相比，冲击之后的孔底表面将布满裂纹，使后期分离岩石颗粒变得更容易，从而明显提高了钻进速度。金刚石液动冲击回转钻进的机械钻速比纯回转高 0.5 ~ 1 倍，而每米钻探成本降低 10% ~ 13%。它主要用于小口径钻进，高频低冲击功的液动冲击器即属此类。

6.4.2 影响冲击回转碎岩效果的因素

1. 冲击能量对碎岩效果的影响

试验表明，随着冲击能量的增大，岩石的破碎穴也越大、越深。但是，并非冲击器的冲击能量越大越好。因为评定碎岩效果的合理性，还必须考虑到单位体积破碎能（碎岩比功），它表示了碎岩的能量消耗水平。

国内外的研究表明，无论单次冲击或多次冲击钻进，冲击能量 A 和碎岩比功 a 的关系基本一样，保证有效破碎岩石所需的孔底冲击能量 $A(\mathrm{N \cdot m})$ 由下式确定：

$$A \geqslant \sum l_\mathrm{p} a \tag{6-1}$$

式中：$\sum l_\mathrm{p}$——钻头切削具刀刃的总长度，cm；

a——每 1 cm 切削刃上的比冲击能，$\mathrm{N \cdot m/cm}$。

比冲击能 a 的大小取决于岩石级别，推荐按下述数据选取。

岩石可钻性级别	VI ~ VII	VIII ~ IX	X	XI
比冲击能 a, $\mathrm{N \cdot m/cm}$	10	10 ~ 15	15 ~ 20	22 ~ 25

可以将 $A-a$ 曲线分成三部分（图 6-22）：$A < A_0$ 是伤痕区，这时小的冲击能不足以使岩石产生破碎坑，且破碎下的岩粉很细，因而 a 很大；$A_0 \leqslant A \leqslant A_\mathrm{C}$ 为过渡区（阴影部分），该区内测定的 a 变化不定；$A > A_\mathrm{C}$ 为稳定区，该区内 a 变化不大，认为有稳定值且值较小。

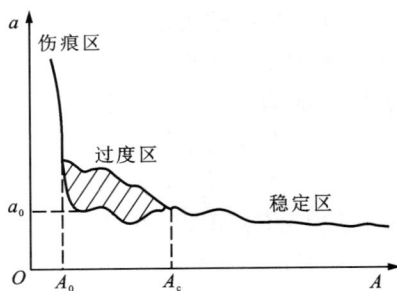

图 6-22 冲击碎岩的 $a-A$ 曲线三个区域

2. 冲击间隔对碎岩效果的影响

在两次冲击之间，切削刃回转一个角度，这个角度称之为冲击间隔。冲击间隔反映了转速与冲击频率之间的关系，使两次冲击间的岩脊能被全部剪崩或切削掉的最大间隔，称为"最优冲击间隔"，常用相邻两次冲击间的最优夹角 β 表示。

最优冲击间隔与冲击器的冲击功，岩石性质，冲击齿圆弧半径 R 和切削刃角 α 等有关。随着冲击功的增加，岩石的最优角 β 增加，如花岗闪长岩，当 $A = 6.1$ J/cm 时，$\beta_{优} = 5°$；$A = 12.5$ J/cm 时，$\beta_{优} = 7.5°$。随着岩石硬度的降低，最优角 β 增大，如当 $A = 6.1$ J/cm 时，大理岩 $\beta_{优} = 7.5°$，花岗岩 $\beta_{优} = 5°$。

3. 冲击应力波对碎岩效果的影响

冲击器所产生的冲击力以应力波的形式经砧子、岩芯管、钻头传递给岩石。这种应力波对冲击能量的传递效率和碎岩效果有重要的影响。

不同的活塞形状和不同的撞击面接触条件，将产生不同的入射应力波形。一般而言，细长的冲锤形状，入射波的幅度低，作用时间长；短而粗的冲锤形状，入射波的幅度高，作用时间短。如图 6 – 23 所示，7 种冲锤质量都相同，但不同形状的冲锤，其入射波形却不同。

入射波形对碎岩的影响是：缓和的入射波形比陡的入射波形有较高的凿岩效率，这是由于凿入起初不需要很大的力，随着刃具侵深的增加，所需力也增大，故缓和的波形与之相匹配。改变入射波的形状，除了调整活塞的形状和断面积之外，还可以用调整撞击面的接触条件来达到。

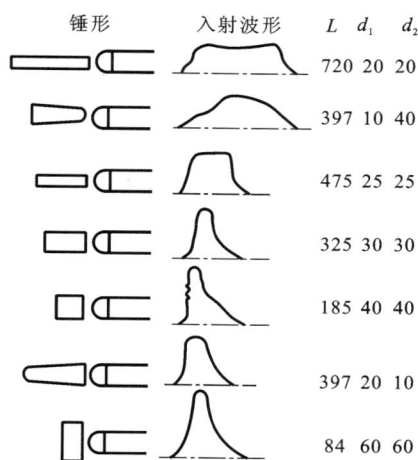

锤形	入射波形	L	d_1	d_2
		720	20	20
		397	10	40
		475	25	25
		325	30	30
		185	40	40
		397	20	10
		84	60	60

图 6 – 23 不同入射波形和冲锤形状的关系

L—锤长；d_1、d_2—锤两端的直径(mm)

6.4.3 冲击回转钻进规程

1. 钻压

冲击回转钻进时，切削刃上既作用着钻压(静载)，又作用着冲击力(动载)。静载钻压能使岩石内部形成预加应力，以提高碎岩效果；同时改善冲击能量的传递条件，减少冲击能量的传递损失；施加钻压的第三个作用是克服冲击器的反弹力，保证切削具与岩石有良好的接触。但是，随着钻压的增加，切削刃的单位进尺磨损量也增加，故为了减少切削刃的磨损，钻压在克服冲击器反弹力的前提下不能过大。

在液动冲击回转钻进中，当用硬质合金钻头时，对硬度不大和研磨性弱的岩石，要充分发挥回转切削碎岩的作用，应采用较大的钻压。而对于坚硬和研磨性较大的岩石，则应充分发挥冲击碎岩的作用，钻压可相对小些。具体钻压推荐值可参照表 6 – 5。

表 6 – 5 液动冲击 – 回转钻进参数推荐表

岩石级别	钻头类型	钻压/kN			转速/(r·min⁻¹)			泵量/(L·min⁻¹)		
		钻头直径/mm								
		59	75	91	59	75	91	59	75	91
Ⅴ~Ⅻ	硬质合金	3~6	5~8	6~9	50~100	35~90	30~70	60~120	100~150	120~250
Ⅴ~Ⅷ	金刚石	4~6	6~10	8~11	200~600	200~500	150~400	60~120	100~150	120~250
Ⅷ~Ⅻ	金刚石	4~8	6~10	7~10	350~800	200~600	150~500	60~120	100~150	120~250

气动潜孔锤大都是全面钻头，其冲击功都比较大，钻压对碎岩的影响较小，据俄罗斯资料报道，其钻压为液动冲击器的 1/3 就可获得较好的钻进效果。实际生产中，合理的轴向压

力推荐为 0.05~0.1 kN/(mm 直径)。表 6-6 列出几种孔径推荐选用的钻压值。当压缩空气压力增大时，须相应增大钻压；如孔内钻柱自身重量超过合理钻压时应采取减压钻进。

表 6-6　空气潜孔锤钻进推荐的轴向压力

潜孔锤直径 /mm	最低钻压 /kN	最大钻压 /kN	潜孔锤直径 /mm	最低钻压 /kN	最大钻压 /kN
76	1.5	3.0	152	5.0	15.0
102	2.5	5.0	208	8.0	20.0
127	4.0	9.0	305	16.0	35.0

2. 转速

液动冲击器和气动潜孔锤钻进选择转速的方法是一样的。对于硬质合金钻进，回转的唯一目的仅是为了改变切削刃破岩的位置，若回转速度过慢时，切削刃将打入先前冲击过的坑穴中，从而引起钻头回转受阻，使钻进效率降低。若回转速度过快，钻进速度不会增加，却会导致切削刃过早磨损。所以，转速是否合理将直接影响钻进速度和钻头寿命。

钻头回转时切削具在两次冲击之间有个最优冲击间距 δ。δ 的大小取决于转速和冲击频率。为了破碎岩石，切削具在孔底每转所需的冲击次数 m_0 由下式算得：

$$m_0 = \pi D/\delta \qquad (6-2)$$

式中：D——钻头平均直径，mm；

　　　δ——两次相邻冲击之间的切削具位移路径，mm。对于可钻性Ⅶ~Ⅸ级的岩石，δ 应取 8~6 mm，而Ⅸ~Ⅺ级的岩石取 5~3 mm。

于是，钻头的转速 $n(\mathrm{r/min})$：

$$n = \frac{n_y}{m_0} = \frac{n_y\delta}{\pi D} \qquad (6-3)$$

式中：n_y——每分钟冲击次数。

液动冲击器的转速推荐值可参照表 6-5。对于气动潜孔锤钻进，回转的主要作用是改变钻头刃齿的冲击位置，其次兼有切削冲击后刃齿间岩脊的作用。转速过高将加快钻头刃齿的磨损，转速太低将影响钻进效率。通常情况下岩石越硬或钻头直径越大，要求降低转速。根据地层不同，可选择的转速范围：覆盖层 40~60 r/min；软岩层 30~50 r/min；中硬岩层 20~40 r/min；硬岩层 10~30 r/min。而用孕镶金刚石钻头进行冲击回转钻进时，应开高转速。

3. 冲洗介质的流量、压力

冲洗介质的流量、压力是冲击回转钻进的一个重要参数，因为其不仅直接影响冲击器的工作性能(冲击功和冲击频率)，而且影响冷却钻头、携渣清洁孔底以及保护孔壁的作用，从而影响钻进效率。

1)液动冲击回转钻进

在液动冲击回转钻进中，一般随泵量增加，机械钻速也增加。因此，只要条件(地层、泥浆泵及管路的能力)允许，就应采用大泵量，以弥补钻具及管路泄露所造成的损失。因此使用液动冲击器钻进时，必须在选择泥浆泵时为泵量和泵压范围留出余地。液动冲击器的泵量推荐值可参照表 6 – 5。

在生产实践中还应注意：为了减少因大流量而产生的流阻压力，可在岩芯管上部设置孔底流量分流装置。随着钻孔延深冲洗液的循环压力增大，钻杆接头处会产生泄漏；当环状间隙太小时大流量将导致冲击器背压增大，使其冲击功和冲击频率都受到影响。液动冲击器采用不同的介质（如清水、乳化液、泥浆等）都会对它的工作性能产生不同的影响。在可能的条件下，应尽量用清水、低固相泥浆或无固相泥浆作冲洗介质，以减小其流阻。另外，在循环系统中，应设置除砂净化设备和过滤装置。金刚石钻进时一定要采用减震手段——使用润滑剂、乳化钻井液。

泵压的一般规律是，冲击器在 0.5 ~ 0.6 MPa 下开始工作，当达 1.8 ~ 2.0 MPa 时，冲击器工作稳定，随着孔深的增加，平均每百米增加 0.2 ~ 0.3 MPa，故其泵量应相应增加。

2）气动冲击回转钻进

在气动潜孔锤钻进中，压缩空气主要有三个作用：一是提供潜孔锤活塞运动的能量；二是冷却钻头；三是携带岩粉屑及岩矿芯排至地表。因此供风量的确定，一方面应根据潜孔锤额定风量大小选择，另一方面要同时满足携带孔底岩粉屑及岩矿芯的需求。因潜孔锤钻进速度快，在单位时间内所产生的岩屑量大且岩屑重，故需比普通空气回转钻进的风量大才能使井底干净。此外，潜孔锤本身也需要一定的额定风量才能正常工作。具体风量应根据潜孔锤对风量的要求和钻孔环状上返风速来计算，并选择大者。取芯钻进时，上返风速应取 $v = 10 ~ 15$ m/s；无岩芯钻进时取 $v = 20 ~ 25$ m/s。

从潜孔锤工作要求来看，工作风压要大于上、下配气室的压差，潜孔锤活塞才能做上下往复运动。目前，国内生产的潜孔锤有两种：低压潜孔锤，所需风压是 0.5 ~ 0.7 MPa；高压潜孔锤，所需风压为 0.8 ~ 1.1 MPa。钻进时，还需加上随着钻孔深度而带来的沿程压降（0.0015 MPa/m）和克服水位以下的水柱压力。

4. 输送冲洗介质的管线

冲洗介质是冲击回转钻进的动力来源。为了保持冲洗介质具有足够的压力，取得高于纯回转钻进的冲击 – 回转高效率，必须对其输送管线加以改造。

1）液动冲击回转钻进

用大功率液动冲击器钻进时，必须增加一个储能器。这时整个增压管线（见图 6 – 24）由立管、增压管线、泵量调节阀、带压力表的储能器和水龙头组成。所有进入增压管线的部件都应能承受 7 ~ 10 MPa 的压力，并拥有尽量大的通水截面。例如，立管和增压管线建议用直径 63.5 mm 的钻杆焊接而成。立管通常应放置在钻场之外，立管与水龙头之间应用承压 10 ~ 15 MPa 的铠装高压软管连接。

2）气动冲击回转钻进

在气动潜孔锤冲击 – 回转钻进的管线中，应在取粉管上部安装分流阀。当压风机风量超过潜孔锤工作所需风量时，便可从分流阀往钻杆外排气。当钻进含水岩石时，可用分流阀排除孔内水。

气动潜孔锤冲击 – 回转钻进的地表配套设备类似于空气钻进（见图 6 – 25）。其中，压风机 1 上应带储气装置 2，在配套设备中还包括收集冷凝水的脱水器 4、用于维持空气温度恒定的冷却器 5、孔口密封装置 11、带旋流除砂器 13 的除尘管线 12。在阀 7 上接有通向大气的排气管 6。该系统还包括监测仪表：空气压力表 9，风量表 8 和温度计 10。压缩空气的温度不

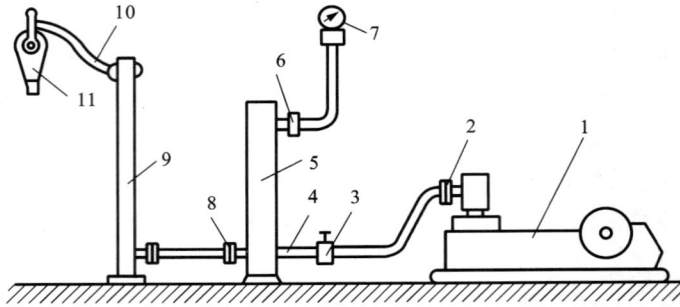

图 6-24　用大冲击功液动冲击器钻进时采用的增压管线示意图

1—泵；2，8—连接用的法兰盘；3—阀门；4—管线；5—储能器；
6—管接头；7—压力表；9—立管；10—高压软管；11—旋转水龙头

应超过 90℃，因为超过这个温度可能损坏橡胶软管。通常排出管 12 应顺风向安装，距离不小于 10 m。为了减少粉尘对钻场的污染，有时要在排出线终端安置吸气风扇。整个钻进过程中必须注意观察压风机的风压，因为压力下降 0.1 MPa 就将导致钻进速度下降 20%～25%。

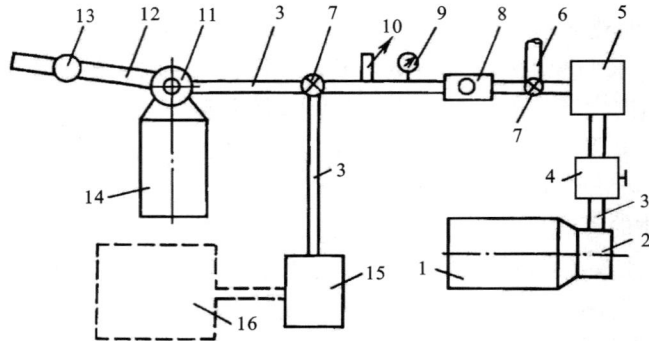

图 6-25　空气岩芯钻探的设备配套示意图

1—压风机；2—储气装置；3—连接软管；4—收集冷凝水的脱水器；5—冷却器；
6—排气管；7—阀；8—风量表；9—压力表；10—温度计；11—孔口密封装置；
12—除尘管线；13—旋流除砂器；14—钻机；15—钻探泵；16—泥浆池

压力升高的原因可能是孔内形成了岩粉堵塞或堆积。如果出口处岩粉量增大，表明孔内将出现岩粉糊钻，应尽快把孔内潜孔锤提离孔底，关闭冲击器，并吹孔 5～10 min。当出现岩粉卡钻时应在保证全量供气的同时下上上下活动钻具。

6.5　钢丝绳冲击钻进与振动钻进工艺

6.5.1　钢丝绳冲击钻进工艺

在中软 – 中硬岩石中钻进不深的钻孔时，常采用带冲筒、冲套和抽筒的钢丝绳冲击钻进工艺。这种钻进方法可形成环状孔底并获取对原状结构扰动较小的岩芯样品。

1. 钻机和钻具

钢丝绳冲击钻进用的典型轻型钻机示于图 6 – 26。这类钻机的基本构件有：单绳升降桅杆、行星式或摩擦式绞车和内燃机。钢丝绳冲击钻进时，在绞车作用下冲击钻杆带着冲筒一起上升，并突然下落至孔底，使冲筒一次次打入岩石。而且每次冲击之后，钻头在钢丝绳带动下回转一定的角度，从而形成圆形的钻孔。

为实现钻头在钢丝绳带动下回转一个角度的机构是钢丝绳接头，又称绳卡（见图 6 – 27）。把钢丝绳伸到活套中与活套固定。当钻具提升时，由于活套与整个钢丝绳接头连为一体，整个钻具因钢丝绳拉伸而转动一个角度，钻具下放时，活套脱离垫片此时钢丝绳因不受力而恢复原来状态（扭紧），连接钢丝绳的活套与垫片间产生滑动，使钢丝绳扭紧而不带动钻头转动。这样使钻头每冲击一次回转一个角度。

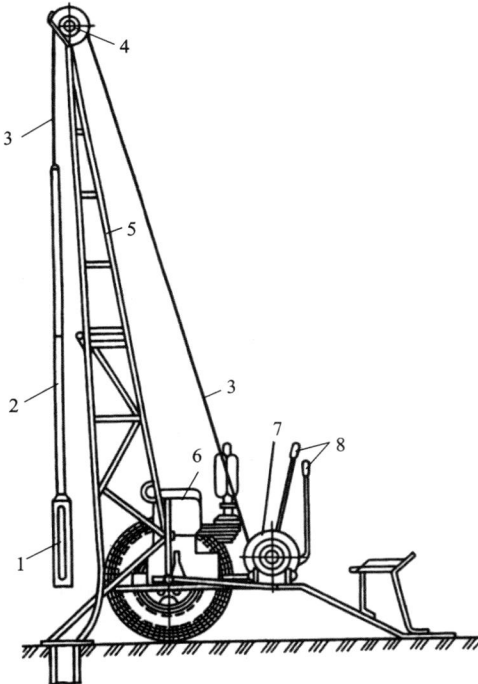

图 6 – 26　典型轻型钢丝绳冲击钻机示意图

1—冲筒；2—冲击钻杆；3—钢丝绳；4—天轮；
5—桅杆；6—动力机；7—绞车；8—操纵杆

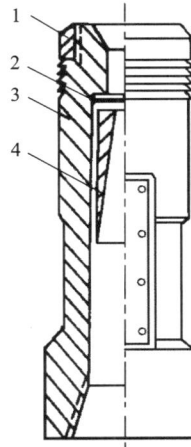

图 6 – 27　钢丝绳接头

1—保护箍；2—抖片；
3—接头体；4—活套

软岩中可用冲套或冲筒[见图6-28(a)]钻进。在含水砂层和黏土层中钻进时，常把加重型冲击钻杆(实心)与抽筒[见图6-28(b)]配套使用。取土器[见图6-28(c)]则用于工程地质钻取土样。该方法分地表冲击式和孔内冲击式两类。后者打入岩石的工具不离开孔底，其冲击载荷靠孔内冲击器[见图6-28(e)]来提供。

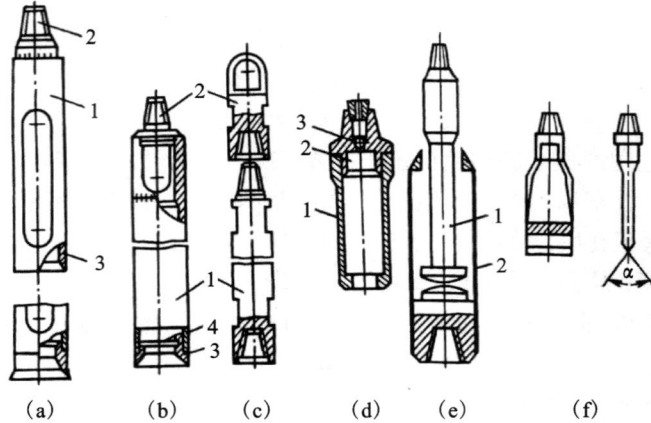

图6-28 轻型钢丝绳冲击钻机的配套钻具

(a)冲筒:1—开槽的管筒;2—锥形螺纹;3—管靴;(b)抽筒:1—圆柱形外壳;2—锥形螺纹;3—管靴;4—平面阀门;(c)冲击钻杆:1—钻杆;2—接头—提环;(d)取土器:1—取土器套筒;2—接头;3—排水球阀;(e)用于打入抽筒和取土器的孔内冲击器:1—冲击器;2—外壳;(f)一字型钻头

为了减少孔内粉浆对钻头的运动阻力，增大其冲击力，在全面钻进的大口径钢丝绳冲击钻头体上开有便于岩粉浆流通的沟槽。冲击钻头的刃角取决于岩性，一般对软岩层取65°~80°；中硬岩层90°~110°；硬岩110°~120°。为了减少钻头与孔壁的摩擦，在切削刃外端保留一间隙角(4°~8°)。钻头有多种形状，目前在漂石和硬夹层中普遍采用一字型钻头[见图6-28(f)]和带副刃的十字形钻头(见图6-29)。冲击钻头的基本尺寸见表6-7。

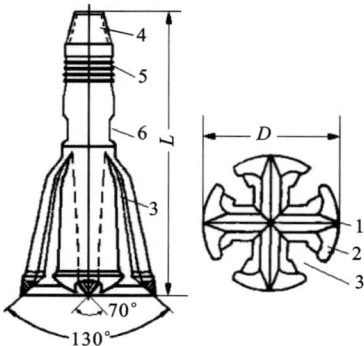

图6-29 带副刃的钢丝绳冲击钻头

1—主刃；2—副刃；3—水槽；
4—锥形丝扣；5—环形槽；6—扳手槽

表6-7 冲击钻头的基本尺寸

钻头直径 D/mm	钻头长度 L/mm
400	1380 或 1200
450	1450 或 1200
500	1500 或 1200
550	1600
660	1900

2. 钢丝绳冲击钻进工艺

1）钻具重量

钻具重量等于钻头、钻杆和绳卡的重量之和。所选定的单位刃长上的钻具重量取决于岩性：

软岩层——200～300 N/cm；

中硬岩层——350～400 N/cm；

硬岩层——500～600 N/cm；

极硬岩层——650～800 N/cm。

2）冲击高度

冲击高度是指钻头在冲击运动时提离孔底的高度。钻进软岩时工具的提升高度为0.6 m，硬岩为1.0 m。用抽筒钻进时，抽筒的提升高度为250～450 mm，通常同时用套管护壁，以防孔壁坍塌。在含砾石和碎石的地层中，工具的提升高度减至50～100 mm。

3）冲击次数

冲击次数与冲击高度是互相联系又互相制约的。钻进软岩时冲击次数应为15～25 次/min。用抽筒钻进时冲击次数20～40 次/min。在含砾石和碎石的地层中冲击次数应增至46～60 次/min。

钻进中冲筒侵入岩石主要靠冲击钻杆、钻具自重及向孔底下落时获得的动能，或孔内冲击器作用于孔底冲筒的能量。在第一种情况下，1～2 次冲击就可使冲筒浸入孔底0.05～0.2 m深。第二种情况下，合理的冲击次数必须在持续冲击1～3 min内使冲筒浸入孔底0.2～0.6 m深。

很明显，冲击次数愈多（即单位时间对岩石的破碎作用次数愈多）钻进效率就越高。但钢丝绳冲击不能任意增加冲击次数。因为每冲击一次需要一定的时间，冲击次数 n 与冲击高度 S 的平方根成反比关系，增加冲击次数就必然减小冲击高度。增大 S 对 n 影响不大，反之增加 n 对 S 影响较大。所以对于不同的岩石存在着合理的冲击次数。

冲击高度 S 与冲击次数 n 的合理搭配关系见表6-8。

表6-8　S 与 n 的关系表

钻具冲击高度/m	合理的冲击次数/（次·分$^{-1}$）
1.1	50
0.95	54
0.78	58
0.48	60

4）岩粉密度

岩粉密度大将影响钻具下降加速度，对破岩效率不利，但对悬浮岩屑有利。若岩粉密度太低，则岩屑留在孔底形成岩粉垫，使钻头不易接触孔底，钻效将很低。所以，对不同的岩性存在着最佳岩粉密度，即岩石密度越大，岩粉密度可越高。实际操作中可通过控制淘砂间隔和数量来调整岩粉密度，规程上规定"勤掏少掏"就是为了控制岩粉密度。

3. 典型岩层的钢丝绳冲击钻进工艺要点

（1）含大卵石、大漂石的地层。这种地层用其他钻进方法不易奏效。采用冲击钻进时宜取大冲击高度，低冲击次数，并适当加大钻具重量。该类地层钻进和护壁同样重要，应加入黏土增加孔壁的稳定性，采用大刃角防止钻头磨损过快，同时注意防止卡钻。

（2）黏土层。该地层钻速不是主要问题，重要的是防止黏土层造成糊钻事故，一般应勤掏浆并及时回灌密度小的泥浆。钻具重量不宜过大，刃角要小，适当减少冲击次数。

（3）砂层。主要问题是保护孔壁，应采用优质泥浆压孔钻进，薄砂层可投入黏土球来护壁，对于厚砂层则只能跟管钻进。

（4）石灰岩地层。脆性的石灰岩地层很适合用冲击钻进，钻具重量不必很大，钻头底刃要用硬材料补强，使用优质泥浆，勤掏少掏，在有溶洞的地段注意防斜。

6.5.2 振动钻进工艺

1. 钻机和钻具

振动钻进是借助地表振动器经钻杆柱向孔底钻头施加振动（高频冲击）载荷的一种钻进方法。

振动钻进的原理可形象地表述如下：如果向盛满砂子的容器内投入钢球，只能在砂面上压出一个坑，钢球仍处于砂子表面。但若砂子受到振动，则钢球会逐渐沉到砂子里，直至容器底部。

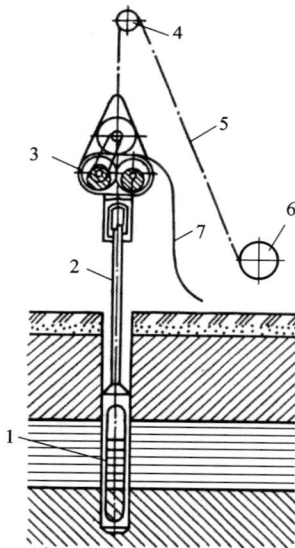

图 6-30　振动钻进工作原理示意图

1—振动钻头；2—钻杆；3—振动器；
4—天轮；5—钢丝绳；6—绞车；7—电缆

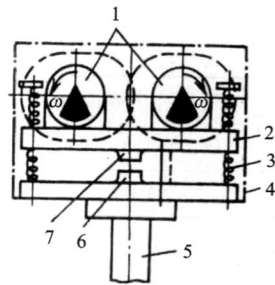

图 6-31　震动锤的结构原理图

1—偏心轮；2—承冲板；3—弹簧；
4—外壳；5—接头；6—铁砧；7—锤头

振动钻进的工作原理示于图 6-30。图 6-31 给出了高频冲击载荷发生器的结构原理图，它称为电动振动器或震动锤。振动器以下述方式工作。两个布置在对称平面上的偏心锤

1固定在外壳4内，相互之间通过齿轮啮合并用三角皮带与电动机相连。两个偏心轮反向转动，其扇形块总是同步到达水平位置，这时它们的离心力大小相等，方向相反，相互抵消，而在垂直方向上则相互叠加。铸铁的震动锤外壳质量达300~400 kg，它也以电动机转速的频率上下运动。

振动器的最大冲击力 F_{max} 由下式确定：

$$F_{max} = m\omega^2\varepsilon \tag{6-4}$$

式中：m——偏心轮的质量；

　　　ω——偏心轮回转角速度；

　　　ε——扇形块相对于偏心轮回转轴的偏距。

加重型振动器(震动锤)的结构中通过弹簧定位限制了垂直振幅(参见图6-31)，并且明显增大了参与振动的元件重量——带锤头7的承冲板2，带铁砧6的外壳4。根据动量守恒定律，把冲击载荷维持在最小振幅范围内(不超过15 mm)将有利于改善震动锤的工作状况，提高其可靠性。

振动钻进的主要工具是振动钻头，它可切入岩土体并与钻具一起把实物样品(岩芯)提至地表。振动钻头往往做成内置式或侧面开槽式取样工具，以便取出原状松散岩矿芯的实物样品，供地质描述用。振动钻的常用工具见图6-32。

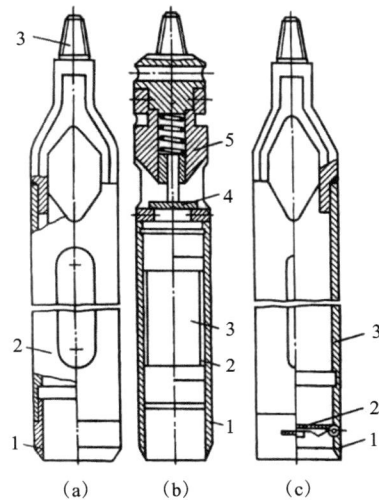

图6-32　用于振动钻的破岩与取样工具

(a)振动钻头：1—管靴；2—开窗的取样管；3—钻杆锁接头锥螺纹；(b)取土器：1—管靴；2—内置岩芯管；3—采集岩芯的内置衬套；4—阀；5—接头；(c)振动抽筒：1—管靴；2—平板阀门；3—开窗的取样管

2. 振动钻进的工艺特点

振动钻进中振动钻头对岩石的作用并不像想象的那么简单。振动钻进时，环形钻头以较小的接触压力压在岩石上。从原理上讲，振动钻头在振动钻进中侵入岩石的主要作用既不是来自轴向力(钻具的重量不可能保证所需的给进力)，也不是来自回转力。振动钻进的特点在于，即使非常致密的黏土在接触区内也会被压实，并析出颗粒间的联系水。也就是说，其过程的实质不是岩石颗粒的机械分离、位移或再沉积，而是岩石颗粒在物理意义上发生了深刻的变化。图6-33反映了振动钻进的工作状况与机理。作用在钻杆和振动钻头上的高频振动脉冲 P 被变换成环形区域的压应力 σ，并以压缩-拉伸波的形式以声速沿钻柱传播。压缩波遵守虎克定律(应力-应变关系)，在振动钻头的钢体上将出现显微增厚——局部环状直径增大，并随着压缩波一起沿振动钻头向下移动(见图6-33中的虚线)。

随着压缩波的幅值增大，由压缩波前端皱褶力引起的显微机械变形也将增大，并作用于贴近振动钻头的岩石上，在高频、大幅值压缩波的重复作用下，使这些岩石的颗粒处于更密实的状态，岩石中的孔隙逐渐消失并置换出钻孔周围岩层和岩芯中的自由水和物理意义的联系水。

上述讨论的内容说明了岩石破碎过程的某种奇异现象和振动钻进工艺的特点：

（1）振动钻进的方法只能使岩石在物理意义上被压密，甚至像煤、石盐、白垩沉积层等很弱的岩石也很难振动钻入，因为弹性波在这些岩石中传递时，不能把钻头的弹性变形转换成岩石的塑性变形。

（2）用振动钻进方法很容易在含碎石的干风化壳（含物理意义的联系水）、碎石－砾石层等难钻进的岩石中成孔，但在地压作用下其颗粒已处于临界压实状态的流砂层、富含自由水的砂层和类似结构的黄土层中却很难钻进。虽然这类岩层在自由状态下的机械强度很弱。也就是说，即使在软－中硬岩石中振动钻进也不是万能的，必须通过理论分析与试验来确定是否采用振动钻进，以及其最合理的振动频率。一般来讲，振动钻进的振动频率越高，钻具的振幅随之越大。当频率超过某一值时，钻具和岩层间产生相对滑移，钻具开始切入岩层，这时的频率称为"起始频率"。随着频率越高，钻速也就越大，频率

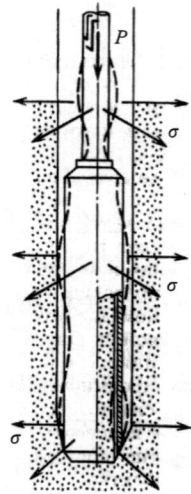

图 6－33　振入管内外岩层及岩样被微压实的示意图

进一步提高的情况下，钻具的振幅达到"极限振幅 A_∞"，如图 6－34 所示。但并非频率越高越好。因为钻机的功率消耗 W 与频率成三次方的关系：

$$W = \frac{M^2 f^3}{4Q} \qquad (6-5)$$

式中：M——偏心力矩；

　　　f——振动频率；

　　　Q——钻具质量。

当动力机的功率一定时，增加 f 势必降低 M，M 的减小则使振幅 A 随之减小。而钻速又与振幅成正比。因此，为了不降低钻速，在功率一定，偏心力矩又要保持足够大时，振动频率不能选择过高。通常振动钻进中振动频率都选择

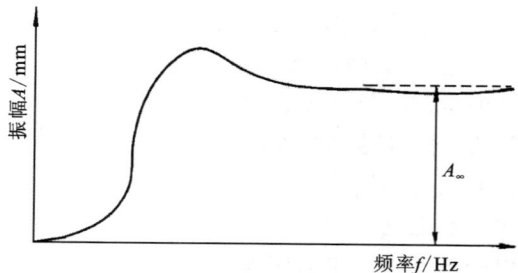

图 6－34　振幅与频率的关系

在 17～37 Hz。若又在振动的基础上辅以钻头回转将取得很好的钻进效果。

（3）振动钻进的适用孔深有限。原因在于压缩弹性波在沿钻杆柱传播时会衰减——压缩区（反向拉伸）的长度会增大，从而使钻进效率下降。一般情况下，当振动器安装在地表时，振动钻进的深度原则上不超过 36 m。

（4）振动钻进是工程勘察钻进中效率很高的工艺方法，可达 50～70 m/班，而且可获得研究地质剖面所需的优质纪录。但振动钻进的适用岩石可钻性范围有限，纯钻进时间利用率较低（不超过 25%），振动钻头的清理过程繁杂。振动钻进的重要工艺特性之一是回次长度有限（一般不超过 2.0～2.5 m）。可解释为，随着回次长度加大，振动钻头中岩芯的充满程度增大，承受振动的质量也增加，根据动量守恒定律振幅将成正比地减少。

第7章　钻孔取样技术与工艺

钻探工程是地质勘探工作获取实物地质资料(土样、岩矿样、水样和气样等)的重要手段。国家或企业投入大量资金进行钻探工作,不仅要求提高钻进效率,更重要的是保证其采取样品的质量。要对钻探取出的样品进行地球化学分析、岩矿鉴定、岩石(矿物)的物理力学性质分析,甚至化验所钻地层煤样的含气量特性。有时还要用数量较多的样品完成工艺试验。这些样品的质量直接影响着工程地质调查、地质构造判断、矿产资源评价、水文地质调查,以及提交矿产储量的准确性与可靠性。因此,如何从钻孔中取全、取准可靠的实物地质资料是本专业的关键技术之一。水样和气样的采取比较特殊,本章重点介绍土样和岩矿样的采取。

7.1　土样的采取

7.1.1　原状土样的概念

工程地质钻探的主要任务之一是在岩土层采取岩芯或原状土试样。在采取试样过程中应该保持试样的天然结构,如果试样的天然结构受到破坏,便称为"扰动样"。扰动样在工程地质勘查中是不容许的,除非明确说明另有所用,否则此扰动样作废。天然结构的原状试样有岩芯试样和土试样。岩芯试样的天然结构一般不易破坏,而土试样却很容易被扰动。

按照取样方法和试验目的,岩土工程勘查规范对土样的扰动程度分为如下的质量等级:

Ⅰ级——不扰动,可进行土类定名、含水量、密度、强度参数、变形参数、固结压密参数试验。

Ⅱ级——轻微扰动,可进行土类定名、含水量、密度试验。

Ⅲ级——显著扰动,可进行土类定名、含水量试验。

Ⅳ级——完全扰动,可用于土类定名。

在钻孔取样时,用薄壁取土器采取的土样定为Ⅰ~Ⅱ级;用中厚壁或厚壁取土器采得土样定为Ⅱ~Ⅲ级;用标准贯入器、螺旋钻头或岩芯钻头所采用的黏性土、粉土、砂土和软岩试样皆定为Ⅲ~Ⅳ。

7.1.2　取土的方法

1. 压入法

压入法[见图7-1(a)]分为连续压入法和断续压入法两种。前者是用滑轮组合装置将取土器一次快速地压入地层中,适用于软土层中的取样;后者是将取土器分二次或多次压入地层中。

2. 击入法

击入法一般适用于较硬与坚硬的土层取样，分为孔外击入法和孔内击入法两种。孔外击入法［见图7-1(b)］是在地表用吊锤打击钻杆上的打箍，将取土器击入地层中。孔内击入法［见图7-1(c)］是在孔内用重锤打击圆柱形定向器，将取土器击入地层中。孔内击入法结构简单，操作方便，取土效率高，土样扰动小，故一般常采用该法。

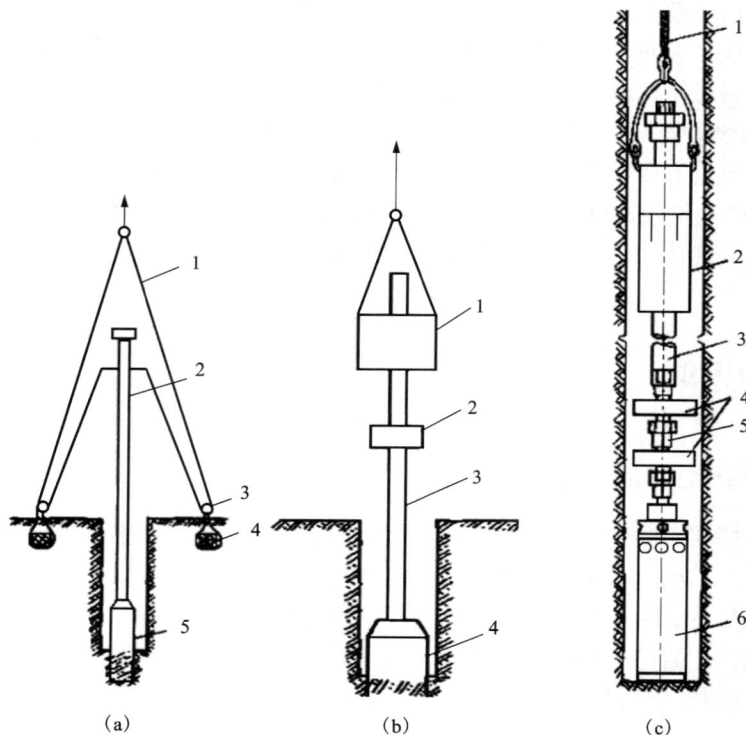

图 7-1　取土样的方法

(a)压入法：1—钢丝绳；2—钻杆；3—固定滑轮；4—底梁；5—取土器。(b)孔外击入法：1—吊锤；2—打箍；3—钻杆；4—取土器。(c)孔内击入法：1—钢丝绳；2—重锤；3—穿心杆；4—圆柱形定向器；5—钻杆；6—取土器

3. 回转击入法

采取坚硬土层中的土样或岩样时，若上述取土法无法采取，可采用机械回转钻进用的回转压入式取土器（双层取土器）。若须在岩层中采取原状样品时，可在岩芯钻探的岩芯中直接挑选原状样品。

7.1.3　取土器的基本技术参数

1. 直径

取土器的内外径尺寸（见图7-2）是否合理，关系到土样的质量。若直径过小取上来的是扰动土样，若过大则给施工带来不便，设计取土器直径时，一般应考虑下列因素：

（1）取土方法。取土时土样与取土筒内壁产生摩擦，而造成土样边缘扰动，此扰动的宽度与取土方法有关。采用压入法或击入法扰动带宽度一般在 10 mm 左右。

（2）土层性质。扰动带的宽度与土层性质有关，对于软土、黄土等易于扰动的土层，宜采用直径较大的取土器；反之，对于砂性土等扰动小的土层，可采用直径较小的取土器。

（3）配合环刀直径。目前土试验所用环刀直径有 61.5 mm、64 mm 和 80 mm 几种，土样直径除去扰动带宽度，还应稍大于环刀直径。

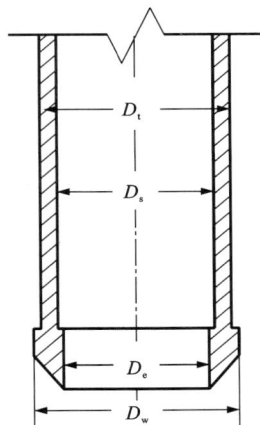

图 7 - 2　取土器部分尺寸符号

2. 面积比（A_r）

面积比，系指取土器最大断面与土样断面之比的百分数。

$$A_r = \frac{D_w^2 - D_e^2}{D_e^2} \times 100\% \tag{7-1}$$

式中：D_w——取土器管靴外径，mm；

D_e——取土器管靴内径，mm。

面积比越小，则土样所受的扰动程度就越小，要使面积比小，关键是减少取土器壁厚，但取土器太薄容易产生变形或破裂。目前常用的取土器面积比是根据土样种类而选用的。对一般黏性土和老黏性土可选用面积比小于 30%，壁厚小于 6 mm 的对开式取土器；而软黏土可选用面积比小于 20%，壁厚为 3~4 mm 的取土器。

3. 内间距比（C_i）

内间距比即取土筒内径与刃口处内径之差对刃口处内径之比的百分数。内间距比是取土器内侧与土样间摩擦力的标志，摩擦力的作用使土样周围发生扰动，并阻止土样进入。故内间距比过小，将造成扰动宽度增加，若内间距比过大，摩擦力小，提取时，土样容易由土样筒内脱落。

$$C_i = \frac{D_s - D_e}{D_e} \times 100\% \tag{7-2}$$

式中：D_s——取土筒内径，mm。

实践证明，在软黏土中取土器的内间距比以 0.5%~1.0% 为宜；一般黏性土以 1.0%~1.5% 为宜；老黏性土以 1.3%~1.5% 为宜。

4. 外间距比（C_0）

外间距比系指取土器筒靴外径与取土筒外径之差对取土筒外径之比的百分数。外间距比是取土器外侧与土壤摩擦力的标志。外间距比大，取土器易于进入土层，但太大将会增大其破土面积，增加面积比。对一般黏性土和老黏性土的外间距比以 1% 为宜；对于软黏土则取零。

$$C_0 = \frac{D_w - D_t}{D_t} \times 100\% \tag{7-3}$$

式中：D_t——取土筒外径，mm。

按地层分类，常用取土器的基本技术参数如表 7-1 所示。

表 7-1　取土器基本技术参数

土层类别	取土方法	内径/mm	内间距比/%	外间距比/%	面积比/%	壁厚/mm	长度/mm			
							有效长度	土样	余土管	管靴
湿陷性黄土	振动	140 120	1.0~1.5	2.0~3.0	<12					
一般黏性土	压入或击入	90~100	1.0~1.5	1.0	<30	<6	490	240	200	5
软黏性土		100	0.5~1.0	<1.0	<20	3~4	640	240	300	100
较硬黏性土		90~100	<1.5	1.0~2.0	<30	<6	350	200	100	50
砂		80	0	0	<10	1.5~2.0	200	200	0	0
砂质黏土		80	0.5~1.0	0			350	200	100	50

7.1.4　取土器的类型和结构

1. 取土器的类型

取土器的种类很多，可按下述原则分类：

（1）按取土器下部封闭形式分：敞口式和封闭式；

（2）按取土器上部封闭形式分：球阀封闭式，活阀封闭式和活塞封闭式；

（3）按取土器壁厚分：薄壁取土器，中壁取土器和厚壁取土器；

（4）按地层分：土层、砂砾石层、砂层和淤泥层取样器。

2. 取土器的结构

不同类型取土器其结构也不同，常用的原状取土器（如图 7-3 所示）由接头、球阀、残余管、半合管、取样筒及管靴等部件构成。

各部件的功能要求是：管靴应淬火处理，以保证有较大的强度、硬度和刚度；管靴刃口角因切入土层性质不同而有差别，一般切入软土层时刃口角度较小，切入硬土层

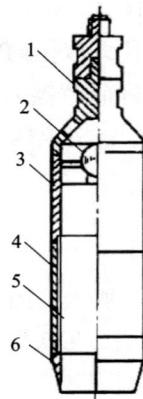

图 7-3　原状取土器

1—钻杆接头；2—球阀；
3—残余管；4—对开半合管；
5—取样筒；6—管靴

时较大。对一般土层，刃口角度约为10°；半合管内装有取样筒，取样筒要求平整、圆度好、光滑；在半合管上部的残余管长度一般为300 mm左右，供存储土样上部剩余土之用；阀门及其他密封装置的主要作用是排开孔内水柱对土样的压力，保护土样的采取效果。取样时，取土器内的水可随土样进入取样筒内，而随土样的压入冲开阀门，经上部排水孔排出流入孔壁间隙，提升取土器时，阀门关闭，孔内水不能进入取土器，起到密封作用。

7.1.5　减少土样扰动的注意事项

合理的钻进方法是获取不扰动土样的前提，特别对结构敏感或不稳定的土层尤为重要。从经验来看，主要注意如下几点：

（1）在结构性敏感土层和较疏松的砂层中需采用回转钻进，而不得采用冲击钻进。

（2）用泥浆护孔，可以减少扰动，并注意在孔中保持足够的静水压力，防止因孔内水位过低而导致孔底软黏性土或砂层产生松动或涌起。

（3）取土钻孔的孔径要适当，取土器与孔壁间要有一定间隙，避免下放取土器时切削孔壁，挤进过多的废土。尤其在软土钻孔中，时有缩径现象，则更需加大取土器与孔壁的间隙。应保持钻孔孔壁垂直，以避免取土器切刮孔壁。

（4）取土的前一次钻进不宜过深，以免下部拟取部位的土层受扰动。并应在正式取土前，把已受一定程度扰动的孔底土柱清理掉，避免废土过多，以及取土器顶部挤压土样；取土前还应准确丈量取土器深度和进尺深度等尺寸。

（5）取土过程中每个操作工序，均应细致稳妥，以免造成扰动；取出的土应及时用蜡密封，并注明上下端，贴上标签，做好记录。在土样封存、运输和开土做试验时，都应注意避免扰动，严防振动、日晒、雨淋和冻结。

7.2　岩矿芯采取

众所周知，地质钻探工程的六项质量指标是：岩矿芯的采取与整理、钻孔弯曲、校正孔深、简易水文观测、原始报表和封孔。在这六项质量指标中，岩矿芯的采取排在首位，可见它在钻探工程中的重要地位。

7.2.1　岩矿芯采取的基本要求

1.岩矿芯直径和采取率

所需岩芯直径（岩芯样品的横向尺寸）是设计钻孔结构的先决条件。当限制了最小岩芯直径时，便自下而上地决定了整个钻孔结构各孔段的尺寸。

在钻探工艺过程中用岩芯采取率来作为衡量钻探工作质量的重要指标之一，它是采集到地表的岩芯长度 l 与回次进尺长度 L 之比的百分数：

$$B = \frac{l}{L}100\% \tag{7-4}$$

一般要求：岩芯采取率 $B \geqslant 65\%$，矿心 $B \geqslant 75\%$，如果不足，应进行补取。在某些情况下（勘探砂金矿、在空间分布上很稀疏的矿产），也可用体积指标或岩芯块数指标来方便地表示岩芯采取情况。

2. 完整性

要求取上的岩矿芯保持原生结构和原有品位，以便划分矿石类型，观察矿物原生结构和共生关系；尽量避免人为破碎、颠倒和扰动。

3. 纯洁性

要求取上的岩矿芯不受外物的浸蚀、污染和渗入，以免影响矿石的品位、品级和物理性质。如煤心混入黏土将使样品的灰分增加，滑石混入泥浆将使二氧化硅含量提高等。

4. 避免选择性磨损

矿心的选择性磨损，会使其内在物质成分发生变化，造成矿物人为贫化和富集，歪曲原品位和品级。

5. 取芯部位准确

要求取上岩矿芯的位置准确，是为了得到岩矿层准确的埋藏深度、厚度和产状、以便准确地计算矿产储量和确定其地质构造。

7.2.2 影响岩矿芯采取率与品质的因素

1. 自然因素

属于自然（地质）因素的是岩石在钻进过程中的稳定性。其中重要的是强度和完整性（裂隙性程度）、矿物成分的均质性、各向异性和宏观构造特性（片理和软硬互层）、埋藏条件和层理、片理面与钻孔轴线的遇层角。对岩芯采取率影响最大的因素是岩石软硬互层、与钻孔轴线呈斜角的片理和裂隙性。

钻进坚硬、致密、均质完整的岩矿层时采取率高，岩矿芯不怕冲刷、不怕振动，易于得到完整的能保持原生结构的岩矿芯。钻进很软但均质的岩石，只要钻进规程合理照样可获得很高的岩芯采取率。但钻进软硬互层的岩石时，由于工艺规程主要取决于剖面中最坚硬的夹层，已进入岩芯管的软夹层对钻进硬岩的规程非常敏感，极易遭受强烈破坏，使岩芯采取率低下，甚至取不出软夹层的岩矿芯。钻进斜片理岩层时，最容易因岩芯沿着层理面劈裂形成天然楔子造成岩芯自卡。岩石的裂隙性是造成岩芯碎块在回转的岩芯管内相互磨损和产生岩芯堵塞的客观因素。

2. 人为因素

人为（工艺）因素是指钻进过程中不利于岩芯进入岩芯管或对已进入岩芯管的岩芯造成破坏作用的因素。

1）钻进方法选择不合理

钢粒钻进时振动大、孔壁间隙大、钻出的岩矿芯细，对岩矿芯的磨损作用最大；硬质合金钻进时磨损轻微；金刚石钻进时磨损最小。但金刚石空气钻进时，孔底钻头处的温度环境对岩芯有一定的损伤作用。由于空气的相对热物理惰性较高，金刚石空气钻进时孔底温度可能达 220℃（用冲洗液钻井时岩芯的温度不超过 25℃）使岩芯呈现 5 ~ 10 mm 厚的薄片状。从而导致岩芯损耗。

正确选择与所钻岩石相适应的钻进方法、工艺参数和合理的取芯规程，将保证孔底破岩的高效率，缩短回次钻进时间。回次持续时间决定了作用在岩芯上的破坏作用的持续时间，尤其直接影响岩芯采取率。

2）钻具结构选用不合理

钻进中岩芯管回转（尤其是使用弯曲或偏心的岩芯管、钻杆时）将使管内已脱离母体的岩芯块以不同的角速度回转，产生离心力和水平振动，使岩芯受到冲撞、相互磨蚀并与岩芯管发生摩擦而破坏。当然岩芯管回转的负面作用仅对裂隙性岩石产生明显影响，而完整的块状岩芯不可能相互磨蚀。对非均质岩石、弱胶结性和含坚硬颗粒的岩石（某些砂岩），以及软岩石而言，岩芯管回转作用造成岩芯块相互磨蚀的程度更严重。

对取样质量影响最大的是岩芯卡取工具。岩芯卡断器选择得不正确将导致钻进过程中对岩芯的二次破坏或岩芯自卡，甚至无法保证提钻时卡住岩芯并把它提至地表。

应根据所钻岩矿层性质选择合适的取芯工具，正确地选择孔底冲洗液循环方式，才可能避免岩芯的损耗破坏，取得采取率高和代表性好的岩矿芯。

3）钻进规程不当

（1）钻压。压力过大将加剧孔底钻具的弯曲和振动，使岩矿芯受到强烈的机械破坏；压力不足则进尺慢，延长了岩矿芯在孔底岩芯管内受破坏作用的时间。

（2）转速。转速过高，钻具振动幅度增大，对岩矿芯的破坏加剧；转速过低则钻速低，那么已形成的岩芯遭受二次破坏作用的时间也就越长。

（3）泵量。冲洗规程对于保护岩芯具有特别的意义，主要表现在两个方面。一是破坏性的水动力作用。泵量过大则冲刷力也大，将直接冲毁和破坏软的、易冲蚀和易溶性岩石（亚砂土和砂质黏土、砂层、软煤层、石盐等）的岩芯。在不同的钻进方法中泵量差异很大，金刚石钻进单位钻头直径上的泵量最小，冲击—回转钻进的最大。冲洗液的水动力作用还与冲洗液性质有关，黏土质泥浆的密度和流动阻力大，所以对岩芯的冲蚀作用更明显。二是循环方式。冲洗液流从上往下直接冲刷岩芯管中已破碎的岩芯碎块（屑），容易带走其中轻质、易溶和易挥发的成分，导致重的和稳定的成分歪曲性地富集。

4）操作方法不正确

钻进中盲目追求进尺，回次时间过长，提钻不及时，都会增加岩矿芯在孔底被破坏的可能性；提动钻具过猛或采心方法不当，则易造成岩矿芯脱落；退心时过分敲打易造成岩矿芯的人为破坏和上下顺序颠倒，影响岩矿芯的完整性，歪曲岩矿芯的层次。

总之，对采取岩芯产生负面影响的自然因素和人为因素并非单独起作用，而是具有交互作用。不同的地质因素和工艺因素组合决定了具体条件下岩芯的损失程度。只要我们根据岩性正确选择钻进方法、取芯钻具类型和结构并规范操作，就可能达到保护岩矿芯获取高质量样品的目的。

7.2.3　关于岩芯堵塞问题

随着岩芯管内岩芯增长，岩芯发生自卡、堵塞的可能性也增大。虽然岩芯堵塞的现象带有偶然性，但已成为影响岩芯钻探质量和效率的拦路虎之一。回次过程中许多因素都可能诱发岩芯堵塞：钻进层理、节理性岩石或破碎岩石时的岩芯自动碎裂，胶结性差的岩层中的硬碎块脱落，岩芯与岩芯管内壁的摩擦力大，钻具横向振动大，内管同步回转等。一旦出现岩芯自卡便堵塞了新形成的岩芯进入岩芯管的通道。

岩芯堵塞在岩芯管内的情况如图 7-4 所示。如岩芯柱呈 α 角断裂，钻杆柱向下移动时，在压力 P 作用下，上面这块岩芯将对下面那块产生一个作用力 N，而对管壁则产生法向楔紧力 Q。此外，在接触表面产生摩擦阻力 τ 和 τ_l，阻碍岩芯块间的相互错动和岩芯相对岩芯管的移动。

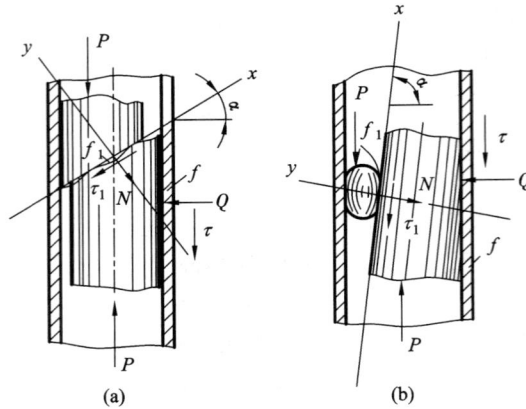

图 7 - 4　岩芯在管内自卡现象示意图
(a)裂隙岩层中；(b)胶结性差的研磨性岩层中

接触表面上的摩擦力可写成：

$$\tau = Qf; \ \tau_l = Nf_1 \tag{7-5}$$

式中：f、f_1——岩芯与岩芯管和岩芯与岩芯之间的摩擦系数。

分析该问题时，假定岩芯靠摩擦力黏附在岩芯管上，相互之间不存在滑动。下部岩芯上的 P 力可从最小值变至最大值，其最小值取决于上面岩芯的重量，其最大值则等于钻头上的轴向压力。由于岩芯与岩芯管内壁的黏附靠摩擦力，那么岩芯进入岩芯管的必要条件为：

$$P > \tau; \ P > Qf \tag{7-6}$$

从平衡方程中($\sum F_x = 0$ 和 $\sum F_y = 0$)可以找出，岩芯在岩芯管内不发生堵塞时的楔紧力 Q 和岩芯与岩芯管接触面上的最大允许摩擦系数，这两个值可从下式求得；

$$Q = p\left(\frac{\tan\alpha - f_1}{1 + f_1\tan\alpha}\right) \tag{7-7}$$

$$f \leqslant \frac{1 + f_1\tan\alpha}{\tan\alpha - f_1} \tag{7-8}$$

公式(7-8)表明，岩层层理角和碎裂角愈大，则摩擦系数 f 愈小，f 与 f_1 之间的差也应该愈小。因此，在可能发生岩芯自堵的条件下应采取以下措施来提高取芯率：

(1)为降低岩芯与岩芯管接触面上的摩擦系数和楔紧力 Q，应提高岩芯管内壁加工的光洁度；采用低摩擦系数的抗摩擦材料(涂覆玻璃搪瓷、塑料、石墨等)制作第三层内管；用滚动摩擦取代滑动摩擦。

(2)冲洗液中加入润滑剂并提高冲洗液密度，以增大对已断裂岩芯块的浮力；适当增大钻头轴压帮助岩芯块克服摩擦力。

(3)取芯钻具采用与地层条件相适应的扶正器、卡簧和卡簧座。采用局部反循环，全孔反循环工艺，用水力推动岩芯从孔底沿岩芯管上移；或采用有弹性容纳管的取芯器、螺旋等手段，用机械方法帮助岩样上移。

7.2.4　岩矿层取芯难度分类

对岩矿层取芯的难易程度分类，有利于根据不同的岩矿层类型选择适应的取芯工具和取芯措施。我国目前按取芯难易程度不同，把岩矿层分为五类（见表 7－2）在第一类岩矿层中采用任何钻进方法和取芯工具都能达到满意的效果。而在二至五类岩矿层中，如何采用合理的取芯工具和方法来满足取芯质量要求则是必须重视，甚至很难完全解决的问题。

表 7－2　按取芯难易程度对岩矿层分类

岩矿层类别		可钻性等级	岩矿层主要物理力学性质	适用取芯方法和取芯钻具
一类	完整、致密、少裂隙、不怕冲刷的岩矿层	板岩、灰质页岩、致密石灰岩、砂岩、花岗岩、致密铁矿、铜矿等	4～12	不易破碎，耐磨性高，不怕冲刷，取芯容易，采取率高。	普通单管合金钻进和钢粒钻进，卡料取芯，金刚石双管钻进，卡簧取芯。
二类（1）	节理、片理、裂隙发育的破碎的岩矿层	中硬、碎、脆岩矿层（矽卡岩、辉绿岩、千枚岩、轻硅化灰岩、汞矿、黄铁矿、磷矿、石墨、滑石等。）	4～7	黏性低或无黏性，抗磨性低，回转振动易破碎，或酥脆，怕冲刷，易磨损流失或污染。	无泵钻进，双动双管、隔水单动、活塞单动、爪簧式单动双管、孔底喷射反循环钻具。
二类（2）	硬、脆、碎岩矿层	石英二长斑岩、粗面岩、变质安山岩、花岗斑岩、强硅化灰岩、钼矿、铅锌矿等	7～9 10～11 （部分）	无黏性，易受钻具振动和冲洗液冲刷而破碎成块状，易磨损、流失，不易取出完整岩矿芯	钢粒钻进喷射式反循环钻具，金刚石双管钻具，无泵双动双管钻具
三类	软硬不均、变化频繁不稳定的岩矿层	不稳定的煤层、氧化矿床、破碎带、砾石层等。	可钻性相差悬殊	围岩与矿体间可钻性悬殊，易碎，易磨，黏性差，怕冲刷，煤层怕烧灼变质，不易钻进和取芯	爪簧式单动双管、隔水式单动双管等。
四类	软、松散破碎的岩矿层	表土、黏土层、煤层、软黏矿、铁帽、铝矾土、褐铁矿、断层带、氧化破碎带。	1～5	胶结性差，松散易破碎，易烧灼变质，易坍塌。	无泵反循环钻具，单动双管，伸缩式单动双管，孔底喷射反循环等。
五类	易被冲洗液融蚀、溶化的岩矿层	如岩盐、钾盐、石膏、芒硝、冻土层等。	2～5	易溶解、溶蚀、怕冲刷	用不同介质的饱和冲洗液，进行无泵钻进

在钻探作业中，可以用不同的手段来提高岩矿芯采取率，目前常用的方法主要有三种：一是从取芯工具结构上想办法，保证钻进过程中岩芯能顺利进入岩芯管，并在提钻过程中不脱落；二是在钻进过程中保护岩芯，防止其遭受二次破碎；三是在钻进和提钻过程中保护岩芯管内已破碎的岩芯材料。

提高岩芯采取率的最简单方法是限制回次长度。通常地质人员会提出把钻进回次长度限制在 1 m、0.5 m。为了获取专门的和特别有代表性的样品甚至可能把回次长度限制得更短。这种思路限制的仅仅是对岩芯破坏作用的持续时间，但它将明显增大用于升降钻具和其他辅助作业的时间消耗，提高成本，而且在深孔钻探生产中并非总是有效。

在现代钻探实践中，人们已逐渐接受取"样"，而不一定要取"心"的理念，即不把防止岩芯二次破坏，取出完整柱状岩芯放在第一位，而是把获取包含了全部矿物原始组分，满足正规化验要求的样品(可以是岩芯，也可以是岩屑)放在第一位。前者是不惜成本片面追求岩芯采取率指标的做法；而后者才是以实现地质目的为宗旨的科学做法。近年来，澳洲、北美和欧洲部分国家已广泛应用反循环连续取样钻探技术。这种技术思路的特点是注重保护和输送已破碎的岩矿芯材料，既大幅度降低钻探作业成本，又保证了好的地质效果。

7.3　提钻取芯钻具及工艺

在岩芯钻探生产实践中，常采用两种提取岩芯样品的方法：一是提钻取芯法，即在卡牢岩芯后把所有孔内钻具(不管钻头是否还能继续工作)提升至地表，目的只有一个，就是从岩芯管内取出岩芯；二是在不必换钻头的情况下，不用提升所有孔内钻具，而是通过绳索打捞或其他方式把岩芯取出。提钻取芯法将浪费大量升降钻具的辅助作业时间，但目前在国内钻探界使用更广。本节着重介绍提钻取芯法所用的钻具和工艺。

7.3.1　卡取岩矿芯的方法

在钻进回次结束前(特别是在完整岩矿层中)必须先将岩矿芯卡(拉)断，然后再将岩芯管提至地表。常用的卡取岩芯方法有：卡料卡取法、干钻卡取法、沉淀卡取法和楔断器卡取法。

1. 卡料卡取法

当用硬质合金和钢粒钻进中硬及中硬以上、完整的岩矿层，钻进回次终了时，可从钻杆内向孔底投入卡料(小碎石、铁丝、钢粒等)卡紧并扭断岩芯。用卡料卡心时，要注意卡料的粒度、长度、粗细、硬度和投入量，卡料的粒度和粗细应与岩芯和岩芯管之间的间隙相适应。该方法主要用于单层岩芯管取芯。

2. 卡簧卡取法

卡簧(也称提断器)是一个开口式的弹性圆环。它装于钻头体内或扩孔器内呈锥面的卡簧座上。钻进过程中被进入岩芯管的岩芯推动上移，在弹性力作用下内径张大，不影响岩芯进入。回次终了上提钻具时，卡簧在与岩芯的摩擦力作用下沿卡簧座内锥面下滑而收拢，内径变小，从而把岩芯卡住并拉断。它主要用于金刚石钻头、针状硬质合金钻头和PDC钻头的单层、双层或三层岩芯管取芯，适用于岩芯完整、直径均匀的中硬及中硬以上地层。常用的卡簧结构(图7-5)有三种形式：内槽式卡簧，外槽式卡簧和切槽式卡簧。

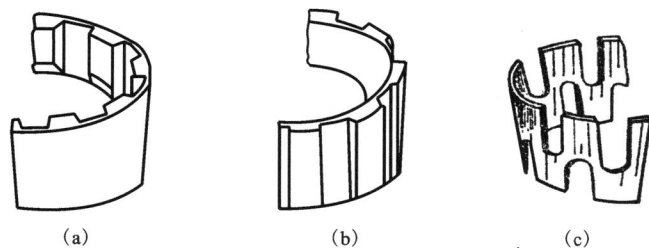

图7-5 岩芯卡簧

(a)内槽式;(b)外槽式;(c)切槽式

卡簧一般用40#铬钢或65#锰钢加工,并经淬火处理。应注意卡簧与卡簧座、卡簧与岩芯之间的间隙配合。卡簧与卡簧座的锥度必须一致,卡簧的自由内径应比钻头内径小0.3 mm左右。为了减少残留岩芯,设计的卡簧座位置应尽量靠近钻头底部,正常钻进时,不宜随意提动钻具,否则易造成中途卡断岩芯或岩芯堵塞。

其他改进型岩芯卡取机构示于图7-6。在比较破碎的硬-坚硬岩层中钻进时,可采用卡环取芯[见图7-6(a)]。卡环是用钢丝制成的矩形环,3~4个卡环穿套在钻头体上,钻进过程中被进入岩芯管的岩芯推动上移,提钻时下滑卡住岩芯,常用于口径较大,钻头壁厚,内出刃大的气动冲击—回转钻进。图7-6(b)所示的片瓣借助小轴安装在钻头体下部,它可以随岩芯进入向上转动一个角度,而提钻时被限位在水平状态,从而阻挡松散、破碎的岩芯脱落。在疏松的软-中硬煤层或类似的岩土层中钻进时,可采用弹性爪簧取芯[见图7-6(c)]。弹性爪簧在自然状态下是合拢的。爪簧座固定在钻头体下部,钻进中随岩芯进入爪簧被张开,而提钻时爪簧在弹性和岩芯自重作用下收拢,从而阻挡岩芯脱落。

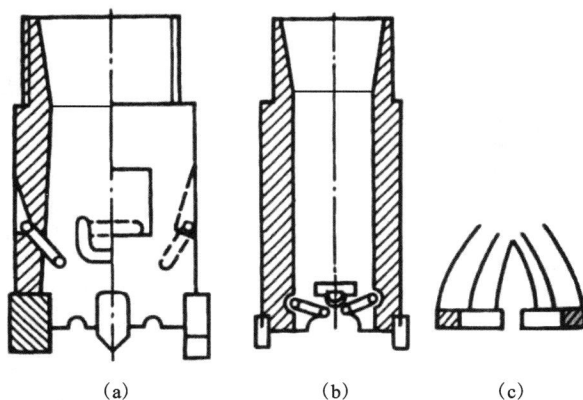

图7-6 其他岩芯卡取机构示意图

(a)气动冲击—回转钻进用卡环;(b)松散岩石用的可转动片簧;(c)弹性爪簧

3. 干钻卡取法

在回次终了停止送水,干钻进尺一小段(20~30 cm),利用未排除的岩粉来挤塞住岩矿芯,再通过回转将其扭断提出。它适用于硬质合金钻进用卡料和卡簧都卡不住的松散、软质和塑性岩矿层。但干钻时间不能太长，以防烧钻。

4. 沉淀卡取法

在回次终了停止冲洗液循环和回转，利用岩芯管内悬浮岩粉的沉淀，挤塞卡牢岩矿芯。此法适用于反循环钻进和松散、脆、碎的岩矿层。通常沉淀 10 ~ 20 min，沉淀法常与干钻法结合使用。

5. 楔断器卡取法

在钻进回次终了将钻具提出孔外，下入楔断器，利用吊锤冲击楔子将岩芯楔断，再下入夹具将岩芯提出。该方法适用于大直径或超大直径浅孔和岩石比较坚硬、完整的岩土层钻进。

7.3.2 单层岩芯管

单层岩芯管钻具简称单管钻具，它是最简单的取芯钻具。常用于硬质合金钻进、PDC 复合片钻进和金刚石钻进。

金刚石单层岩芯管钻具由异径接头、岩芯管、扩孔器、卡簧和钻头组成（见图 7-7）。卡簧安装在钻头内锥面或扩孔器内锥面上，为防止钻进中卡簧一直跟着岩芯上移或翻转，在卡簧座或与卡簧配合的零件中设有上限位机构。

为提高在复杂地层中的岩矿芯采取率，防止提钻过程中岩矿芯脱落，常在硬质合金单管钻具中增加分水投球接头和活动分水帽（见图 7-8）。

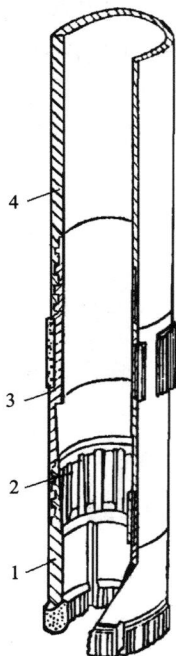

图 7-7　单层岩芯管结构示意图

1—单管钻头；2—卡簧；

3—扩孔器；4—岩芯管

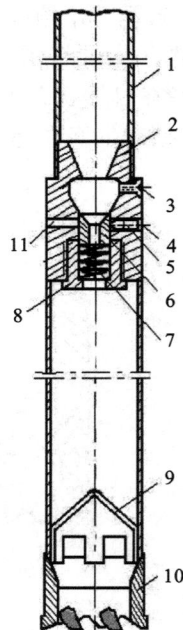

图 7-8　活动分水投球钻具

1—导向管；2—分水接头；3—取球孔；4—卡销；

5—卡销弹簧；6—阀座活塞；7—弹簧；8—弹簧座；

9—活动分水帽；10—钻头；11—出水孔

该钻具的工作原理：正常钻进时，冲洗液通过分水接头 2 的中心孔直接进入岩芯管内，边缘开有若干水口的活动分水帽 9 呈伞形保护岩芯不受冲洗液直接冲刷，且分水帽随岩芯一起上移。提钻前由钻杆柱内投入球阀落于球座活塞 6 上，将中心水道封闭，在水压作用下球阀活塞向下移动，当超过管壁小卡 5 的位置时，小卡在弹簧作用下伸出将活塞挡住，这时通水孔被打开，冲洗液由此孔排出。

类似的在岩芯管上部增设球阀或投球接头的结构还可以有其他组合形式，目的在于起钻前隔断钻杆中液柱对岩芯的冲刷破坏作用，在岩芯管中形成一定的负压，有利于防止岩芯在提钻过程中脱落，提高岩矿芯采取率。

7.3.3　普通双层岩芯管

双层岩芯管钻具是提高岩矿芯采取率和采样质量的重要工具，在复杂地层和金刚石钻进中应用较为普遍。为了适应各类不同特点的岩、矿层，双管钻具的结构又分为双动双管和单动双管钻具。

1. 双动双管钻具

双动双管是内、外两层岩芯管同时回转的钻具(见图 7 - 9)，主要由双管接头，内、外岩芯管，内、外钻头和止逆阀组成。一般用于钻进 Ⅰ ~ Ⅵ 级的松散、易坍塌地层和部分Ⅶ级以上中硬 – 硬且破碎、怕冲刷的岩矿层。

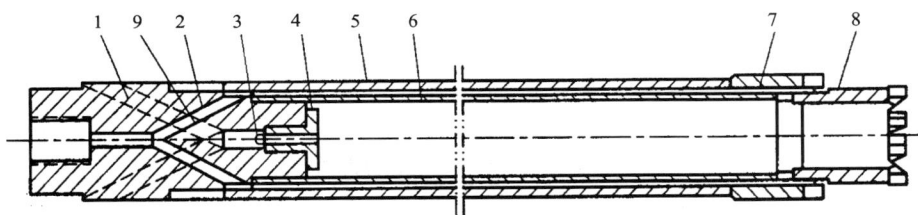

图 7 - 9　双动双管钻具

1—回水孔；2—双管接头；3—球阀；4—阀座；5—外管；6—内管；7、8—外、内硬质合金钻头；9—送水孔

钻进时，内外管带动内、外钻头同时回转并破碎岩石，冲洗液经双管接头进入内、外管间的环状间隙，冲洗孔底后再沿外管与孔壁的间隙返至地面，避免了对岩矿芯直接冲刷。内管中的冲洗液，随岩矿芯的进入冲开止逆阀 3，经回水孔 1 排至外环间隙。由于双管钻具中的水路截面积小于单管钻具，所以钻进中的泵压一般要高于单管钻具 0.2 ~ 0.3 MPa。由于设置了球阀 3，隔离了钻杆内冲洗液液柱对岩矿芯的压力，可防止在钻进和提升过程中发生岩芯脱落和相互挤压。

为了保护岩矿芯根部不被冲刷，双动双管的内钻头一般都超前于外钻头 20 ~ 50 mm，岩层越松散，胶结性越差，超前距离就越大。对于黏性大、遇水膨胀易堵塞的地层可使用内肋骨钻头，以增大钻头的内出刃。回次结束时，双动双管钻具一般采用干钻和沉淀卡取岩芯的方法，对于较完整地层亦可使用卡簧取芯。

2. 单动双管钻具

钻进过程中，外管转动而内管不转动的双管钻具称为单动双管钻具。它比双动双管钻具优越，钻进中不仅避免了冲洗液直接冲刷岩矿芯，更重要的是避免了振动、摆动和摩擦力对岩矿芯的破坏作用。另外，有些单动双管还设有防污、防脱及退心的装置。因此，岩矿芯的采取率、完整度、纯洁性等均有较大提高，代表性更好。

1）普通单动双管钻具

典型的金刚石钻进单动双管钻具（见图7－10）主要由异径接头、外管、内管、单动装置和卡心装置（卡心装置包括卡簧和卡簧座）等组成。其中单动部分常用下述三种形式：球－单盘推力球轴承式（代号Q）；单盘推力球轴承式（代号D）；双盘推力球轴承式（代号S）。单动轴承套与内管连接，内管下端与短节和卡簧座用插接方式连接。心轴螺纹用于调节卡簧座与钻头内台阶间隙。

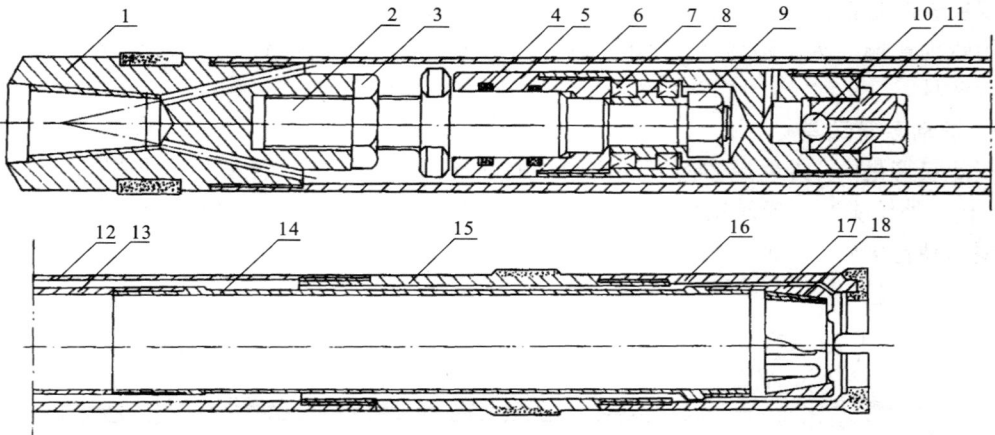

图7－10 普通单动双管钻具总体结构

1—上接头；2—心轴；3—背帽；4—密封圈；5—轴承上接头；6—轴承套；7—轴承；8—轴承支套；9—螺帽；
10—球阀；11—球阀座；12—外管；13—内管；14—短节；15—扩孔器；16—钻头；17—卡簧座；18—卡簧

钻进时，钻头和外管随钻杆一起回转。当内管中有岩芯时，在摩擦力作用下内管及其卡簧不回转。冲洗液由内外管间隙到达卡簧座与钻头内台阶处分流，大部分冷却钻头后携带岩粉沿外环间隙上返至地表，少部分随岩芯进入岩芯管起润滑作用。岩芯进入内管后，内管中的液体经单向阀排到内、外管之间。

回次结束稍上提钻具，卡簧相对下移卡紧岩芯，卡簧座下移并抵在钻头内台阶上。此时外管承受拉力，从而提断岩芯。

该钻具适用于Ⅶ～Ⅻ级的完整、微裂隙或不均质、中等裂隙的岩矿层。

2）带半合管的单动双管钻具

为了提高在胶结性差的软岩层（例如煤层）中的岩芯采取率和样品质量，还设计了带半合管的单动双管钻具。为了取全松软、怕冲洗液污染的岩矿芯并保持其纯洁性和产状特点，可在内管中再增加一层超薄壁半合管。它可以是金属材料，也可以是非金属高强度透明或不透明材料。半合管即两片规整的半圆，与内管的同心度及内径完全吻合，提钻后可在地表轻松取出（不必敲打内管）并打开半合管，直接把完好的样品（或连透明半合管一起）装入密封容器。国内煤炭系统批量生产的这类钻具结构如图 7 – 11 所示。

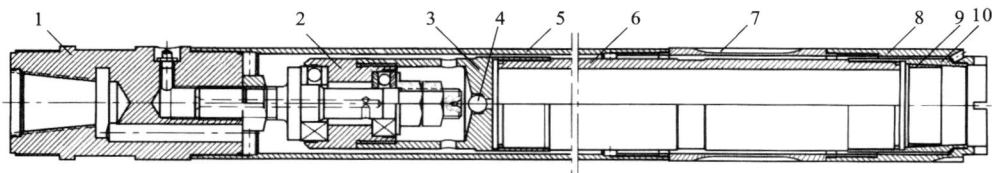

图 7 – 11 带半合管的单动双管总体结构

1—外管接头；2—球轴承单动机构；3—内管接头；4—钢球；5—外管；
6—内管；7—扩孔器；8—外钻头；9—卡簧；10—卡簧座

下孔前，用可调螺杆和锁紧螺母调整好内管与钻头内台阶的距离，将半合管闭合并放入内管，在内管下端插上短节，放好与钻头内径对应的卡簧，并且涂抹润滑油。钻进时，装在外管上的阶梯型硬质合金钻头随钻杆一起回转，当有煤心进入内管时，在摩擦力的作用下使内管及其卡簧不回转。冲洗液经内外管间隙和钻头上的斜孔泻出，减少了对煤心的冲刷。提钻时，由于卡簧下移收缩，煤心被卡住不易脱落。

7.3.4 改进型双层岩芯管

在钻探生产实践中，为适用不同类型岩矿层取芯的需要，出现了种类繁多的改进型单动双管钻具。

1. 薄壁单动双管

为了克服普通单动双管钻头壁厚钻进效率较低的缺点，设计了如图 7 – 12(a)所示的薄壁型单动双管。采用薄壁钻头和薄壁内管，以减小钻头唇面与岩石的接触面积。冲洗液出口在岩芯卡簧 2 的上部，岩芯卡簧布置在钻头体内，从而可用薄壁金刚石钻头提高硬岩中的钻进效率。该钻具为减少钻头壁厚，不得不使内管入口离卡簧距离较远，内管不可能保护到岩芯根部，且水流直接冲刷岩芯上部，所以它只能用于钻进致密、完整的岩石。

2. 底喷式单动双管

图 7 – 12(b)所示的冲洗液底喷式单动双管特点是：使用底喷式钻头 1，避免冲洗液直接冲刷岩芯，岩芯卡断器 2 布置在岩芯内管 3 中。这种单动双管适于钻进强裂隙性和破碎岩石。采用底喷式钻头有利于隔水，保护岩芯，但钻头壁厚大，影响硬岩钻进效率。

3. 煤层用单动双管

因为煤层或其他类似弱胶结性软岩层的机械强度较低，为了取全岩矿芯并保持其纯洁性和产状特点，可用超前于钻头端面的薄型压筒（内管小钻头）压入煤层或其他软岩层形成圆柱状岩芯。

1）内管超前压入式单动双管

图 7 – 12(c)所示的内管超前压入式单动双管的结构要素：连接在外管 3 上的外钻头 1 内装有爪簧式岩芯采集器，岩芯内管 4 上装有薄型压筒 2（超前小钻头）和带单向阀 5 的内管接头，还有摩擦离合片组 6，压力弹簧 7，轴承接头 8 和异径接头 9。钻进煤层时，轴向载荷与扭矩经接头 9 和外管 3 传递给钻头 1，形成环状孔底。冲洗液沿着接头 9 的水路进入双管之

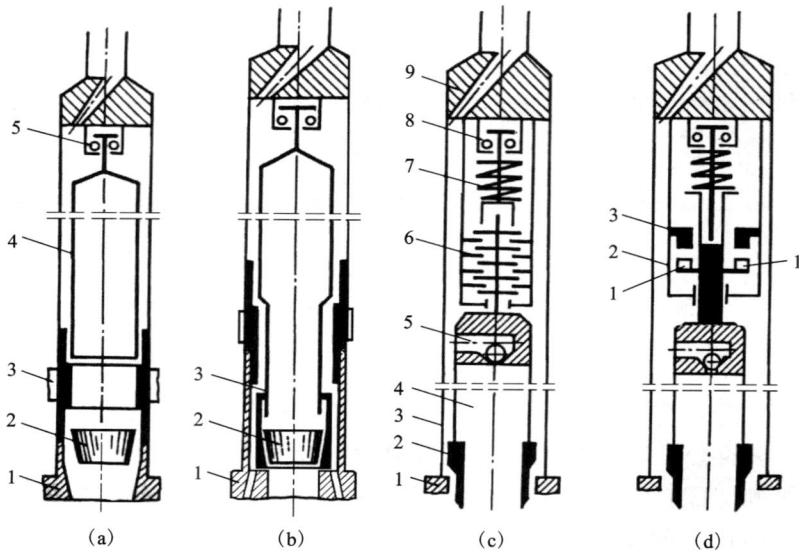

图 7 – 12 改进型单动双管的基本结构示意图

(a)薄壁单动双管:1—钻头;2—岩芯卡簧;3—扩孔器;4—内管;5—单动装置

(b)底喷式单动双管:1—钻头;2—岩芯卡簧;3—内管带卡簧座

(c)内管超前压入式单动双管:1—外钻头;2—内管小钻头;3—外管;4—内管;
5—带回水阀的内管接头;6—摩擦离合器;7—弹簧;8—单动装置;9—异径接头

(d)内管超前击入式单动双管:1—下牙嵌;2—振击器;3—上牙嵌

间流向孔底,然后进入管外空间把岩屑携带至地表并冷却钻头。在这种情况下,由于小钻头2超前于外钻头1并在煤层中切出了岩芯,故煤心样品既隔绝了冲洗液的冲刷,又防止了外钻头机械作用的影响。岩芯进入岩芯内管4时经单向阀5把其中的冲洗液排出。该双管内还装有自动调节装置。当所钻煤层强度增大时,孔底给小钻头2的反作用力增大,使内管4向上位移。这时由于碟形弹簧7被压缩,使小钻头2相对钻头1的伸出量变小。同时,零件6的摩擦离合片相互压紧,把扭矩传到内管4和小钻头2上,使其更容易超前切入煤层。如果煤层变软,摩擦片又将相互脱离,仍保持内管的超前量,且实现不回转切入。

该双管适用于松软的和夹矸少的煤系地层或易被冲毁的松散矿层。

2)内管超前击入式单动双管

图7-12(d)所示的内管超前击入式单动双管的特点是:用机械振动器2替代摩擦离合片。当小钻头遇到硬夹层时,弹簧被压缩,齿状联轴节闭合(其下部1与岩芯内管和小钻头相连,不旋转;而上部3与外管相连,旋转),并经内管向小钻头传递高频冲击载荷,使小钻头更容易压入硬煤。可用于硬煤、含有硬夹矸的煤层或软硬互层的岩层钻探取样。

4.活塞式单动双管

活塞式单动双管钻具(见图7-13)采取了严密防止冲洗液接触、污染和冲刷岩矿芯的技术措施。主要由分水接头1、单动装置、特制半合管4和5、胶质活塞3和阶梯钻头6等组成。内管中装有咬合严密的半合管,半合管内装有胶质活塞,使岩矿芯与泥浆隔绝。钻进中随着岩矿芯进入顶着活塞在半合管中上移还起到刮浆和减振作用,提高了岩矿芯的纯洁度和取芯的可靠性。阶梯钻头开有斜水口，使冲洗液不致冲刷孔底。半合管下端伸入到钻头内台阶上，另外，在钻头水口下部与半合管间还设置有密封圈，能防止岩矿芯受到污染。

下钻扫孔前，先送水将活塞推到底部，再开车扫孔。扫孔完毕后由钻杆内投入钢球。钻进中水压向下推动球阀打开通水孔，改变液流方向，使活塞上部免受动水压力。该钻具适用于可钻性Ⅳ～Ⅵ级的松散、粉状、节理发育、怕污染的岩矿层。在滑石、石墨矿中取芯效果尤其显著。

7.3.5 孔底局部反循环取芯工艺

凡是冲洗介质循环方式与传统正循环方式相反的钻进方法皆可称为反循环钻进。岩芯钻探中的反循环，有孔底局部反循环和全孔反循环两种。由于全孔反循环不属于提钻取芯，所以本节着重介绍孔底局部反循环取芯工艺。

孔底局部反循环的优点在于，用于冷却钻头和净化孔底的高速冲液流不会自上而下地冲蚀已形成的岩芯，而是以与岩芯相同的方向进入岩芯管或内外管之间（对双管而言）。经过钻头水口的节流其动力水压头已减弱，细小的岩屑颗粒可沉淀在岩芯管内。于是，绝大部分实物样品（包括已破碎的颗粒）都将留在岩芯（样）收集装置中，从而提高破碎岩层的采取率。如图7-14所示，可用不同方法来实现孔底局部反循环。

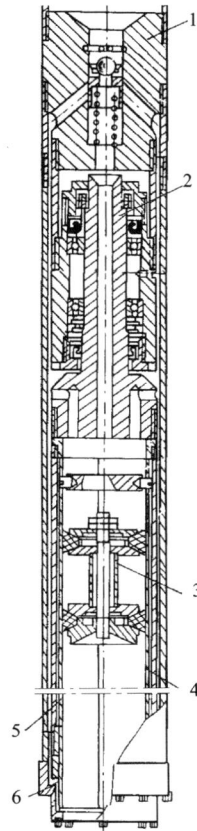

图7-13 活塞式单动双管
1—分水接头；2—单动机构；3—活塞；
4、5—半合管；6—阶梯钻头

1. 无泵反循环取芯

所谓无泵反循环是指在钻进中不用水泵冲洗钻孔，而是利用孔内的静水压力和上下提动钻具在孔底形成局部反循环而实现冲洗孔底的钻进。

无泵反循环钻具的结构简单，当钻进中取芯困难又缺乏专用钻具时可采用无泵钻进［见图7-14（a），（b）］。该钻具4的专用接头上有回水孔2和钢球单向阀3，还有敞开式或封闭式取粉管1。取芯钻进时不开泵冲洗钻孔，而是边慢速回转（一般100～200 r/min）边往复升降钻具（15～20 cm），往复升降钻具频率5～10次/min。当钻具向上运动时，其内腔出现低压区 $-\Delta P$，压力下降造成岩芯管内水流向上反向运动。在压力差的作用下来自钻孔的冲洗液从管外空间往岩芯管内腔流动，有助于获取碎岩芯和岩屑。此时阀门3处于关闭状态。

当钻具向下运动时，在内腔中出现压力升高区 $+\Delta P$，而在钻具上部的管外空间出现低压区 $-\Delta P$。这时来自管内的冲洗液在压力差的作用下由岩芯管4快速穿过已打开的阀门3流向取粉管1。在取粉管内液流运动速度突然变慢，低于岩屑的临界沉淀速度，有利于细小岩屑沉淀。由于反复提动钻具，使冲洗液在孔底形成局部反循环，从而达到清除岩粉、冷却钻

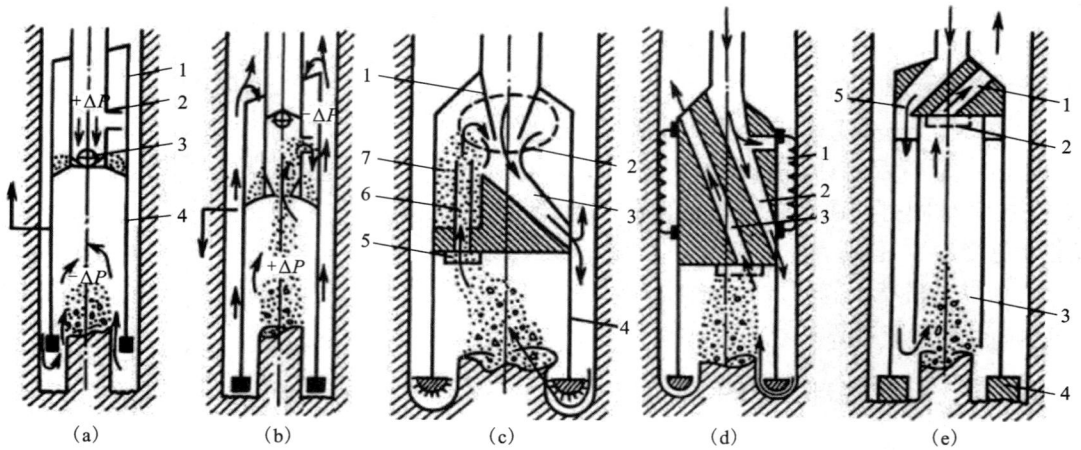

图 7 – 14　形成孔底局部反循环的工作原理示意图

（a）无泵钻具(向上运动)；（b）无泵钻具(向下运动)：1—取粉管；2—回水孔；3—球阀；4—钻具外管
（c）喷反钻具：1—喷嘴；2—扩散器；3—出水孔；4—钻具外管；5—滤网；6—返水孔；7—岩粉沉淀管
（d）管外封隔式钻具：1—弹性封隔元件；2—出水孔；3—返水孔
（e）钻头封隔式钻具：1—返水孔；2—滤网；3—内管；4—专用钻头；5—进水孔

头和提高采心质量的目的，回次结束时采用干钻和沉淀相结合的方法卡取岩芯。这种方式一方面可避免具有动力水头的冲洗液直接冲刷岩芯而造成破坏。另一方面可收集几乎全部钻进中产生的岩屑。

这个方法的钻进效率很低，实际上不适用于金刚石硬岩钻进（反复升降钻具对钻头很不利，此外金刚石钻头的卡心装置在上提钻具时会卡住部分岩芯）。

2. 喷射式孔底反循环取芯

喷射式孔底反循环钻具（简称喷反钻具）不必频繁地上下提动钻具，而是在一般钻具上增设一个由喷嘴、混合室、喉管、扩散管、分水接头组成的喷反元件，利用射流泵工作原理来形成孔底反循环。

图 7 – 14(c)为喷反钻具的工作原理示意图。工作原理：来自喷嘴 1 的高速压力流体在扩散器 2 周围形成一个负压区 $-\Delta P$，并沿出水孔 3 流向管外空间。排出的冲洗液一部分在剩余压力作用下，沿钻杆与孔壁的环状间隙返回地面。由于扩散器 2 周围的负压区经返水孔 6 与岩芯管内腔连通，其压力低于管外空间，在压力差的作用下，使得另一部分流体由管外空间经钻头水口被抽吸到岩芯管 4 内，形成孔底反循环并冲洗孔底，进一步经过滤网 5 进入岩粉沉淀管 7。碎岩芯和岩屑顺着流体运动方向进入并沉淀在岩芯管和封闭式岩粉沉淀管中。改变冲洗液量或调节喷射器元件的参数，就能控制孔底反循环冲洗的强弱。

为了收集薄片状悬浮于冲洗液中的岩屑，喷射钻具的取粉器还可做成专门的岩屑收集系统：如水力旋流式，螺旋式，迷宫式等。

图 7 – 14(c)示出的只是喷反钻具的原理示意图。实际上喷反钻具的结构相当复杂，结构形式各异，除了单管喷反钻具外，还有双管喷反钻具。图 7 – 15 示出了带金刚石钻头的喷反钻具，它是在双动双管基础上增加喷射器以形成冲洗液孔底局部反循环。这种喷反钻具主

194 ◀

要用于钻进含软夹层和易破碎矿物的硬岩和含坚硬矿物及其夹层的硬、脆、碎地层钻探取样。双管喷反钻具还可以制成单动形式，以提高减振的性能。另外，还可以在钻具中增加液动冲击器，提高防止岩芯堵塞的能力。

喷射式反循环钻进工艺：用喷反钻具钻进时，孔内必须干净。若孔底岩粉过多，要专门捞取，否则易造成烧钻事故。下钻到底前应先开泵冲孔，然后开车缓慢下扫，以防岩粉或残留岩芯堵塞。钻进过程中不得停泵，否则岩粉沉淀造成自卡或堵塞进水通道。目前钻探生产中常用的喷反钻具直径一般为 59~93 mm。启动喷射器的冲洗液量为 80~100 L/min。使用泥浆时，黏度应控制在 18~23 s 左右，以免影响喷射器工作性能。喷反钻具的回次进尺一般不超过 1.5 m，很少能钻进 2 m。与单管喷反钻具相比，双管的钻压应提高 1.3~1.5 倍，转速不超过 400~500 r/min（金刚石钻进）或 180~200 r/min（硬质合金钻进）。

喷反钻具的不足是反循环水流的速度与其携带的岩粉量呈反比——喷射泵的工作效率随着冲洗液中岩粉的饱和程度而下降。岩粉饱和的临界值可用实验的方法来确定，这时喷射泵将停止工作，所有的冲洗液都将沿着外环空间上返，可能造成孔底烧钻事故。所以，喷反钻具不适用于可能产生大量岩粉和碎岩芯的软岩和中硬岩石。

3. 封隔式孔底反循环取芯

为了对软岩以及容易在钻进中产生大量岩粉和碎岩芯的硬岩和中硬岩石取样，常采用封隔式孔底反循环钻具[见图 7-14(d)，(e)]，通过在正循环通道上建立人工障碍物来形成孔底局部反循环。

1）管外封隔式钻具

在孔壁较稳定的钻孔可采用图 7-14(d)所示的封隔式钻具，其封隔件是管外上部空间的弹性封隔元件 1。

钻具工作时，封隔元件 1 在来自钻柱的水压作用下产生弹性变形，体积增大，封隔管外空间。从水路 2 中流出的冲洗液使孔底附近的管外空间形成一个有一定水头的升压区。岩芯管内腔通过返水孔 3 与压力较小的封隔器上部管外空间连通。因此，冲洗液通过钻头水槽、水口携带岩粉和碎岩芯进入岩芯管内腔，并由于管内冲洗液流速减慢而沉淀下来。然后冲洗液穿过带滤网的返水孔流向管外空间并继续上返至地表。该钻具的冲洗液流利用系数很高。不足之处是，弹性封隔元件在钻进过程中很快被磨损破坏。

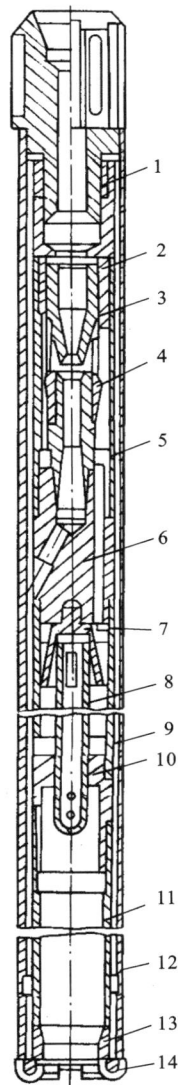

图 7-15　喷反双管钻具示意图

1—上接头；2—喷反接头；3—喷嘴；4—扩散器；5—混合室外壳；6—分水接头；7—滤网；8—过滤管；9—岩粉沉淀室；10—内管接头；11—内管；12—扶正器；13—卡簧座；14—钻头

为了克服上述缺点，可在管外相应部位加工螺旋槽或环形凸台取代弹性封隔元件，使呈紊流状的冲洗液经过管外空间时被截流，并产生较大的水流阻力。这种封隔器也只能用于孔壁平整的硬岩条件下，而且由于密封性受许多因素影响，其形成反循环的强度有限。

2）钻头封隔式钻具

对于含黏土夹层和疏松沉积物的软岩层(碎砾石层，破碎的风化壳等)可采用钻头封隔式取芯钻具[见图7-14(e)]。该钻具一定是双管结构，无水口或很小水口的专用硬质合金钻头或金刚石钻头4起封隔器的作用。来自进水孔5的冲洗液流向内外管之间并冷却钻头，而厚壁钻头4迫使冲洗液流向岩芯管3的内腔，并继续经滤网2和反水孔1进入管外空间，再返回地表。岩屑和岩芯留在岩芯管内。封隔式钻具还可携带不同的岩粉收集装置。

7.3.6 组合循环式强制取芯单动双管

如前所述，用普通单动双管和孔底局部反循环取芯钻具钻进破碎、软弱、裂隙性岩石时，虽然岩芯能进入管内，但仅靠卡簧或沉淀取芯法仍容易导致破碎的岩芯和有用的岩屑脱落、流失，因此很难满足详勘地质要求。针对这种需求，中国地质大学(武汉)与俄罗斯专家合作研制了如图7-16所示的组合循环式强制取芯单动双管，其中(a)为整套钻具结构示意图，(b)为关键部件——抓簧示意图。该钻具集改进型单动双管和孔底局部反循环钻具的优点于一身，在钻进过程中既可主动强制卡紧岩芯，又可获取孔底岩屑，从而提高地质样品采取率。

强制取芯单动双管的技术特点：采用组合循环方式(管内的上升流＋管外上升流)；管内设有过滤器和孔底岩屑收集器；用抓簧短节取代普通卡簧，不会伤害破碎、软弱的岩芯，回次结束时使抓簧强制收拢卡取岩芯；使用带止逆簧片的销阀启动强制卡心，动作可靠；采用球铰方式实行单动比轴承更可靠。

工作原理：正常钻进时，销阀没有在钻具内。冲洗液经上接头、活塞腔体和滑阀壳体纵向通水孔进入内外管之间，继而到达孔底。冲洗液上返地面有两条通道：一是从钻头与孔壁之间的间隙上返；二是从钻头处进入内管，经过滤器向上顶开钢球8，通过出水孔9进入岩屑沉淀腔体，沉淀后液体向上溢出，经滑阀出水孔6流出钻具，进入外环间

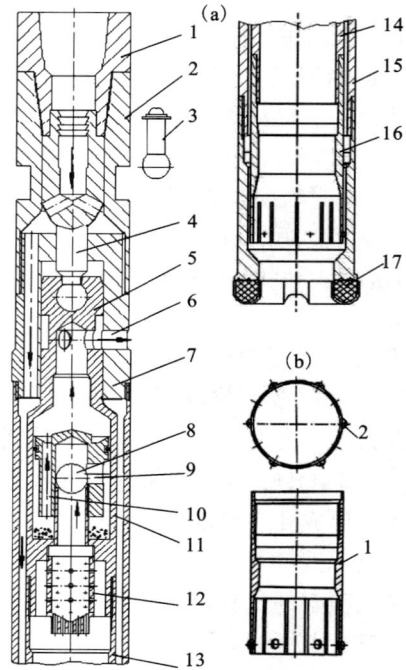

图7-16 强制取芯单动双管钻具结构示意图

(a)钻具：1—上接头；2—活塞壳体；3—销阀；4—活塞杆；5—滑阀；6—滑阀出水孔；7—外管接头；8—钢球；9—导管接头出水孔；10—滑阀进水孔；11—过滤器接头；12—过滤器；13—岩芯管；14—内管短节；15—外管；16—抓簧短节；17—钻头

(b)抓簧部件：1—抓簧短节；2—簧片凸点

隙。由于在钻头与孔壁之间设置水力障碍，迫使部分冲洗液沿钻具内管上升，可避免冲蚀岩芯，使小块岩芯处于浮动状态，从而降低岩芯自卡的可能性，避免岩芯重复破碎，提高岩芯采取率。在上升流体通道中还设有过滤器，阻止大于 3 mm 岩屑被冲走。岩粉收集器可有效采集和贮存孔底岩粉，为岩矿鉴定提供宝贵的补充地质资料。

一个取芯钻进回次结束后，停泵，将销阀 3 投入钻杆柱内。短暂开泵后关泵，销阀堵死钻具中心水路，内管总成在水压作用下相对外管下移，抓簧 16 在钻头锥形内台阶上强制收拢卡死岩芯，同时滑阀 5 与外接头 7 的出水口错开，使内管处在有一定负压的封闭状态，以保护收集的岩屑和岩芯。在硬而碎的地层中取芯时，在投入销阀后并短暂开泵的同时，可稍微向上提动钻具，以利于抓簧有一定的空间强制收拢。

总之，所谓"强制"取芯包含两层意思：①由于抓簧片的特殊结构，使抓簧强制下移时可实现单数序号的簧片先收拢，双数后收拢，从而实现重叠包裹（避免簧片间相互卡阻）使收拢的效果更可靠，收拢后的内径仅为普通卡簧的 1/2 左右（见图 7 - 17）；②销阀 3 上带止逆簧片，比普通钢球

图 7 - 17　单动双管中的抓簧短节
强制收拢前后的内径对比图

更可靠，不会因岩芯膨胀或振动原因使内管上部水路密封失效，而造成管内的岩芯碎块被下泻水流冲刷脱落。这种卡心装置的思路还可用于绳索取芯钻具，借助回次结束时泵量突然变化引起的激动压力，让抓簧部件下移，使抓簧片强制收拢。

7.4　绳索取芯钻具及工艺

7.4.1　绳索取芯钻具及辅助工具

绳索取芯钻具是一种不提钻取芯的钻具。即在钻进过程中，当内岩芯管装满或岩芯堵塞时，不需要把孔内全部钻杆柱提升至地表，而是借助专用打捞工具用钢丝绳把内岩芯管从钻杆柱内打捞上来，只有当钻头被磨损需要检查或更换时，才提升全部钻杆柱。

绳索取芯钻具的应用范围很广，它不受钻孔深度的影响，而且钻孔越深其优越性越明显；可以钻进各种地层，在Ⅵ～Ⅸ级中硬－坚硬的岩层中效果尤为显著；针对不同的地层，该钻具既可用清水，又可用优质泥浆，还可采用泡沫等作为冲洗介质。20 世纪 50 年代以来，一些发达国家绳索取芯钻进的工作量已占金刚石岩芯钻探工作量的 90% 以上。我国于 1975 年研制成功绳索取芯钻具，现已广泛推广使用，在地矿、冶金、煤炭等部门都形成了各自的规格系列。他们的结构大同小异，现以国产的 S - 75 型为例加以说明。

整套绳索取芯钻具分为单动双层岩芯管和打捞器两部分。

1. 绳索取芯双层岩芯管

双层岩芯管部分由外管总成和内管总成组成（见图 7 - 18）。外管总成包括：弹卡挡头 1、

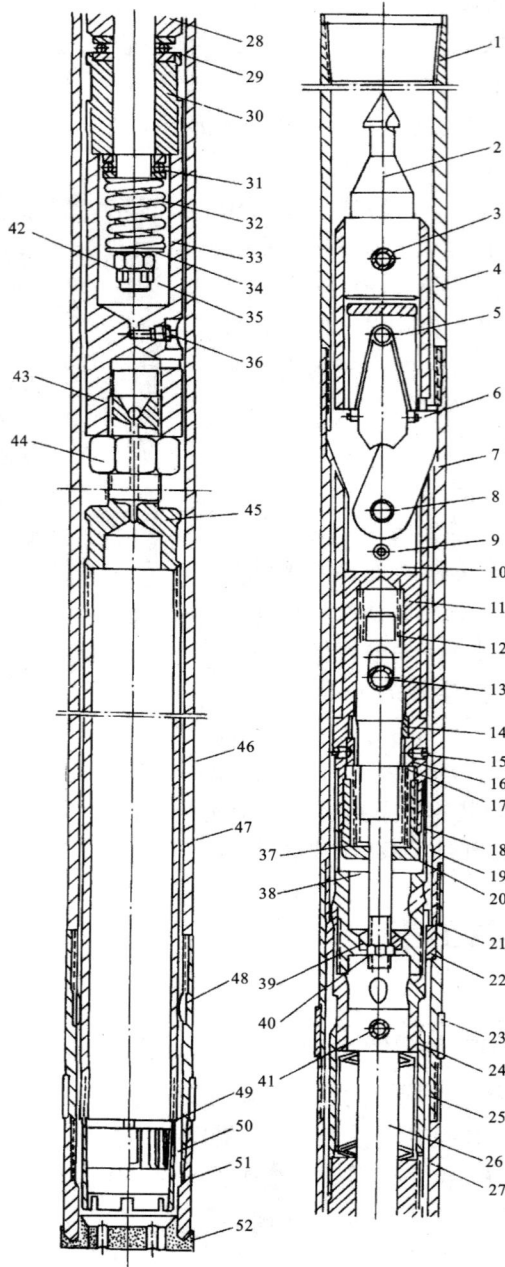

图 7–18 S–75 型绳索取芯单动双管钻具结构

1—弹卡挡头；2—捞矛头；3—弹簧销；4—回收管；5—弹簧；6—弹卡；7—弹卡室；8、9—弹簧销；10—弹卡座；11—弹卡架；12—复位簧；13—阀体；14—定位簧；15—螺钉；16—定位套；17—垫圈；18—固定环；19—弹簧；20—调节镙堵；21—座环；23—扩孔器；24—接头；25—滑套；26—轴；27—碟簧；28—调节螺栓；29、31—轴承；30—轴承座；32—弹簧；33—弹簧座；34—垫圈；35—螺母；36—油杯；37—垫圈；38—悬挂接头；39—阀堵；40—螺母；41—弹簧销；42—开口销；43—钢球；44—调节螺母；45—调节接头；46—外管；47—内管；48—扶正环；49—挡圈；50—卡簧；51—卡簧座；52—钻头弹卡室 7、稳定接头 23（上扩孔器）、外管 46 和钻头 52。内管总成由捞矛、弹卡定位、悬挂、到位报讯、岩芯堵塞报警、单动、内管保护和调节机构组成。

1）捞矛机构

捞矛机构由捞矛头 2 和回收管 4 等组成。取芯时把打捞器投放到钻杆内，并下放到内管总成上端，打捞钩抓住捞矛，向上提升打捞器使回收管上移，并向内压缩弹卡 6 使其收拢，于是内管总成和外管总成脱离，从而把内管总成提升上来。

2）弹卡定位机构

弹卡定位机构由弹卡 6、弹簧 5 和弹卡座 10 等零件组成。当内管总成在钻杆柱内下放时，张簧使弹卡向外张开一定角度，并沿钻杆柱内壁向下滑动，一旦内管到达外管中的弹卡室 7 部位，弹卡在张簧的作用下继续向外张开，使其两翼贴附在弹卡室的内壁上。由于弹卡室内径较大，而其上端的弹卡挡头 1 内径较小，并具有两个伸出的拔叉，所以在钻进过程中，既可以防止内管向上串动，又可以带动内管总成轴承上部与外管一起旋转，以免因相对运动造成弹卡磨损。

3）悬挂机构

悬挂机构由内管总成中的悬挂环 18 和外管总成中的座环 21 组成。悬挂环的外径稍大于座环的内径（一般相差 0.5 ~ 1.0 mm）。当内管总成下降到外管总成的弹卡室位置时，悬挂环坐落在座环上，使内管总成下端的卡簧座 51 与钻头 52 内台阶保持 2 ~ 4 mm 间隙，以保证内管的单动性。

4）到位报信机构

到位报信机构由复位簧 12、阀体 13、定位簧 14、弹簧 19、调节螺堵 20 和阀堵 39 等零件组成。当内管总成在钻杆柱内由冲洗液向下压送时，阀堵 39 处于关闭位置，冲洗液由内管总成和钻杆柱的环状间隙通过；当内管总成的悬挂环坐落在外管中的座环上，把冲洗液通道堵塞，泵压表的压力明显升高（约升高 0.5 ~ 1.0 MPa），表明内管总成已到达预定位置。此时阀堵打开，泵压恢复正常，可以正常钻进。

5）岩芯堵塞报警机构

岩芯堵塞报警机构由滑套 25、轴 26、碟簧 27 等零件组成。钻进过程中，当发生岩矿芯堵塞或岩矿芯装满内管时，岩芯对内管产生的顶推力压缩碟簧，使滑套向上移动到悬挂接头 38 的台阶处将通水孔堵塞，从而造成泵压升高（压力表指针突变），告诫操作者应停止钻进，捞取岩芯。

6）单动机构

单动机构由两副推力轴承 29、31 组成。使内管在钻进时不随外管转动。

7）内管保护机构（缓冲机构）

内管保护机构由弹簧 32、螺母 35 和弹簧销 41 等组成。拉断岩芯时，压缩弹簧、内管及卡簧座下移至钻头内台阶上，从而拉断岩芯的力由钻头传至外管，以保持内管不受损坏。

8）调节机构

调节机构由调节螺母 44 和接头 45 等组成。内外管组装时，可通过调节接头调节卡簧座与钻头内台阶的间隙（范围 0 ~ 30 mm），满足要求后用调节螺母锁紧。

2. 绳索取芯打捞器

打捞器(见图 7-19)由打捞和安全脱卡机构两部分组成。

1)打捞机构

打捞机构由打捞钩 1、打捞钩架 3、重锤 7 和钢丝绳接头组成。打捞岩芯管时,钢丝绳悬吊打捞器放入钻杆柱内,打捞机构靠重锤以 1.5~2.0 m/s 的速度下降,圆筒状的打捞架保证了其导向性,当它到达内管总成上端时,能准确钩住捞矛头,把内管总成提升上来。

2)安全脱卡机构

安全脱卡机构是一根长 1 m,内径比重锤稍大的套管。套管壁上开有一斜口,当需要安全脱卡时,将此套管从斜口处套在钢丝绳上,套管靠自重下降,在打捞器被卡的部位穿过钢丝绳接头和重锤,撞击和罩住打捞钩尾部,迫使其尾部向内收缩,端部张开,从而使打捞器与内管总成脱离。

3. 绳索取芯附属工具

1)绳索取芯绞车

绳索取芯绞车专用于下放打捞器和打捞岩芯管,有由动力机单独驱动和由钻机动力驱动两种类型。对于深孔须采用无级调速的传动机构来驱动绞车。

2)钻杆夹持器

绳索取芯钻进工艺决定了其钻杆(包括接头)为薄壁、内外平的优质管材,不可能在每个立根两端有带缺口的(供孔口夹持和拧卸用)接头,必须使用钻杆夹持器在孔口夹持绳索取芯钻杆,并在拧卸钻杆接头螺纹时提供反扭矩。目前现场常用的有脚踏夹持器(又称木马夹持器,如图 7-20 所示)和液压夹持器两种型式。

图 7-21 为可远距离操纵的绳索取芯钻杆液压夹持器。夹持器壳体通过两个杠杆 6 压紧夹持钻杆的卡瓦 4。钻杆柱重量越大,卡瓦提供的压紧力也越大。此外,卡瓦上的压紧力还来自油缸 2 的活塞杆,所以可远距离控制钻杆夹紧和松开。卡瓦 4 的内外表面锥度不同且有一定偏心,工作中允许向下位移压缩弹簧。因此,被夹持的钻杆带动卡瓦转动角度越大附加的楔紧力也越大。夹持器液压系统可与钻机油泵相连,也可单独驱动。若液压系统突然出故障还可用脚踏板来实现松开和夹紧。

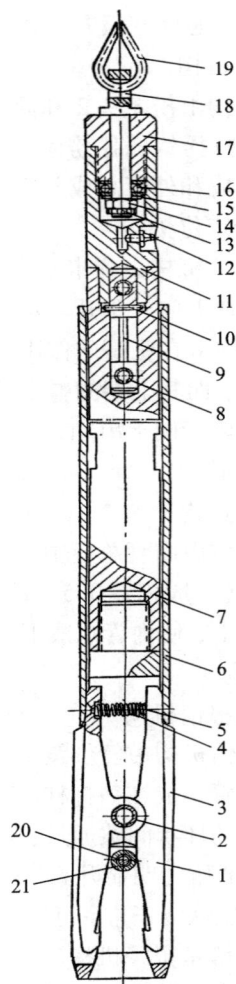

图 7-19 S-75 型绳索取芯打捞器

1—打捞钩;2,4,8—弹簧;3—捞钩架;5—铆钉;6—脱卡管;7—重锤;9—安全销;10、20—定位销;11—接头;12—油杯;13—开口销;14—螺母;15—垫圈;16—轴承;17—压盖;18—连杆;19—套环;21—定位销套

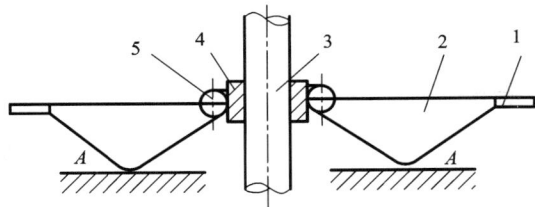

图 7-20　绳索取芯钻杆用脚踏夹持器示意图

1—踏板；2—木马；3—钻杆；4—卡瓦；5—凸轮

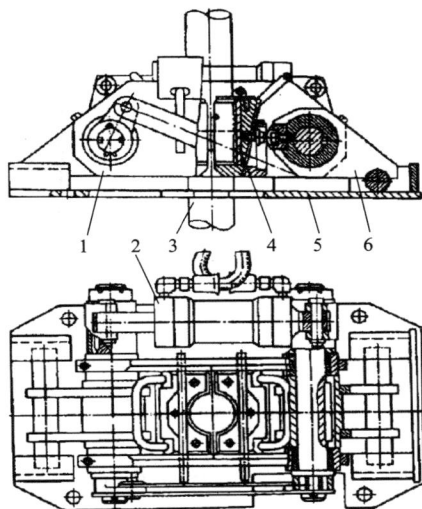

图 7-21　绳索取芯钻杆用液压夹持器

1—壳体；2—油缸；3—钻杆；4—卡瓦；5—底座；6—杠杆

拧卸绳索取芯钻具时必须使用专用管钳或专用拧管机，以防薄壁管材夹变形。

3）专用提引器

由于绳索取芯钻杆的薄壁接头上没有与普通提引器配套的缺口，目前现场常用两种方法来实现钻具升降。一是为每个立根配带缺口的接箍，升降作业时一个个手动拧上去；二是采用球卡式提引器（见图 7-22）。前者劳动强度大，效率低；后者动作轻松、快捷，只需把球卡提引器套住钻杆接头，再上提，提引器中的多排钢球在自重和摩擦力作用下沿锥阶下滑，使内径急剧缩小，便可卡紧钻杆完成升降作业。

4. S75-SF 新型绳索取芯钻具

近年来我国金刚石绳索取芯钻探技术发展很快，随着现场操作者熟练程度的提高，对绳索取芯钻具进行结构优化与简化的问题也提上了议事日程。无锡钻探工具厂根据用户需求研制开发了适合中深孔应用的 S75-SF 新型绳索取芯钻具。

S75-SF 钻具由外管总成和内管总成组成，其结构如图 7-23 所示。钻具采用上、下弹卡结构，用下弹卡代替了传统绳索取芯钻具的悬挂环，内管总成采用插接式结构。由于金刚石取芯钻头、卡簧、岩芯管等部件制造质量不断提高，长行程全液压钻机推广应用和钻进操作逐步规范等因素，近年来绳索取芯钻探实践中岩芯堵塞的概率大幅减少，故此，该钻具亦取消了传统的岩芯堵塞报信机构。

S75-SF绳索取芯钻具采用双弹卡结构，去掉了悬挂环，增加了钻具内管总成与绳索取芯钻杆体之间的环状间隙面积，增强了悬挂机构的安全性，提高了内管总成的投放和打捞速度，减轻了孔内冲洗液压力波动，在正常钻进时可降低泥浆压力损失，有利于复杂地层孔壁稳定。钻具内管总成机构与内岩芯管采用插接连接方式，拆卸方便，便于钻探施工人员采取岩芯，提高了施工效率，满足中深孔绳索取芯钻探施工要求。

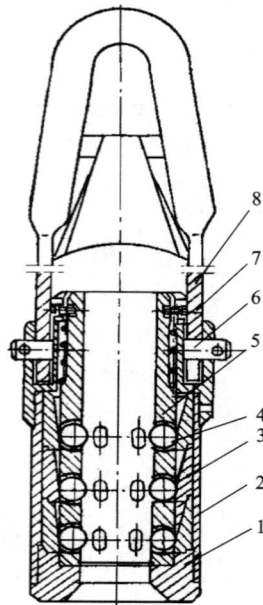

图7-22　绳索取芯钻杆球卡式提引器

1—底座；2—外套；3—锥阶；4—钢球；
5—钢球内套；6—销轴；7—销钉；8—提引环

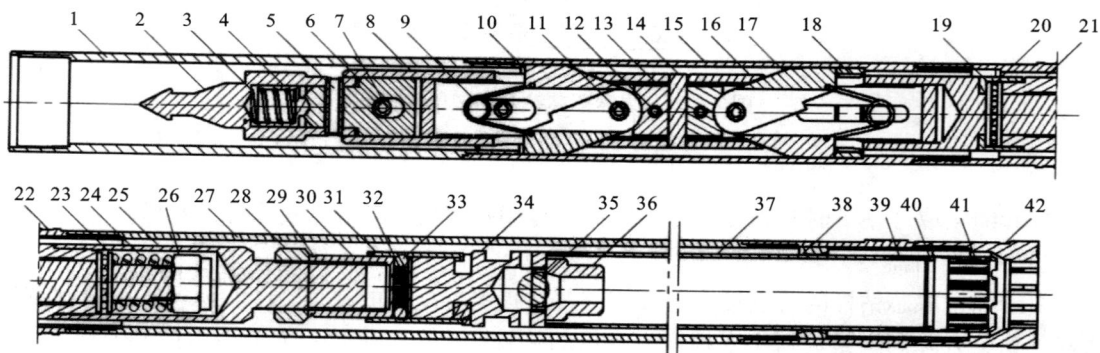

图7-23　S75-SF新型绳索取芯钻具结构示意图

1—弹卡挡头；2—捞矛头；3—捞矛头弹簧；4—捞矛头定位销；5—弹性圆柱销；6—捞矛座；7—弹性圆柱销；8—回收管；9—张簧；10—上弹卡钳；11—弹性圆柱销；12—弹性圆柱销；13—弹卡座；14—弹卡架；15—弹卡室；6—下弹卡管；7—下弹卡钳；18—座环；19—轴承罩；20—轴承；21—轴承座；22—扩孔器；23—轴承；24—弹簧；25—弹簧套；26—锁紧螺母；27—外管；28—调节螺母；29—锁圈；30—调节接头；31—限位套筒；32—弹簧；33—钢球；34—内管上接头；35—钢球；36—压盖；37—内管；38—扶正环；39—卡簧座；40—挡圈；41—卡簧；42—钻头

7.4.2 绳索取芯钻进工艺

1. 绳索取芯钻进的工艺特点

（1）绳索取芯钻进是岩芯钻探领域一次重大的技术革命。由于极大地减少了升降钻具的作业时间，并可以较高的转速钻得更深，所以它比传统金刚石钻进工艺提高生产效率 0.5～1 倍，并降低了钻探作业的劳动强度和事故率。

（2）与传统取芯方法相比，绳索取芯显著提高了取芯质量。原因有二：一是绳索取芯岩芯管和钻柱对中效果好，钻具有隔水、单动功能，可保护岩芯免受冲洗液动力水头的破坏作用、钻具回转和振动的影响；二是设有岩芯自卡或岩芯管已满自动报信装置，从而有利于提高岩矿芯采取率和质量。

（3）钻头寿命长。由于提钻次数减少，对金刚石钻头损坏的机会也相应减少，加之绳索取芯钻杆与孔壁间隙小，钻头工作稳定，因而相对延长了钻头寿命。

（4）在复杂地层中钻进适应性强。它提钻次数少，减少了孔壁裸露的机会，此外，钻杆柱还可起到套管的作用，因此，有利于快速穿过复杂地层。

（5）绳索取芯的缺点：

①钻杆柱与孔壁间隙小，增加了钻杆柱的磨损，使得冲洗液循环阻力增大。

②绳索取芯钻头壁较厚，钻进硬岩时钻进效率较低。

2. 钻头与钻进规程的选择

1）金刚石钻头

用于绳索取芯的金刚石钻头唇面更厚，钢体较长，形状更复杂，比普通钻头的金刚石浓度高。常用阶梯形［参见图 7－24（a）］和锯齿形［参见图 7－24（b）］钻头，其胎体硬度一般为 HRC25～35。阶梯形胎体扇形块的前部分用优质细粒金刚石孕镶层强化开槽刃，在孔底完成掏槽，为岩石破碎创造多个自由面，有利于提高钻进效率。锯齿形的外层用金刚石补强，在补强金刚石之间有细粒金刚石孕镶层。这类钻头用于钻进可钻性Ⅶ～Ⅸ级的岩石。

与 76 mm 以上绳索取芯钻具配套，用于致密、弱研磨性Ⅴ～Ⅷ级岩石的金刚石钻头［参见图 7－24（c）］拥有加厚的阶梯形胎体。

2）钻进规程

由于绳索取芯钻杆的外径非常接近钻孔直径，具有定心扶正作用，故可采用钻机功率允许范围内的高转速。

新钻头钻进时，在最初 10～15 cm 进尺内应使金刚石钻头处于低规程磨合状态：转速≤300 r/min、钻压≤4 kN、泵量≤20 L/min。往后可在

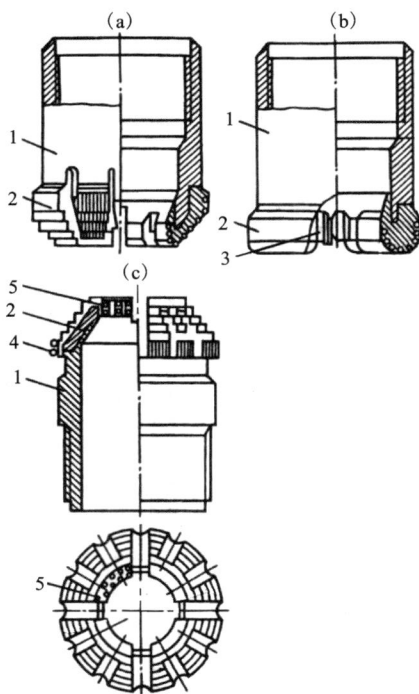

图 7－24 绳索取芯钻头结构示意图

（a），（b）阶梯式和锯齿形钻头；（c）加厚的阶梯式钻头：1—钻头钢体；2—胎体；3—水路；4—保径金刚石；5—端面金刚石

正常规程下钻进,以保证在金刚石耗量最小的前提下获得最大机械钻速和回次进尺。随着金刚石被磨钝必须增大钻压。

绳索取芯钻进的冲洗规程几乎与普通金刚石钻进没有区别。为了及时排渣,冲洗液上返的速度必须达 0.5 ~ 1.5 m/s(俄罗斯规程推荐 0.5 ~ 1.0 m/s)。必须考虑到,虽然要求的泵量并不大,但由于钻杆与孔壁间隙很小,将产生很大的水头损失和上举力(将抵消部分钻压)。所以绳索取芯钻进时必须使用具有硬特性的泥浆泵,当泵量很大时须适当增大钻压,并推荐使用润滑减震剂。不同规格钻具和钻头的钻压、转速和泵量推荐值参见表 7 - 3。

表 7 - 3 不同规格绳索取芯钻具和钻头的钻进规程参数推荐值

钻具规格/公称口径	钻头类型	钻压/kN	转速/(r·min⁻¹)	泵量/(L·min⁻¹)
A/48	表镶钻头	4 ~ 6/最大 8	400 ~ 800	
	孕镶钻头	6 ~ 8/最大 10	600 ~ 1200	25 ~ 40
B/60	表镶钻头	6 ~ 8/最大 10	300 ~ 650	
	孕镶钻头	8 ~ 10/最大 12	500 ~ 1000	30 ~ 50
N/76	表镶钻头	7 ~ 9/最大 12	300 ~ 500	
	孕镶钻头	10 ~ 12/最大 15	400 ~ 800	40 ~ 70
H/96	表镶钻头	8 ~ 12/最大 15	220 ~ 450	
	孕镶钻头	12 ~ 15/最大 18	350 ~ 700	60 ~ 90

3)工艺过程注意事项

(1)新回次开始时把岩芯管投入夹持在孔口的钻杆柱内,在垂直孔中岩芯管靠自重下降的速度为 40 ~ 50 m/min 下降。为加速把它送达孔底,可开泵冲送并缓慢回转。可根据泵压表压力突增来判断岩芯管是否到位。确认内管已到位才能开始扫孔钻进。如果钻孔严重漏失,甚至是干孔,则只能借助绞车和打捞器吊住下放岩芯管。到达孔底后,投入安全脱卡器迫使打捞钩张开得以解脱。

(2)打捞岩芯内管前必须由外管提供拉断岩芯的力,而不是薄壁内管。这时绳索取芯外管相对内管上移并压缩弹簧,使卡簧短节坐在钻头内台阶上,力的传递路径是:外管→钻头内台阶→卡簧座→岩芯摩擦力使卡簧相对下移卡住岩芯→靠外管拉断岩芯。

(3)回次结束前往夹持在孔口的钻杆内投放打捞器。打捞器到底后可缓慢提动钢丝绳,若有冲洗液由钻杆中溢出说明打捞成功。若打捞不成功,则应提钻处理。

(4)取岩芯和更换岩芯卡簧时,都必须从岩芯内管上拧下卡簧短节。

(5)钻进完整、弱裂隙性岩石时,为提高回次进尺,可借助接头和扶正器来加长外管,相应地用插接短节加长取芯内管。在钻进试验中曾把绳索取芯钻具加长至 9 ~ 10 m。

(6)钻杆内壁结垢防治措施:适当降低钻具转速;采用固相控制措施清除 90% 左右粒度大于 20 μm 的固相颗粒;结垢已形成并影响打捞时,提钻前半小时采用稀释原浆循环冲刷泥垢,或先提出上部结垢严重的钻杆再下打捞器;使用防结垢专用冲洗液。

7.4.3　液动冲击回转绳索取芯技术

为了克服由于绳索取芯钻头壁厚，比压较小，在硬岩(特别是坚硬致密"打滑"地层)中钻效较低的弱点，近年来出现了液动冲击回转绳索取芯技术，即把可大幅度降低辅助作业时间的绳索取芯技术同液动冲击器结合起来，在原有绳索取芯钻具上增加一个冲击动载，以增强碎岩效果，解决在硬、脆、碎等复杂岩层中岩芯极易堵塞、回次进尺短、取芯率低等问题。目前，国内已开发了采用正作用、反作用、双作用和射流式液动冲击器与绳索取芯钻具配套的多个冲击回转绳索取芯钻具系列。部分国产液动冲击回转绳索取芯钻具的主要技术参数见表7-4、表7-5。下面以两种有代表性的液动冲击回转绳索取芯钻具为例，介绍其结构特点和工作原理。

表7-4　部分国产液动冲击回转绳索取芯钻具的主要技术参数

系列名称	配套钻具	液动锤	外径/mm	钻头外径/mm	泵量/(L·min⁻¹)	泵压/MPa	冲击频率/Hz	冲击功/J	工作介质
SZC	S56	YZ型正作用式	54	56	40~80	1.0~1.5	30~40	5~10	清水、皂化液或无固相钻井液
	S59		58	59.5	50~100	1.0~2.0	30~40	5~10	
	S75		73	75	70~120	1.5~2.5	20~35	5~14	
	S91		88	91	70~140	0.7~1.8	15~40	8~40	
SSC	S56	YS型双作用无簧式	54	56	50~100	0.5~2.0	30~40	5~10	清水、皂化液或无固相钻井液
	S59		58	59.5	50~100	0.5~2.0	30~40	5~10	
	S75		73	75	60~100	1.0~4.0	25~50	3~18	
	S91		88	91	60~120	0.6~4.0	25~50	5~50	
TKS	YS-60	TK型正作用式	58	60(59.5)	60~90	1.1~1.7	38~42	5~10	清水或低固相泥浆
	YS-75		73	75	60~120	1.0~1.9	38~50	6~18	
	YS-91		89	91	70~140	1.0~1.8	40~53	7~20	
SZG	S59	ZF型	58	60	60~80	1.5~2.5	38~50	4.9~12	清水或乳化液
SYSC	S95	SC型	91	95	60~140	0.4~2.0	25~50	6~52	清水、皂化液或低固相泥浆

1. TKS 型液动冲击回转绳索取芯钻具

该钻具是 TK 型阀式正作用液动冲击器与 YS 系列绳索取芯钻具的组合，主要由悬挂启动机构、冲击器、内外岩芯管总成和打捞器等部分组成。冲击器可随内管总成从钻杆中投入或捞出，并可根据需要实现纯回转绳索取芯钻进和液动冲击回转绳索取芯钻进的互换：内管总成接入冲击器则是冲击回转绳索取芯钻具；卸下冲击器就是回转绳索取芯钻具。

表 7 – 5　**SYZX 系列液动冲击回转绳索取芯钻具的主要技术参数**

型号 主要参数	SYZX59	SYZX75	SYZX96	SYZX122	SYZX135	SYZX150
配套绳取钻具	S56	S75	S96	S122	S135	S150
液动锤型号	YZX46	YZX54	YZX73	YZX89	YZX98	YZX98
钻具外径/mm	56	73	89	114	131	140
钻头直径/mm	59	75.5	95.5	122	135	150
工作泵量/($L \cdot min^{-1}$)	50～80	60～90	90～120	120～190	250～300	250～300
工作泵压/MPa	0.5～2.0	0.5～2.0	0.8～3.0	1.0～3.0	1.5～4.0	1.5～4.0
冲击频率/Hz	30～45	25～40	20～40	15～30	20～40	20～40
冲击功/J	10～20	10～50	15～70	20～90	80～120	80～120
长度/mm	4100	5200	5500	5230	6185	6530
质量/kg	56	75	115	180	340	380
推荐冲洗液类型	清水、乳化液或低固相泥浆					

1）悬挂启动机构

它与一般绳索取芯钻具的主要区别是设置了上、下两副弹卡。上弹卡实现内管总成的上限位，限制内管总成因岩芯上顶或冲击器的反弹力而上升。下弹卡的作用有二：一是作启动冲击器时的悬挂机构（内管总成上装有冲击器）；二是当钻具作回转绳索取芯钻进时，作为内管总成的悬挂机构（内管总成上不带冲击器）。

2）冲击器

该钻具的 TK 型阀式正作用冲击器工作原理如图 7 – 25 所示，当钻头未接触孔底时，钻具外管总成上的花键轴 37 向下滑动，花键套 36 与扭力接头 38 间脱开一定距离；冲击器的锤套下接头 30 与排水接头 33 间也脱开一定距离；活塞杆 24 与阀 20 脱开，冲洗液畅通，冲洗液通过进水接头 18，阀 20 及活塞杆 24 的内孔及排水接头 33，经内、外管间隙到钻头。这时冲击器并不工作，但可以在钻进前冲孔。

钻具降到孔底后，扭力接头 38 与花键套 36、排水接头 33 与锤套下接头 30 紧贴在一起，使冲锤系统上升，活塞杆 24 与阀 20 因接触而关闭过水通路，于是阀区内压力剧增，产生水锤作用，使阀与冲锤活塞一起加速下行，并压缩弹簧及锤簧，其台肩被阀座 21 挡住后，阀停止而冲锤系统靠惯性继续下行。此时，活塞杆与阀已脱开，水路被打开使阀区压力下降，阀在阀簧作用下恢复原位，随即液流畅通流向孔底。同时，冲锤继续下行压缩弹簧并冲击砧子 28 完成一次冲击。冲击载荷经砧座轴 29、排水接头 33、传振环 34、受振环 35、花键轴 37、扭力接头 38、外管 43、扩孔器 53 传给钻头 57。

冲锤冲击一次后，锤簧的张力及砧子的反弹力使冲锤迅速返回。活塞杆与阀便重新接触而关闭水路，产生第二次冲击。如此，冲击作用周而复始地进行。

3）内岩芯管总成

为避免因冲击器使内管总成过长，内管总成采用卡槽提引环连接方式，悬挂在冲击器的

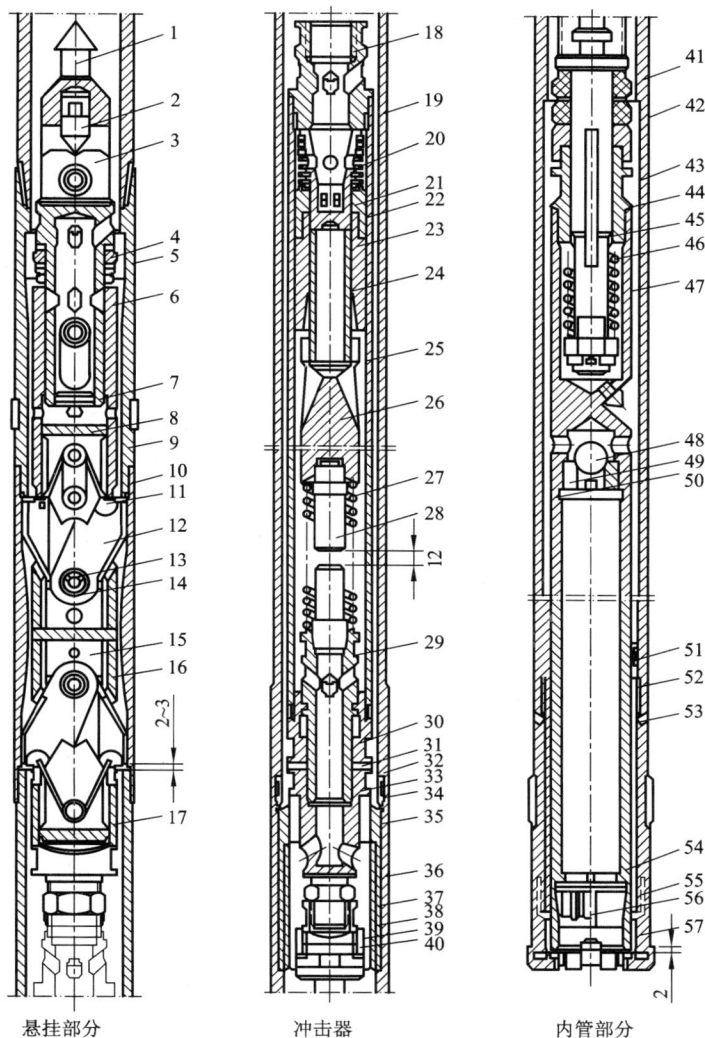

图 7 – 25　TK 型冲击回转绳索取芯钻具总成

1—上锥轴；2—锥轴定位销；3—下锥轴；4—到位报警圈；5—硬质合金；6—提引套筒；7—端盖；8—主轴；9—异径接头；10—短管；11—卡板簧；12—卡板；13—大销套；14—小销套；15—卡板座；16—悬挂套筒；17—连接管；18—进水接头；19—阀簧；20—阀；21—阀座；22—缸体；23—锤套上接头；24—活塞杆；25—锤套管；26—冲锤；27—锤簧；28—砧；29—砧座轴；30—锤套下接头；31—锤程调整垫；32—特制接头；33—排水接头；34—传振环；35—受振环；36—花键套；37—花键轴；38—扭力接头；39—活接头；40—活接头套；41—报警圈；42—轴承盖；43—外管；44—内管轴套；45—芯轴；46—轴承；47—压力弹簧；48—钢球；49—球阀座；50—内管接头；51—导正环；52—岩芯管；53—扩孔器；54—卡簧挡环；55—卡簧座；56—卡簧；57—钻头

下部。打捞岩芯时，内管总成可以从活接头 39 的卡槽中摘下，十分方便。为防止钻进时内管及卡簧座松扣、伸长，内管及卡簧座均为反丝。通过活接头 39 和螺母可以调节卡簧座 55 和钻头 57 的间隙。止推轴承保证了钻具的单动性。

4）外管总成

外管总成由异径接头 9、短管 10、连接管 17、特制接头 32、受振环 35、花键套 36、花键轴 37、扭力接头 38、外管 43、导正环 51、扩孔器 53、钻头 57 等零件组成。

TSK 型钻具若需从冲击回转绳索取芯改换为常规绳索取芯钻进时，有两种办法：一是投入内管总成，将 TK 冲击器的阀、阀弹簧、活塞杆、锤和锤簧等零件取出，然后再投入总管总成，此时 TK 冲击器不能工作；二是卸下冲击器及外管上的扭力接头、花键轴、花键套等零件以备用短管代替，从而变为单纯绳索取芯钻具。

2. SYZX 系列液动冲击回转绳索取芯钻具

目前市场上应用最广的 SYZX 系列冲击回转绳索取芯钻具是双作用冲击器与 S 系列绳索取芯钻具相结合的产物。其总体结构见图 7–26，性能参数见表 7–5。它主要包括：

（1）外总成：与绳索取芯钻杆相连接的弹卡挡头 + 弹卡室 + 上扩孔器（内装上扶正环）+ 上外管 + 承冲环接头 + 下外管 + 下扩孔器（内装下扶正环）+ 钻头。

（2）内总成：打捞定位机构 + YZX 系列液动潜孔锤 + 传功环 + 单动机构 + 上下分离机构 + 调整机构 + 内岩芯管 + 卡簧座（内装挡圈和卡簧）。

SYZX 系列冲击回转绳索取芯钻具的特点：

（1）内置的 YZX 系列冲击器采用双喷嘴配流结构，因其与锤阀存在面积差而运动，减少了密封副的数量，简化了钻具结构；无易损弹簧零件，钻具寿命长；取消了固定式节流环，砧子的水垫影响小，有利于深孔钻进；钻具总长度缩短；冲击功高，可大幅提高钻进效率。

（2）内外管间及阀锤高、低压区均采用金属机械式密封，耐磨性能高，寿命长。

（3）为增加传功环和承冲环的受力面积，又不至于因冲击产生的轻微变形影响其正常功能，还要保证到位的准确性，冲击功传递装置采用具有相互限制的刚性结构。为保证在高强度冲击作用下传功环和承冲环不会相互卡死，在材料选择及加工工艺上作了多次改进，并在试验台进行高强度冲击试验，结果达到设计要求。为防止承冲环接头因管壁薄和应力集中发生断裂，特设了减应力槽，增加安全性，使传功装置简单可靠，更换方便。

（4）传功装置既能传递冲击功，又能实现到位报信功能。若内总成投放不到位，冲洗液从内总成和外岩芯管之间通过，只有少量冲洗液能进入冲击器，使其冲击频率很低或不工作。当内管总成到位——传功环坐落在承冲环上，内总成处于悬挂状态，防空打间隙在重力作用下闭合；冲洗液流到承冲环时，因通路封闭，被迫全部进入液动冲击器，由于建立正常压差冲击器开始正常工作，从而实现到位报信功能。同时，冲洗液携带的能量驱动冲锤产生一定频率的冲击运动，通过传功环、承冲环、岩芯外管一直传到钻头上，实现冲击回转钻进，从而提高钻进效率。

（5）解堵塞。发生岩芯堵塞时，传功环相对承冲环上移，冲击功直接作用在岩芯内管上，利用冲击振动即可消除岩芯堵塞。

（6）该系列钻具保留了原绳索取芯钻具的上下分离接头装置，捞取岩芯时可将内总成分离成上下两部分，防止因提出的内总成过长而弯曲或折断。分离方法是当下分离接头提到孔口时，用垫叉将其叉住，上移挡环即可拆开上、下分离接头。然后使打捞器与组合式提引接

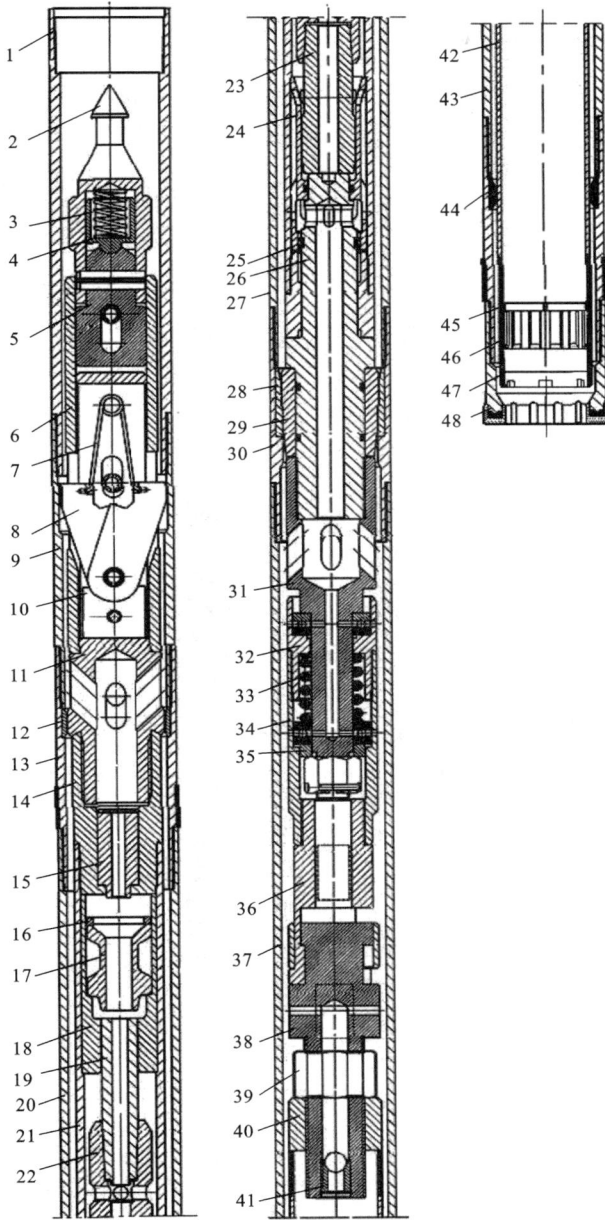

图 7 - 26　SYZX 液动冲击回转绳索取芯钻具结构示意图

1—弹卡接头；2—捞矛头；3—压紧簧；4—定位卡块；5—捞矛座；6—回收管；7—张簧；8—弹卡钳；9—弹卡室；10—弹卡座；11—弹卡架；12—上扶正环；13—扩孔器；14—上接头；15—上喷嘴；16—调节阀；17—上阀；18—上缸套；19—上活塞；20—上外管；21—冲击器外管；22—冲锤；23—下活塞；24—下缸套；25—卡瓦；26—锤箍；27—锤套；28—承冲环；29—传功环；30—承冲环接头；31—锤轴接头；32—单动接头；33—减振弹簧；34—接头；35—垫圈；36—上分离接头；37—挡环；38—下分离接头；39—锁紧螺母；40—调节接头；41—单向阀座；42—内管；43—下外管；44—下扶正环；45—卡簧挡圈；46—卡簧；47—卡簧座；48—钻头

头相连,再将下分离接头及以下部分提出,投放过程则相反。

7.4.4 局部反循环绳索取芯技术

在生产实践中,经常会出现在极复杂地质条件下用普通绳索取芯钻具也很难保证岩芯采取率达到设计要求的情况,为此,全俄勘探技术研究所研发了集喷射式反循环、振动和绳索取芯钻进于一体的 CCK-59ЭB 型钻具(见图7-27),可明显提高复杂地层岩芯采取率。

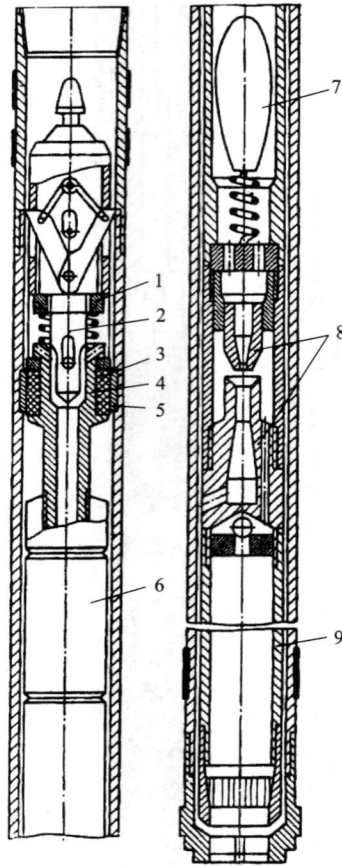

图7-27 喷反-振动-绳索取芯组合钻具

1—调整螺帽;2—连接杆;3—橡胶密封圈;4—轴套;5—支撑环;

6—轴承组;7—振动器;8—喷射器;9—岩芯内管

该组合钻具的特性参数见表7-6。为了解决破碎岩芯被冲蚀和难卡取的问题,该钻具借助喷嘴来实现孔底冲洗液局部反循环,可以更好地帮助岩芯进入并保存在内管中;为了解决破碎岩芯容易自卡的问题,它在岩芯内管上方增设了弹簧振动锤。

表 7 – 6　喷反 – 振动 – 绳索取芯组合钻具的特性参数

项目	金刚石钻头	外管	内管
外径/mm	59.0	56.0	42.0
内径/mm	35.4	45.0	37.0
长度/mm	可打捞部分	取芯部分	
	3932	2660	
喷射效率/%	泵量 40 L/min、喷嘴直径 5 mm 时	泵量 19 L/min、喷嘴直径 3.5 mm 时	
	40	60	
振动器频率 /(次·s^{-1})	泵量 40 L/min 时	泵量 19 L/min 时	
	50	30	
质量/kg	可打捞内管	套内总成	振动锤
	16.9	44.3	0.6

　　工作原理:来自钻杆柱的冲洗液沿内外管间隙到达支撑环 5 和橡胶密封圈 3 的位置时,受阻后继续沿中心通道依次流向振动器和喷嘴。设在内管上部的纺锤形振动器重锤固定在弹簧上,在钻进过程中液流作用下可产生摇摆,不断敲击岩芯内管使其振动,有助于岩芯进入和自动解卡,以解决岩芯堵塞问题。而液流由喷嘴高速射出时,在扩散区负压的作用下,孔底部分冲洗液将从内外管间隙经卡簧短节被吸入内管,并携带着破碎岩芯和钻渣也进入内管,然后由内管上接头流出,经承喷器进入内外管间隙,再到达孔底。而剩下的钻渣和另一部分冲洗液则沿着管外环状空间上返。

　　根据所钻地层的情况,该套钻具可以仅使用喷嘴短节或振动器短节,也可以两者同时采用。岩芯自卡的信号是这样产生的:当岩芯自卡时内管将连带轴套 4 相对外管上移,并压缩套在连接杆 2 上的弹簧,使水路通道截面积有所变化,压力表上的读数便有反映。通过调整螺帽 1 使弹簧承受一个预压紧力,推荐该力在 2 kN(弱胶结性岩石)至 4 kN(裂隙性岩石)之间变化。当内管投放到位,坐在支撑环 5 上时,连接杆 2 在惯性力和冲洗液压力的作用下继续在轴套 4 的孔内向下位移。这时压力表上的读数便告诉操作者内管已经到达孔底。

　　在投放内管之前应仔细检查喷嘴的尺寸是否与冲洗液泵量相适应:泵量为 40 L/min 时,喷嘴直径应取 5 mm,并配通道直径 9 mm 的混合器;泵量为 19 L/min 时,喷嘴直径应取 3.5 mm,并配通道直径 7 mm 的混合器。喷嘴和混合器端面之间的间隙应为 5 ~ 7 mm。振动器重锤固定在弹簧上,钻进过程中当环状间隙被堵塞时,重锤可在冲洗液压力水头的作用下往下位移,突然改变堵塞位置的环状间隙,从而排除堵塞的岩屑。

7.5　全孔反循环连续取芯(样)工艺

　　全孔反循环取芯也称为反循环连续取芯。它是一种不提钻,利用循环介质把岩芯(或岩屑样)经钻杆的中心通道连续不断地输送到地表的取芯方法。

全孔反循环取芯(样)钻进方法可根据输送岩芯的介质不同分为水力(泥浆)反循环和气举反循环;根据所排出的样品不同可分为反循环取芯和反循环取样。

7.5.1 水力反循环连续取芯

水力反循环连续取芯钻进(又称:水力输送岩芯钻进)是全俄勘探技术研究所在不断改进复杂地质条件反循环取芯钻探技术的基础上诞生的。随着水力输送岩芯工艺方法的完善,20世纪70年代中期该方法在含有Ⅵ~Ⅶ级硬夹层的Ⅱ~Ⅳ级软岩中,在深度100~300 m的钻孔内曾达到非常高的钻探效率——300 m/h。这种方法钻取的实物样品包括直径32~38 mm的岩芯和来自孔底的大部分岩屑,在固体矿产勘探(稀有金属和其他矿藏)中获得的实物样品质量明显高于传统的取芯钻进工艺。

1. 工作原理及机具

图7-28为水力反循环连续取芯钻进方法的工作原理示意图。该技术方法的主要特点是采用了专门的双壁钻杆2。在钻进过程中,被泥浆泵6送出的冲洗液经双管水龙头4进入双壁钻杆的内外管之间,并在距孔底20~30 mm处经钻头1进入内管3。携带已被定长切断的岩芯和岩屑的冲洗液沿内管上返,再经双管水龙头4进入岩芯引出软管5流出,到达安装在

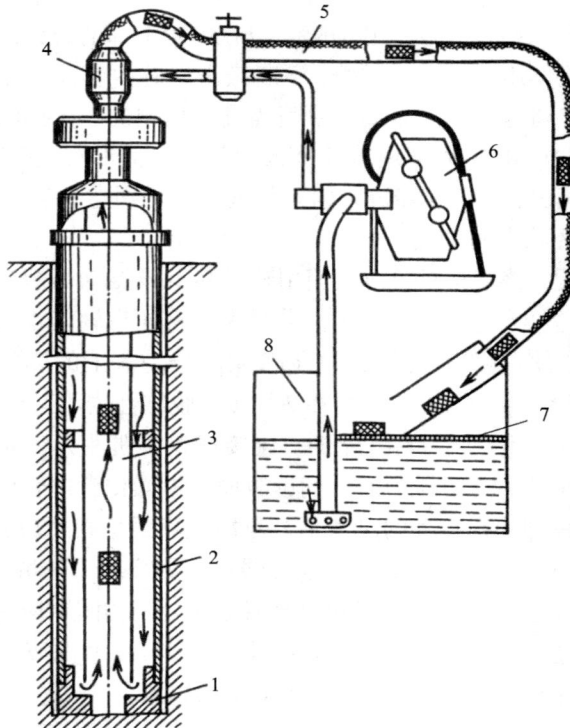

图7-28 水力反循环连续取芯钻进原理示意图

1—钻头;2—双壁钻杆外管;3—双壁钻杆内管;4—双管水龙头;
5—岩芯引出软管;6—泥浆泵;7—岩芯采集盘;8—水源箱

水源箱8中的岩芯采集托盘7上。另一部分冲洗液从钻杆与孔壁之间狭小的环状间隙，按正循环方式缓慢地向上流动，起到稳定孔壁和润滑钻具的作用。

水力反循环连续取芯钻进的组合设备包括：自行式钻机（只有自行式钻机才能适应台月进尺超万米的钻进速度），大泵量的泥浆泵，专用双壁钻杆，硬质合金钻头，大通孔侧入式双管水龙头，提升装置，加压系统和冲洗液管汇系统，岩芯采集装置，移动式水箱，钻杆支架等。

水力反循环连续取芯用钻杆如图7-29（a）所示，单根双壁钻杆之间用小锥度螺纹的锁接箍连接起来。单根钻杆包括外管5和内管2。外管传递钻压和扭矩，内管仅作为岩芯的通道。由于批量生产的钻杆不可能保证外管和内管完全一样长，所以每根内管都设计了可相对于外管轴向位移40 mm的机构，以补偿两者的长度不匹配。外管为钢质管材，内管是轻合金管。外管与锁接箍连接的螺纹上必须涂覆含松香的丝扣油。在轻合金内管的端部接有钢衬套3。衬套表面装有定中心的扶正肋骨1，衬套的端面做成球锥形。当拧合外管时，内管之间的衬套端面处可相互压紧配合。在内管下部装有岩芯卡断器（有楔面式、卡块式和滚球式等结构，图中未画出），当钻成的岩芯达到一定长度时（一般为直径的2倍），将被岩芯卡断器卡断，于是，成段的岩芯就被连续不断地从孔底输送至地表。

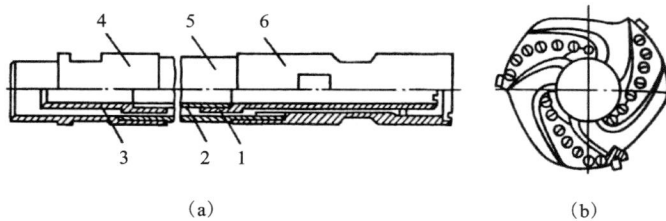

图7-29　水力反循环连续取芯钻进的双壁钻杆（a）及钻头（b）
1—扶正肋骨；2—内管；3—钢衬套；4、6—接头；5—外管

硬质合金钻头［见图7-29（b）］的厚壁钢体上有三个曲线形螺旋扇形块，它回转时有利于岩屑由圆周向中心移动，然后被冲洗液流携带着进入内管。扇形块上镶有八角柱状硬质合金切削具。钻头的外出刃直径为76、84和93 mm。钻头侧面留有水槽和一定的通水断面，以方便上下提动钻具。

由于冲洗液流是在距孔底20～30 mm处转向内管，故切削具的冷却主要靠周期性的上下提动钻具。在必要的情况下，当剖面中存在硬研磨性夹层时可使用同类型的金刚石钻头（外径82 mm、内径35 mm）。

2. 钻进工艺

水力反循环连续取芯工艺主要用于钻进软岩和部分中硬的岩石，其特点是在软岩钻进中机械钻速很高。随着钻速增大，回转器上的扭矩将急剧增大。由于液压系统的压力与扭矩成正比，当液压系统压力接近临界值时，只能通过提动钻具来降低扭矩。于是，水力反循环连续取芯钻进工艺是一个由"钻进工序"和"提动钻具工序"组成的循环作业。根据岩石的物理力学性质，每一个循环持续8～15 s。在复杂与极复杂条件下钻进时，降低回转器扭矩的主要工艺措施有：

（1）长程串动钻具。根据地层的复杂情况，每进尺 0.1~1.5 m，周期性地上下串动钻具，钻具提离孔底的高度应大于或等于进尺高度。

（2）短程提动钻具。根据地层的复杂情况，每进尺 0.05~0.5 m 周期性地提升钻具 8~10 cm，然后放到孔底。

（3）扫孔。在几次串动钻具后或在加接钻杆之前进行扫孔，扫孔时提离孔底的高度应超出几次串动钻具总进尺的 1~2 倍，或等于回转器的行程长度。

（4）正循环洗孔。每进尺 40~60 m 时变换一次侧通阀门进行正循环洗孔。其目的是排除钻柱内、钻柱与孔壁间隙之间的岩粉，预防因孔壁岩石、岩芯、岩屑中的黏土成分自然造浆在内外管之间和管外空间造成水路堵塞，润滑钻具。

主要的工艺措施是上下串动钻具，而其他的方法则在必要时才采用。表 7-7 列出了用于不同岩性的钻探规程参数和工艺措施。

表 7-7　复杂条件下水力反循环连续取芯钻进的推荐工艺措施和参数

工艺措施和参数	砂层	亚砂土	砂质黏土	黏土	无黏结性岩石
两次长程串动钻具之间的进尺/m	0.1~0.25	0.5~1.0	0.5~1.0	0.5~1.5	4
在上述进尺内短程提动钻具的间隔/m	0.05~0.15	0.25~0.5	0.25~0.5	0.25~0.5	无
2~3 次短提动后长程串动的高程范围/m	无	0.6~3.0	0.6~3.0	0.6~2.0	无
在加接钻杆之前扫孔次数/次	无	1~2	1~2	1~2	无
正循环洗孔的间隔/m	无	50~70	40~60	30~50	无
最优转速/$(r \cdot min^{-1})$	222	324	324	324	222
推荐钻压/kN	10	15	20	25	10

注：对于所有的岩性泵量取 180~300 L/min。

在特别复杂的剖面钻进漏失层时，必须增大泵量到 300~320 L/min。在这些区段不必上下串动和提动钻具。钻头冷却靠周期性提升钻具 3~5 cm 来实现。钻至漏失层底板后，可用高黏度的聚合物黏土泥浆进行正循环。

3. 水力反循环连续取芯的优缺点

（1）钻进效率高。由于无须提钻取芯，减少升降钻具及其他辅助时间，还比绳索取芯减少了打捞内管总成的时间，且延长了钻头的寿命，俄罗斯在 Ⅱ~Ⅳ 地层中最高台月效率超过万米。

（2）岩芯采取率高，取芯质量好。由于冲洗液流向与岩芯进入岩芯管的方向一致，避免了冲洗液对岩矿芯的正面冲刷和液柱压力对岩矿芯进入的阻碍，减少其流失和重复破碎；同时，岩矿芯在管内成悬浮状态，减轻了选择性磨损，有利于提高松散破碎和怕冲刷地层的取芯质量。采取率一般可达 95% 以上。

（3）易于穿过复杂地层。对于易坍塌、漏失、掉块、破碎等复杂地层，可以不下套管，外管就等于跟管钻进的套管。

（4）单位成本低。国外资料统计表明，相同地层条件下，反循环连续取芯钻进的成本，仅为普通取芯钻进的 1/5 ～ 1/3。

但是，该工艺还存在一些问题：钻进深度与岩层有一定局限性，不可能取代传统岩芯钻探；被定长切断的岩芯破坏了地层的原状结构；遇到硬岩层或坚硬夹层时，岩芯难以切断或岩芯卡断器磨损严重；钻探设备过于庞大，这些都严重影响了其推广速度。

7.5.2 气举反循环连续取样

气举反循环连续取样钻进属于以压缩空气为输送介质的不提钻取样工艺。这种工艺最初于20世纪80年代诞生于美国和加拿大等国，被称为 CSR（Center Sample Recovery）中心取样钻探，有些公司称其为 RC 钻探技术。这种新型全孔反循环连续取样工艺依靠收集由中心通道上返的岩屑来取代常规岩芯进行地质编录、岩矿分析，因其效率高、质量好而广泛应用于矿业勘探领域。

1. 工作原理

目前国内外钻探现场使用的气举反循环连续取样工艺大致有三种组合方式，它们也反映了气举反循环连续取样技术进步的三个阶段。

1）双壁钻杆 + 全面钻头的气举反循环

第一阶段的 CSR 工作原理如图 7 – 30 所示，压缩空气经侧入式气水龙头进入双壁钻杆的环状间隙并下行，到达孔底后经内管中心通道上返，同时将所钻地层样品及岩屑携至地表，以取样代替取芯。样品进入旋流器后与空气分离，再根据地质要求进行不同比例的无分选缩分，最后将样品按要求包装编号送化验室。该方法常采用牙轮钻头或刮刀钻头全面破碎工艺，所以取出的只能是岩屑。

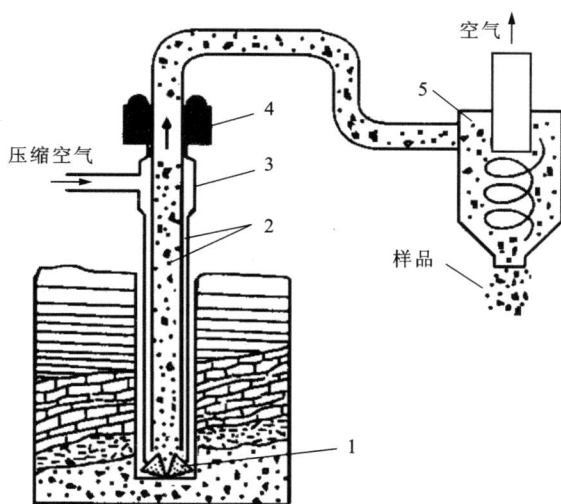

图 7 – 30 第一阶段气举反循环连续取样示意图

1—钻头；2—双壁钻杆；3—侧入式气水龙头；4—动力头；5—旋流器

2）双壁钻杆 + 交叉接头 + 普通潜孔锤的气举反循环

第二阶段的 RC 工作原理如图 7 – 31 所示，钻柱上部为双壁钻杆，下部为普通潜孔锤和硬质合金柱齿钻头，中间用交叉接头连接。由于交叉接头外径较大，强制让外环空间上返的岩屑从交叉接头进入内管，在潜孔锤以上形成反循环中心取样钻进，也只能取出岩屑。这种方法的缺点是在交叉接头以下仍为正循环，属样品污染区，易造成复杂地层混样、颠倒，影响取样的真实性。

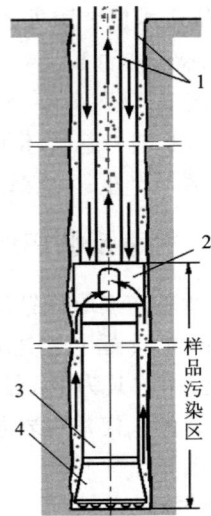

3）双壁钻杆 + 贯通式潜孔锤的气举反循环

第三阶段的气举反循环连续取样工艺实现了双壁钻杆和贯通式潜孔锤直接连接，打通了自孔底至地表的钻具中心通道，岩矿芯（样）可沿钻具中心通道直接被上返空气带至地表，克服了 RC 方法存在的缺陷。现场反循环连续取样钻进系统如图 7 – 32 所示。压缩空气经输气管 15、16 进入双通道气水龙头 3，进入双壁钻杆 9 的环状通道，驱动贯通式潜孔锤 12 工作，冲锤高频冲击钻头碎岩。工作后的废气经钻头

图 7 – 31　第二阶段气举反循环
连续取样示意图

1—双壁钻杆；2—交叉接头；
3—潜孔锤；4—钻头

13 的排气孔排出，经扩散槽和孔底岩石的反射作用直接进入钻头中心孔，经潜孔锤贯通孔和双壁钻杆的中心通道、双通道气水龙头及鹅颈弯管 2、排心（样）管 4 到旋流取芯（样）器 7，完成动力流体介质的全孔反循环。

实现潜孔锤全孔反循环连续取芯的关键是反循环钻头，多喷嘴引射式反循环钻头的结构见图 7 – 33。该钻头有助于在孔底形成稳定的反循环，驱动潜孔锤后的废气由钻头底部的排气孔高速喷出，在喷口附近形成低压区，对周围介质形成抽吸作用。气流与被抽吸的介质由孔底岩石反射后经扩散槽进入钻头中心通孔，高速流体的流速逐渐降低，压力增高，携带岩芯、岩屑及孔内流体沿钻具的中心通道上返至孔口。从而实现了冲击碎岩、全孔反循环和连续取样（在完整岩层中可能取出块状岩芯）三位一体的效果。

2. 现场工作程序

气举反循环连续取样方法在现场地质工作程序上与常规钻探有较大区别，概括起来有如下几点：

（1）以取样段的概念取代了取芯钻探中回次长度的概念。所谓取样段长度，就是在钻进过程中，把一定长度内或一定进尺内（一般为 0.3～1.5 m）的岩样收集到一起，充分混合后作为一个送检样，这个定尺长度即为取样段。

（2）用满足地质要求的样品量来取代原取芯钻探中岩芯采取率的概念。在中心取样钻探中，被钻头破碎的岩石随高速气流排至地表，通常可高达 100%，而地质人员只需少量样品即可满足化验需要。因此，要在钻探现场对岩样进行充分缩分，保留能够满足地质要求的样品量。

（3）在取芯钻探中，所获岩矿芯均按回次编号，按顺序放入岩芯箱。而在中心取样钻探

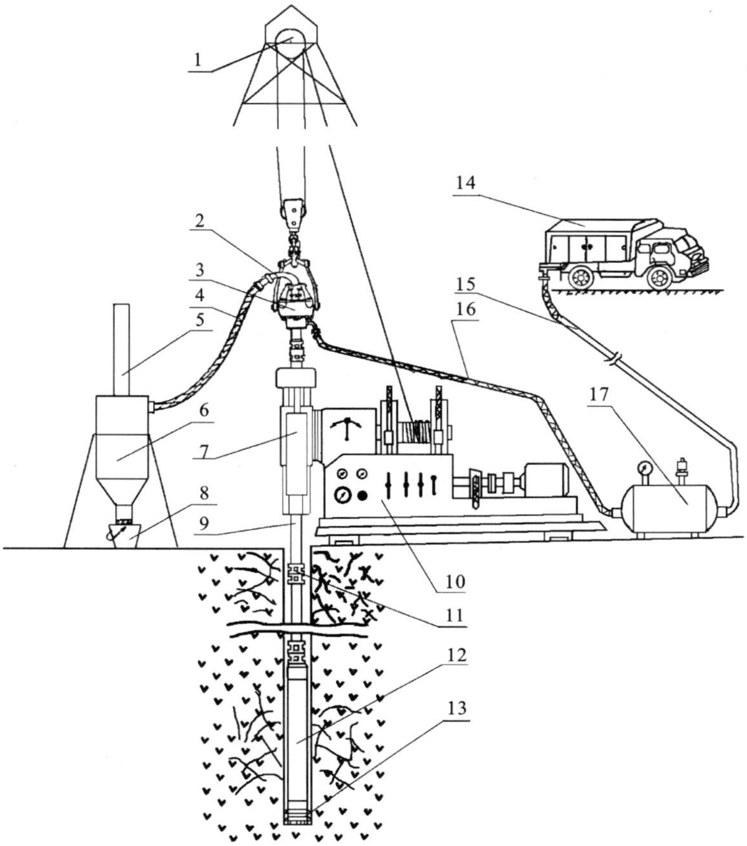

图 7 - 32　贯通式潜孔锤反循环现场布置示意图

1—天车；2—鹅颈弯管；3—双通道气水龙头；4—排心(样)管；5—取样器排尘管；6—旋流器；7—钻机立轴；8—接心(样)桶；9—双壁钻杆；10—钻机；11—双壁钻杆锁接头；12—贯通式潜孔锤；13—反循环柱齿钻头；14—空压机；15、16—输气管；17—储气罐

中，岩矿样呈碎屑状从孔内源源不断排出，按取样段进行收集包装。

3. 钻进工艺参数

(1)钻压。潜孔锤钻进主要依靠冲击频率和冲击功碎岩，钻压只是克服潜孔锤缸体内部压缩气体的推力，以保证潜孔锤钻头始终接触孔底。贯通式潜孔锤钻压可按钻头单位直径 $0.5 \sim 0.8$ kN/cm 计算。取芯式钻头取低值，取样钻头取高值；地层软取低值，地层硬取高值。钻进强研磨性、破碎岩层时，钻压应适当降低。

(2)转速。潜孔锤破碎岩石所需转速较低，只是为了改变刃齿的位置及剪切掉岩脊，合理的转速应满足最优冲击间隔的要求。转速与潜孔锤性能有关，若冲击频率不变，则随着岩石硬度和钻头直径的增大，转速应减小；随着冲击能量和切削齿数量的增大，钻具转速应提高。

(3)风量与风压。影响潜孔锤冲击功和冲击频率的主要因素是风量和风压，风压随输入风量的变化而变化。实际钻进中钻速与风压、风量成正比。每一种潜孔锤都有其额定风压，

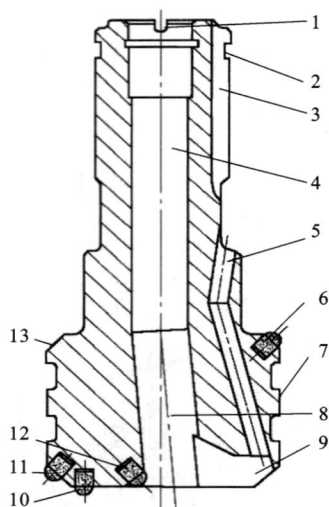

图 7 - 33　多喷嘴引射式反循环钻头结构示意图

1—泄风槽；2—卡槽；3—花键；4—中心通道；5—底喷
排风孔；6、10、11、12—合金柱齿；7—密封台阶；8—
取芯偏心孔；9—扩散槽；13—台肩面

若超过额定风压(应减去管汇及孔内压力降)可能导致潜孔锤活塞断裂。实际钻进过程中，空压机压力主要取决于潜孔锤工作的压力降、流体在通道中的沿程损失、局部损失及孔底的围压。钻进中及时确定风压对于潜孔锤钻进至关重要。

小口径系列贯通式潜孔锤钻进工艺参数推荐值见表 7 - 8。

表 7 - 8　小口径系列贯通式潜孔锤钻进规程参数推荐值

潜孔锤型号	钻头直径/mm	钻压/kN	转速/(r·min⁻¹)	参考风压/MPa	排渣风量/(m³·min⁻¹)	
					干孔	涌水孔
GQ - 89	89~96	4.5~8.0	23~35	1.5~1.9	6.3~7.3	7.0~8.5
GQ - 108	112~122	5.5~12	20~30	1.5~1.8	10~12.4	10.7~14.4
	122~132	6.0~13	20~30			
GQ - 127	132~140	6.5~14	20~25	1.6~1.9	13~16.5	13.7~18

4. 气举反循环连续取样的优缺点

(1)钻进效率高。以冲击破碎取代了切削破碎和研磨破碎；用空气及时排粉效果好；没有了上部液柱的压持效应，使岩石破碎相对容易；节约了大量升降钻具辅助作业时间。

(2)利于穿越复杂地层。钻进中压缩空气在双壁钻杆中闭路循环，即便遇到老窿或溶洞，只要钻具到达洞底，正常循环将立即恢复；钻进过程连续，避免了频繁升降钻具所形成的激动压力和抽吸作用给孔壁造成破坏。

（3）钻孔质量好。采用满眼钻具，孔壁间隙小，钻柱刚性好，所以很少发生孔斜；岩样上返速度快，地质人员可随时掌握地层变化情况，样品采取率总能达到100%。

（4）钻进工艺简单。与常规取芯钻进相比，钻进参数的控制比较简单；由于实现了样品连续上返，常常是一个钻头打一个孔，提一次钻；除特殊情况外，即使在复杂地层钻进也不必采取护孔堵漏措施；钻孔结构简单，通常是一径终孔。

7.6 采集气体样品、岩屑和补取岩样

7.6.1 采集气体样品

勘探含有大量甲烷和其他气体的煤田时，经常需要取出保存层序和含气结构的岩芯。由于这些气体承受着很大的地层压力，如果使用普通单动双管钻具，在提升岩芯时，随着静水压力降低，其中的气体将很快从岩芯中泄漏或逸出。等提至地表后岩芯已基本没有气体了。因此，为了圈定地层的煤层气含量，必须使用专门取含气样岩芯的钻具。

取含气样岩芯的钻具必须具备内管单动、超前、隔水、避振、密封、集气、防脱落等功能。目前可用的钻具类型举例如下：

1. 机械密封式钻具

机械密封式取气样钻具如图7－34（a）所示。该钻具连接内管的上接头上有对称的凸肩（图中未画出），可在传递扭矩的同时沿外管相对滑动。而内管下接头上有单动机构。在钻进过程中，压入式内钻头4超前于外钻头2，这时铅质封口活门5垂直地位于外管1和岩芯内管3之间。当内管3充满岩芯，开始起钻时，内管3相对于外管首先被提升并上移，封口活门5由垂直状态翻倒至水平状态（这时外管尚未离开孔底）。然后封口活门紧贴在内钻头4下端。由于此前往钻杆内投入了钢球，在整个起钻过程中岩芯内管3和内钻头4被静水柱压力压紧在封口盖活门5上，直至提升至地表。在内钻头4下端还装有爪簧，可防止起钻过程中煤心脱落。

2. 冻结法钻具

采用冻结法钻具［见图7－34（b）］钻进时，冲洗液沿上接头9

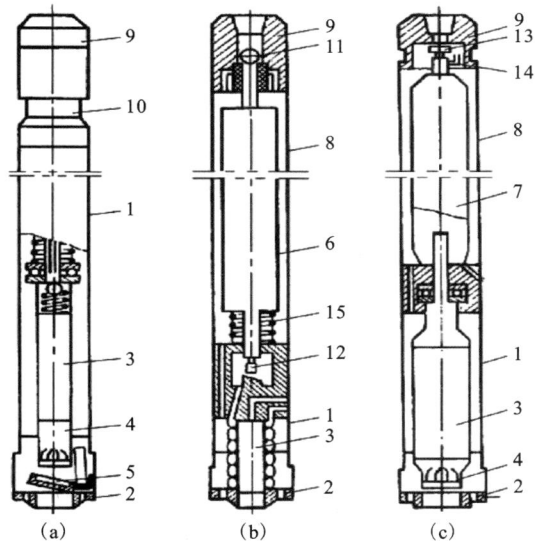

图7－34 钻取含气岩芯的专用工具结构示意图

（a）机械密封式钻具；（b）冻结法钻具；（c）集气式钻具
1—外管；2—底喷式钻头；3—内管；4—内钻头及爪簧；5—铅质封口活门；6—碳酸瓶；7—集气瓶；8—中间外管；9—上接头；10—伸缩式内外管接头；11—钢球；12—密封嘴；13—旋塞；14—软管接头；15—弹簧

的水路经内外管之间流入钻头 2 的底喷孔到达孔底，携带岩粉并冷却钻头。钻程结束时，取样管(内管)3 中已充满岩芯，往钻杆内投入钢球 11 并开泵。由于钢球挡住了冲洗液通道，在液体压力作用下，装有碳酸的瓶 6 向下位移，密封嘴 12 被尖锐的斜面压破，瓶 6 中的承压液态碳酸沿缠绕在内管 3 上的蛇形管流动，把岩芯与进入岩芯管的气体物质和挥发性液体冻结在一起，然后顺利提升至地表。

3. 集气式钻具

与前两种钻具相比，集气式钻具[见图 7 - 34(c)]的特点是，为收集从岩芯中逸出的气体设置了一个密封集气瓶 7 及其外保护筒——中间外管 8。孔底岩层在未被钻取时，其中的煤层气处于稳定状态。岩层被钻开后，尤其是起钻过程中，由于围压逐渐降低，气体将从岩芯中逐渐逸出。该钻具的内管 3 上设有一管路，逸出的气体将顺着管路进入密封集气瓶 7 中并替换出其中的液体。同时，钻程结束时在内钻头 4 处已形成了被压实的煤心"塞子"并被爪簧托住，可防止在提钻过程中气体逸出和煤心脱落。到达地表后，可在实验室通过旋塞 13 和软管接头 14 取出煤层气样品。

上述钻取含气岩芯的专用取样钻具结构同样适用于石油、天然气钻探。

7.6.2 采集岩粉

岩芯钻探中，在许多情况下(例如，某些孔段取出的岩矿芯数量和质量不符合地质要求)常需采集岩粉作为样品。岩粉可以在取芯钻进、不取芯钻进和扩孔时进行收集。采集岩粉既可在地表完成，也可在孔内进行，但若用空气钻进时只能在地表采集。正循环钻进时顺便采集的岩粉，只作为辅助性样品，补充说明岩芯样品的信息。岩粉的弱点是在钻探工具破碎岩石时岩石中的结构与结晶特点遭到了破坏，在冲洗液流中岩粉被分选，使其密度、粒度和物质成分失真，而且随液流上返过程中会把有些孔壁成分带入岩粉中，使其代表性不强。利用孔底局部反循环和孔底岩粉收集装置获得的岩粉才具有代表性。无岩芯钻进时收集实物样品的唯一方法是收集岩粉。因为牙轮钻进的时效很高，所以不得不损失一些取样工作的质量。

在地表收集岩粉的方法有分选法(筛选法)或过滤法。用分选法时借助岩粉沉淀槽或水力旋流器收集岩粉，空气钻进中用气动旋流器收集岩粉。

1. 岩粉沉淀槽

岩粉沉淀槽[见图 7 - 35(a)]中设有隔板，槽子的坡度取 1/125 ~ 1/80，以保证液流速度低于临界值。岩粉沉淀在槽中后将上部的水倒出，取出岩粉晾干后置于口袋中，并注明取样地点、时间及取样孔段的深度等。还可以在岩粉沉淀槽体系中增设岩粉收集箱 3 来收集岩粉。

2. 岩粉旋流分离器

岩粉水力旋流分离器[亦称旋流除砂器，见图 7 - 35(b)]是一种上部为圆柱体的漏斗扩散器。其主体是圆锥体 3，其上部为圆柱形，沿切线方向安装有进水管 1。由进水管输入含有岩粉的冲洗液，让其绕圆锥筒的轴线旋转运动，岩粉在离心力的作用下排向四周，并因重力积存在下部并由出口 4 排出。干净的液体经上部出浆管 2 流回备用泥浆池。水力旋流除砂器的圆柱体直径 150 ~ 175 mm，漏斗形的锥度 30° ~ 40°，可从泥浆中分离出 0.02 mm 的岩粉颗粒。

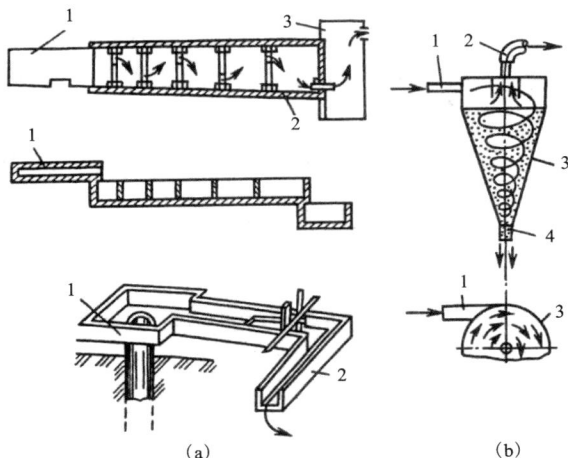

图 7-35 地表岩粉收集系统示意图

(a)地表泥浆循环系统：1—孔口；2—岩粉沉淀槽；3—岩粉收集池
(b)地表旋流除砂器：1—高速射流进水管；2—出浆管；3—旋流除砂圆锥体；4—岩粉出口

3. 孔内岩粉收集装置

孔内岩粉收集装置结构如图 7-36 所示。其中，图 7-36(a)为正循环钻进条件下用开式和闭式组合取粉管采集岩粉的钻具，图 7-36(b)是孔底局部反循环钻进条件下采集岩粉和碎岩屑的钻具。这种孔底岩粉收集装置配合孔底反循环方式可以采集到能反映该钻进回次地层信息、有代表性的岩粉样品。类似的孔底岩粉收集装置在7.6节的图 7-14(a)，(b)，(c)、图 7-15 和图 7-16中都有所体现，它们都可以在回次钻程结束时，不仅取出岩芯，还可获得反映本回次所钻岩层地质信息的岩粉样品，作为辅助实物资料。

7.6.3 补取岩样

补取岩样的方法有侧壁取样和偏斜取芯。

1. 侧壁取样

侧壁取样器的类型很多，有弹簧压筒取样器、水力刮刀取样器、水力冲射取样器、压入式取样器和放炮取样器等。

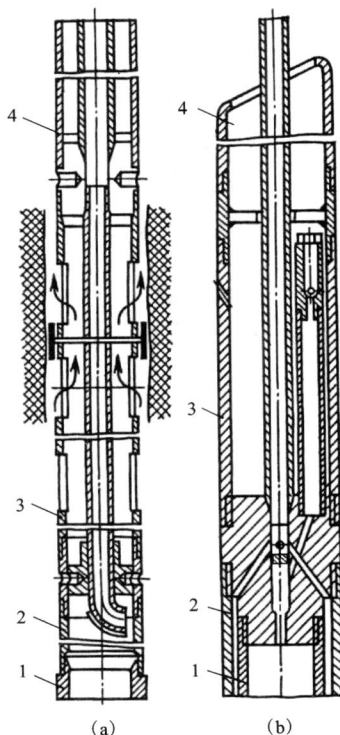

图 7-36 孔内岩粉收集装置示意图

(a)开式和闭式组合取粉管：1—钻头；2—岩芯管；3—闭式取粉管；4—开式取粉管；(b)孔底局部反循环采集岩屑：1—岩芯内管；2—外管；3—闭式和开式取粉管

1）压筒式取样器

弹簧压筒取样器（见图 7 - 37）的外壳侧面开有切槽，内藏弹簧 1 和可绕轴销 4 转动的取样压筒 3。补取岩样时，用钻杆或钢绳（配有重锤）下入孔内补取岩样处，压筒靠弹簧拉力紧贴于孔壁，上提取样器，压筒压进孔壁岩矿层，装满样品并转动大约 180°，压筒朝下，卡簧 2 将岩样保持在压筒内，万一岩样从压筒中脱落，也会掉在取样器的底座 5 内。

2）压入式取样器

压入式取样器（见图 7 - 38）导杆 1 上有长键槽，下部有台肩，可沿键上下滑动并带动取芯筒 6 上下移动和转动。稳钉 3 固定键 2 于上接头 4 内，取芯筒用螺纹连接在接头上，接头用销轴 5 与导杆相连，取芯筒可沿轴钉摆动。取样时将取样器下到补取岩矿层部位，通过钻杆使导杆沿键往下移动，带动取芯筒沿偏斜面下行，强力压入孔壁取样。完成取样后提出孔口更换取样筒后可再次下孔取样。由于这种取样器只能沿偏斜面压入，所以仅适用于煤等类似的软岩层。如果岩层较硬需要钻入孔壁取样，则须使用偏斜补芯技术。

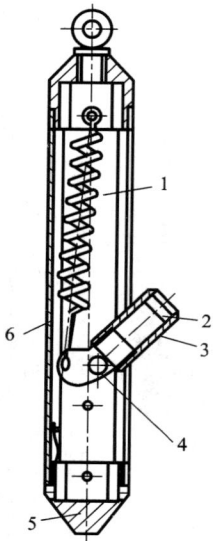

图 7 - 37　弹簧压筒取样器

1—弹簧；2—岩芯卡簧；3—取样压筒；
4—轴销；5—取样器底座；6—取样器外壳

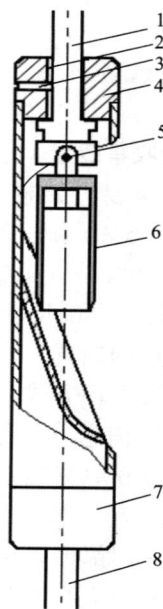

图 7 - 38　压入式取样器

1—导杆；2—键；3—稳钉；4—上接头；
5—销轴；6—取芯筒；7—下接头；8—下接头

2. 偏斜补芯

偏斜补芯是借助于导斜楔使取样筒沿楔面钻入孔壁岩矿层取芯，或者打分支孔钻取岩矿层补芯。这两种方法都类似于定向钻进，将在后续第 10 章中讲述，不再赘述。

第8章　地下坑道钻探

8.1　概　述

地下坑道内钻探简称坑道钻探，指为了地质、工程、安全采矿等目的，借助专用机具在地下狭小坑道中钻凿各种不同角度钻孔的一项特殊钻探技术，是将地面钻探技术应用于坑道的钻探作业。

8.1.1　坑道钻探的意义与特点

与地表钻探相比，坑道钻探可选择最靠近矿体的位置钻进全方位小口径钻孔，钻穿矿体，避开很厚的上覆地层，节约大量钻进围岩的无效工作量，使深钻变为浅钻；在高山、交通不便的矿区，可大大减少修筑便道，平整钻场的工作量；也有利于地表植皮的保护，保护自然生态环境。与坑探相比，坑道钻探施工地点可以选择在远离有害矿体（如铅、汞、铀等）的地点，避免对人体的损害。坑道钻探具有勘探速度快、成本低的优势，已发展成为矿产勘探和采掘过程中不可缺少的方法之一。

近年来，坑道钻探在矿山安全高效开发及其他矿山工程领域得到了广泛应用。在矿产普查勘探中（尤其是有色金属、稀有金属等矿床），坑道钻探用于探明坑道围岩的构造，追索矿床，揭示矿体产状，圈定矿体及取样等目的。在矿山开发中坑道钻探常用于施工巷道观测孔、通风孔、探放水孔、瓦斯抽采孔、注浆孔、煤层注水孔、爆破孔、锚固孔及代替某些勘探坑道或指导坑道掘进方向的先导孔等。在其他岩土工程施工领域，坑道钻探施工设备又可用于边坡加固、地质灾害治理、深基坑支护及其他地下工程施工。

与地面钻探相比，坑道钻探还具有以下特点：

（1）由于矿井巷道空间有限，运输、通风、给排水、通电、照明困难，其施工条件恶劣。钻探设备只能用电、液或压缩空气驱动，且要求体积小、机械化及自动化程度高。

（2）以施工各种角度的上仰孔、近水平孔和下斜孔为主，使钻杆紧贴一侧孔壁磨损较快，施工难度大，对钻机的能力要求高。

（3）钻进水平孔或者上仰孔时，岩粉能迅速从钻头唇面排出，有利于减轻钻头磨损，提高钻进效率。

8.1.2　坑道钻探的类型

按施工目的可把坑道钻探分为：

（1）地质孔。为探查矿脉的厚度、走向、倾角、倾向变化或地质小构造等目的而施工的钻孔。

（2）瓦斯抽采（放）孔。为实现煤矿安全开采，在煤层回采前钻进瓦斯抽采（放）孔。

（3）工程孔。为达到地质或安全目的而进行的特殊钻孔，例如矿井物探横波地震孔、排水孔、探放水孔、注浆孔及煤层注水孔等。

（4）按钻孔倾角的不同，坑道钻探可分为：垂直孔（倾角在 ±90°的钻孔）、近水平孔（倾角在 −10°～+10°）、上仰孔（倾角在 +10°～+80°）和下斜孔（倾角在 −10°～−80°）。

按钻进方法不同可分为：常规回转钻进、定向钻进（利用钻孔自然弯曲规律或借助专用工具使钻孔轨迹达到设计要求）和绳索取芯钻进。

8.2 坑道钻探设备与钻具

"工欲善其事，必先利其器"。在开展坑道钻探之前，首先必须选择所需的设备和机具。坑道钻探用设备与钻具"麻雀虽小五脏俱全"，其全液压系统、机电一体化程度和新材料的应用方面并不亚于地表钻探设备与钻具，而本书作为"工艺"教材不可能对这些内容展开讨论，所以只能加以简单介绍。

8.2.1 坑道钻探设备的选择和安装

坑道钻探设备主要包括钻机和泵，其中泵与地表钻探泵相同，常采用往复式水泵，但钻机与地表钻探相比却具有如下特殊要求：

（1）外形尺寸小，便于直接在坑道中安装，尽量不开或少开专用硐室；

（2）为适应水平孔和上仰孔钻进时拉送钻具的需求，钻机应配拉送钻杆的专用机构；

（3）为消除地下施工的噪音和空气污染，不得用内燃机驱动，只能是电动或液压、压风驱动。

1.坑道钻机简介

我国早期设计生产的坑道钻机有 DK 系列、钻石系列和 MK 系列，近年来又研制了 ZDY（MK）系列全液压坑道钻机、ZDY 系列全液压履带式坑道钻机和 Z 系列全液压坑道钻机。具体的技术规格如表 8−1、表 8−2 所列。下面仅介绍各系列中有代表性的钻机。

表 8−1　部分国产坑道钻机（老型号）的技术规格

型号 技术规格	DK−30	DK−150	钻石100	钻石300	钻石600	MK−100	MK−150A	MK−300	ZSK−50
钻进深度/m	30	150	100	300	600	100	150	300	50
钻杆直径/mm	50 54	43.5 55.5	33 42	43.5 55.5	42 43	42 50	42 50	42 50	33
机型	滑动回转器								/
传动方式	全液压	机械液压		全液压					机械液压
钻孔角度	0°～360°	0°～360°	0°～360°	0°～360°	60°～90°	0°～360°	0°～360°	0°～360°	0°～360°
安装方式	双立柱	双立柱	双立柱	锚杆顶杆	升降架	双立柱	双立柱	双立柱	单立柱
回转器转速/(r·min⁻¹)	300～1000	135～1290	0～1200 0～1500	283～1500	0～820 0～1500	0～140 0～350	0～160 0～360	0～180 0～360	1460

续表 8 - 1

技术规格　　型号	DK-30	DK-150	钻石100	钻石300	钻石600	MK-100	MK-150A	MK-300	ZSK-50
给进行程/mm	600	530	500	850	3200	600	800	800	300
给进力/kN	20	24	16	26	24	18.9	24	36	7.8
钻具升降方式	油缸	油缸	油缸	油缸	油缸倍速	油缸	油缸	油缸	摩擦轮
拉送速度/(m·s⁻¹)	0.04	拉0.28 送0.20	拉0.34 送0.32	拉0.71 送0.57	拉0.73 送1.4	拉0.74 送0.51	拉0.53 送0.36	拉0.93 送0.64	0.16
钻机动力/kW	11	7.5	14	22	40	11	15	17	钻机55 拉送0.5
钻机质量/kg	750	450	470	911	1300	500	850	900	150
生产工厂	张家口探矿机械厂	北京探矿机械厂	赤峰探矿机械厂	中南冶金机械厂	/	煤科院钻探研究所			赤峰探矿机械厂

表 8 - 2　国产 ZDY 系列全液压履带式坑道钻机的主要技术参数

技术规格　　型号	ZDY6000LD(A)	ZDY6000LD(F)	ZDY4000LD	ZDY4000L	ZDY3200L	ZDY1900L	ZDY1200L
孔径/深度/(mm·m⁻¹)	200/600	200/600	200/350	153/350	350/100	300/100	94/200
回转扭矩/kN·m	6~1.6	6~1.6	4~1.05	4~1.05	3.2~0.8	1.9~0.5	1.2~0.32
回转转速/(r·min⁻¹)	50~190	50~190	70~240	20~240	70~240	105~360	80~280
给进压力/MPa	21	21	21	21	21	22	21
最大给进/起拔力/kN	180	180	123	123	102	112	45
给进行程/mm	1000	1000	780	780	600	600	1000
主轴倾角/°	-10~20	-5~30	5~25	5~25	-5~60	-5~60	-10~45
最大行走速度/(km·h⁻¹)	2.5	2.5	2	2	2	2	1.6
爬坡能力/°	20	20	20	20	20	20	20
行走额定压力/MPa	21	21	21	21	21	21	21
电机功率/kW	90	75	55	55	45	45	22
配套钻杆直径/mm	73/89/95	73/89	73	73	73	63.5/73	50/42
钻机质量/kg	10000	9430	5500	5500	4500	4500	3900
外形尺寸/m	3.5×2.2×1.9	3.23×1.36×1.87	3.1×1.45×1.7	3.1×1.45×1.7	2.8×1.35×1.7	2.8×1.35×1.7	2.5×1.2×1.6

1)DK-150 型钻机

该钻机由主机、泵组和操纵台三大部件组成，依靠油管、电缆将三部件连接成一个整体。采用双立柱把钻机固定在坑道的顶底板之间，安装、拆卸、维修等均较方便。可施工 0°～360°各个方向的钻孔，用 φ33(43.5)mm 钻杆，最大孔深 150～200 m。不同方向的钻进深度如表 8 - 3 所列。

表 8 – 3 DK – 150 钻机不同方向孔的钻进深度

条　　件	上　仰　孔			水　平　孔			下　垂　孔			备　　注
钻头直径/mm	36	46.5	59.5	36	46.5	59.5	36	46.5	59.5	适用于相应的系列
钻杆直径/mm	33	43.5	55.5	33	43.5	55.5	33	43.5	55.5	适用于相应的系列
钻孔深度/m	100	75	50	150	100	75	200	150	100	

　　钻机除回转器为机械动力头外,其他全为液压传动。用两个电动机分别驱动回转器和液压油泵,回转器转速有 135 ~ 1290 r/min 之间的 5 个档,升降钻具用液压油缸进行。钻机的给进液压缸、液压卡盘、液压夹持器均可联动,以实现无塔无绞车拉送钻具、给进及拧卸钻具的机械化。

　　2)钻石 100A – F 型钻机

　　钻石 100A – F 钻机(见图 8 – 1)由两台风动马达分别驱动主机和油泵,风动马达通过配气阀改变供气量,以调节马达的功率、转速和扭矩。该钻机具有如下特点:

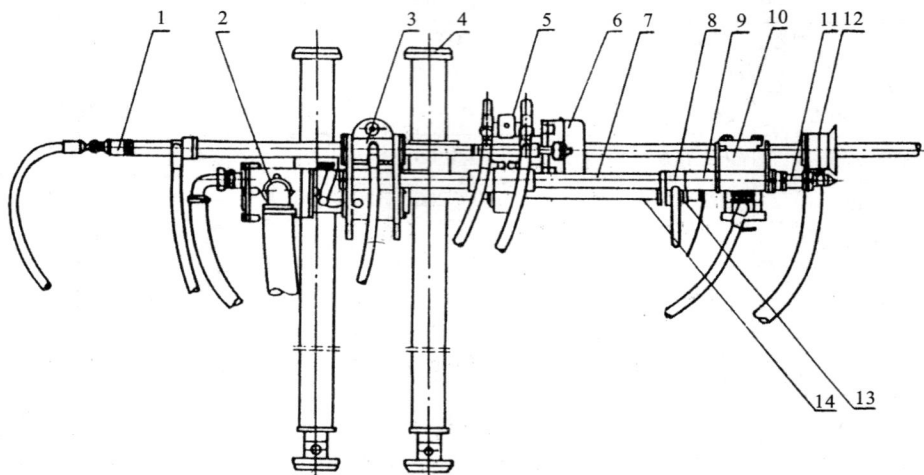

图 8 – 1 钻石 100A — F 型钻机(主机和支架)

1—接头;2—主机风马达;3—给进拉送液压缸、变速箱;4—支架;5—传动箱;6—卡盘;7—导向杆(滑轨);
8—托架;9—垫套;10—夹持器;11—张紧顶杆;12—引水罩;13—测速电机;14—传动轴

　　(1)采用机械式动力头,液压给进(拉送钻具);

　　(2)配备液压夹持器(弹簧夹紧,液压松开)和液压卡盘(液压卡紧,液压松开);

　　(3)液压卡盘、液压夹持器和拉送液压缸的液压系统实现联动,完成钻杆的拉送和钻杆的拧卸工序,以满足坑道钻探的特殊要求;

　　(4)钻机安装在双立柱上,通过立柱上的回转套和回转头,可以调整钻机的安装角,以钻进不同方向的钻孔;

　　(5)传动系统中采用 3K 行星减速机构,以获得快速正转和慢速反转,可满足钻进和拧卸钻杆的要求。

3) MK - 300 型钻机

MK - 300 型钻机由主机、操纵台、动力机组和油箱四大部分组成，彼此之间用软管连接，全液压传动，便于在不同场地安装使用。该钻机具有如下特点：

(1) 钻机主轴通孔直径较大(78 mm)，配不同内径卡瓦可使用不同规格的钻杆；

(2) 液压马达装有变速阀，可实现高低两档无级调整，借助油缸链条倍速机构使回转器沿机身导轨往复移动，实现钻具的给进或起拔；

(3) 钻机前端的液压夹持器用于固定孔内钻具，与液压卡盘配合可拧卸钻杆；

(4) 回转器、扶正器、夹持器均带有侧向开合装置，以便在必要时让开孔口，还可在机身上反向安装，以满足钻进不同倾角钻孔时起拔力与给进力的不同要求；

(5) 钻机采用双立柱与滑履底座相结合的安装方式，还备有 4 个伸缩爪，用作辅助支柱，以增加钻机的稳定性。

4) ZDY6000LD(F)型履带式钻机

ZDY6000LD(F)型履带式钻机主要性能参数见表 8 - 2。该机主要用于煤矿井下长距离瓦斯抽放孔及其他工程孔的施工，能满足孔底马达回转、孔口回转和复合驱动三种钻进工艺的要求。采用履带式钻车及胶轮拖挂泵车的分体化设计，减小了单车外形尺寸，不仅具有机动性，还具有较强的钻场适应能力。该钻机主要特点：

(1) 配备了适于孔底马达定向钻进的专用液驱泥浆泵，具有无级调节流量，压力高、流量大、功耗低、外形尺寸小的特点。

(2) 针对坑道定向钻进特点，应用先进液压技术设计了三泵开式循环系统，具备独立或联合控制钻机回转、起下钻杆、泥浆泵驱动、钻机钻进、履带行走等功能。用快换接头连接液压胶管，使坑道钻探作业安全高效。

(3) 在钻机回转器传动轴上设置了液压传动、机械制动的主轴抱紧装置，在液压系统中设计了孔底马达浮动及液压切断的保护功能，使钻机具备可靠的主轴制动功能，能有效地避免因误操作而损坏孔底马达的现象。

钻车(见图 8 - 2)是钻机的操纵和执行机构，包括主机、操纵装置、稳固装置、履带总成、钻车车体、操纵椅等部件。钻机主机放置在履带车体一侧，操纵台、接管板等布置在车体另一侧。这样布置使钻机工作、上下钻具等操作不受车体空间限制，且操作人员在钻机一侧远离孔口，工作安全。

泵车(见图 8 - 3)是钻机的动力源，也是钻机的拖挂部分，包括电机、泵组、油箱、泵车车体、泥浆泵、电磁起动器、接管板等部件。胶轮采用实心轮胎，避免了使用过程中轮胎气压不足的问题。

需要移动钻机时，用车体连接架将两车体连接起来，再通过两车体的油管连接板把带快速接头的液压胶管连接起来，就可以操作钻车的履带手柄来控制钻机的行走。

钻机液压系统采用三泵开式系统，一泵主要驱动钻机回转，向钻机给进机构供油；二泵向钻机行走回路、泥浆泵、绞车马达供油；三泵泵量小，保证钻进过程给进压力按工艺要求恒压给进。

为了满足井下孔底动力定向钻进的需求，专门研制了与螺杆钻具配套的 BWY - 200/9 型泥浆泵其性能参数见表 8 - 4。

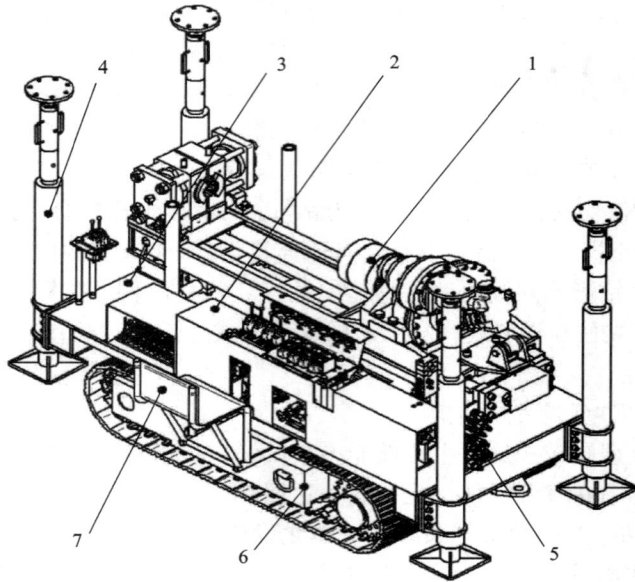

图 8 - 2 钻车示意图

1—主机；2—操纵装置；3—钻车体；4—稳固装置；5—连接管路；6—履带总成；7—操纵椅

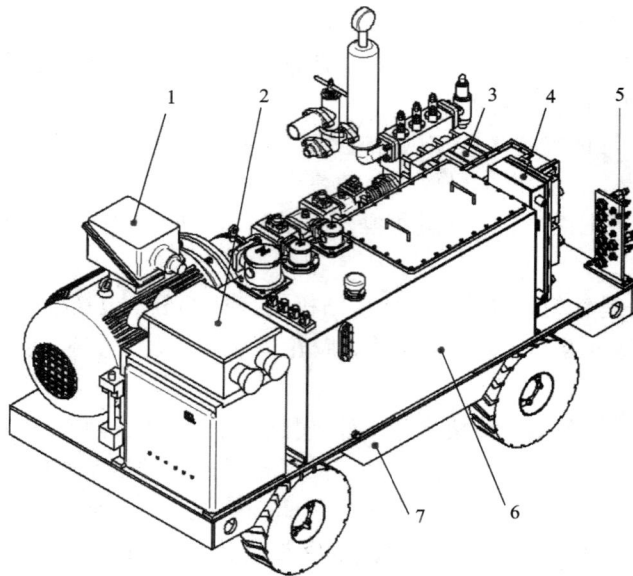

图 8 - 3 泵车示意图

1—电机泵组；2—电磁起动器；3—泥浆泵；4—冷却器；5—油管连接板；6—油箱；7—泵车体

表8-4 BWY-200/9型泥浆泵参数表

缸径/行程/mm	57/82
往复次数(min^{-1})/泵量(L·min^{-1})	335/200
压力/MPa	9
容积效率/总效率/%	93/84.5
液压马达型号	A2F80
外形尺寸/(mm×mm×mm)	1040×820×720
质量/kg	470

2.坑道钻探设备的选择

选择钻探设备应综合考虑坑道施工条件、工作量的大小、钻孔深度及现有设备等情况。

1)钻机的选择

为确保坑道钻进施工成功,选择钻机需从以下性能要求出发:

(1)主轴的最大扭矩。可根据设计最大孔深、所钻岩层和以往在同类矿区的施工经验来初步设定钻机最大扭矩,并在此基础上乘以一个系数。因为钻机回转器除带动钻具回转钻进外,还要兼顾拧管、处理事故的功能。

(2)主轴通孔直径和转速。根据设计的钻孔结构和配套钻杆外径、连接方式来选择钻机的主轴通孔直径。根据设计的钻进工艺来确定钻机主轴转速。考虑到坑道近水平孔钻进中钻杆与孔壁摩擦严重,转速过高,将使钻杆磨损和功耗增长较快。根据煤矿井下施工经验,一般最高转速不要超过200 r/min。

(3)钻机给进力、起拔力与功率。钻机的给进与起拔力首先应满足正常钻进的要求,此外,起拔力还要能应付近水平孔施工中容易出现的卡钻、埋钻事故状况。钻机的功率是选择动力机和校核各传动件强度的依据。由于影响因素很多,一般先通过估算选择初值,再根据经验数据确定所需最大功率去选用标准电动机。

(4)给进行程。给进行程的选择取决于两个因素:一是钻车体的长度,为使钻车在坑道内自如行驶,适应小转弯半径要求,要求其尽可能短;二是钻进速度,给进行程长可减少倒杆次数,兼作提升机构时可缩短辅助作业时间,提高钻进效率。但给进行程过大,将牺牲钻车井下行走的灵活性,且会加大钻车重量。所以应考虑所钻岩层性质,兼顾升降钻具的需要来确定给进行程。软岩层、深孔钻进给进行程要长些。

通常钻100 m以内的钻孔,选用DK-150型、钻石100型或MK-100型钻机;100~300 m的钻孔选择钻石300或MK-300为宜;大于300 m的钻孔,可选择ZDY(MK)系列全液压坑道钻机、ZDY系列全液压履带式坑道钻机或Z系列全液压坑道钻机。在工作量不大时,也可改装地表钻机或直接用地表钻机进行坑道钻探。

2)泵的选择

应依据孔径、孔深和钻进方法来选择泵的型号。由于三缸单作用活塞往复泵结构简单,流量稳定,维修方便,能满足小口径金刚石钻进工艺的要求,近年来,这种泵在坑道钻探中得到了广泛应用。选择规格时应选能力稍大一些的,以便保持孔内清洁,预防孔内事故发生。同时，其泵量和泵压参数应能满足孔底马达驱动的需求。

3.坑道钻探设备的布置与安装

坑道专用钻机需要开凿的硐室尺寸比采用地表钻机小，具体硐室规格尺寸如表8-5所列，有些小型设备还可直接在坑道中钻进。

表8-5 不同类型钻机所需硐室规格表

钻机类型	水平钻孔 $L \times W \times H$/(m×m×m)	倾斜(俯、仰)钻孔 $L \times W \times H$/(m×m×m)
150 m 以内钻机	4×2.5×2.2	5×3×2.5
300 m 钻机	4×3.5×2.2	5×4×2.5

DK-150等靠双立柱支撑的钻机，安装时应先计算好前支柱到孔口的距离，然后依次安装，在支柱的上下端均垫厚木或枕木，底部用水泥固定。

钻石300型钻机是靠伸缩支腿将钻机支撑在岩壁上，钻机前端卡盘有一锚杆，可用活动涨套与预先在岩壁上钻好的锚孔固定在一起，并用水泥封固。另有两根螺杆可以顶固在掌子面上，形成两顶一拉的稳定结构，具体安装示意图如图8-4所示。这种固定方式不用支柱，因而不受坑道空间的限制，钻机直接固定在掌子面上。

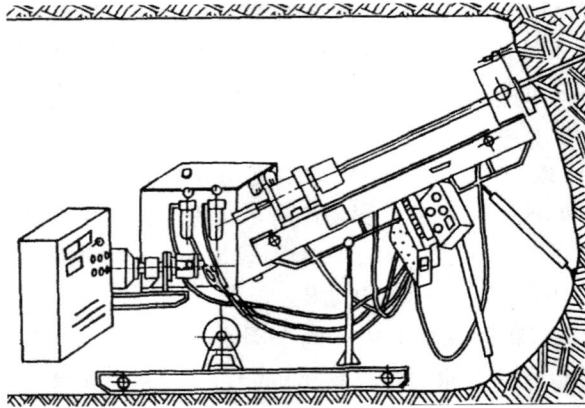

图8-4 钻石-300钻机安装示意图

8.2.2 坑道钻探用钻具

1.坑道钻探用钻杆

目前，在勘探孔和瓦斯抽采钻孔施工中，使用的钻杆规格为 $\phi42$ mm、$\phi50$ mm、$\phi63.5$ mm、$\phi73$ mm、$\phi89$ mm，钻杆长度一般为1.5 m。在坑道钻探中一般使用外平钻杆。而在松软煤层中施工较浅的沿层瓦斯抽采孔时，则多使用螺旋钻杆。在较深的地质勘探孔和少数工程孔中，钻进取芯钻孔或高精度定向钻孔时，则需要使用内、外平的绳索取芯钻杆或中心通缆式钻杆。

1）外平钻杆

外平钻杆分为联接式和焊接式两种：

联接式钻杆生产工艺简单，成本较低。其杆体两端墩粗并加工了内螺纹，而接头两端为外螺纹，这种连接方式仅在 $\phi42$、$\phi50$ 两种小规格钻杆中应用。

焊接式钻杆的公、母接头分别通过摩擦焊接方式与中间杆焊接为一体（见图 8 - 5）连接可靠、拧卸方便，但制造过程复杂。

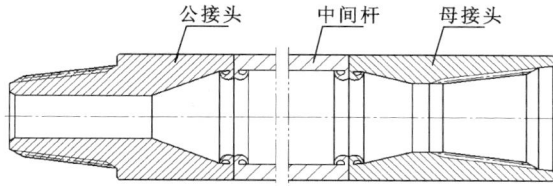

图 8 - 5　焊接式钻杆结构图

2）螺旋钻杆

坑道用螺旋钻杆由心管、螺旋带和连接部分组成。心管一般采用高强度外平钻杆，两端焊接接头，在心管外表面焊有钢质螺旋带。目前用于坑道近水平钻进的螺旋钻杆以单螺旋形式为主。螺旋钻杆的连接方式分为螺纹连接和插接式连接两种。

螺纹连接式螺旋钻杆的直径有 70/42 mm、80/50 mm、73/63.5 mm、89/73 mm 四种，具有加工容易，密封可靠等优点，但钻进过程中不能反转，且往往由于钻进扭矩很大使拧卸螺纹非常困难。

插接式螺旋钻杆（见图 8 - 6）的内、外接头均为六方插接式，其多边形结构用于传递扭矩，用连接销连接公母接头并传递给进或起拔力。常用规格有 80/50 mm、100/63.5 mm、110/73 mm 三种。其结构尺寸小、装卸方便，且能正反转，适用于各种工况。插接式螺旋钻杆采用插销连接，按其结构可分为"U"形销和弹性椭圆插销。其中："U"形销的定位完全靠其弹性变形来实现，为确保钻具安全需在"U"形销端头加工限位孔，插入限位销。这种结构加工简单成本低，应用较为普遍。弹性椭圆插销由销顶、销杆和销底三部分组成，具有自锁

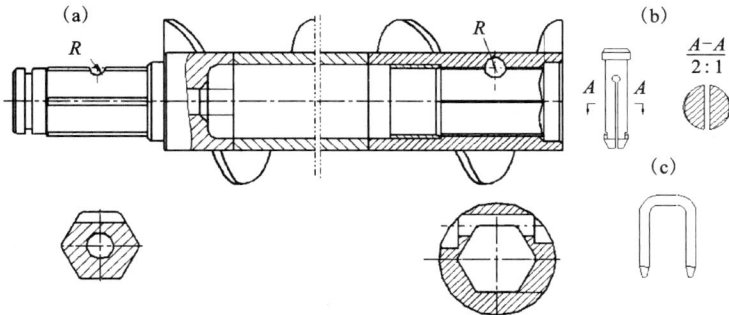

图 8 - 6　插接式螺旋钻杆基本结构(a)、弹性椭圆插销(b)、"U"形销(c)示意图

功能,连接钻杆方便可靠,但成本较高。

3)内、外平钻杆

坑道钻探用内、外平钻杆主要包括绳索取芯钻杆和中心通缆式钻杆两种类型。

煤矿井下常用 $\phi71\text{ mm}$ 规格的绳索取芯钻杆。由于其连接螺纹强度较低,因此只能用于地质条件较好、钻杆和孔壁之间间隙较小的地质勘探取芯孔钻进。对于孔壁间隙大,易发生喷孔、坍塌掉块的瓦斯抽采孔或非取芯孔则不宜采用。

中心通缆式钻杆专用于坑道定向钻进,其钻杆体结构与绳索取芯钻杆差异不大,钻杆内孔两端的绝缘支撑环上固定中心通缆作为孔底测量探管与孔口监视器的信号传输通道(见图8-7)。中心通缆装置由塑料接头,绝缘支撑挡环,线管,稳定器,导线,不锈钢接头,变径弹簧等构成。中心通缆的一端为母接头,另一端为公接头,在钻杆连接的同时中心通缆也相互对接。为了减少钻杆的连接点,钻杆长度为 3 m。由于钻杆内部需装入中心通缆装置,其内壁必须平缓、光滑,以利于信号传输电缆的安装与拆卸。

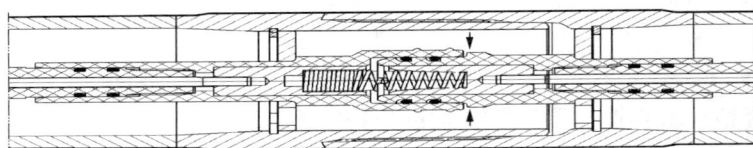

图 8-7 中心通缆式钻杆连接方式示意图

4)升降钻具

与地表钻探采用"钻机绞车 + 天车 + 滑车系统 + 孔口装置"升降方式不同,坑道钻探目前已大量采用机械液压或全液压坑道钻机(尤其在水平孔或微倾斜孔钻进中),借助钻机的移动式回转器、动力头给进油缸升降(拉送)钻具,并与液压卡盘和液压夹持器联动完成钻杆的拉送和拧卸工序,其机械化、自动化程度高于地表钻机。

2.坑道钻探用绳索取芯钻具

坑道用绳索取芯钻具的基本结构及工作原理与"第7章 钻孔取样技术与工艺"中"7.4 绳索取芯钻具及工艺"的内容大同小异。只是受井下场地狭小及多施工近水平或上仰孔的条件限制,坑道绳索取芯钻具在内管总成分段结构、张力弹簧与机械复合作用弹卡定位和内管总成的输送和打捞工艺上有不同的特点。

1)定位和悬挂机构

坑道绳索取芯钻具的弹卡定位机构由弹卡挡头 3、张簧 12、弹卡 11、弹卡室 13 组成(见图8-8)。钻进水平孔时,弹卡受本身重力、振动等影响容易使张簧收拢。为此坑道绳索取芯钻具的弹卡机构采用张簧张开、机械定位的复合定位机构。下放钻具时,由于两片弹卡受压,且弹卡之间的空腔有限,小轴 8 无法进入弹卡空腔。张簧在下放过程中处于受压状态,钻具下放到位后,张簧使弹卡张开,小轴在弹簧作用下进入弹卡空腔内,保证钻进过程中弹卡始终处于张开状态,定位可靠。此外,为了保证张簧不干涉小轴进入两片弹卡的空腔,将张簧装配在两片接触面上开槽的弹卡之间。

回收钻具时,首先将小轴提出弹卡空腔。捞矛座在打捞器的提拉力作用下,通过销子提拉小轴,使小轴克服弹簧的阻力退出弹卡空腔。然后捞矛座通过销子提拉回收管向上运动,

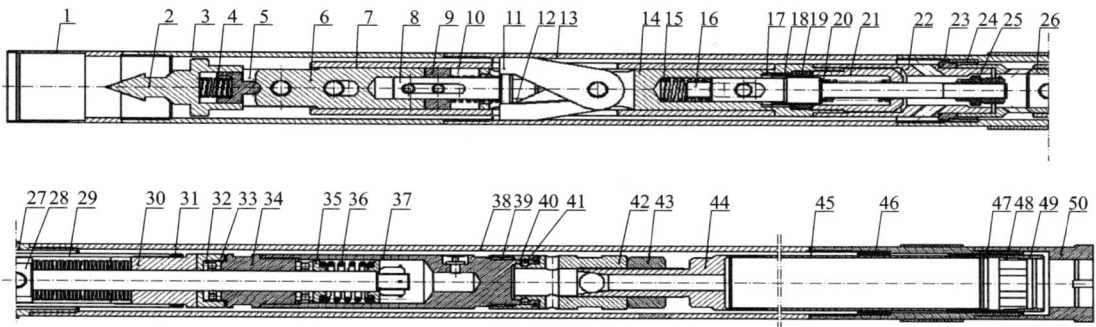

图 8 - 8 坑道用绳索取芯钻具内外管总成

1—过渡接头；2—捞矛头；3—弹卡挡头；4,10,15,20,36,39—弹簧；5—弹簧顶套；6—捞矛座；7—回收管；8—小轴；9—垫块；11—弹卡；12—张簧；13—弹卡室；14—弹卡架；16—浮动轴；17—垫环；18—锁定张簧；19—定位环；20—弹簧座；22—进水管；23—悬挂环；24—座环；25—螺塞；26—出水管；27—扩孔器；28—轴；29—滑套；30—调节螺母；31—锁紧螺母；32—轴承；33—轴承罩；34—轴承座；35—弹簧圈；37—弹簧套；38—外管；39—弹簧；40—滑动锁套；41—定位钢球；42—连接轴；43—螺母；44—调节接头；45—内管；46—扶正环；47—卡簧挡圈；48—卡簧；49—卡簧座；50—钻头

回收管克服张簧的作用力向内压缩弹卡，弹卡向内回收，失去定位作用。此时捞矛座通过回收管将提拉力传递给弹卡架，顺利提出内管总成。

坑道绳索取芯钻具靠下扩孔器的扶正环保持内外管同轴，便于岩矿芯进入卡簧座和内管。钻进近水平孔时内管受重力作用压住扶正环，使扶正环磨损严重，扶正环应选锡青铜材料并适当增加其长度，以减小比压，提高其耐磨性，延长使用寿命。

2）内管快断机构

坑道内钻机的升降行程受限，内管总成太长则无法提出孔口，如果太短将增加打捞次数，降低钻进效率，也不利于孔壁稳定。内管总成由上部的定位机构、悬挂机构、单动机构和下部的内管、卡簧座两部分组成。内管为 2 m 时钻具总长度为 3.4 m，如果要将内管总成整体捞出，那么钻机行程和钻场空间都必须相适应。因此坑道绳索取芯钻具采用内管分段式结构，以降低内管总成长度对钻机行程的要求。

快断机构（参见图 8 -8）由弹簧套 37、弹簧 39、滑动锁套 40、定位钢球 41、连接轴 42 等组成。钻进时，通过定位钢球卡住连接轴，以保证钻进时内管总成的整体性；提出内管时，松开滑动锁套即可快速提出内管上半部分，实现了内管的快速连接和断开。将内管总成提至连接轴露出孔口时，人工打开滑动锁套，定位钢球从连接轴卡槽内脱出，即可先提出上部内管总成，再提下半部分。

3）捞矛头持芯装置

为防止钻进近水平孔时，捞矛头因自重"下倒"偏离钻杆中心而导致打捞失败，在捞矛头上设计了持芯装置（见图 8 -9）：在 Y 轴方向外圆表面设有两个凸块，限制了捞矛头在 Y 轴方向的自由运动；捞矛头与捞矛座侧向面的贴合限制了捞矛头在 Z 轴方向的自由运动，实现了捞矛头与捞矛座在 X 轴方向的自动同心。捞矛头与捞矛座通过弹性圆柱销连接在一起，可以围绕弹性圆柱销自由转动，便于岩芯的捞取。

4）内管总成的下放和打捞工具

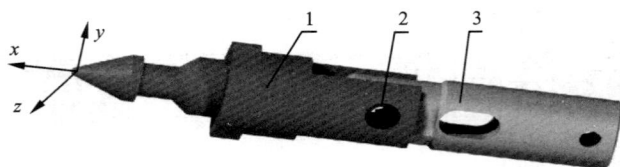

图 8 - 9　捞矛头持芯装置

1—捞矛头；2—弹性圆柱销；3—捞矛座

　　在坑道内施工倾角为 0°~50°的下斜孔、近水平孔或者上仰孔时，绳索取芯内管总成和打捞器无法靠自重下放到孔底，必须用泵送机构将其输送到位。为此专门设计了水力输送器（见图 8 - 10）。

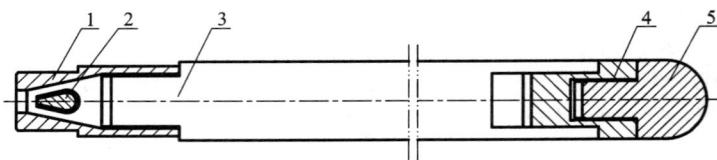

图 8 - 10　水力输送器结构图

1—绳卡套；2—绳卡；3—连接轴；4—过渡接头；5—堵帽

　　泵送时首先将钢丝绳穿过连接在钻杆上的通缆式水龙头，把钢丝绳连接在水力输送器的绳卡套 1 上，然后将水力输送器放入钻杆内腔，启动泥浆泵，靠压力水即可将水力输送器及其前端放置的内管总成或打捞器送到孔底。输送内管总成时，水力输送器与内管总成只接触不连接，开泵后靠压力水将水力输送器和内管总成送入孔底，然后提出水力输送器即可把内管总成留在孔底，准备开始取芯钻进。回次结束后打捞内管时，把水力输送器的堵帽 5 卸掉，让其过渡接头 4 与打捞器（见图 8 - 11）用螺纹连接起来，泵送至孔底，打捞器捞住内管后，在提出水力输送器的同时也就捞出了打捞器和内管总成。

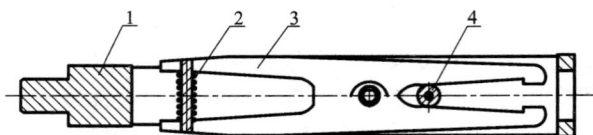

图 8 - 11　打捞器结构图

1—捞钩架；2—弹簧；3—打捞钩；4—定位销

　　还有一种内管总成下放和打捞的办法是，钻进坑道水平孔或上仰孔时，在绳索取芯内管总成和打捞器中增加一个泵送活塞（见图 8 - 12、图 8 - 13，为节约篇幅，图中有些细节加以了简化）。这样可以直接把内管总成送至孔底，而不必靠水力输送器把内管送到孔底后又要用钢丝绳把它提出来，再开始钻进。但这种方式使内管总成和打捞器的结构更复杂，而且要求尼龙活塞必须柔软，耐磨，密封性好，螺纹连接处不能漏水和出现台阶，并要在孔口安装

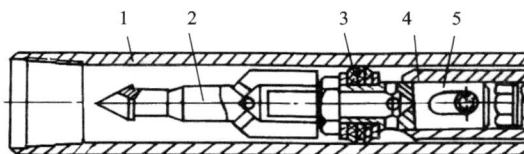

图 8 - 12 绳索取芯内管总成局部结构示意图
1—弹卡挡头；2—捞矛头；3—活塞；4—上滑套；5—连杆

专门的打捞接头，以便连接水泵和通过打捞钢绳。

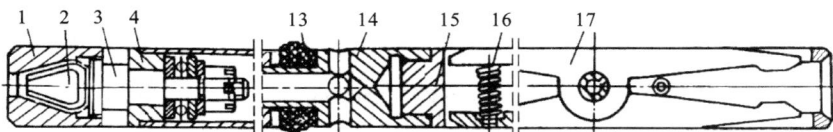

图 8 - 13 绳索取芯泵送式打捞器结构图
1—上套；2—绳卡心；3—连杆；4—压盖；13—活塞；
14—活塞座；15—捞钩架；16—弹簧；17—打捞钩

3. 坑道钻探用钻头

坑道钻探所用钻头与地表钻探的钻头类型基本一致，只是口径更小些。根据所钻岩性的不同可以用硬质合金钻头、PDC 钻头或金刚石钻头。

在煤矿坑道钻探中使用最多的是 PDC 钻头（钢体式和胎体式），在可钻性Ⅵ级以下岩石中 PDC 钻头寿命比硬质合金钻头高 20 倍以上，在中硬以下岩层中可钻进 300~500 m，机械钻速达 3~6 m/h。

钢体式钻头制造工艺简单，批量生产效率高，制造成本较低，但其结构形式单一，钻头体表面不耐冲蚀，只能采用硬质合金或聚晶金刚石作保径，保径能力较弱，使用寿命较胎体式 PDC 钻头短，适用于普氏硬度系数 $f \leqslant 4$ 的煤岩层钻进。

胎体式钻头的钻头体冠部采用碳化钨粉、浸渍焊料等材料经粉末冶金方法烧结而成，PDC 复合片焊接在钻头胎体上预留的凹槽内。随钻头使用要求不同，胎体式钻头的结构形式多样，表面耐冲蚀，PDC 切削齿具有较好的抗冲击能力。另外，钻头胎体材料的热胀系数与 PDC 合金衬底相近，焊接强度高不易掉片，且可采用天然金刚石或金刚石孕镶块等超硬材料保径，对地层的适用性强，寿命长，适用于普氏硬度系数 $f \leqslant 8$ 的煤岩层钻进。

胎体式 PDC 钻头产品按用途分为全面钻头和取芯钻头两大类，其中全面钻头包括多翼内凹型、平底型、多翼刮刀型以及扩孔型等形式。

8.3 坑道钻进工艺

坑道钻探的钻孔大都为水平孔，缓倾斜孔和上仰孔，在钻进工艺上与以垂直孔为主的地表钻探有许多不同之处。

8.3.1　坑道钻进工艺参数

1. 钻压

坑道钻进中，无论是使用硬质合金钻头还是金刚石钻头，其钻压值都取决于岩石性质、碎岩工具的材质、形状、大小及设备管材情况。由于坑道钻进水平孔或缓倾斜孔时，钻具自重不可能给钻头提供钻压；同时平卧于孔壁的钻杆柱因摩擦损失不可能把全部钻压传递到孔底，其损失取决于钻杆的重量、长度、径向孔壁间隙、所钻岩石和转速等。在易于坍塌超径的钻孔中钻压损失最大。所以，必须了解孔底钻头真实的钻压值。

通过实测研究，孔底实际钻压可由下式计算：

$$P_k = P_n - abL \qquad (8-1)$$

式中：P_k——实际钻压，N；

$\qquad P_n$——指重表上的钻压读数，N；

$\qquad a$——与孔径和钻杆直径有关的经验系数，ϕ50 mm 钻杆 $a = 2.1$；ϕ42 mm 钻杆 $a = 1.6$；

$\qquad \phi$54 mm 轻合金钻杆 $a = 1.58$；

$\qquad b$——与转速 n 有关的经验系数，b 与转数呈线性关系，当 $n = 100 \sim 700$ r/min 时 $b = 0.95 \sim 0.80$；

$\qquad L$——孔深，m。

2. 转速

转速的确定应综合考虑如下因素：

(1)钻进时，全部钻杆柱卧躺在孔壁上，钻杆柱的摩擦力和回转功率显然大于垂直孔，在其他参数不变时，转速增加钻具的磨损及功率消耗将增加。

(2)为提高水平孔的机械钻速，应当采用较高转速钻进以稳定钻孔轨迹，但转速必须与钻压很好匹配才能使机械钻速、回次进尺和钻头进尺都获得理想的结果。例如，ϕ46 ~ 76 mm 的金刚石钻头转速不应超过 500 r/min。

3. 泵量

水平孔，上仰孔钻进时，孔底冲洗条件与垂直孔和斜孔有很大区别，钻头端部很少或几乎没有岩粉层，因此金刚石钻头胎体磨损很小。有的研究者提出，在低和中等研磨性岩石中上仰孔金刚石钻进效率决定于冲洗液量，并得出钻头圆周线速度与单位冲洗液量的关系式：

上仰孔：$\qquad\qquad\qquad\qquad Q = 0.6V$；

斜孔：$\qquad\qquad\qquad\qquad Q = 1.56V \qquad\qquad\qquad (8-2)$

式中：Q——钻头端部每平方厘米上冲洗液量，$L/(min \cdot cm^2)$；

$\qquad V$——钻头圆周线速度，m/s。

8.3.2　坑道水平孔钻进工艺特点

1. 钻孔弯曲的某些规律

(1)在水平孔或微倾斜孔钻进时，钻孔方位角变化不大，主要是钻孔倾角变化。

(2)钻孔较浅时，依水平孔所钻岩石埋藏情况不同（岩石倾角、钻孔遇层角、岩石各向异性等），随着钻孔加深其倾角大都呈上漂趋势。

(3)在片岩、片麻岩等层理明显的变质岩地层中钻进较浅的钻孔时，钻孔倾角呈下垂趋势。

（4）钻孔较深时（300～1000 m）钻孔弯曲规律分成两段，开始段倾角上漂，其后逐渐经直孔段到倾角下垂。

（5）钻孔弯曲的原因同样是由地质因素和工艺技术因素联合作用产生的。为预防钻孔弯曲，可根据该地区钻孔弯曲的规律用提前向相反方向预扭一个角度或在钻具配合上采用必要的措施来防斜。

2. 水平孔钻进的功率消耗

水平孔钻进功率消耗主要是在钻进过程中，升降工序时功率消耗较小。

钻进功率消耗与岩石物理力学性质，钻孔倾角及其弯曲强度、孔径、钻杆直径及连接方式、孔壁扩大程度、钻进规程等许多因素有关。通过理论计算来综合考虑这些因素很困难，可通过实测得出一些定性规律。

（1）其他参数不变时，增加转速导致功率增大的程度随径向间隙增大而增大，如在 $\phi76$ mm 钻孔中使用 $\phi42$ mm 钻杆，因间隙过大功率消耗成正比增长；轻合金钻杆的功率消耗比钢钻杆小得多，有些条件下减小 1/2。

（2）水平孔钻进的总功率消耗主要决定于所使用的转速，其次是孔深。

（3）孔底碎岩功率取决于钻压和转速大小，但后者对碎岩功率的影响更显著。当钻压为 6～12 kN，转速从 100 r/min 增至 1000 r/min 时，在花岗岩中的碎岩功率从 0.72 kW 增至 9.36 kW。增大钻压的结果是使传递钻压的附加功率增长。

3. 钻具的防震与润滑

水平孔及微倾斜孔钻进时，钻杆柱的工作情况如同两端支承的梁，受自重作用中点处弯曲挠度最大，钻杆柱的中心偏离钻孔轴线，产生纵向、横向和扭转震动。此外，孔壁间隙大，主动钻杆偏心夹持，也是导致震动的部分原因。由于钻具回转时与孔壁产生的摩擦扭矩增大（尤其在干孔中），不仅使回转功率增加，还会造成钻杆柱严重磨损。

应在冲洗液中加入适量的润滑减阻剂或在钻杆上涂润滑脂，不仅能防震和降低钻杆磨损，而且可降低功率消耗，提高机械钻速、钻头寿命和回次进尺。此外，还会使孔壁趋于稳定，降低孔内事故率。

4. 孔内事故的预防与处理

1）常见孔内事故类型及产生的原因

坑道水平孔钻进常见的孔内事故是钻杆折断、烧钻和卡、埋钻事故。钻杆折断的主要原因是钻杆柱在钻进和升降过程中都平躺在孔壁上，导致接头螺纹处严重磨损。烧钻的主要原因是水平孔孔底不可能充满冲洗液，加之泵量不足，钻杆接头漏水，孔底形成干钻所致。卡、埋钻事故的主要原因是孔壁不稳定，孔身顶板岩石在自重作用下掉落所致。

2）事故预防和处理

为预防孔内事故，要经常检查钻杆及接头的磨损情况，及时更换磨损严重的钻杆。因水平孔及微倾斜孔钻孔中几乎不使用泥浆，无液柱压力难以稳定孔壁，孔壁上帮岩石在自重作用下掉落的可能性增大，特别是裂缝（交错裂缝）发育的破碎带，孔壁最不稳定。孔壁的稳定与钻孔直径有关，在同样条件下，小口径钻孔的稳定性更好。钻遇裂隙发育的破碎地段出现孔壁坍塌、孔内严重涌水时，要及时分流孔内涌水或用套管固孔进行处理。

依据坑道钻探的情况，岩石可按稳定性分为 3 类，对各类岩层中孔内事故的预防和处理措施如表 8－6 所示。

表8－6　岩石稳定性分类与孔内事故预防处理措施

岩层分类	岩石状态特征	保持岩石孔壁稳定的措施
稳　定	致密的、黏结性岩石，或被同一方向的裂隙交割的岩石，裂隙面与钻孔以大交角相遇	不需要专门措施
弱稳定	上述岩石，但为小交角定向裂隙交割的岩石，数组不同方向裂隙交割的岩石，但裂隙间距大于孔径	小口径钻进，采用"干"固孔法
不稳定	数组裂隙交割，裂隙间距小于孔径，破碎岩石，岩石块尺寸小于孔径，松散无黏结性的岩石	采用"干"固孔法，下套管。采用合理的钻孔结构

8.3.3　坑道定向钻进的工艺特点

坑道钻探中许多工作量是由定向钻进来完成的，其设计方法、所用机具及仪表与地表钻探大同小异，但在技术思路和施工工艺方面仍有自己的特色。

1. 坑道定向钻进的应用领域

（1）施工煤层瓦斯抽采孔。借助坑道定向钻进技术控制钻孔在煤层中延伸，实现"一孔多分支"，增加钻孔的有效抽采范围，提高瓦斯抽采效率和煤层瓦斯综合治理效果。

（2）探测地层构造、矿体顶底板等地质信息。需要探明井下工作面构造（断层、破碎带及陷落柱等）和矿层顶底板倾向、走向及标高等情况时，需施工定向孔或集束孔（取代加密钻探测孔）。

（3）施工井下探水、放水孔。施工定向钻孔释放顶、底板地层中或矿层中的承压水、老窑水和采空区水，确保采矿过程的工作安全。

（4）用于工程目的的定向孔。例如，用于槽波孔巷联合勘探的沿煤层定向孔，代替顺槽横管的大直径沿煤层定向孔，用于通风、救援、排水、电缆及管道穿越的各类定向孔。

2. 稳定组合钻进工艺

坑道定向钻进大多在水平面内定向，可以借助带弯接头的螺杆钻具或孔底稳定组合钻具夹施工。前者的工作原理及其机具、仪器类似于地表定向钻进，将在第10章加以介绍；后者在坑道钻探中应用较多，且成本较低，有其自身的特色。

1）孔底稳定组合钻具的组成

稳定组合钻具是在钻头后方十余米钻杆柱上设置数个支点（稳定器），借助重力作用使近水平状态下的钻杆产生挠曲变形，使钻头产生侧向切削力来改变钻孔方向的工艺方法。

孔底稳定组合钻具由钻头、稳定器和钻杆组成，主要分上仰、保直、下斜三种组合形式。稳定器外径接近或基本接近钻头外径，相当于支点。通过调整稳定器的数量、安放位置以及组合形式来调整钻具组合。在钻进过程中，利用稳定器间钻杆自身的重力、给进力、离心力及其弯曲所形成的挠曲变形对与其刚性连接的钻头产生作用，使钻孔轨迹上仰、基本保持原方向或下斜，以达到施工不同定向钻孔的目的。

稳定器是组合钻具的侧向支点。目前用于坑道钻探的钻杆稳定器有螺旋槽式和直槽式两种形式，螺旋槽式稳定器有利于钻屑的排出，较适于岩石孔的施工；直槽式稳定器加工简单，是定向孔施工中常用的稳定器。稳定器的规格和主要技术参数见表8－7。

表 8 – 7　稳定器的主要技术参数　　　　　　　　　　　　单位：mm

钻杆规格	公称口径	钻头规格	稳定器规格			用途
			外径	内径	长度	
42	60	60	60	22	200	地质勘探孔
42	65	65	65			瓦斯抽放孔
42、50	76	76	76		250	地质勘探孔
50、73	95	95	95		300	瓦斯抽放孔
71	80	80	80	60	250	地质勘探孔

2）孔底稳定组合钻具的工作原理

稳定组合钻具根据其对钻孔倾角的影响，可分为上仰、保直、下斜三种类型，其结构如图 8 – 14 所示。

（1）上仰组合钻具。钻进过程中，在近钻头稳定器的支撑作用下，钻杆自重使稳定器后方的钻杆向下弯曲，在钻压和离心力作用下弯曲加剧，促使钻头切削孔壁上侧岩石导致钻孔轨迹上仰。使用侧出刃较大的钻头时造斜效果加强。

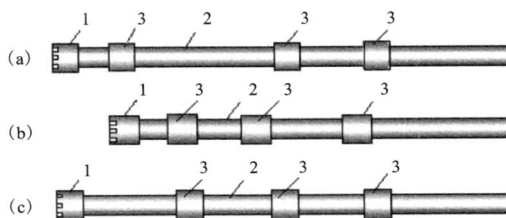

图 8 – 14　稳定组合钻具结构示意图

（a）上仰式；（b）保直式；（c）下斜式
1—钻头；2—钻杆；3—稳定器

（2）保直组合钻具。稳定器等间距布置于钻头后方各根钻杆之间，整个钻柱在钻孔中保持"满、刚、直"的效果。钻进过程中钻头不切削或很少切削孔壁，从而使钻孔轨迹沿原方向延伸。一般情况下，钻头后紧接第一个稳定器可产生强保直效果，而钻头后接一根长 1～1.5 m 的短钻杆后再安装第一个稳定器将产生弱保直效果。为了取得好的保直钻进效果应尽量使用侧出刃小或无侧出刃的钻头。

（3）下斜组合钻具。在保直组合钻具的基础上，将第一个稳定器位置后移，拉大其与钻头间距，利用稳定器的支撑作用，减小整个钻具对钻头及与之连接钻具的束缚，增加其自由度，充分发挥第一个稳定器前方钻杆自重对钻头的作用，使钻孔轨迹产生下斜趋势。为了加大下斜效果，在钻头后可接细钻杆或加重钻杆，增强钻头对下侧孔壁的切削力。

使用稳定组合钻具进行坑道定向钻进时，只能改变钻孔的倾角，不能改变钻孔方位。而且保直或下斜的效果较好，而上仰的效果较差。

8.3.4　松软突出煤层钻进的排粉工艺

松软突出煤层指坚固性系数 f 小于 1 的煤层，一般具有煤质松软、渗透性极差、瓦斯含量高、压力大等特点。在这类地层中钻进是煤矿坑道钻探的重要任务之一。虽然岩石容易破碎但排粉工作难度大，容易发生喷孔、塌孔、埋钻等事故，导致钻孔成孔率低、瓦斯抽采（放）效果差，防突和瓦斯抽采（放）成本高。

目前煤矿井下松软突出煤层瓦斯抽采（放）钻孔施工常用的排粉方法有以下几种。

1. 清水正循环钻进

用清水作为冲洗介质携带钻屑、冷却钻头的优点是：煤矿井下供水系统完备，供应充足、便利；清水在流动过程中流速与流量成正比，与过流断面成反比，水量容易控制，供水参数操作简单；清水相对于气体密度大，悬浮和携带钻屑的能力强，在煤层坚固性系数 $f \geq 1$ 的完整煤层中钻进孔底较干净，有效地降低了发生堵孔事故的概率。但在松软突出煤层中，采用清水钻进存在以下问题：

（1）水的密度较大，煤矿井下供水（或来自泥浆泵的动压水）的压力大，对孔壁的冲刷作用强，易发生钻孔坍塌，导致钻孔事故；

（2）水对煤体的沾湿作用。松软突出煤层中裂隙、解理发育，水容易渗入煤层内部，造成损害煤的胶结作用，降低煤层整体强度，且水的表面张力就加速煤的解体；

（3）水封闭了瓦斯涌出通道，阻碍了瓦斯的释放，使得煤体中的瓦斯压力进一步提高，煤层的整体强度低，钻孔孔壁承受的压力增大。加之钻孔轨迹大多是近水平孔，孔壁上的煤更容易在瓦斯的作用下破碎、抛出，导致喷孔事故。

综上所述，清水正循环钻进只适合煤层坚固性系数较高的松软煤层和孔深度较浅的钻孔。

2. 螺旋钻进

螺旋钻进中，孔底产生的煤屑和孔壁被螺旋钻杆刮削的煤屑在自重、相互黏滞力及其与叶片的摩擦力作用下向孔口输送。即螺旋钻具在回转切入岩层钻进的同时，还和钻孔之间形成了一个"螺旋运输机"。其优点为：

（1）螺旋钻杆能及时排出孔内煤粉，无重复破碎现象，且减少对煤壁的扰动，在软煤中钻进效率高。

（2）螺旋钻进不需要冲洗介质，因而减少了配置和输送冲洗液的辅助工作，适合在井下无水或供水不足的情况下钻进，成孔率高。

（3）钻进辅助设备少，减少了搬迁、维修、保养等一系列工作，降低了钻进成本。

（4）由于螺旋钻具对孔壁扰动小和螺旋钻杆叶片的阻挡作用，在松软突出煤层钻进可减少喷孔现象的发生。

3. 中风压空气钻进

空气钻进以压缩空气为冲洗介质，经钻杆、钻头送入孔底，在钻杆柱与孔壁的环空间隙形成高速气固混合流，钻屑以悬浮的方式被吹出孔口，实现排粉和冷却钻头。

在松软突出煤层中，空气钻进的优点主要体现在：

（1）相对于水力排粉而言，风压较小，消除了水压力对孔壁煤块的劈裂作用，对孔壁的破坏作用明显减小。

（2）由于压风的和瓦斯的密度相近，不影响煤层中瓦斯的解析，孔壁煤层中的瓦斯能快速释放到压风中，且迅速将压力传递到孔外，一般不会引起瓦斯聚集和压力激增，从而不易诱发喷孔和对孔壁的破坏。

（3）与水力排粉相比，在空气压力作用下，煤屑颗粒在水平孔内悬浮并随着气流跳跃式地句孔口运动，直至排出孔口。如果局部煤屑颗粒堆积较多，此处的风速势必增加，此时堆积的煤屑颗粒不仅会在风压压差的作用下前行，而且风速增加后的携渣能力大大增强，也会将煤屑颗粒迅速带走。

第 9 章　钻孔弯曲与测量

在钻探（井）工程中，钻孔的轨迹和空间状态可分为：垂直孔、倾斜孔、水平孔、单底和多孔底孔（在主孔中钻出若干支孔或钻成丛式孔群——在一个孔身内呈扇形钻出几个孔身）。通常在矿床勘探工作中并不是只钻一个孔，而是要通过钻探工作在矿区形成一个按给定间距交叉组合的勘探网。为了达到一定的地质目的或工程目的，必须根据地质、地形条件和技术条件合理设计钻孔的轨迹，保证勘探网在地下空间中的间距符合设计要求。但是在工程施工中，由于自然因素和技术因素的影响，实际的钻孔轨迹往往偏离设计轨迹。这种现象称为钻孔弯曲或钻孔偏斜。要完全避免钻孔弯曲是很困难的。但是，应当采用一切可能的措施，把钻孔弯曲程度控制在允许的范围之内。

钻孔偏离设计轨迹（弯曲）造成的直接后果是影响地质资料的准确性和矿床储量的计算，或根本达不到预期的地质目的。所以国家有关部门规定钻孔弯曲程度是评价钻探工程质量的重要依据之一。同时，钻孔弯曲对钻进施工的危害也很大。弯曲的钻孔将增大钻具与孔壁的摩擦阻力，也容易引起钻杆折断和无用功耗增大。在弯曲严重的孔段，常因钻杆的剧烈敲击而造成不完整岩矿层的孔壁坍塌，引起卡、埋钻事故。而且在弯曲钻孔中发生的事故比较复杂，不易处理。

9.1　钻孔的空间状态要素

为了研究钻孔的空间状态，一般采用三维空间坐标系。坐标系的原点为孔口，x 轴取正北方向（在矿床勘探中常取为勘探线方向），y 轴取正东方向（在矿床勘探中取与勘探线垂直的方向），z 轴铅垂向下（见图 9 - 1）。借助测斜仪，可以测出钻孔各个深度 L 上（即测点）的方位角 α 和顶角 θ。

方位角 α 是测点处钻孔轴线切线的水平投影与真北方向或磁子午线方向之间的夹角（在水平面内，按顺时针方向计量）。顶角 θ 是测点处钻孔轴线切线与铅垂线的夹角（石油称为井斜角）。孔深是指孔口到钻孔轨迹上某点的钻孔轴线长度。在严重弯曲的钻孔或定向孔、水平孔的描述中还会用到垂深的概念，垂深是孔口到钻孔轨迹上某点的 Z 坐标长度。通常我们把孔深、方位角和顶角称为孔斜三要素，有了孔斜三要素便决定了钻孔轨迹。

如果钻孔是一条直线（参见图 9 - 1），则钻

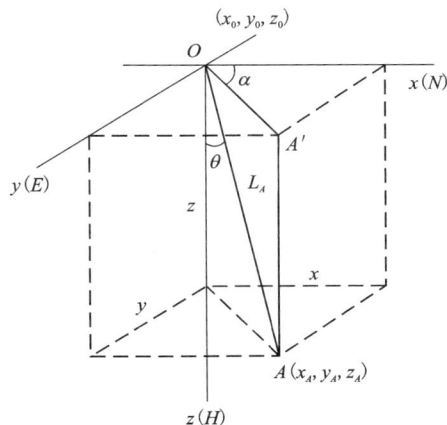

图 9 - 1　直线型钻孔要素图

孔轴线上任一点的坐标为：

$$
\left.
\begin{aligned}
x_A &= x_0 + L_A \sin\theta \cos\alpha \\
y_A &= y_0 + L_A \sin\theta \sin\alpha \\
z_A &= z_0 + L_A \cos\theta
\end{aligned}
\right\}
\tag{9-1}
$$

式中：x_0，y_0，z_0——孔口坐标；

$\quad\quad x_A$，y_A，z_A——钻孔轴线上点 A 的坐标；

$\quad\quad \theta$——开孔顶角；

$\quad\quad \alpha$——开孔方位角（在矿床勘探中通常就是勘探线方位角）；

$\quad\quad L_A$——孔口至测点 A 钻孔轴线的长度。

在实际生产中，绝大多数钻孔的轨迹并非直线而是空间曲线。这时钻孔轨迹上各点的顶角和方位角在大多数情况下是不相同的（参见图 9-2）。为了方便钻孔空间轨迹的几何作图和计算，我们通常会用到钻孔轨迹的水平投影、垂直投影，还定义了一个钻孔倾斜平面（又称"顶角平面"或"钻孔弯曲平面"）——由钻孔轴线某测点处切线与该点垂线组成的平面。

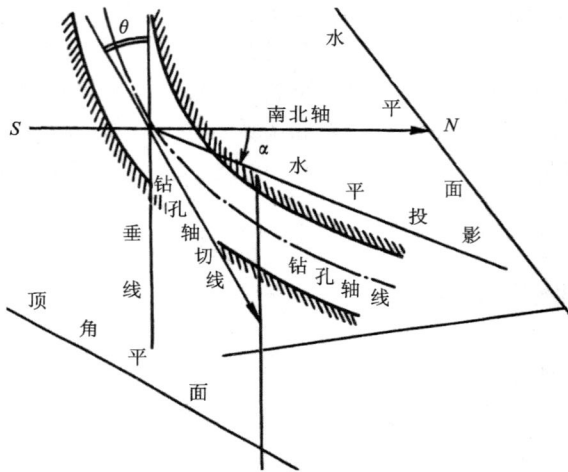

图 9-2 弯曲钻孔的空间状态要素图

根据钻孔轨迹顶角、方位角的变化特点，可把钻孔弯曲分为平面弯曲和空间弯曲两大类（见表 9-1）。

为了说明钻孔轨迹的弯曲程度和特性，采用弯曲强度（简称弯强）的概念，可以单独用顶角弯强（单位孔身长度上的顶角 θ 增量）和方位角弯强（单位孔身长度上的方位角 α 增量）来评价。弯强与数学上曲率的概念等同。前者的单位是 (°)/m；后者的单位是 rad/m。

顶角弯强 i_θ (°/m) 和方位角弯强 i_α (°/m) 按下式计算：

$$i_\theta = \Delta\theta / \Delta L \tag{9-2}$$

$$i_\alpha = \Delta\alpha / \Delta L \tag{9-3}$$

式中：$\Delta\theta$——顶角增量；

$\quad\quad \Delta L$——计算弯曲强度的孔身间距；

$\Delta\alpha$——方位角增量。

随着钻孔加深，当钻孔出现顶角和方位角同时变化的复杂弯曲状态时，可以用全弯曲角 β 来评价钻孔轴线总的方向变化。β 角是钻孔轴线两测点切线间的夹角，它是一个空间角度的概念（多数情况下不在垂直和水平平面内），其大小可根据测得的顶角和方位角按下式计算：

$$\beta = 2\arcsin\left(\sin^2\frac{\Delta\theta}{2} + \sin^2\theta_c\sin^2\frac{\Delta\alpha}{2}\right)^{\frac{1}{2}} \tag{9-4}$$

式中：$\Delta\theta$，$\Delta\alpha$——两测点间的顶角和方位角增量；

θ_c——某测段的初始顶角（θ_1）与终点顶角（θ_2）的平均值，$\theta_c = (\theta_1 + \theta_2)/2$。

表 9-1　钻孔弯曲的基本类型

弯曲类型	孔斜要素特点	钻孔轨迹的位置	钻孔描述
平面弯曲	顶角变，方位角不变	钻孔轨迹位于垂直平面内	孔身剖面是一条曲线，而其水平投影是一条直线。顶角增大称为钻孔上漂，顶角减小称为钻孔下垂。这类弯曲亦称为顶角弯曲
	顶角、方位角都变	钻孔轨迹位于倾斜平面内	孔身剖面及其水平投影都是一条曲线。这类弯曲亦称为方位弯曲。方位角增大时称为正方位弯曲，否则为负
空间弯曲	顶角不变，方位角变	钻孔轨迹呈螺旋状	孔身剖面是一条位于螺旋面内空间曲线
	顶角、方位角都变	找不到一个钻孔轨迹所在的平面	钻孔轨迹是一条典型的空间曲线

单位孔身长度的全弯曲角变化，称全弯强。全弯强值越大，表明钻孔弯曲程度愈强烈。故确定钻孔的全弯曲强度对钻孔安全更有实际意义。

$$i_\beta = \Delta\beta/\Delta L \tag{9-5}$$

式中：$\Delta\beta$——在评价范围内的全弯曲角增量。

作为反映钻孔弯曲的补充特性，人们还要计算钻孔的曲率半径 R：

$$R_\theta = 57.3/i_\theta \tag{9-6}$$

$$R_\alpha = 57.3/i_\alpha \tag{9-7}$$

$$R_\beta = 57.3/i_\beta \tag{9-8}$$

式中：R_θ、R_α、R_β——反映钻孔轨迹在垂直投影、水平投影上的曲率半径和空间的曲率半径。

根据钻孔顶角和方位角的大小和变化范围可把它们分为垂直孔（$\theta = 0 \pm 5°$）、水平孔（$\theta = 90 \pm 5°$）和位于两者之间的倾斜孔。经常出现的情况是，垂直开孔的钻孔到达一定深度后就开始倾斜，在少数情况下也会人为让钻孔在一定深度下转为水平孔（例如沿着油气层钻井）。在地下坑道中还可以钻进上仰孔。

处理钻孔弯曲问题时要注意：

（1）及时测量钻孔弯曲，准确测知钻孔的空间位置，在处理地质资料时加以校正；

（2）研究钻孔弯曲规律和原因，采取措施对钻孔弯曲进行防治（防斜和治斜）；

（3）结合施工条件实时采用定向钻进技术。

9.2 钻孔弯曲的原因与规律

9.2.1 钻孔弯曲的条件

造成钻孔弯曲的根本原因是粗径钻具轴线偏离钻孔轴线。粗径钻具轴线偏离钻孔轴线的方式，可能是偏倒，也可能是弯曲。因此，产生钻孔弯曲必要而充分的条件是：

（1）存在孔壁间隙，为粗径钻具提供偏倒（或弯曲）的空间。此条件主要影响钻孔弯曲强度。

（2）具备倾倒（或弯曲）的力，为粗径钻具轴线偏离钻孔轴线提供动力。

（3）粗径钻具倾斜面方向稳定。粗径钻具倾斜面是指偏倒（或弯曲）的粗径钻具轴线与钻孔轴线所决定的平面。钻具倾斜面稳定在某一方向时，钻柱只自转（绕自身轴）不公转（绕钻孔轴）。如果钻柱公转，钻头在不同时刻朝着不同方向钻进，只产生扩壁作用并导致钻杆偏磨，而不会促使钻孔弯曲。因此，钻孔弯曲是在钻柱自转情况下发生的。

综上所述，孔壁间隙和倾倒（或弯曲）力是实现钻孔弯曲的必要条件；而粗径钻具倾斜面方向稳定是产生钻孔弯曲的充分条件。这也正是我们在防止孔斜工作中必须高度重视的两大课题。

9.2.2 钻孔弯曲的原因及危害

形成钻孔弯曲条件的原因或因素大致可分为三类，即地质、技术和工艺因素。

1.地质因素

影响钻孔弯曲的地质因素主要是岩石的各向异性和软硬互层。地质因素是客观存在的，只能通过工艺技术措施来减弱甚至抵消它的促斜作用。

1）岩石的各向异性

某些具有层理、片理等构造特征的岩石可钻性具有明显的各向异性。如图 9－3（a）所示，由于岩石垂直于岩层方向的压入硬度最低，所以钻头在该方向的岩石破碎效率最高，而平行于层理方向的效率最低。因此，在倾斜岩层中钻进时，极易产生钻孔向垂直于层面的方向弯曲（俗称"顶层进"）。

同时，钻头在岩层片理和层理的作用下，产生偏离钻孔中心的旋转，也是造成孔斜的重要原因。如图 9－3（b）所示，当钻头顺时针方向旋转并与岩层斜交时，切削具在孔底 A、B 两点处所遇回转阻力不同。位于 A 点的切削具开始进入逆层切削状态（俗称"逆茬"或"逆毛"），切削阻力 P 也逐渐增大，直到 A' 点达到最大值 P'；而 B 点的切削具开始进入顺层切削状态（俗称"顺茬"或"顺毛"），切削阻力 N 也逐渐减小，直到 B' 点达到最小值 N'。因此，由 B 到 B' 点切削具破碎岩石的速度更高，这时图中的 A' 点可看作是钻头回转的瞬心，即钻孔轴线有沿 F 方向偏移的趋势。

钻孔弯曲强度与岩石各向异性强弱和钻孔遇层角的大小有关。所谓钻孔遇层角就是钻孔轴线与其在层面上的正投影的夹角。当遇层角约为 45° 时，钻孔弯强最大。岩石的各向异性越强，则钻孔弯强也越大。

2）软硬互层和存在着硬夹层

钻孔以锐角穿过软硬岩层界面，从软岩进入硬岩时，由于软、硬部分抗破碎阻力的不同，使钻孔朝着垂直于层面的方向弯曲；而从硬岩进入软岩时，则钻具轴线有偏离层面法线方向的趋势。但由于上方孔壁较硬，限制了钻具偏倒，结果基本保持着原来的方向；钻孔通过硬岩进入软岩又从软岩进入硬岩时，最终还是沿层面法线方向延伸。

如图9-4所示，钻头以锐角穿过软硬岩层界面时，孔底软、硬岩层对钻头底唇的反作用力是不同的。软岩反作用力小，硬岩反作用力大。因而产生了一个作用于钻头底唇的倾倒力矩，使粗径钻具在孔内偏倒。对力矩元微分方程求积分（推导过程从略）可求出全面钻头上的倾倒力矩 M_c：

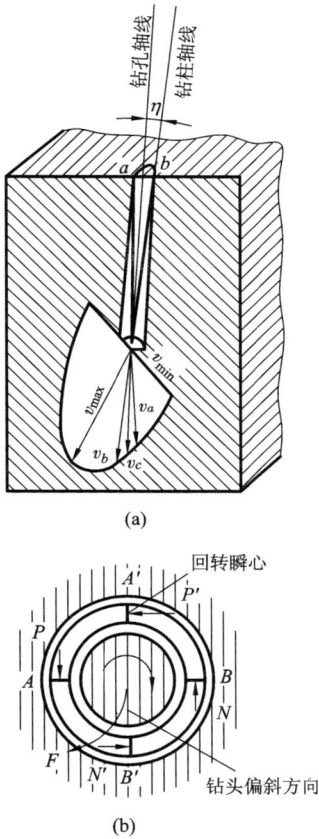

图9-3　在各向异性岩层中钻进示意图

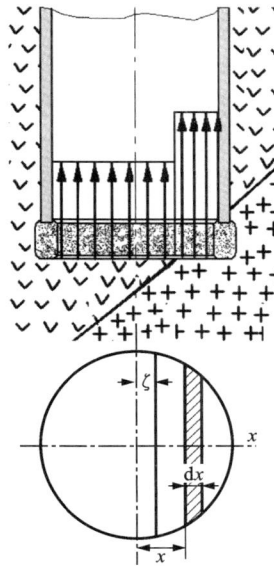

图9-4　全面钻头底唇阻力的分布及倾倒力矩计算图

$$M_c = \frac{2}{3}(\sigma_B - \sigma_A)(R^2 - \xi^2)^{\frac{3}{2}} \quad (\text{N} \cdot \text{m}) \tag{9-9}$$

式中：σ_B、σ_A——硬、软岩的抗压入阻力，N/m^2；

$\quad R$——全面钻头半径，m；

$\quad \zeta$——孔底软、硬岩层接触面的 x 坐标，m。

同理可以求出作用于取芯钻头底唇上的倾倒力矩：

$$M_o = \frac{2}{3}(\sigma_B - \sigma_A)\left[(R_1{}^2 - \xi^2)^{\frac{3}{2}} - \lambda(R_2{}^2 - \xi^2)^{\frac{3}{2}}\right] \quad (\mathrm{N \cdot m}) \qquad (9-10)$$

式中：R_1、R_2————钻头的外、内半径，m；

$\quad\quad\quad \lambda$————系数，$\zeta < R_2$ 时，$\lambda = 1$；$\zeta > R_2$ 时，$\lambda = 0$。

式(9-9)、式(9-10)表明：M_c、M_0 与软、硬岩层的阻力差成正比。当 $\zeta = 0$ 时，软、硬岩层界面通过钻头中心，M_c、M_0 有最大值。

除上述地质因素的影响以外，钻进含有卵石、砾石或漂石的岩层时，钻孔延伸受到岩石硬块的阻碍，钻孔往往朝着容易通过的方向偏斜。此时顶角和方位角的弯曲无一定的规律。钻孔遇到大裂隙、交角又不大时，孔身往往沿裂隙面的方向延伸。斜孔穿过较厚的松散岩石或溶洞及老窿时，孔身则趋于下垂。

2. 技术因素

技术因素具有人为性质，一般可以避免。属于技术因素的有设备安装、钻具的结构和尺寸等。

1）设备安装

钻机基础不平，立轴安装不正确，未下孔口管或孔口管方向不合要求，都会使钻孔偏离设计轨迹。这些因素主要是在开始阶段起作用，但钻孔开始的弯斜会给以后的钻孔偏斜留下严重的影响。

2）粗径钻具的刚度

粗径钻具直径较小而长度过长，则刚度可能不足，因而会失稳而弯曲。粗径钻具的临界长度按下式计算：

$$L_c = K\pi\sqrt{\frac{EJ}{P}} \quad (\mathrm{m}) \qquad (9-11)$$

式中：P————轴向压力，N；

$\quad\quad\quad E$————钢的弹性模量，Pa；

$\quad\quad\quad J$————粗径钻具截面的轴惯性距，m^4；

$\quad\quad\quad K$————动载系数，$K = 0.6 \sim 0.8$。

钻具刚度还与有无螺纹接头有关。在钻具结构中接头越多，强度越小，则粗径钻具越容易失去直线形态。若粗径钻具弯曲，即使孔壁间隙不大也可能使钻孔产生较大的弯曲。

3）粗径钻具的长度和孔壁间隙

孔壁间隙通常指的是粗径钻具外径与孔径间的间隙。若粗径钻具在钻孔中偏倒，则粗径钻具在孔内的偏倒角 δ（图9-5）为

$$\delta = \sin\delta^{-1}\frac{2D_c - D_1 - D}{2L} \qquad (9-12)$$

式中：D_c————孔径；

$\quad\quad\quad D_1$、D————岩芯管直径及钻头直径；

$\quad\quad\quad L$————粗径钻具长度。

显然，孔壁间隙增大或粗径钻具减短，都会引起偏倒角增加，从而使钻孔弯曲强度增大。如采用肋骨钻头、外出刃大的钻头、过分磨钝的钻头都会增大孔壁间隙。如果使用刚度不好，甚至偏心、弯曲的钻杆也容易增大孔壁间隙。

4) 钻具的组成

钻具组成指的是钻杆柱、异径接头、岩芯管及钻头等的尺寸级配。

在岩芯钻探中，由于粗径钻具的外径比钻杆外径大，又由第 3 章得知，钻杆柱在孔内工作时，往往是弯曲的。这样粗径钻具上部将起支点作用，有这个支点存在，就一定会产生力图使钻具围绕该支点转动的力矩，这就导致产生把钻具下端压向孔壁的偏斜力 N。

在垂直钻孔中，偏斜力取决于作用在力臂 OA 上的力 (见图 9 - 5):

$$P = G_1 + Q_1 + P_a \qquad (9-13)$$

式中: G_1——轴载的分力;

Q_1——钻具自重的分力;

P_a——离心力。

计算出这些数值后，可以求得力 P:

$$P = G_0\sin\delta + Q_0\sin\delta + 5.1 \times 10^{-4} q l_0 n^2 (D_c - d)$$

$$(9-14)$$

式中: G_0——轴载;

Q——钻具质量;

δ——钻具偏倒角;

q——钻杆柱单位长度的质量;

l_0——弯曲钻杆的半波长度;

n——钻具转速。

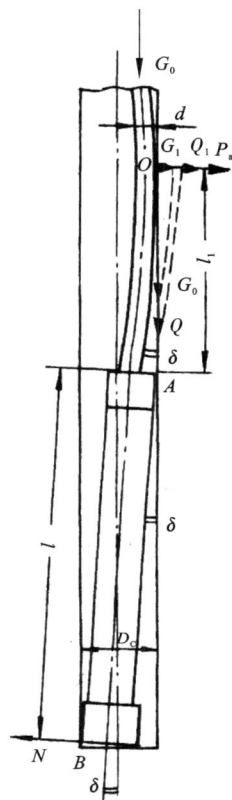

图 9 - 5　使钻具在垂直钻孔内偏斜的作用力示意

钻具下端在 B 点压向孔壁的力为 (推导从略):

$$N = \frac{l_1}{l}\left\{\left[(G_0 + Q)\sin\delta + 5.1 \times 10^{-4} q l_0 n^2 (D_c - d)\right] - \frac{\pi^2 EJ}{(\mu l_0)^2}\right\} \qquad (9-15)$$

式中符号意义同前。

由式 (9 - 15) 可知: 粗径钻具 l 越短，钻杆柱单位长度质量 q、钻具质量 Q (若减压钻进只计受压部分质量)、钻孔和钻杆的直径差 $(D_c - d)$、轴载 G_0、转速 n 越大，以及钻具刚度越小，则偏斜力 N 的数值就越大。可见，在垂直钻孔中，若钻具为公转，钻具偏斜力 N 的作用在任何方向都是一样的，不会导致钻孔弯曲; 若自转则会导致钻孔弯曲。

在斜孔中，偏斜力还与顶角 θ、钻具在孔内回转时的位置有关。若粗径钻具的质量 Q_c 不大，则在上帮方向的 N 力最大，下帮方向次之，侧向不大。这常常会导致钻孔上漂。若此时钻具为自转，向上漂的弯曲强度更大。如果粗径钻具质量 Q_c 很大，则 G_1 的作用增大，于是钻具开始较快地破碎钻孔下帮。钻孔上漂减缓或开始向顶角减小方向弯曲。因此，钻具的组成，特别是支点以下部分的组成，会影响钻孔的轨迹。

5) 钻头唇部形状

当钻进各向异性岩石且遇层角为锐角时，钻头唇部形状会影响钻孔弯曲的方向及弯曲强度。

(1)如图9－6(a)、(b)所示,当钻头唇部为平底形或圆形、椭圆状时,由于钻头唇部径向对应部位上孔底岩石的破碎难易程度有差异,使钻孔轨迹向碎岩最小阻力方向偏移。即仍是呈现"顶层进"的趋势。同时,该过程随着椭圆度的增大而加剧,因为钻孔向碎岩阻力最小的侧向破碎加快了。

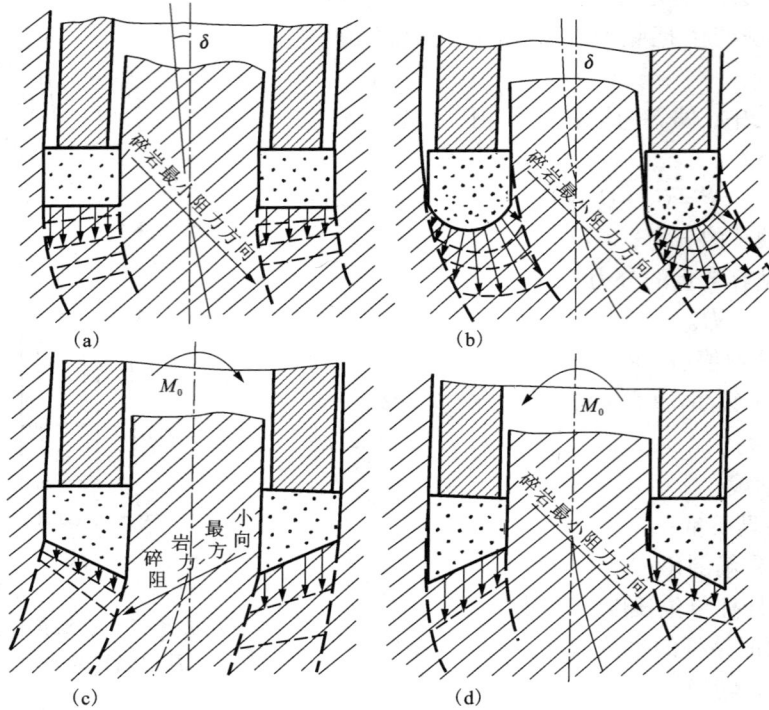

图9－6　在各向异性岩石中钻进时钻孔弯曲与钻头唇部形状的关系示意图

(2)若钻头唇部为外锥形式,如图9－6(c)所示,则在孔底径向对应部位上各向异性岩石的阻力是不同的。因为钻头唇面右边部分破岩阻力小,进尺较快,而在左边部分破岩阻力大。因此,有一翻转力矩 M_0 作用在钻头上,使钻孔有向左偏斜的趋势。

(3)如果钻具唇部为内锥形,如图9－6(d)所示,则孔底左边破岩阻力小,破碎较为强烈,钻孔有向右偏斜的趋势。

显然,在各向异性岩石中使用内锥形或半球形唇面的钻头钻进时弯强最大。使用平面形唇面钻头钻进时,钻孔弯强较小。

3.工艺因素

工艺因素基本上是主观方面的因素,可以采取各种措施加以限制。

1)钻进方法

不同的钻进方法的碎岩特点导致不同的孔壁间隙。钢粒钻进孔壁间隙很大;硬合金钻进中等;金刚石(含 PDC)钻进孔壁间隙最小。因此,钢粒钻进时孔斜最大,硬合金钻进次之,金刚石钻进(在钻具刚度足够时)最小。冲击回转钻进以冲击和回转共同作用破碎岩石,采用的轴向压力和转速较低,故钻孔的弯曲强度较小。

2)钻进规程参数

钻压过大(尤其是硬岩钻进中),会引起钻杆柱甚至粗径钻具弯曲,使钻头紧靠孔壁一侧,此时偏倒角可能达最大值,并且钻具的回转摩擦阻力也增加,钻具自转概率增加,此时钻具倾斜面稳定,从而导致钻孔弯曲。

转速过高,钻杆柱离心力增大,从而加剧了钻具的横向振动和扩壁作用,使孔壁间隙增大。钻具的转速不合理还易导致其周期性地自转和公转。自转为主的情况下钻具倾斜面稳定,易促斜;公转必然使钻具单边与孔壁磨损严重,起到增大孔壁间隙的作用,为钻具倾倒提供空间。

冲洗液泵量过大,会冲刷、破坏孔壁(尤其在较软的岩层中),扩大孔壁间隙。

当然,若钻进规程参数选择不合理,使得钻速过低,钻具在孔壁上长时间研磨也会扩大间隙,增大孔斜的可能性。

4. 钻孔弯曲的危害

(1)对地质成果的危害。钻孔弯曲将导致歪曲矿体产状、打丢矿体、遗漏断层,改变勘探网在地下空间的间距设计,影响对矿体的评价、构造的判断,如果打丢、打薄或打厚矿体,将直接影响地质资料的准确性和储量计算;甚至根本达不到预期地质目的。钻孔报废还会造成重大经济损失。

(2)对钻探施工的危害。钻具在孔内弯曲变形严重,将增大钻具与孔壁的摩擦,磨损加剧,功耗增大,回转和升降钻具困难和钻进速度下降。在弯曲钻孔中起下钻容易在孔壁上形成键槽,造成卡钻、断钻、孔壁坍塌掉块等恶性事故。

(3)其他工程危害。深井泵无法下入水井或过早损坏。钻孔桩施工会引起桩基倾斜,影响桩基承载力。

9.2.3 钻孔弯曲的规律

通常在钻进过程中钻孔会产生自然弯曲,而且这种弯曲在一定的地质剖面或矿区中遵循一定的规律。当然这种规律不是绝对的,它受众多因素影响具有概率特征。现将钻孔弯曲的规律性归纳如下:

(1)均质岩石中的钻孔弯曲强度小于不均质岩石中的弯曲强度,岩石的各向异性越强,钻孔弯曲强度越大。在变质岩(结晶片岩、片麻岩等)中钻进的弯曲强度大于在沉积岩(如页岩)中钻进,更大于在岩浆岩(如花岗岩、辉绿岩)中钻进时的弯曲强度。

(2)在层理、片理发育的岩石中钻进时,钻孔朝着垂直于层面的方向弯曲。钻孔弯曲强度的大小与遇层角大小有关。遇层角大于临界值,钻孔方位垂直于层面走向时,顶角上漂而方位角稳定;钻孔方位与层面走向斜交时,既有顶角上漂又有方位角弯曲,方位变化趋向于与层面走向垂直。钻孔遇层角小于临界值,则钻孔沿层面下滑——"顺层溜",方位角变化不定。

(3)在软硬互层岩石中钻进,钻孔从软岩层进入硬岩层时弯曲强度增大,虽然从硬岩层进入软岩层时弯曲强度减小,但最终钻孔的弯曲趋势仍是与层面垂直。

(4)钻孔穿过松散非胶结岩石、大溶洞、老窿时,钻孔趋于下垂。钻孔碰到硬包裹体时,可能朝任意方向弯曲，包裹体越硬，弯曲越强烈。

（5）钻孔顶角大时，方位角变化小；顶角小时，方位角变化大。一般方位角弯曲往往与钻具回转方向一致。只是在顶角接近于零的钻孔中，方位角变化才表现不定。

（6）在水平或近水平的层状岩石中钻进垂直孔，即使岩石各向异性很强，软硬不均程度很大，钻孔也不会产生较大的弯曲。

（7）孔壁间隙大，粗径钻具短，钻具刚度差，则钻孔弯曲强度大。立轴与导向管安装不正，则钻孔朝安装不正的方向偏斜。

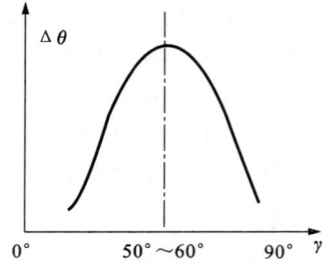

图9-7 遇层角对顶角变化的影响

必须指出，并非某个单一因素影响钻孔的弯曲规律，而是多因素综合影响的结果。但普遍认为遇层角是影响钻孔弯曲强度的决定因素之一。不争的事实是，遇层角 γ 确实存在着临界值，遇层角 γ 对钻孔顶角变化 $\Delta\theta$ 的影响呈近似正态分布的关系（见图9-7），遇层角在临界值附近时对钻孔增斜的影响最大。不过目前业内关于临界遇层角的大小存在着不同的说法。一种说法是当遇层角为45°左右时，钻孔弯曲强度最大。另一种说法是当遇层角在50°～60°范围内，顶角变化最大。估计这是研究者所研究的岩性差异造成的。

图9-8给出了俄罗斯专家根据大量工程经验归纳的，在不同遇层角 γ 情况下，金刚石钻进时钻孔顶角可能的弯曲状态示意图。

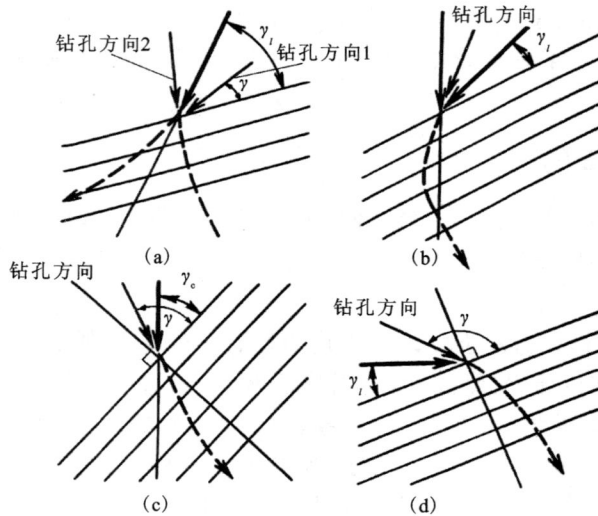

图9-8 金刚石钻进时钻孔可能的顶角弯曲趋势示意图

（1）当 $\gamma_l > \gamma > 0°$ 时[见图9-8（a），其中 γ_l 表示遇层角的临界值]，钻孔有顺层上漂的趋势，但钻孔轨迹状态非常不稳定；当 $\gamma_l < \gamma < 90°$ 时，钻孔呈明显的"顶层进"趋势，钻孔轨迹状态稳定。

（2）当 $\gamma_c > \gamma > \gamma_l$ 时 ［见图 9 – 8（b），其中 γ_c 表示铅垂线方向］，钻孔开始有沿地层倾向下滑的趋势，但逐渐转向垂直于地层的顶层进方向。钻孔的轨迹状态相对稳定。

（3）当 $90° > \gamma > \gamma_c$ 时 ［见图 9 – 8（c），钻孔设计为反倾向斜孔］，钻孔初始方向将在开孔方向的基础上略有顺层上漂的趋势，随后走向顶层进方向。钻孔的轨迹状态相对稳定。

（4）当 $90° < \gamma < (180° - \gamma_l)$ 时 ［见图 9 – 8（d）］，所有的倾斜钻孔都倾向于顶层进方向，但其轨迹状态很难稳定。

在一般情况下，方位弯曲也服从于这类规律性。

掌握矿区钻孔自然弯曲的统计规律，便于我们合理地设计钻孔轨迹，预测钻孔沿设计轨迹延伸的概率，根据自然弯曲规律指导定向孔的钻进施工，或者选择合理的稳定和修正钻孔轨迹方法和工具。

9.3　钻孔弯曲的测量与仪器

钻孔的空间状态必须借助测斜仪来确定。测斜仪可记录稳定的空间地磁场或地球引力场矢量方向。在钻探队施工现场为了有效地控制易斜钻孔空间形态，一般在每个或若干个钻进回次间隙中和钻孔结束后，必须使用单点测斜仪（即仪器一次下孔只测一个点的顶角和方位角）或多点测斜仪进行钻孔测斜，并对测斜结果进行数据处理。

9.3.1　测量钻孔弯曲的原理

1. 顶角测量原理

测量并记录钻孔顶角的敏感元件有：液面或液面上的气泡、指向孔内重力方向的机械重锤和重力加速度计等。

1）液面水平原理

将一个盛有液体的圆筒状容器放入钻孔（或钻具）中，容器可随孔斜而倾斜，两者的轴线方向一致，而液面却始终保持为水平状态。只要能把此时液面在容器中的相对位置保留下来（例如照相、刻痕或钟表定时卡锁机构），从钻孔中取出后便可据此测定钻孔顶角。

最普通、最简便的是利用氢氟酸在玻璃管上的蚀痕来测顶角。将浓度 20% ~ 30% 的氢氟酸水溶液注入玻璃试管中，然后将试管装入保护筒并一起下到钻孔中待测量位置，停留 15 ~ 20 min，提钻取出，测量试管上的蚀痕（图 9 – 9），便可算出钻孔顶角。

$$\tan\theta' = \frac{h_2 - h_1}{d} \qquad (9 - 16)$$

式中：θ'——钻孔顶角计算值，度；

　　　h_1——蚀痕最低点至试管基准线距离，mm；

　　　h_2——蚀痕最高点至试管基准线距离，mm；

　　　d——试管内径，mm。

由于有毛细管作用，形成的蚀痕往往为曲面，测出的顶角须按表 9 – 2 的数据进行校正，$\theta = \theta' + E$。为了避免繁琐

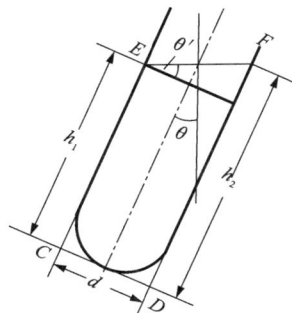

图 9 – 9　氢氟酸蚀痕法测量顶角原理示意图

的计算与校正，也可在有蚀痕的试管内装入等量的有色液体，当其液面与蚀痕完全一致时用倾斜仪对玻璃试管进行标定，直接读出顶角值。

表 9-2　浓度 20％氢氟酸的校正系数

玻璃管直径/mm	每度校正值 E
15～16	12′
17～18	11′
19～20	10′
21～22	9′
23～24	8′

还可以采用显影法、化学浆液固结法等利用液面水平原理的方法来测量顶角。

2）重锤原理

利用地球重力场原理，悬吊的重锤因重力作用永远处于铅垂状态，它与探管轴线（即钻孔轴线）之间的夹角即为钻孔顶角。为了测量此角度，探管内大多都设计了框架。

利用重锤原理测量顶角的机构如图 9-10 所示，其中 T 为重锤，与 T 刚性连接的框架可绕 $a-a'$ 轴灵活转动，$b-b'$ 轴与 $a-a'$ 轴垂直，$b-b'$ 轴中点是能灵活转动的弧形刻度盘，刻度盘转动面与钻孔弯曲平面一致，刻度盘因重力永远下垂。当仪器在垂直孔内时，刻度盘上的 0° 对准弧形竖板的标线，顶角为 0°［见图 9-10（a）］；当仪器在倾

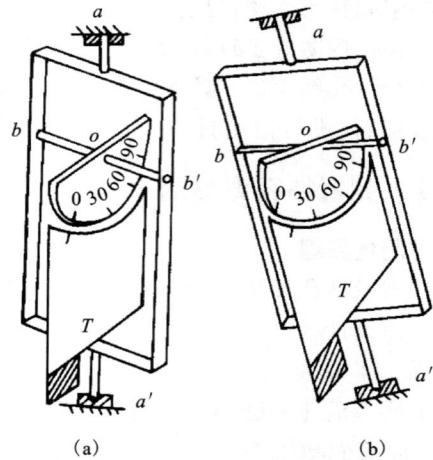

图 9-10　利用重锤原理测钻孔顶角示意图

斜孔内时，弧形竖板倾斜一个角度，此角度就是钻孔顶角 θ［参见图 9-10（b）］。只要能把此时刻度盘的相对位置保留下来（例如照相、钟表定时卡锁机构或电子信息储存方式），便可读出钻孔顶角。

2. 方位角测量原理

在无磁或磁性干扰很小的孔段中，测量方位角的敏感元件是磁针或磁通门。在磁性矿区或套管内有磁屏蔽的孔段，只能用地面定向原理和陀螺测斜仪。

1）地磁场定向原理

当罗盘的磁针呈水平状态时，将永恒指向大地磁场。利用这一特性，可测钻孔的磁北方位角。还可用磁通门或其他磁敏元件，测量因所处位置与大地磁场的方向不同而产生的感应电动势，来计算钻孔方位角。以磁针式罗盘测方位角为例（用其他磁敏元件的测量原理类似），由于方位角定义为某测点切线在水平面的投影，因此，测量时罗盘必须处于水平状

（即罗盘指针的轴应呈铅垂状态），并且罗盘上 0°线必须指向钻孔弯曲方向。为了满足这些要求，在罗盘下部装有重块，使罗盘体保持水平，且罗盘体的转轴垂直于钻孔倾斜平面。此外，罗盘上 0°与 180°连线及框架上的偏重块都在钻孔倾斜平面内，偏重块与 180°线同侧。这样一来，在倾斜钻孔中 180°线必定指向钻孔弯曲方向。此时，0°线与磁针指北方向的夹角就是钻孔的磁方位角（见图 9 – 11）。图中 $p'-p$ 与 N – S 线间的夹角就是该测点的方位角，图中罗盘和重锤板上的"波浪线"表示电阻丝，届时可以通过被指针短路的电阻值来测得钻孔在该测点的方位角（顶角测量同理）。

必须指出，利用地磁场定向原理测得的是磁方位角，不是真北方位角，磁北方向与真北方向有一夹角（磁偏角）。因此，将磁北方位角换算成真北方位角时，必须根据测量点所处的地理位置加或减去磁偏角大小。据地磁场定向原理设计的测斜仪，只适用于无磁性或弱磁性矿区。在强磁性矿区，仪器误差大，不能采用。

2）地面定向原理

在地面用经纬仪，由已知坐标点导出一条通过孔口中心的方向线作为定向方向，然后，将此定位方向设法传到孔内各个测点（见图 9 – 12）。若钻孔轴线为斜直线，顶角为 θ，水平面对钻孔的截面为椭圆 O，而钻孔本身的横截面为圆 O'。可以把 O' 看成是椭圆 O 在钻孔横截面上的投影。若取定位方向为 OA，其方位角为 α_0，OA 在圆 O' 上的投影为 $O'A'$。钻孔倾斜面的方向为 OB，其方位角为 α_1。令 $\angle AOB = \alpha_1 - \alpha_0 = \alpha$（或 $\alpha_1 - \alpha_0 = -\alpha$）。$OB$ 在圆 O' 上的投影为 $O'B'$。若令 $\angle A'O'B' = \varphi$，则在此钻孔横截面上的 φ 角即为终点角，是钻孔倾斜方向与定位方向在圆 O' 上投影的夹角。若钻孔顶角为 θ，则根据投影几何，可有以下关系：

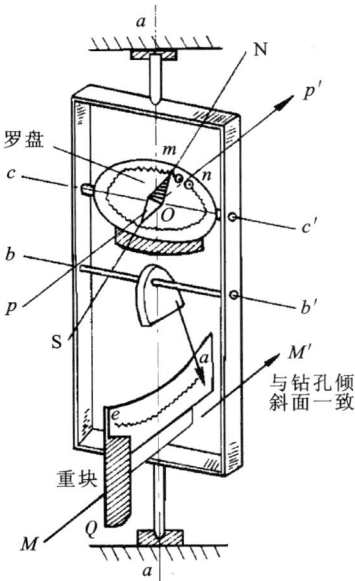

图 9 – 11　利用地磁定向原理
测钻孔方位角示意图

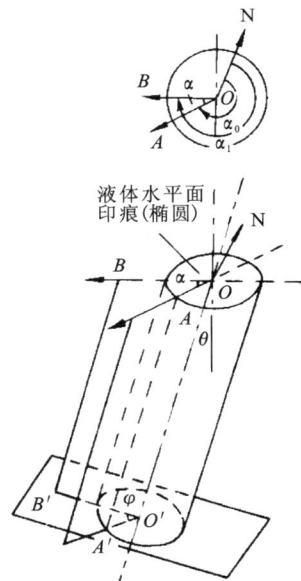

图 9 – 12　利用地面定向原理
根据终点角求方位角示意图

$$\tan a = \tan\varphi \cdot \cos\theta \tag{9-17}$$

图 9 – 12 中，$OAA'O'$ 为起点平面或定位平面，$OBB'O'$ 为终点平面或钻孔倾斜平面。因此终点角就是终点平面与起点平面之间的夹角。

如果我们能把地面的定位方向传至孔内某点，保持不变，并在此点测得终点角，而钻孔的顶角已知，即可按式（9 – 17）求出钻孔方向与定位方向之间的方位角增量，然后用 $\alpha_1 = \alpha_0 \pm \alpha$ 求出该点钻孔的方位角。

9.3.2 测斜仪的分类与选用原则

钻孔测斜仪器类型、品种繁多，根据测量原理主要分为磁性测斜仪和陀螺测斜仪两大类，磁性测斜仪适用于非磁性矿区和不受磁性干扰的钻孔，而陀螺测斜仪则主要用于磁性矿区和受磁性干扰的钻孔测量。钻孔测斜仪分类情况如表 9 – 3 所示。

表 9 – 3　钻孔测斜仪分类一览表

磁性测斜仪	罗盘类测斜仪	磁针罗盘式测斜仪（单点）		
		磁球定向测斜仪（单点）		
		磁针电测式测斜仪（多点）		
		罗盘照相测斜仪（单点、多点）		
	电磁类测斜仪	电子测斜仪（单点、多点）		
		随钻测斜仪	有线随钻测斜仪（多点）	
			无线随钻测斜仪（多点）	泥浆脉冲传输
				电磁波传输
陀螺测斜仪		照相陀螺测斜仪（单点、多点）		
	电子陀螺测斜仪	机械陀螺测斜仪		
		微机械陀螺测斜仪		
		压电陀螺测斜仪		
		动调陀螺测斜仪		
		光纤陀螺测斜仪		

选用钻孔测斜仪的一般原则是：

（1）首先确认是否是磁性矿区，是否受到磁性干扰，以便选用测斜仪类型。

（2）根据工程技术要求选用合适的测斜仪测量范围和精度指标。不能盲目追求高精度，仪器精度高，其成本和售价也高。

（3）单点测斜仪和多点测斜仪的选择依据是钻孔深度，一般孔深在 100 ~ 200 m 时才选用单点测斜仪，大于 200 m 以上钻孔应选用多点测斜仪，以提高测斜效率。

（4）煤矿矿井用的测斜仪，应选用具有防爆安全装置的钻孔测斜仪。

9.3.3　非磁性矿体用测斜仪

非磁性矿区常用的磁性测斜仪包括磁针罗盘式测斜仪、罗盘照相测斜仪、磁针电测式测斜仪、磁性电子测斜仪和随钻测斜仪。他们的测量原理基本相同，主要区别在于测量数据的记录和传输方式不同。其中，随钻测斜仪一般用于定向钻进中。

1. 磁针罗盘式测斜仪

磁针罗盘式测斜仪为全机械结构，一般为单点测量。下面介绍 JXY - 2 型测斜仪。虽然该仪器因测量精度低目前已很少使用，但它是曾为地质钻探做出过贡献的很经典的一款测斜仪。读者搞懂了其结构和工作原理对于掌握其他现代测斜仪将有所帮助。

JXY - 2 型测斜仪用罗盘测方位，悬锤测顶角，用时钟装置锁卡罗盘指针和顶角刻度盘。仪器下孔前，根据孔深等条件设定仪器的锁卡时间（最大定时 110 min）。从孔内提出仪器后即可读出测点处的顶角和方位角。该仪器适用于非磁性矿区直径大于 80 mm 的钻孔。

如图 9 - 13 所示，整个测量系统装在框架 6 上。上轴 1 插入框架轴孔中，下轴 3 则由仪

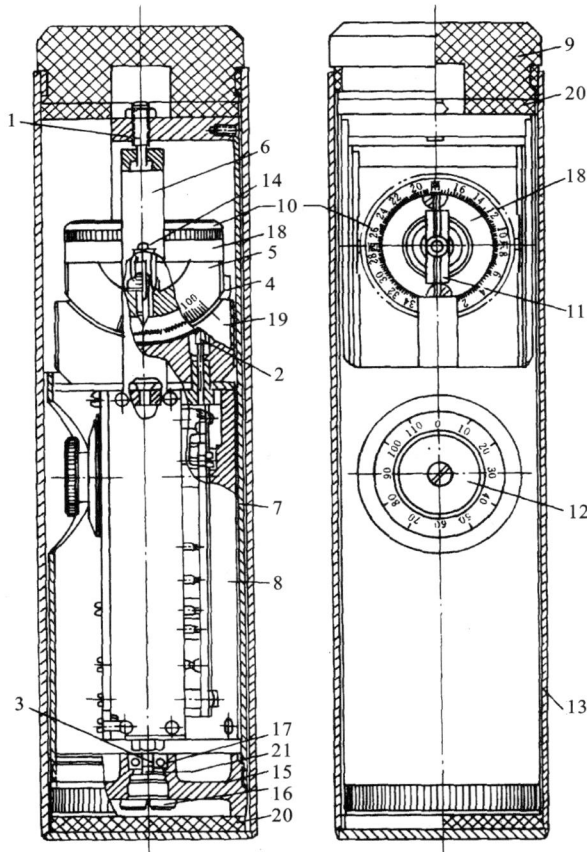

图 9 - 13　JXY - 2 型单点测斜仪本体结构简图

1、3—上、下轴；2—定时挺针；4—定位齿条；5—顶角指示器；6—框架；7、13—仪器筒；8—重锤；9—胶木盖；10—罗盘；11—磁针；12—时钟装置定时器；13—保护筒；14—水平轴承；15—轴承座；16—螺钉；17—轴承；18—罗盘盒底；19—定向座；20—防震垫；21—钢球

器壳底轴承座 15 内的钢珠 21 支承。框架能在里套筒 7 内灵活转动，框架一侧装有重锤 8，框架上部装有罗盘，罗盘 180° 刻度与重锤同侧。在倾斜孔中，重锤 8 始终处于钻孔的下侧，使框架平面与钻孔倾斜面垂直，罗盘 0° 刻度处于钻孔上侧而指向钻孔倾斜方向。

罗盘磁针 11 以红色指北端作为读数依据。由于 0°～360° 刻度为反时针方向，所以磁针红色端所指读数就是测点的方位角。罗盘由水平轴承 14 支承，下部有带 0°～60° 刻度的顶角指示器 5。它既起重锤作用使罗盘始终保持水平，又起悬锤作用。根据定向座 19 上标线所指的刻度可直接读出测点的顶角。框架的下部装有机械定时钟，在定时钟的背面装有凸轮。当定时钟走完预定时间后凸轮经杠杆推动定时挺针 2 和弧形定位齿条 4，使磁针和顶角刻度器处于锁紧状态。

仪器装入套筒 7 后，再一起装入保护筒 13 内，保护筒上下放有防震橡皮垫 20，并用胶木盖 9 固定。最后将保护筒放入铜套管内。铜套管由上管和下管组成。每节下管能放一台仪器，上管仅作为伸长管，使仪器轴线与钻孔轴线更为一致，以提高测量精度。

2. 磁球式测斜仪

CQ－1 型磁球式测斜仪是近年来随着新型材料的出现而开发出来的单点测斜仪。它利用重锤原理测顶角，用地磁场定向原理测钻孔方位角和工具标记方位角，用机械钟或电子钟定时锁卡磁球的方式读出钻孔顶角、方位角及工具标记方位角。该仪器取消了为保持磁针呈水平状态而设置的传统式轴承、顶尖、框架支承等复杂机构，具有结构简单，操作方便，耐振性能好等特点。

如图 9－14 所示，该仪器由磁球、底壳、顶卡座、外壳、机械钟或电子钟、锁卡机构等组成。该仪器测量系统的设计基础是几何空间中两个同心球面上动点与静点的经纬关系，测量敏感元件是浮动偏重磁球。光滑球体 1 内装有高能磁性材料，磁球的重心位于其铅垂轴线的

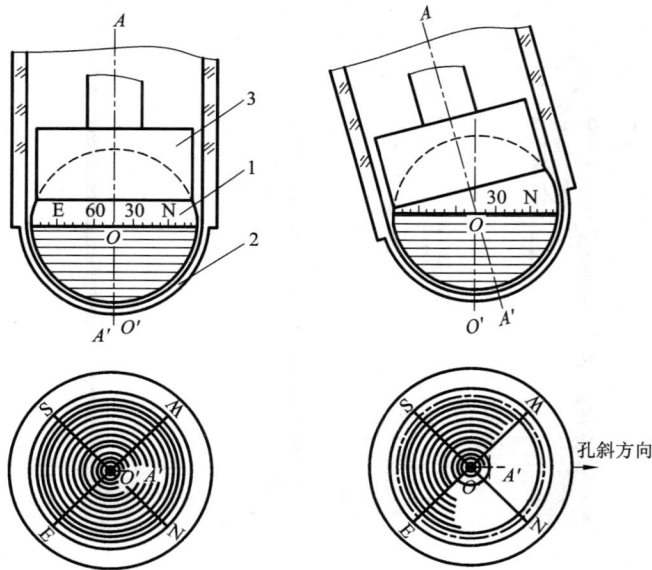

图 9－14 CQ－1 型磁球测斜仪原理图

1—光滑球体；2—仪器底壳；3—球冠

下部，磁球恒保持水平指向磁北。在磁球的最大水平圆周线上，均匀地刻有 0°～360°方位读数；磁球的下表面上，均匀地刻有同心圆刻线，同心圆的圆心为磁球铅垂轴线的下端点 O'。透明的仪器底壳 2 内表面最低处刻有一"十字线"，"十字线"交点为 A'，可通过 A' 向上引一根与仪器轴线平行的定向标记线。磁球与底壳之间充满透明的润滑液。

当仪器垂直时，磁球的纵轴线 OO' 与仪器轴线重合，此时顶角为零，无方位角，但是定向标记线与某一方位读数重合，指出定向标记方位角。当仪器倾斜时，AA' 与 OO' 相交成夹角，A' 重合于磁球下表面上某一点，此时 O' 与 A' 在磁球表面上的弧距即为顶角。在磁球表面上，通过读数器延伸 $O'A'$ 的连线至某一方位读数，即可读出方位角。同样，定向标记线指出定向标记方位角。

3. 罗盘照相测斜仪

罗盘照相测斜仪采用磁罗盘组件，通过电子定时器来控制光学成像，用胶片或数字感光器拍摄测角指示器在孔内静态时的图像，记录测点的顶角、方位角及工具面角。它简化了其他记录方式的复杂机构，消除了机械锁卡装置的位移误差，提高测量精度。而且照相底片与数据存储器可长期存查。

如图 9 – 15 所示，罗盘照相测斜仪主要由定时器、电池筒、照相机总成和测量短节四部分组成；用电子定时器控制仪器在孔内的照相时间；用 3 节二号电池提供电源；照相机总成由底片盒、连接筒、镜头和光源组成；测量短节由一个装在充满透明液体的圆筒里的罗盘和测角装置构成，可根据需要选择使用顶角测量范围 0°～12°和 5°～90°两种测角装置。

以 0°～12°的测量部件为例，它由一个摆动极为灵敏的万向悬锤 1、顶角刻度盘 2 和磁罗盘 3 等组成（见图 9 – 16 中左图）。仪器静止时，悬锤 1 在重力作用下总是指向地心。刻度盘 2 是块光学玻璃片，上面刻有 12 个同心圆，分别对应仪器顶角 0°～12°。磁罗盘 3 位于同心圆玻璃片的下方。测量时，照相机将悬锤、玻璃同心圆及罗盘刻度盘因孔斜形成相互特定位置的图像拍摄下来。如图 9 – 16 中右图所示的记录底片表明顶角为 5°，方位角为 45°。5°～90°测量部件是在 0°～12°测量部件上增加了一个 U 形架和偏心重锤，具体结构不再详述。

除单点式罗盘照相测斜仪（下孔一次只拍一张底片）外，还可制成多点式罗盘照相测斜仪，一次可连续拍百余张底片。这类照相测斜仪主要缺点是不能及时读数，还需要专门读片装置。目前，照相测斜仪已逐渐被可直接在地面读取、打印或回放数据的电子测斜仪所取代。

4. 磁针电测式测斜仪

磁针电测式测斜仪是磁针罗盘式测斜仪的改进型，它通过电阻元件（弧形电阻和环形电阻件）将孔内由罗盘测得的方位角和用悬锤原理测得的顶角这两个非电量参数值转换成电量，通过电缆传输到地面读数，实现多点测量，测量效率和精度比磁针罗盘式测斜仪高。

这类测斜仪采用直流平衡电桥测量电路，即将方位电阻和顶角电阻分别作为两个直流平衡电桥的被测电阻臂，电桥的另三个臂连接已知的标准电阻，并利用接在电桥电路有检流计的对角线一端的可变电阻调节电桥的平衡。可变电阻（平衡电阻）阻值的变化及所代表的方位角或顶角值，可由地面仪器面板的刻度盘读出。下面以 KXP – 1 型为例介绍这类测斜仪的工作原理。

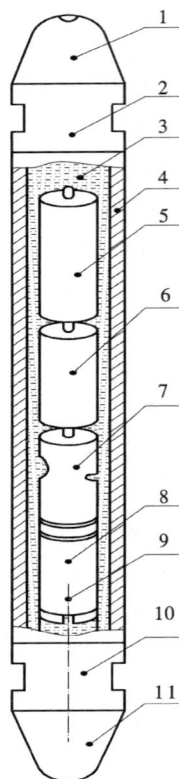

图 9-15　照相测斜仪结构示意图

1—接头；2—上密封接头；3—阻尼液；4—外
管；5—电池筒；6—定时器；7—照相机总成；
8—测量短节；9—定位线；10—下密封接头；
11—导向接头

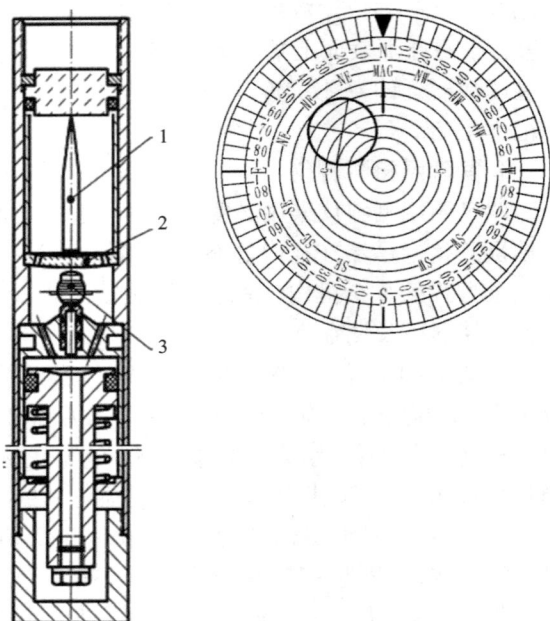

图 9-16　照相测斜仪部件示意图

左图，照相测斜仪 0°～12°测量部件示意图

1—悬锤；2—顶角刻度盘；3—磁罗盘

右图，照相测斜仪 0°～12°测量部件记录的底片

　　KXP-1 型测斜仪是一种用于非磁性矿区的小口径(ϕ46 mm 以上)轻便测斜仪。由井下
探管和地面操作箱两大部分组成，用三芯电缆连接。探管(见图 9-17)主要由电机传动部分
1、状态控制部分 3、测量灵敏系统 4 和外套管 2 组成。电机传动部分和状态控制部分主要有
电机、减速箱、凸轮、集流环。测量灵敏系统主要有铝合金框架、方位角测量系统、顶角测量
系统。测量系统的顶角和方位角电阻分别与集流环的内环、外环相接。外套管用不锈钢材料
制成，管内灌有经过过滤的 1:1 变压器油和煤油的混合油，起阻尼作用。

　　电机传动部分和状态控制部分的作用是当直流电机转动时，以 2 r/min 的旋转速度控制
凸轮。由于凸轮在径向对集流环有三个不同的控制状态位置，使仪器依次呈现"自由"(凸轮
的接触点与集流环脱开)、"接触"(凸轮的接触点与集流环接触)、"锁紧"(凸轮的接触点把
集流环压下)三种状态变化。仪器呈"接触"状态时，全部顶角和方位角电阻通过集流环和接
触点接到地面操作箱。仪器呈"锁紧"状态时，部分顶角和方位角电阻被短路，另一部分电阻
接到地面操作箱，读出顶角和方位角。"锁紧"状态就是仪器的"测量"状态(地面操作箱有状

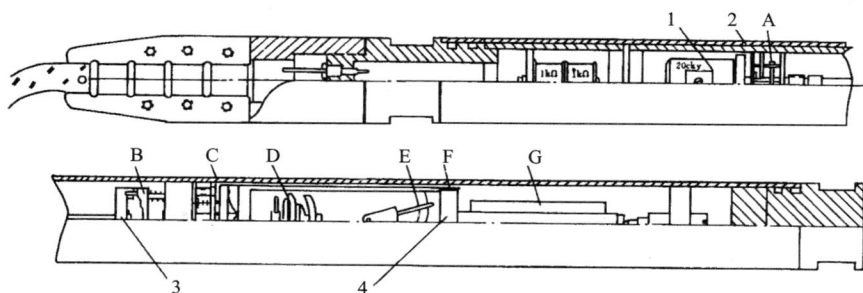

图 9 – 17　KXP – 1 型测斜仪探管结构示意图

1—电机传动部分；2—外套管；3—状态控制部分；4—测量灵敏系统；A—减速箱；

B—凸轮；C—集流环；D—方位角测量系统；E—顶角测量系统；F—框架；G—重锤

态指示电表显示)。当停止电机转动时,可保持上述三种所需状态不变。在孔内测量时每个状态变换后都要停留 6~8 s。测量完一点,仪器要从"测量"状态下降或上升到另一点进行测量,从而实现多点测量。

5. 磁性电子测斜仪

1)结构与工作原理

磁性电子测斜仪(见图 9 – 18)由导向头、测量总成、抗压管、电缆头和上下密封接头构成。测量总成电子线路板由传感器系统(两轴或三轴加速度计、三轴磁通门或磁阻传感器)、传感器信号调理系统(信号放大、隔离、滤波、多路转换等)、数据采集系统、单片机控制系统、通讯接口系统和电源系统等组成,并固定于安装架上。

磁性电子测斜仪在探管内沿三个正交的 x、y、z 轴布置三个(或两个)加速度计和三个磁通门(或磁阻)传感器,其中 z 轴指向仪器轴线下方,x、y 轴位于垂直于仪器轴线的平面内。由于加速度计敏感重力加速度 g 的分量,磁通门敏感地磁场的分量,通过式(9 – 18)即可算出顶角和方位角的数值。

$$\theta = \arctan \sqrt{\frac{a_x^2 + a_y^2}{a_x^2}} \qquad (9 – 18)$$

$$a = \arctan \frac{(a_y H_x - a_x H_y) g}{H_z(a_x^2 + a_y^2) + a_z(a_x H_y + a_y H_x)}$$

式中：a_x——x 轴加速度计输出值；

　　　a_y——y 轴加速度计输出值；

　　　a_z——z 轴加速度计输出值；

　　　H_x——x 轴磁通门(或磁阻)输出值；

　　　H_y——y 轴磁通门(或磁阻)输出值；

　　　H_z——z 轴磁通门(或磁阻)输出值；

　　　g——重力加速度。

2)磁性电子测斜仪的主要特点

(1)磁性电子测斜仪是目前非磁性矿区应用最广的测斜仪,其信息采集、处理和计算均实现电子化，可完全替代磁性照相测斜仪。

（2）传感器与电子元器件合成为一个固态测量芯片，体积小，芯片内没有机械传动，抗振性能良好。各传感器的数据采集、处理由程序完成，不受人为干扰，测量精确可靠。

（3）测量数据可以存储于探头存储器中，也可用电缆实时传至地面，实现多点测量。

（4）借助 RS－232 接口或 USB 接口和专用软件可在地面读取数据，计算、显示和打印。

（5）多具有测量工具面向角的功能，可用于定向钻进和随钻测量（MWD）中。

3）磁性电子测斜仪的作业方式

磁性电子测斜仪的数据采集方式可分为存储式（将测量数据存储在芯片内仪器提至地表后读取）和直读式（通过吊放仪器的电缆直接读取）两种。

仪器的工作方式可分为投测、吊测和自浮式三种。

投测是当需要测量孔斜时把仪器从钻杆柱（其下部带有无磁钻杆和仪器座）内腔投入，仪器自动完成测斜，起钻后再读取数据。

吊测是加接钻杆时用钢丝绳把单点测斜仪投入钻杆内腔，到达无磁钻铤仪器座时停留 15 s 至 1 min 即可完成测量，打捞后（存储式）读数；或利用电缆下放到需要测斜的位置，仪器自动完成测斜，并通过电缆实时把数据传至地表。

自浮式测斜仪（见图 9－19）采用井下存储、地表回放工作方式，测斜时用泥浆从钻杆柱内腔把仪器泵送到孔底，仪器到达测点时泵压上升 1 MPa 即可停泵，在停泵到仪器开始上浮的短暂"静止"时间内完成准确测量，探管自浮到孔口后可用 U 盘或遥控器获取数据，不影响继续钻进，比传统测斜方式节约大量时间。

6. 部分国产磁性测斜仪主要技术参数一览表

目前我国已可以生产以前要靠进口的测斜仪。国产磁性测斜仪的品种繁多，现将部分国产磁性测斜仪的主要技术参数归纳如表 9－4 所示。

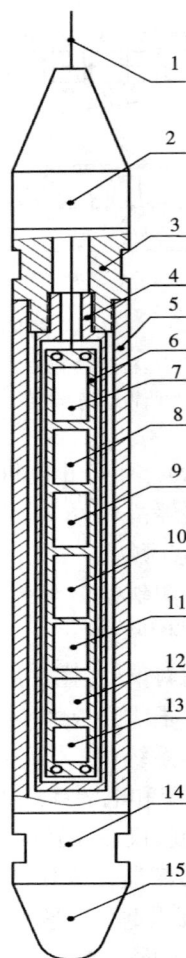

图 9－18　磁性电子测斜仪结构示意图

1—电缆；2—电缆头；3—上密封接头；4—测量总成安装架；5—抗压管；6—测量总成；7—电源系统；8—通讯接口系统；9—单片机控制系统；10—数据采集系统；11—传感器信号调理系统；12—加速度计；13—磁敏传感器；14—下密封接头；15—导向头

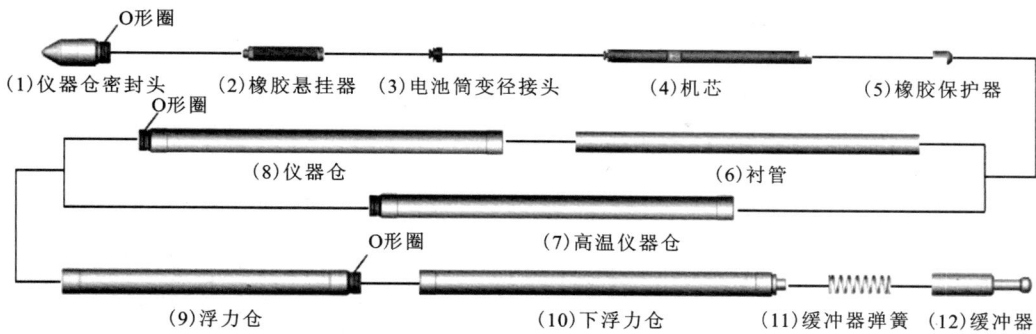

图9-19 自浮式定点测斜仪组成示意图

表9-4 部分国产磁性测斜仪主要技术性能表

仪器类型	仪器型号	外径/mm	测量范围/(°)		测量精度/(°)		下孔方式	最大耐水压/MPa	最高工作温度/℃	备注
			顶角	方位角	顶角	方位角				
磁针罗盘式测斜仪	JXY-2	75	0~60	0~360	1~2	±4	钢丝绳或钻杆	7	80	单点
	JXY-2X	60	0~50	0~360	±0.5	±4	电缆	15	85	多点
	CQ-1	42	0~100	0~360	±0.5	±2	钢丝绳或钻杆	25		单点
磁针电测式测斜仪	JJX-3A	54	0~50	4~356	±0.5	±4	电缆	50	100	多点
	CQ-2	65	0~100	0~360	±0.5	±2	电缆	10	60	多点
罗盘照相测斜仪	HKCX系列	35~48	0~90	0~360	±0.25	±0.5	钢丝绳或自浮式	45~150	85~200	单点
	M-ZFD	48	0~20	0~360	±0.2	±0.5	钢丝绳或自浮式	80	140	单点
磁性电子测斜仪	SDC-1(W)	40	0~50	0~360	±0.5	±4	电缆	15	85	多点
	CAV-1	33	0~70	0~360	±0.2	±2	钢丝绳或钻杆	20	75	多点存储式
	HKCX-DZ系列	25~45	0~180	0~360	±0.15	±1.2	钢丝绳或投测	35~150	85~200	单点定点式
		38~48	0~180	0~360	±0.15	±1.2	自浮式	40~105	85~200	单点定点式
		25~45	0~180	0~360	±0.15	±1.2	钢丝绳或投测	35~150	85~200	多点存储式
	YSS-32	45	0~180	0~360	±0.2	±1.5	钢丝绳或自浮式	100	125	单点存储式
	BZE系列	35~45	0~180	0~360	±0.2	±1.0	钢丝绳或自浮式	40~100	90	多点存储式

9.3.4 磁性矿体用测斜仪

由于存在磁性干扰或磁屏障，在磁性矿体中或套管内无法使用磁针式测斜仪和磁性电子测斜仪。因此，必须采用地面定向原理来测量钻孔方位角，钻孔顶角测量仍采用重锤原理。按传递地面定位方向的方法，可分为环测定向和惯性定向。其中，环测法是由孔口定向，利用专用测具(定向钻杆及仪器)下入孔内，测出测点的顶角和终点角，通过换算求出测点的方位角。该方法曾在钻探实践中发挥过作用，但随着技术进步已基本退出历史舞台。下面着重介绍惯性定向法的仪器——陀螺测斜仪。

陀螺测斜仪可抗磁性干扰，在磁性矿区及套管内进行顶角和方位角测量。用于钻孔测斜的陀螺仪主要有：机械陀螺、微机械陀螺、压电陀螺、动力调谐陀螺（简称动调陀螺）和光纤陀螺。

1. 陀螺仪的基本工作原理

如图 9-20 所示，机械陀螺仪由外环、内环和转动惯量很大的陀螺微型电机（钨合金制造）组成。外环可绕 Ⅰ 轴自由旋转，外环内装有可绕 Ⅱ 轴自由旋转的内环。内环内装有陀螺电机，陀螺电机绕 Ⅲ 轴作高速旋转（30000 r/min 以上）。因此，它具有三个自由度，称为三自由度陀螺仪。Ⅰ、Ⅱ、Ⅲ 轴互相垂直，且交于一点，此点还应与陀螺仪的重心重合。

高速旋转的三自由度陀螺具有两个重要特性：

（1）定轴性。当陀螺电机转子绕 Ⅲ 轴高速旋转时，在重心完全与三个轴的交点同一，轴承无摩擦的情况下，Ⅲ 轴的空间方向保持不变的性质就是定轴性。由于陀螺具有定轴性，在孔内测量时，钻孔方向偏转或仪器转动与振动都不会改变陀螺的指向，测量钻孔轴向与陀螺指向的夹角即可测出钻孔的方位。

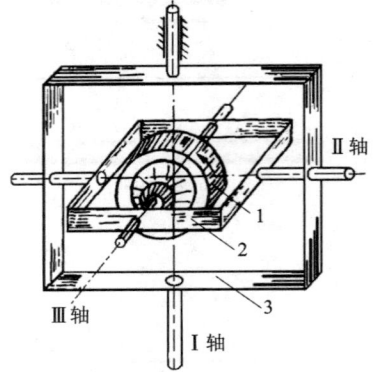

图 9-20　陀螺仪原理示意图
1—高速转子；2—内环；3—外环

（2）进动性。当陀螺电机转子绕 Ⅲ 轴高速旋转时，如果在 Ⅰ 轴上作用一个干扰力矩，此时外环不转，而内环绕 Ⅱ 轴转动。Ⅱ 轴进动，使 Ⅲ 轴脱离原来位置而发生倾斜。如果在 Ⅱ 轴上作用一干扰力矩，此时内环不转，而外环绕 Ⅰ 轴转动。Ⅰ 轴进动，使 Ⅲ 轴偏离给定方向，产生漂移。

在实际工作中，由于 Ⅰ 轴、Ⅱ 轴和 Ⅲ 轴的交点与陀螺仪的重心很难完全重合，Ⅰ 轴和 Ⅱ 轴轴承摩擦力也不可避免，所以 Ⅲ 轴的倾斜和漂移必然存在。不过 Ⅱ 轴上的干扰力矩比 Ⅰ 轴上的小，故可做到使 Ⅰ 轴的进动控制在允许范围内，从而使 Ⅲ 轴的方位角漂移尽量减小。Ⅱ 轴虽产生进动，但它不是测量轴，少量进动不影响方位角测量。可是 Ⅲ 轴倾斜后，与 Ⅰ 轴夹角太小时，陀螺在 Ⅰ 轴干扰力矩作用下，会绕 Ⅰ 轴迅速转动，完全丧失定轴性，为此设置一套水平修正装置，以抵消干扰力矩对外环的作用，从而使 Ⅲ 轴保持水平。Ⅲ 轴的方位漂移应按照仪器说明书根据单位时间的漂移量进行修正。

必须注意，在倾斜孔中陀螺仪测出的是终点角而不是方位角。因此，应按式（9-17）进行换算，这种换算称为框架误差修正。

2. 机械陀螺测斜仪

我国从 20 世纪 60 年代开始研发应用机械陀螺测斜仪，下面以 JDL-1 型机械陀螺测斜仪为例介绍其基本结构。

JDL-1 型测斜仪由探管（井下仪器）、地面操纵箱、变流器、直流稳压电源和三脚定向架组成，属于多点测斜仪。

井下仪器（见图 9-21）可分为三部分：上部是一组由电容和电感构成的回路，用来将电缆里的 400 Hz 交流和直流测量信号分开；中部是由两个自由框架组成的测量系统；下部是锁紧及修正系统。探管最下部有一长腰形凸块，用以装入保护管底部的凹槽，以保证探管处于对准外管母线的正确位置。

顶角测量采用悬锤原理。在顶角框架 11 上，装有偏心重块 3，它使顶角重锤 1 永远处于钻孔倾斜面内。顶角电位计 10 和电刷 2 将非电量顶角变换为电量变化。在框架 11 下端，固定有方位电位计。在陀螺外框架的中央装有陀螺电机 6，它装在陀螺房内。仪器轴相当于Ⅰ轴，框架 5 能绕此轴回转。陀螺房两侧用轴承支承在框架 5 上，陀螺房带着陀螺能绕此轴回转，此轴为Ⅱ轴，陀螺电机的轴 17 为Ⅲ轴，支承在陀螺房内。陀螺电机以 21500 r/min 的高速作逆时针方向回转。

陀螺外框架 5 的上端有方位电位计电刷 12，电刷的位置由陀螺的方向决定。而方位电位计 4 固定在顶角框架 11 的下端，因而电位计的一端永远保持在钻孔倾斜面内。电位计的一端至电刷的夹角便就是测量的终点角。在顶角较小时，此角就认为是方位角。

修正系统由接触摆锤 7、伺服电机 14 及极化继电器等组成。当Ⅱ轴进动时，Ⅲ轴倾斜，使摆锤接触点与相应的一组接点相接触，驱动极化继电器，接通伺服电机的一组控制线圈，使电机在外框架 5 的Ⅰ轴上施加一个反力矩，从而使Ⅱ轴向相反的方向进动，使Ⅲ轴回到水平位置。

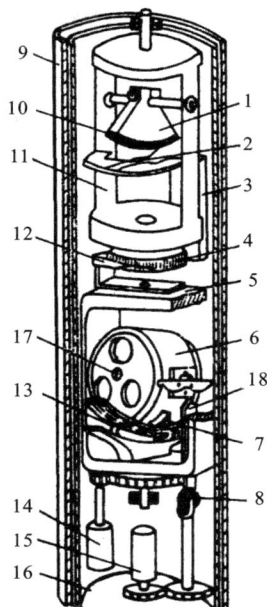

图 9 - 21 机械陀螺测斜仪示意图

1—顶角重锤；2—电刷；3—偏心重块；4—方位电位计；5—陀螺外框架；6—陀螺电机；7—摆锤；8—滑轮；9—仪器外壳；10—顶角电位计；11—顶角框架；12—方位电刷；13—接触摆；14—伺服电机；15—自由电机；16—仪器外壳；17—陀螺轴(Ⅲ轴)；18—顶卡杆

锁紧装置可将陀螺锁紧，一是为了减少运输过程中的振动，二是为了在地面进行定向。陀螺锁紧时，Ⅲ轴的方向与外管定向母线差 90°。这对起始定向很重要。锁紧装置的工作主要由自由电机 15 通过减速机构带动推杆滑轮 8 做上下移动。在框架 5 的下面装有一个凸轮（图上未表示出），滑轮上移时先顶住凸轮，并通过凸轮带动框架 5 转动，直到滑轮接触到凸轮最低点时，框架 5 才不转动。滑轮继续上移，通过顶卡 18 使陀螺锁紧。要松开陀螺时，可使自由电机 15 反转，滑轮下移，顶卡便松开陀螺，使陀螺自由。要使陀螺全部松开，则滑轮必须下移到躲开凸轮的最高点。从锁紧到自由，大约需要 4 min 时间。

机械陀螺测斜仪具有陀螺漂移大（每小时 3°～10°）、测量精度不高、调试维护困难、需地面定向等缺点。随着我国航天技术的发展，用于火箭和卫星惯性导航的先进微型陀螺仪逐步转为民用，目前我国已能生产压电陀螺、动力调谐陀螺和光纤陀螺等新型测斜仪器。

3. 压电陀螺测斜仪

压电陀螺测斜仪采用特制的压电角速率陀螺测量方位角，采用石英加速度计测量顶角，结合地面定向和电子跟踪测量等新的定向方法来进行钻孔测斜。压电陀螺测斜仪（见图 9 - 22）主要包括：钢丝绳接头、上下密封接头、导向头、测量总成、电池、抗压管等。测量总成由加速度计和压电陀螺传感器、模拟积分电路、数据采集系统、单片机控制系统和数据存储器构成。

仪器采用存储卡记录方式，探管可以用钻杆（或钢丝绳）下放和提升，也可用电缆在地面直接读数。但其不能自动寻北或寻找参考方位，测斜前需要在地面进行人工定向，方位测量会随时间产生漂移。

方位角测量基本原理是：利用压电陀螺测量出探管的旋转变化角速率，通过对角速率的数学积分处理，可以得到探管旋转变化的角度。该角度是探管自身的旋转变化角度与方位角变化角度之和。探管自身的旋转变化角度实际就是工具面角的变化角度，该值可以通过加速度计测出。由此即可得到方位角的变化角度，通过与在地面定向的初始方位角度相加，即可得到孔内各测点的方位角值。

4. 动调陀螺测斜仪

动调陀螺测斜仪利用动调陀螺作为方位角测量元件、石英加速度计作为顶角测量元件，利用惯性导航技术来进行钻孔测斜，通过动调陀螺测出地球自转角速度水平分量，石英加速度计测出地球重力加速度分量，所测信号通过相关计算得到该点的顶角和方位角值。

动调陀螺测斜仪可以自动寻北，测量前后无须校北；自主性强、可靠性好，测量时无须地面定向；各测点数据不相关联，测点间没有误差传递，不存在累计误差，测量精度高。但其内部有高速旋转电机，仪器抗震性能不足。

动调陀螺测斜仪的结构如图 9 - 23 所示，主要包括惯性测量单元、转位机构、数据采集系统等，其中惯性测量单元主要包括 2 只相互垂直的石英加速度计和 1 只双轴动调陀螺。转位机构的作用是使惯性测量单元做正反 180°的转动，通过两个位置的测量值相加来消除传感器误差模型中的常值漂移和零位误差，以提高测量精度。

动调陀螺测斜仪方位角测量原理为：地球以恒定的自转角速度 ω_e（15.041°/h）绕地轴旋转，在地球表面上纬度为 φ 的任意一点处的自转速度可以被分解为垂直分量 $\omega_e \sin\varphi$ 和水平分量 $\omega_e \cos\varphi$，其中垂直分量沿地球垂线垂直向上，水平分量沿地球经线指向真北。

当动调陀螺的 X、Y 轴处于水平时，其 X 轴和 Y 轴敏感到的地速水平分量和北向夹角（方位角）α 之间的关系如下：

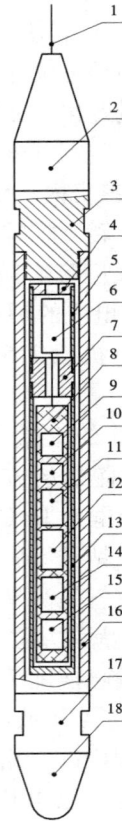

图 9 - 22　压电陀螺测斜仪结构示意图

1—钢丝绳；2—钢丝绳接头；3—上接头；4—电池筒接头；5—电池筒；6—锂电池；7—内管接头；8—测量总成；9—存储器；10—单片机系统；11—数据采集系统；12—积分电路；13—测量总成外管；14—加速度计；15—压电陀螺；16—外管；17—下接头；18—导向头

$$\omega_x = \omega_e \cos\varphi \cos\alpha$$
$$\omega_y = \omega_e \cos\varphi \sin\alpha \qquad (9-18)$$

由此，在给定纬度 φ 情况下，即可由动调陀螺的输出值算得方位角 α 值。当动调陀螺的 X、Y 轴处于倾斜状态时，可以通过加速度计的输出值对陀螺输出值进行坐标旋转变换，从而根据 X 轴、Y 轴的加速度计输出值，动调陀螺 X 轴、Y 轴输出值，地球自转角速率和重力加速度值、所在地纬度值解算出方位角值和顶角（公式推导从略）。

5.光纤陀螺测斜仪

光纤陀螺仪是基于狭义相对论及萨格奈克（Sagnac）效应的新型光学陀螺仪。光纤陀螺测斜仪与动调陀螺测斜仪的结构基本一致，只是惯性测量单元采用光纤陀螺和石英加速度计作为测量敏感元件，其测量方位角的原理与动调陀螺测斜仪一样，也是通过光纤陀螺测量出地球自转角速率分量，通过加速度计测量出地球重力加速度分量，再通过相关计算得出钻孔顶角、方位角值。

光纤陀螺测斜仪主要特点：寿命长、抗冲击和振动能力强；自动寻北，不需要地面定向；零点漂移小，无累计误差；但受探管尺寸限制，陀螺灵敏部件不能做大，灵敏度还不很高；耐高温性能不足；价格较贵，寻北时间长（大约两分钟）。

6.部分国产陀螺测斜仪主要技术参数一览表

除传统的机械式陀螺测斜仪外，目前国内已可以生产压电陀螺、动力调谐陀螺和光纤陀螺测斜仪。部分国产陀螺测斜仪的主要技术参数归纳如表 9-5 所示。

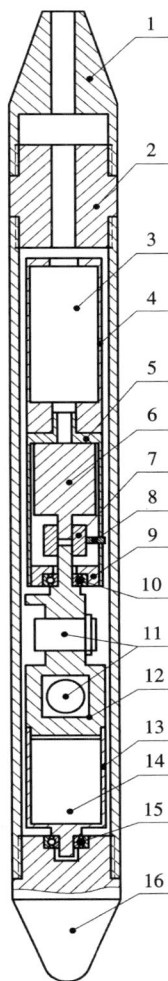

图 9-23 动调陀螺仪结构示意图

1—电缆接头；2—上接头；3—电路板；4—电路板架；5—转位机构架；6—电机；7—联轴器；8—限位块；9—上轴承座；10—上轴承；11—加速度计；12—加速度计架；13—陀螺架；14—动调陀螺；15—下轴承；16—导向头

表 9 - 5　部分国产陀螺测斜仪主要技术性能表

陀螺类型	仪器型号	外径/mm	测量范围/(°)		测量精度/(°)		最大耐水压/MPa	最高工作温度/℃	备注
			顶角	方位角	顶角	方位角			
机械陀螺	JTL - 50A	50	0 ~ 30	0 ~ 359	±0.1	±4	20	70	
压电陀螺	YT - 1	46	0 ~ 50	0 ~ 360	±0.2	±4	10	75	存储式
微机械陀螺螺	STL - 1GW	40	0 ~ 50	0 ~ 360	±0.1	±4	15	85	存储式
动调陀螺	DTC - 1	45	0 ~ 70	0 ~ 360	±0.2	±2	20	70	
	DCX - 1	48	0 ~ 65	0 ~ 360	±0.2	±3	100	125	
	HKTL - 38 (46)	38(46)	0 ~ 80	0 ~ 360	±0.2	±1	140	125	
	SinoGyro	46	0 ~ 70	0 ~ 360	±0.5	±1	100	125	
光纤陀螺	JTL - 40FW	40	0 ~ 50	0 ~ 360	±0.2	±3	15	60	
	CX - 6C	53	0 ~ 30	0 ~ 360	±0.1	±2	20	70	
	TLX - 01	104	0 ~ 120	0 ~ 360	±0.15	±1.5	80	150	

9.4　钻孔测斜数据处理

9.4.1　测斜误差的产生与消除

测斜的目的是求得具体测点处钻孔顶角与方位角的真值。但是，由于仪器和操作者自身的原因，受孔内环境因素的影响，真值是永远测量不到的。只能以某种精度逼近真值。在实际工作中，存在一定的测量误差是允许的(一般顶角 ±0.5°~1°，方位角 ±4°~5°)。

根据测量误差理论可把测斜误差分成系统误差、随机误差、缓慢误差和疏忽误差 4 类。其中，系统误差是指服从一定规律的误差。它是由于仪器本身或测斜中使用仪器的方法不正确造成的。例如，仪器出现零点漂移和温度漂移，仪器在孔内位置不当，仪器轴线与被测孔段轴线不一致导致钻孔顶角、方位角出现测量误差；防磁技术措施不当，受附近磁性体干扰导致钻孔方位产生误差等都可能引起系统误差。为尽量减少系统误差应做到：

(1)在确保孔内测斜安全的前提下，适当减小测斜仪器与钻孔之间的环状间隙，有条件时为测斜仪增加上下扶正器，确保仪器轴线与钻孔一致。

(2)适当增加测斜仪长度，给短仪器配加长杆，对较轻的探管可加配重管。

(3)采取避让和隔离措施来减少孔内钢铁物质对测斜仪的影响。可在测量时将绳索取芯钻杆上提，使测斜仪穿出钻头一段距离(一般大于 5 m)以避让铁磁物质的影响。将磁性测斜仪放置在不短于 3 ~ 4 m 的非磁性钻杆中，以隔离钻杆柱的磁场影响。

(4)条件允许时，在仪器下放和上提过程中各测量一次，然后对两组数据进行比较和取平均值。

随机误差是许多因素综合影响的结果，很难分析，然而多次重复测量的随机误差服从正态分布。缓慢误差是指数值上随时间缓慢变化的误差,一般是由于电子元件老化和机械零件内应力变化引起的。疏忽误差是一种显然与事实不符的误差,没有任何规律可循。主要由操作者粗枝大叶或偶然的外界干扰引起的。

系统误差可用检验台认真校正的办法消除,随机误差可以用重复测量取平均值的办法来减小影响。缓慢误差可通过引进一个修正值加以修正。疏忽误差是不允许的,必须消除。

9.4.2　基于测斜数据绘制钻孔轨迹

钻孔测斜并非连续测量,而是每隔 25 m 左右测一个点(在弯曲异常或人工造斜的孔段须加密),即测出的钻孔轨迹是由许多定长的直线线段组成的折线。为了绘出钻孔轨迹的空间曲线,首先要据剔除异常值以后的测斜资料计算出各测点的空间坐标。通常用均角全距法进行计算和绘图,把相邻两测点之间的钻孔轨迹作为直线处理,即把每一段测斜间距两端的测斜数据(θ_n、θ_{n+1} 和 α_n、α_{n+1})平均值作为该孔段的顶角和方位角计算值,整个钻孔轨迹是由许多直线段组成的折线。在计算机已普及的今天,可以按式(9-19)的算法用微机快速求出各测点的三维坐标,并借助有关软件自动绘出钻孔轨迹在沿勘探线走向的垂直平面和水平面上的投影图(图 9-24)。

$$X_{n+1} = X_n + \Delta L \cdot \sin\left(\frac{\theta_n + \theta_{n+1}}{2}\right) \cdot \cos\left[\frac{a_n + a_{n+1}}{2} - a_A\right]$$

$$Y_{n+1} = Y_n + \Delta L \cdot \sin\left(\frac{\theta_n + \theta_{n+1}}{2}\right) \cdot \sin\left[\frac{a_n + a_{n+1}}{2} - a_A\right] \quad (n = 0, 1, 2, \cdots, N) \quad (9-19)$$

$$Z_{n+1} = Z_n + \Delta L \cdot \sin\left(\frac{\theta_n + \theta_{n+1}}{2}\right)$$

式中:X_{n+1}、Y_{n+1}、Z_{n+1}——第 $n+1$ 个测斜点的三维坐标,m;

　　　X_n、Y_n、Z_n——第 n 个测斜点的三维坐标,m;

　　　ΔL——第 n 个到第 $n+1$ 个测斜点之间的孔深间距,m;

　　　θ_n、α_n 和 θ_{n+1}、α_{n+1}——分别为第 n 个和第 $n+1$ 个测斜点的顶角和方位角,度;

　　　α_A——勘探线方位角,度。

9.4.3　建立矿区(施工区)孔斜规律数学模型

实践证明,在孔斜规律明显的矿区(施工区)设计自然定向孔是解决孔斜问题的有效途径。如果已知矿区孔斜规律便可预测下一个或下一批钻孔的弯曲趋势,为优化施工设计提供依据。但如何找到矿区的孔斜规律呢?仅凭经验是难以奏效的,可以在由式(9-19)得出的大量数据基础上,借助回归分析的软件建立反映该区钻孔弯曲规律的数学模型:

$$\hat{\theta} = f_1(x, y, L) \qquad \hat{\alpha} = f_2(x, y, L) \tag{9-20}$$

式中:$\hat{\theta}$、$\hat{\alpha}$——预测点的顶角,方位角趋势值,度;

　　　x、y——开孔点在矿区平面图上的位置坐标,m;

　　　L——预测点的孔深,m。

于是,只要已知新钻孔的孔口坐标便可预测在孔深 L 处的顶角和方位角趋势值。当然,这种预测是有误差的,随着该矿区测斜资料的积累,不断向软件中增加数据,以建立更可靠的模型,将使预测的可信度越来越高。必须指出,根据某矿区测斜资料建立的数学模型针对

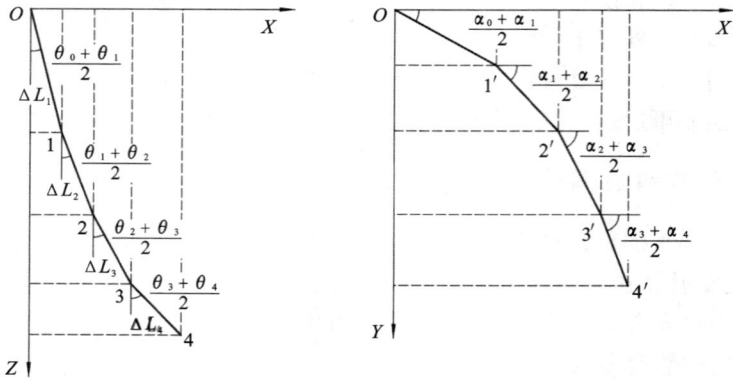

图 9 – 24   用均角全距法计算值绘制的钻孔轨迹投影图

性很强(不宜盲目推广),因为如果矿区变了,则影响孔斜规律的地质因素和工艺因素都会有所差异,所以还要重新建模。

为了研究钻孔的弯曲趋势,还可把矿区地质条件和钻探工艺条件相近孔段的顶角和方位角分成组,计算出对每组顶角和方位角的算术平均值 $\bar{y}$ 和均方差 σ(y 可以是顶角 θ 或方位角 α)。

$$\bar{y} = \frac{y_1 + y_2 + \cdots + y_n}{n} \qquad (9-21)$$

$$\sigma = \sqrt{\frac{1}{n-1} \sum_{i=1}^{n} (y_i - \bar{y})^2} \qquad (9-22)$$

由《工程数学》和《数理统计》知识可知,在服从正态分布的条件下,根据算术平均值和均方差可预测在可信度概率条件下(0.9;0.95;0.99)钻孔的方向。当钻孔数量为 25～30 个时,可按"3σ"原则来确定置信区间,即钻孔轨迹有 99% 可能将落在($\bar{y} \pm 3\sigma$)区间内,有 95% 可能将落在在($\bar{y} \pm 2\sigma$)区间内,有 68% 可能将落在($\bar{y} \pm \sigma$)的区间内。

如果一定设计深度的钻孔轨迹类型(剖面类型)和均方差业已确定,那么其孔底落在靶区范围内的概率可用服从于正态分布的随机分散概率来估计。

9.5   钻孔弯曲的预防与纠正

9.5.1   钻孔弯曲的预防

在做钻孔设计时,应认真研究为钻达地质靶区钻孔将穿越的地层资料,并到孔位实地考察,提出预防钻孔弯曲的措施与工艺。

1. 按照地层条件设计钻孔
布置钻孔时,尽量使钻孔轴线垂直于岩层层面及岩层走向。

对于松软、疏松、破碎地层、厚覆盖层、裂隙及溶洞发育地层应尽可能设计垂直孔,因为在这些地层中，常因钻具自重而使斜孔轨迹下垂。

2. 按钻孔弯曲规律设计钻孔

对孔斜规律明显的地层或岩层倾角较大、钻孔轴线无法与之垂直相交的地层，应充分利用造斜地层的自然弯曲规律，辅以人工控制弯曲措施，设计"初级定向孔"。

若已知钻孔弯曲规律是方位基本稳定而顶角偏离设计值较大时，应改变顶角的设计，使之能达到预定见矿点的位置。通常采用如下几种方法：

(1)沿勘探线平移法。如图 9 - 25 所示，原设计钻孔 I 拟按 $O'a$ 方向钻至矿点 a，但按该地区钻孔弯曲规律，若由 O' 点开孔，则钻孔轴线将因钻孔 II 顶角弯曲而使见矿点偏离至 b。为了达到在 a 点见矿的要求，可在勘探线上向后移动孔位。具体方法是过 a 点引 bO' 的平行线，与地面交于 O 点，O 点即为后移的孔位，将钻出孔 III，最终钻达 a 点见矿。

(2)增大开孔倾角法。当移动孔位受到地形等条件的限制而按原设计又无法钻至预定见矿点时，可根据顶角弯曲规律，用增大开孔倾角的方法钻

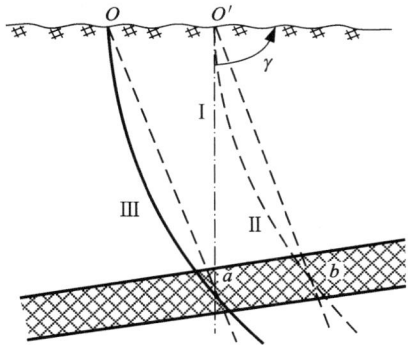

图 9 - 25　沿线移动孔位法

进，γ_1 是调整后的开孔倾角(见图 9 - 26)，最终将钻出孔 III 到达 a 点见矿。

若已知钻孔弯曲规律是顶角基本稳定而方位角变化较大时，应按方位角变化规律调整钻孔设计。

(1)离线平移法(见图 9 - 27)。根据周围钻孔的弯曲规律，如果按 I 孔自然弯曲规律钻进，钻孔实际钻穿矿体的位置 b 与设计见矿点 a 的水平偏距为 ba，然后在地表，沿勘探线方向并按方位偏移的相反方向移动与 ba 相等的距离 OO'，按 Oa 方位钻进 II 孔，便可以在预定见矿点钻穿矿体。

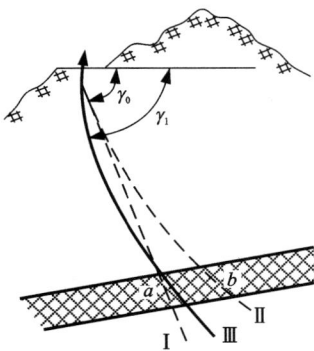

图 9 - 26　增大开孔倾角法

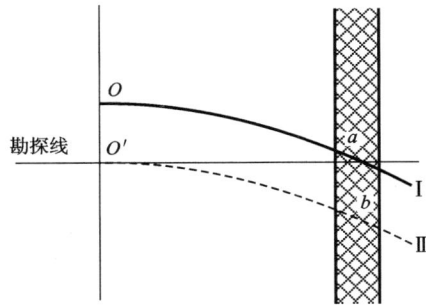

图 9 - 27　离线平移法

(2)立轴扭转安装法。立轴扭转安装法实质上是使开孔方位按周围钻孔的方位弯曲规律，向相反方向偏移。偏移的方法是扭动钻机立轴，右偏左移，左偏右移，使钻孔达到预定见矿点。

3. 保证安装质量，把好换径关

（1）安装设备前，地基要平整、坚实、填方部分不得超过1/3，基台木要水平、稳固。

（2）钻机立轴倾角的方向要符合设计要求，上对塔上天车，下对设计孔位。同时，在钻进过程中还要经常检查和校正立轴方向。

（3）要保证按设计方向开孔，粗径钻具要直，长度要逐渐加长至10 m左右。孔口管要固定牢，其方位和倾角要符合设计要求。

（4）换径时，应采用带导向的综合式异径钻具。

4. 采用合理的钻具结构

采用合理的钻具结构，是为了保证较高的同心度，提高钻具的刚性，减小钻具与孔壁的间隙，实现孔底加压，增强钻具的稳定性和导正作用，以改善下部钻具的弯曲形态，提高钻进时的防斜能力。

1）钟摆钻具

钟摆钻具的结构如图9－28所示。钻具中，岩芯管的长度较短，约$1.5 \sim 2$ m，其上接钻铤。钻铤重量大于孔底所需钻压，使中和点落在钻铤上。从图中可知，在钻具与孔壁的切点T以下，由钻具重量引起的横向分力将钻头推向孔壁下方，此力称为钟摆力（减斜）F_d。

$$F_d = W\sin\theta \cdot \frac{l}{L} \qquad\qquad (9-23)$$

式中：W——切点以下钻铤的重量；

θ——钻孔顶角；

L——孔底与切点的距离；

l——切点以下钻具的重心与切点的距离。

由式（9－23）可以看出，当钻孔顶角θ一定时，增大减斜力的途径是：加大切点以下钻具的重量，如选用厚壁钻铤等；在略高于切点的位置上装一扶正器，提高切点的位置，或以增大切点以下钻铤长度的方法来增大钻具的重量。此外，采用扶正器还可以减小下部钻具的倾斜角和增斜力，从而进一步加大钻具的防斜能力。

2）偏重钻具

偏重钻具是在普通钻铤的一侧钻一排浅窝（见图9－29），造成钻铤偏重。当钻具回转时，因偏重而产生一个朝向重边的离心力，且转速愈高离心力愈大。钻进时，当偏重一边朝向孔壁下侧帮时，离心力与钟摆力方向一致，可以对孔壁产生较大的冲击纠斜力，使钻孔倾角逐渐减小。同时，由于这种周期性的旋转不平衡性，使下部钻柱发生强迫振动，这种弹性的横向振动，会增大钻头切削孔壁下侧的能力。此外，由于离心力的作用，使偏重钻铤的重边在旋转时永远贴向孔壁，这样就使下部钻柱具有"公转"的运动特性，消除了自转时对孔斜的影响，从而在直孔中更具有防斜作用。

为了发挥偏重钻铤的防斜作用，宜采用高转速。同时，在组合钻具中，应把偏重钻具集中在钻具下部，尽量接近钻头，并使偏重钻铤的减重部分的质量位于距轴线尽可能远的部分，才能有效发挥作用。另外，钻铤重边和轻边的重量差推荐为钻铤总重的$0.5\% \sim 5\%$，实践表明，偏重钻铤的长度一般在9 m左右就能起到良好的纠斜作用。

3）满眼钻具

满眼钻具是由$3 \sim 5$个直径与钻头直径相近的扶正器和外径较大的钻铤（如方钻铤）所组

成，可以增大钻具的刚度，减小钻头倾斜角，保持钻具在孔内处于居中的位置。因此，能限制由于钻柱弯曲而产生的增斜力。

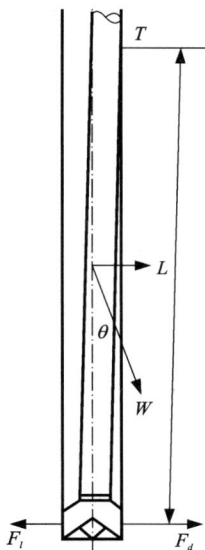

图 9 - 28 钟摆钻具

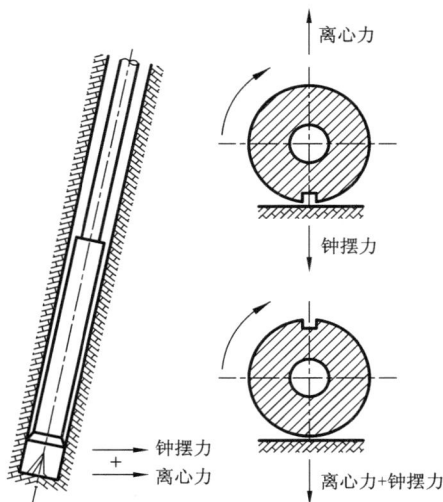

图 9 - 29 偏重钻铤的减斜作用

使用满眼钻具时，要注意计算扶正器的安装位置，并经常检查扶正器的磨损情况，一般应保证扶正器与孔壁的间隙小于 1 mm，若大于 4 mm 则扶正器完全失去"满眼"的作用。满眼钻具用于垂直孔钻进时，虽然可以消除或限制工艺技术因素对孔斜的影响，削弱地质因素的促斜作用，但并不能完全避免孔斜的发生和及时了解钻进过程中的孔斜情况与防斜效果。

5. 采用自动垂钻系统

前述采用合理钻具结构来防斜的办法均属于被动防斜措施，真正的主动防斜系统概念由德国在实施大陆超深井钻井计划(KTB)时最先提出，它是一种带井底闭环控制线路的垂直钻井系统，其防斜打直效果不受钻压影响，有利于提高钻速。当井眼一旦出现偏斜时，工具相应的导向柱塞运动，产生一侧向力，即实现随钻、随测、随纠。可广泛应用于高陡构造与大倾角等易斜地层和自然造斜能力强的条件下的深井、超深井和复杂结构井直井段。1990 年10 月，VDS 自动垂直钻井工具第一次在 KTB 中使用，现在已发展至第三代产品。目前，国内外都很重视该项技术的研究和应用，国外产品已走向钻井服务市场；国内也有些钻井单位或研究所进行了自动垂钻系统的相关研究，但都没形成商品。

9.5.2 钻孔弯曲的纠正

通常采用由厚壁岩芯管或双层管组成的刚度好的钻具组合(包括金刚石扩孔器和用硬质合金补强的扶正器、定心接头的定心钻具)来降低钻孔弯曲强度。一般来说，降低轴向载荷，增大钻头转速有利于减少金刚石钻进的弯曲强度。使用带任何岩石破碎工具的液动冲击器是稳定钻孔轨迹的最有效方法。

1. 使顶角下垂的方法

一般在松散、溶洞地层中钻进时，钻具具有自然下垂的趋势。而在其他地层，可采用组合式钻具(如钟摆钻具、偏重钻铤等),带双弧形水口的钢粒钻头钻进,或者采用带人工支点的悬垂组合钻具等方法慢慢使钻孔轨迹下垂。有一种铰接式组合钻具如图 9-30(c)所示,它借助铰接机构与钻杆连接,其铰接部分包括铰接接头 1、端部呈半球形的 4 个特形销 2、壳体 3、外罩 4、弹簧加压支座 5 和接头 6。一般取铰接接头的偏斜角为 6°。铰接接头的结构如图 9-30(d)所示。

2.使顶角上漂的方法

钻具通常在钻进中具有自然上漂的倾向。因此,使钻具上漂是比较容易实现的。具体措施是采用短岩芯管(其长度约为普通岩芯管的 2/3),适当加大钻压与水量。或采用大一级直径的钻头配小一级直径的岩芯管组成塔式钻具,以扩大孔壁间隙,促使钻具上漂。

需增大钻孔弯曲强度时,可采用阶梯式和铰接式组合钻具(见图 9-30)来增加钻柱在孔内的偏斜程度。

以钻头作为支点的阶梯式钻具[见图 9-30(a)]由胎体加厚的金刚石钻头和直径小一级的岩芯管组成。

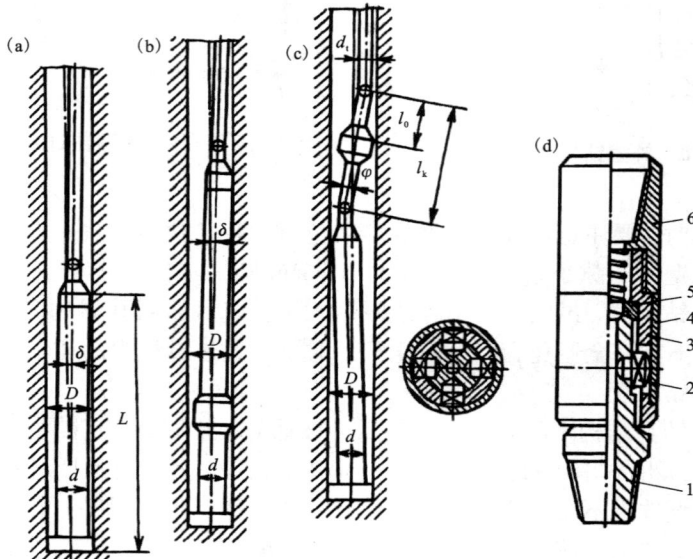

图 9-30 铰接的纠斜组合钻具结构示意图

1—铰接接头;2—半球形销轴;3—壳体;4—外罩;5—弹簧加压支座;6—接头

中间支承式钻具组合[见图 9-30(b)]较少依赖自然弯曲规律,使钻孔增斜的把握更大。

3.纠正方位角偏斜的方法

对方位角偏斜的纠正,目前仍无有效措施,通常是在钻孔方位顺钻头回转方向偏斜时(右旋),采取左旋钻具的方法纠正。

4.顶角和方位角均有较大偏斜时的纠斜方法

采用一般纠斜方法不能奏效时,可在弯曲异常的孔段灌注水泥,然后用导向钻具重新开孔的方法纠斜,此法适用于中硬以上岩层。此外,还可以采用在孔内下偏心楔或用连续造斜器的方法纠斜(这部分内容将在第 10 章"定向钻进工艺"中介绍)。

第 10 章 定向钻进工艺

控制钻孔空间轨迹使其钻到或尽量接近设计靶区的相关方法称为定向钻进工艺。

定向钻进工艺包括稳定钻孔轨迹和修正钻孔轨迹两个基本任务(业内常称为"稳斜"和"造斜")。"稳斜"即保持钻孔的设计方向或预测的自然弯曲方向;"造斜"则是改变钻孔方向,修正已偏离设计轨迹的孔身。目的在于维持勘探网的间距或钻分支孔绕过事故区。这两种定向钻进的任务主要用两种方法来实现:一是利用钻孔自然弯曲规律;二是在某个孔段或某个点上人工造斜,强制改变钻孔的轨迹方向。其中,前者是在找出矿区钻孔自然弯曲规律基础上按常规钻进方法施工定向钻孔,具有投资少、施工快、效果好的特点;这部分内容在第 9 章中已经涉及,本章将主要讨论后者。该方法常称之为受控定向钻进,用定向钻进方法施工的钻孔称为定向钻孔,它通过调整顶角、方位角和曲率半径等参数,控制钻孔轴线的延伸方向,使钻孔最终到达预定目标——靶区。由于定向钻进工艺能更好地保证钻探质量,节省钻探进尺,并能解决一些工程难题,所以得到了日益广泛的应用。

10.1 定向钻进设计

10.1.1 定向钻孔的分类

定向钻孔的分类如表 10 – 1 所示。

表 10 – 1 定向钻孔的分类表

分类依据	类别名称	类别内容
按孔身轨迹的空间形态	直线型	孔身全弯曲角小于 3°的钻孔
	平面曲线型	钻孔轨迹在同一垂直面、水平面或倾斜平面弯曲的定向孔
	空间曲线型	钻孔轨迹不在同一平面内弯曲的定向孔
按钻孔孔底结构	单底定向孔	只有一个主孔的定向孔
	多底定向孔	从主孔钻出一个或多个分支孔的定向孔(如集束孔、羽状孔等)
按造斜半径	长半径定向孔	造斜率 <0.2(°/m),造斜半径 >286.5(m)
	中半径定向孔	造斜率 0.2~0.7(°/m),造斜半径 286.5~86(m)
	短半径定向孔	造斜率 3.0~10.0(°/m),造斜半径 19.1~5.73(m)
	超短半径定向孔	造斜率 >10.0(°/m),造斜半径 <5.73(m)

10.1.2 定向钻进的设计原则与内容

定向钻进的设计关系到钻探工程费用、施工周期、地质成果和工程质量等，而定向孔轴线轨迹的合理设计又是定向孔设计的关键。

1. 设计定向钻孔的依据

定向钻孔的设计依据主要包括：

（1）钻孔目的和用途；

（2）地质条件——勘探区的地质构造、矿体形态、岩石的钻进特性、勘探阶段及勘探网度、目的层埋深及钻孔平面布置图等；

（3）地形或地表设施对孔位的限制条件；

（4）已施工钻孔的测斜资料及钻孔自然弯曲规律；

（5）孔位条件及中靶要求——孔口坐标、靶点坐标、靶区范围、见矿遇层角等；

（6）施工方具备的定向钻进技术水平。

2. 定向孔的设计原则

1）满足定向孔的目标要求

应根据目的和用途选择合适的定向孔类型（参见表 10-1）；根据孔口位置、靶点坐标、靶区范围、见矿遇层角等要求设计定向孔轴线，一般遇层角不宜小于 30°；根据矿体形态和靶点选择靶区范围。对产状较平缓的矿体，靶区宜指定在水平面上，可以是以靶点（见矿点）为圆心的一个指定半径的圆，也可以是离靶心一定偏线距和沿线距的矩形或正方形。对于急倾斜矿体，靶区宜指定在垂直面或倾斜层面上。靶点一般定在主矿层的中点、见矿点或出矿点。靶区的大小取决于勘探网的线距、孔距以及控制见矿点的标高距。

2）选择合理的钻孔轴线设计程序

（1）单底定向孔。如开孔点已定，设计时应从上往下，即从开孔点逐段推移到靶点；如开孔点未定，设计时一般应从下往上，即从靶点逐段推移至开孔点。

（2）多孔底钻孔。先设计主孔、后设计分支孔。

（3）分支孔。"从下往上"施工多孔底钻孔时，分支孔应以"从下往上"的顺序设计。必须"从上往下"施工多孔底钻孔时，分支孔也应"从上往下"设计。

3）充分利用地层自然弯曲规律可减少人工造斜工作量

在自然弯曲规律明显的矿区，用初级定向孔可中靶时则不必施工受控定向孔。

设计单孔底定向孔时，钻孔方向应尽可能顺自然弯曲方向设计，孔身轨迹及人工造斜段的造斜强度应充分考虑地层的自然造斜强度。

设计"从下往上"施工的多底孔时，主孔应尽可能按初级定向孔设计。

4）选择易于钻进的钻孔轴线形式

钻孔轴线越复杂钻进难度越大，成本越高。应尽量选择比较简单的二维直线—曲线—直线型孔身剖面。如果必须设计三维定向孔，则应选择空间平面（斜面）弯曲型孔身剖面。

5）合理选择开孔顶角和造斜强度

对于比较深的单孔底定向孔和多孔底群孔的主孔，尽可能设计成直孔或小顶角开孔（开孔顶角不宜超过 5°），以利于顺利起下钻具。

如果造斜强度大，则须钻进的造斜孔段短，可降低造斜成本，但孔身急剧弯曲影响正常钻进；造斜强度小有利于顺利施工，但造斜段长，施工成本高。因此，应在保证造斜钻进安全的前提下选择合理的造斜强度。

6）选择合适的造斜（分支）点

造斜点应选择在地层稳定、岩石不太坚硬的孔段。切忌在破碎、坍塌、膨胀缩径、裂隙、溶洞等复杂地层中造斜，也要避开矿层和矿化带。

分支孔的分支点位置应适中，既要考虑进尺，又要考虑分支孔造斜段钻进的合理性和成本。一般不宜选择钻孔的下部孔段。

3. 定向孔的设计内容及方法

定向孔的设计是对其轴线轨迹的设计，内容包括：

（1）确定定向孔的类型、孔身剖面形式和施工方法。

（2）确定钻孔中靶遇层角、确定造斜点或分支点的位置、各孔段的造斜强度和长度。

（3）求出孔身剖面（钻孔轴线）参数：各孔段顶角、方位角、长度、垂深、水平位移及定向孔中靶孔深和终孔深度。当孔位未定时，还应求出开孔位置、开孔顶角和方位角。

（4）绘制设计的孔身剖面图和水平投影图。

（5）校核孔身造斜强度，应保证钻具能顺利通过，保证钻杆柱工作安全。

（6）确定钻孔结构。

定向孔轴线设计方法有作图法、计算法和 PC 辅助设计法。

早期的作图法因精度不高已很少应用。计算法是通过公式算得定向孔轴线的参数值，然后绘制定向孔轴线图，具有数据准确、高效等优点。PC 辅助设计法在人机界面上（基于计算法）给定参数即可输出定向孔轴线参数和三维剖面图，更方便、准确、高效。

10.1.3 定向孔轴线基本参数的计算方法

定向孔轴线设计的基本参数包括：开孔顶角、遇层角、孔深、孔底偏移量、造斜段曲率、造斜强度、矿层倾角、钻孔垂深等。下面以常用的垂直平面内直线—曲线—直线三段式钻孔轨迹为例，说明受控定向孔轨迹参数的计算方法。

如图 10 - 1 所示，已知条件是：矿层倾角 η，见矿点垂深 H，见矿点水平位移 S，开孔顶角 θ_1，造斜点位置 L_1，曲线段弯曲强度 i_θ。要求计算曲线段弯曲角 γ，终孔顶角 θ_2，钻孔长度 L 和钻孔遇层角 δ。

过 B、C 二点分别作 BC 弧的切线交于 E；过 D 点作 DF 垂直于 BE 的延长线，垂足为 F。同时 BF 交 MD 于 G。令 $DF = S_M$，$BF = H_M$。

（1）曲线段弯曲角 γ：

$$\tan\gamma = \frac{S_M}{EF} = \frac{S_M}{H_M - BE} = \frac{S_M}{H_M - R\tan\dfrac{\gamma}{2}} \qquad (10-1)$$

另外由三角函数关系知：

$$\tan\gamma = \frac{2\tan\dfrac{\gamma}{2}}{1 - \tan^2\left(\dfrac{\gamma}{2}\right)}$$

所以

$$\frac{S_M}{H_M - R\tan\dfrac{\gamma}{2}} = \frac{2\tan\dfrac{\gamma}{2}}{1 - \tan^2\left(\dfrac{\gamma}{2}\right)}$$

由此得到：

$$(2R - S_M)\tan^2\left(\frac{\gamma}{2}\right) - 2H_M\tan\frac{\gamma}{2} + S_M = 0$$

解上列一元二次方程式可得到：

$$\tan\frac{\gamma}{2} = \frac{H_M \pm \sqrt{H_M^2 - (2R - S_M)S_M}}{2R - S_M}$$

按题意 $\tan\dfrac{\gamma}{2}$ 恒大于零，故舍去上式根号前的正号，最终得到

$$\gamma = 2\tan^{-1}\left[\frac{H_M - \sqrt{H_M^2 - (2R - S_M)S_M}}{2R - S_M}\right]$$

$$(10-2)$$

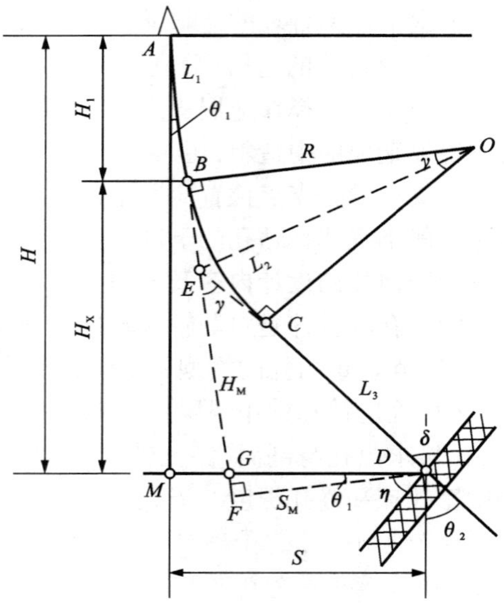

图 10 - 1　直线 - 曲线 - 直线型
受控定向孔轨迹计算图

式中：　　　　　$R = \dfrac{57.3°}{i_\theta}$；

$$H_M = BG + GF = BG + (MD - MG)\sin\theta_1$$

$$= \frac{H_x}{\cos\theta_1} + (S - H\tan\theta_1)\sin\theta_1$$

$$= \frac{H - L_1\cos\theta_1}{\cos\theta_1} + (S - H\tan\theta_1)\sin\theta_1;$$

$$S_M = GD\cos\theta_1 = (MD - MG)\cos\theta_1 = (S - H\tan\theta_1)\cos\theta_1 = S\cos\theta_1 - H\sin\theta_1。$$

（2）终孔顶角 θ_2：

$$\theta_2 = \theta_1 + \gamma \tag{10-3}$$

（3）钻孔长度 L：

$$L = L_1 + L_2 + L_3 = L_1 + \frac{\gamma}{i_\theta} + \frac{H - L_1\cos\theta_1 - R(\sin\theta_2 - \sin\theta_1)}{\cos\theta_2} \tag{10-4}$$

（4）钻孔遇层角 δ：

$$\delta = \theta_2 - \eta + 90° \tag{10-5}$$

由于篇幅所限，更详细的定向孔设计方法请参考《受控定向钻进技术》等专著。

设计受控定向孔轨迹时，应根据矿区地质和技术条件，给定某些参数反复试算，以求得合适的开孔顶角，造斜点或分枝点位置，曲线段弯强，钻孔长度和钻孔遇层角。合理的设计方案应既能满足地质设计要求，尽可能符合自然造斜趋势，有较短的弯曲段和较长的直线段，又能顺利起下钻具，减少修整孔底的工作量和钻具磨损，利于组织快速钻进，从而获得较高的经济效益。

10.2　定向钻进造斜工具

定向钻进造斜工具主要有偏心楔、连续造斜器、孔底动力造斜钻具等。其中，螺杆与涡

轮两种孔底动力机的工作原理已在第 5 章中有所介绍，本章不再赘述。

10.2.1 偏心楔

偏心楔利用倾斜楔面迫使钻头改变钻进方向，使钻孔在偏斜点形成急剧弯曲。偏心楔结构简单，分为固定式与可取式两种，前者下孔后留在孔内，只能使用一次；后者只要未损坏可反复使用。偏心楔按结构还可分为开式和闭式两种。开式偏心楔可实现钻孔同径弯曲，其楔形长槽和支撑部件用管材或异形铁板制成，楔斜面角通常为 2°~3°。闭式偏斜楔的造斜器固定在用套管或岩芯管制成的外壳内，但必须用小一级直径造斜。

1. 固定式偏心楔

固定式偏心楔通常以孔内木塞和老孔中准备开新孔处的人工孔底为支承。JT - 56 型固定式偏心楔（见图 10 - 2）由转动装置、楔体、偏重固定装置三部分组成。转动装置外壳 1 的上端与钻杆连接，外壳内的连接杆 5 通过弯管 6 用螺钉 7 与楔体 8 连接。楔体下端与偏重固定管 9 连接，固定管内装有半圆形铸铁偏重块 10（重约 45 kg），管壁开有若干通孔 11，管下端开有 6 个长 200 mm 的切口 12，木塞 13 与固定管下端相连。

为保证偏心楔在孔内定向准确，应先在地表调节楔面与偏重块母线的相对位置。组装好的偏心楔下孔后，偏重块在重力作用下带动固定管、楔体、弯管和连接杆一起转动，其重心始终位于钻孔下帮。接触孔底时下墩偏心楔，使木塞 13 挤进固定管 9，撑开固定管的爪瓣 12 使其紧贴孔壁，然后注入早强水泥浆。水泥浆经固定管 9 的通孔流入管内，将楔体牢牢固定于孔底。在下墩偏心楔时，螺钉 7 也被剪断。最后，将转动装置从孔内提出，即可下入导斜钻具进行导斜钻进。

2. 可取式偏心楔

PK - 56 型可取式偏心楔（见图 10 - 3）由连接管、楔筒、螺钉、楔面、固定弹头、合金块和燕尾滑块等组成。偏心楔楔体由套管切制的楔面 4 与楔筒 2 焊接而成。楔体下部连接有燕尾滑槽式卡固装置，包括燕尾滑块 7（共三块）、固定弹头 5 和硬质合金块 6。楔管上端用螺钉 3 与连接管 1 相连，连接管上端接定向器或者定向接头，后者上端再连接钻杆。该偏心楔的最大外

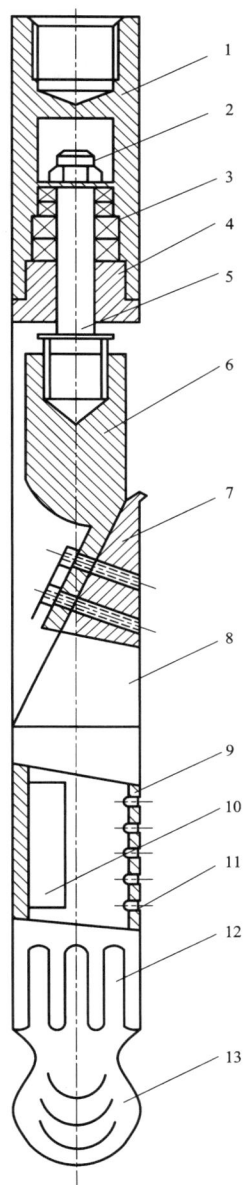

图 10 - 2 JT - 56 固定式偏心楔

1—外壳；2—螺帽；3—轴承；4—压盖；5—连接杆；6—弯管；7—螺钉；8—楔体；9—固定管；10—偏重块；11—通孔；12—切口；13—木塞

径 56.8 mm，燕尾滑块长 110 mm，楔顶角有 3°、4°、5° 三种。三者的楔面长分别为 500 mm、590 mm 和 710 mm，总长分别为 1300 mm、1390 mm 和 1510 mm。

施工中首先用钻杆将楔子下到离孔底 0.5~1 m 处进行定向，然后下到孔底。经钻杆加压，偏心楔下部固定弹头沿燕尾滑块下移，滑块在弹头斜面的作用下径向移动。继续加压，促使滑块上端外壁与孔壁接触，楔子与孔壁卡固。与此同时，螺钉 3 被剪断，偏心楔留到孔内，把钻杆提至地表。然后向孔内投放粒径 3~5 mm 的石英砂 2~3 kg，以卡牢偏心楔。之后用比偏心楔小一级的钻头沿楔面导斜钻导向孔，当导向孔钻至 2.5~3 m 深时，提出导斜钻具并用钻杆把丝锥下到楔筒上端丝扣处取出偏心楔。

可取式偏心楔克服了固定式偏心楔造斜后留在孔底给后续导斜钻进造成后患的缺点，但只能用小一级孔径导斜，待楔子提出孔口后才能再扩孔。

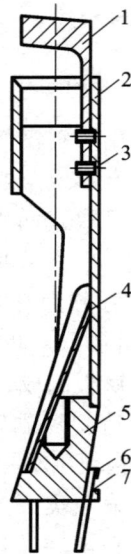

图 10-3　PK-56 可取式偏心楔

1—连接管；2—楔筒；3—螺钉；4—楔面；
5—固定弹头；6—合金块；7—燕尾滑块

10.2.2　连续造斜器

连续造斜器可保证钻孔在定向后能以恒定强度连续弯曲，并且不会使新开斜孔的直径变小。

连续造斜器由定子和转子两部分组成。连续造斜器在孔内工作时，转子部分可给钻头传递扭矩；定子部分只滑动，不回转，保证整套钻具朝预定方向钻进和造斜。

我国研发的 LZ 型连续造斜器以侧向切削为主、以不对称破坏孔底为辅进行造斜作业。LZ 型连续造斜器(见图 10-4)的转子部分包括接头 1、主动轴 4、被动轴 14、短管 15 和钻头 16，其中主动轴 4 与被动轴 14 之间用花键轴套 8 连接。定子部分包括上轴承室 2、传压弹簧 3、外壳 7、上半楔 9、下半楔 13、滑块 11 和滚轮 12。转子与定子之间有离合机构 5 和防护管 10，它可有效地防止岩粉进入下部轴承。

连续造斜器下孔时[见图 10-4(a)]，复位弹簧 6 处于预压缩状态。一方面使离合器紧密啮合，保证定子与转子在运送时同步转动并在卡固前实现对定子的定向；另一方面通过外壳和下轴凸肩分别将弹簧力作用于上、下半楔，把滑块约束在缩回位置，使连续造斜器能顺利下至孔底。

进入造斜状态时[见图 10-4(b)]，连续造斜器受孔底和孔壁的限制，在钻压作用下，滑块在上、下半楔之间沿斜面滑动，移向孔壁一侧。在上、下半楔和滑块与孔壁之间的作用力作用下，造斜器的定子被卡，只能在孔壁上滑动，不能旋转。

在钻压作用下，传压弹簧被压缩，主动轴下行，离合机构使主动轴与定子外壳分离，这时开动钻机回转即可使转子作分动旋转，将扭矩传递给钻头。钻头在轴向压力和侧向切削力的共同作用下实现造斜钻进。在造斜钻进的过程中，造斜器定子的滚轮沿孔壁向下作同步滑行，不产生径向角位移，因此，可实现连续均匀的定向造斜。

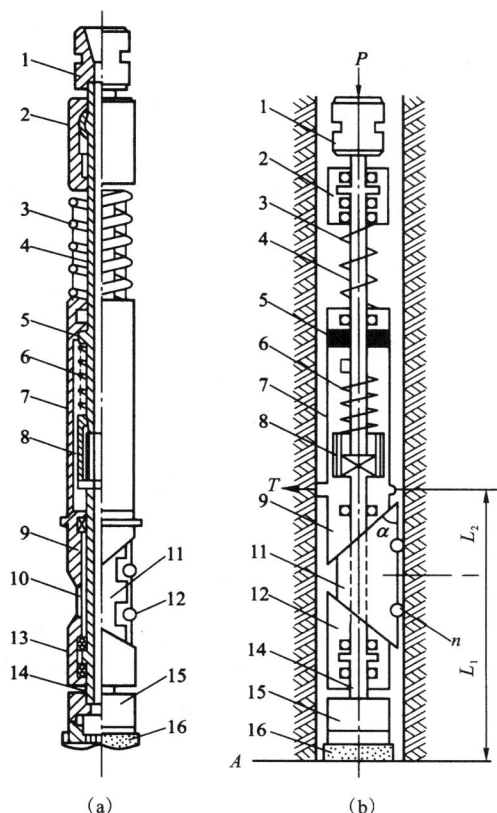

图 10 - 4　LZ - 54 连续造斜器

（a）结构图（运送状态）；（b）原理图（工作状态）

1—接头；2—上轴承室；3—传压弹簧；4—主动轴；5—离合机构；6—复位弹簧；
7—外壳；8—花键轴套；9—上半楔；10—防护管；11—滑块；12—滚轮；13—下
半楔；14—被动轴；15—短管；16—钻头

造斜完成后，停止钻机回转，卸掉钻压，复位弹簧通过上、下半楔将滑块拉回收缩位置，这时，离合器啮合，定子与转子连接，可将连续造斜器顺利提至地表。

10.2.3　辅助造斜工具

考虑到目前现场大量采用螺杆钻具进行定向钻进，有必要对其必需的辅助造斜工具加以介绍（螺杆钻具的工作原理见第 5 章 5.8 节）。

1. 弯接头

弯接头由弯接头壳体 1、过水套 2 和定位键 3 组成（见图 10 - 5），其弯曲部件在外螺纹处。加工时将外螺纹轴线加工成与壳体轴线相交成某一角度。常用的弯曲角有 0.5°、1.0°、1.5°和 2.0°等几种。在弯接头壳体上沿偏斜方向的中点刻有一条母线，必须让定位键通过母线。随钻测量时，斜口管靴置于弯接头内，冲洗液经由过水套的环状空间进入螺杆钻具内部。

在定向钻进中使弯接头的上部与无磁钻杆（或钢钻杆）相连，下部连接螺杆钻具，通过弯接头的偏斜角让钻具组合形成一定的弯曲。

使用弯接头造斜的优点是简单实用，通用性强。缺点是弯接头距钻头较远，当所选弯接头的偏斜角大时，下放钻具比较困难，在难以造斜的硬地层中达不到设计的造斜率。

2. 弯外管

弯外管附属于螺杆钻具。该螺杆钻具的万向节外管有一定的弯角，由于弯外管更接近钻头，与弯接头造斜相比，在弯角相同的条件下减少了钻具在孔底的横向偏移量，因此造斜强度大，定向更稳定。但同时也增加了万向轴的工作负担。

弯外管的弯角有 $0.75°$、$1.0°$、$1.25°$、$1.5°$、$1.75°$ 和 $2.0°$ 等几种。还可以在弯曲部位镶焊耐磨肋条或耐磨垫块来改善弯曲效果。

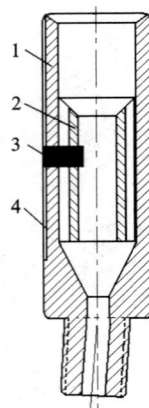

图 10 - 5　弯接头
1—弯接头壳体；2—过水套；
3—定位键；4—母线

3. 偏心块

偏心块位于钻头上方、螺杆钻具下部的轴承外管（非转动部分）上，起与孔壁接触单向稳定的作用。其结构中有一组蝶形弹簧，增减蝶形弹簧的片数可改变施加给钻头的侧向力，也可以通过使用不同材质的弹簧来改变给钻头的侧向力大小，从而获得不同的造斜强度。设置偏心块后，造斜强度可增大 $0.15 \sim 0.2(°/m)$。

4. 扶正器

借助扶正器与钻具配成的不同组合，可有效地改变钻具组合与孔壁的接触方式，形成增斜组合、稳斜组合或降斜组合等。

5. 无磁钻铤（杆）

无磁钻铤（杆）用于为磁性测量仪器营造一个无磁干扰的测试环境，一般安放在定向接头之上，普通钻杆之下。无磁钻铤（杆）的相对磁导率不得大于 1.0。

6. 专用修孔组合钻具

当使用偏心楔或其他造斜工具形成的造斜孔直径小于主孔直径时，必须用专用组合钻具来修整新开出的弯曲孔段。作为举例，俄罗斯现场常用的 KПИИ 型处理弯曲孔段组合钻具示于图 10 - 6。它在金刚石钻头 1 和岩芯管 2 上方接有短钻杆 3、两段金刚石铣刀 4 和短节 5。下入新开出的斜孔钻进时可借助两段金刚石铣刀修整弯曲段孔壁，使其更光滑，方便升降钻具和后续扩孔作业。

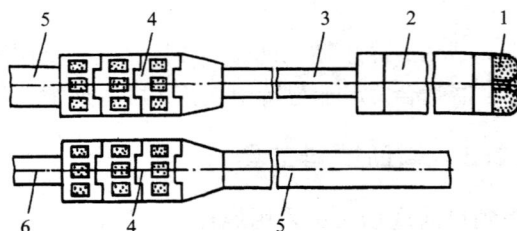

图 10 - 6　俄罗斯 KПИИ 型处理弯曲孔段的钻具组合
1—金刚石钻头；2—岩芯管；3—长度不小于 1.5 m 的钻杆；
4—金刚石铣刀；5—短节；6—钻杆

10.2.4 造斜工具的特性对比

在地质勘探中常用的偏心楔、连续造斜器和孔底动力钻具等造斜工具各有优缺点，常用造斜工具的工作特性对比示于表 10 - 2。

国产连续造斜器的主要技术性能参数示于表 10 - 3。随着技术进步，目前在小口径金刚石造斜钻进、PDC 钻头和硬质合金钻头造斜钻进中，越来越多地使用螺杆马达作为地质定向钻进造斜的孔底动力机。

表 10 - 2　地质勘探常用造斜器具特性对比

造斜器具		关键参数	适应地层	定向方式	优点	缺点
偏心楔	固定式偏心楔	楔顶角，楔体长，外径等。	可钻性 4 级以上，比较完整的地层	单、多点定向	结构简单，成本低	完成导向后留在孔底形成隐患
	可取式偏心楔	楔顶角，楔体长，外径等	可钻性 4 级以上，比较完整的地层	单、多点定向	完成导向后可取出反复使用。	与固定式偏心楔相比，结构复杂
连续造斜器		适用孔径，滑块径向伸出量	可钻性 4 级以上，比较完整的地层	连续定向	与偏心楔相比，可实现连续造斜	对地层适应性较差
孔底动力钻具	液动螺杆钻具	外径，波齿比，压力降，流量，扭矩等。	适应性较宽，从坚硬地层至软弱、破碎地层均可	连续定向	可靠、效率高，地层适应强，规格齐全使用最广	系统配置比连续造斜器要求高，工程造价较高
	涡轮钻具	外径，转速，级数，压力降，扭矩等。	比较完整地层，可钻性 3 ~ 9 级	连续定向	可实现连续造斜，转速高。钻具定子、转子寿命长	单节涡轮扭矩小，多节大但太长，转速过高，与钻头不易匹配

表 10 - 3　国产连续造斜器的主要技术性能参数

外径/mm		54	73	89
适用孔径/mm		56 ~ 60	75 ~ 88	91
滑块径向最大伸长/mm		25	25	35
允许钻孔超径/mm		15	15	20
造斜强度/($°\cdot m^{-1}$)		0.3 ~ 1.5	0.3 ~ 2	0.6 ~ 1.6
钻进规程（配不取芯金刚石钻头）	钻压/kN	12 ~ 15	18 ~ 25	28 ~ 32
	转速/($r\cdot min^{-1}$)	300 ~ 500	100 ~ 400	90 ~ 200
	冲洗液量/($L\cdot min^{-1}$)	40 ~ 60	60 ~ 90	70 ~ 150
钻具外径/mm		54	73	89
钻具长度/mm		1850	2300	2400
钻具质量/kg		23	45	50
寿命/h		>80	>80	>80

10.3　定向钻进随钻测量仪器概述

随钻测量系统(英文缩写MWD)可在钻进过程中不间断地把孔底的方位、顶角和工具面角信息和部分钻井工艺信息或地层信息发送至地表，是实现可控定向钻进必不可少的仪器。按信息传输介质的不同，随钻测量主要分为有缆式MWD和无线式MWD；无线MWD按传输通道不同主要有泥浆脉冲和电磁波两种方式。其中泥浆脉冲式已广泛应用于国内外钻井生产实践，它把反映井底的角度信息和部分工艺信息载波于泥浆脉冲发往地表。电磁波式MWD系统是将反映井底参数的低频电磁波信号传送到地面，它不需要泥浆作为信号载体，不需要机械接收装置，所以数据传输能力较强。

10.3.1　有缆MWD系统

属于有缆MWD的有线随钻电子测斜仪探管的基本结构见图10-7，系统组成如图10-8所示。仪器接口箱面板上可显示探管工作电压和各传感器状态，用以监视探管及其连接密封部分的工作状态。

探管工作时，加速度计测量探管姿态与重力的关系，磁通门测量探管姿态与地磁场的物理关系，温度传感器测量出探管电子线路的环境温度。这些信号加上电池电压检测信号经过放大、多路开关、采样保持、A/D转换进入微控制器，微控制器处理这些信息并保存在存储器中。探管工作完成后，以串行数字编码的形式，通过单

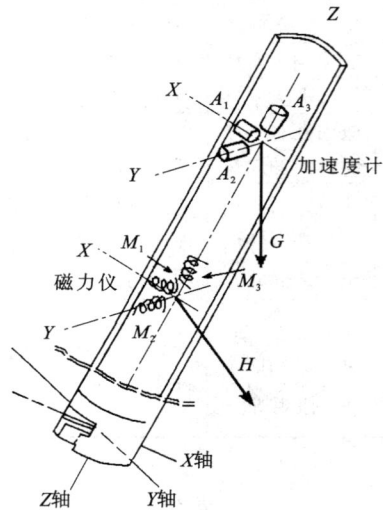

图10-7　探管中加速度计和磁通门正交布置图

芯通讯电缆传送到地面。地面接口箱对来自井下的串行编码解码，通过RS232口传至数据处理仪并在屏幕上实时显示处理结果。工具面指示器表盘是一个罗盘分度盘，用指针直接反映井下弯接头的方向，即工具面角。在工具面指示器上还设有三个窗口以数字形式显示工具面、井眼倾斜角和磁方位角。

有缆随钻电子测斜仪可实时测量控制井下螺杆钻具弯接头方向，广泛应用于定向及扭方位的钻井作业。

10.3.2　泥浆脉冲式MWD系统

泥浆脉冲式MWD借助由井口-钻杆柱-孔底组成的水力通道来传送孔底检测参数。由于压力脉冲传播较慢，故测量信号传输速度比电缆通道慢，信息量受到一定限制。仪器对信号载体钻井液也有严格要求：含砂量≤1%~4%，含气量<7%。所以它完全不能用于空气钻井，基本不能用于泡沫钻井。

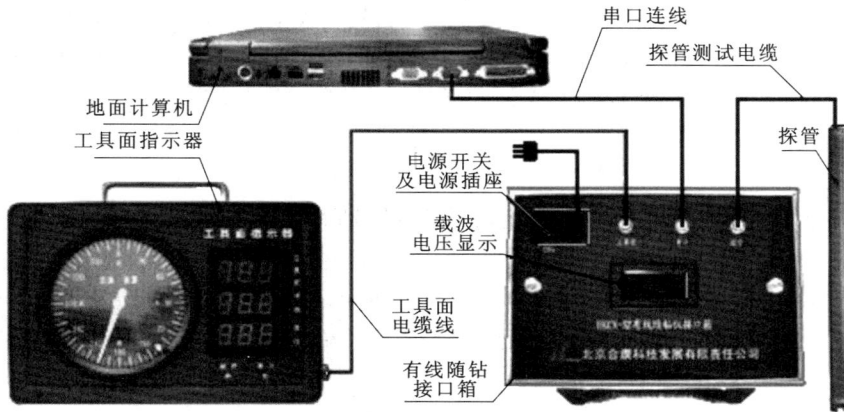

图 10 - 8　有缆随钻电子测斜仪的系统组成

1. 泥浆脉冲式 MWD 的工作原理

泥浆脉冲式 MWD 的工作原理如图 10 - 9 所示。井内仪器由井底涡轮发电机或电池组供电，井内传感器将测得的井内物理量（角度及地层信息）转变为模拟电信号，经过井内 MWD 组件信号处理转换为数字信号。这些数字信号被送到信号发射器进行编码、压缩等处理，通过控制井内仪器阀门的开闭产生断续或连续的泥浆压力脉冲信号，借助压力脉冲信号通过水力通道把井内 MWD 的信号送达地表，再由 MWD 接收器（即压力传感器）转变为电信号，经过解码、滤波等处理还原得出井内的测量数据。

安装在高压软管后面的压力传感器把压力脉冲变换成电信号，以便在遥测系统的地表部分进行处理。

泥浆脉冲式 MWD 的井内仪器包括：导航和测井模块、中心控制器模块、信号发射器和电源。在往井内下放系统之前，在地表实验室或野外条件下调整好井底遥测系统。给定系统的方位，数据发送速度，方位角、井斜角、工具面向角的测量精度和 MWD 系统的工作特性。借助铁磁探测传感器、加速度计和温度传感器校准导航模块。

信号发射的执行元件是阀门，它按照水力通道发送的信息作往复运动，产生压力脉冲——在水力通讯通道中的脉冲编码信号。

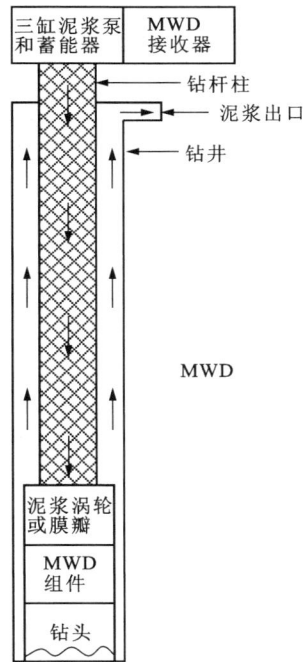

**图 10 - 9　泥浆脉冲式
MWD 工作原理图**

2. 泥浆脉冲式 MWD 的信号传输系统

水力通道有三种传输信息的方法：钻井液压力的正脉冲、负脉冲和接近谐波形状的连续压力波。压力脉冲的形状和脉冲频率取决于所用元件在电磁铁或电动机动作中的行程和频率。起控制作用的信号由调节模块和编码电子模块传给电磁铁或电动机。

信号接收设备主要由接收泥浆压力脉冲信号的压力传感器和后续的信号处理设备与 PC 机组成。

由于钻井液可能包含气、液、固三相物质，所以钻井液性能对泥浆脉冲信号的传播将产生显著影响。主要表现为：负脉冲信号的传输速度高于正脉冲信号；随着钻井液密度的提高钻井液脉冲的传输速度下降；随着钻井液含气量的增加传输速度下降；水基钻井掖的传输速度高于油基钻井液；随着管道径厚比增加，正脉冲的传输速度将降低，而负脉冲的传输速度将升高。

3. 国内外有代表性的泥浆脉冲式 MWD 仪器举例

近 20 年来，国外有代表性的部分泥浆脉冲式 MWD 仪器及其主要参数见表 10 - 4。

表 10 - 4 美、英、法的泥浆脉冲随钻测量仪(MWD)部分产品及主要参数

（国别）	测量的参数		测量误差(测量范围)/(°)			通信通道数据发送方式	电源(寿命/h)	耐温耐压(℃/MPa)
	工艺参数	地球物理参数	井斜角 α	方位角 φ	工具面向角 θ			
MPT Sperrysun（英）	α, φ, θ	温度、压力，伽马、电阻、电磁测井	0.1 (0~90)	0.25 (0~360)	0.75 (0~360)	压力负脉冲水力通道	电池 (250)	140/105
SonatTeleco（美）	$\alpha, \varphi, \theta, G, M$	伽马、电阻测井，压力	0.25 (0~90)	1.5 (0~360)	3.0 (0~360)	水力通道，停泵，停回转	涡轮发电机	125/140
Geosetvlce（法）	α, φ, θ	温度、压力，伽马、电阻测井	0.25 (0~90)	3.0 (0~360)	3.0 (0~360)	电磁波通道+存储装置	电池 (120~200)	125/140
Halliburton Geotate（美）	α, φ, θ	压力，伽马、中子测井	0.5 (0~180)	(0~360)	(0~360)	负脉冲水力通道+存贮装置，停泵，开泵	电池 (125~200) 涡轮电机	125/140
Slim I Schlumberger Anadrill（美）	$\alpha, \varphi, \theta, G$	温度，伽马、电阻测井，磁场强度	0.1	0.1	1.0~2	压力正脉冲水力通道	锂电池 (150~800)	50/103
Ideal Schlumberger Anadrill（美）	α, φ, θ	伽马、电磁、声学测井	0.1 0.2*	0.1 0.2*	1.0	电磁波通道+水力通道，连续测量	涡轮发电机	150/138
M10 Schlumberger Anadrill（美）	$\alpha, \varphi, \theta, G$	温度，伽马测井，扩展功能	0.1 0.2*	0.1 0.2*	1.0	水力通道，连续测量	涡轮发电机	150/138

符号：α—井斜角，φ—方位角，θ—工具面向角，G—钻头上的载荷，M—井底扭矩，*—在特殊情况下的取值。

我国已实现国产化并在各大油田普及的泥浆脉冲随钻产品主要参数见表 10 - 5。

表 10 - 5　我国国产无线随钻测量产品及其主要参数

| 仪器公司 | 测量参数 | | 测量误差(测量范围)/(°) | | | 通信通道数据发送方式 | 电源 | 耐温/耐压(℃/MPa) |
	工艺参数	地球物理参数	井斜角 α	方位角 φ	工具面向角 θ			
北京海蓝科技开发有限公司	α, φ, θ	电阻测井	±0.2 (0~120)	±1.5 (0~360)	±1.5 (0~360)	压力正脉冲水力通道	电池	125/100
中天启明石油技术公司	α, φ, θ	电阻、伽马测井	±0.1°	±1.5°	±1.5°	水力通道	涡轮发电机	150/104
中石油钻井研究院	α, φ, θ	电阻、伽马测井	±0.1°	±1.5°	±1.5°	水力通道	电池	125/140

符号：α—井斜角，即地矿部门常说的顶角；φ—方位角；θ—工具面向角。

10.3.3　电磁波式 MWD 系统

电磁波传输方式是将反映井底轨迹方向、地层特性参数的低频电磁波信号传送到地面。它不需要泥浆作为信号载体，对钻井液的质量和钻探泵的不均匀性要求更低，所以数据传输能力较强。其优点是不需要机械接收装置，系统稳定性好，对于欠平衡钻井工艺有更好的适应性。但背景噪声对信号的影响较大，而且随着岩层对信号的吸收而逐渐减弱，使电磁波仪器的最大应用深度将受到一定限制。

1. 电磁波式 MWD 的工作原理

如图 10 - 10 所示，电磁波式 MWD 系统的井内仪器设计成下部钻具组合的一部分，地表装置用来接收、分离并实时变换和记录信号。井内仪器包括方位角传感器 3，井斜角传感器 4 和带正余弦回转互感器的高边位置传感器 5，还有信号变换器 6，电源(涡轮发电机)7 和信号发送器 8。

该系统一个信号发送电极是钻杆柱 9，另一个发射电极是下部钻具组合，它们之间被电隔离器 11 绝缘。在离钻机 50 ~ 300 m 的范围内往地下打入一根天线 12。系统工作时，井内的传感器将井内物理量转变为模拟电信号，经过井内 MWD 组件信号处理转换为数字信号；这些数字信号被送到中央处理器(CPU)，经编码、压缩等处理后，由电磁波信号发送器 8 发射出去。信号发送器类似一

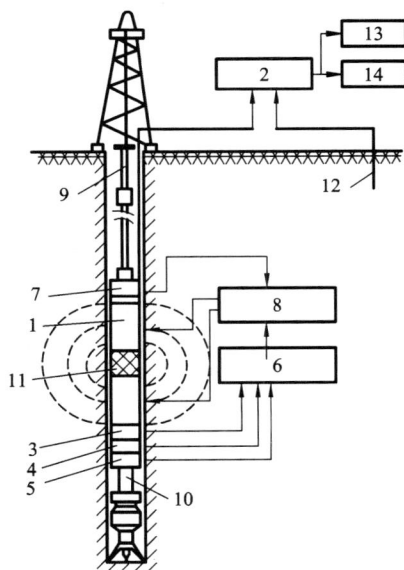

图 10 - 10　电磁波式 MWD 的工作原理

1—井内仪器；2—接收装置；3—方位角传感器；4—顶角传感器；5—高边位置传感器；6—信号变换器；7—涡轮发电机；8—信号发送器；9—钻杆柱；10—下部钻具组合；11—电隔离器；12—接收天线；13—显示屏；14—打印机

个装在井内仪器中的低频天线,在电隔离器 11 的周围、钻柱 9 与接收天线 12 之间的岩石中将有电流流过,在地表装置中接收的信号正是上述电流造成的电位差。由于地层的非均匀性,电磁波传播中会存在反射、衍射等现象,会导致多个电磁波先后到达地表,那么在任一点都会产生相位、幅值等的叠加,专用接收天线 12 上接收的就是电磁波信号经过电磁场在此点叠加的结果。接收装置 2 借助相关分析方法处理来自井底的信号,信号经过解码、滤波等处理得到井内测量数据,并把测得的参数显示在电脑屏幕 13 上。

2. 电磁波式 MWD 的检测与显示功能

电磁波式井底遥测系统除了检测钻孔方向参数外,还可记录钻头上的载荷和振动参数、钻进过程中的地球物理信息(伽马测井和电阻测井)。也就是说,它除了随钻测量的功能外,还具备了随钻测井(LWD)和地质导向的部分功能。

电磁波 MWD 井内仪器的信号发送能源自于井底涡轮发电机。系统的主操作界面可实时显示过程检测曲线,每 30 s ~ 1 min 一组的实测时间、顶角(井斜角)、方位角和工具面向角的数据,还可显示地层电阻率、井底涡轮发电机转速等参数。如果显示窗口的钻孔轨迹超出设定的彩色扇形区将自动报警。

俄罗斯的电磁波式 MWD 仪器及其主要参数见表 10 - 6。

表 10 - 6 俄罗斯的电磁波随钻测量仪(MWD)部分产品及其主要参数

仪器公司,型号	测量参数		测量误差(测量范围)/(°)			通信通道数据发送方式	电源	耐温/耐压(℃/MPa)
	工艺参数	地球物理	井斜角 α	方位角 φ	工具面向角 θ			
CAFOP,3TC - 172	α, φ, θ	电阻测井	±0.1 (0~120)	±2.0 (0~360)	±2 (0~360)	电磁波,须钻井液循环	涡轮发电机	100/60
ВНИИГИС,"井底"	$\alpha, \varphi, \theta, G$ 振动测量	伽马、双侧电测井	±0.3 (0~90)	±2 (0~360)	±2 (0~360)	电磁波+存贮,须钻井液循环	涡轮发电机	120/60
ВНИИГИС,3TC ~ 172	α, φ, θ 振动测量	伽马测井、自激化	±0.1 (0~180)	±1 (0~360)	±1 (0~360)	电磁波,须钻井液循环	涡轮发电机	120/60
AO ЭXO,AT - 3	α, φ, θ	无	±0.25 (0~90)	±0.5 (0~360)	±0.5 (0~360)	电磁波,连续测量	涡轮发电机	90/60
Горизонты 3TC - 172	α, φ, θ	电阻、电磁波测井	±0.1 (0~180)	±1 (0~360)	±1 (0~360)	电磁波,须钻井液循环	涡轮发电机	120/60

符号:α—井斜角,即地矿部门常说的顶角;φ—方位角;θ—工具面向角;G—钻头上的载荷。

10.4 定向钻进施工工艺

10.4.1 多孔底定向钻进工艺概述

定向钻孔包括单孔底和多孔底钻孔。多孔底钻进是定向钻进中的一项新技术,它可以在已钻孔身的基础上增加若干分枝孔，局部加密勘探网，从而在不大量增加钻探工作量的前提下获取更多的岩矿实物样品，是提高矿区勘探工作效率的新途径。

多孔底钻进时，新增的分枝孔既可以在同一个垂直平面内弯向同一个方向[见图 10 – 11 (a)、(b)]，或弯向不同方向[见图 10 – 11(c)]；还可以让分支孔沿不同方位的垂直平面钻入矿体[见图 10 – 11(d)]，从而通过一个主孔就可全面掌握矿体形态。

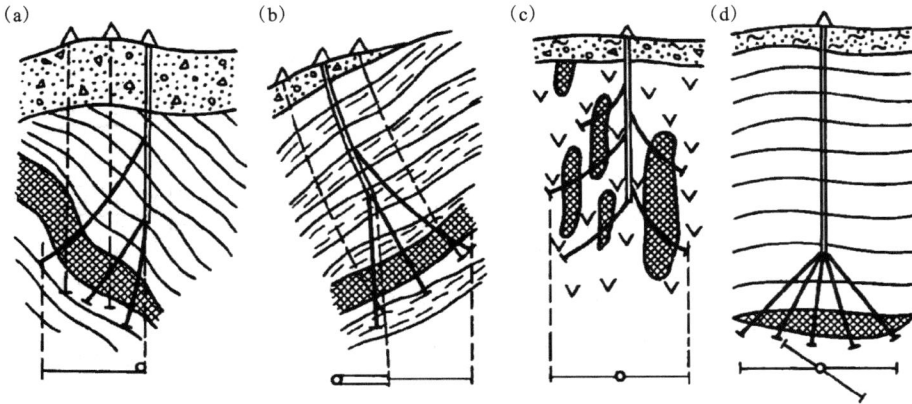

图 10 – 11　多孔底钻进工艺示意图

设计分枝孔时应使其造斜工作量最小，钻进的时间消耗最短，能为孔底组合钻具和偏斜器提供自由通过的通道并保证钻杆有足够的强度储备。

有学者提出，按下述公式计算钻进分枝孔的成本

$$C = C_1 \Delta \theta + C_2 L_A \tag{10 – 6}$$

式中：C_1——每造斜钻进 1° 人工弯曲孔的附加费用，元；

　　　$\Delta \theta$——顶角增量；

　　　C_2——在该孔深间隔内每钻进 1 m 孔的平均成本，元；

　　　L_A——新增孔身的长度，m。

施工多孔底定向孔时，一般先施工主孔后施工分支孔，与主干孔轨迹同方位的先施工，与主干孔轨迹不同方位的后施工。一般多选择自下而上的顺序施工，首先必须按设计轨迹把主孔钻至终孔深度，然后从最下部开始依次钻出分枝孔孔段。这时已完工的分枝孔将被人工孔底覆盖，所以在开新的分枝孔之前应对下部的主孔段和分枝孔进行全取芯和其他测试工作。在这种情况下，常使用固定式偏斜楔或连续造斜器来钻出分枝孔。

如果由上往下施工，则把主孔钻至计划开第一个分枝孔的深度后便开始分枝造斜，然后继续钻进主孔。这时最有效的工具是可打捞式偏斜器和连续造斜器。

用非金属胶结材料（水泥、脲醛树脂、环氧树脂等）建立人工孔底时，可从主孔孔底一直灌注到开分支孔处，也可以只灌注靠近分支孔的一段；还可以先在开分支处以下适当位置安装金属孔底，再在其上部灌注非金属材料，既保证了牢固性，又减少材料消耗。非金属人工孔底材料应能与孔壁岩石良好黏结，并有较高的冲击韧性，其固化强度宜大于或接近孔壁岩石。水泥人工孔底适用于中硬岩石的孔壁。

10.4.2 偏心楔定向钻进工艺

1. 固定式偏心楔定向钻进工艺

固定式偏心楔多用于在已完工钻孔中部进行导斜并开出新分支孔。其工艺要点是：

(1)准备工作。选择合适的开孔部位(导斜点)，准备定向钻进全过程的材料和器具等。

(2)建立人工孔底("架桥")。堵塞开孔点下部孔段，在钻孔中部为固定式偏心楔的安装与固定提供基础。

(3)定向安置偏心楔。偏心楔在地表定向，往孔内下放并定向固定。

(4)导斜钻进。用导斜钻具钻出分支孔并延伸一定孔深。

2. 可打捞式偏心楔定向钻进工艺

可打捞式偏心楔多用于正在钻进的钻孔孔底偏斜。以 XAD - 75 型可打捞式偏心楔(见图 10 - 12)为例。该偏心楔由定向接头 1、导斜器体 3、楔体 4 及卡固装置(包括楔铁 5、挡板 6、固定螺钉 7)组成。全长 2.5 m，楔顶角为 2°。卡固装置为燕尾滑块式，燕尾滑块直接加工在楔体底端背面，与楔铁呈 8°斜面配合。

偏心楔上端直接连接 ϕ71 mm 绳索取芯钻杆，采用铅质定向键和定向用的薄壁斜口引鞋，定向后可实现偏心楔的双重固定。首先用直径 71 mm 的绳索取芯钻杆将偏心楔下到离孔底 0.5 m 处，然后从钻杆内下入定向仪进行定向。定向完毕从钻杆内提出仪器，将偏心楔下到孔底，加轴压，楔体向下挤压楔铁产生径向移动，与孔壁接触卡固。

导斜钻进时，在小一级钻头上接一根 4.5 m 左右的 ϕ50 mm 钻杆，从绳索取芯钻杆内下到楔体楔面。导斜钻具到达楔面之前，可剪切掉铅质定向键。导斜钻进结束，从孔内提出导斜钻具并通过绳索取芯钻杆从孔内提出偏心楔。

此偏心楔用于绳索取芯钻进纠斜或偏斜时，由于与偏心楔连接的钻杆在地面卡固，因此卡固可靠，定向准确，造斜成功率高，缺点是完成偏斜必须有两种规格的钻杆。

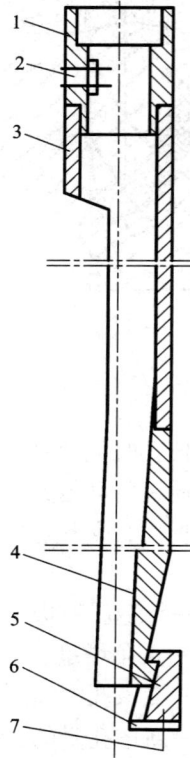

图 10 - 12　XAD - 75 型可打捞式偏心楔示意图

1—定向接头；2—定向键；3—导斜器体；
4—楔体；5—楔铁；6—挡板；7—固定螺钉

10.4.3 连续造斜器定向钻进工艺

1. 连续造斜器定向钻进工艺要点

(1)准备工作。选择完整或较完整、可钻性 5 ~ 9 级的地层作为造斜孔段，磨平孔底、修扩孔壁；准备好造斜器及配套器具，检查定向仪在钻杆内的通过性；准备好 0.5 ~ 2 m 长的造斜后扫扩孔粗径钻具；配制流动性和排粉性能良好的低固相冲洗液；在造斜器及最上面的接头上刻划定向母线；根据回次造斜要求，按计算的安装角安装定向仪。

（2）下入造斜器。缓慢下放连续造斜器，禁止强力扭动钻杆或将造斜器作为扫孔钻具使用；连续造斜器下到离孔底 0.2 ~ 0.5 m 左右位置，用垫叉将钻具卡在孔口。

（3）孔内定向。借助定向仪对造斜器进行定向。禁止下放时回转钻杆，定向完毕，合上立轴，夹牢钻杆锁接头。

（4）造斜钻进。大泵量冲孔，然后用给进油缸将造斜器缓慢下到孔底，在不回转的情况下加压 1 ~ 2 min 使造斜器定子卡牢孔壁。送冲洗液，慢钻 5 ~ 10 min，若无异常则转入正常钻进状态。工作时钻压较大，应防止倒杆时突然松卡盘引起钻具弹跳破坏造斜器的孔底定向方位。根据岩层情况确定合理钻压，既要保证有效破碎岩石，又要保证足够的卡固力和侧向切削力。钻进中禁止提动钻具，造斜钻进的回次长度一般为 1 ~ 3 m。用金刚石造斜全面钻头钻进较软岩层时，钻速宜慢，避免糊钻、烧钻。

（5）提出地表。缓慢提升连续造斜器至地表，检查造斜器的损伤和造斜钻头的磨损情况。

（6）修磨孔壁。用短粗径钻具 + 全面钻头或取芯钻头、塔式钻具修扩孔壁或延伸钻进。

（7）测斜。下入测斜仪，测定造斜效果。

2. 多回次造斜工艺要点

在垂直平面型单底或分支孔定向钻进中，通常需设计一个或多个造斜段，用连续造斜器一次造斜难以使造斜段顶角增至一个较大值，这时必须采用多回次造斜方式：

（1）连续造斜法。完成一个回次造斜后，提至地表更换钻头继续下孔造斜，多回次作业直到顶角达到要求为止。该方法适于中硬偏软地层，造斜强度 ≤0.6°/m。完成的造斜段孔身均匀、平滑。但在较硬岩层中，造斜器再次入孔困难，易出事故。

（2）间断造斜法。造斜与修孔交替进行，每个回次造斜结束后下入短粗径钻具修扩孔壁和延伸钻孔后再下入连续造斜器继续造斜。该方法用粗径钻具容易通过已造斜孔段，但整个造斜段孔身不如用连续造斜法的均匀、平滑。

（3）交替造斜法。连续造斜法与间断造斜法的结合方式。既保证了造斜段孔身的通过性，又可保证孔身的均匀和平滑性。

10.4.4　螺杆钻具定向钻进工艺

1. 造斜钻具组合及使用要求

常用的孔底液动马达钻具组合如图 10 - 13 所示，自下而上由钻头、扶正器、弯外管、螺杆马达、弯接头（又称定向接头）、无磁钻铤和钻杆等组成。其造斜件可以是弯外管或弯接头，或是两者的组合。由于螺杆钻具多与磁性导向仪器配套使用，因此，必须配备无磁钻铤（杆）。当采用有缆测斜仪时，还必须配备通缆水龙头。

下钻前应检查装配好的螺杆钻具。螺杆钻具使用的冲洗液含砂量应小于 1%，颗粒直径小于 0.3 mm，尽量采用清水、无固相或低固相材料配制冲洗液。

螺杆钻受控定向钻进可以采用单点定向和随钻定向两种方法。后者在造斜钻进中可随时监测造斜工具面向角的变化，通过拧转钻杆来调整工具面向角，因此得到广泛应用。在设置工具面向角时，应注意考虑反扭转角对工具面角的影响。

2. 造斜钻进准备工作

（1）合理选择造斜孔段。钻孔终孔水平位移大者应选择在钻孔上部造斜；水平位移小者则选择在钻孔下部。在满足安全钻进的条件下，应尽量降低造斜段位置，最大幅度地节约工作量，降低造斜成本。

（2）分支点应避开硬岩，尽量选择在中硬以下岩层中。

（3）施工多孔底定向孔时，分枝点往往选择在主孔中部，在这种情况下必须先"架桥"建立人工孔底。用螺杆钻具钻分支孔时不宜用金属偏心楔架桥，应架"水泥桥"。"水泥桥"的质量（黏结强度、冲击韧性）对分枝孔的造斜钻进有决定性的作用。应将木塞下到预定孔位（至少在分支点以下10 m），经钻杆将水泥浆泵入孔内，待水泥浆凝固后，探水泥面并取样，与周围孔壁岩石强度接近的"等强度水泥桥"有助于分支点导斜钻进成功。

3. 螺杆钻造斜和分支孔钻进技术要点

1）造斜钻进

（1）第四系松软地层。螺杆钻在该地层可取得良好的纠斜或纠偏效果。螺杆钻配用2°弯接头或1.5°弯外管时，必须在钻杆柱下端与弯接头之间接一个长1.5～2.0 m、与钻孔同径的稳定器。

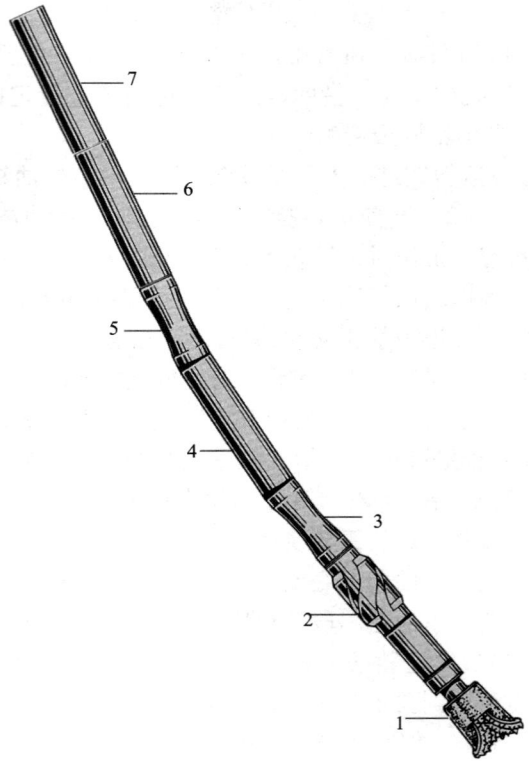

图10-13　孔底液动马达造斜钻具组合
1—钻头；2—扶正器；3—弯外管；4—螺杆马达；
5—弯接头；6—无磁钻铤；7—钻杆

（2）岩石孔段。V级以下岩石选用硬质合金造斜钻头，Ⅵ级以上选用金刚石造斜钻头；绳索取芯钻杆的造斜强度选0.3°～0.5°/m，φ50 mm普通钻杆选0.8°～1.0°/m；在单一稳定地层中可连续造斜钻进，而在软硬互层、易斜地层、对岩芯采取率有一定要求的地层，宜分段造斜钻进；坚硬地层中应采用交替法造斜，以防造斜孔段曲率半径小造成钻杆折断。

2）分支孔钻进

待"水泥桥"凝固后，下常规钻具探灰面并扫孔到分支点上3 m处，提出钻具。将造斜钻具下到距孔底0.3～0.5 m处，定向，拧紧防反转器螺母，启动水泵，开始用新造斜钻头钻进。在操作中要准确定向，不可随意上下提动钻具并控制钻速在0.5～0.8 m/h，随时观察岩粉变化和泥浆泵泵压。

4. 修孔作业和轨迹控制

由于造斜过程中钻杆长时间处于只滑动不转动状态，加上岩层软硬不均局部造斜孔段的孔壁可能不平滑，因此必须采用锥形金刚石钻头进行多次修孔作业，直到无阻力为止。

钻孔轨迹控制的实质就是控制造斜率和方位变化率，使钻孔实际轨迹尽量接近设计轨迹。在不同顶角的钻孔中，造斜工具面向角对钻孔顶角及方位角的影响是不同的，应及时调整工具面向角。选择精度合适的仪器准确测量钻孔三要素（孔深、顶角和方位角）。仪器下孔前应进行精度校正以减小误差。在常规钻进及稳斜段，测量间距应不大于 20 m；在造斜孔段要求为 1～2 m。要求每个测点不少于 2 次复测，数据重复性精度要求在仪器误差允许范围内，超差必须复测。

在钻孔施工过程中，应不断将实际钻孔轨迹与设计轨迹对比，预测实际钻孔轴线与设计靶区平面的交点坐标，判断能否"中靶"，对脱靶或将要脱靶的情况进行提示，以便对钻孔轨迹进行动态控制。

10.5　定向取芯技术与工艺

岩芯钻探的目的之一是研究矿区的地质构造和岩层结构，更好地查明地下矿产资源。仅从普通岩芯来收集地质信息是不够的，还必须从孔底取出具有方向标志的岩芯（定向岩芯），与钻孔弯曲参数相配合来确定地下岩层的产状要素。这就是特殊的定向取芯技术，亦称为岩芯定向技术。它是定向钻进技术的延伸成果之一。如果没有定向取芯（岩芯定向）技术，就只能通过加密勘探网来获取更多的地质信息，而定向取芯技术可以较少的钻探工作量获取更可靠的地质构造、岩层产状，从而降低成本，节约时间。

定向取芯的三个前提条件：已知取芯段钻孔的顶角和方位角；岩芯上能观察到岩层结构面（层理、片理、裂隙等）；能通过专用工具在孔底岩芯的端面或侧面人为形成刻痕标记。然后根据刻痕方向与钻孔弯曲方向、刻痕方向与结构面方向间的关系，确定结构面的走向和倾角。因此，实现定向取芯的关键是在岩芯端部或侧面刻画出一个已知的定向标记。

10.5.1　岩芯定向方法

1. 打印法

先用专用钻头把孔底磨平并冲洗干净，再用钻杆把下部装有尖形硬质合金压头的偏重打印器下入孔内，并保证打印头与偏重块的方向一致，从而确定该岩芯的顶角平面（见图 9 - 2），便可以在地表岩芯产状复位装置上观察到岩芯在孔内的空间状态，并测量或计算出岩芯中层理等结构面的产状参数。偏重打印器（见图 10 - 14）由外管、偏重内管、上下轴承、打印头等零件组成。打印器下到孔底后，靠钻具自重在孔底或未断根的岩芯端面留下一个痕迹。该方法的不足之处在于，偏心重锤在泥浆中工作可靠性差，打印后必须提出偏重打印器，再下入取芯钻具取出带定向标记的岩芯，工序繁杂。

2. 刻痕法

刻痕法是在岩芯侧面刻出一道纵痕。首先用不带卡簧的钻头钻出 15～20 cm 岩芯并留在孔底不提断，然后再下入带刻痕刃（硬质合金尖齿）的取芯管专门卡取带定向标记的岩芯（见图 10 - 15）。该方法要在钻具的接头内固定氢氟酸管或测斜仪器，来保证刻痕刃相对于顶角平面的位置为已知。然后通过与打印法类似的原理来确定岩芯在孔内的空间状态。该方法同样存在必须下两趟钻造成工序繁杂的不足。而且由于钻具振动，一旦刻痕前岩芯折断则前功尽弃。当然，可采用单动双管钻具边钻进边刻痕，即外管钻头形成岩芯，装有刻痕刃的内管不转，一次性完成钻进、刻痕、取芯工序。但很难保证钻进过程中内管始终不转，从而影响岩芯定向的可靠性。

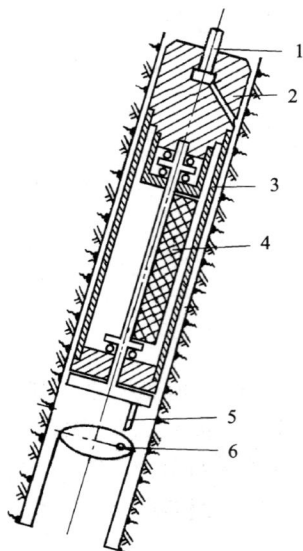

图 10 – 14　打印法岩芯定向器示意图

1—钻杆；2—接头；3—外管；4—偏心重锤；
5—打印头（或色笔）；6—印坑（或色点）

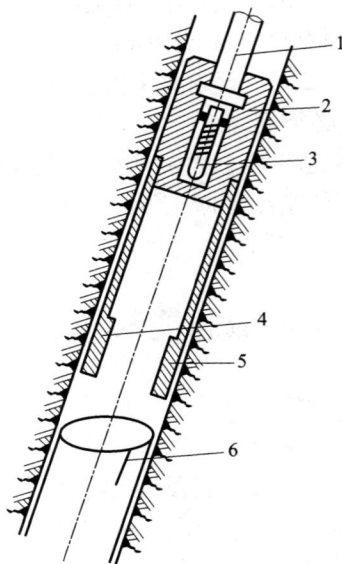

图 10 – 15　刻痕法岩芯定向器示意图

1—钻杆；2—接头容纳器；3—测斜装置；
4—定向钻头；5—硬质合金尖齿；6—刻痕

3. 钻眼法

钻眼法是用微型钻头在孔底钻偏心小眼作为定向标记。常用两种钻具，一是用扭簧式动力机作为钻小眼的动力，用带偏重机构的测角器读数；二是借助导向楔钻偏心小眼，钻具中包括小钻头、万向节、定中接头、牙嵌离合器等零件和硫酸铜液测斜管。这种岩芯定向方法与打印法类似，在钻眼器下孔前必须将孔底磨平，清除残留岩屑。然后下入钻眼器，接触孔底后，用微型钻头在岩面上钻小眼形成标记。同时，借助钻眼器中的测量装置测定偏心小眼方向与该孔段顶角平面的夹角，然后用与前述类似的方法复原岩芯在孔内的空间状态。钻眼法比打印法更可靠，准确，但其缺点是还要下两趟钻，先钻小眼，起钻后再下钻取岩芯，工序繁杂。

10.5.2　定向取芯钻具及其工作原理

1. KO 型岩芯定向器

由苏联乌拉尔地质队于 20 世纪 70 年代初开发的 KO 型岩芯定向钻具［见图 10 – 16（a）］因其结构简单，实用、可靠而得到广泛应用。该装置中钻小眼的微型钻头加长杆 3 由钻杆柱驱动，用于修平孔底的专用钻头 5 与外壳 6 组装在一起，采用浸在硫酸铜液测斜管中的钢杆 4 作为定向仪标记，其上有与壳体导向槽方向一致的零线标记。操作时，用钻杆把 KO 型岩芯定向器下至孔底，先以较小钻压，通过牙嵌离合器 2 带动外壳 6 和磨孔底钻头 5 回转。孔底磨平后，加大轴压剪断销钉 1，牙嵌离合器脱开，微型钻头沿导向槽下到孔底，钻出 15～20 cm 的偏心小眼后，静止 20～25 min，使定向仪中心钢杆 4 表面留下明显的铜沉积痕迹。起钻后再下入取芯钻具卡取出有偏心小眼的岩芯。

80 年代初乌拉尔地质公司对 KO 型岩芯定向装置进行了改进［见图 10 - 16(b)］。取消了剪断销钉，改为类似卡口灯泡的结构。下孔作业时，来自钻杆的压力和扭矩通过结实的卡销 2 和卡口接头 3 带动钻具外壳 5 和磨孔钻头磨削孔底。这时钻头加长杆 6 处于自由状态。孔底磨平后，钻杆 4 适当反转并由卡口槽 1 脱出，然后加压给进并正转，由钻杆 4 通过万向节 7 带小钻头加长杆 6 向孔底钻小眼，从而在岩芯上留下偏心记号。改进型岩芯定向器使用效果明显提高，但仍需下两趟钻。

2."克里斯坦森"系列岩芯定向器

可实现一次下钻完成定向取芯的"克里斯坦森"系列钻具在美国得到广泛应用。该钻具有 I 型、II 型两种基本类型［见图 10 - 17(a)，(b)］，都包含专用岩芯卡断器 1，布置在外管 3 中的单动岩芯内管 2 和测斜仪 4。在岩芯卡断器内表面上装有三个纵向刻刀，用于在岩芯表面上刻出纵向小槽。I 型的测斜仪安装在单动内管中，其外管和内管均为无磁材料；II 型用于口径 76 mm 的钻孔，其无磁钻杆 7 装在单动轴 6 的上方，并有固定测斜仪的扶正器 8。

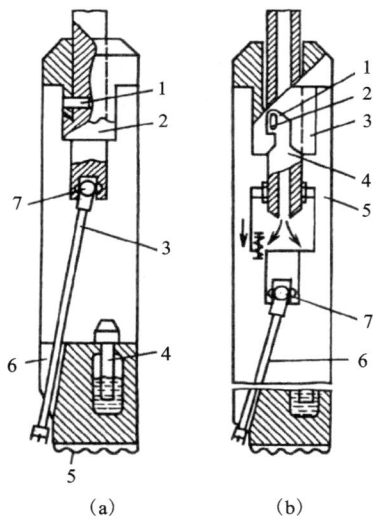

图 10 - 16　岩芯定向钻具工作原理示意图

(a) KO 型岩芯定向器：1—销钉；2—牙嵌离合器；3—小钻头加长杆；4—硫酸铜液测斜管；5—磨孔钻头；6—钻具外壳；7—万向节。

(b) 改进型 KO 岩芯定向器：1—卡口槽；2—卡销；3—接头；4—钻杆；5—钻具外壳；6—小钻头加长杆；7—万向节

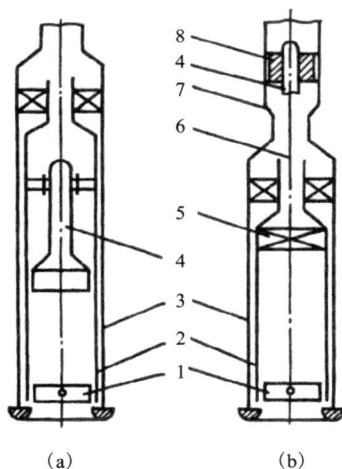

图 10 - 17　"克里斯坦森"钻具原理示意图

1—岩芯卡断器；2—内管；3—外管；4—测斜仪；5—内管接头；6—单动轴；7—无磁钻杆；8—扶正器

钻进过程中岩芯卡断器 1 作用于进入内管 2 的岩芯上时，照相测斜仪拍下第一张照片，记录其与刻刀的相对位置。照相测斜仪可根据设置的时钟频率拍下不同时刻的多张照片，用于确定该孔段的顶角、方位角和顶角平面与刻槽间的夹角或垂直孔中磁北方向与刻槽间的夹角。该系列钻具的卡心机构可在疏松岩石中取出定向岩芯。

3. 俄罗斯矿院的岩芯定向器

斯维尔德洛夫斯克(俄)矿院的岩芯定向器设计思想与"克里斯坦森"钻具类似(见图 10－18)。钻具由标准单管钻具和岩芯定向装置组成。岩芯定向装置布置在外管 1 的钻头 11 上，岩芯筒 8 内装有内镶刻刀(刻痕元件)10 和内凹式 T 形岩芯卡槽 9。不可将反转的定向仪 7 和工作弹簧 6 直接固定在岩芯筒 8 上。弹簧的上端抵在接头 2 上，接头内装有用弹簧加压的插销 5 和带卡板 3 的卡盘 4。

钻具工作原理：钻具下至孔底后钻进 10 ~ 15 cm，在钻进过程中，随着一段岩芯往岩芯筒 8 内推进，岩芯筒上部的弹性结构稳住岩芯，固定在筒 8 下部的刻刀 10 在岩芯侧面留下纵向刻痕，同时定向仪记录下未断开岩芯上的刻痕位置。

当岩芯进入岩芯筒时，由于卡板 3 楔入卡盘 4 的楔形空间，锁接头将阻止岩芯定向器在岩芯的推动下向上位移，接头的插销 5 被刚性地楔入岩芯管内，保证弹簧 6 处于压缩状态并提供把岩芯固定在筒 8 中所需的力。钻完一小段岩芯后，可停止钻具回转。延时 20 ~ 25 min 起动定向仪。结束岩芯定向的延时之后，可按常规规程继续钻进 5 ~ 10 cm，弹簧继续被压缩，插销 5 作用于定向仪联锁装置 12，使其定位。此后，锁接头被楔紧并停止岩芯定向记录，便可按常规规程完成整个回

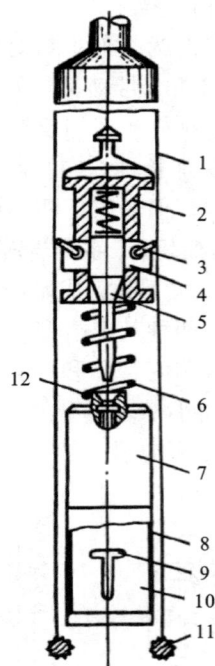

图 10－18 俄罗斯矿院岩芯定向器示意图

1—外管；2—接头；3—卡板；4—卡盘；5—插销；6—弹簧；7—定向仪；8—岩芯筒；9—T 形槽；10—刻刀；11—钻头；12—定向仪联锁机构

次的正常钻进。最后把岩芯定向器与进入岩芯筒的岩芯一起提至地表。

10.5.3 由定向岩芯求解岩层产状

野外常用的求解方法有地表复位法及公式求解法。为节约篇幅，本节以介绍比较直观的地表复位法为主(它也是建立求解公式的几何基础)，公式求解法的推导过程请读者参阅其他著作。

以 KO 型岩芯定向器(参见图 10－16)获得的岩芯为例(见图 10－19)。其中，图 10－19 (a)表示岩芯定向器下部的几何关系，由测斜管 3 中氢氟酸留下的椭圆痕迹(也可以是其他测斜仪测出的信息)可找到椭圆长轴决定的顶角平面 1，它与小钻头轴线所在的铅垂平面 8 之间的夹角 φ_0 可以测出；(b)图为岩芯局部放大图，已知夹角 φ_0 就可确定岩芯在孔内的自然位置和状态。

定向岩芯地表复位时必须在岩芯定向测量仪或测斜仪校正台上进行。根据测斜数据和定向标记把岩芯夹持成与取芯孔段方位角及顶角相同的位态(即复位)，然后用地质罗盘测出层面的倾向和倾角。用测斜仪校正台(见图 10－20)进行定向岩芯地表复位的步骤如下：

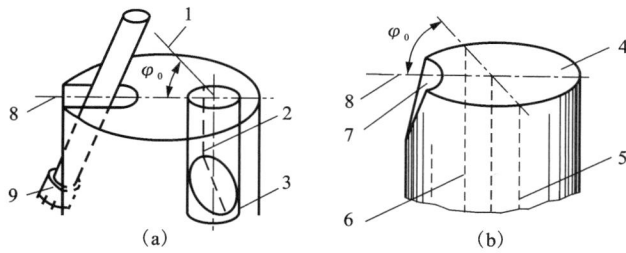

图 10 - 19　岩芯定向原理示意图

（a）定向器示意图；（b）岩芯示意图

1—顶角平面方向；2—测管椭圆痕迹的高点；3—测斜管；4—岩芯；
5、6—顶角平面决定的母线；7—钻出的缺口；8—小钻头轴线所在铅垂平面；9—小钻头

图 10 - 20　定向岩芯进行地表复位的装置图

（1）调整校正水泡，保证校正台处于水平状态。

（2）将顶角、方位角刻度盘调到该孔段测斜数据 θ、α；将方位角复位盘对零，这时岩芯夹持器的零线方向就是该孔段的顶角平面方向。

（3）将定向岩芯夹持在校正台上，让小孔与岩芯中心的连线与夹持器的零线吻合。

（4）逆时针旋转方位角复位盘 φ_0 度，此时定向岩芯即显示为孔内原始状态方位，定向岩芯复位完成。

（5）利用地质罗盘测出地表复位后的定向岩芯的结构面产状信息（倾向、倾角）。

该方法直观性强，现场工人即可操作，精度亦能满足要求。

第 11 章 水文地质钻探与水井钻

随着社会进步和经济繁荣，人类对水的需求逐年增长。不仅必须保证城市和村镇的饮用水和工业用水，还要满足农田灌溉用水，这在很大程度上要靠开采地下水来满足。但是由于人类的经济活动影响，当前许多地区的浅部含水层已被污染或接近衰竭，所以强化水文地质普查勘探工作和水井钻掘是国民经济中的一项长期任务。此外，在矿山开采，地下基础建筑和农业工程中还需要钻大量的降水孔。水文地质钻探与水井钻的工程内容包括：

- 水文普查孔——履行发现地下水矿床并圈定勘探区域的职能；
- 水文勘探孔——用于研究含水层的水动力学和地球化学特征；
- 勘探与开采孔——完成勘查任务之后移交给运营部门开采的孔；
- 商用水井——专门钻成的商用地下水供水井；
- 降水孔——为矿山、各类基础建筑和农田排涝工程降低地下水位的抽水孔；
- 观测孔——进行区域调查和抽水试验时用于研究地下水的状态；
- 增压孔——用于强化地基和深埋工业废料，地下浸滤法、溶解法开采矿床等工程。

11.1 水文地质孔和水井的钻进方法

水文地质钻探和水井钻大都在第四纪复杂地层中施工，钻孔直径较大，这给钻进工作带来很多困难。国内外用于水文地质钻探和水井的钻进方法可分为：回转钻进、冲击钻进（潜孔锤冲击钻进、钢丝绳冲击钻进）、螺旋钻进、反循环钻进和空气钻进等。其中，用空气潜孔锤和液动冲击器实现的冲击—回转钻进主要用于漏失剖面和基岩层，钻孔直径受潜孔锤和冲击器直径和功率限制不可能很大；在疏松岩层中，螺旋钻进通常与钢丝绳冲击钻组合用于水井钻进，但所钻水井的深度和井径有限；反循环钻进则主要用于大口径成孔；而在水文地质和水井钻中应用最广泛的还是回转钻进方法。

11.1.1 钻孔结构

水文地质孔和水井孔身结构应能满足下列要求：
- 能实现计划的出水量；
- 预防地下水在管外空间漏失；
- 保证孔壁稳定性以防崩落和冲洗液漏失；
- 能在孔内进行不同的工艺作业并完成水文地质试验和观测；
- 具有最小的能耗比。

1. 水文地质孔和水井的孔身结构要素

1）孔深

水文勘探孔和水井的孔深由水文地质条件和地下水目的层的埋深决定，一般为几十米到几百米;而开采深部地下淡水、矿化水和地热水的孔深可达 1000~2000 m。对水文地质孔而言,拟查明的含水层埋藏深度即为钻孔设计深度,这个深度是根据地质理想柱状图或由附近钻孔资料推断得来的,最终孔深必须根据钻取的岩芯样品来确定。如果在一个钻孔里要钻穿多层含水层,则孔深取决于最下一层的埋藏深度。而长期观测孔、探测结合孔、供水井等,需要在过滤器下部设置沉砂管,所以钻孔深度应达含水层以下 3~5 m。

2)孔径

孔径包括开孔直径、中间变径和终孔直径。在设计孔身结构时,首先要确定终孔直径。影响终孔直径的主要因素包括:

(1)岩芯直径。为研究岩石的水文地质特性,水文地质孔对岩芯直径有一定要求,我国地质部门规定终孔直径不小于 110 mm,特殊情况下可用 $\phi91$ mm 的钻头补采岩芯。

(2)过滤管直径。一般终孔直径应等于过滤管外径加填砾层厚度。不用填砾的含水层,选用与过滤管相应的钻头直径为终孔直径。

(3)抽水泵外径。需要下抽水泵抽水的水井,终孔直径一般应比泵体外径大两级。

终孔直径确定后,根据地层情况及中间变径次数,可最后推算出开孔直径的大小。

2. 基于回转钻进的钻孔结构

当前国内各部门的水文水井钻孔结构并未统一,下面介绍我国地质部门常用的孔身结构。

1)水文地质普查孔

水文地质普查孔要求全孔取芯,取芯孔段直径不小于 110 mm。因此,护孔用 $\phi127$ mm 套管,井口管用 $\phi146$ mm 套管或大一级套管(留一级备用井径)。其钻孔结构如图 11-1 所示。

2)水文地质勘探孔

水文地质勘探孔除需满足岩芯采取率及其他钻探质量指标外,还必须进行抽水试验,要求过滤器直径不小于 108 mm。根据不同地层和过滤器外填砾要求,钻孔结构可参考图 11-2 进行设计。基岩中的钻孔可在下入孔口管后裸孔一径到底。

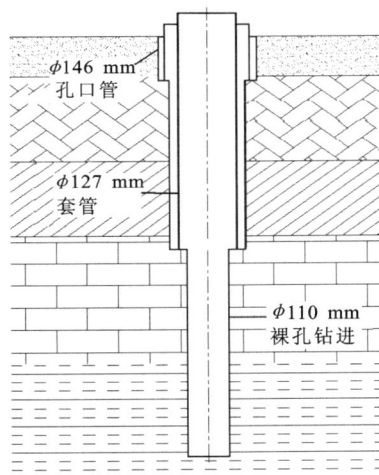

图 11-1　水文地质普查孔钻孔结构图

3)探采结合孔

探采结合孔既要满足勘探钻进的要求,又要考虑成井的需要。探采结合孔常采用直径 146 mm 的过滤管,上部井管直径应根据下入深井泵的外径确定。一般井管直径比深井泵公称尺寸大一级,井管中间变径可用异径接头联接(见图 11-3)。

4)水文地质长期观测孔

水文地质长期观测孔在取得水文地质资料后要长期监测地下水活动情况,其常用的钻孔结构如图 11-4 所示。

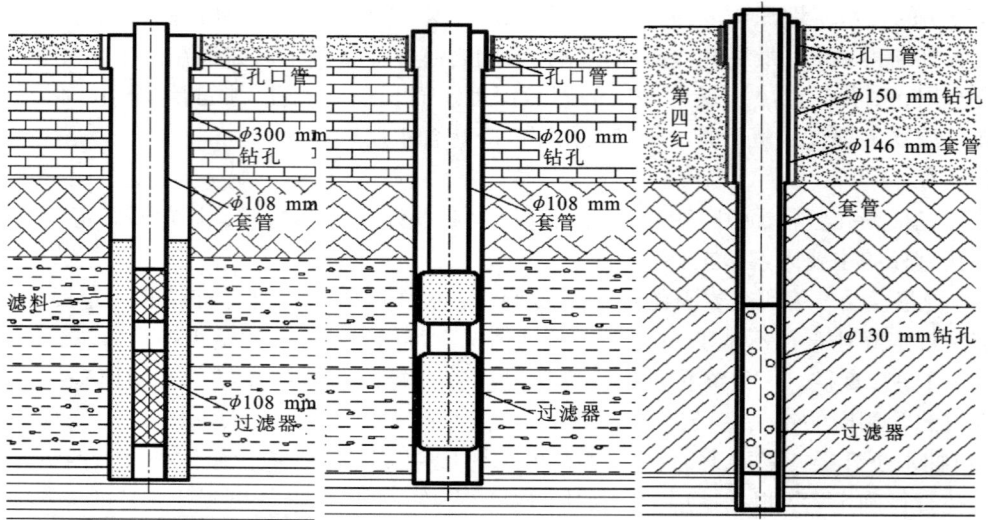

图 11-2　水文地质勘探钻孔结构示意图

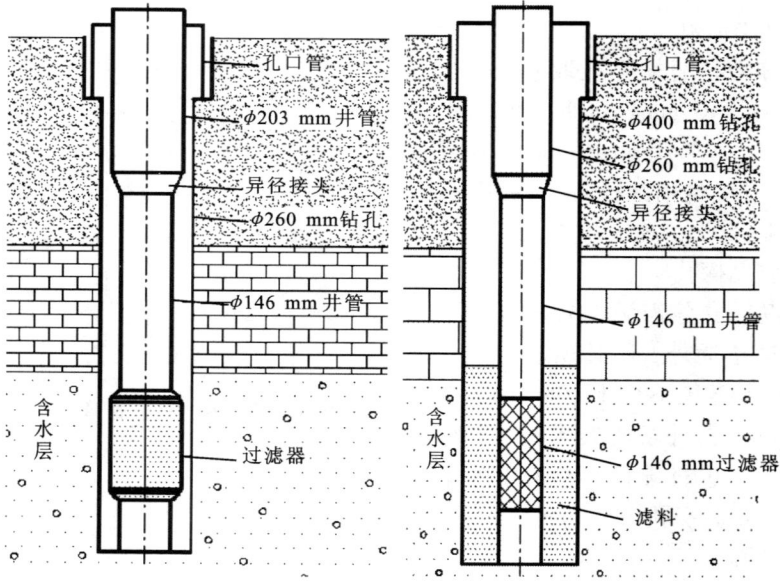

图 11-3　探采结合孔的钻孔结构示意图

5）供水井

供水井井径大，使用时间长，必须采取严格的永久性技术措施。可根据不同的井深、地层、水位等情况选择供水井的井身结构。

（1）井深小于 100 m 的浅供水井多采用一径到底的井身结构。井管采用铸铁管、混凝土管，管外投填砾石。含水层以上间隙需用黏土、水泥等充填，以隔绝地表水污染地下水。

（2）井深 100～300 m 的中深供水井一般采用钢管、铸铁管、塑料管作井管。井管内径为 200～300 mm，井身结构可参考图 11－5。

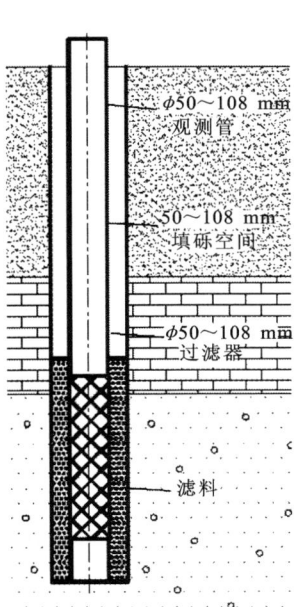

图 11－4　长期水文观测孔结构图

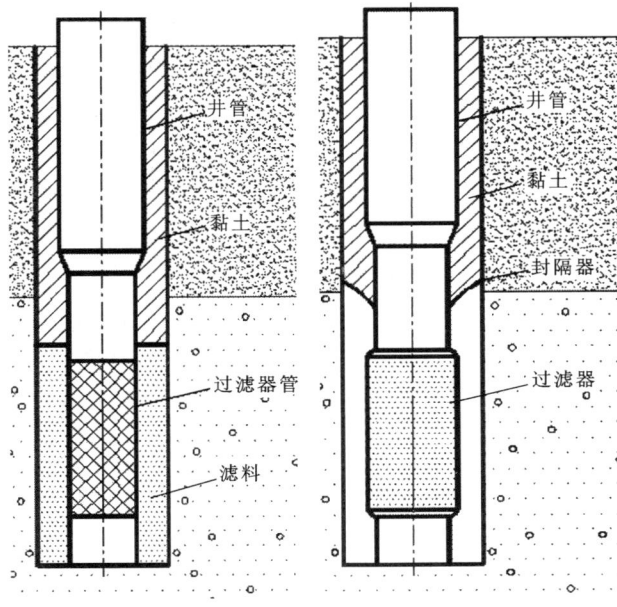

图 11－5　中深供水井井身结构图

（3）井深超过 300 m 的深供水井多用于城市供水、工业用水、开发浅部地热水等，井身结构比较复杂，要求管外严格密封止水。其井身结构的举例如图 11－6 所示。

（4）基岩供水井必须隔绝上部地表水和第四纪地层水，以防污染基岩地下水。基岩供水井一般有三种情况：一是基岩地层比较稳定，只需下井口管封隔地表水；二是上部有第四纪覆盖层，含水层在下部稳定基岩中，在第四纪地层下井管即可；三是下部基岩地层不稳定，须在第四纪地层下入井管，基岩中下入过滤管（见图 11－7）。

3. 冲击钻进的钻孔结构举例

钢丝绳冲击钻进用于在弱含水岩层和砾石沉积层中的水井钻进。这种钻进方法适用孔深 100～150 m 的钻孔，不足之处是钻进效率较低，往往要下多层套管。作为冲击钻进施工水井的孔身结构举例，图 11－8 给出了拟抽砂岩中地下水的水井孔身结构和钻孔柱

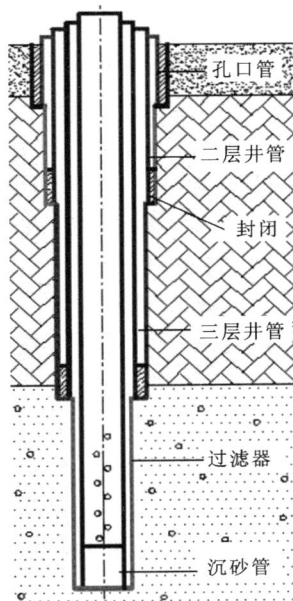

图 11－6　深供水井井身结构图

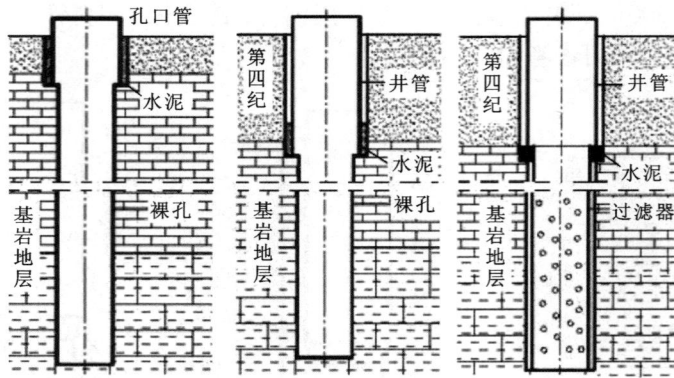

图 11 - 7　三种不同类型的基岩供水井井身结构图

状图。

11.1.2　回转钻进工艺

回转钻进仍是当前水文水井钻探工作中最有效、应用最广泛的方法。近年来逐步推广的反循环钻进，空气钻进，潜孔锤钻进等方法，都是在回转钻进的基础上发展而来的。在水文地质钻探与水井钻探工程中，回转钻进包括取芯钻进、扩孔钻进和全面钻进三种工艺。

1. 取芯钻进

取芯钻进能获取满足水文地质要求的样品，不仅适用于常规口径水文地质勘探孔，还可用于"先钻后扩"的大口径探采结合孔和基岩供水井，以减少破碎岩石的工作量。所谓常规口径是指钻头直径 110 ~ 190 mm 的水文地质孔，直径超过 200 mm 的称为大口径钻孔。

1）钻头

（1）软地层钻头类型。

软地层主要指黏土类、砂类、泥岩和无矽化灰岩等地层。这类地层易产生缩径、糊钻、埋钻、坍塌或孔径扩大等情况。适用钻头主要是肋骨式硬质合金钻头和复合片钻头。其结构与岩芯钻探用肋骨钻头相似（详见第 4.2.2 小节），只是直径更大，肋骨片数量较少，肋骨片凸出更高些。主要有三种型式：

①螺旋肋骨钻头。根据钻头直径不同，焊接 3 ~ 6 片成 45°的螺旋肋骨。这种钻头适于钻黏土、泥岩类地层，不易糊钻。

②阶梯肋骨钻头。肋骨片可以焊成两级阶梯，每级差 10 mm。适于钻进砂类，含砂黏土类以及页岩地层，修刮井壁的效果好。这种分级破碎岩石的钻头常用于做双管的外管钻头，其内外钻头的高差视地层松散程度而定，在砂质地层中可取 40 ~ 60 mm。

③内外肋骨钻头。钻头内外都焊接肋骨片可减少冲洗液阻力，有利于防止糊钻、蹩泵和岩芯滑落。

（2）基岩硬地层钻头类型。

水文地质钻探和水井钻经常钻遇基岩中的破碎带、裂隙石灰岩和大漂石、大卵石等地层。切削型钻头易产生崩刃。目前这类地层仍以钢粒钻进、取芯式牙轮钻进为主，只在较完

岩性描述	层厚/m	层底埋藏深度/m	地质剖面和钻孔结构	套管直径/mm 和深度/m	水位/m 稳定水位	水位/m 钻进水位
含云母,带褐黄色夹层的黄土状大孔隙砂质黏土	17.5	17.5		15.0	15.0	18.5
灰色细晶粒砂层	2.5	20.0				20.5
带薄夹层,片状,致密的含云母的绿色黏土	20.0	40.0		407 25.0	35.0	35.0
其下部为黏土的含水细晶粒绿色砂层	20.0	60.0			60.0	32.0 38.0 40.0
含云母的弱含水致密蓝色泥灰岩	15.0	75.0		324 65.0		70.0 65.0
细晶粒的含水灰色砂层	15.0	85.0				40.0
绿-棕色的致密黏土	9.0	94.0		273 95.0		
大-中颗粒状,带细小砾石的含水灰色砂层	26.0	120.0				35.0 30.0
绿-棕色致密的黏土	5.0	125.0		163 115.0		25.0

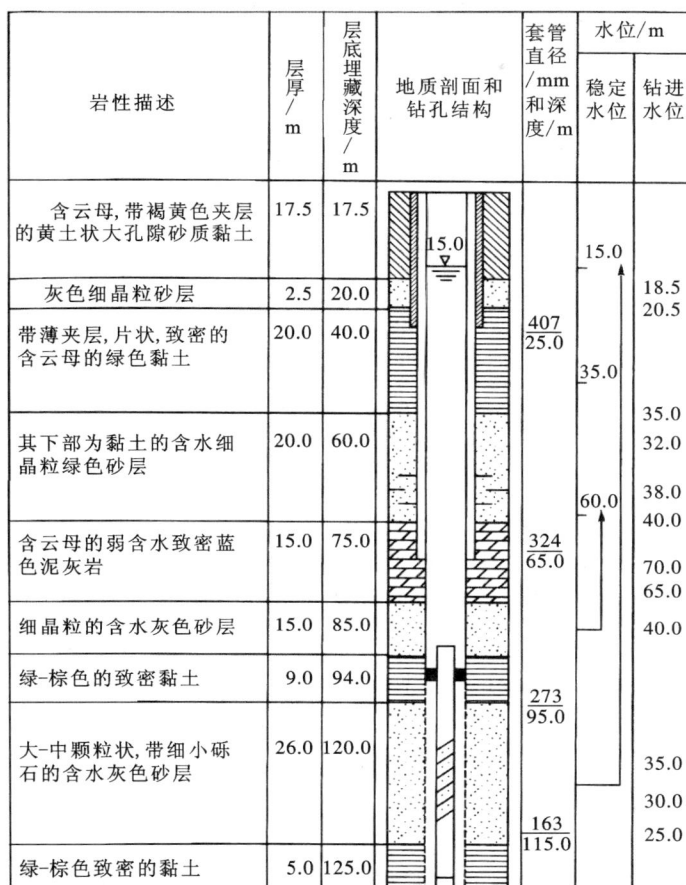

图 11 - 8   冲击钻进成孔的水井结构与钻孔柱状图举例

整地层中才采用密集式硬质合金钻头。钢粒和牙轮钻进内容详见第 4 章 4.6 节和 4.7 节。

2)取芯钻具

根据地层取芯的难易程度,一般先选用普通钻具,随着地层松散程度增加,可选单动双管或三层岩芯管,还可在岩芯管上加投球装置或喷反钻具(详见第 7 章 7.3 节),以提高岩芯的采取率。对砂类地层一般用双动双管钻具就能满足水文地质孔的取芯要求。当钻遇非常松散的流砂时,可采用内钻头带钢丝的单动双管钻具。

在水文水井钻的取芯(粗径)钻具之上应加接钻铤,以改善钻具在井内受力状态。在钻铤上部接石油钻杆,以增加其抗扭能力。为防止孔斜可在粗径钻具或钻铤上部加扶正器(详见第 9 章 9.5 节)。

3)取芯钻进的技术措施

软地层容易切入,取芯钻进的关键是取芯和及时排屑,防止糊钻。钻进时应采用大泵量、高转速、频繁活动钻具的操作方法。其规程参数参见表 11 - 1。

表 11 – 1   软岩取芯钻进规程表

地层	钻头	规程要点	压力 /N（每颗合金）	转速 /(m·s⁻¹)	泵量 /(L·min⁻¹)	投砂量 /kg
黏土类	各型合金肋骨钻头	大泵量、高转速、勤提动钻具	400 ~ 500	0.9 ~ 2.5	尽量大	—
砂类	普通合金钻头	轻压、中转速、中或大泵量	200 ~ 300	0.3 ~ 1.4	200 ~ 400	—
砾、卵石、漂石层	钢粒或钢丝钻头	中等或较大钻压、低转速、中等泵量	全压/kN 8000 ~ 15000	0.4 ~ 1.0	70 ~ 150	10 ~ 20

钻进砂类地层时很易进尺，保持井壁稳定是关键。为此，应使用轻压力、中转速、优质泥浆配合适当的泵量（防止冲垮孔壁）、适当控制给进速度的操作方法。

2. 扩孔钻进

为获取分层水文地质资料，施工探采结合孔或设备能力不足时，往往采用先钻小直径取芯孔再扩孔的钻进方法。扩孔次数称为扩孔级数。每级扩孔加大的直径差称扩孔级差。

扩孔钻进应力求快扩快结束，以减少泥浆对地层的污染和侵入，影响洗井的时间。快速扩孔的关键，一是保持泥浆的性能，能及时排除扩孔产生的大量岩屑；二是选用强度足够的钻具，能承受大直径扩孔的扭矩和钻具的剧烈震动。

1）扩孔钻头

扩孔钻头应有小径导向部分以保证钻孔方向。根据所钻地层扩孔钻头的主要类型有：

（1）螺旋翼片式扩孔钻头［见图 11 – 9（a）］。在常规钻头体上焊 6 片螺旋翼片，适用于黏土、黏土夹砾和砂质黏土、黏砂等地层。

（2）四翼或六翼直焊翼片扩孔钻头［见图 11 – 9（b）］。扩孔时在孔底以锥形或阶梯形克取岩石，扩孔阻力小，适用于黏土、黏土类砾石或夹碎石等地层。

（3）多级翼片式扩孔钻头［见图 11 – 9（c）］。把 9 ~ 15 片翼片分 3 ~ 5 组逐级焊在常规钻头体或 89 mm 的钻杆上，扩孔时逐级破碎岩石，减少扩孔阻力，适用于黏土、砂或黏砂等地层。

（4）牙轮扩孔钻头（见图 11 – 10）。主要用于基岩扩孔钻进。由于已有小眼形成的自由面，在牙轮的冲击作用下可产生较大的体积碎岩效果。常用三牙轮、四牙轮、六牙轮扩孔钻头，其中三牙轮使用最广。

2）扩孔钻具

扩孔钻具的连接和扶正方式见图 11 – 11 所示。扩孔钻具的结构特点：

（1）由于扩孔阻力大，提钻间隔长，粗径钻具要有足够的连接强度，防止脱落与折断。常用厚壁管材做钻具，采用长丝扣或法兰盘连接。

（2）须有导正装置使钻具回转平稳，防止孔斜。在扩孔钻头翼片上方和钻头上方 5 ~ 6 m 的岩芯管或钻杆上各焊一个小于钻头直径 4 ~ 10 mm 的导正圈，外表焊硬质合金以增加其修孔能力。

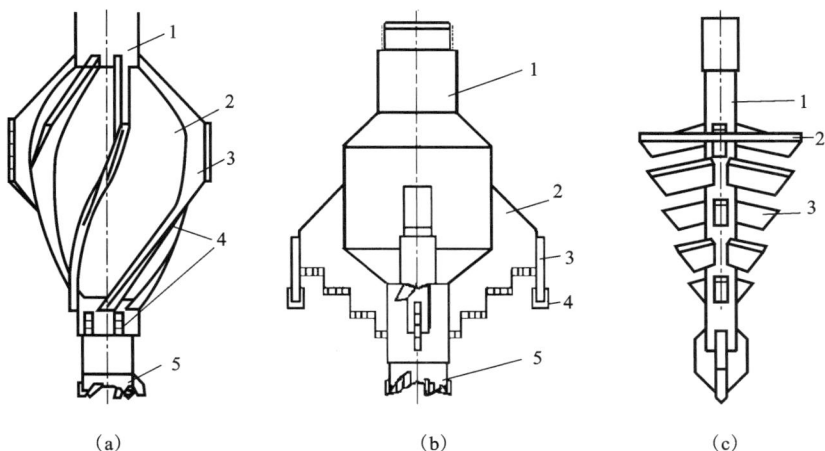

图 11 – 9　扩孔钻头

（a）螺旋翼片式扩孔钻头：1—钻头体；2—护板；3—翼片；4—硬质合金；5—螺旋肋骨钻头

（b）四翼阶梯翼片式：1—钻头体；2—翼片；3—切削肋骨；4—硬质合金；5—螺旋肋骨钻头

（c）多节翼片式扩孔钻头：1—ϕ89 mm 钻杆；2—导正圈；3—翼片

图 11 – 10　牙轮扩孔钻头

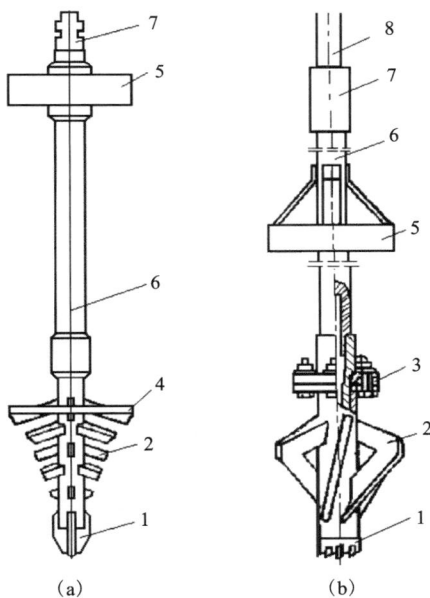

图 11 – 11　扩孔钻具结构示意图

（a）螺纹连接；（b）法兰盘连接

1—引向钻头；2—翼片；3—法兰盘；4—导正圈；

5—导向；6—钻杆；7—变径接头；8—小径钻杆

3）扩孔钻进规程参数

不同地层的扩孔规程参数见表 11－2。

表 11－2　不同地层的扩孔规程参数参考值

地层	扩孔规程	参数参考值
黏土类地层	中等压力、中转速和大泵量	钻头总压力 $P = 5 \sim 10$ kN
		转速 $v = 0.5 \sim 1.5$ m/s
		泵量 $Q > 400$ L/min，井径越大，Q 值越高
砂类地层	轻压、慢转、大泵量	钻头总压力 $P = 3 \sim 8$ kN
		转速 $v = 0.4 \sim 1.1$ m/s
		泵量 $Q > 400$ L/min 井径越大，Q 值越高
砾石、卵石地层	尽量不采用扩孔钻进，应一次成井，但遇有含少量的卵砾石或地层较薄时，可采用强度大的扩孔钻头。规程采用中等压力、慢转速和中等泵量	

3. 全面钻进

在地质情况清楚，不需要取芯或某些层段不必取芯的水井、探采结合孔或水文勘探孔可以采用全面钻进方法一次成井。有些大卵砾石层、漂石层用取芯钻进确有困难时，也可以采用全面钻进。在需要间隔取样的区段可用冲击钻进取样，既能满足取样要求，又能提高钻进效率。

1）全面钻进钻头

（1）翼片式全面钻头。

钻进黏土类或砂类砾石地层常用稳定性好的三翼钻头；钻进较软的地层（配合冲击取样器间隔取样）可用鱼尾钻头；钻进夹有大卵石的地层可选四翼钻头或多翼钻头。水文地质水井钻探常采用多翼（3~6 片）钻头，翼片多采用锥形或阶梯形，以防止井斜。

（2）牙轮钻头。

牙轮钻头适用范围广，从软地层到硬基岩均可使用。随着水文地质水井钻探设备的更新，钻压、泵量的提高，牙轮钻头（尤其是三牙轮钻头）已在水文地质水井中普遍采用。

2）全面钻进技术参数

近年来，石油钻井的全面钻进工艺已逐渐引入水文地质钻探与水井钻中，有利于提高钻进速度和成井质量。主要表现在：

（1）采用大钻压（强力钻进规程）。

当前水文地质孔和水井钻采用 73 mm（$2\frac{7}{8}$ in）、89 mm（$3\frac{1}{2}$ in）、114 mm（$4\frac{1}{2}$ in）钻杆配相应的钻铤，为三翼钻头、鱼尾钻头和三牙轮钻头采用强力规程创造了条件。

（2）配备大排量泥浆泵。

近年来，水文地质水井设备中的泥浆泵已从 200 L/min 提高到 600 L/min、850 L/min、1200 L/min，且有进一步提高的趋势。这对于提高喷嘴式刮刀钻头和三牙轮钻头的钻进速度，防止糊钻，增强排粉能力都有显著效果。

参考石油钻井规程，并考虑到水文地质孔和水井的设备条件，其全面钻进的规程参数可参考表 11－3 所示的值。

表 11 - 3　大口径全面钻进的钻进规程参数表

钻头类型	岩性	钻进规程要点	钻压/N(每 in 直径)	泵量/(L·min⁻¹)	转数/(r·min⁻¹)
鱼尾、三翼、四翼钻头	1～3级松散、松软、塑性、黏性地层	中转数、大泵量、适当钻压	800～2000	400以上	50～150，在均质地层可达200以上
三牙轮钻头	中、硬3～6级均质岩层、砾石、卵石层	重钻压、大泵量、适当转数	2000～5000	400以上	50～100

4. 大直径回转钻进的排粉问题

在软地层进行正循环回转钻进时，主要矛盾不是切削岩石，而是及时从孔底把大量产生的岩粉排除干净。否则就会影响钻进效率，甚至导致孔内事故。从及时排粉的要求出发，在冲洗液上返速度 0.3～0.9 m/s 的条件下，水文地质钻探与水井钻所需的泵量如表 11 - 4 所示。必须指出，表 11 - 4 中所列的泵量并未考虑井径的扩大和钻孔漏失。但是，就是这些表中的数据，目前野外队普遍使用的泥浆泵能力也难以完全达到。

表 11 - 4　不同井径、钻杆直径、上返流速条件下大口径正循环钻进所需泵量

钻井直径 D /mm	钻杆直径 d /mm	环状面积 F /m²	环隙上返流速 v/(m·s⁻¹) 0.30	0.35	0.40	0.45	0.50	0.60	0.70	0.80	0.90
			所需泵量 Q/(L·min⁻¹)								
150	63	0.015	270	315	360	405	450	540	630	720	810
200	89	0.025	450	528	600	675	750	900	1050	1200	1375
	114	0.021	378	441	504	567	630	756	882	1008	1134
250	89	0.043	774	903	1032	1161	1290	1548	1806	2064	2322
	114	0.039	702	819	936	1053	1170	1404	1638	1872	2106
300	114	0.060	1080	1260	1440	1620	1800	2160	2520	7880	3240
	127	0.058	1040	1218	1392	1566	1740	2088	2436	2784	3132
350	114	0.016	1548	1806	2064	2322	2580	3090	3612	4128	4644
	127	0.014	1511	1764	2016	2268	2520	3024	3528	4032	4536
400	114	0.115	2070	2415	2760	3105	3450	4140	4830	5520	6210
	127	0.113	2034	2373	2712	3051	3390	4068	4746	5424	6102
450	114	0.149	2682	3129	3576	4023	4470	5364	6258	7152	8046
	127	0.146	2628	3066	3504	3942	4380	5256	6132	7008	7884
500	114	0.186	3348	3906	4464	5022	5580	6696	7812	8928	10044
	127	0.184	3312	3864	4416	4568	5520	6624	7728	8832	9936
550	114	0.227	4086	4767	5448	6129	6810	8172	9534	10896	12258
	127	0.225	4050	4725	5400	6075	6775	8100	9450	10800	12150
600	114	0.278	4896	5712	6528	7344	8160	9792	11424	10356	14688
	127	0.270	4860	5670	6480	7290	8100	9720	11340	12960	14580

解决大直径回转钻进排粉问题的途径：

（1）增大泥浆泵的能力、改善泥浆性能，提高排粉能力；

（2）改变洗井方式，将正循环改成反循环方式，用反循环回转钻进工艺可施工大口径井（直径 1 ~ 1.5 m），在软和疏松岩层中可钻进开发 100 ~ 150 m 深的含水层。

11.2 水井成井

11.2.1 下过滤器

钻成水文地质钻孔或水井后，还必须下管取得抽水资料。在含水层段（如砂岩、破碎的断层带）不稳定的情况下必须在井管中接入过滤器（又称过滤管）支撑孔壁，让含水层中的水可自由畅通地流入水井，同时阻止砂或碎岩随水流入，即起到滤水挡砂的作用（参见图 11-2 ~ 图 11-5）。在岩石稳定的孔段可不用滤水管。由于地下水活动的地方多为岩层不稳定层段，因此多数水井都需下入过滤器。

自然界含水层的情况千变万化，必须使用不同的过滤器。选择过滤器的基本要求为：

（1）具有最大的进水面积，以减少地下水经过的阻力。地下水在这里的流速变化越小，发生结垢的可能性越小，从而可延长过滤器的使用年限；

（2）具有足够大的机械强度，能满足安装井管时的负荷和抵抗地层的压力；

（3）具有足够的耐磨、耐腐蚀能力和不因过滤器被腐蚀而破坏水质的卫生要求；

（4）具有良好的滤水挡砂能力，滤水孔不易被地层中的物质堵塞；

（5）安装方便、成本低廉以及取材容易。

国内外对过滤器进行了大量研制工作，设计了适合各种地层的不同类型过滤器，并形成系列。

1. 骨架式过滤器

骨架式过滤器是用钻孔、模压、焊割、铣切等方法在不同材质井管上开出圆孔或条缝作为进水通路，是一种结构最简单的过滤器。它除独立用作过滤器外，还常作为其他类型过滤器的骨架。骨架式过滤器有三种滤水孔形状。

1）圆孔过滤器

圆孔过滤器如图 11-12 所示。其圆孔直径 d 取决于过滤器的用途。独立作为过滤器使用时，d 取决于含水层颗粒的大小及其均匀度，一般常为 10 ~ 20 mm 左右（俄罗斯推荐 d 为含水层岩石颗粒平均尺寸的 1.25 ~ 3.0 倍）。若作为其他类型过滤器的骨架，则 d 可取大些。一般取孔间距 $a = (2.5 ~ 3.0)d$。

圆孔过滤器的孔隙率是过滤器上

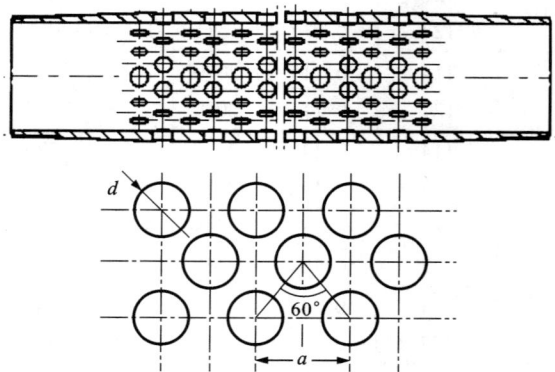

图 11-12 圆孔过滤器结构图

圆孔面积总和与过滤器有效表面积之比。若过滤器外径为 D，有效长度为 H，则每排孔数为 $\pi D/a$，圆孔排数为 $H/a\sin60°$。所以孔隙率 m 为：

$$m = \frac{\dfrac{H}{a\sin60°} \times \dfrac{\pi D}{a} \times \dfrac{\pi d^2}{4}}{\pi DH} = 0.91\frac{d^2}{a^2} \qquad (11-1)$$

圆孔过滤器的孔隙率大小，影响着不同材质过滤器的强度。钢质过滤器可制成孔隙率在 30% 以上，铸铁过滤器可在 23% 左右，石棉水泥过滤器则为 15% ~ 16%。

圆孔过滤器结构简单，具有较大的孔隙率和抗压强度。适用于破碎带或含砂量不大于 10% 的卵砾石含水层。

2）条缝式过滤器

条缝式过滤器用模压、冲压、铣切或气割等方法在井管上加工而成。其条缝的形式很多，常见的条缝结构如图 11 –13 所示。

条缝的宽度取决于含水层岩石的粒度，其标准宽度为 2.0、2.5、3.0、4.0 mm。长度一般制成 150 mm，各排条缝之间距离为 10 ~ 20 mm。条缝过滤器的孔隙率比圆孔过滤器大，应用范围更广，适用于粗砂、砾石、破碎带等含水层中，也可以作为其他类型过滤器的骨架。

（3）筋条过滤器

筋条过滤器是在过滤器两接头间焊接直径 10 ~ 16 mm 的钢筋或三角形钢条，围成长约 3 ~ 4 m 的圆柱形。其内每隔 1 m 左右焊一支撑圈，以增加其刚度。筋条过滤器的孔隙率大，可达 40% ~ 60%，又节省材料。筋条过滤器可作为贴砾过滤器和缠丝过滤器的骨架。单独使用筋条过滤器的地层是涌水量大而薄的含水层，如裂隙、溶洞等。

2. 缠丝过滤器

缠丝过滤器是在骨架过滤器外缠以金属丝而成。为使水流通畅，可在圆孔过滤器或条缝过滤器管外每隔 40 ~ 50 mm 焊上直径 6 mm 的垫筋，再缠梯形、圆形或三角形断面的金属丝。以梯形金属丝最好，缠丝时梯形上底向内，下底向外，使滤水孔断面呈"V"形。这种滤水孔既可减少砂粒堵塞，过水效率又高（见图 11 –14）。根据含水层砂径来确定过滤器的缠丝间距，常用间距规格有 0.5、1.0、

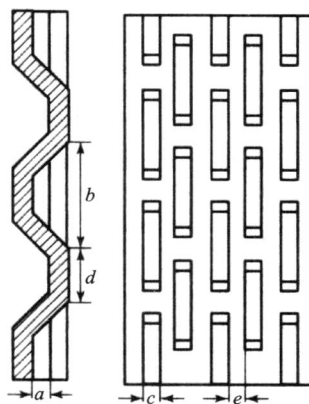

图 11 –13　桥型条缝式通水孔详图

a—桥高；b—缝隙长度；c—桥宽度；
d—条缝间垂直距离；e—条缝间宽度

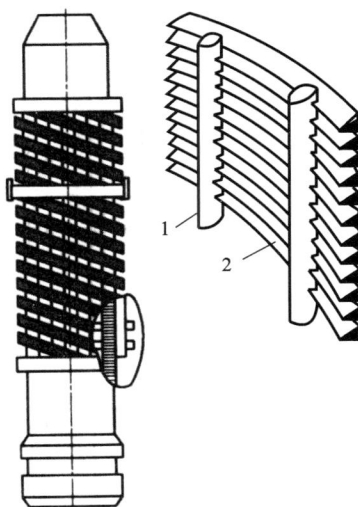

图 11 –14　缠丝过滤器

左图：缠金属丝的过滤器；右图："V"形滤水孔过滤器。1—钢筋；2—梯形滤水丝

1.5、2.0、2.5、3.0、4.0、5.0 mm 等。

"V"形滤水孔的过滤管结构较为理想。其外表滤水孔连续，孔隙率大；与任何粒径的砂粒接触，砂粒不会卡死在滤水孔中，便于洗井和修井。我国、德国和美国公司的过滤器都采用这种形式。

近年来，采用尼龙丝和增强玻璃纤维丝代替金属丝用于腐蚀环境中，既能延长井的工作寿命，又可节约大量金属，效果较好。

3. 包网过滤器

用过滤网代替金属丝缠包在骨架管上制成的过滤器称为包网过滤器。常用的过滤网有：钢丝网、铜丝网和不锈钢丝网、聚氯乙烯塑料网、尼龙丝网和玻璃丝网。钢丝网易腐蚀，铜丝网易形成电化学腐蚀，故逐渐被非金属丝网取代。

包网过滤器易堵塞，不宜用于永久性生产水井。但过滤器直径与井管直径相近，且安装方便，常用于水文地质勘探的临时抽水作业井。

4. 砾石过滤器

砾石过滤器是用与含水层颗粒匹配的砾石充填于骨架管与含水层之间形成的人工砾石过渡层，以增大水井的过滤半径。其骨架管常是骨架过滤器、缠丝过滤器或特制的框架，如图11-15所示。砾石过滤器可分为地面预制和地下填砾两大类。

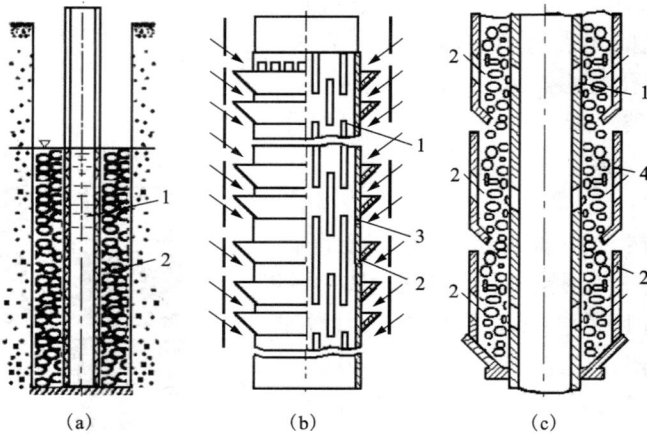

图 11-15　砾石过滤器

(a)填充式砾石过滤器；(b)筐状砾石过滤器；(c)带罩砾石过滤器
1—过滤器骨架或网状过滤器；2—砾石填料；3—铁质填砾筐；4—外罩

地面预制的过滤器填砾时要仔细分选分层装填，整体下入井中。其结构复杂，安装不便，只在特殊井中应用。为了提高砾石过滤器的工作可靠性，考虑到充填的砾石在使用过程中可能下垂和被压实，所以人工填砾时应在滤水管骨架上部孔段5~10 m建立砾石储藏。

5. 贴砾过滤器

贴砾过滤器简称贴砾管，是近年出现的一种新型的过滤器(见图11-16)。这种过滤器是将滤料、黏贴剂、石膏等物质按一定比例在模具里加压、固化在骨架管外而成。

国产贴砾管主要性能为：

骨架管孔隙率　　　　　　　20% ~ 30%

贴砾层空隙率　　　　　　　25% ~ 34%

贴砾层渗透系数　　　　　　190 ~ 357 m/d

贴砾层抗压强度　　　　　　>6.9 MPa

贴砾层抗弯强度　　　　　　>2.9 MPa

贴砾层抗剪强度　　　　　　>2.0 MPa

耐温性能　　　　　　　　　干热 150℃，热水 100℃ 以内

贴砾过滤器具有透水性好、挡砂可靠、使用方便、成本低等特点，并可缩小井径，简化成井工艺。因贴砾规格可以根据含水层的粒径选择，因而应用广泛，特别对于细颗粒含水层和难以投砾的深井更显示其优越性。

图 11 - 16　贴砾滤水管

6. 玻璃钢过滤器

玻璃钢过滤器是采用热固性树脂浸渍玻璃纤维机械缠绕一次成型。滤水孔为玻璃纤维架桥式结构，滤孔直径 1.0 ~ 2.0 mm，孔隙率 16.8% ~ 18.4%。国产玻璃钢滤管规格见表 11 - 5。

表 11 - 5　玻璃钢过滤器规格表

规格/mm	壁厚/mm	长度/m	质量/kg	连接方式
152	9 ~ 10	3	7	螺纹，焊接
203	9 ~ 10	2.5	8	螺纹，焊接
254	11 ~ 12	2.5	9	螺纹，焊接
305	11 ~ 12	3	11	螺纹，焊接

7. 塑料过滤器

近年来，国外塑料过滤器发展很快。塑料过滤器成本低，形式多，可以适应不同的地层条件。我国的热塑型塑料过滤器的性能如下：

抗拉强度　　　　　　　　　23 MPa

抗弯曲强度　　　　　　　　35 MPa

抗冲击强度　　　　　　　　(20℃时)0.75 MPa

塑料过滤器的长度一般为 2 m；滤孔尺寸有 0.5 ~ 1.0 mm、2.0 ~ 4.0 mm 等；过滤器的直径有 102、152、203 mm 等不同规格。

除上述过滤器外，国内还使用石棉水泥过滤器、水泥砾石过滤器、炉渣水泥过滤器等其他类型。这些过滤器加工制造容易，成本低，但重量大，多用于农田灌溉水井。

11.2.2　止水与封闭

对水文地质钻孔和供水井目的层以外的地层进行封闭和隔离，以防止对目的层干扰和污染的工作称为止水。在水文地质钻孔中，止水的目的是为了获得不同层位水文地质资料，其工作的优劣影响资料的准确性和真实性。因此，它是衡量钻探工作质量的标志之一。供水井

的止水或称管外封闭，目的在于建立永久性的优质、高产涌水量。

止水是根据孔内试验要求和地层情况，采用合适的止水材料来封闭套管(井管)与含水层之间的间隙。止水的方式主要分为临时止水和永久止水两种。

1. 临时止水

要对孔内两个以上目的层进行测试，或该目的层取完资料后并无保存必要时，采用临时止水方法。临时止水材料除要求止水可靠、不污染地下水外，还应有利于套管的起拔。常用的止水材料有：海带、桐油石灰、橡胶制品等。

1)海带止水

由于海带具有柔软、遇水膨胀、压缩后对水气不渗透等性能。因此，多用于松散地层与较稳固的隔水层处的临时止水。由于海带容易被破坏，因而减少了起拔套管的阻力。

2)桐油石灰止水

加工后的桐油石灰混合物具有良好的黏性、塑性及不渗水性。根据止水的位置、水头高度和地下水性质来选择混合物的油灰比，一般为1:3~1:5。为增强混合物的强度，可在油灰中加一定量的麻刀、废棉丝等纤维物质。将桐油石灰混合物做成小球投入井内或涂于带托盘的套管上，放入井内进行止水，成本低廉，安全可靠。

3)橡胶制品止水

利用橡胶富有弹性和不透水的特性，将橡胶球、胶圈、胶囊等形状的橡胶制品固定于止水管外部，利用机械压缩、充水或充气等方法使之膨胀，即可封闭井管与井壁环状间隙，达到止水目的。

图11-17为临时止水用的水压胶囊。进行止水时，将钻杆放入止水器内压紧，再通过钻杆向胶囊中充水，使胶囊胀大封闭套管与井壁间隙。起拔套管时，将钻杆拉出，换放水叉下井并通过喉管接头，旋转放水叉使其切断放水短管上的焊锡销，水便从囊内流出，即可起拔套管。

2. 永久止水

永久止水用于供水井封闭有害含水层，以防止水质恶化。通常采用黏土、水泥等永久性材料。

1)黏土止水

黏土止水适用于大口径松散地层填砾成井的生产井、抽水试验孔或长期观测孔。止水时将黏土小球围填于钻孔和套管之间，或先投入钻孔内，然后下入带木塞的套管将黏土挤在套管与孔壁之间。当钻孔很深时，也可将稠黏土泥状灌入井管外间隙中。

2)水泥止水

水泥在水中硬化，具有较高强度和良好的隔水性能，广泛应用于永久性止水。

水泥止水时，常利用泥浆泵将水泥浆泵入井管与孔壁之间。泵入的方法一般采用钻杆经井管内径特殊接头再流到井管外环状空间，也可直接用钻杆向套管外灌注。水泥种类很多，

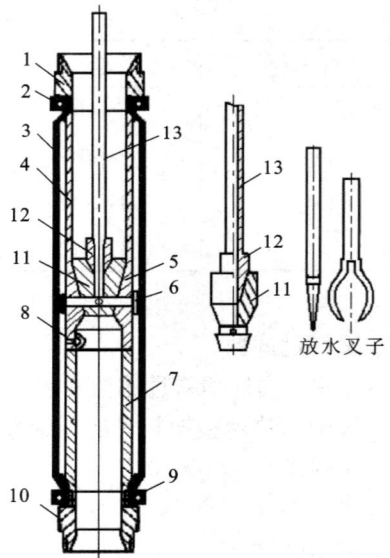

图11-17 水压胶囊止水器

1、10—上下变丝接头；2、9—上下卡环；3—胶囊；4、7—上下短管；5—喉管接头；6—胶皮阀；8—放水短管；11—送水接头；12—锁接头；13—钻杆

可根据条件加入各种添加剂，以适用不同的地下水和地层情况。

应采用黏土球或水泥浆围填、封闭供水井和探采结合孔孔口管周围，封闭段长度为 5～10 m。

3. 止水质量的检查

止水工作完毕后必须进行质量检查，以保证所取得资料的准确性。

1）水位检查法

止水生效后，管内外静止水位即发生变化。如果相邻含水层压力相差不大，可以采用向某一含水层抽水或注水，测量含水层的静水位有无变化来检查止水质量。

2）泵压法检查止水效果

在抽水前先不打开水管下部的挡板，而向止水孔段注水，如耗水量小于规定数量则认为止水有效。

3）食盐扩散检查法

利用食盐溶液与淡水电阻率不同，人为地在某一含水层加入食盐。用电测法来测定两含水层的电阻率变化，判定止水质量。

11.2.3　洗井方法

目前国内外普遍采用的泥浆循环钻进方法对钻孔周围的含水层将会产生程度不同的损害。最显著的影响是孔壁结泥皮，堵塞地层孔隙。采用清水作循环介质比泥浆好些，但破碎的岩屑和泥砂在随循环液体上升过程中同样会渗入孔壁。

清除井壁上的泥皮，并把深入到含水层中的泥浆抽吸出来，恢复含水层的孔隙，进而抽出含水层中一部分细粒颗粒，扩大其孔隙形成一个高渗透率人工过滤层的过程称为洗井。通过洗井，要在过滤器周围形成渗透性由高变低的自然圆环带。

洗井工作必须在下管、填砾、止水后立即进行，以防止因停置时间过长，井壁泥皮硬化，不易破坏，造成洗井困难，影响水井的出水量。

洗井的方法很多，实际工作中应根据过滤器类型、材质和地层情况及填砾的粒度和厚度来选择相应的洗井方法。下面介绍几种常用的方法。

1. 活塞洗井

将特制的洗井活塞安装在钻杆或捞砂抽筒上，送至过滤器部位，用升降机使活塞在过滤器内上下往复运动，从而产生抽吸及水击作用，破坏填砾层外的泥皮，疏通含水层通道。这种活塞在填砾层中造成的水力冲击较大，甚至引起滤料来回翻腾，滤料重新排列压实，具有良好的洗井效果。图 11－18 为国内常用的洗井活塞。

2. 压缩空气洗井

压缩空气洗井中比较有效的是喷嘴反冲法。如图 11－19 所示，在风管下部装上一个锥形喷嘴，压缩空气以很高的速度喷出，借水气混合物的冲力通过滤水孔，在管外形成漩涡流动，使砾石左右翻腾，破坏泥皮，使水携带含水层细砂向含水层进进出出，从而达到洗井目的。喷嘴应从含水层上部开始，逐渐下移，直至整个含水层都冲刷一遍。有时和活塞洗井结合起来，每喷刷一次再用活塞提拉一次。

图 11－20 为国外用空压机激荡洗井的原理示意图，它通过风管上下移动使水来回流动。当风管下移露出水管时，气水混合物冲向含水层；当风管抽回水管内时，含水层中的水被抽吸出来，如此循环达到洗井目的。

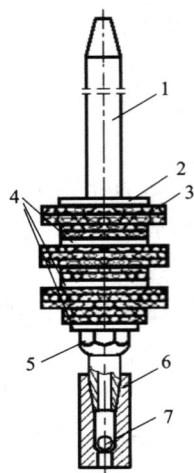

图 11 – 18　洗井活塞

1—钻杆；2—压片；3—胶皮；

4—垫片；5—螺母；6—阀座；7—球阀

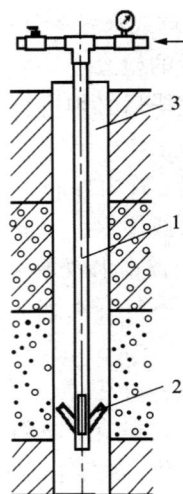

图 11 – 19　喷嘴反冲洗井

1—风管；2—喷嘴；3—井管

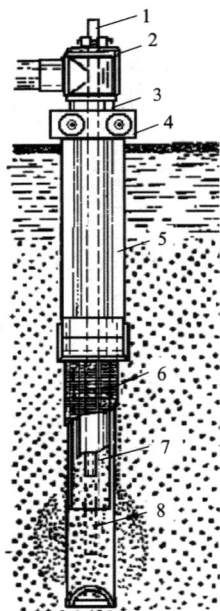

图 11 – 20　空气激荡洗井

1—风管；2—孔口塞；3—扬水管；4—管夹板；
5—套管；6—过滤器；7—风管在扬水管内的位
置；8—风管伸出扬水管的位置

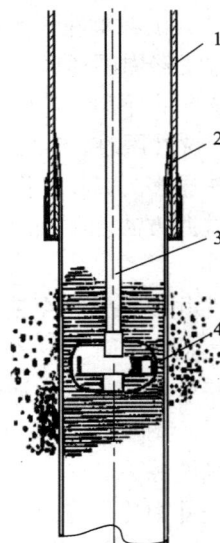

图 11 – 21　喷射洗井

1—井管；2—铅封头；
3—喷射管；4—喷射工具

3. 喷射洗井

国外常采用硬质合金喷嘴向井壁喷水来达到洗井目的(见图 11 - 21)。高压水使过滤器外的砾石发生漩涡移动,从而使砾石重新排列达到洗井目的。这种方法不但用于洗井,还可用于修井。

4. 物理化学洗井

物理化学洗井是近年来新发展起来的方法。物理洗井通过向井内注入物质在井内产生激烈物理效应,使井内的水喷出地表,达到洗井目的。常用的物理洗井介质有:液态二氧化碳、液态氮和固态二氧化碳等。化学洗井是向井内注入可与泥皮发生化学反应的药品,使泥皮软化分散,易于被破坏。用于化学洗井的药品有磷酸盐和盐酸等。

1)二氧化碳洗井

20 世纪 70 年代末我国开发了液态二氧化碳洗井技术,现在该洗井方法已可应用于 2000 m 以上的深井。

液态二氧化碳是净化后的二氧化碳气体在 7 MPa 压力下形成的液态物质。通过高压管道输入井内后发生物相变化,释放出强大的压强,产生高压混合流激浪冲击裂隙,冲刷破坏泥皮和岩粉对水路的堵塞,并以井喷的形式带出清洗下来的堵塞物。同时,井内出现低压区,在压差作用下地层水涌向井内。在液态二氧化碳作用下,这种水的正、反向流动反复发生,从而把堵塞物冲刷干净。在深井条件下,须在输入井内的管汇上并联水泵的压力将液态二氧化碳送入井内。

2)焦磷酸钠洗井

国内对使用焦磷酸钠洗井的原理观点尚未统一,综合起来有两种意见:

(1)焦磷酸钠与泥浆中的黏土发生络合反应,形成水性络离子,其反应式为:

$$Na_4P_2O_7 + Ca^{2+} \longrightarrow CaNa_4(P_2O_7)^{2+}$$
$$Na_4P_2O_7 + Mg^{2+} \longrightarrow MgNa_4(P_2O_7)^{2+}$$

产生的络合离子为惰性粒子,因此不发生可逆反应。络合离子本身不会聚结沉淀,也不再与别的离子化合沉淀,因此,它易于在洗井抽水过程中排出孔外,从而达到洗井目的。

(2)磷酸根带有比其他无机离子更强的负电荷,容易吸附在黏土晶体有 Al、Si 离子裸露的棱角部位。它们与其他黏土片的负电位接触便产生聚结而形成泥皮。当磷酸根粒子吸附于黏土棱角部位时,就使黏土本来表面负电性不强的位置变强了,从而使黏土粒子间斥力增大。与此同时,磷酸根离子的吸附又带进来较厚的水化膜,更增加了黏土颗粒的水化。因此产生分散作用,聚结在一起的泥皮又显泥浆状态,从而使井壁泥皮遭到破坏。

通常在注入焦磷酸钠溶液的同时,注入一些表面活性剂(十二烷基苯磺酸钠等)以促使黏土颗粒在溶液中分散。

3)酸化洗井

利用盐酸来洗碳酸盐类岩石中的水井或对旧井的增产处理,在我国使用广泛并取得较好的效果。

4)综合洗井

在同一井内交叉采用两种或多种洗井方法称为综合洗井。通常当井壁泥皮较厚或结硬时,先向井内注入焦磷酸钠使泥皮软化,然后用活塞洗井或液态二氧化碳洗井。在基岩中,可在使用液态二氧化碳洗井之前先注入盐酸以增强洗井效果。

11.3 抽水试验

11.3.1 抽水试验概述

抽水试验是水文地质钻探和水井钻中一项非常重要的工作。为获得钻孔的实际出水量和水位下降与涌水量的变化关系，求得含水层的渗透系数，查明水质、水温和单孔影响半径等资料，评价地下含水层水文地质参数，为合理开发地下水提供可靠的依据等，需要进行抽水试验。同时，通过抽水试验还可以进一步检查止水质量和洗井效果。

为了保证获取资料的准确性，抽水试验必须符合下述基本要求：

（1）洗井后和抽水试验前，应测量静止水位并丈量井深；

（2）对于探采结合孔，每一含水层的抽水试验都应进行两个以上的落程，每个落程的稳定时间为 8～24 h。供水孔，每一含水层应抽三个落程，稳定时间分别为 8 h、16 h、24 h，每个落程结束后，应观测其恢复水位；

（3）在松软岩层中进行抽水试验时，落程应由小到大，以避免含水层受到过大的扰动；

（4）如水质受污染，应适当延长抽水时间，在水的化学成分稳定前不能停止抽水。

合理选择抽水设备的类型是准确获取水文资料，充分发挥水井效益和降低成本的重要基础。设备选择主要取决于水文地质条件（包括静水位、动水位、涌水量等）、钻孔结构、孔内出砂量以及抽水设备本身的技术特性。常用的抽水设备和抽水方式包括：提筒抽水、人力泵抽水、离心泵抽水、射流泵抽水、潜水泵抽水和空气压缩机抽水等。

提筒抽水一般用于地下水位较深，水量不大且水文地质部门对于抽水试验数据要求不高的钻孔。提筒为长 1.5～2 m 的圆筒，直径可根据钻孔直径选取。一般用小于钻孔直径的套管制成，筒底有活门，筒口焊有提梁可系钢丝绳，利用钻机升降机进行抽水。用提筒抽水，水量不精确，所得资料可靠性较差，只适于矿区次要钻孔的抽水试验。

人力吸水泵是我国农村普及的一种简单立式活塞泵，适于水位 6～7 m、水量不大的钻孔抽水。

离心泵多用于地下水位埋藏较浅且出水量大的水井中。离心泵的吸程一般为 6～7 m，排水量可依据钻孔涌水量选择。离心泵的优点是结构简单，体积及重量小，出水量大且均匀，成本低。离心泵的缺点是降深小，抽水启动前需灌水等。

射流泵抽水、潜水泵抽水和空气压缩机抽水试验方法更常用，而且比上述方法更精确。

11.3.2 射流泵抽水

当水位较深时可采用射流泵。射流泵由一台地面高压泵（往复泵或离心泵）与井下的喷射器组合而成。其工作原理与喷射式反循环钻具类似，是将高速工作液体释放出来的部分能量直接传递给另一液体，使另一液体产生运动。

射流泵的优点：体积小、结构简单、加工容易、不必使用空压机，孔内无运动部件，可以抽取含砂量较大的水。用于 89 mm、108 mm、127 mm 和 168 mm 孔内抽水的射流泵压力都不大于 4.0 MPa，水流量为 2.0～4.0 m³/h。射流泵的不足：效率低，一般在 25% 以下（俄罗斯文献为：功率利用率 <40%）。射流泵在孔内的安装情况示于图 11-22。

　　射流泵的结构如图 11 - 23 所示, 进入射流泵的高压水部分进入喷嘴和扩散器, 部分进入橡胶制成的水压胶囊, 尺寸增大的胶囊覆盖抽水管柱的内腔使其与过滤部分隔离。

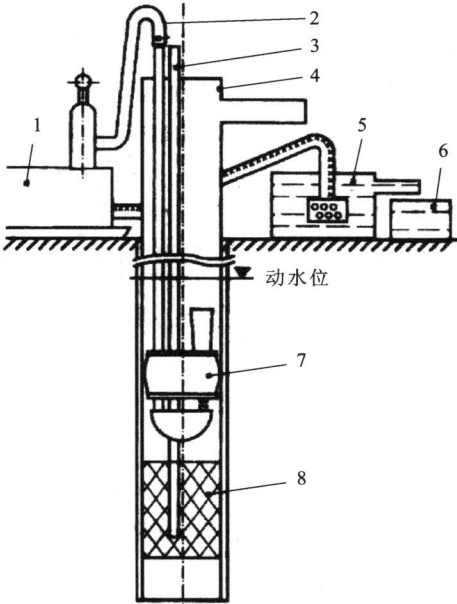

图 11 - 22　孔内射流泵装置示意图

1—钻探泵; 2—高压管; 3—测水位管; 4—抽水井管;
5—中间池; 6—水偃箱; 7—射流泵; 8—滤水管

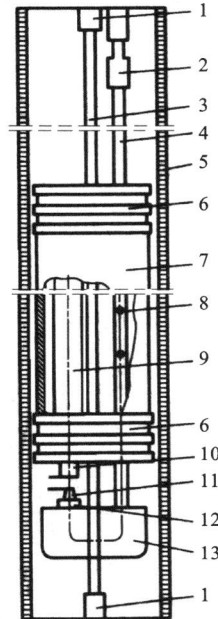

图 11 - 23　射流泵的结构示意图

1、2—管接头; 3—测水位管; 4—高压管; 5—套管柱
(滤水管); 6—盘根固定圈; 7—水压胶囊; 8—高压
管上的孔; 9—扩散器; 10—混合器; 11—喷管; 12—
防松螺帽; 13—射流泵外壳

　　为获得抽水过程中的动水位, 必须在抽水作业时同步测量水位。三种射流泵的水头特性示于图 11 - 24。由曲线图可见, 随动水位 H 上升泵的流量减小。可以通过中间池和尺寸一定的水偃箱来确定射流泵的流量 (详见 11.3.5 抽水时水位水量的测量)。来自抽水管的总流量开始流入中间池, 再由它进入钻探泵和尺寸一定的水偃箱。根据水偃箱中的水位就可确定射流泵的排量。

　　射流泵的有用功系数 $\eta(\%)$ 按下式计算

$$\eta = \frac{QH}{Q_0 H_0} 100 \qquad (11 - 2)$$

式中: Q——进入水偃箱的水量, m^3;

　　　Q_0——被泵送出的总水量, m^3;

　　　H——抽水时总的水头高度, m;

　　　H_0——射流泵抽水后强化的水头, m。

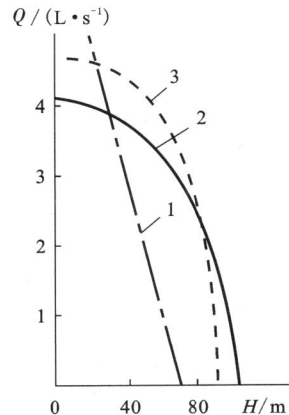

图 11 - 24　三种射流泵的水头特性

曲线 1: HB - 108 射流泵; 曲线 2: HB - 89
射流泵; 曲线 3: YHB - 127 射流泵

当动水位 10 ～ 15 m 时，$\eta = 40\%$ ～ 30%；而当动水位 20 ～ 30 m 时，它变小到20% ～15%。

射流泵既可用于水中含有泥砂杂质的水文地质抽水试验，又可用于空压机抽水不经济的低水位开采井抽水。例如，用泵量 4.5 L/s 和压力 3.0 MPa 的活塞泵供水条件下，装在直径 219 mm 井管上的射流泵可使含水层出水量达 34.2 m³/h，水头达 100 m；而用装在直径 168 mm 管柱上的射流泵，可使出水量达 15 m³/h 和水头达 70 m。

11.3.3 潜水泵抽水

潜水泵是将电动机和泵体一起放在水下进行抽水的水泵。潜水泵抽水适用于地下水位深，水量大，试验时间长或长期开采的水井。国产的潜水泵分为浅井潜水泵（YQ、YOB、QBS 型）和深井潜水泵（JQ、NQ 型）。

潜水泵用于水文地质孔和水井开发时的布置示于图 11－25。这种泵比空气升液器（空压机抽水）和射流泵更经济，拥有更高的功率利用系数，可用于抽取温度不超过 25℃ 和其中所含杂质（重量比）小于 0.01% 的地下水。

电动潜水泵应安装在相应直径井管内的动水位以下。潜水电动机用电缆供电，可长期工作在水环境中。当动水位降至低于其安装位置时，电动机绕组将因过热而出故障。因此，潜水泵装备了专用传感器，可在动水位降至临界值时自动关泵。该型泵的直径系列从 90 ～ 425 mm，随结构和直径不同，其抽水量达 4 ～ 700 m³/h、水头 60 ～ 400 m 甚至更大。

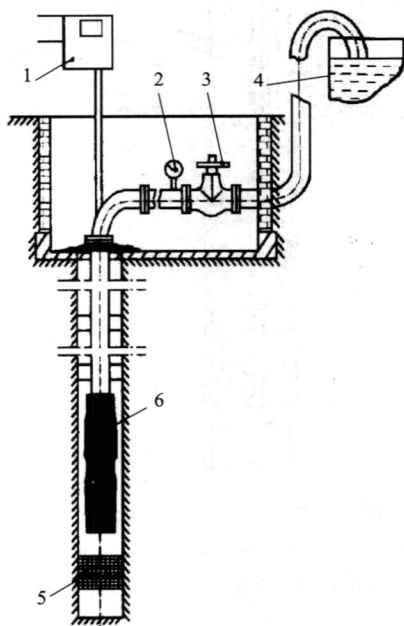

图 11－25　潜水离心泵安装示意图
1—操作台；2—压力表；3—闸门；
4—贮水罐；5—过滤器；6—潜水泵

潜水泵包括潜水离心泵和潜水涡流泵，后者是容积泵，与潜水离心泵相比有高效率（达 50%），低功率重量比和更高水头的特点。

11.3.4 空气压缩机抽水

目前空气压缩机抽水（又称空气升液器抽水）已是国内外常规抽水方法。该方法结构简单，安装和运输方便，工作可靠，抽水量大，不受水中含泥砂的影响，可抽出含砂量达 10% ～15% 的地下水，可用于不同涌水量的钻孔。空压机抽水的不足：孔内必需有高水柱；能耗量大，有用功的利用系数低（约 30%）。

1. 空压机抽水的工作原理

如图 11－26 所示，压缩空气经风管 3 进入井内，经液气混合器 6 与管中的水混合形成气水混合物。混合物的密度小于水管中的水，因此液面在管内外密度差的作用下上升。同时，混入水中的压缩空气释放能量，使水中的气泡在上升过程中逐渐加大，于是形成较强的"气举"力而克服水管内液体的惯性使水柱上升。这样，抽吸水管 4 下部的液体并形成"井喷"，在气水分离室 1 中，空气由出气口 7 逸出，水则由集水筒 2 的出口排出井外。这时，h_0 反映静水位，h 反映动水位，H 为液气混合器下入的深度。图中还出现了压力传感器 8、导线 9 和水位显示器 10，将用于井内动、静水位的自动检测与记录（详见后续内容）。

影响空压机抽水的关键因素是液气混合器 6 下至动水位以下的深度 h_1，如果深度太小，气水混合不佳，会出现只冒气而不出水的现象。

图 11 – 27 示出了空压机抽水时风管和抽水管的三种布置方式。在生产中主要采用风管中心布置的方式，其安装和拆卸作业更简单。

2. 空压机抽水有关参数的选择和计算

空压机抽水的参数包括：混合器的沉入深度、风量、风压以及风管和水管规格等。

1）混合器的沉入深度

使用空气升液器的条件是

$$H = kh \tag{11 – 3}$$

式中：H——风管下入的深度，m；

h——动水位，m；

k——混合器的沉入系数，k 的取值参考表 11 – 6。

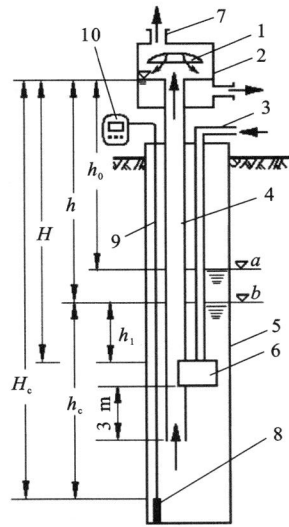

图 11 – 26　空压机抽水工作原理

1 – 气水分离反射器；2 – 集水筒；3 – 风管；4 – 水管；5 – 井管；6 – 液气混合器；7 – 出气口；8 – 压力传感器；9 – 导线；10 – 水位显示器；a—静水位；b—动水位

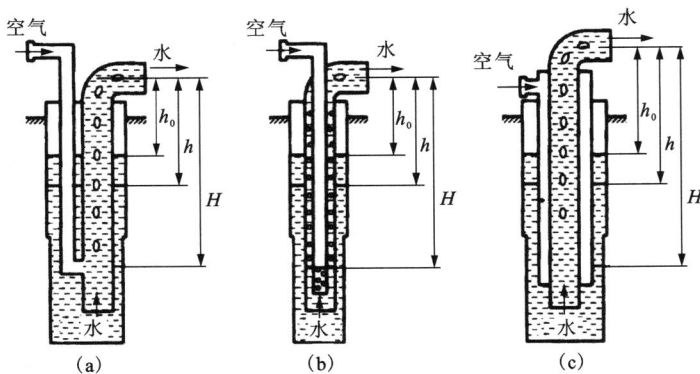

图 11 – 27　空压机抽水时风管和抽水管的布置方式

（a）管路平行（偏心）布置式；（b）风管布置在抽水管内的同心式；

（c）抽水管在风管内中心布置式

表 11 -6　沉入系数 k 与扬水高度 h 的关系

扬水高度/m	< 15	15 ~ 30	30 ~ 60	60 ~ 90	90 ~ 120
沉入系数 k	3 ~ 2.5	2.5 ~ 2.2	2.2 ~ 2.0	2.0 ~ 1.75	1.75 ~ 1.65

2）所需风量

在一个大气压下提升 1 m³ 水所需压缩空气的风量 V_0（m³）（或称单位风量）：

$$V_0 = \frac{h}{23\eta \lg \dfrac{h(k-1)+10}{10}} \tag{11-4}$$

式中：h——水的提升高度，m；

　　　η——空气升液器的水力有效系数。

空气升液器的水力有效系数 η 由下式确定

$$\eta = \frac{(k-1)^{0.85}}{1.05\, k} \tag{11-5}$$

空气升液器的水力有效系数 η 取决于它的沉入系数 k：在沉入系数 $k = 3.0 ~ 2.5$ 情况下，水力有效系数 η 为 0.57 ~ 0.59；$k = 1.75 ~ 1.65$ 时，η 为 0.40 ~ 0.41。

当单位风量达某种最优时，空气升液器的出水量最大。为升起 Q 量的水，空气升液器的空气体积耗量 W（m³/min）等于

$$W = \frac{V_0 Q}{60} \tag{11-6}$$

空压机的供风量 W_k（m³/min）等于

$$W_k = k_1 k_2 W \tag{11-7}$$

式中：k_1——考虑空压机风量随空气温度和空压机所在海拔高度的系数，$k_1 = 1.2$；

　　　k_2——由于在升液管内布置风管而使环状空间减小的系数，$k_2 = 1.05 ~ 1.2$。

3）空压机的压力计算

$$P = \frac{h(k-1)}{100} \quad (\text{MPa}) \tag{11-8}$$

空压机的总压力 P_k：

$$P_k = P + \sum p \tag{11-9}$$

式中：k——混合器的沉入系数；

　　　h——动水位深度，m；

　　　$\sum p$——地面管线中压力损失的总和，一般取 0.5 MPa。

可以根据风量 W_k 和工作压力 P_k 两个参数来选择空压机。

4）水管和风管的计算

井口混合流体的流量 q：

$$q = Q + \frac{W}{60} \tag{11-10}$$

式中：Q——预计涌水量，m³/s。

井口排水管的断面积 F：

$$F = \frac{q}{v_2} \tag{11-11}$$

式中：v_2——井口混合流体的流速，与动水位有关，其值见表 11 - 7。

表 11 - 7　井口混合流体流速与动水位的关系

由出水口至动水位的距离/m	20	40	60
喷嘴处水气混合液流速 v_1/(m·s⁻¹)	1.8	2.7	3.6
出口处水气混合液流速 v_2/(m·s⁻¹)	6	7 ~ 8	9 ~ 10

风管的喷射器是一段 2 ~ 2.5 m 长的穿了许多小孔的管子。孔径和孔数根据实现气与水完全混合的条件来确定。

当风管与水管采用并列安装时，排水管内径可由下式计算：

$$d = \sqrt{\frac{4F}{\pi}} \qquad (11-12)$$

风管与水管同心式安装时，排水管内径是：

$$d = \sqrt{\frac{4F + \pi d_1^2}{\pi}} = \sqrt{1.3F + d_1^2} \qquad (11-13)$$

式中：d——排水管内径，m；

d_1——孔内风管直径，m。

也可以根据所需的空气量 W 来选定风管直径，推荐数值如表 11 - 8 所列。

表 11 - 8　空气量与风管直径关系表

W/(m³·h⁻¹)	10 ~ 30	34 ~ 59	60 ~ 100	101 ~ 200	201 ~ 400	401 ~ 700	701 ~ 1000	1001 ~ 1600
d_1/mm	15 ~ 20	20 ~ 25	25 ~ 32	32 ~ 40	40 ~ 50	50 ~ 70	70 ~ 80	80 ~ 100

在动水位很深的情况下，为了补偿气水混合物的移动速度，抽水管柱可采用阶梯式结构，在其下部（约为总长度的 0.3 ~ 0.5）布置小直径的水管，而在上部为大直径水管。从而使管柱下部（直接在混合器上方）混合物的移动速度不低于 3.0 m/s，而在出口处将近 10 m/s。

11.3.5　抽水时水位水量的测量

抽水开始后进行水位和水量的观测工作，当有观测孔时应与抽水孔同时观测。如采用三次降深，一般先做最大降深。一次降深结束后做第二次降深时，不能停止抽水，可用调节转速或空压机风量等方法减少抽水量，改变降深。最后一次降深试验结束前应取水样进行水质分析和测水温、气温。抽水结束时，应立即恢复水位。开始观测的时间间隔很短，待水位恢复速度减缓后应适当延长观测时间间隔，直至水位恢复到静止水位为止。将所有观测结果随时记录在表格上。

1. 水位测量

（1）传统方法。用测绳把测钟放入孔内，利用其与水面接触时发出的响声从测绳上读出水位深度。测得水位后，再继续下放使测钟上部安装的温度计没入水中，停留 5 min 即可测得水温。该方法最简单，但太原始，为了能听见测钟触水的声音，必须关闭钻场所有的动力机。其改进型是由电池、电流表（或灯泡、电铃）、带刻度的导线、测钟组成的电测水位计，如图 11 – 28 所示。该仪器利用测钟接触孔内水面后，浮子上升使触点短路，由电流表指针转动（或灯泡亮、电铃响）发出信号，便可由带刻度的导线上读出水位深度。

（2）现代方法。采用由压力传感器 + 单片机 + 水位显示器组成的电子系统进行井内水位的动态测量（见图 11 – 26）。为保护传感器应把传感器及其导线放置在带通水孔的测量导管中（图 11 – 26 中未画出）。在压力传感器所在深度 H_c 已知的条件下，传感器以一定的采样频率测出的压力值可换算成实时水头高度 h_c 的数值，那么根据 $h = H_c - h_c$ 就可以求出动水位的瞬时值 h，再经过数据处理并通过导线传输，则可以在水位显示器上每半分钟显示一次动水位的平均值，并用微型打印机把结果打印出来。

2. 水量测量

（1）传统方法。在涌水量较大的情况下常用三角堰法来测水文孔或水井的水量。

三角堰堰口为 90°，堰口高 35 cm，箱长 2 m，宽 1 m，高 0.8 m。箱内设有挡水板，使水面平稳，堰口旁有带刻度的标尺，用以观测水位高度（见图 11 – 29）。测量时，通过导管将涌水注入堰箱再经堰口流出，观测水流经过堰口时的高度 h，即可按公式计算出涌水量：

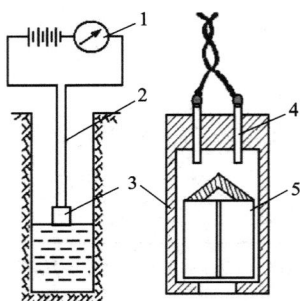

图 11 – 28　电测水位计

1—电流表；2—导线；3—测钟；
4—触点；5—浮子

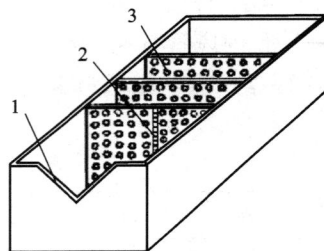

图 11 – 29　三角堰箱

1—三角堰口；2—水位标尺；3—挡水板

$$Q = ch^{5/2} \tag{11 – 14}$$

式中：Q——过堰流量，L/s；

　　　c——随 h 变化的系数，其值见表 11 – 9 所示；

　　　h——堰口水位高度，cm。

表 11 – 9　C 与 h 的关系表

h/cm	<5	5.1 ~ 10	10.1 ~ 15	15.1 ~ 20	20.1 ~ 25	25.1 ~ 30	30.1 ~ 35
c	0.0142	0.0141	0.014	0.0139	0.0138	0.0137	0.0134

（2）现代方法。在出水口安装电磁流量计，通过流量计 + 单片机 + 水量显示器组成的电子系统进行抽水量动态测量。也可以在三角堰底部放置精密测量的压力传感器，通过测量堰口水位高度 h（cm），再借助式（11 – 14），由计算机得出抽水量 Q 的平均值。

第 12 章　复杂地层钻进工艺及事故防治

12.1　复杂地层的分类

钻探生产中经常会遇到难以正常钻进的复杂地层。为了确定治理复杂地层的正确方案，提高治理的成功率，实现安全钻进，多年来，国内外学者对复杂地层进行了大量研究并提出了不同的分类方法，对指导生产实践起到了积极作用。但必须指出，目前复杂地层的分类受主观因素影响较多，仍有待进一步完善。

12.1.1　复杂地层综合分类

根据复杂地层的成因类型、性质和状态及其在钻进过程中可能出现的情况，复杂地层的综合分类如表 12 – 1 所示。

表 12 – 1　复杂地层的综合分类表

地层类别	成因类型	典型地层	复杂情况
各种盐类地层	水溶性地层	盐岩、钾盐、光卤石、芒硝天然碱、石膏	钻孔超径，泥浆污染，孔壁掉块，坍塌
各种黏土、泥岩页岩	水敏性地层（溶胀分散地层、水化剥落地层）	松散黏土层，各种泥岩、软页岩，有裂隙的硬页岩，黏土及水溶矿物胶结地层	膨胀缩径，泥浆增稠，钻头泥包，孔壁表面剥落，崩解垮塌超径
流砂、砂砾，松散破碎地层	松散的孔隙性、裂隙性地层，未胶结的构造破碎带	流砂层，砂砾石层，基岩风化层，断层破碎带	漏水，涌水，涌砂，孔壁垮塌，钻孔超径
裂隙地层	构造裂隙地层，成岩裂隙地层	节理，断层发育地层	漏水，涌水，掉块，坍塌
岩溶地层	溶隙地层	溶洞发育地层（石膏，石灰岩，白云岩，大理岩）	漏水，涌水，坍塌
高压油、气、水地层	封闭的储油、气、水孔隙地层，裂隙及溶隙地层	储油、气、水的背斜构造，逆掩断层的封闭构造	井喷及其不良后果
高温地层	岩浆活动带或与放射性矿床有关地层	地热井、超深井所遇到的地层	泥浆处理剂失效，H_2S 造成地层失稳

也可根据复杂地层的性质和成因地质作用，以及复杂地层在钻井中出现的典型情况进行综合分类（见表 12 – 2）。

表 12 - 2　复杂岩层的综合分类及特性

岩层分类		岩层成因	岩层特征	典型岩层	钻进情况	处理方案
破碎性地层	松散破碎地层	水流搬运风化沉积	岩层松散，无胶结或胶结差	第四系黄土冲积层、流砂层、松散砂层、砂砾层、卵砾层	1. 孔内掉块坍塌超径 2. 孔内不同程度漏失 3. 泥浆固相高、岩屑多 4. 起下钻遇卡、钻具不到底 5. 伴有跳钻、蹩钻	泥浆护孔，提高密度、压力平衡钻进，钙处理泥浆（无漏失） 增黏泥浆或堵漏泥浆（有漏失） 高浓度聚丙烯酰胺冲洗液 泥浆中加磺化沥青
	断裂破碎地层	地质构造运动	岩层硬、脆、碎，裂隙断层发育	断层角砾岩、破碎角闪岩、断层泥、破碎花岗岩		
水敏性地层	松软地层	成矿期热液蚀变作用	岩层酥脆，遇水松散	绿泥石化、高岭石化、滑石化、绢云母化	1. 孔内掉块坍塌 2. 孔内岩粉增多 3. 起下钻遇阻、钻具不到底 4. 伴有层间漏失	泥浆护孔，降失水提高泥浆质量，钙处理泥浆 高浓度聚丙烯酰胺冲洗液或聚合物泥浆
	剥落地层	构造不均衡作用	岩层节理发育，岩性破碎遇水分散剥落	页岩、千枚岩、片岩、黏土矿物胶结或水溶性胶结岩层		
	溶胀地层	水化膨胀作用	岩层主要含黏土质、遇水吸水分散膨胀	含高岭石、微晶高岭石的黏土岩、泥岩、页岩软煤层、泥质砂岩	1. 钻孔缩径或超径 2. 黏土侵、黏度猛增 3. 钻头泥包 4. 遇阻遇卡	含高岭石矿物用钙基泥浆 含微晶高岭石用钾聚合物泥浆 含伊利石用钙基泥浆
水溶性地层	溶蚀地层	溶解作用	为各盐类岩层遇水溶解、溶蚀	岩盐、钾盐、石膏、石灰石、芒硝、光卤石	1. 钻孔超径，掉块坍塌 2. 泥浆性能污染变坏	用与可溶性岩层含量相当的矿化度泥浆
洞隙性地层	裂隙地层	风化作用成岩作用构造运动	岩层层理片理断裂、裂隙发育形成 1～10 mm 不等的开式、半开式裂隙	沉积层面、层理面、断层面、不整合面	1. 开式，有冲洗液不返或少返 2. 半开式，伴有冲洗液不同流失 3. 伴有孔内坍塌	1. 轻微漏失：用钙基泥浆、高浓度聚合物泥浆 2. 较大漏失：堵漏泥浆或聚合物絮凝、胶凝泥浆 3. 严重漏失：先加充填材料后用水泥或化学浆液堵漏，或下套管封隔
	岩溶地层	先期岩溶作用	岩溶或喀斯特发育形成大小 1～10 mm 不等、连通或不连通的溶洞、溶穴、溶沟	石灰岩、大理岩、白云岩	1. 连通式，冲洗液大量流失只进不出 2. 不连通式，冲洗液有大量流失 3. 伴有涌水 4. 钻进有放空现象	
含油气水地层	不含水或潜水地层	地下水不太活动	孔内无水位或水位低，水层压力较低		常有漏失	用低密度或泡沫泥浆
	承压水地层	地下水活动	孔内液柱压力 > 水层压力	层间含水层	1. 漏失或涌水 2. 冲洗液稀释	用提高密度压力平衡钻进
	高温高压油、气水地层	高温高压油气水储层构造	油气水压力≫孔内液柱压力	封闭的油气储层	1. 孔壁坍塌 2. 油气水喷出 3. 冲洗液稀释、污染	用高密度泥浆钻进

12.1.2　不稳定地层分类

在钻进中常发生遇阻、卡钻、埋钻和钻孔缩径、超径等情况的地层统称为不稳定地层。根据不稳定地层产生的原因和性状可分为力学不稳定和遇水不稳定两类。

1. 力学不稳定地层

力学不稳定地层指的是受地层成因或构造运动影响，在多向挤压作用下使地层内部受力不平衡，一旦被钻穿便破坏了其原始平衡状态，使孔壁失去约束，加之重力的作用使孔壁产生坍塌，掉块等现象。这类不稳定地层，有的分布在地表浅层，如风化堆积层、流砂层、砂砾层等；有的分布在深部的老地层，如断裂破碎带，裂隙破碎带以及俗称的"硬、脆、碎"地层中。根据孔内发生坍塌的程度，可定性地把力学不稳定地层分为三类：

（1）轻微坍塌。表现为钻进时泥浆黏度、切力、含砂量增大，起钻时有阻力，下钻时不到底，钻进时转动有阻力，有轻微蹩钻现象。

（2）中等坍塌。孔内岩粉明显增加，循环压力升高，起钻阻力很大，往往扫孔不到底。

（3）严重坍塌。钻进时垮塌部位岩层掉块增多，导致水力循环压力猛增，甚至循环停止，孔内发生卡钻、埋钻事故。

2. 遇水不稳定地层

遇水不稳定地层指的是受冲洗液侵入产生水解、水化作用，使孔壁岩层发生松散、溶胀、剥落等现象，一般统称为水敏性地层。这类地层会使钻孔出现缩径、超径现象。根据遇水产生的情况又可分为：

（1）遇水溶解地层，如岩盐、钾盐、石膏、芒硝及天然碱等。

（2）遇水溶胀地层，如黏土、泥岩、软页岩和绿泥石等。

（3）遇水松散地层，如风化黄铁矿、泥质砂岩、风化大理岩和风化花岗岩等。

（4）遇水剥落地层，如剥落页岩、片岩、千枚岩、滑石化高岭土化板岩、硬煤层等。

造成遇水不稳定的原因除岩层本身性质、结构外，决定性的因素是水的存在。岩层的力学不稳定与遇水不稳定既有区别又互相联系，因为水的存在可使力学不稳定加剧。

12.1.3　冲洗液漏失地层分类

冲洗液严重漏失的地层将使钻孔无法保持正常循环，难以正常钻进。冲洗液漏失的原因有地质因素、工艺因素和生产组织因素。

地质原因是钻孔围岩中存在孔隙和洞穴，形成了冲洗液漏失的通道。裂隙的张开程度决定着我们应选择的堵漏手段和水泥参数。在易被水溶解的岩层中（含碳酸盐、硫酸盐的岩石，盐层）常出现洞穴。随着钻孔加深、地压增大，岩层的裂隙性和喀斯特现象将减弱。为了确定裂隙和洞穴的大小以及漏失强度必须进行专门的孔内测量（洞穴和流量测量）。

俄罗斯钻探界按岩石的裂隙性、喀斯特现象和透水性程度把地层分为 6 类（详见表 12 - 3）。这个分类表中的数据可从本矿区或其他类似矿区的水文地质数据中选取，用于预测钻孔中出现冲洗液漏失的可能性，作为选择预防和处理漏失方法的依据。

表 12 - 3　岩石按裂隙性、喀斯特现象和透水性程度的分类

序号	地　　层	漏失系数 /(m·昼夜$^{-1}$)	小时漏水量 /(m^3·h^{-1})
1	完整岩石	0.01	0.0003
2	极弱透水层、极弱裂隙性和极弱喀斯特地层	0.01 ~ 0.1	0.0003 ~ 0.003
3	弱透水层、弱裂隙性和弱喀斯特地层	0.1 ~ 10	0.003 ~ 0.3
4	透水层、裂隙性和喀斯特地层	10 ~ 30	0.3 ~ 0.9
5	强透水层、强裂隙性和强喀斯特地层	30 ~ 100	0.9 ~ 3.0
6	极强透水层、极强裂隙性和极强喀斯特地层	100	3.0

　　冲洗液的漏失强度与钻具结构、冲洗方法、冲洗液参数(密度、黏度)、冲洗液沿孔身运动的流速、钻具转速、漏失地层压差的变化情况等工艺因素有关。

　　孔壁的稳定性是否遭受破坏取决于在地压作用下孔身周围岩层的塑性变形情况。冲洗液的流体静力学和动力学变化,以及冲洗液的渗漏特性将影响这种塑性变形的发展。冲洗液向孔壁中渗漏可能导致岩石颗粒间的联系力减弱,并加速塑性变形的发育。而正是塑性变形的发育破坏了孔壁的稳定性。漏失的冲洗液与黏土基孔壁间相互发生物理化学作用,因改变了黏土基岩石的强度特性,也将对孔壁的稳定性产生很大影响。

　　因此,冲洗液漏失或涌水造成孔内静水和动水压力强烈波动,是破坏孔壁稳定、引发岩层坍塌的主要原因。

　　以上我们讨论了复杂地层中的力学不稳定、遇水不稳定地层和冲洗液漏失地层。当然,还有不能归入上述类别的其他复杂地层。例如,"打滑"地层、强造斜地层、含水、含气、含油地层和冻土层等。在"打滑"地层中形成的孔壁可以很稳定,但钻进速度很慢,如果钻头选择不合适,钻进工艺不配套甚至不进尺;在强造斜地层中钻进即使采取了防斜措施,也难免出现钻孔自然弯曲,如果严重偏离靶区达不到地质目的,可能造成钻孔报废;在含水、含气、含油地层中钻进不仅要非常重视储层保护(防污染、防堵塞等),还将面临快速钻进、防储层井喷、固井与成井等一系列问题;在冻土层中钻进因钻头摩擦和冲洗液循环而影响孔壁的稳定,影响孔壁稳定性的主要因素是温度,保持孔壁处于负温度状态是维持稳定性的主要因素。

12.2　复杂地层钻进工艺

12.2.1　力学不稳定地层钻进工艺

1. 压力平衡钻进

　　压力平衡钻进是解决力学不稳定地层正常钻进问题的最有效措施。也就是采用恰当的冲洗液使孔内液柱压力与地层压力相平衡,从而保证孔壁稳定。钻进过程中孔内各种压力的计算公式如下:

　　1)冲洗液柱静压力 P_w

$$P_{\mathrm{w}} = 9.81 \times 10^{-3} H \gamma_{\mathrm{w}} \quad (\mathrm{MPa}) \tag{12-1}$$

2）上覆盖层压力 P_0

即覆盖在某处地层以上的地层基质（岩石）和孔隙中流体（油、气、水）的总重量造成的压力，其随岩石基质和流体重量增加而增加，且为孔深的函数：

$$P_0 = 9.81 \times 10^{-3} H [(1-a)\gamma_{\mathrm{rm}} + a\gamma] \quad (\mathrm{MPa}) \tag{12-2}$$

3）地层侧压力 P_{v}

$$P_{\mathrm{v}} = \lambda P_0 = 9.81 \times 10^{-3} \lambda H [(1-a)\gamma_{\mathrm{rm}} + a\gamma] \quad (\mathrm{MPa}) \tag{12-3}$$

式中：H——钻孔垂直深度，m；

　　　γ_{w}——液体密度，kg/L；

　　　λ——侧压力系数，$\lambda = \dfrac{\mu}{1-\mu}$，$\mu$ 为岩石的泊松系数；

　　　P_0——上覆岩层侧压力，MPa；

　　　a——岩石的孔隙度，%；

　　　γ_{rm}——岩石基质的密度，kg/dm³；

　　　γ——岩石孔隙中流体密度，kg/L。

4）冲洗液循环流动产生的压力，即环空压力损失 P_{c}（MPa）

$$P_{\mathrm{c}} = \frac{14.35 v^2 \rho}{(Re)^{0.64} \cdot 2g} \cdot \frac{L_{\mathrm{s}}}{L_i} \tag{12-4}$$

式中：v——液流上返速度，m/s；

　　　ρ——液流密度，kg/L；

　　　g——重力加速度，m/s²；

　　　L_{s}——钻具长度，m；

　　　L_i——钻杆接头间的距离，m；

　　　Re——雷诺数，以 $Re \leqslant 2000$ 为层流。

5）升降钻具产生的激动压力

按苏联学者维斯特洛布推荐的半经验公式

$$P_{\mathrm{t}} = \frac{a_0 v_{\max} L}{d(\beta^2 - 1)} \quad (\mathrm{MPa}) \tag{12-5}$$

式中：a_0——取决于泥浆静切力、结构黏度及孔身剖面中的缩径或洞穴等情况的系数；

　　　$v_{\max}$——下钻的最大速度，m/s；

　　　L——沉没在钻井液中的钻杆柱长度，m；

　　　β——反映环状间隙的系数，$\beta = D/d$，其中：d 为钻杆外径，m；

　　　D——孔径，m。

a_0 系数可通过孔内压力计所测孔内动力水压力值的统计结果得出，一般取 $1.86 \sim 2.32$。

通过以上分析可知，实现孔内压力平衡的条件是：

（1）静平衡条件——冲洗液柱压力等于地层侧压力：$P_{\mathrm{w}} = P_{\mathrm{v}}$，即 $P_{\mathrm{w}} = \lambda P_0$。将 P_{w}、P_{v} 值代入可解得：

$$\gamma_{\mathrm{w}} = \lambda [(1-a)\gamma_{\mathrm{rm}} + a\gamma] \tag{12-6}$$

当已知岩石基质密度 γ_{rm}，岩石孔隙中流体密度 γ 以及不同岩层的侧压系数时，就可确定静压平衡条件下钻进应采用的冲洗液密度。

在钻进过程中，钻孔的静平衡状态将受到破坏而变为动平衡状态。

（2）动平衡条件——钻进时"冲洗液柱压力 + 环空压力"等于"地层侧压力 + 附加压力"，升降钻具时"冲洗液柱压力 + 升降钻具激动压力"等于"地层侧压力 + 附加压力"，即：

$$P_w + P_c = P_v + P_附 \qquad (12-7)$$

$$P_w + P_t = P_v + P_附 \qquad (12-8)$$

式中：$P_附$——考虑钻进时动平衡条件下的安全附加压力，一般取 $P_附 = 0.5 \sim 3$ MPa，对岩芯钻探可取 $P_附 = 0.3 \sim 1$ MPa。

若已知上式中 P_w、P_c、P_t 压力值，同样可得到在动平衡条件下钻进时，实现压力平衡钻进孔内应采用的冲洗液密度。

对于松散易塌地层，若能经常维持和控制好这个动压平衡条件，确保泥浆密度控制在平衡岩层侧压力所需最小值，则可以在相当程度上保持孔壁稳定。

如前所述，易造成孔内失去动平衡状态的主要诱因是升降钻具产生的压力激动。因此，为维持压力平衡，既要控制升降钻具的速度，又要坚持执行提钻灌浆的措施。

2. 保持孔壁稳定的措施

1）使用防塌冲洗液

为保持孔壁稳定，一般要求泥浆具有低失水、高矿化度和适当的密度与黏度。低失水和高矿化度不仅可减弱不稳定地层的水化膨胀，还能控制渗透水化作用，使水自钻孔移向岩层改变为由岩层向钻孔运移。防塌泥浆类型较多，例如：

（1）聚丙烯酰胺 - 氧化钾泥浆。用于保护水敏性岩层并减少孔内复杂事故。

（2）钾褐煤泥浆。它对页岩水化膨胀有一定抑制作用，但泥浆的流动性差，在使用上受到一定的限制。

（3）无机盐 - 聚合物泥浆。该泥浆是当前普遍流行的水基防塌泥浆体系。无机盐与聚合物的复合方案繁多，应依据具体地区的岩层特性，通过室内防塌试验来选择确定。

2）水泥护壁

按钻孔容积配好浓度合适的水泥浆，通过用泥浆泵沿钻杆（或其他方式）注入塌陷带。钻杆要下到塌陷带以下数米，如孔壁已塌陷，可用浓泥浆大泵量强力冲洗，边冲边下，到达孔底后，再注水泥浆。灌注过程中，应边注边提钻杆，直到注完为止，使注入孔内的水泥形成一个水泥塞，其顶部应超过塌陷带顶板数米。

3）其他护壁措施

（1）套管护壁。钻穿力学不稳定地层后，如果冲洗液不能有效地保持孔壁稳定，在确定钻到硬岩盘时，可考虑下套管保护孔壁。

（2）快速钻进通过力学不稳定地层。备足优质冲洗液，在孔壁从吸水、膨胀发展到滑动、塌落前就顺利快速地钻穿不稳定岩层。

（3）孔底局部反循环钻进法。该方法可避免泥浆冲蚀孔壁而造成超径、坍塌，并减少了岩粉的淤积量，有利于迅速钻过松软坍塌层，并能在短时间内保持孔壁稳定。但每钻进一段应向孔内灌注优质泥浆，钻透以后再下入套管。该方法的工艺过程详见第 7 章 7.3.5 小节"孔底局部反循环取芯工艺"。

12.2.2　遇水不稳定地层钻进工艺

针对遇水不稳定地层采取的技术措施有些与力学不稳定地层相似,但也存在着差别。

1. 压力平衡钻进

冲洗液的性能和钻孔的冲洗规程对维持静水压力、动水压力与地层水压力、地层压力之间的平衡有着实质性影响。为了提高静水压力以建立高压地层所需的背压,应使用加重泥浆。为降低对地层的压力和冲洗液的循环损失,应采用密度小于 1 的充气冲洗液。

通过对遇水不稳定地层(如页岩等)产生失稳的机理分析可知,由于存在着表面水化和渗透水化两种水化作用,当采用泥浆钻进时,孔内就存在着大小、方向不同的五种作用力,促使页岩或泥浆中的水发生移动。钻进过程中孔内五种力的计算公式如下:

(1)冲洗液柱压力 P_w(指向地层)公式同式(12 – 1)。

(2)页岩孔隙压力,即地层压力 P_F(指向孔眼):

$$P_F = 9.81 \times 10^{-3} \gamma H \quad (MPa) \tag{12 – 9}$$

(3)页岩的表面水化力 S(指向地层):

$$S = P_0 - P_F = 9.81 \times 10^{-3} H [(1-a)\gamma_{rm} + a\gamma] - 9.81 \times 10^{-3} \gamma H$$
$$= 9.81 \times 10^{-3} H [(1-a)\gamma_{rm} + (a-1)\gamma] \quad (MPa) \tag{12 – 10}$$

以上两个公式中的符号物理意义与式(12 – 1)~(12 – 3)相同。

(4)页岩的渗透水化力(指向地层)。

页岩的渗透水化力是由于页岩层与孔内冲洗液间存在着含盐浓度差产生的。当页岩层中含盐量大于孔内冲洗液含盐量时,冲洗液中的水分向页岩中移动,使页岩吸附孔内水而发生水化膨胀。一般可用两种不同含盐量溶液间的渗透压 π 来计算页岩的渗透水化力:

$$\pi = RT(Q_1 m_1 e_1 - Q_2 m_2 e_2) \quad (大气压) \tag{12 – 11}$$

式中:R——气体常数;

　　　T——绝对温度,K;

　　　Q_1、Q_2——两种盐溶液的渗透系数,m/d;

　　　m_1、m_2——两种盐溶液中以摩尔表示的含盐浓度,mol/L;

　　　e_1、e_2——两种盐溶液每摩尔溶质的离子数。

(5)冲洗液的渗透水化力(指向孔眼):冲洗液的渗透水化力同样可按上式计算。

基于对页岩层孔内各种作用力的分析,可以认为钻进页岩时这五种力的产生改变了岩层与冲洗液间水的移动大小与方向,从而不同程度地影响了孔内作用力的平衡。

为了保持钻进时页岩孔壁稳定,必需控制水的移动方向,为此应建立两个平衡条件:

第一平衡条件(静态时):

$$A \geqslant B$$

式中:A——冲洗液柱压力 P_w;

　　　B——页岩孔隙压力(即地层压力)P_F。

保证冲洗液压力大于页岩的孔隙压力是稳定孔壁防塌的先决条件,可以根据页岩的地层压力来确定恰当的冲洗液密度,既保证孔内压力平衡使孔壁稳定,又有利于提高钻速。但是,达到第一平衡条件只是使页岩层孔壁稳定的先决条件,不是必要条件。

第二平衡条件(静态时):

$$A + C + D \leqslant B + E$$

式中：A——冲洗液柱压力 P_w，指向地层；

$\qquad$ B——页岩孔隙压力（即地层压力）P_F，指向孔眼；

$\qquad$ C——页岩表面水化力 S，指向地层；

$\qquad$ D——页岩渗透水化力，指向地层；

$\qquad$ E——泥浆渗透水化力，由地层指向孔眼。

欲使钻进中页岩孔壁稳定，只有在第一平衡条件基础上，建立第二平衡条件才能使页岩中的水由孔壁向钻孔内移动，从而实现页岩稳定。由五种力的分析可知，在既定的地层条件下，地层的孔隙压力、页岩表面水化力和渗透水化力是客观存在的，不可改变的，而冲洗液柱压力和冲洗液渗透水化力却是可以人为改变和调整的。因此，除满足第一平衡条件保持合理的冲洗液密度和液柱压力外，还必须调整冲洗液的含盐量，促使页岩中的水向孔内移动，以保证指向钻孔的作用力大于指向地层的作用力，达到稳定页岩的目的。

实践表明，采用各种盐水泥浆和钙基泥浆来抑制页岩水化膨胀是行之有效的。控制页岩地层水与孔内冲洗液中的含盐量相等，使页岩地层与孔内液柱间没有水的移动，是稳定页岩的最佳途径。

2. 优质冲洗液钻进

遇水不稳定地层的要害是怕水，即对水的侵入十分敏感，因此采用低失水量的冲洗液非常重要。它们可以是无黏土冲洗液，也可以是优质泥浆，还可以是黏性泡沫冲洗液等。泡沫冲洗液中的空气增加了其憎水性，减少了它对所经过岩层的影响，可防止孔内出现岩屑积聚，弱稳定性岩层坍塌等复杂情况。往冲洗液中添加以乳化液、油脂和皮革制造业下脚料构成的润滑剂可降低钻柱与岩石接触的摩擦系数，从而有利于减少钻柱发生卡钻事故的概率。

为了维持弱黏结性岩层或强裂隙性岩层中孔身的稳定性，降低坍塌的可能性，在黏土基岩层中最好使用低失水量的饱和碘化钙抑制性冲洗液。在盐层中应使用饱和盐水做冲洗液，以减少这类岩层的溶解，防止出现空洞。

3. 控制操作工艺

孔内动水压力的剧烈变化可能引起孔内涌水或冲洗液漏失，还可能造成弱稳定性岩层的孔壁坍塌。动水压力取决于冲洗液的循环速度及其流变性能。为减少动水压力应降低泵量，并降低冲洗液的静切力，严格控制起下钻速度，特别是提升钻具时，要防止孔内产生强烈的抽吸作用，造成孔壁塌陷。此外，还应在起钻时及时向孔内回灌优质泥浆。

4. 采用空气钻进

空气钻进具有机械钻速高、钻头寿命长、岩样没有污染、无静水柱压力、没有漏失问题等优点。尤其适用于岩石易发生吸水膨胀缩径、孔壁坍塌的地层。

目前随着岩粉取样、缩分技术的发展，所获得的岩粉样品已可满足地质要求。因此，空气取样钻进可大大提高钻井的经济效益。关于空气钻进的内容详见第 7 章 7.5.2 小节"气举反循环连续取样"。

12.3　典型钻探事故的分类及处理原则

12.3.1　典型事故分类

1. 典型事故分类

钻探施工的对象是成因、成分和结构极其复杂的岩石，加之钻进过程发生在远离操作者的地下深部，所以难免发生各种钻探事故。

按钻探事故的性质大体可分为人为事故和自然事故两大类。人为事故是指现场操作人员没有按照规程作业，未及时察觉事故征兆，或钻进方法、技术参数选用不当造成的事故。自然事故是指由于地质条件极其复杂而引起的钻探事故。

人为事故与自然事故之间存在着辩证关系。地质情况复杂，因操作不当而引起的人为事故将变得更加复杂，而难以处理。相反，若严格按钻探规程作业，就往往可以减少和避免事故的发生，即使因地层复杂发生了事故，其复杂程度也能变弱并及时处理。因此，人的主观能动作用往往占主导地位。

按照事故的特点，典型钻探事故大致可以分为十二大类：

(1)孔壁塌陷与崩落事故；

(2)钻具折断脱落事故；

(3)卡钻事故；

(4)埋钻事故；

(5)糊钻事故；

(6)烧钻事故；

(7)套管事故；

(8)孔内落物事故；

(9)偏斜事故；

(10)钻孔冲洗液漏失事故；

(11)孔内涌水事故；

(12)钻头事故。

2. 事故原因总体分析

钻探事故的情况各异，但有些事故的发生原因是相同的，从总体上看大体有如下几方面原因：

(1)操作者违反钻探操作规程或缺乏责任感，未能及时正确判断孔内情况。

(2)施工管理水平和技术水平差，施工中缺乏对孔内事故的预见性，遇到复杂情况缺乏相应的处理预案和有力的技术指导。

(3)地质条件非常复杂。钻进遇到断层带、破碎带和岩溶裂隙，地层应力大、岩层强造斜、地下水活动强烈等各种复杂情况往往是造成事故的直接原因。

(4)钻探设备老化，机具加工质量差、磨损严重都可能造成孔内事故。

12.3.2 防治钻探事故的原则

1. 预防钻探事故的基本原则

（1）贯彻"预防为主"的方针，开孔前要根据设计书介绍的地层情况及周围完工钻孔的资料分析施工中可能遇到的问题，制订合理的钻孔结构，钻进方法和护壁措施等。

（2）加强机台生产技术管理，落实岗位责任制、交接班制、安全检查制、设备维护保养制等，注意加强现场钻工的责任心教育。

（3）严格遵守钻探操作规程，禁止违章作业，并不断提高工人的素质和技术水平。

（4）认真检查设备和钻具的性能和磨损情况，发现隐患应及时更新或修理。

（5）密切注意可能发生事故的各种征兆，发现异常要及时研究解决。一旦发生事故要遵循"三不放过"的原则（事故原因分析不清不放过，事故责任者和群众没有受教育不放过，没有防范措施不放过），总结经验教训，杜绝类似事故的发生。

2. 处理钻探事故的基本原则

发生孔内事故一般只能靠间接方法去分析判断。实践证明，只要分析判断准确，措施得当，事故是可以较快排除的。否则就会走弯路，甚至使事故进一步复杂化。因此，必须遵照下列基本原则确定处理事故的方法。

（1）事故发生后要做到"三清"：事故发生的部位要清，事故钻具的露头情况要清，孔内情况要清。

（2）处理事故时要做好以下工作：

①根据孔内情况选择合理的处理方案，方案确定后行动要快、稳、准，抓紧时间排除事故，不可蛮干，避免孔内情况复杂化。

②及时分析事故处理的进展状况，并随时根据实际情况修改处理方案。

③及时在报表中实事求是地填写所用打捞工具和孔内处理情况，并如实地给下一班交接清楚。

④事故排除后，应详细讨论造成事故的原因，总结经验教训，以防类似事故再次发生。

12.3.3 处理钻探事故的常用方法

钻探事故的复杂性决定了处理方法的多样性。归纳起来，常用的处理方法有下述十多种。它们各有特点，如能运用得当，事故并不难排除。

（1）捞——用钻杆连接不同类型的丝锥、打捞矛、钩子等工具打捞脱落、折断的钻具及套管等。

（2）提——用升降机强力起拔事故钻具，并通过起拔力的大小和钻具伸长情况来了解事故钻具的卡点位置和孔内阻力情况。

（3）串——当事故钻具有一定活动范围时，不要盲目上提，要上下反复串动，可有效地解除轻微的卡、埋事故。

（4）震——将孔内震击器接在事故粗径钻具上端，并用升降机拉紧，直接或通过钻杆把震击力传到事故部位，使被挤夹的钻具松动并起拔上来。

（5）扫——当事故钻具上提遇阻，但在某个孔段还能回转的情况下，可开车向上或向下扫，把阻碍物扫碎起到解卡作用。也可"扫""串"结合，效果更好。

（6）冲——用大泵量强力冲孔，以排除粗径钻具上部或周围埋塞的障碍物，用以解除埋钻事故。在孔壁不稳定孔段必须用优质泥浆冲孔，且时间不宜过长。

（7）打——用吊锤冲打事故钻具，以减小或消除其周围的挤夹力。主要用于处理浅孔或中深孔的钻具卡夹事故。一般钻具在孔底卡钻时吊锤向上打，钻具在提升过程中被悬空挤夹时向下打。

（8）顶——用千斤顶强力起拔被卡夹的事故钻具。由于千斤顶起拔力比升降机大得多，所以比"提"的效果好。但须注意顶的力量要缓慢增加，不能超过钻杆的抗拉极限。

（9）反——用反丝钻杆和反丝丝锥将孔内事故钻杆一次或分批反出来，为后续处理粗径钻具创造条件。

（10）炸——用放入事故钻杆中心通道的小炸药包炸断事故钻杆或震松事故套管。

（11）扩——用大一级口径的岩芯管和无内出刃钻头扩孔，套取事故钻具。

（12）透——用小一级或小二级的钻头，沿事故钻具内透孔，借助钻具的回转震动来减轻或消除事故钻具侧部挤夹力。

（13）割——用各种割管刀将事故岩芯管或套管割成几段，然后分别捞取。

（14）磨——用带导向的切铁钻头将事故岩芯管从上至下磨完。

（15）劈——用同级环形切铁钻头，劈开事故岩芯管和钻头，然后套取或抓取残片。

（16）绕——当孔内事故钻具经多方处理无效时，在地质条件允许并满足地质要求的前提下，可采用人工造斜方法从事故钻具顶部另开新孔，绕过事故孔段恢复正常钻进。

12.4 处理钻探事故的常用工具

处理孔内事故的专用工具有很多种，其结构和大小的选择取决于遗留在孔内的事故钻具的位置、状态、形状和尺寸。

12.4.1 打捞工具

1. 丝锥类

（1）菱形丝锥［又称菱形公锥，见图 12-1（a）］用于处理钻杆和小径岩芯管折断事故。既可用于回收整个钻杆柱，又可单独打捞其中的一部分。

（2）圆形丝锥［又称圆形公锥，见图 12-1（b），（c）］用于处理钻杆、岩芯管和套管。丝锥上部有与钻杆连接的螺纹，右螺纹丝锥可随普通钻杆下孔，左螺纹丝锥须与反丝钻杆一起下孔，用于反开部分事故钻具并打捞上来。丝锥用合金钢制成，车有细小的三角螺纹，并有4 个纵向小槽。当丝锥旋入事故钻杆时，在其内壁上切削出螺纹，使从管体上车下来的金属屑沿着小槽排出。不推荐把丝锥用于处理从钻杆中部折断的钻杆，以防钻杆被丝锥胀裂。

（3）贯通式母锥［见图 12-1（d）］用于打捞接头部位被卡，且接头或杆体中部已破损的钻杆，以及用公锥在孔内找不到事故钻杆中心孔的情况。母锥呈圆柱体形状，带通孔，在其内锥面上车制了三角形细丝扣。母锥的上部有与岩芯管连接的螺纹。

母锥同样有右旋和左旋之分。与母锥配套的有不同尺寸的导向喇叭口。吃住事故管柱后先不要急于回转，应开泵连续冲孔，再提升事故钻具。当整个钻柱被卡埋在孔内，套上母锥后仍无法起拔时，可卸开并回收打捞锥，再寻找其他处理办法。

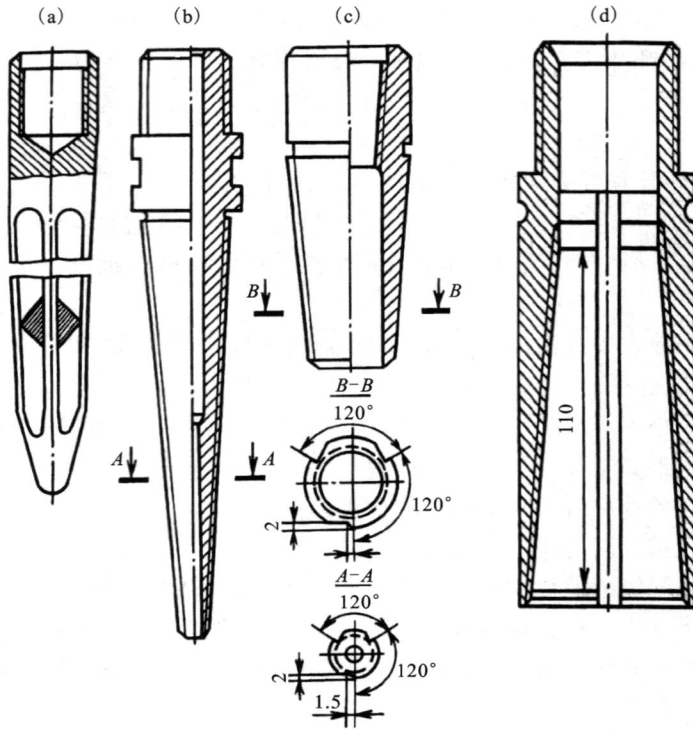

图 12 – 1   打捞工具

(a)菱形打捞丝锥(公锥)；(b)钻杆打捞丝锥(公锥)；
(c)岩芯管和套管打捞丝锥(公锥)；(d)贯通式打捞母锥

(4)带钻头的丝锥(见图 12 – 2)用于打捞遗留在孔内，且其中堆满岩芯的事故岩芯管、钻头和扩孔器。带硬质合金钻头的丝锥可钻碎岩芯并让丝锥吃入事故岩芯管、扩孔器或钻头，随着岩芯被钻掉，丝锥便可抓住事故岩芯管、扩孔器或钻头，并提至地表。

(5)偏水眼公锥用于深孔打捞。因为钻孔很深，钻杆体折断后断头一般都紧贴孔壁，用普通丝锥很难对准断头中心孔，所以打捞困难。而偏水眼公锥(见图 12 – 3)可借助液流的喷射力将公锥推向孔壁，使打捞面积增大，成功率提高。

2. 打捞矛

使用上述公锥或母锥打捞事故钻具存在一定的风险。如果丝锥在事故钻具上"吃"紧了扣，但因钻具卡得太死向上提拉不动时，丝锥又脱不开，退不出来，便会造成新的事故。因此，可退式打捞工具有其优越性。

1)可退式打捞矛

可退式打捞矛如图 12 – 4 所示。为了安全起见，可用它取代普通公、母锥打捞折断的事故钻杆或岩芯管。用打捞矛提拉不动打捞无效时，可退出打捞工具，改用其他方法处理。

可退式打捞矛在退出时都要反向回转，所以在下钻打捞前一定要拧紧钻杆螺纹，并更换螺纹磨损严重的旧钻杆，防止在退出时钻杆倒扣。

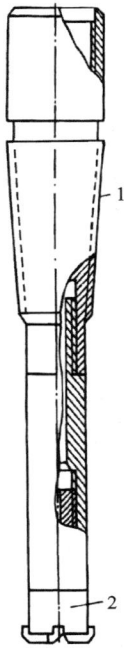

图 12 - 2　带钻头的丝锥　　　图 12 - 3　偏水眼公锥　　　图 12 - 4　可退式打捞矛外形图

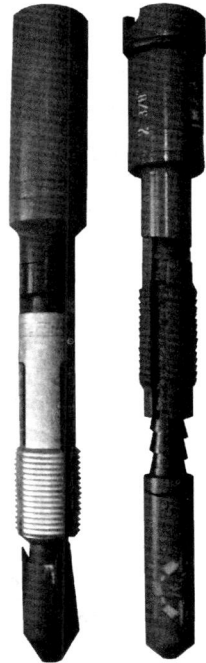

1—丝锥；2—导向钻头

2）活塞式打捞矛

活塞式打捞矛与丝锥的区别在于可在事故管材长度上的任何部位抓取钻具，它抓取时不需要很大的轴向力，也不必回转。

活塞式打捞矛（见图 12 - 5）的工作原理：沿钻杆柱泵入的冲洗液给活塞 2 以压力，推动板牙 10 沿下大上小的锥体 11 上的键槽移动，直至板牙 10 压紧在事故管材内表面上，从而卡住管子。当向上提拉不动需要卸载时，只需让钻具下移 200～300 mm，这时板牙 10 在弹簧 5 的作用下回到自由状态，并返回初始位置，从而可把打捞矛从孔内提出，而不至于使事故进一步复杂化。这种结构的打捞矛不允许在孔内回转。

3. 捞取孔内落物的工具

1）孔底碎块打捞管

孔底碎块打捞管（见图 12 - 6）用于打捞脱落的金刚石钻头胎体碎块及不必继续钻碎的其他金属碎块。打捞管接在钻杆上下孔，接近孔底时慢转并开泵。冲洗液冲起的孔底金属碎片或胎体碎块随上升流体在打捞管的窗口倾斜面处减慢速度，而落入管内。

2）磁铁打捞器

磁铁打捞器（见图 12 - 7）用于打捞和回收孔内的小件金属碎块。打捞器与钻杆一起下入孔内。在到达孔底之前（距孔底几米处）开泵并回转钻具慢慢下到孔底。打捞器在孔底以 10～20 kN 轴压、20～30 L/min 泵量和 5～10 r/min 慢转。在起钻前向钻杆内投入钢球，提升时切忌突然起动和冲击振动。

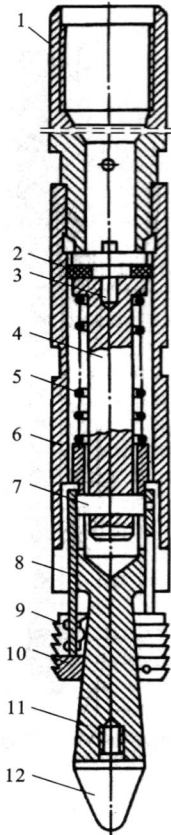

图 12-5 活塞式打捞矛

1—接头；2—活塞；3—轴颈；4—杆；5—
弹簧；6—外筒；7—销钉；8—拉杆；9—
铆钉；10—板牙；11—锥体；12—锥体帽

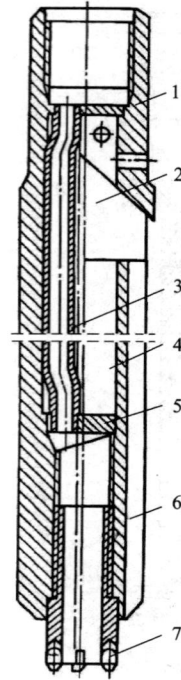

图 12-6 孔底碎块打捞管

1—外壳；2—窗口；3—内管；
4—捞渣管；5—偏心挡板；
6—外壳上的肋骨；7—钻头

3）捞绳器

捞绳器［见图 12-8(a)，(b)］具有内、外捞钩，用于处理和打捞测井仪器和其他井内器具遇卡后被拉断的电缆或钢丝绳。

4）球卡打捞筒

球卡打捞筒［见图 12-8(c)］中的钢球坐在圆锥形底座上，可以沿圆锥形底座上下滚动。当钢球上升时打捞筒的内径变大，可套在被拉断的仪器顶部。缓慢提升打捞筒时，钢球下移，内径变小，使钢球卡住损坏的仪器，并打捞至地表。

5）抓筒

抓筒［俗称一把抓，见图 12-8(d)］可用于钻头碎片、卡瓦等各种不规则金属落物的打捞。抓筒上部与钻杆相连，下孔后加压使爪子收拢，即可把残留孔底的落物打捞上来。

利用抓筒的思路可制成短取芯筒式打捞器。其结构特点是以抓筒作为双管钻具的内管，下钻时用销钉把抓筒与外管接头相连，外管下端有钻头，到孔底后慢转划眼把落物套入内管，同时还可取一小段岩芯，然后通过钻杆加压剪断销钉。钻压由六方套芯轴传给内管，使其沿钻头内台锥形座下滑向中心收缩,捞获落物。

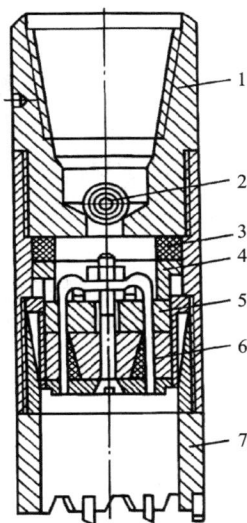

图 12 - 7　磁铁打捞器

1—接头;2—钢球;3—衬垫;4,5—分别为
上、下涨圈;6—永磁体;7—钻头

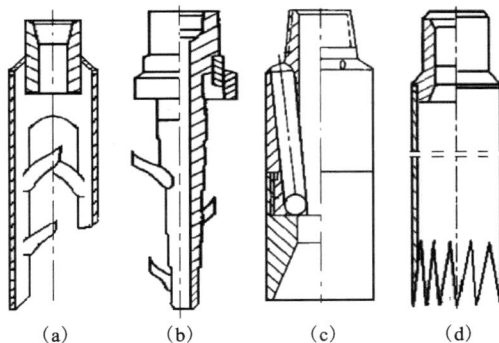

图 12 - 8　捞取孔内落物的工具

(a)、(b)捞取孔内电缆的打捞钩;(c)捞取孔内仪器的
球卡式打捞筒;(d)捞取孔内切削具或金属碎渣的抓筒

12.4.2　切割工具

1)铣刀钻头

铣刀钻头(见图 12 - 9)用于钻掉遗留在孔内,无法取出的钻头或其他金属物品。铣刀钻头是一个加厚的环状钻头,其上镶焊了硬质合金切削刀刃。全套处理事故的铣刀钻头包括:铣刀钻头、短岩芯管(0.5 ~ 1 m)、接头和取粉管。

2)套筒磨鞋

套筒磨鞋(见图 12 - 10)用于磨削套管内端部不规则的事故钻具。因为事故钻具或落鱼端部不规则将妨碍打捞工具进入或无法造扣,套筒磨鞋下部的引鞋容易套住鱼头,可以防止鱼顶偏磨,还可起到保护套管的作用。

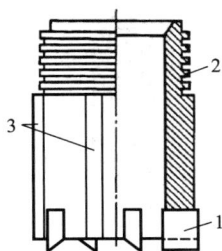

图 12 - 9　铣刀钻头

1—刀刃;2—螺纹;3—肋骨

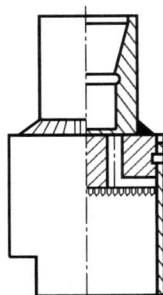

图 12 - 10　套筒磨鞋

3）水力割管刀

水力割管刀（见图 12－11）用于截断卡在孔内的套管（岩芯管）和绳索取芯钻杆，以便打捞回收部分管材。使用时，先在地表试验，然后把切管刀连在钻杆 1 上下至孔内需截断的事故管材中。开泵，当孔口返出冲洗液时停止循环，往钻杆内投入钢球 3，并重新开泵。在冲洗液压力作用下活塞 6 下移。活塞的压力经杆件传至切刀 9 并由壳体中伸出。让切管刀低速旋转并控制在 1 MPa 左右的压力下进行切管。将近 5～10 分钟就可切断管材。切断后关泵，杆和活塞在弹簧作用下返回初始位置，切刀缩回壳体，可以自如地把切管刀由孔内起出。

4）导向铣刀

导向铣刀（见图 12－12）用于消灭卡留在孔内取不出来的岩芯管（内部有岩芯）。导向铣刀连在钻杆上下入孔内。降至距孔底 15～20 cm 处开始回转钻具并供给冲洗液。该钻具以最低转速，20～40 kN 的钻压，40～50 L/min 的泵量钻进。

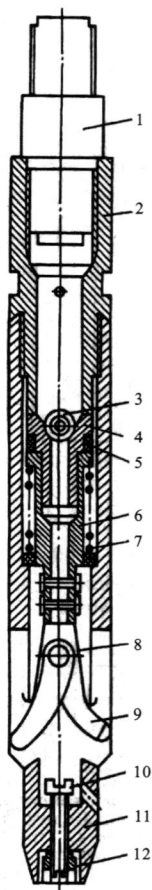

图 12－11　水力割管刀

1—钻杆；2—接头；3—钢球；4—轴座；5—橡胶密封圈；6—活塞与活塞杆；7—弹簧；8—刀轴；9—切管刀；10—螺栓；11—外壳；12—螺帽

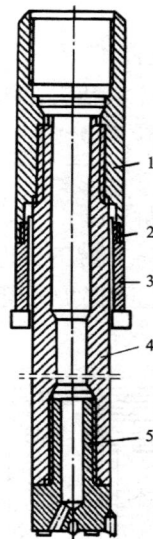

图 12－12　导向铣刀

1—异径接头；2—钻头接头；3—铣刀钻头；4—短钻杆；5—导向钻头

12.4.3　专用接头

1. 偏心接头

钻杆或其他钻具折断后的断头、孔内落物都容易进入超径的大肚子孔段，一般的打捞工具很难找到并进入事故钻具中心孔，而偏心接头(见图 12 - 13)利用水压推动马蹄形活塞杆，使打捞工具可进入大肚子孔段进行打捞。锥形接头下方可连接各种打捞筒、打捞矛、公母锥等打捞工具。

2. 多功能安全接头

传统的防事故安全接头接在钻杆柱的下部接近粗径钻具处。一旦发生卡、埋钻事故，钻杆柱中其他接头都被拧得很紧，而安全接头由于大螺距矩形螺纹被凸台限制不可能被拧死，所以很容易从此处"反"开，一次性把全部钻杆打捞上来。但是，传统安全接头可靠性差，且不能为继续处理事故提供方便。

图 12 - 14 示出了一种兼顾"震"、"冲"、"反"方法处理卡、埋钻事故的多功能安全接头。该钻具结构简单，操作方便。

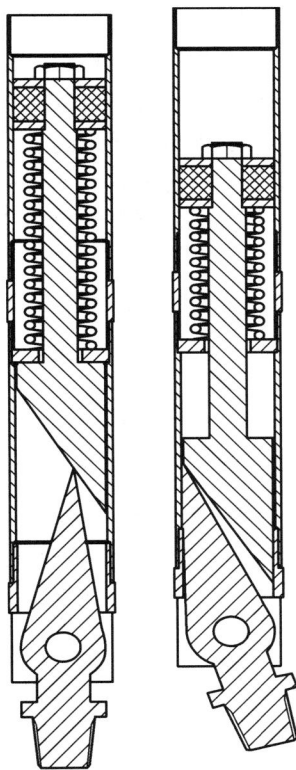

图 12 - 13　偏心接头

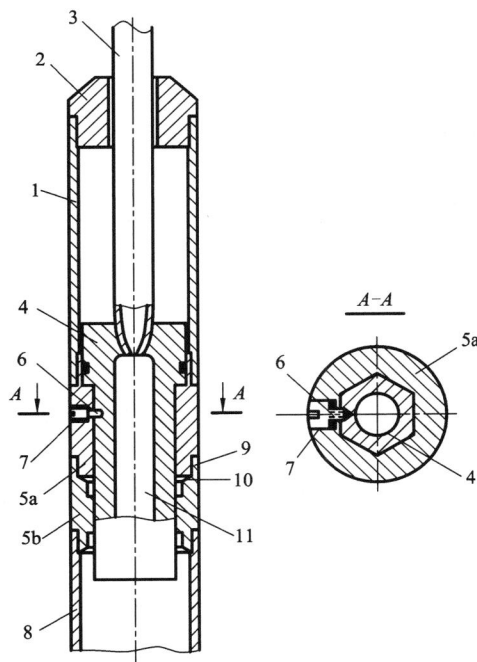

图 12 - 14　多功能安全接头结构示意图

1—外管；2—上接头(铁砧)；3—钻杆；4—冲锤；
5a—下接头 a；5b—下接头 b；6—销钉；7—螺钉；
8—岩芯管；9—左螺纹；10—喇叭口；11—水路

该安全接头由外管 1，上接头 (铁砧) 2，在外管内可伸缩的钻杆 3，冲锤 4 和包括 5a、5b 两部分的下接头组成。冲锤 4 的上部加工成圆形，并与零件 5a 上半部分的圆形内壁形成滑动配合。冲锤 4 的主要部分加工成六边形，与零件 5a 下半部分和 5b 中的六边形内壁相互配合。自下而上，冲锤体从六方形向圆柱形过渡的位置上有六个弓形台阶。零件 5a 上对应的六个弓形台阶限制了冲锤的向下轴向位移。而固定螺钉 7 和销钉 6 限制了冲锤的向上位移。钻杆 3 与冲锤 4 之间，零件 5b 与岩芯管 8 之间用右螺纹连接。上接头 2 与外管 1 之间，零件 5a 和 5b 之间用左螺纹相连。

多功能接头可作为钻柱的一部分下入孔内，其下部与岩芯管 8 相连，上部与钻杆相连。来自钻杆柱的冲洗液经过冲锤中心水路进入岩芯管。为了防止冲洗液漏失，冲锤的圆柱形表面与下接头零件 5a 之间有密封圈。

正常钻进时，来自钻杆柱的轴向载荷经过冲锤 4 圆柱部分的凸台传给下接头 5，并通过岩芯管 8 传给岩石破碎工具 (图中未画出)。来自钻杆柱的扭矩则借助冲锤与下接头之间的六方套传至岩芯管和岩石破碎工具。在钻进过程中无论轴载，还是扭矩都不会作用在销钉上，保证它在任何钻进规程条件下都不会被剪断。由于销钉的直径较小，使用绞车或借助油缸向上强力提动钻具时就可以切断销钉，而不必使用千斤顶。

在发生卡、埋钻事故的情况下，当采取钻井液 "冲" 的办法处理无效时，可用钻机绞车或油缸把销钉 6 剪断，在地表操作钻机绞车让冲锤 4 对铁砧 2 连续产生向上的冲击震动作用，直至卡、埋钻事故被排除。如果这种方式仍不奏效，则拉紧钻杆柱，这时冲锤 4 位于零件 5a 内并离开零件 5b 上边界的位置，用回转器右旋钻杆柱，把零件 5a 从 5b 上卸开。于是全部钻具，除零件 5b 外都可起拔出来。这时在钻孔内仅剩下带喇叭开口的岩芯管 8 和零件 5b。留在孔内的零件 5b 的喇叭口有助于处理事故工具的下入和提起，其内径等于或大于后续小钻头的直径，方便用小一径的钻头透孔并打捞岩芯管。

完成打捞的专用接头可多次使用，只需重新加工并不复杂的零件 5b 和销钉 6 即可。

12.4.4　孔内振动器

俄罗斯为钻探现场配备的潜孔式水力振动器技术特性如表 12-4 所示，主要用于处理卡钻事故。振动器借助防事故接头与打捞工具相连，并下入孔内与被卡钻具的上端对接。用水泵驱动振动器，通过振动器的阀门机构改变水流方向而实现冲锤的往返运动，打击下部和上部铁砧，从而使被卡的钻柱产生弹性振荡。这种振荡传递到卡钻的岩石碎块或岩屑上，使卡紧力松弛，从而使事故钻具重获自由状态并提升至地表。

表 12-4　孔内振动器的技术特性

指　标	振动器直径/mm			
	57	73	89	108
冲洗液耗量/(L·min⁻¹)	90	150	180	360
振动器中冲洗液平均压力降/MPa	3	3.5	3.5	4
单次冲击能/(H·m⁻¹)	50.6	81.5	108	231

指　标	振动器直径/mm			
	57	73	89	108
水泵往复频率/(L·min⁻¹)	1800	2340	2200	1930
有效功率/kW	2.97	6.3	7.6	14
总长度/m	2330	2010	2365	2560
冲锤质量/kg	20	35	50	75
振动器质量/kg	38	55	80	125
振动器工作寿命/h	60	90	100	100

12.5　典型钻探事故的处理工艺

12.5.1　孔壁塌陷与崩落

1.事故征兆分析

出现孔壁坍塌和岩层失稳情况的主要征兆有：①泵压升高；②提升钻具时所需拉力增大；③冲洗液中混入了大量岩屑；④钻杆柱不容易下到孔底。

及时找出在具体地质条件下造成坍塌的原因和特征，有利于正确选择排除事故的办法。可用坍塌系数 K 来分辨孔壁稳定情况：

$$K = V_k/V_t \tag{12-12}$$

式中：V_k——考虑空洞在内的孔身容积，m^3；

　　　V_t——按钻头直径算得的理论容积，m^3。

如果 $K=1$，那么岩层是稳定的；

如果 $1<K<3$，岩层将保持暂时稳定；

如果 $K>3$ 则岩层将失稳；

如果 $K>5$ 则孔壁将坍塌。

2.孔壁塌陷与崩落的防治措施

(1)调整好冲洗液性能并保持其在整个钻进过程中的参数基本不变。在弱黏结性岩石中使用低失水的黏土泥浆，并提高其密度、黏度和静切力；在结晶型裂隙岩石中钻进时，采用低滤失量的聚合物泥浆或用高质量黏土制成的低固相冲洗液。

(2)控制钻进参数，控制提钻速度，减少起下钻次数。

(3)合理选择钻孔结构，下套管或暗管(飞管)加固不稳定的孔壁；根据漏水通道的大小和漏失强度(参见表 12-3)来选择处理漏水的方法，如果漏失原因是孔段中液体压力超过了地层水压力，可用空气泡沫钻进来排除漏失；复杂情况下可采用水泥或化学浆液胶固孔壁处理漏失，并加固强裂隙岩层的孔壁。

12.5.2 钻具折断与脱落

1.钻具折断与脱落事故的类型

钻具折断、脱落事故类型主要包括：钻杆折断被岩渣覆盖；强力起拔，钻具被拉断回弹弯曲；钻杆断脱后穿插在下部钻杆上；钻杆接箍、锁接头倒扣脱落；钻杆螺旋状断裂；钻杆在孔径严重超径段断脱；钻杆在"狗腿"键槽中脱落和岩芯管折断、断口被割等。

2.处理事故的工艺措施

1）钻杆折断被岩渣覆盖

（1）使用优质冲洗液或采用专门捞砂工具冲孔捞渣；

（2）如果事故钻具下端是肋骨钻头，可采用与肋骨钻头同级的粗径钻具套扫事故钻具。到事故钻头上部时加大泵量冲孔，然后从钻杆中投入铁丝卡料，卡牢后起钻（图 12 – 15）。要特别注意防止扫孔钻头脱落及两套钻具夹卡在一起的双重事故。

2）强力起拔，钻具被拉断回弹弯曲

（1）在钻杆体折断后断头紧贴孔壁，用普通丝锥很难处理的情况下，用偏水眼公锥（参见图 12 – 3）打捞；或用偏心接头（参见图 12 – 13）帮助打捞工具进入大肚子孔段进行打捞。

（2）将弯短钻杆连接反丝丝锥将事故钻具反出来。

（3）采用大一级无内刃的薄壁钻头扩孔套取。

3）钻杆断脱后穿插在下部钻杆上

（1）查明孔内情况和上面钻杆断头的深度；

（2）若事故断头被切开，可采用短岩芯管连接母锥打捞，使被割钻杆端部通过母锥进入岩芯管内（见图 12 – 16）；

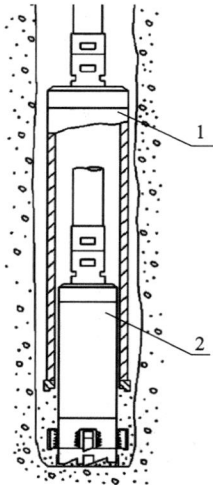

图 12 – 15　套取事故钻具

1—扩孔钻具；2—事故钻具

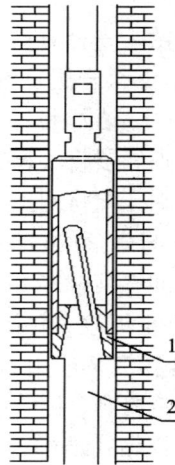

图 12 – 16　钻杆断头捞取法

1—母锥；2—事故钻杆

（3）用带安全接头的反扣丝锥交替反钻杆，如果钻杆相互挤死，可用合金切割工具（参见图 12 - 9、11 - 10）处理一段事故钻杆，再用反扣丝锥交替反钻杆。铣刀钻头用钻杆下入孔内。在到达孔底前的 15 ~ 20 cm 处，边下放边开泵，同时回转。以最低转速和 30 ~ 50 kN 的压力钻进，泵量可像正常钻进一样取值。钻铣完孔底全部或部分事故钻具后必须冲孔。

4）钻杆接箍、锁接头倒扣脱落

一般先下丝锥打捞。如果钻杆接箍被挤破胀裂后有残留铁片落在钻杆外侧或落入接箍内，只能用反丝锥反取事故断头，并用沥青印模黏取残留铁片（见图 12 - 17），再用丝锥打捞下部钻杆。

5）钻杆螺旋状断裂

因螺旋状断裂，下丝锥较难上扣，故用内径大于钻杆外径（1 mm 以上）的母锥接在同径岩芯管上，当下到断头孔深时，用人力回转钻杆，待断头进入母锥后缓缓下降钻具，使母锥与下部未破坏的圆接箍接触并使其吃扣，丝扣吃牢后可提钻（见图 12 - 18）。

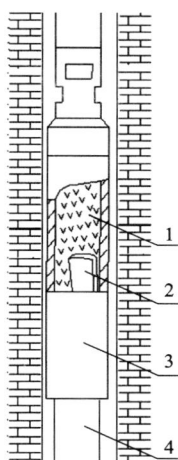

图 12 - 17　沥青印模黏取残留铁片

1—沥青印模；2—残留铁片；
3—圆接箍；4—钻杆

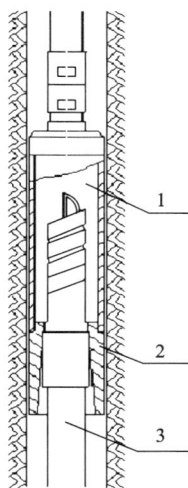

图 12 - 18　螺旋形断头打捞法

1—岩芯管；2—母锥；
3—事故钻具

6）钻杆在严重超径孔段断脱

（1）用普通丝锥打捞困难的情况下，用偏水眼公锥（参见图 12 - 3）打捞或用偏心接头（参见图 12 - 13）使打捞工具进入大肚子孔段进行打捞。

（2）在普通母锥外侧焊接一根长约 1.2 ~ 1.5 m 的导正钩，下到断头附近用牙钳一边慢转一边缓降，当感觉已钩住事故断头后慢慢提升丝锥（导向钩未脱离钻杆断头），再将钻具慢慢下降，使断头在导正钩扶正下进入母锥（可能要反复多次），然后使丝锥吃扣牢固后提钻。

7）岩芯管折断

（1）用普通丝锥打捞。如果岩芯管内还有岩芯，可用带钻头的丝锥（参见图 12 - 2）下孔处理。带钻头的丝锥有 46、59、76 mm 等规格，作业规程为：用钻机 I 档速度回转，钻压 15 ~ 25 kN，泵量 20 ~ 30 L/min。如果岩芯管断口被割变形，可将被丝锥抓住的事故岩芯管下至研磨性强，孔径较小的孔段，开车悬空旋转钻具，使胀裂开的岩芯管口磨损或收拢，使之顺利进入上部套管。

（2）如果用上述方法无法打捞，可用同级切铁钻头，切开事故岩芯管和钻头，然后分别套取（见图 12 – 19）。

12.5.3 卡钻、埋钻、糊钻与烧钻事故

卡钻事故主要有缩径卡钻事故、键槽卡钻、掉块或掉工具卡钻和钢粒卡钻等。

埋钻是指钻具与孔壁的环状间隙局部或全部地被堵塞，冲洗液不能流通，钻具因此受阻不能提动或转动的一种孔内事故。埋钻包括岩粉埋钻和复杂地层坍塌埋钻。

糊钻是由于钻进过程中不能连续彻底从孔底排除岩粉，岩粉黏附在钻头、岩芯管、钻铤甚至下部钻杆上，随着钻具旋转的滚动和挤压作用而紧紧地包糊在钻具四周。使回转钻进阻力增大，起下钻困难。

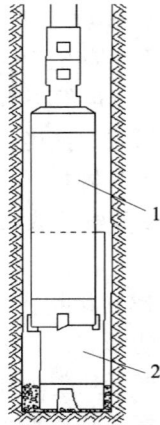

图 12 – 19 劈开事故岩芯管示意图
1—切铁钻头；2—事故钻具

由于孔底冲洗液供给量少，甚至完全停止循环，钻头在回转中与岩石摩擦产生的热量不能及时带走，使温度急剧上升，以致钻头、岩粉、孔壁和岩芯根部逐渐烧结，使钻具回转阻力剧增。严重时甚至既不能提动也不能回转钻具。这种事故称为烧钻事故。

1. 处理卡钻事故的工艺措施

卡钻事故的形态较多，其中键槽卡钻比较难处理。

1）键槽的形成

键槽往往形成于无套管的非垂直段（"狗腿"）孔壁上，它是由于多次升降钻柱钻杆接头反复磨损孔壁一侧所形成的。键槽的截面大小与钻杆锁接头的直径相当，明显小于钻孔的直径，而键槽的深度取决于岩石的强度、孔段弯曲强度和升降钻具作业的频繁程度，一般深度可达几个厘米到几十个厘米。

键槽形成的机理示于图 12 – 20。图中如果 $a < 1.3d_3$，就表明形成了键槽；如果 $a > 1.3d_3$，则是形成了孔壁空洞或扩帮。这里，a——在孔壁上形成的磨损带宽度；d_3——加重钻杆或钻杆锁接头的直径。

预防键槽形成的措施之一是严格保持钻孔以垂直状态（顶角不大于 $1° \sim 2°$）通过软岩和疏松的岩石。如果钻孔必须穿过软弱、不稳定的岩层，应在成孔后立即下套管，尤其是在斜孔段。为了防止出现键槽卡钻，应在容易形成键槽的孔段调整下部钻具组合。

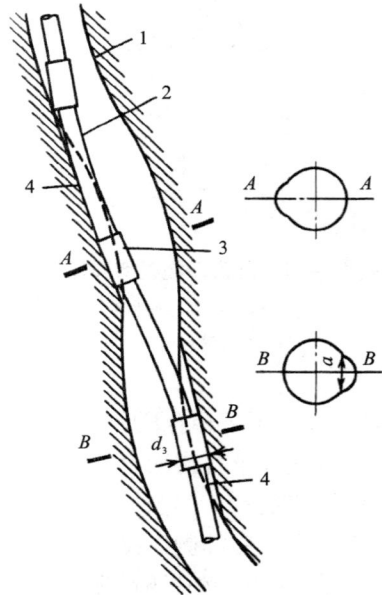

图 12 – 20 键槽的形成机理示意图
1—孔壁；2—钻杆；3—锁接头；4—键槽

2）处理卡钻事故的工艺措施

一般采取"顶"、"打"、"震"、"炸"、"磨"等方法处理。其中：顶——用千斤顶或油缸顶；打——用吊锤往上或往下打；震——用吊锤或其他办法震击松卡再套取（参见图 12 - 14）；炸——从钻杆内把爆破筒（见图 12 - 21）下至粗径钻具上端，将钻杆炸断取出；磨——采用切铁式钻头磨掉事故钻具。

处理键槽卡钻时，应设法将被卡钻具导出，不得强力提拔。可通过接长岩芯管进行扩孔，或使用带铣刀刃的岩芯管接头向上反扫等方法来修整键槽处孔壁，破坏键槽。

经验表明，不管发生什么样的卡钻事故，只要钻井液能循环，无论用什么办法处理，都要主动得多。所以，发生卡钻后首先要尽量保证钻井液循环，并要上下活动钻具，提拉不动后首先要用强力提拉法或测卡仪（石油钻井常用的仪器）测出卡点位置，测出卡点以后再反出卡点以上的钻具，以便下震击钻具、套铣钻具

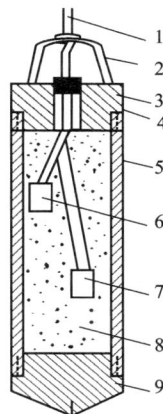

图 12 - 21　钻杆爆破筒

1—电线；2—提环；3—丝堵；4—塞子；5—爆破筒；6、7—电雷管；8—炸药；9—导向重锤

等。根据虎克定律可推导出强力提拉法计算卡点位置的公式：

$$H = \frac{aEF}{10P} \tag{12 - 13}$$

式中：H——卡点深度，cm；

　　　a——钻杆提升时的总伸长，cm；

　　　E——钻杆钢材的弹性系数 $E = 2.1 \times 10^5$ MPa；

　　　F——钻杆横断面积，cm^2；

　　　P——提拉钻杆时的总拉力，kN。

2. 处理埋钻事故的工艺措施

处理埋钻事故首先用反丝锥将可处理的钻杆全部反出，然后用高切力、高黏度、低失水的优质冲洗液排除岩粉或堵塞物。同时，还可配合捞砂设备捞取岩粉，然后再用丝锥捞取粗径钻具。

3. 处理糊钻事故的工艺措施

糊钻的原因主要是冲洗液泵量不足，泥浆净化效果不好，孔壁泥皮过厚等。处理糊钻一般应尽量加大泵量，高速冲刷泥包；同时上下活动并回转钻具，借助离心力破坏泥包。

发现糊钻后在任何情况下都不能停止冲洗液循环，以防事故恶化。同时应换稀泥浆以提高冲洗液的水化作用，迅速消除糊钻现象。

4. 处理烧钻事故的工艺措施

由于金刚石钻头胎体水路面积小，金刚石颗粒的耐热能力差，所以比较容易从"正常规程"进入"临界规程"，使钻头胎体温度急剧上升，功率消耗剧增，钻头磨损严重，甚至钻头被"烧死"（详见第 5 章 5.3.3　关于"金刚石钻进的临界规程"）。处理烧钻事故的工艺措施：

（1）如果钻头、岩粉、孔壁和岩芯根部完全烧结成一体，一般用"顶"、"拉"的办法都无

法处理，只能用丝锥＋反丝钻杆将孔内事故钻杆全部反开并打捞上来；

（2）如果烧钻部位距换径位置不远，可采用扩孔方法。用大一级钻头扩到事故岩芯管底部，然后用丝锥捞取事故钻具；

（3）消灭法，即采用全面切铁钻头将孔内残留钻具从上至下磨掉。

（4）分段割取法，用消灭法处理完上部钻具后，下入割管刀将岩芯管分段切割并捞取。

12.5.4　套管事故与孔内落物

套管事故包括套管脱扣错位、双层套管卡夹、套管脱节塌埋、套管受挤夹阻滞、套管在起拔中劈开、套管偏磨破裂、套管接箍缩口、套管柱下沉等事故。

在钻进和升降钻具、检修设备或处理事故过程中，若孔口维护不好，操作不慎，孔内落物的事故也时有发生。

1. 套管事故的预防与处理

下套管前，应用同级钻具通孔，将孔内岩渣冲捞干净，并用导向钻具钻 2 ~ 3 m 深的小孔以便沉淀残渣；用松香或皮带腊封闭套管丝扣连接部位，套管外表面涂抹机油、钙基润滑脂等，以减少起拔套管的阻力。

套管必须下到硬岩盘上，上下管口做成喇叭状，下部用黏泥或水泥封闭，孔口管用盘根填塞严密，防止岩粉沉淀造成卡夹。如果孔内溶洞长度大于单根套管长度，应下入双层套管，并避免套管接头处在裂隙或溶洞中间。

钻进中严禁使用弯曲的钻具，以减轻钻具对套管的敲击破坏，如发现孔内套管有下沉、断脱，错动等现象时，应及时处理，以防止进一步恶化。

处理套管事故的常用方法：

（1）一般情况下用丝锥即可将孔内套管提出孔口。

（2）如脱扣错位，可用小一级套管带马蹄形导向木塞下至套管脱扣处反复寻找断口，当木塞楔尖插入套管扩口后，借助楔面导正作用使小一级套管穿过断口，套管下到孔底后，再用合金钻具将木塞钻掉。

（3）分段起拔。先用割刀将套管分割成数段，并用木质卡管器（见图 12 - 22）和千斤顶从上至下逐段顶松，再用升降机＋可退式打捞矛（参见图 12 - 4）或活塞式打捞矛（参见图 12 - 5）起拔。

（4）如果双层套管卡夹成一体，应先想办法使两个套管的露头不在一起，然后利用千斤顶强力起拔小径套管，使大径套头与小径套管强行分开后分别取出。

（5）如有坍塌物，先用导向钻具扫至套管内，用安全接头对接已在孔内的卡管器或套管，再用千斤顶顶松套管并取出。

2. 孔内落物事故的处理

几种打捞孔内落物的工具及工艺措施举例：

（1）用钻杆把抓筒［见图 12 - 8(d)］送入孔内，遇到脱落物件可稍稍转动，待套住后向下加压，使抓筒各牙齿向中心靠拢将落物抓住不致落出。为有效地把小的，光滑的或呈片状的落物牢固的卡在抓筒内，事先可向孔内投入适量黏土球，使落物包在黏土球中堵在抓筒内，将落物捞取上来。

（2）用铣鞋式抓筒捞取。铣鞋式抓筒（见图 12 - 23）比抓筒可靠耐用。该处理工具的厚壁套管 1 内装有用弹簧片做成的弹簧环 3，圆筒下端装有齿状铣鞋 7，圆筒上端的接头 6 中心孔为正方形，方钻杆 5 可从中通过。下孔后，方钻杆可带动抓筒旋转，边铣切落物，边套住落物，然后下压钻具，剪断铜销钉 4，压环 2 下行推动弹簧环沿铣鞋内锥形下行将落物与岩粉岩泥一起抓住。如岩石或落物较硬，铣鞋上可镶嵌硬质合金齿。

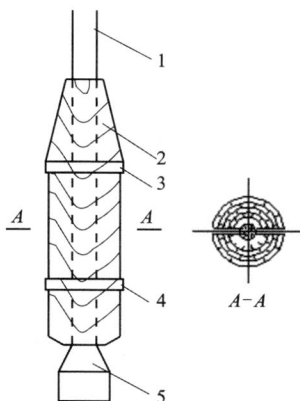

图 12-22　木质卡管器

1—钻杆；2—两瓣木；

3、4—铁丝箍；5—异径接头

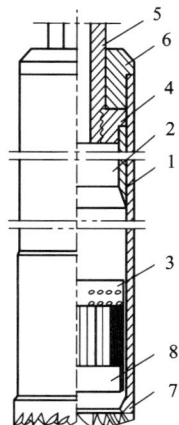

图 12-23　铣鞋式抓筒

1—厚壁套管；2—压环；3—弹簧环；

4—铜销钉；5—特制方钻杆；6—特制接头；7—齿状铣鞋；8—引鞋

（3）用磁力打捞器捞取。磁力打捞器（参见图 12-7）用来打捞小型金属工具落物及脱落的钻头牙轮、翼片等很有效。

（4）打捞落孔钢丝绳或电缆。用钻杆把专供打捞落孔钢丝绳或电缆的打捞钩（参见图 12-8）送入孔内，由于脱落的钢丝绳大多成螺旋状卷曲在孔内，打捞钩插在卷曲的钢丝绳上转动，使钢丝绳牢牢地缠绕在捞矛上，即可提升钻具打捞上来。

12.5.5　钻孔漏失和涌水事故

1. 钻孔漏失的处理方法

1）处理压差漏失的工艺措施

（1）降低泥浆密度。当循环液流的液柱压力大过压裂（漏）地层孔隙压力时，可逐步稀释泥浆、降低泥浆密度，使之与低孔隙压力的地层平衡止漏；

（2）充气泥浆止漏。向泥浆充气降低泥浆密度（$0.60 \sim 0.95$ g/cm^3）达到止漏目的。

2）处理裂缝和破碎带漏失的工艺措施

（1）采用高失水剂堵漏浆液（如 DTR 堵剂、PCC 堵剂和 Diacel 堵漏剂），使其在液柱压力下迅速失去水分，在孔壁形成一层致密的滤饼封堵漏失层；

（2）水泥护壁堵漏。选择速凝、早期强度高、密度低的硫酸盐水泥浆堵漏，也可用普通硅酸盐水泥加速凝剂、早强剂，用平衡法灌水泥浆。

3）处理涌漏交替漏失带

（1）速凝浆封堵。先在漏层通道狭窄处灌注速凝胶，然后再注入普通水泥浆；

（2）用柴油、水泥、膨润土不加水配成速凝浆液，在孔内遇水后很快胶凝。

4）处理大裂缝和溶洞漏失

（1）黏土球充填法。将黏泥揉成直径 30～50 mm 的圆球，一个个投入孔内（如果中途漏失应先架桥再投），再用倒置的岩芯管接头去捣实，使其挤入孔壁裂隙达到堵漏的目的。

（2）往孔内输送遇水凝固或膨胀的材料（如水泥、脲醛树脂、丙烯酰胺等高分子聚合物），达到堵漏和固结孔壁的双重目的。

通常借助专用注浆工具将速凝材料送达漏失区，1.5～4 h 后就可开始钻进。往孔内输送干式固孔速凝浆液的专用钻具如图 12-24 所示，它由牙轮钻头 1、单向阀 2，左旋的螺旋输送板 3 和带弹性叶片的接头 4（起抹平孔壁的作用）组成。

利用干式输送固孔水泥的钻具注浆固孔的工艺示于图 12-25。钻具下孔后，干式混料与孔内水混合生成膏液状。钻具的左旋螺旋输送板把浆液压向孔壁，接头上的叶片驱使固孔浆液流向岩石裂隙并抹平孔壁。一次加固孔壁的时间不超过 3～5

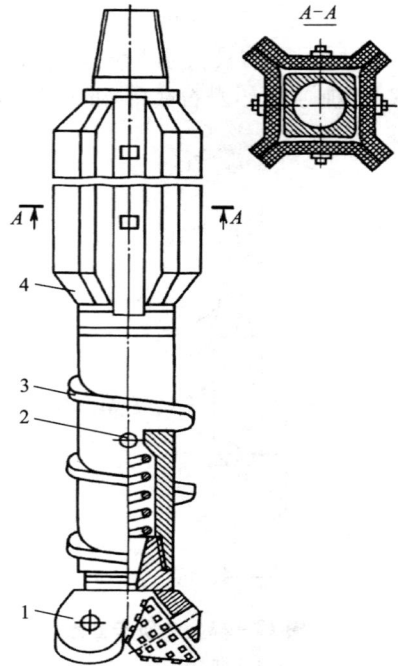

图 12-24　输送浆液的混料钻具

1—钻头；2—单向阀；3—螺旋
输送板；4—带弹性叶片的接头

min，整个孔加固需 1.5～2 h。该方法在孔深 300～500 m 且漏失层厚度不很大的孔中非常有效。为处理更厚的漏失层需多次往孔内输送干式固孔速凝材料。

5）对于上述方法无效的漏水事故地段，可用下套管隔绝法处理。

2. 孔内涌水的处理办法

涌水是从承压水层中喷发出来大量地下水。涌水使冲洗液性能遭到破坏，可能导致发生其他事故。

（1）钻遇承压水层或中高温地热（>100℃）地段发生井涌或井喷时，可以采取增加冲洗液的密度达到平衡钻进，得到抑涌或止喷的目的；

（2）涌水量大或其他原因使抑涌困难时，可采用软胶塞＋速凝浆液封堵止涌，或采用其他堵漏方法进行处理。

12.5.6　钻头事故与偏斜事故

1. 金刚石钻头胎体脱落的处理

（1）用抓筒抓取、喷射反循环钻具捞取、黏筒黏取等办法处理脱落的钻头胎体。用孔底碎块打捞管（参见图 12-6）处理时，应以最低转速回转，钻压 30～40 kN，泵量 70～120 L/min，并间断开泵、停泵，使落于孔底的金刚石胎块或硬质合金沉淀在捞渣管里。可捞取尺寸为 20～30 mm 的金属碎片。

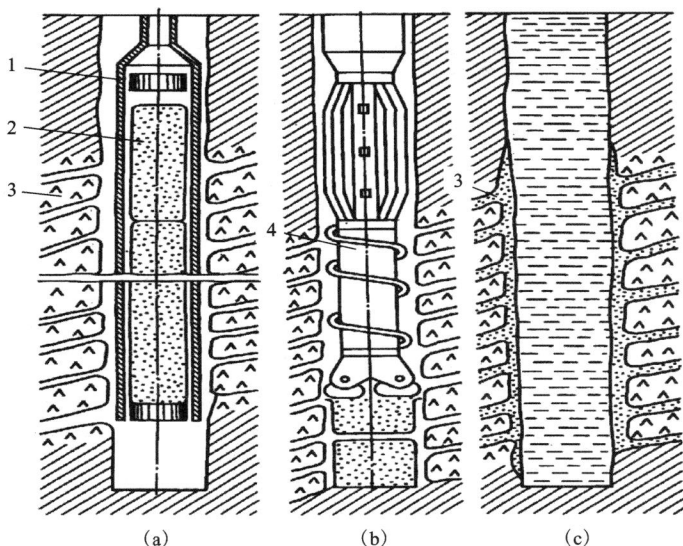

图 12-25　用水泥固孔的示意图

(a)往孔内干式输送固孔速凝材料；(b)固孔注水泥的过程；(c)完成固孔的孔段
1—运送固孔材料的钻具；2—装有干式固孔速凝材料的布袋；3—漏失孔段；4—在孔
内形成固孔速凝材料的钻具

（2）用磨孔钻头磨灭；

（3）用小径钻头在孔底钻一深 100～200 mm 的小眼，使脱落的胎体碎块落入，然后再用原径钻头钻取岩芯，取出胎体碎块。

2. 扩孔器断脱事故

下入公锥捞取短节和扩孔器，若因与孔壁挤夹，提拉不动，用吊锤向上冲击震动解卡。

3. 硬合金切削具崩落的处理

经验证明，一个切削具崩刃或脱落，任其存留孔内不加处理，是促使全部切削具崩刃脱落的主要因素。破损的硬合金粒存留孔内或黏在孔壁上，就像一把硬质合金"车刀"，将使粗径钻具管材严重磨损，甚至造成钻具折落或脱落。

打捞落入孔内硬质合金的方法基本与金刚石钻头胎体脱落的处理方法相同。

4. 偏斜事故

钻探工作中经常需要人工造斜（偏斜补采岩芯或定向取芯，偏斜钻进绕过事故钻具等），但如果偏心楔结构不合理，下入位置不当，或操作不当容易发生严重的偏斜事故，如偏心楔下移、偏斜管被钻头割坏、偏心楔歪靠孔壁一侧和偏斜管径向转动等。

（1）防止偏斜管径向转动。可在偏心楔底部配用同径套管制成的防转器，即用一根 0.5 m 的短套管（底端成锯齿形）插入孔底一定深度，并投入适量水泥、河沙，使其与孔壁卡紧，然后重新造斜另开新孔。

（2）偏心斜楔面被钻头割坏、偏心楔歪斜。需重新在预定孔深架桥，下入新偏心楔或连续造斜器等机具进行偏斜钻进。关于人工造斜钻进的详细内容请参阅"第 10 章　定向钻进工艺"。

第13章 封 孔

封孔是钻探作业结束之后的一项重要工作，属于钻探工作六大质量指标之一。封孔的目的在于消除孔眼对地下水原始状态的破坏，以及给地下储层开发、地下建筑、边坡稳定、水利工程等可能带来的危害（例如，雨水倒灌，破坏矿山通风体系等）。

根据中国地质调查局 2010 年 2 月颁布的《地质岩芯钻探规程》（试行）的规定，临近终孔时，施工管理部门应根据地质部门提供的实际钻孔柱状图和封孔要求，编写封孔设计，交机台严格执行。封孔后，应在孔口设立水泥标志桩（用水泥固定并在周围挖泄水槽），其上注明钻孔编号、深度、施工单位名称和钻孔完工日期。机长应将钻孔封孔设计和封孔记录送交设计部门和施工管理部门存档。根据设计书的要求，需要对封孔质量进行验证时，应进行透孔取样。

凡遇下列情况之一者都必须进行封孔：

（1）穿过工业矿体，同时见有主要含水层或有含水构造的钻孔；见天然气层而暂不开采的钻孔。

（2）可能引起矿床氧化、溶化，并对其将来开发影响较大的钻孔；对工程地质条件有不良影响的钻孔。

确定封孔段的原则：

（1）工业矿层、主要含水层或含水构造的顶、底板上、下限各封 5 m；

（2）如各封闭段之间相距很近，矿层、含水层及含水构造又很薄时，可一并封闭；

（3）在表面风化或第四纪地层与完整基岩接触面以下，应封闭 3 m 左右；

（4）封闭段之间一般可不加充填物。

13.1 封孔材料

封孔材料可根据含水层的水量、水质和水头压力、封闭位置的深浅、孔壁稳定等情况来选择。常用水泥和黏土封孔。

13.1.1 水泥封孔

1.纯水泥封孔

在不同孔径条件下，每包（50 kg）水泥可灌注钻孔的理论长度列于表 13－1。配制水泥浆的水应是不具酸性的淡水。水泥用量按下式计算：

$$Q = \frac{50KL}{l} \tag{13-1}$$

式中：Q——所需水泥用量，kg；

L——需要封孔的长度，m；

l——每袋水泥封闭的理论长度，m；

K——系数，一般取 1.35～1.7。

表 13 - 1 水泥灌注钻孔的理论长度参考表

钻孔直径 /mm	钻孔每米理论容积 /10⁻³m³	不同水灰比条件下每包水泥的灌注长度/m		
		40%	50%	60%
150	17.69	2.03	2.30	2.57
130	13.27	2.78	3.06	4.43
110	9.5	3.75	4.26	4.79
91	6.5	5.63	6.25	7.00
75	4.42	8.61	9.19	10.29

2. 水泥砂浆封孔

为了节约水泥,可在水泥浆内加入细砂配成砂浆。砂粒直径应小于 1 mm,其中 0.5 mm 以下的应超过总砂量的 50%。配方(重量比)如下:

用导管注入时,清水:水泥:细砂 = (0.5~0.6):1:1;

用注送器注入时,清水:水泥:细砂 = 0.4:1:1。

3. 胶质水泥封孔

业内把加入一定数量膨润土或石灰的水泥称为胶质水泥。配制方法是将膨润土和清水调成泥浆后,再倒入水泥,搅拌均匀即成。

配方为(重量比):(96%~92%)的水泥 + (4%~8%)的膨润土,或 72% 的水泥 + 22% 的膨润土 + 6% 的石灰。

4. 速凝水泥浆封孔

在特殊情况下,需要水泥速凝提高早期强度时,可在水泥中加入一定数量的速凝剂进行化学处理。其配方可参考表 13 - 2。

表 13 - 2 速凝剂化学处理配方参考表

编号	水泥/%	加入的速凝剂/%					水/%	终凝时间
		水玻璃	纯碱	氯化钙	食盐	盐酸		
1	100	15	10				60	<27 h
2	100		<3				60	6~10 h
3	100			4~8			60	
4	100				4		60	
5	100	20~40	6~12				55	<2 min
							90	<20 min

注:①表中均是重量比;②5 号配方适于干水泥注井法。

13.1.2 黏土封孔

在一些地下水压力和流量不大、水头不高的钻孔可用黏土作为封孔材料。

1. 黏土球封孔

用较好的黏土掺水搅拌后，搓成直径 30～40 mm 的小泥球，待阴干后投入孔内封孔。

2. 黏土柱封孔

该方法在孔壁完整的情况下使用。制作方法是将岩芯管劈成两半，再合拢用铁箍箍紧，句管内装黏土捣实，打开岩芯管取出黏土柱，待泥柱阴干后用于封孔。

3. 浓泥浆封孔

选用优质黏土，搅拌成浓泥浆并加入适量的碱剂处理，使其黏度在 30 s 以上。可用泥浆泵通过钻杆送入孔内。

13.2　封孔工艺

封孔的简单方法是用固孔水泥封住整个钻孔（由孔底至孔口）的容积空间。封孔灌注水泥时，应自下而上逐段灌注，必须同时可靠地置换出钻孔内的泥浆，防止孔内泥浆稀释封孔水泥浆。

13.2.1　洗孔换浆

注送水泥前，应用清水洗孔换浆。目的有二：一是排除孔内泥浆及钻渣，二是清除孔壁上的泥皮，保证水泥能更好地与孔壁黏结。

在不稳定地层进行洗孔必须慎重，因清水洗孔会造成孔壁坍塌。在这类地层洗孔，可根据不同情况分别处理。如封闭段为坍塌段，可用钻杆下至封闭段用稀泥浆冲孔，以减薄孔壁泥皮。在必要时可用孔壁洗刷器刷洗孔壁，孔壁洗刷器（见图 13-1）可自制，其上部有与钻杆连接的螺纹，下端堵死，中部加工了很多喷水孔，并装有钢丝刷。

13.2.2　下隔离塞

在钻孔较深，封孔段距离较大的情况下，为了使封闭的位置准确，减少水泥浆用量，需要下隔离物承托水泥浆或把水泥浆与其他物质隔离——即"架桥"。一般隔离塞需下在待封闭矿层或含水层顶底板上下各 5 m。其他不是含水层或矿层的孔段可用黏土或浓泥浆封闭。钻孔封闭情况示意图见图 13-2。

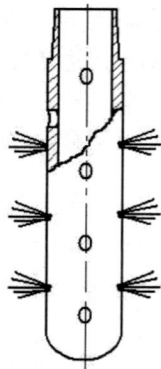

图 13-1　孔壁冲刷器

隔离塞安置在矿山预设计的巷道顶部、预备开采的煤层和矿层顶板处，漏失和涌水层顶板的分隔塞应安装在致密岩层中。在钻进过程中已处理的涌水和漏失层段，在孔口处的覆盖层，以及矿山巷道底板和含水层的底板处可以不放置隔离塞。

隔离塞种类很多，效果好的有以下几种。

1. 木制隔离塞

木制隔离塞（见图 13-3）用圆木做成，呈锥形，直径比孔径小 1～2 mm，为使木塞能用卡料卡紧在孔壁上，在木塞中部制有两道环形槽。木塞用销钉固定在钻杆上，下入孔内预定位置后，投入卡料卡紧，然后提起钻杆，拉断销钉。

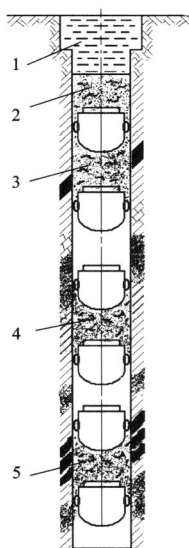

图 13-2　钻孔封闭示意图

1—黏土封闭孔口；2—封闭漏水层；

3—封闭矿层；4—封闭矿层；

5—封闭矿层和含水层

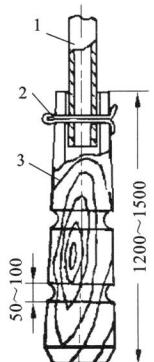

图 13-3　木制隔离塞

1—钻杆；2—销钉；3—木塞

2. 竹筋草塞

竹筋草塞用数根 1.6~1.8 m 长的毛竹筋作为骨架，中间塞入稻草，外部缠以草绳，使其最大直径比孔径小 40 mm。将干燥的竹筋草塞用钻杆下至预计孔段，然后投以卡料，提出钻杆，再投黏土压实即可。

3. 草把隔离塞

草把隔离塞是将稻草把装入岩芯管内，在稻草把上部装碎石和黏土。将此钻具下入孔内预计孔段后开泵将草把隔离塞送出岩芯管，使稻草把张开并托住碎石和黏土，起到隔离作用。

13.2.3　孔内注浆方法

1. 灌注水泥的准备工作

(1)进行孔径测量，更准确地了解钻孔不同孔段的容积。

(2)对钻孔简易水文观测资料和钻进过程中的冲洗液消耗记录进行综合分析，以查明待封闭漏失层和涌水层，以及矿山坑道等关键孔段的位置与厚度。搞清楚需封孔孔段的构造特征、岩性特点以及井内地层的温度，确定灌注孔深、浆液用量、灌注方法。

(3)根据灌注方法和要求，选用合适的水泥品种和添加剂，并进行室内水泥性能试验，确定水灰比和添加剂的合理配方。室内试验时，必须尽可能模拟井内和现场条件，充分考虑灌注的实际操作过程，以水泥浆的流动性、凝结时间、预计固结强度和固结时间为主要指标，从多种配方中遴选能满足以下要求的合理配方：

①灌注阶段水泥浆流动性好，既能达到封孔要求的强度，又流动阻力小便于泵送。

②控制好水泥浆凝结前的安全时间，确保灌注结束、钻杆全部提出地表并清洗完泵注设备后才开始凝结。

③水泥成浆至达到封孔要求强度的时间尽可能短。

(4)灌注前应准备好并检查灌注系统各部件(动力、水泵管线、钻具、灌注器等)的工作可靠性。

(5)算好所需灌注浆量、替水量，确保水、水泥、添加剂等材料够用，并一次完成灌注作业。

(6)孔内准备。

①确定封孔段位置后，进行扫孔、冲孔，保证孔底和充填孔段清洁干净，并为需在钻孔中进行中段灌浆的孔段做好架桥工作。

②丈量钻具，校正孔深。

③测定孔内静、动水位。

2. 孔内灌注水泥浆的工艺

向孔内灌注水泥的方法有水泵灌注法、灌注器灌注法、孔口灌注法及干料投放法等。

1)水泵灌注法

水泵灌注法适用于灌浆量大，不受钻孔深度限制的水泥灌注，及中部架桥后的孔内灌注。水泵灌注法可实现加压灌注，灌注效率高，施工简便，无须特殊设备和工具，但要求水泥浆流动性好，易于泵送。这种方法适用于水灰比 50% ~ 60% 的净浆，注浆过程中不需提动钻具。

水泵灌注法的操作过程(见图 13 - 4)：钻具下到距预定深度约 0.3 ~ 0.5 m 时，先泵入清水以检查钻杆内部确实畅通良好时，即可泵入配好的水泥浆。刚开泵时应先打开水泵回水管，将吸水管及水泵中的清水排出，喷浆后再打开三通将水泥浆送入孔内。待吸完水泥浆后，立即将莲蓬头放入准备好的替浆水桶中，开泵替浆。为了使孔底返流均匀，替浆时可适当慢转钻具。应根据孔内水位高低控制替浆流体的泵量，以保持孔内液柱压力平衡。替水泥浆所需的水量可按下式进行估算：

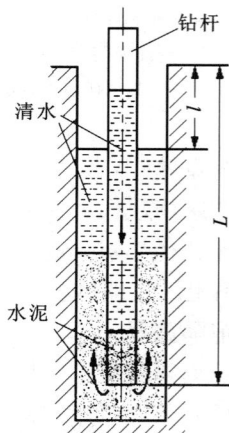

图 13 - 4 水泵灌注水泥示意图

$$Q_p = k(L - l)q + Q_g \tag{13 - 2}$$

式中：Q_p——替水泥浆所需的水量，L；

L——钻杆柱长度，m；

l——孔内静水位离孔口高度，m；

q——每米钻杆内容积，L；

Q_g——地面管线及水泵容积，L；

k——压水系数，浅孔取 0.9、深孔取 0.95。

俄罗斯钻探规程推荐按下式确定灌注孔内间隔的浆液用量 V_j (m^3)

$$V_j = 0.785 (K_1 + K_2) D^2 l_y \qquad (13-3)$$

式中：K_1——总浆量的储备系数，其值取决于孔壁的状况；当孔内空洞尺寸达额定孔径的
　　　　　1.5 倍时，$K_1 = 1.1$，当达额定孔径的 2 倍时，$K_1 = 1.2$；

　　　K_2——考虑一次灌注循环流体的损失系数；$K_2 = 0.08 \sim 0.15$；

　　　D——孔径测量数据提供的实际孔径，m；

　　　l_y——一次性灌注孔段间隔的长度，m。

一次循环泵入的替换液用量 V_c（m^3）

$$V_c = 0.785 d_0^2 h_q \qquad (13-4)$$

式中：d_0——灌注导管的内径，m；

　　　h_q——灌注导管下端的潜入深度，m。

当孔内无水或水位很低时，压水量很小（$60 \sim 80$ L）即可停泵，靠钻杆内外液柱压力差，使水泥浆继续沿钻杆下降并从底部返出，直至钻杆内外达到压力平衡为止。

当水位很高或返水孔时，则压水量接近于钻具容积与地面管线容积之和乘以压水系数。这样可以保证水不压出钻具底部，保持钻杆外的水泥浆高度比钻具内水泥浆高度大一些。提钻时，会向钻杆内回流或填补孔底空间，水泥浆不会被稀释。

替浆完毕即可提钻，应将钻具提离水泥面 $10 \sim 15$ m 以上（$1 \sim 2$ 个立根）后再冲洗钻具。提钻速度一定要慢，过快则易发生抽吸作用而使灌注工作失败。为了保证孔内压力平衡，还应考虑在孔口回灌清水。

卸开机上钻杆以后，应开泵清洗水泵、高压管线和机上钻杆内的残留浆液，以防堵塞。

灌注质量通过两种方法来检查，一是对比按孔径测量结果计算的容积与实际的浆液耗量；二是对比所用浆液的理论凝固期与实际效果。

在每次向孔内灌注之前应从配制的浆液中抽样检测。在试样硬化后 $1 \sim 2$ h 应从孔内取水泥石样品，然后目测分析，做出记录并写成关于封孔作业的质量报告。灌注总量和灌浆的位置都应有预先设计，设计的依据是矿区的地质条件、水文地质条件和矿山条件。

2）导管灌注法

水泥浆借助导管（一般是钻杆）内外液面高差和密度差及流动时的动能进行灌注。在钻杆上端接有用 146 mm 岩芯管制的储浆筒（$300 \sim 500$ mm 长），钻杆下端离注浆段底部 $0.3 \sim 0.5$ m（见图 13-5）。这种方法设备简单，操作方便，适用于水灰比 45% $\sim$ 50% 的净浆和密度大的砂浆。

灌浆前应先开泵送水，导管畅通后再注入水泥浆。灌注过程应连续作业，以保证灌注质量均匀。

配制的水泥浆总量应足够充填设计的孔段间隔。一次灌注的间隔为分隔塞（架桥）之间的距离，或应保证一次性注入钻孔的用量在孔径小于 76 mm 时可封孔 $50 \sim 100$ m，孔径大于 76 mm 时为 $200 \sim 300$ m。一次灌注完设定的间隔后，要重新安装分隔塞并重新开始配制新鲜的浆液。

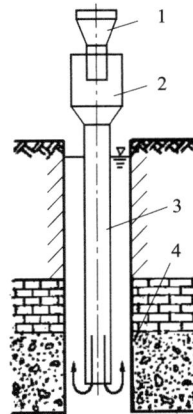

图 13-5　导管灌注法示意图

1—漏斗；2—储浆筒；
3—导管；4—要封闭的地层

3）灌注器灌注法

当封孔需要堵塞大的裂隙或溶洞时，为了减少水泥浆的流失，往往选用水灰比较小（0.3～0.35）、浓度大的水泥浆或速效混合液进行灌注，也可以灌注密度大的砂浆。这时无法用水泵泵送，可采用灌注器灌注法。有时当封闭的孔段较短，浆量不多，或钻进中遇到多层间断漏失，为了及时处理也可采用此法。此法优点是不受孔深限制，浆液性能不受流动性限制且对水泥浆稀释较少，但需专用灌注器，灌注时要求相当严格。

灌注器的种类较多，目前大多采用水压活塞式灌注器（见图13-6）。其操作工艺是：使用时，首先将阀门8关闭严密，并用销钉7锁住。在孔口将水泥浆或砂浆装入盛浆管6内，装上活塞5，滑动接头2及压盖1。然后将灌注器用钻杆下至孔内需要封孔的深度，下钻速度不宜过快，防止冲击剪断销钉7打开阀门。开动水泵后压力水经钻杆进入灌注器推动水泥浆。水泵压力表应准确，使用时压力在1 MPa左右。送水后泵压逐渐增大，突然下降，再回升，说明销钉7被剪断，阀门已打开，水泥浆被压出进入需要封堵的地层。

这种灌注器结构简单，可以在现场用不同尺寸的岩芯管自行制作。

4）孔内混合法

为了防止水泥浆在孔内未凝结前被水冲失、稀释，而使封孔失效。在破碎、坍塌、严重漏失或涌水地层中可先把速凝水泥浆装在塑料袋中直接投入孔内，然后下搅拌钻头用孔内混合方法进行封孔（见图13-7）。

也可以采用干料投放法，将水泥用塑料袋装好投入孔内，然后用钻具搅拌，利用钻孔内的水搅拌和捣固，使浆液进入所封闭的地层。

5）孔口灌注法

当孔较浅，裂隙宽且孔内水位很低，则可从孔口直接倒入浓度较大的水泥浆，利用孔口与孔内液面高差所产生的位能，将水泥浆压入需要封堵的层位。为了使孔口灌注顺利，也可在孔口插入小尺寸套管至灌注孔段，再从套管中倒入水泥浆，借水泥浆的自重下入。

6）水泥球投入法

将水泥与少量水混合成水泥球或专门制作具有合适的凝固时间和强度的水泥丸，投入孔内后再下入钻具冲击挤压，使其挤入所封闭的地层。

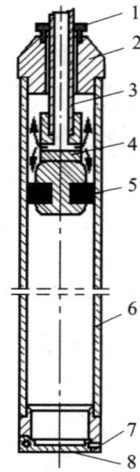

图13-6　水压活塞式注送器

1—压盖；2—滑动接头；3—钻杆；4—分水接头；
5—活塞；6—盛浆管；7—销钉；8—阀门

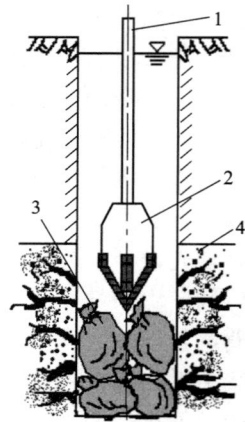

图13-7　孔内混合法示意图

1—钻杆；2—搅拌钻头；
3—塑料袋；4—封闭层

第 14 章　钻孔施工设计及钻探环境保护

14.1　钻孔施工组织设计

在钻探工程实施前，都要进行单孔和矿区钻探工程施工组织设计，没有设计不准施工。当一个矿区需要施工多个钻孔时，应有整个矿区的钻探工程总体施工设计，并选择有代表性的钻孔进行单孔设计。对于孔深 600 m 以上或地层变化较大的钻探任务，必须进行单孔施工设计。施工组织设计是实现科学管理的前提，是指导钻探施工的依据，是项目费用预算、签订承包合同的基础，也是勘探项目进行投标的重要文件之一。

钻探技术人员首先要进行现场踏勘，了解钻孔位置、交通条件、生活条件、气候条件、设备器材储放条件、施工用水、用电的方便程度及勘探区地质情况等，然后依据钻探工程施工条件、工程量、地质要求、相关规范及定额指标，进行认真仔细的设计。设计要充分体现为施工服务的思想，注重技术经济效益和社会效益，积极推广应用新技术、新方法。设计是否科学合理直接关系到钻探施工效率、质量和成本。

14.1.1　单孔施工组织设计

单孔施工组织设计应包括以下内容：

1. 前言

该钻孔编号及位置、钻探工程性质、目的与任务，设计前进行现场踏勘的简况。

2. 工区概况

简述工区交通、气候、风力，水源，电源，地层情况，及地质勘探任务对钻孔的要求等。附地层柱状剖面图，图中各地层的厚度应符合一定的比例，且需用岩性符号表示。

3. 钻孔结构

钻孔结构指钻孔纵剖面的形状。它包括终孔直径、套管层数（即换径次数）、开孔直径以及各孔段的长度和直径。换径次数愈多，钻孔结构愈复杂。

4. 钻探设备和器材

选定钻机、水泵、动力机、钻塔及附属设备、管材等。附设备、管材一览表，表中应有品名、型号，规格、数量等栏目。还应进行以下校核：

（1）计算大钩载荷，根据钻机提升能力确定滑车系统的规格。

（2）校核钻塔负载能力。

（3）校核钻塔绷绳的承载能力。

（4）校核动力机的最大功率能否胜任该孔钻探任务的需求。

5. 机场布置

首先根据钻机型号和地形条件，确定机场地盘面积；然后根据表土情况确定地基类型，如浅槽地基、卧枕地基、竖桩地基、深坑地基等;再根据钻机型号确定基台木的规格和基台木的布置;最后确定机场布置。

附基台木布置图。图中应标明钻孔、塔腿和钻机地脚螺钉位置,有定位尺寸,能显现上下层次。如为斜孔,还应计算孔前距、孔后距及孔口中心至钻机机架前螺孔中心的距离。

附机场平面布置图。图中应标明各设备的相对位置、管材和工具摆放地点、冲洗液循环系统的布置。注明循环槽断面规格、长度、坡度以及沉淀池、水源箱的规格等。

6. 钻进方法

根据岩性分层确定钻进方法和钻头类型,对硬质合金钻头,应确定硬质合金的牌号和型号,钻头类型和名称,钻头直径和合金组数。对金刚石钻头,应写明金刚石粒度、胎体硬度、金刚石浓度,水口水槽的形状和尺寸。如果使用复合片(PDC)钻头和牙轮钻头,也应写明相应的类型、结构参数和尺寸。分层计算并确定钻进规程参数。

附钻进方法一览表,表中分层列出钻进方法、钻头类型、钻进规程参数等。

7. 洗孔与护壁堵漏

根据钻进方法、岩性及钻孔结构,分层确定冲洗液类型。选择造浆黏土,确定各岩层所用冲洗液的性能指标,处理剂品种,加量和加入方法,说明冲洗液的配制管理及供给方式,设计并画出冲洗液循环净化系统布置图,选择现场检测泥浆性能指标的仪器。

根据地层漏失程度(轻微,中等、严重)选择堵漏材料,阐明堵漏技术措施。如用水泥堵漏,则须确定水泥类型、水灰比、水泥浆性能指标、外掺剂种类及加入量、浆液灌注法和工具等。如下入套管堵漏,则需确定套管的规格及数量,下套管的方法及注意事项。

8. 岩矿芯采取

分层阐述取芯方法和取芯工具。对取芯不困难地层采用常规方法取芯;在取芯困难的地层中应确定采用的特种取芯工具,附该取芯工具结构示意图,并说明操作注意事项。

9. 钻孔偏斜与测量

在一般地层中钻进应提出防斜措施;在易斜地层钻进则应选定防斜钻具,并提出防斜措施。选择测斜仪的种类、型号,列出主要技术性能参数,说明测斜操作要点和测斜间距。选择纠斜工具,并阐明纠斜操作注意事项。

10. 简易水文观测及封孔

介绍简易水文观测的内容、工具、观测方法及操作注意事项。

阐明封孔目的,确定须填封的孔段,所选择的封孔材料及浆液的配制、灌注,封孔质量检查方法。

11. 经济预算与施工计划

钻探工程的费用预算标准因钻孔用途、岩石可钻性级别、钻孔口径、孔深不同而异。中国地质调查局颁发的《地质调查项目设计预算暂行标准》按用途将钻探工程分为矿产地质钻探、水文地质钻探、工程地质钻探和地热钻探4大类,对每类钻探的工作内容做了规定,并根据钻进岩石可钻性,按不同孔深规定了预算标准。根据孔深及岩石可钻性级别可确定该孔总费用预算。计算该孔钻进台时数、开孔前与终孔后的钻探附加工作台时数,制订出施工时间计划表。

12. 组织管理及安全技术

确定人员编制、劳动组织,制定岗位责任制,报表制度、会议制度、经济承包制度等有关制度，制定安全生产技术规范。

最后应编制"钻孔施工设计指示书"，其格式参见表 14 - 1。

表 14 - 1　钻孔施工设计指示书

矿区名称：

孔　　号：

序号	地质情况					钻探工程设计										
	累计孔深/m	岩层厚度/m	岩石名称	地层与岩性描述	地质柱状图	钻孔结构图	岩石可钻性级别	钻进方法	主要钻进参数			冲洗液	主要质量指标			主要技术措施
									转速/(r·min⁻¹)	钻压/kN	泵量/(L·min⁻¹)		岩矿芯采取率/%	顶角/°	方位角/°	
1																
2																
3																
⋮																

14.1.2　矿区施工组织设计

矿区钻探工程施工组织设计内容应体现施工组织、技术经济指标、设备器材、施工进度等。主要包括以下内容：

1. 前言

钻探工程名称、钻探工程性质、目的与任务，设计前进行现场踏勘的简况。

2. 钻探工程施工条件

(1)施工项目的地理和交通位置、地形、地貌、当地气候和生活条件。

(2)可供参考的历史施工资料，如工程量、孔数、孔位(标在平面图上)、时效、钻效、孔斜、冲洗液类型、主要钻进工艺、堵漏、取芯方法及其效果。

(3)钻孔所遇岩石的主要物理力学特性：着重阐明影响钻探施工的主要地质因素，岩石的主要矿物成分及结构、岩层倾角、软硬程度、可钻性、研磨性、节理裂隙发育程度、破碎程度及含水及透水性、涌水及漏水情况等。

3. 钻探工程量与质量要求

(1)按勘探线及矿段，说明钻孔布置情况及施工顺序。

(2)按钻孔性质(勘探孔、普查孔、水文孔……)、钻孔深度、设计开孔角度分类；列表说明各类钻孔数及工作量。

(3)按岩石可钻性等级，将矿区岩石分类，并注明各类岩石的钻探工作量。

(4)水文钻孔的抽水、止水层数及地质要求。

(5)按钻进方法及钻孔口径分类列出其工作量。

(6)地质部门或委托单位对施工的要求，包括具体质量要求：孔径、采样、测井、地温测量、专门水文地质和其他特殊要求等。

4. 钻探施工技术设计及质量保证措施

(1)确定钻孔结构，阐明选择钻孔结构的具体依据。根据不同的施工条件、地质设计，绘制典型钻孔结构图。

(2)根据地层条件、钻孔深度、终孔直径、钻进方法，确定钻探设备类型：包括钻机、水泵、动力机、钻塔及拧管机、搅拌机、照明发电机等的规格及数量。

(3)根据勘探区岩石的物理力学特性，确定钻进方法、钻头类型及技术参数。不同钻进方法钻进不同岩层的具体技术要求和措施。

(4)在保障技术、经济合理的基础上选择冲洗介质与护孔材料。选定冲洗介质类型、配方和性能调整方法、处理剂及润滑剂种类、净化设备和循环系统的配备与布置（可列表附图）。因地制宜地采用不同的护孔方法：套管的规格、数量、程序等；水泥护孔时水泥的质量要求、类型、性能及灌注方法等。

(5)确定保证质量的技术措施。采用的取芯方法，取芯工具配备、使用及操作；使用的测斜仪器种类，易斜地层的防斜、纠斜措施；定向钻孔的施工措施；水文孔的止水方法及效果检验、洗井方法、抽水设备及使用；保证封孔质量的措施：须封填的孔段、封孔材料及用量，架桥、灌注、检验的方法。

5.新技术、新工艺、新方法使用推广及科研攻关项目的安排

着重阐明提出项目的依据，应用于本项目的实际意义及预期技术经济效果，进度安排、专项费用、组织形式与措施。

6.供水与通讯

根据当地水源情况，按生活用水和施工用水量、钻孔标高、钻孔布置情况，确定供水方法、供水设备、供水线路、泵站架空电线及电缆的规格数量，确定设备的安装，线路安排（标注在工程布置图上），通讯方法和设备型号数量。

7.施工组织

按地质勘探队定员标准计算各类人员数量，确定施工队伍的组织形式及项目钻探技术负责人。确定修筑道路、平地基、钻机搬迁、安装工作以及供水站、发电站的组织形式和组成人员。

8.技术经济指标计算及设备器材、工地建筑

(1)钻探工程的费用预算标准参照中国地质调查局颁发的《地质调查项目设计预算暂行标准》，根据孔深、岩石可钻性级别和钻探工程量确定该矿区钻探工程总费用预算。

(2)根据定额计算完成钻探工作量所需的钻月数，钻月效率，台月数，台月效率及平均开动钻机数。

(3)确定设备仪器的类型和需要量、备用量。按材料消耗定额确定主要器材及工具需求量。

(4)计算矿区的修路、平地基、工地建筑等工作量并标注在工程平面图上。

9.施工管理及施工进度安排

(1)钻探施工技术管理措施：技术经济责任制、开工验收制、竣工报告及单孔总结；冲洗液、钻头、机具使用、监测及管理制度，调度工作等。

(2)保证质量的管理措施：见矿预报制，巡回检查制，经济责任制等。

(3)安全管理，四防工作分工责任制，安全活动日，安全宣传、规程学习等。根据矿区以往工作经验，对主要孔内事故提出预防与处理措施。提出防寒、防火、防洪、防滑坡等灾害及钻探安全技术要求和措施。

（4）根据地质设计的钻孔施工顺序要求，提出施工进度计划（标明在工程布置图上并附表）。

矿区钻探工程施工组织设计中应有如下附图：

（1）交通位置图；

（2）工程布置图（在地形地质图上绘制工程现场布置、修路、供水、供电线路等）；

（3）勘探区地层综合柱状图；

（4）有代表性的钻孔结构设计图；

（5）钻具组合示意图。

矿区钻探工程施工组织设计中应有如下附表：

（1）钻孔一览表，列出钻孔设计孔深、开孔角度、穿矿口径、平均岩石可钻性级别（见表 14 -2）；

表 14 -2　钻孔设计一览表

矿区名称：

序号	孔号	设计孔深 /m	设计角度/°		穿矿口径 /mm	平均岩石可 钻性级别	备注
			倾角	方位角			
1	2	3	4	5	6	7	8

说　明

1. 备注栏内注明对钻孔的特殊要求，如电测、专门水文试验工作等；

2. 平均岩石级别计算公式

$$平均岩石级别 = \frac{各级岩石级别与岩层厚度乘积之和}{各类岩层厚度总和}$$

（2）不同条件钻探工作量汇总表，按钻孔性质（勘探孔、普查孔、水文孔）列表说明各类钻孔数及工作量（见表 14 -3）；

表 14 -3　矿区钻孔设计工作量汇总表

矿区名称：

设计孔深 /m	普查孔		勘探孔		水文孔		……		合计	
	钻孔数	工作量	钻孔数	工作量	钻孔数	工作量	钻孔数	工作量	钻孔数	工作量
	/个	/m	/个	/m	/个	/m	/个	/m	/个	/m
0 ~ 100										
101 ~ 300										
301 ~ 600										
601 ~ 1000										
⋮										
合计										

（3）钻机施工计划安排表；

（4）钻探技术经济指标汇总表；

（5）修路、平地基、工地建筑工作量表；

（6）主要设备配备汇总表；

（7）主要器材、工具配备汇总表等。

14.2　钻探环境保护

14.2.1　我国钻探环境保护的现状

1.环境保护的意义和迫切性

地球是人类唯一的家园，环境保护关系到人类的繁衍生息和未来。这里所说的环境包括大气、水、海洋、土地、矿藏、森林、草原等，而他们正是钻探工作将涉足和可能造成污染破坏的区域。

虽然我国在1989年12月26日就以中华人民共和国第22号主席令发布了《中华人民共和国环境保护法》，规定一切单位和个人都有保护环境的义务，并有权对污染和破坏环境的单位和个人进行检举和控告；但我国仍是世界上环境恶化压力最大的几个国家之一。我国生态环境的基本状况是——总体在恶化，局部在改善，治理能力远远赶不上破坏速度，生态赤字逐渐扩大。主要表现在：

水土流失严重。据卫星遥感测算，我国水土流失面积占全国国土面积的18.7%。

沙漠化迅速发展。我国是世界上沙漠化受害最深的国家之一。沙漠、戈壁、沙漠化土地约占国土面积的15.5%。目前约有5900万亩农田，7400万亩草场，2000多公里铁路以及许多城镇、工矿、乡村受到沙漠化威胁。

草原退化加剧。全国草原退化面积达10亿亩，目前仍以每年2000多万亩退化速度在扩大。由于草原退化，牧畜过载，牧草产量持续下降。

森林资源锐减。全国森林采伐量和消耗量远远超过林木生长量，许多昔日郁郁葱葱的林海已一去不复返。我们已过早过多地消耗了子孙后代应享用的森林资源。

地下水位下降。由于多年过分开采地下水导致华北地下水位每年平均下降12 cm。

水体污染明显加重。据1987年调查，有42%的城市饮用水源地受到严重污染。全国约有7亿人口饮用大肠杆菌超标水，约有1.7亿人饮用受有机物污染的水。

大气和地面污染严重。约四分之三的能源消耗以煤为主，是中国大气污染日益严重的主要原因。近年来，废渣存放量过大，全国有近三分之二的城市处在垃圾包围之中。

环境作为一种公共财产（例如清洁水，良好的大气环境）对所有人都有好处，且多一些人享受它的好处也不会加大总成本。但是如果没有公共财产，所有人的利益都会受损。

为了改变中国日益恶化的环境形势，采取行动刻不容缓。否则，日益扩大的生态赤字将使其他领域所获得的成绩不是大打折扣，就是黯然失色。

2.我国钻探环境保护的现状

钻探过程中的环境污染问题因其发生在远离城镇的乡村野外，其造成的污染一般不会引起人们和地方政府的重视，对其治理和研究一直处于落后状态。只要钻探施工企业愿意为污染作出一些赔偿，往往就相安无事了。随着我国环境保护法已作为国家基本国策而立法，随着国家环境保护措施的逐步完善，解决钻探环境污染问题必须提到议事日程上来了。

在矿产资源开发过程中妥善保护好人类赖以生存的地球环境，既是国家对企业合法经营的要求，也是企业为合法取得经济效益所必须做到的。越是在工业化进程加快的形势下，工业污染所造成的危害越应该受到高度重视。

钻探作业现场污染源主要有以下几种形式：

（1）污水（废水）对环境的污染。钻进循环用水（清水钻进），发电机冷却用水，冲洗现场的清洁用水和生活污水等，一般都未经达标处理便直接排入，或由于泄漏和雨水冲刷而进入附近的江、河、农田。

（2）泥浆污染。泥浆污染包括两层意思，一是现场泥浆池、泥浆循环槽布置不合理，而占用更多的耕地，破坏原有植被；二是钻井循环泥浆和堵漏、封孔用泥浆（或水泥浆）中含有大量的碱、盐、酸类化学物质，钻探施工过程中和完成后，由于对泥浆（或水泥浆）管理不到位，处理不当对周围环境造成污染。野外钻探现场一般对泥浆都未经达标处理便直接排入或流入附近的江、河、农田。尤其是钻孔结束后，为节约运输成本，基本上不回收剩余的化学添加剂。

（3）废渣的污染。钻进过程中产生的大量钻屑（岩粉）基本不加处理就堆积在钻场循环槽周围或沉淀在泥浆池中。钻孔结束后，撤离现场时，对这些因施工产生的固体垃圾和生活垃圾基本都不作处理，经过日晒雨淋，逐渐风化，将对周围的土壤和水源形成污染。

（4）噪音和废气污染。钻探现场使用大马力柴油机作为动力，其噪音和排出的废气均超过国家标准而形成污染。

（5）粉尘污染。粉尘污染来自两个方面，一是钻场破坏了原有植被，却又没有采取地面固化的措施，使得一刮风就扬尘；二是空气钻进工艺把大量来自孔内的岩粉不经处理直接排放在大气环境中。后者造成的粉尘污染对环境破坏更严重。

关于钻探环境保护，目前现场存在的主要问题是：

（1）现场钻探施工人员环境保护法律意识薄弱，认为钻探现场地处偏远、人口稀少，污染不关大局，适当给予赔偿即可解决。

（2）钻探现场的环境保护设备和技术都非常落后，对污水、废泥浆、废渣和粉尘的处理和回收缺乏相应的硬件设备和技术指导。

（3）现场除了青苗赔偿费外几乎没有环境保护的资金投入，也没有熟悉环境保护的专业技术人员。

要解决钻探环境保护问题，还必须坚持预防为主，教育为先，提高现场施工管理人员的环境保护意识，尽可能减少污染，自觉保护环境；各级领导重视，要像抓生产那样抓环保；要加强现场钻探污水、废泥浆和废渣处理和回收技术的研究和成果转化工作。

14.2.2　钻探环境保护的规范

1.我国钻探环境保护的规范

中国地质调查局于 2010 年 2 月正式颁布的中国地质调查局地质调查技术标准 DD2010－01——《地质调查岩芯钻探技术规程（试行）》是不同领域岩芯钻探工程及各种专项钻探工艺技术方法的基础性规程，是地质岩芯钻探工程设计、施工、管理、检查验收等各项工作的重要依据和准则。其中，就专门用一节的篇幅把钻探现场的环境保护管理问题列入规程；2014年出版的《地质钻探手册》中也专门用一节论述"施工现场环境保护问题"，可见本行业对钻探现场的环境保护问题亦非常重视。

现将《地质调查岩芯钻探技术规程（试行）》和《地质钻探手册》中关于钻探现场环境保护管理的内容归纳如下：

（1）孔位确定后，应对机场周围的水文地质、植被、地貌、气候特征、人文环境、文化古迹进行调查，了解当地有关部门环境管理办法、环境功能区划分标准、污染物排放标准，相应采取必要的措施。

（2）钻孔的施工组织设计中应有防止扬尘、噪声、固体废物和污水污染环境的有效措施，并在施工中建立管理制度，责任落实到人，定期检查、考核。

（3）注意保护和有效利用土地资源，尽量利用已有道路，修路不得堵塞和充填排水通道；工地要避开或减少占用耕地、农田、林带。采取措施防止钻进过程中造成土壤侵蚀、退化。终孔后应恢复占用的农田、耕地和植被，被破坏的植被区域应进行绿化。

（4）控制扬尘污染。应对现场道路、钻场工作区域、材料堆放区、柴油发电机区等地面进行硬化处理；遇有4级风以上不得进行土方及其他可能产生扬尘污染的施工；水泥和其他易飞扬的细颗粒材料应密闭储存，使用过程中应采取措施防止扬尘；现场土方应集中堆放，加以覆盖或固化，必要时现场应配备洒水设备，及时洒水减少扬尘污染。

（5）注意现场三废处理，在工地低矮处修建废液池，将工地机械废液、循环系统废液、生活废水、淘汰泥浆经沟渠（坡度不小于3%）流入废液池，然后用石膏、石灰或水泥固化处理，终孔后不能排放的废液亦应固化处理。现场应设置闭式垃圾站，并按规定定期清运，进行无害处理。

（6）水污染控制。施工现场存放的油料和化学溶剂等物品应放入专门的库房，并对库房地面进行防渗处理。对废弃的油料和化学溶剂应集中处理，不许随意倾倒污染土壤水体。废水不许直接排入农田、林地和江河，可经二次沉淀后循环使用或用于洒水降尘。

（7）在河湖或居民区附近禁止使用铁铬木素磺酸盐、红矾等污染环境的化学处理剂，被岩屑、泥浆、油料污染的土地，应妥善置换或复原。

（8）设备安装牢靠，减少噪声。噪声等效声级超过70 dBA时，须采取减噪措施。

（9）保护好工作及生活区的生态环境，不破坏绿化植被，不猎杀野生动物。

2. 俄罗斯对钻探环境保护问题的有关规定

我们的北方邻居俄罗斯地广人稀，森林覆盖率和能源、资源人均占有量均居世界前茅。但他们仍十分重视地质钻探环境保护问题，并作出了一系列规定。"他山之石可以攻玉"，俄罗斯对钻探环境保护的重视程度及其做法值得我们借鉴和参考，为此把俄罗斯的相关规定归纳简述如下。

（1）开展地质工作时不能造成矿体的不正常损失和影响其质量，只有在不影响周围环境的前提下才允许从地下获取岩石和矿产。地下资源使用者必须保护周围自然环境的大气、土地、森林、水和其他目标，还要保护周围的建筑物免受因利用地下资源而产生的有害影响。

（2）地质勘探单位应按照国家的土地管理法规申请土地使用权。除山区以外，勘探钻孔旁边的建筑物密度应不小于30%（即尽量少用远离钻孔的土地）。如果因地质勘探工作而造成土壤覆盖层破坏或污染，从业企业和单位有责任帮助现场土地恢复耕作功能。对于不愿意及时恢复临时占用土地的人员，可根据国家法律追究其应承担的刑事或行政责任。

（3）颁布了不同类型钻探设备（钻机、泥浆泵、动力机、钻塔）及其附属构筑物（包括冲洗液配制与循环系统、燃油和润滑油贮存罐、道路、防火区域）可以占用的地块大小定额。由于他们是针对俄罗斯设备型号的，故关于具体钻探用土地面积定额的表格从略。

（4）对钻探用地退钻还林和环境保护的要求：地质勘探单位对临时使用的土地保护与复原工作应有设计和预算，包括从开钻准备到钻进过程中拟采取的措施和封孔后所用土地的复原措施。

①钻场准备工作的措施：设置一个贮存将要挖掉的植物层和土壤层的场地；把钻场可能被石油制品、化学添加剂、黏土、水泥和其他液体污染的肥沃土壤层移开，并把它们贮存在选好的场地。

②钻进过程中的保护措施：遇到地下水一定要用套管隔离含水层以防污染地下水；用过滤装置滤掉水中的悬浮颗粒和添加剂，其中所溶解的盐和其他添加剂达到允许浓度时才能向外排放，如果浓度仍偏高则应淡化至允许的范围内再排放；禁止把用过的冲洗液和化学处理剂排放到公共水系，或直接排到土壤中去；不允许燃油、润滑油污染土壤。

③钻探作业占用土地的复原措施：钻孔结束后应采取综合治理措施使受到破坏的土地复原，以便今后利用。应把现场剩余的柴油和润滑油运走；把渗漏出来的柴油和润滑油烧掉；把现场调制好的泥浆运走，并用厚度不小于 0.6 m 的土层填埋清理干净现场泥浆沉淀池；拆除现场的设备和钢筋混凝土基础，并把残渣运走；在被生产活动破坏的地面覆盖上土层和草皮；因钻探作业形成的山区边坡要用沥青、水泥层和混凝土格架加固，并覆盖厚度不小于 0.1 m 的外来土层。

④要采取生物治理措施恢复遭钻探作业破坏的土地的肥沃性，必须进行绿化并帮助其恢复在农业和林业方面的使用潜力。

⑤现场环境综合治理工作的设计和实施应符合当地农业、林业或水利机构制订的技术细则或当地的技术条件。

（5）应注意保护好在今后矿区开发和其他经济建设中将有用的钻孔和勘探坑道，同时按规定的程序封闭已完工但用处不大的钻孔和坑道。一定要保全好施工用过的地质文件和技术执行文件、岩石标本、矿物标本、矿产样品。这些东西在今后进一步的地质调查、矿产勘探和开发，以及其他地下资源和地下空间的利用可能非常有用。

（6）法律对遵守规定准则从事地下资源地质调查的企业、组织和机构给予保护。如果违反规定，其勘探开发地下资源的权利将被限制、中止，或被国家矿权机关或其他授权单位按相关法律给予查禁。

第 15 章　坑探技术与工艺

岩土掘进工程既是地质工程的主要内容之一，又是岩土工程施工的重要技术手段。它涉及地质勘探和基础工程坑道设计与施工的一系列技术和工程活动。

15.1　勘探坑道的类型及用途

坑道勘探工艺简称坑探，它是借助岩土掘进设备与工艺在岩体中形成坑道，由地质人员直接进入坑道进行取样和地质描述的方法，是许多固体矿床的基本勘探手段之一。通过坑探可以获取有关研究对象最为可靠的第一手资料。

15.1.1　勘探坑道的类型

为圈定和查明矿床或地质构造而挖掘的探槽、浅井、探矿平巷、探矿斜井和探矿竖井等统称为勘探坑道。在坑探工程中，常把探槽、浅井等称为地表或浅部勘探坑道；把探矿平巷、探矿斜井和探矿竖井等称为地下或深部勘探坑道。

浅部或深部勘探坑道，按坑道中心线与水平面所成的角度可以分为水平探矿坑道、倾斜探矿坑道和垂直探矿坑道。

1. 水平坑道

所谓水平坑道，实际上都不是绝对水平的，为了便于运输和排水，都保持 3‰ ~ 7‰ 的坡度。水平探矿坑道包括平硐、石门、沿脉坑道和穿脉坑道。水平坑道的断面形状，一般为梯形、矩形或拱形。作为探矿的水平坑道断面积一般都很小，根据开凿坑道使用的设备和工具的不同，探矿平巷的净断面积一般为 $2.16 \sim 5.04 \ \mathrm{m}^2$。平硐(见图 15 – 1 中的 9)也称为平窿，

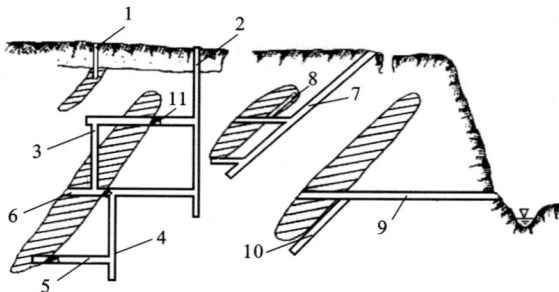

图 15 – 1　不同探矿坑道的类型示意图

1、2—探矿竖井；3—天井；4—盲竖井；5—石门；6—穿脉坑道；
7—斜井；8—盲天井；9—平硐；10—盲斜井；11—沿脉坑道

是具有直通地面出口的水平坑道。探矿平硐通常作为运输、通风、排水和人员通行之用。平硐掘进的方向可能沿矿体走向，也可能与矿体走向成一定角度。

石门是在岩层中掘进的没有直通地面出口、与矿体走向相交的水平坑道（见图 15－1 中的 5）。它通常是井筒和平巷、或同一水平的平巷之间的通道，作为运输、通风、排水和行人之用。

沿脉坑道和穿脉坑道（见图 15－1 中的 11 和 6）没有直通地面的出口，以探矿为目的。沿脉坑道在矿体内或在矿体与围岩的接触带掘进，以查明矿体在走向方向的变化为目的。穿脉坑道垂直矿体走向掘进，以查明矿体厚度和在垂直走向方向的变化。与竖井和斜井比较，水平坑道掘进技术简单，设备投资少，掘进速度高，坑道容易维护，排水方便。

2. 倾斜坑道

倾斜探矿坑道包括探矿斜井、盲斜井和天井等。倾角不大的斜井断面形状与水平坑道一致，倾角较大时与垂直坑道相同。探矿斜井的净断面积一般在 1.60～4.50 m^2。探矿斜井是直接从地面沿矿体或岩层掘进的倾斜坑道，常与矿体或岩层倾角一致。在通常情况下，斜井的倾角不超过 35°。斜井主要作为升降人员、提升矿石、废石、运输设备、材料，以及通风和排水之用。当斜井掘进到离矿体不远的下盘岩层中时，要再从斜井掘进石门通达矿体（见图 15－1 中的 7）。如果斜井没有直通地表的出口，则称为盲斜井（见图 15－1 中的 10）。

由下向上掘进、连通上下两条平巷的倾斜坑道称为天井（见图 15－1 中的 3），如果天井上部没有与其他坑道接通，则称为盲天井（图 15－1 中的 8）。天井有时成垂直状态，对于垂直天井，可以归入垂直探矿坑道类型。天井主要用于探矿，同时，又是行人，通风和运送材料的通道。

3. 垂直坑道

垂直探矿坑道包括探矿竖井和盲竖井等，垂直探矿坑道的断面形状主要为矩形，净断面积在 1.60～6.00 m^2。在勘探坑道当中，浅井和竖井的划分以深度 30 m 为限，超过 30 m 的都称竖井。我国探矿竖井深度不大，一般没有超过 100～150 m。探矿竖井是从地面向下挖掘的垂直坑道，主要用来升降人员、提升矿石和废石、输送材料和设备，以及通风和排水，如图 15－1 中的 2 所示。如果竖井没有直通地面的出口，则称为盲竖井（见图 15－1 中的 4）。

15.1.2　勘探坑道的用途

从图 15－1 中可以看出，一般都是用平硐、斜井、竖井和石门等坑道形式通达矿体，然后按勘探网的间距，在矿体内或沿矿岩接触带掘进沿脉、穿脉和天井等一系列的探矿坑道，在矿体的延深和走向方向逐段逐块圈定矿体。所以，使用坑道揭露矿体赋存状态、观察地质构造和采取岩矿样品，较之物探、化探和钻探等勘探手段更为详尽可靠。对于地质构造复杂的矿床，如稀有金属、有色金属、放射性元素，以及特种非金属矿床和复杂的工程地质构造区域的勘探，坑探常常成为必要手段。物探、化探和钻探所获得的勘探成果，常需进一步用坑探手段检验，并由此使所获得的低级储量提高级别。

矿床经过勘探、圈定和评价，投产开采前，需要用平硐、斜井或竖井，以及石门等开拓坑道通达矿体，再以沿脉、穿脉和天井等一系列采准坑道把矿体划成阶段，并分割成块段，以便开采矿石。开拓和采准坑道都是采矿坑道，这些坑道，其中尤以开拓坑道（或称基本建设坑道断面较大，服务年限较长）。

综上所述，勘探坑道中的平硐、斜井、竖井和石门等，虽然断面小且深度不大，但就其开凿位置和所起的作用来看，它与采矿坑道中的开拓坑道极其近似；而勘探坑道中按勘探网布置的沿脉、穿脉和天井等，与采矿坑道中的采准坑道位置相似。因此，设计勘探网和布置探矿坑道时，应尽可能使探矿坑道能被采矿所利用。这将为采矿工作节省大量资金，并可以大大缩短开拓与采准时间，使矿井早日投产。

15.2 坑探的基本工序及岩石分级

坑探工艺过程涉及凿岩、爆破、装岩、运输和提升工序，岩体结构保护、地压规律与坑道维护、通风、排水等技术，以及井巷设计与施工管理方法等内容。

15.2.1 坑探的基本工序

坑道施工，即坑道掘进，有普通掘进法和特殊掘进法。

1. 普通掘进法

在岩层稳定、涌水量不大的地质和水文地质条件下，掘进坑道时在岩石上钻凿炮眼（炮孔），向炮眼内装填炸药，进行爆破，形成预定规格的坑道，这种方法称为普通掘进法。普通掘进法包括凿岩、爆破、通风、排水、清理爆破下来的岩石和支护形成的坑道等工序。

普通掘进法适用于稳定岩层，其特点是先掘进坑道后支护、或不支护（本教材主要介绍普通掘进法）。普通掘进法使用工业炸药爆破岩石。坑道掘进时首先用凿岩设备和机具在岩体中形成炮眼，然后把工业炸药装填在炮眼内，借助炸药爆破的威力破碎岩石，使其按照设计形成一定规格的坑道。为了能够及时向坑道内送入足够的新鲜空气并排除爆破后产生的炮烟及其他有害气体与粉尘，使坑道内大气良好，坑道掘进时，必须采用通风机械进行通风。装岩和运输是坑道掘进循环中劳动强度最大和占工时最多的工序，坑道掘进时，必须在狭窄的坑道内采用经济而有效的方法，尽快清除爆破下来的岩石。此外，在坑道的掘进过程中和坑道的服务期间内，必须维护坑道，使之处于安全状态。

2. 特殊掘进法

在地质和水文地质条件复杂的情况下，如岩层松软、有破碎带或断层带、含水岩层、含水砾石层或流砂层等，普通掘进法无法使用。因此，根据具体情况采用撞楔法、沉井法、注浆固结法、冻结法等特殊手段以通过这种岩层，这些方法称为特殊掘进法。特殊掘进法的特征是因为岩层不稳定，必须先支护或采用其他手段，暂时或永久改变岩层不稳定状态，而后掘进。

近些年来，由于大量科技新成果应用于掘进领域，采用新型机械设备或新的破碎岩石方法掘进坑道，从而改变了普通掘进法的工艺与工序，这些以新工艺和新工序掘进坑道的方法统称为掘进新方法。

15.2.2 岩土掘进工程中岩石的分级

人类在不同深度进行各类地质勘探工作，完成各种地表、地下工程时，虽然这些工程千差万别，但有效破碎岩土和防止岩土体破坏是两个必须解决的基本问题。为了利于各种地表、地下工程的设计、施工与管理，对各种岩石（其中包括土）制订统一的分级标准是非常重要的。有了岩石分级，科研、设计、施工和管理部门就有了一个共同尺度，为选择施工设备和工艺方法，为制定合理的技术和经济定额提供依据。

在岩土掘进工程中使用较普遍的是岩石坚固性系数分级法和锚喷支护围岩分级法。

1. 岩石坚固性分级法

本书第 2 章"2.3 节岩石的钻进特性"中专门讨论了岩石分级（尤其是岩石可钻性分级）的原则和分级方法，并介绍了岩石的坚固性系数分级法。为了从数量上比较各种岩石的坚固性，俄罗斯学者 M·M·普罗托吉亚可诺夫教授于 1926 年提出，岩石愈坚固，它的坚固性系数也愈大。他根据岩石坚固性把所有岩石分成十大类，用字母 f 来表示坚固性系数，如表 2 – 16 所列。

2. 岩体（围岩）分类法

岩体是指地下工程周围较大范围的工程地质体。围岩则是地下工程施工影响区域内的岩体。岩体中常出现各种弱面（层理、节理、裂隙等），因此，岩体强度必然比岩块强度要低。岩体分类法很多，大多以围岩稳固性来划分。稳固性用岩体允许暴露面积的大小及暴露时间的长短来评价。

岩体分类是为一定目的服务的，不同的目的可以做出不同的分类。本节围岩分类是从防止岩体破坏的角度，以评价各类岩体的稳定性为前提，为选择合理的维护方法和进行支护设计提供依据。一个符合客观实际的围岩分类，对正确评价围岩的稳定性，合理计算地压（围岩压力），选择井巷、硐室的几何形状和支护结构，指导施工工艺，降低工程造价，以及保证施工和运行的安全，加快施工进度等方面都有着十分重要的意义。

根据岩体的稳固性，可分为五大类：

（1）极稳固的。允许不需支护的暴露面积在 800 m² 以上，长期不垮。

（2）稳固的。允许不支护的面积为 200～800 m²。采掘时一般不需支护，在极个别的地方要支护。

（3）中等稳固的。允许不支护的暴露面积为 50～200 m²，采掘时可以不立即进行支护。

（4）不稳固的。允许有较小的不支护暴露空间，一般只允许暴露面积在 50 m² 以内。随着坑道掘进工作的推进，要立即支护。

（5）极不稳固的。是指掘进坑道时，不允许有暴露面积，否则可能产生片帮或冒顶现象。掘进时要采用超前支护方法。

锚喷支护是井巷支护的重要技术手段，为确定锚喷支护的技术经济指标，我国军工、建工、铁道、煤炭等系统，在施工地下厂房、人工岩石坑道或隧道等地下工程中都提出了各自的锚喷支护围岩分类。表 15 – 1 为煤矿锚喷支护围岩分类表，可作为地质勘探的围岩分类的参考。

表 15 – 1　煤矿锚喷支护围岩分类表

围岩分类		岩层描述	坑道开掘后围岩稳定状态（3～5 m 跨度）	岩石举例
类别	名称			
I	稳定岩层	1. 完整坚硬岩层 $\sigma_c > 60$ MPa，不易风化 2. 层状岩层层间胶结好，无软弱夹层	围岩稳定，长期不支护无碎块掉落现象	完整的玄武岩 – 石英质砂岩 – 奥陶纪灰岩
II	稳定性较好岩层	1. 完整比较坚硬岩层 $\sigma_c = 40 \sim 60$ MPa 2. 层状岩层，胶结较好 3. 坚硬块状岩层，裂隙面闭合，无泥质充填，$\sigma_c > 60$ MPa	围岩基本稳定，较长时间不支护会出现小块掉落	胶结好的砂质砾岩
III	中等稳定岩层	1. 完整的中硬岩层，$\sigma_c = 20 \sim 40$ MPa 2. 层状岩层以坚硬层为主，夹有少数软岩层 3. 比较坚硬的块状岩层，$\sigma_c = 40 \sim 60$ MPa	能维持一个月以上稳定，会产生局部岩块掉落	砂岩、砂质页岩、粉砂岩、石灰岩、硬质凝灰岩
IV	稳定性较差岩层	1. 较软的完整岩层，$\sigma_c < 20$ MPa 2. 中硬的层状岩层 3. 中硬的块状岩层，$\sigma_c = 20 \sim 40$ MPa	围岩的稳定时间仅有几天	页岩、泥岩、胶结不好的砂岩、硬煤
V	不稳定岩层	1. 易风化潮解剥落的松软岩层 2. 各类破碎岩层	围岩很容易产生冒顶片帮	炭质页岩、花斑泥岩、软质凝灰岩、煤、破碎的各类岩石

注：(1) 岩层描述将岩层分为完整的、层状的、块状的、破碎的四种：

①完整岩层。层理和节理裂隙的间距大于 1.5 m；

②层状岩层。层与层间距小于 1.5 m；

③块状岩层。节理裂隙的间距小于 1.5 m，大于 0.3 m；

④破碎岩层。节理裂隙的间距小于 0.3 m。

(2) 当地下水影响围岩的稳定性时，应当考虑适当降级。

(3) σ_c 为岩石单轴饱和抗压强度。

15.3　坑探用基本设备与机具

坑道勘探的主要设备与机具包括凿岩设备、通风设备及装岩运输设备与机具等。

15.3.1　凿岩设备

凿岩设备又称钻眼设备或凿岩机械，根据其用途、动力和破岩原理的不同可分为如图 15 – 2 所示的多个类别。

在地质勘探中，坑探工作面临的主要岩体一般较硬，所以广泛使用冲击式凿岩成孔，然后用装药爆破的方法来掘进坑道。本节只简要介绍目前坑探中常用的风动冲击式凿岩机和液压凿岩机的一般原理和构造。

- 凿岩设备
  - 凿岩机
    - 风动
      - 冲击转动式凿岩机
      - 回转式凿岩机
      - 回转冲击式凿岩机
    - 液压
      - 冲击转动式凿岩机
      - 回转式凿岩机
      - 回转冲击式凿岩机
    - 内燃
      - 手持式凿岩机
      - 支架式凿岩机
    - 电动
      - 冲击转动式凿岩机
      - 回转式凿岩机
  - 凿岩辅助设备
    - 支撑、推进、行走装置
      - 气腿、液腿
      - 钻架
        - 凿岩柱架
        - 凿岩台架
        - 凿岩钻架
      - 台车
        - 履带式
        - 轨轮式
        - 轮胎式
    - 其他辅助设备
      - 注油器
      - 集尘器
      - 磨钎器
      - 水箱

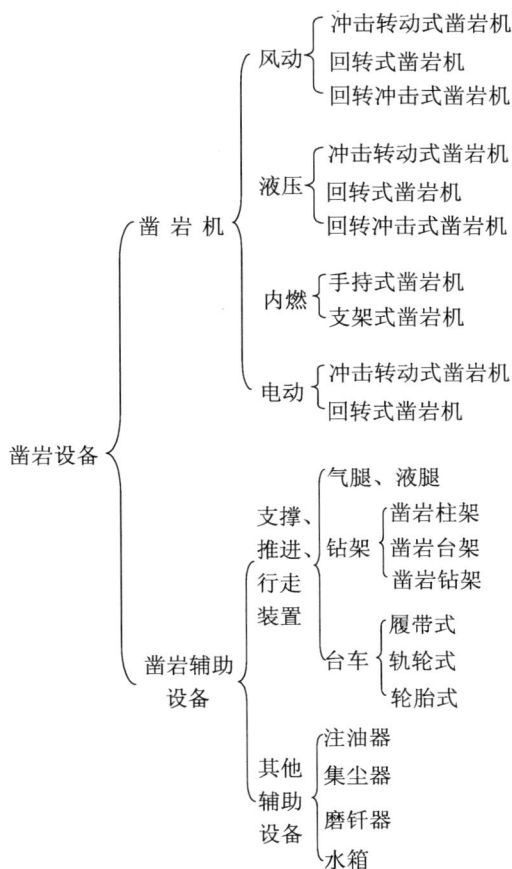

图 15 - 2　凿岩设备分类

1. 凿岩机成孔过程

如图 15 - 3 所示，当具有一定质量的冲击活塞以速度 v 冲击钎具时，钎尾产生的压缩应力以纵波的形式传播到楔形钎头，压应力波通过钎头作用于孔底岩石，使岩石破碎并形成一条沟槽 $a-a$，在冲击活塞第二次冲击之前，将钎具转动一个角度 β，则第二次冲击使岩石破碎的沟槽落在另一位置 $b-b$ 上面，如果连续不断的冲击和转动，并不断排出岩屑，便形成圆形炮孔。

冲击凿岩作业由冲击、推进、回转、冲洗四种功能组合而成（见图 15 - 4）。冲击的主要功能是使岩石破碎。供给凿岩机的能量推动缸体内活塞 1 作往复运动，当活塞被加速到一定速度时，能量以应力波的形式通过钎具传递给岩石，使岩石破碎。凿岩机冲击机构（通称冲击器）的主要指标是冲击功和冲击频率。

推进有两个功能，一是推动凿岩机和钎具压向岩石表面，并使钎头在钻凿炮孔时始终与岩石接触；二是从炮孔中退出钎具，准备钻凿下一个炮孔。借助人手、气腿或导轨（推进器）给凿岩机施加推进力。推进力也是凿岩作业的主要工作指标之一。

回转的主要功能是使钎头每冲击一次转动一个角度破碎岩石(参见图 15 - 3);同时将已出现裂纹的岩石表面部分剥落下来。这一功能由凿岩机的回转机构完成。转钎扭矩和速度为其主要指标。

冲洗的作用是从钻孔内清除被破碎下来的岩屑。冲洗介质多用压力水或压缩空气。

2. 风动冲击式凿岩机

虽然风动冲击式凿岩机已有一百余年的历史,但由于压缩空气是一种廉价动力,所以目前坑探掘进中使用的凿岩机仍以风动为主。

1)风动凿岩机的类型

风动凿岩机一般习惯于按照其推进和支撑的方式分类,可分为手持式、气腿式、向上式和导轨式四种。各类风动凿岩机的应用范围如表 15 - 2 所示。在选择凿岩机时,一般应考虑以下几点:① 作业场所(隧道掘进、露天开挖等);②所凿炮眼的方向、孔径和深度;③岩石的坚硬程度、可钻性等。

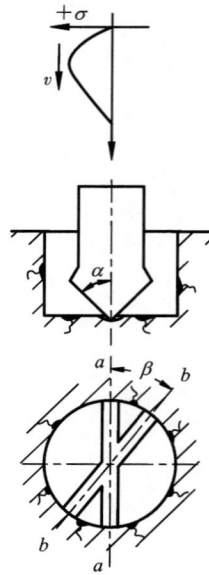

图 15 - 3　炮孔形成图

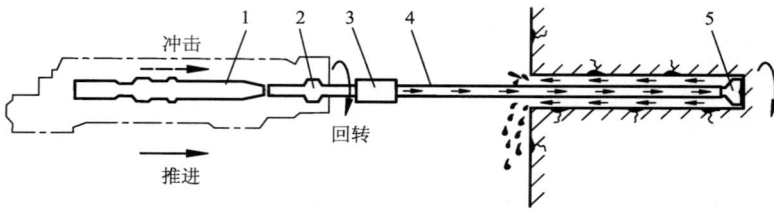

图 15 - 4　冲击凿岩作业原理示意图

1—冲击活塞;2—钎尾;3—连接套;4—钎杆;5—钎头

表 15 - 2　各类风动凿岩机的应用范围

项目	手 持 式	气 腿 式	向 上 式	导 轨 式
最大钻孔直径/mm	40	45	50	75
最大凿孔深度/m	3	5	6	20
炮眼方向	水平、倾斜及垂直向下	水平、向上倾斜及向下倾斜	垂直向上及60°~90°向上倾斜	水平、向上倾斜及向下倾斜
岩石硬度	软岩、中硬及坚硬	中硬、坚硬、极硬	中硬、坚硬、极硬	坚硬、极硬

手持式凿岩机可以钻凿任意方向的炮眼,但需要人力支撑和推进,劳动强度大,只适用于竖井向下的掘进。气腿式凿岩机用气腿作为支撑和推进装置,主要用于钻凿水平和倾斜炮

眼，是目前坑探掘进中的主要凿岩设备。手持式和气腿式凿岩机工作时需要人工把持，所以一般重量均应小于 30 kg，冲击频率不宜超过 2500 次/min。向上式凿岩机主要用于天井掘进和竖井由下向上掘进。导轨式凿岩机需要与凿岩台车配套，靠链条、螺杆或钢丝绳自动给进，一般为高频的中、重型凿岩机，主要用于在水平坑道内钻凿炮眼。

凿岩机按其重量可分为轻（小于 30 kg）、中（30~50 kg）和重（大于 50 kg）型，按其冲击频率可分成低频（小于 2000 次/min）、中频（2000~2500 次/min）、高频（2500~4000 次/min）和超高频（大于 4000 次/min）。

2）7655（YT23）型气腿式风动凿岩机的构造

风动凿岩机的类型虽然很多，但其构造大同小异。各类凿岩机中以在国内地质勘探坑探中应用最广，轻便、灵活的气腿凿岩机最具代表性。下面以 7655（YT23）型气腿式风动凿岩机为例。

7655（YT23）型气腿式风动凿岩机由主机、自动伸缩的 FT160 型气腿和 FY200A 型自动注油器组成（见图 15-5）。这种凿岩机具有其他现代气腿式风动凿岩机所具有的风水联动、气腿快速缩回、控制系统集中、操作方便，重量较轻、结构简单、凿岩效率高等优点。此外，还装有可改变排气方向的消音罩，使工作现场噪音有所减少。

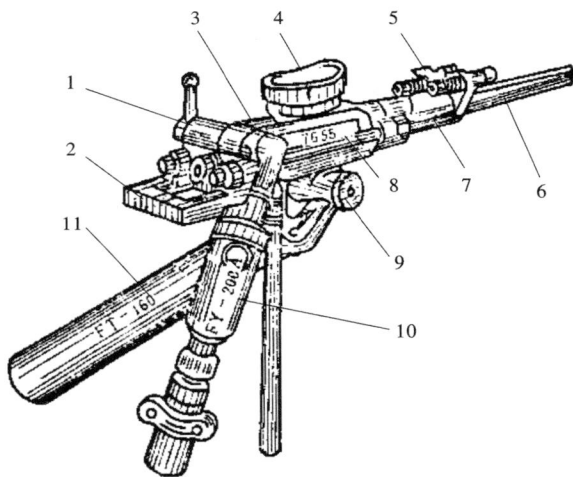

图 15-5 7655（YT23）型气腿式凿岩机的组成
1—手柄；2—柄体；3—气缸；4—消音罩；5—钎卡；6—钎子；
7—机头；8—连接螺栓；9—气腿连接轴；10—自动注油器；11—气腿

7655 型气腿式风动凿岩机由柄体 2、气缸 3 及机头 7 等部分组成。手柄 1 装在柄体 2 后部，里面装有使气腿快速缩回的扳机。柄体、气缸、机头与手柄用两根长螺栓 8 连成一体。凿岩时，钎子 6 插在机头的钎尾套中，并由钎卡 5 支承。凿岩机的操作把手及气腿伸缩把手集中在柄体上，操作方便。

3）7655（YT23）型气腿式风动凿岩机的工作原理

（1）冲击配气机构。

凿岩机依靠冲击配气机构使活塞在气缸中往复运动。冲击配气机构由活塞、气缸、导向套及配气装置(包括配气阀、阀套、阀柜)组成,如图 15 – 6 所示。

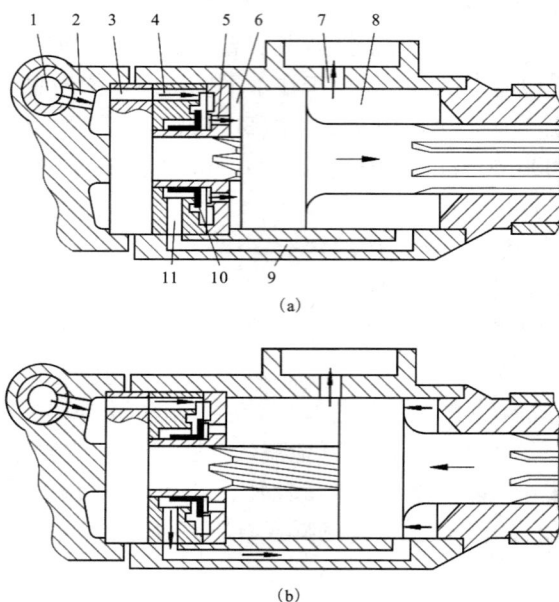

图 15 – 6 7655(YT23)型气腿式风动凿岩机冲击配气机构
(a)冲击行程;(b)返回行程
1—操纵阀气孔;2、3、4、5—气路;6—气缸左腔;7—排气孔;
8—气缸右腔;9—气路;10—配气阀;11—气路

①活塞的冲击行程:

此时活塞位于气缸左腔,配气阀 10 在极左位置[见图 15 – 6(a)],来自操纵阀气孔 1 的压缩空气,经气路 2、3、4、5 进入气缸左腔 6,而气缸右腔 8 经排气孔 7 与大气相通,因而活塞在压缩空气作用下迅速向右运动,冲击钎尾。活塞在向右运动过程中,先封闭排气孔 7,而后活塞左侧越过排气孔。这时气缸右腔的气体受压缩,压力升高,经气路 9 和 11 作用在配气阀 10 的左面,而气缸左腔已通大气,因此作用在配气阀右面的压力小,配气阀便向右移动,封闭气孔 5,使气路 4 和 11 联通,于是活塞冲击行程结束,返回行程开始。

②活塞的返回行程:

此时活塞位于气缸右腔,配气阀 10 处于极右位置[见图 15 – 6(b)]。压缩空气经气路 1、2、3、4、11、9 进入气缸右腔,作用在活塞右端,因气缸左腔通大气,因此活塞向左运动。在运动过程中,先是活塞左侧封闭排气孔,而后活塞右侧越过排气孔。这时气缸左腔的气体受到压缩,压力升高,而气缸右腔已通大气。气阀左面经气路 11、9、8、7 与大气相通,因此气阀在气缸左腔压缩气体的作用下移至极左位置,由操纵阀气孔 1 输入的压气再次进入气缸左腔。于是第二次冲击行程开始。

从以上分析可以看出,活塞的运动速度与活塞受压气作用的面积有关。活塞的冲击频率除与活塞运动速度有关外,还取决于活塞的行程、配气阀的结构及运动灵活程度等因素。

(2)转钎机构。

7655 型气腿式风动凿岩机的转钎机构贯穿于气缸及机头中。由图 15 – 7 可以看出:插入螺旋母的螺旋棒3头部装有四个棘爪2。这些棘爪在塔形弹簧(图中未画出)的作用下抵住棘轮1的内齿。棘轮用定位销固定在气缸和柄体之间,使之不能转动。转动套5的左端有花键孔,与活塞4上的花键相配合,其右端固定有钎尾套6。由于棘轮机构可单方向间歇旋转,故活塞冲击行程时,在活塞大头螺旋母的作用下,使螺旋棒沿图15-7中虚线箭头所示的方向转动一定的角度。棘爪在此情况下处于顺齿状态,它可压缩弹簧而随螺旋棒转动。当活塞返回行程时,由于棘爪处于逆齿位置,它在塔形弹簧的作用下,抵住棘轮内齿,阻止螺旋棒转动。这时由于螺旋母的作用,迫使活塞在返回行程时沿螺旋棒上的螺旋槽沿图中实线所示的方向转动,从而带动转动套及钎子转动一定角度。这样,活塞每冲击一次,钎子就转动一次。钎子每次转动的角度与螺旋棒螺纹导程及活塞运动的行程有关。

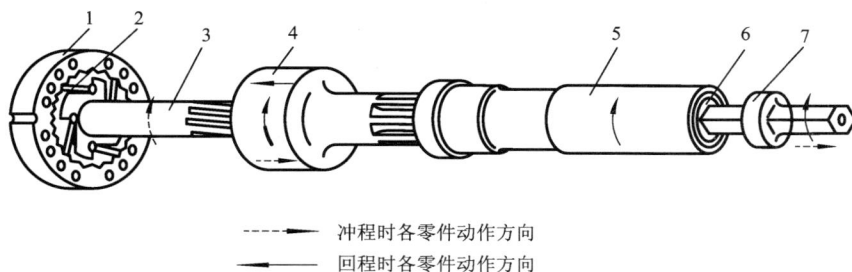

- - - - ▶ 冲程时各零件动作方向
————▶ 回程时各零件动作方向

图 15-7 7655(YT23)型气腿式风动凿岩机的转钎机构

1—棘轮;2—棘爪;3—螺旋棒;4—活塞;5—转动套;6—钎尾套;7—钎子

这种转钎机构合理地利用了活塞返回行程的能量来转动钎子,具有零件少、结构紧凑的优点。不足之处是转钎扭矩受到一定限制,螺旋母、棘爪等零件易于磨损。

(3)炮眼吹洗装置。

7655型气腿式风动凿岩机在凿岩时采用注水加吹风和停止冲击时强力吹扫两种吹洗方式。凿岩机正常工作中,冲程时,有少量的压气沿螺旋棒与螺母之间的间隙经活塞和钎子中心孔进入炮眼底部;返程时,也有少量气体沿活塞花键槽进入钎杆中心孔到炮眼底部,与冲洗水一道排除眼底的岩粉。此外,这种装置还可以防止冲洗水倒流入凿岩机气缸。

7655型凿岩机风水联动冲洗机构的特点是接通水管后,凿岩机一开动,即可自动向炮眼注水冲洗;凿岩机停止工作,又可自动关闭水路,停止供水。吹洗机构安装在柄体后部,由操纵阀手柄控制(篇幅有限,具体工作过程不再赘述)。

4)凿岩机的支撑及推进机构

凿岩机支腿有两个作用:一是起支撑凿岩机的作用;二是给凿岩机施加适当的轴推力,以克服凿岩机工作时的后坐力,使活塞冲击钎尾时钎刃抵住炮眼底,提高凿岩效率。

当用气腿式风动凿岩机打水平炮眼时(见图15-8),气腿4用连接轴3与凿岩机2铰接起来。气腿的顶尖支持在底板上,其轴心线与地平面成 α 角。此时,气腿对凿岩机产生的作用力 R 可分解为:水平分力 $R_T = R\cos\alpha$ 和垂直分力 $R_Z = R\sin\alpha$。其中:R_T 用于平衡凿岩机工作时产生的后坐力 R_H,并对凿岩机施以适当的轴推力,使凿岩机获得最大凿岩速度。R_Z 的作用则是平衡凿岩机及凿岩钎具的重量。

在凿岩时,随着炮眼的加深和凿岩机的前进,气腿的支承角 α 逐渐减小。从图15-8的力的分解图中可以看出，气腿对凿岩机的支承力逐渐减小，而对凿岩机的轴推力则逐渐增大。因此在凿岩过程中，要调节气腿的角度及进气量，使凿岩机在最优轴推力下工作，以充分发挥其机械效率。

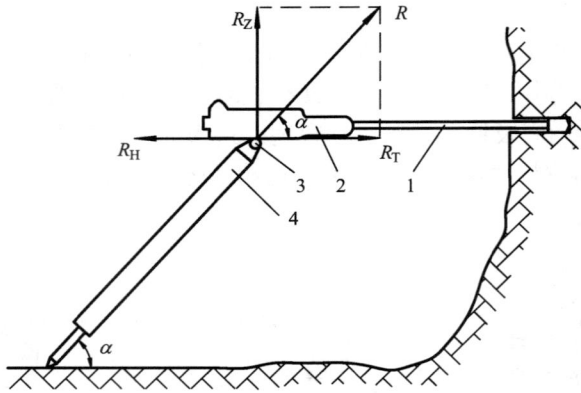

图 15-8　气腿式风动凿岩机的推进及支撑原理
1—钎杆；2—凿岩机；3—连接轴；4—气腿

3.液压凿岩机

液压凿岩机是一种以液压为动力的高效率凿岩机。从 20 世纪 60 年代起不少工业发达国家开始重视液压凿岩机的研制工作。1970 年在法国首次研制成功 H50 型与 H60 型液压凿岩机，随后德国、瑞典、芬兰、美、英、日、苏和南非等国的产品相继问世。我国从 1972 年开始研制并生产液压凿岩机。

液压凿岩机一般由机头、缸体与机尾三部分组成。大部分现代液压凿岩机配有专门的液压台车、台架或支架，用于安装给进和操纵机构。

1）液压凿岩机的特点、分类

液压凿岩机采用循环的高压油为动力，克服了风动凿岩机的一系列问题和缺陷，与风动凿岩机相比具有以下优点：

（1）能量利用率高。液压凿岩机的耗能量仅是气动凿岩机的 1/4～1/5，在重量一定的条件下，可以制造出高效能的凿岩机。

（2）输出功率大，凿岩速度高。液压凿岩机的凿岩速度比气动凿岩机的凿岩速度高出一倍以上。

（3）比气动凿岩机的噪声低 15%～25%。经消声措施可使液压凿岩机的噪声达到对人体无害的程度。

（4）液压凿岩机不会喷出油雾，工作现场较干净、可见度高，改善了工作环境。

（5）冲击功、冲击频率、扭矩、转速和推进力大，而且可调，使液压凿岩机更适应岩石的特性，特别是凿硬岩时效果更明显。

（6）液压凿岩机的运动部件均在液压介质中工作，润滑条件好，延长了使用寿命。

（7）液压凿岩机用液压蓄能器作为缓冲装置，有效地吸收了来自钎杆的反射波，使液压凿岩机工作更加平稳、凿岩速度更快。

(8)液压凿岩机采用均匀、细长的冲击活塞，使活塞和钎杆中的应力峰值大大降低，提高了活塞及钎杆的使用寿命。

液压凿岩机的问世，对发展和推广全液压凿岩台车、提高作业效率、降低凿岩成本、促进坑道掘进全面技术发展具有重大意义。但液压凿岩机与风动凿岩机相比也有一些弱点：一是加工、安装精度高，对使用、维修人员的素质要求高；二是液压凿岩机需与液压凿岩台车设备配套使用，一次性投资大。

液压凿岩机的分类：按液压凿岩机的配油方式可分为有阀型和无阀型两大类。前者按阀的结构又可分为套阀式和芯阀式(或称外阀式)。按回油方式分又有单面回油和双面回油两种，单面回油又分前腔回油和后腔回油两种。

2)部分液压凿岩机的工作原理

以瑞典 Atlas Copco 公司 COP 系列和我国沈阳风动工具厂生产的 SCOP 系列液压凿岩机为例，来说明双面回油式液压凿岩机冲击机构的工作原理。

此型液压凿岩机的冲击活塞和换向阀都是四通芯阀式结构，其冲击活塞采用前后腔交替回油。图 15-9(a)是冲击活塞的冲击行程。在冲击行程开始阶段，换向阀 B 与冲击活塞 A 均位于右端，高压油经高压油路 1 到后腔油路 3 进入冲击活塞 A 的后腔，推动冲击活塞 A 向左(前)作加速运动。当冲击活塞 A 移行到预定位置时，打开行程调节通道，高压油经后推阀油路 5，作用在换向阀 B 的右端面，推动换向阀 B 换向[见图 15-9(b)]，同时换向阀 B 左端腔室中的油经前推阀油路 4、行程调节通道 7 及回油油路 6 返回油箱，为回程运动做好准备。与此同时，冲击活塞 A 打击钎尾 C。

图 15-9(c)是冲击活塞的返回行程。冲击活塞 A 打击钎尾 C 后，接着进入返回行程阶段：高压油从油路 1 到前腔油路 2 进入冲击活塞 A 的前腔，推动冲击活塞 A 向右(后)运动。

当冲击活塞 A 向右运动接通行程调节通道 7 并打开前推阀油路 4 时，高压油经前推阀油路 4 作用在换向阀 B 左端面上，推动换向阀 B 换向[见图 15-9(d)]，换向阀 B 右端腔室中的油经后推阀油路 5 和回油油路 6 返回油箱换向阀 B 移到右端，为下一循环做好准备。

得到广泛应用的瑞典 Atlas Copco 公司研制生产的 COP1238 系列导轨式液压凿岩机适用于平巷掘进、深孔凿岩、台阶式开挖、覆盖层剥离等工程的钻孔作业。

COP1238/SCOP1238 系列液压凿岩机主要采用双面回油行程可调节式冲击机构、一级直齿轮外回转转钎机构、隔膜式蓄能器液压缓冲机构、旁侧供水排粉机构和回转压气润滑防尘机构。图 15-10 是 COP1238 液压凿岩机外部构造示意图。它由机头 1、齿轮箱 2、液压缓冲缸 3、活塞缸 4、柄体 5、回转马达 6 和蓄能器 7 组成；还包括 7 个软管接头，分别是：内泄回油 a、润滑油雾 b、向右回转 c、向左回转 d、冲击回油 e、冲击进油 f 和冲洗介质 g。

15.3.2　凿岩机具

不同凿岩方法所需凿岩工具的结构和形状也各异。按凿岩方法的不同，可分为冲击式凿岩工具、回转式凿岩工具和回转冲击式凿岩工具三大类。本节主要介绍冲击式凿岩工具。

冲击式凿岩工具通常称为钎子，由钎头、钎杆和钎尾三部分组成(见图 15-11)。

钎头是直接破碎岩石的部分，钎头破碎岩石所需的冲击力和扭矩经钎杆传递。贯穿钎杆轴心的中心孔是排除岩粉的冲洗水、气通道。钎尾是承受冲击力和扭矩的部分，钎肩的作用是限制钎尾长度和避免钎子从凿岩机的套筒内脱出。

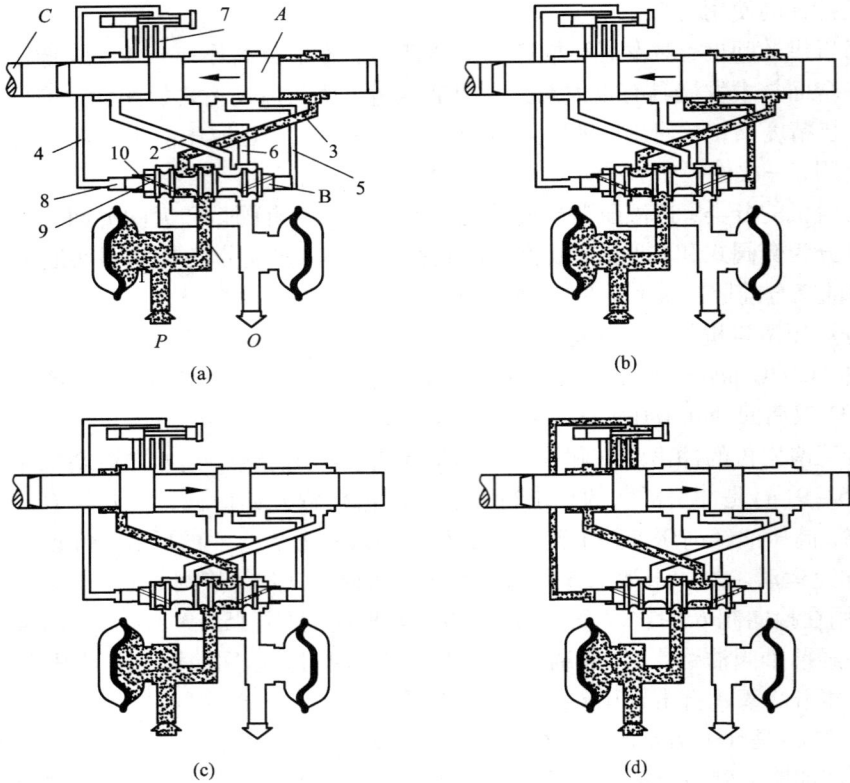

图 15 – 9　双面回油式液压凿岩机冲击机构的工作原理

（a）冲击行程；（b）冲击行程换向；（c）返回行程；（d）返回行程换向

1—高压油路；2—前腔油路；3—后腔油路；4—前推阀油路；5—后推阀油路；6—回油油路；7—行程调节通道；8—推阀油室；9—至动油道；10—止动油室；A—冲击活塞；B—换向阀；C—钎尾；P—进油；O—回油

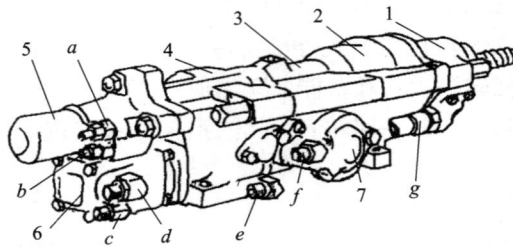

图 15 – 10　COP1238 液压凿岩机外部构造示意图

1—机头；2—减速箱；3—液压缓冲缸；4—活塞缸；5—柄体；6—回转马达；7—蓄能器；a—润滑油雾；b—内泄回油；c—向右回转；d—向左回转；e—冲击回油；f—冲击进油；g—冲洗介质（水/气）

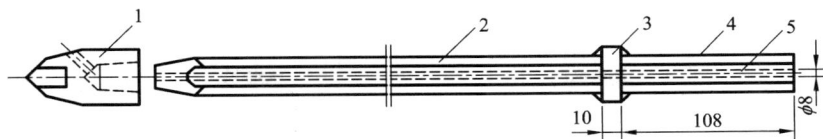

图 15 – 11　凿岩工具钎子的构成
1—钎头；2—钎杆；3—钎肩；4—钎尾；5—水孔

1. 钎头

钎头担负着直接破碎岩石的任务。衡量钎头优劣的主要指标是凿岩速度、使用寿命和硬质合金利用率。而质量好坏则取决于钎头的几何结构及参数、钎头材质和制造工艺。钎头的使用寿命综合反映了钎头的质量、技术水平和所钻凿岩石的坚固性和磨蚀性。

1）钎头形状

根据硬质合金的形状及其在钎头上的排列方式，钎头可分为一字形、Y 形、十字形、X 形、球齿形、柱齿形等。在坑探工作中主要使用一字形、十字形和球齿形钎头。

（1）一字形钎头。

一字形钎头结构如图 15 – 12（a）所示，其制造修磨简单，对岩性和机型适应性强，适用于钻凿 $f \leqslant 16$ 的坚硬、中硬和中硬以下的岩石。但在节理裂隙发育和韧性大的岩石中，凿岩效率差，容易卡钎。

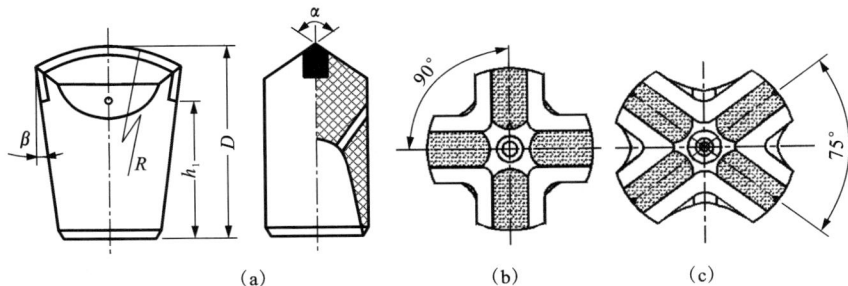

图 15 – 12　钎头结构示意图
（a）一字形钎头；（b）十字形钎头；（c）X 形钎头

（2）十字形钎头。

该钎头的硬质合金片之间成 90°的角度［见图 15 – 12（b）］，制造和修磨比一字型复杂，合金的用量也多。适用于重型风动或液压凿岩机钻凿极坚韧、高磨蚀性的岩石，用于节理裂隙发育的岩石中效果良好，不易卡钎。

（3）X 形钎头。

该钎头的硬质合金片之间一般成 105°和 75°［见图 15 – 12（c）］。其特点是凿出的炮孔断面圆直规整，但制造和修磨困难。

（4）柱齿钎头。

柱齿钎头是由断续刃钎头演变而来的一种钎头。它是采用冷压、镶焊或热嵌等工艺方法，在钎头体上安装圆柱球形或圆柱锥球形硬质合金齿而成，如图15－13所示。柱齿钎头的柱齿可按炮孔底面积合理布置，受力均匀；凿岩时，开眼快，不易卡钎，炮孔较圆，岩屑呈粗粒状，重复破碎少。此外，凿岩时工作面粉尘浓度低，凿岩速度高。柱齿钎头合金所占的比重大，相对造价高，一般均需要修磨重复使用，适用于磨蚀性大的硬脆性岩石。

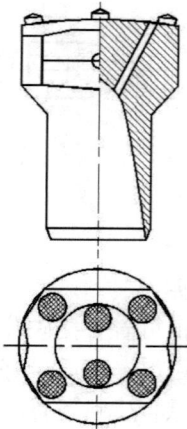

图15－13　柱齿钎头

2）钎头构造（参见图15－12）：

（1）刃角 α：钎头的两个刃面所夹的角度。一般地，α 越小，钻眼速度越快，但合金片容易磨钝和碎裂；α 增大，可以提高钎刃的强度和耐磨性，却增加了刀刃凿入岩石时的阻力，使钻速降低。钻凿中硬或中硬以下岩石时，α = 100°～110°，柱齿则采用锥球齿；若钻凿中硬以上或坚硬岩石，α = 110°～120°，柱齿则采用球形齿。

（2）隙角 β：钎头体两侧的倾角。我国的片齿钎头一般 β = 3°；柱齿钎头 β = 7°；瑞典等国取 β = 1°31′～2°。在工程应用中，如果 β 过大，钎头易崩角，并加剧径向磨损；如果 β = 0，则钎头与孔壁间的摩擦阻力急剧增大，造成钎头在钻孔内卡钎。

（3）曲率半径 R：钎刃轴向的曲率半径。一般一字型钎头 R = 120～180 mm，在坚硬岩石中取 R = 120 mm；对柱齿钎头，周边齿向外倾斜30°～35°。

（4）初始直径 D_c：在钻孔过程中，由于炮孔的周边阻力大，钎刃两端的磨损比中心快，直径也逐渐缩小。这样，每个炮孔的孔底直径都比孔口直径小，即

$$D_c = D_z + nD_0 \qquad (15-1)$$

式中：D_z——钎头的终径（报废时的直径），mm；

n——钎头的修磨次数，一般定为10～15次；

D_0——每修磨一次直径的损耗，D_0 = 0.15～0.30 mm/次。

在 n、D_0 确定后，D_c 取决于终径 D_z，而 D_z 主要取决于药包能否顺利放置在孔底，即

$$D_z = D_y + \varphi \qquad (15-2)$$

式中：D_y——药包直径，mm；

φ——径向装药间隙，通常炮眼直径要比药包直径大5%～10%。采用火雷管起爆时，φ = 4～5 mm；采用电力起爆时，φ = 2～3 mm。

（5）钎头体形结构：指钎头体的头部与裤体之间的过渡形式，它对钎头的排粉性能、几何形状的稳定性以及强度有直接影响。钎头体形结构可归纳为以下两种方案，如图15－14所示，其中，图(a)、(b)、(c)为方案1；图(d)、(e)为方案2。

方案1：钎头体由头部为带隙角 β = 1°30′～3°的圆锥面和裤体为圆柱面或带斜角 δ = 1°30′的圆锥面构成。头部与裤部之间用45°或60°的圆弧面或用不同曲率半径（R = 20～50 mm）的圆弧面过渡。圆锥过渡面易引起应力集中，削弱腰部强度，故不宜采用。圆弧过渡面增加腰部壁厚，无应力集中。此方案裤体较长，有利于防止裤体胀裂，且排粉性能好，修磨钎头隙角也较方便。方案1适用于坚硬和中硬岩石和各种凿岩机，应用范围广。

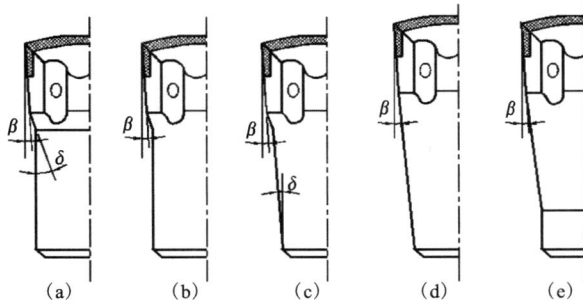

图 15－14　钎头体形结构

方案 2：钎头体是裤体斜角与头部隙角相等（$\beta = \delta = 2° \sim 3°$）的圆锥面或在裤口附近增加一个短的圆柱面，裤体较长。其目的是增加腰部和裤口危险区断面的厚度，减少断腰和裂裤的发生。方案 2 适用于坚硬岩石和重型凿岩机。

（6）排粉槽和吹洗孔：排粉槽是排出炮孔底部岩粉浆的沟槽，一般布置在钎头的顶部和侧面，其断面积应保证岩粉浆以不小于 0.5 m/min 的速度外流。吹洗孔是吹洗炮孔用的水和压气的通道，为了保证吹洗效率，其断面的总面积不应小于钎杆中心水孔的断面积。吹洗孔最好布置在中心位置，以有利于提高排粉效果；若采用旁侧布置，一般将吹洗孔对称布置在排粉槽内，其方向与钎头轴线成 30° ~ 40° 的夹角。

3）钎头材料

一个直径为 40 mm 的钎头，若使用寿命为 200 ~ 450 m，大约要被冲击 3×10^6 次，其破坏性质属于金属疲劳破坏。以前多采用 45 号和 55 号钢制造纤头，其破坏形式是涨裤、裂裤或断腰。现在多采用 40Cr、ZK55SiMnMo、ZK40MnMoV、ZKSiMnMoV 等合金钢制造。

在岩石钻掘工程中广泛使用钨钴类硬质合金的钎头，其硬度和抗压强度高（比钢高 1.5 ~ 2 倍）、耐磨损（比钢高 50 ~ 100 倍）、抗高温能力强，且具有 Co 的良好韧性。选择凿岩用硬质合金时，首先应根据岩石的物理力学性质（结构面和可钻性）和凿岩机类型选择不易击坏的硬质合金牌号；然后，再根据钎头的形状、结构选择耐磨性高的硬质合金型号规格。一般在极坚韧的岩石中，采用冲击功大的凿岩机时，应选择韧性好的硬质合金，即选用 Co 含量较高的合金；在中硬、坚硬、硬脆和磨蚀性大的岩石中，应侧重于耐磨性的选择，即选用 Co 含量较低的合金。

2. 钎杆

钎杆由各种钎钢制作，钎钢是实心钎钢、中空钎钢的统称。实心钎钢主要用于手工凿岩，而中空钎钢则用于机械凿岩。本节主要介绍中空钎钢。

由图 15－11 可知，钎杆由钎杆（包括前端的钎梢和主体钎身）、钎肩和钎尾组成，中间有中心水孔。钎梢是连接钎杆与钎头的部分；钎身是传递冲击能量和扭矩的部分；钎肩防止钎尾插入凿岩机汽缸或脱离机头；钎尾是直接承受冲击力、轴推力和回转力的部分；钎杆的中心孔为压气和冲洗水的通道，用于排除岩粉。

在凿岩过程中，钎杆要承受冲击疲劳应力、弯曲应力和扭转应力的联合作用，并承受地下水的侵蚀作用。鉴于钎杆的工作条件，凿岩用钎杆应具有足够的抗弯强度和良好的微观塑性以及循环韧性，并具有抵抗矿坑水和井下潮湿空气侵蚀的能力，且加工工艺简单，造价相对较低。

4）钎杆的断面形状

（1）中空外六角形钎杆：包括内切圆直径分别为 22 mm 和 25.4 mm 两种形式；

（2）中空外圆形钎杆：包括直径分别为 32 mm 和 38 mm 等形式。

一般钎杆的中心孔径为 5 ~ 7 mm。在钎杆断面面积相等的条件下，六角形断面的抗弯能力和相对强度比圆形好，而且排粉间隙大，排粉效果好。因此，浅眼凿岩用钎杆的断面形状大都为中空六角形。

5）钎杆材料

用于制造钎杆的钢材称为钎钢。近年来，广泛采用 ZK55SiMnMo、ZK35SiMnMoV 等合金钢来制造钎杆，具有强度高、抗疲劳性能好、价格低等特点，一般寿命为 150 ~ 250 m，接近国际水平，凿岩速度比过去提高了 30%。

6）钎尾形式

对于手持式和气腿式凿岩机，钎尾常采用圆环钎肩六角形断面；对于导轨式凿岩机，钎尾常采用凸台钎肩圆形断面；而对于向上式凿岩机，钎尾常为无钎肩六角形断面形式。

15.3.3　通风设备

坑探掘进的巷道往往只有一个通向地面的出口——称为独头巷道。独头巷道常采用局部通风机进行通风。局部通风机通风的长度为几百米到几千米。按照将新鲜空气送入掘进工作面方法的不同，局部通风可分为：压入式、抽出式和混合式。

1. 局部通风机

通风机是一种将机械能转换成空气压力能和动能，使空气产生流动的机械。根据叶片与空气之间的作用方式，通风机可分为离心式和轴流式两大类。

1）离心式通风机

如图 15 - 15 所示，离心式通风机由工作轮、螺旋形机壳、进风口和锥形扩散器组成。当电动机工作轮旋转时，充满于叶片间的空气在叶片力的作用下，从叶轮中心被甩向轮缘，以较高的速度离开工作轮沿螺旋形机壳运动。与此同时，工作轮的进风口处产生真空，在大气压作用下，空气不断流入。离心式通风机工作时，空气是沿轴向流入而沿径向流出的。

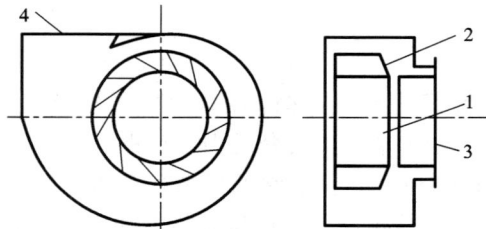

图 15 - 15　离心式通风机

1—工作轮；2—螺旋形机壳；3—进风口；4—锥形扩散器

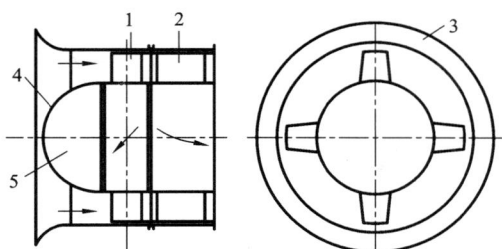

图 15 – 16　轴流式通风机
1—工作轮；2—整流器；3—圆筒形机壳；4—流线体；5—集风器

2）轴流式通风机

如图 15 – 16 所示，轴流式通风机由工作轮、整流器、圆筒形机壳、流线体和集风器组成。流线体与集风器组成环形入风口，减少了入风口处风流的阻力。工作轮轮毂上安装有等间距的叶片，整流器用来矫直由工作轮流出的旋转气流以减少涡流损失。与离心式通风机不同，轴流式通风机工作时，空气是由轴向流入且由轴向流出的。

2. 风筒

风筒是引导风流入掘进工作面的装置。按风筒材质可分为刚性和柔性风筒两大类。

刚性风筒可用金属、塑料和木材制作。金属风筒用厚 1.6 ~ 3.0 mm 的铁皮或铝皮制成，每节 2.0 ~ 3.0 m 长；塑料风筒用聚氯乙烯制成，每节 2.0 m，具有重量轻、阻力小、耐腐蚀等优点，但强度较低，易老化；木制风筒常为长方形。目前现场多用刚性金属风筒。

柔性风筒常用涂胶帆布、玻璃纤维胶布、人造革等材料制成。涂胶帆布风筒每节长 5 m、7 m、10 m、15 m 不等；玻璃纤维胶布风筒由玻璃纤维布外涂橡胶制成，每节长 10 m；人造革风筒用棉布或棉与玻璃纤维混纺布外涂聚氯乙烯制成，每节长 10 m。涂胶帆布风筒和玻璃纤维胶布风筒忌酸、碱、油，而人造革风筒耐酸碱。

坑探工作中采用的风筒应重量轻、坚固耐用、修理简单、成本低廉且便于安装和移动。

15.3.4　排水设备

坑探掘进时，用于凿岩机排除岩粉的水和地下水不仅使工作条件恶化，还可能产生事故，特别是在斜井和竖井施工过程中，水量大时容易产生淹没事故。因此，坑探掘进时，如遇地下水含量较多的地层，必须使用排水设备。

坑探中常用的排水设备为离心式水泵。离心式水泵的工作原理与离心式通风机完全相同，只是工作介质不是空气而是水。

15.3.5　装岩设备

坑探工作中，需要把爆破开挖下来的岩石装载运输到巷道外，该项工作亦是坑探掘进中耗时最多的工序之一。常用的地下矿用装载机类型有：铲斗式装载机、蟹爪式装载机、立爪式装载机、顶耙式装载机、耙斗式装载机等。

1. 铲斗后卸式装岩机

这类装岩机装岩作业时，铲斗将铲取的岩石抛卸到机器后面的矿车内，是巷道掘进中使用最广泛的装岩设备。动力为风动或电动,行走方式为轨轮式,以地勘－1型、华－1型和H－600型为代表。其中,地勘－1型装岩机主要由装载机构(滑道、铲斗)、行走机构(车体、行走变速箱)、导正机构(二级减速齿轮、导正筒)、动力机构(5.5 kW交流感应电机)和操纵机构(电气开关、操纵器)组成。其结构紧凑、外形尺寸小、重量轻,主要用于2×1.8 m²的勘探巷道,图15－17是采用轨轮式行走的前装后卸式铲斗装岩机的外形图。

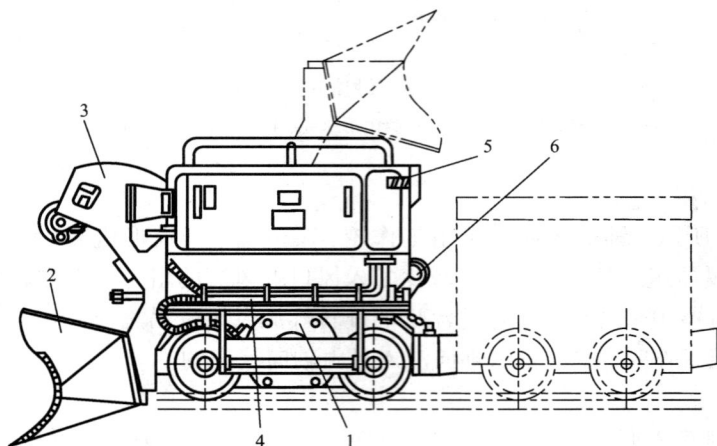

图15－17　Z－20B型前装后卸式铲斗装载机结构示意图
1—行走机构;2—铲斗;3—斗柄;4—回转座;5—缓冲弹簧;6—提升机构

2. 铲斗侧卸式装载机

侧卸式装载机是前端式装载机的另一种形式。前端式铲斗装载机与铲斗后卸式装岩机有相似之处,不同点主要是铲斗卸载也在前端。侧卸式装载机是以其卸载方向而得名,其铲斗正面铲取,在设备前方侧转卸载,行走方式有履带式和轮胎式两种。

3. 耙斗式装岩机

耙斗式装岩机(见图15－18)是一种结构简单的循环式装载机械,它是由耙斗、装车台、卸料槽和绞车、车架以及主尾绳和滑轮等组成的组合设备,在平巷掘进中不仅可以用于直道还可以用于弯道装岩和倾角小于35°斜井内使用,其行走方式为轨轮式。

4. 蟹爪式装岩机

蟹爪式装岩机(见图15－19)以连续方式作业,一般为电驱动,液压控制,履带行走。蟹爪式装载机由前端的铲板不断地插入,蟹爪交替耙取,运输机连续转载,实现了连续式装载作业,生产率较高,可与大容量的运输设备(如自卸汽车、梭式矿车等)配套使用,减少调车时间,提高装运效率。这种设备用于巷道掘进,更多的用于采矿、出矿。我国定型生产的有ZS－60型液压传动蟹爪式装载机等品种。

5. 立爪式装载机

立爪式装载机(见图15－20)由机体、刮板运输机及立爪耙装机构三部分组成,也是一种连续作业式装载机械。其工作机构是模仿人体用手臂耙取岩石时的动作而设计的,靠立爪耙装和刮板运输机转载两个环节配合完成岩石装载作业,并可将岩渣直接装入运输设备中,装载工作主要由立爪的上下、左右、前后的动作来完成。

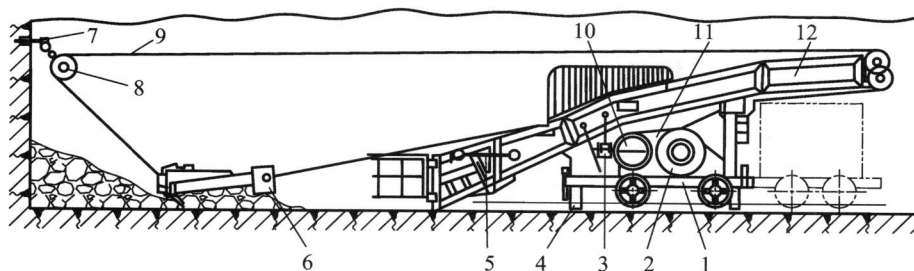

图 15－18　耙斗式装载机工作示意图

1—车架；2—绞车；3—操纵手柄；4—卡轨器；5—调整螺栓；6—耙斗；
7—固定楔；8—滑轮；9—钢丝绳；10—电动机；11—减速器；12—卸料槽

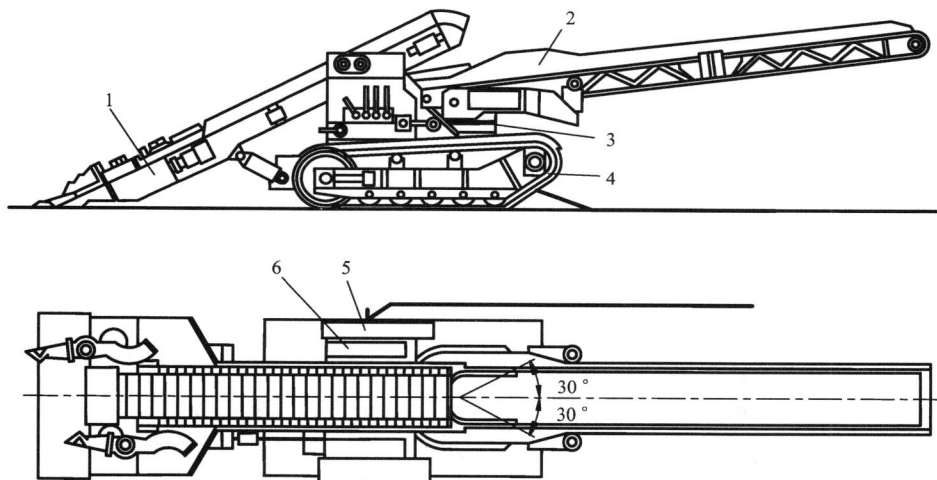

图 15－19　DS－60 蟹爪式装载机

1—工作机构(机头)；2—运输机(刮板运输机及皮带运输机)；
3—行走机构；4—回转台；5—液压系统；6—电器系统

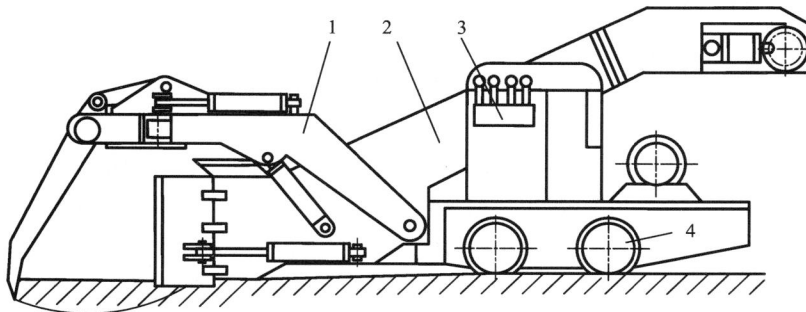

图 15－20　LZ－100 立爪式装载机

1—工作机构；2—运输机构(包括回转盘)；3—液压系统；4—行走机构

该装载机可与凿岩台车、梭车或其他运输设备组成机械化配套作业线。行走采用轨轮式和履带式两种，其机构简单可靠，动作灵活，对巷道断面和岩石块度适应性强，除装岩外还能挖水沟和清理底板等。

15.3.6 运输设备

巷道掘进中采用的运输设备可分为轮胎式和轨道式。坑探掘进的巷道断面较小，主要采用普通矿车和梭式矿车进行运输。

1. 普通矿车

普通矿车是巷道掘进中轨道运输的重要设备，按用途不同可分为运矿车辆、辅助车辆和运人车辆。按运矿车辆的容积不同可分为大型、中型和小型。对于金属矿山而言，容积小于等于 $1.5\ m^3$ 的为小型，$1\sim2.5\ m^3$ 的为中型，大于 $2.5\ m^3$ 的为大型。运矿车辆通常按车厢结构和卸载方式进行分类，如固定车厢式、翻转车厢式、曲轨侧卸式及底卸式。

固定车厢式矿车结构简单、坚固耐用、使用可靠、制造简单、维修方便，但由于车厢固定，必须有卸载设备与之配合，且卸载效率较低。

翻转车厢式矿车可在任意地点向车厢两侧翻转卸载，灵活性大，适于人力推车卸载，也可由机车牵引推车器卸矿，结构比固定式复杂，车厢、车架易变形或损坏，维修量大，占用人员多，劳动强度大。

曲轨侧卸式矿车卸矿设备简单，卸矿效率高，移动方便，但维修量大。

底卸式矿车卸载效率高，使用可靠，卸载干净，但成本高。

2. 梭式矿车

梭式矿车(简称梭车)是一种车身较长，容积较大，车厢底部装有运输机，能自行卸碴的矿车。工作时由装岩机将岩石装入车厢的前端，同时断续地开动运输机将岩石逐段向后转运，如此边装边运，直至将整个车厢装满，然后由牵引机车将其拖至卸渣场，再连续开动运输机将车厢中的岩石卸出。梭车主要由车厢、带传动机构的运输机、转向架及控制系统组成。

3. 牵引机车

坑探掘进中主要采用机车将装满岩渣的矿车或梭车牵引拖拉至卸渣场。机车运输适用于较长的水平巷道。牵引机车的种类较多，主要有电机车、架线机车、蓄电池机车、内燃机车和复式能源机车等。

电机车根据电源性质可分为直流和交流电机车，坑探掘进中主要采用直流电机车。

架线电机车由架线电网供电，其机构简单、运行维护方便、运输费用低，应用最为广泛；缺点是只能在架线巷道内运行，且由于架线接触处易产生电火花，不宜用于有瓦斯的巷道。

蓄电池机车的主要构造与架线电机车基本相同，只是动力来源于蓄电池组，其特点是机动、灵活、简单可靠，并可用于有瓦斯的巷道。

内燃机车以柴油为动力，其能源独立、运输距离和路线不受限制，且能源便宜，但易造成巷道空气污染并有较大的噪声。

由于架线机车的应用范围有一定限制，无架线区无法采用，因此附加第二能源于其上，构成所谓的复式能源机车，主要有架线－蓄电池式、架线－内燃式、架线－电缆式。

4. 提升设备

对于埋藏较深的地下矿体,常常通过掘进竖井或斜井来揭露矿体,因此必须采用提升设备将井下的岩渣运输到地表。

提升设备主要由提升容器、提升钢丝绳、提升机(卷扬机、绞车)、井架、天轮以及附属装置等组成,如图 15 - 21 所示。专门为探矿服务的提升工作一般称为探井提升,其井筒较浅、断面较小、设备尺寸小、重量轻,服务年限也相对较短。

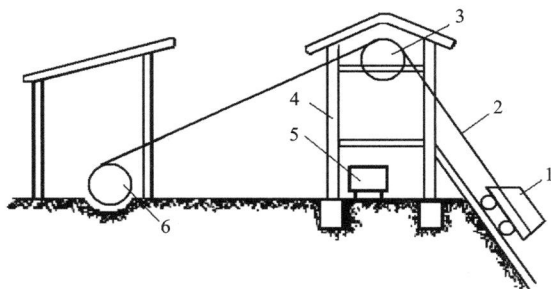

图 15 - 21　提升装置示意图
1—提升容器;2—钢丝绳;3—天轮;4—井架;5—矿车;6—提升机

15.4　坑探施工工艺

15.4.1　凿岩爆破

凿岩爆破法是先用凿岩机在待掘进的岩体中钻凿出一定数量、按一定规则排列的炮眼,然后装入炸药,以一定方法起爆并最终达到破碎岩体的目的。

凿岩爆破法必须达到的技术要求:①爆破后所形成的坑道断面形状、尺寸、坑道方向和坡度应符合设计要求;②爆破下来的岩石的块度均匀,岩块的大小、抛掷的距离和堆积的高度应满足装运工作的要求;③爆破单位体积岩石所需的钻眼工作量少,炮眼利用率高,爆破器材的消耗量少,爆破对坑道围岩的破坏小;④符合劳动保护要求,劳动作业安全可靠。

为了提高坑道掘进的生产效率,应根据不同的地质条件、施工目的和技术水平,正确选择凿岩设备与工具、炸药、起爆器材与起爆方法,合理确定凿岩爆破参数。

1. 坑道掘进时工作面炮眼的布置

正确布置坑道掘进工作面上的炮眼是取得良好爆破效果的前提。

1) 工作面炮眼的种类和作用

按工作面上炮眼所在位置和作用可分为掏槽眼、辅助眼和周边眼。对于平巷和斜井,周边眼又可分为顶眼、底眼和邦眼。工作面各类炮眼分类如图 15 - 22 所示。

由于巷道掘进时只有一个自由面,四周受到岩体夹持,要把岩石爆破下来比较困难。为此,布置炮眼时首先应该考虑如何创造第二个自由面。掏槽眼的作用就是将坑探掘进工作面上的某部分岩石首先用爆破的方法将其破碎下来并抛出,形成一个新的自由面,为其他炮眼的爆破创造有利条件。辅助眼是布置在掏槽眼与周边眼之间的炮眼，其作用是进一步扩大掏槽和大量崩落岩石（故辅助眼又可称为崩落眼），以保证周边眼的爆破效果。周边眼，顾名思义，是布置在巷道周边轮廓线附近的炮眼，其主要作用是控制巷道规格（形状和大小）。

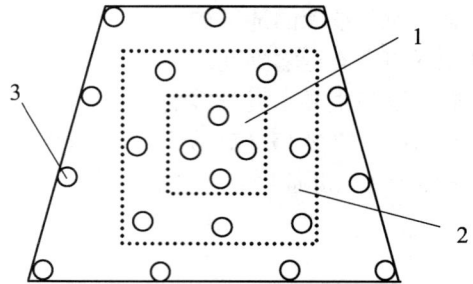

图 15-22　掘进工作面炮眼分类示意图
1—掏槽眼；2—辅助眼；3—周边眼

根据各类炮眼的作用可知，在实施爆破作业时，掏槽眼首先起爆，然后是辅助眼，最后起爆周边眼。理论分析与生产实践表明，掏槽效果的好坏决定了整个断面的爆破效果。

2) 掏槽方法

根据掏槽眼与工作面夹角的不同，掏槽方法可分为垂直眼掏槽（直线掏槽）和倾斜眼掏槽两大类。此外还有两者相结合的所谓的混合式掏槽。

(1) 垂直眼掏槽（直线掏槽）。

这种掏槽方法的特点是所有掏槽眼均垂直于工作面，彼此保持平行，且掏槽眼中有一个或数个不装药的空眼作为装药眼的辅助自由面。垂直眼掏槽的形式很多，大致可分为龟裂掏槽、角柱形掏槽和螺旋形掏槽。

龟裂掏槽的特点是各掏槽眼排成一列或一行，装药眼与空眼间隔布置。常用的有垂直龟裂掏槽和水平龟裂掏槽。爆破后的槽子如同一条裂缝，故又称缝形掏槽，如图 15-23 所示。龟裂掏槽适用于中硬岩石小断面巷道，当岩石单一均质时，通常将掏槽眼布置在工作面中部；当有软弱夹层时，掏槽眼布置于其上。

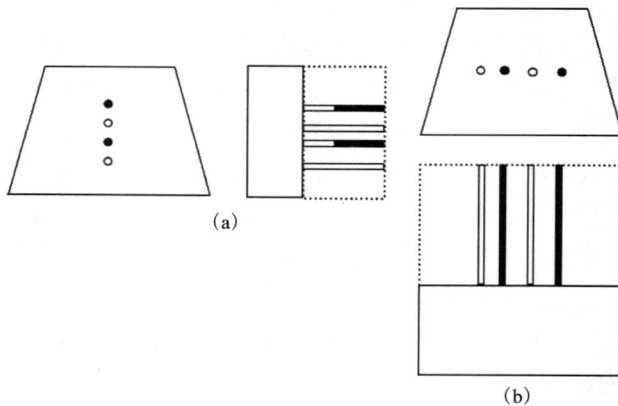

(a)

(b)

图 15-23　缝形掏槽方法示意图
(a) 垂直缝形掏槽；(b) 水平缝形掏槽

角柱形掏槽又称桶形掏槽，其掏槽眼（装药眼与空眼）之间相互平行又对称排列，空眼可为大直径空眼（75～100 mm）和小直径空眼（与装药眼直径相同），如图 15－24 和图 15－25 所示。从图中可以看出，角柱形掏槽的形式很多，掏槽眼可以布置成三角柱形、菱柱形、五星柱形等。这种掏槽方式在中硬岩石中的爆破效果好，爆出的槽洞体积大。

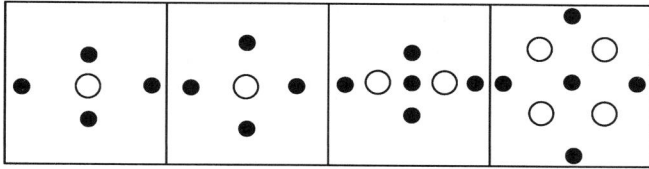

图 15－24　大直径空眼角柱形掏槽示意图

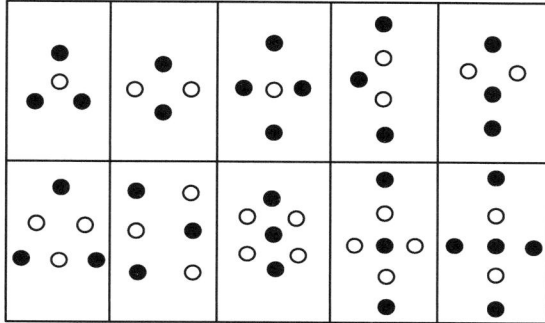

图 15－25　小直径空眼角柱形掏槽示意图

螺旋形掏槽的各装药眼至空眼的距离依次递增呈螺旋线布置，并由近及远顺序起爆，能充分利用自由面，逐次扩大槽洞，如图 15－26 所示。爆破后整个槽洞为非对称角柱形，故也称非对称角柱形掏槽。

理论与生产实践都证明，螺旋形掏槽是一种行之有效的掏槽方法，其炮眼利用率高。

（2）倾斜眼掏槽。

倾斜眼掏槽是指掏槽眼方向与工作面成一定角度的掏槽方法，主要有单向掏槽、楔形掏槽、锥形掏槽和扇形掏槽。

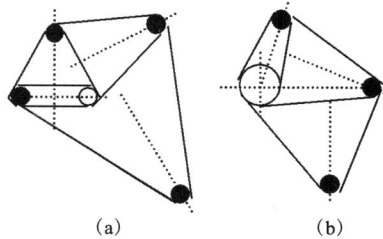

图 15－26　螺旋形掏槽示意图
（a）小直径空眼；（b）大直径空眼

单向掏槽的掏槽眼排成一行，并朝一个方向倾斜，如图 15－27 所示。单向掏槽根据巷道断面的大小或软弱夹层厚度的不同，布置一排或两排掏槽眼。掏槽眼的倾斜角度依岩石的坚固性而不同，一般可取 50°～70°。

楔形掏槽由两排相对的倾斜炮眼组成，有水平楔形和垂直楔形两种掏槽方式，如图 15－

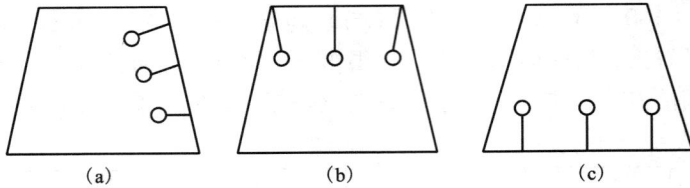

图 15 − 27　单向掏槽示意图

(a)侧向掏槽；(b)顶部掏槽；(c)底部掏槽

28 所示。

锥形掏槽的各掏槽眼均以相等或近似相等的角度向中心倾斜，眼底趋于集中，但又不相互贯通，爆破后形成锥形槽子，如图 15 − 29 所示。

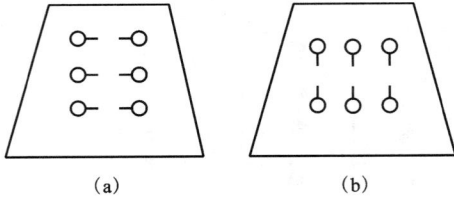

图 15 − 28　楔形掏槽示意图

(a)水平楔形；(b)垂直楔形

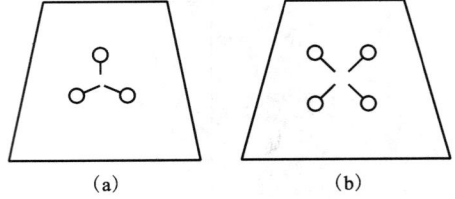

图 15 − 29　锥形掏槽示意图

(a)三角锥形；(b)正锥形

扇形掏槽的特点是各掏槽眼的倾角和深度都不相同。当岩体的软弱夹层位于巷道中部或与巷道斜交时，常采用扇形掏槽，如图 15 − 30 所示。

3）工作面炮眼布置的原则

为了保证爆破效果及巷道规格，工作面上炮眼的布置应遵循一定的原则。

（1）掏槽眼应布置在爆破容易突破的部位，并应比其他炮眼深 100 ~ 300 mm。

（2）辅助眼和周边眼应按抵抗线大致相等的原则均匀布置，且深度应相等，眼底落在同一平面上。

（3）周边眼应沿巷道轮廓线布置，并在转折处布置有炮眼。

2. 坑探巷道爆破参数的确定

坑探巷道爆破的主要参数有：炮眼直径、炮眼深度、装药量和炮眼数目。

1）炮眼直径

炮眼直径应根据所用炸药的药卷直径确定。常用的坑探巷道爆破药卷直径为 32 mm，因此，炮眼直径多为 38 ~ 40 mm。

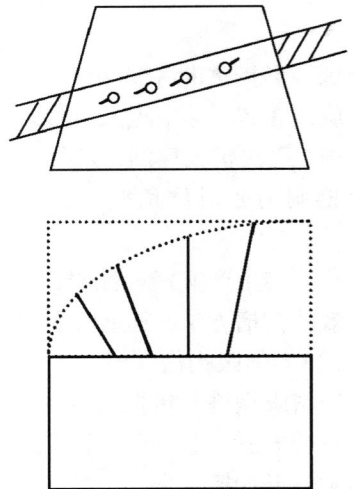

图 15 − 30　龟裂扇形掏槽示意图

2）炮眼深度

炮眼深度是指炮眼眼底到工作面的垂直距离，而沿炮眼方向的实际距离称为炮眼长度。炮眼深度与掘进循环各工序、劳动组织、施工设备有密切关系。坑探掘进爆破的炮眼深度以 1.5～2.5 m 居多。

3）装药量

坑探掘进每循环所需的总装药量采用下式计算：

$$Q = qV = qSl\eta \tag{15-3}$$

式中：Q——每个掘进循环所需的总装药量，kg；

q——单位炸药消耗量，kg/m³，可根据有关定额选取或由现场爆破试验确定；

S——巷道断面面积，m²；

V——爆破体积，m³；

l——炮眼平均深度，m；

η——炮眼利用率，一般为 0.85～0.95。

每个炮眼的装药量可根据装药系数由下述经验公式确定：

$$Q_g = \frac{l_g \alpha_g W}{h} \approx n_g W \tag{15-4}$$

式中：Q_g——每个炮眼的装药量，kg；

l_g——每个炮眼的长度，m；

α_g——每个炮眼的装药系数；

W——每个药包的质量，kg；

h——每个药包的长度，m；

n_g——每个炮眼装入的药包个数，取一个或半个药包的倍数。

4）炮眼数目

通常可根据各个炮眼平均分配装药量的原则来确定炮眼的数目，即：

$$N = Q/Q_g \tag{15-5}$$

式中：Q——每掘进循环所需的总装药量，kg；

Q_g——每个炮眼的装药量，kg。

3. 主要起爆方法及器材

1）火雷管起爆法

火雷管起爆法是利用点燃导火索产生的火焰，首先引起火雷管爆炸，然后再引起炸药爆炸的一种起爆方法。其使用的起爆器材为火雷管、导火索及点火器材。火雷管起爆法操作简单、成本低廉，但需要人工在爆破工作面点火，安全性差，无法在起爆前用仪器检查起爆网路，不能精确控制起爆时间，导火索的燃烧增加了工作面的有毒气体含量。

2）电雷管起爆法

电雷管起爆法利用电能首先引起电雷管爆炸，然后再引起炸药爆炸。使用的主要爆破器材为电雷管及起爆电源。电雷管起爆法安全性好，操作人员可以撤退到安全地点后再给电起爆，可同时起爆大量雷管，精确控制起爆时间和起爆顺序，可用仪器在起爆前检测起爆网路。其缺点是操作较复杂，作业时间较长，且成本比火雷管起爆法高。

3）导爆索起爆法

导爆索起爆法利用雷管首先引爆导爆索，然后再由导爆索引爆炸药。其起爆器材主要为导爆索。导爆索是一种以单质猛炸药（黑索金或泰安）为药芯，以棉、麻、纤维等为被服材料，能传递爆轰波的索状起爆器材。导爆索起爆法的优点是操作简单，安全性高，可以使成组炸药同时起爆，由于导爆索的爆速高（≥6500 m/s），还可以提高弱性炸药的爆速。其缺点是不能在起爆前用仪器检测爆破网路，且导爆索价格较高。

4）导爆管起爆法

导爆管是外径 3 mm、内径 1.5 mm 的空心塑料管，内壁上涂有一层以单质猛炸药（如黑索金）为主要成分的粉状混合炸药。当其一端在击发器材（如火帽、雷管、导爆索等）产生的冲击波作用下，壁面受到突然压缩时，在管内会形成一定强度的冲击波；该冲击波引起管壁薄层炸药发生化学反应，反应释放的能量补充给冲击波，维持其强度不减弱。这样，管内的冲击波就将以 1600～2000 m/s 的稳定速度传播。导爆管中的冲击波强度不足以引爆工业炸药，只能引爆雷管。

导爆管起爆法的优点是操作简单，使用安全，不怕杂散电流和静电，导爆管受冲击和火焰作用不会发生爆炸，保管、运输方便。其缺点是起爆网路中需要一定数量的传爆雷管，不能在起爆前用仪器检测起爆网路。

15.4.2　巷道通风

坑探掘进中，爆破和装运等作业会产生各种有毒有害气体和粉尘，为了确保安全生产和坑道内工作人员的身体健康，必须向掘进工作面输送新鲜空气。按照通风机将新鲜空气送入掘进工作面的方法不同，可分为：压入式、抽出式和混合式。

1. 压入式通风

压入式通风由通风机将新鲜空气经风筒输送到工作面，污浊空气则沿巷道排出。为避免污浊空气被循环吸入，通风机应置于新鲜风流处，且与巷道口的距离应大于或等于 10 m（见图 15–31）。压入式通风的优点是有效射程大，工作面通风时间短，但如果风管距工作面太远，则会存在空气涡流停滞区，不利于及时排出现场污浊空气，有损工作人员健康。

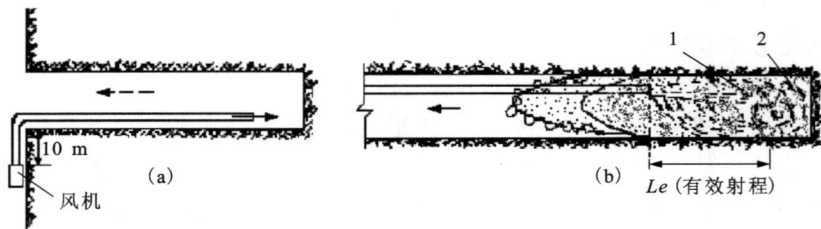

图 15–31　压入式通风示意图
1—有效射程区；2—涡流停滞区

2. 抽出式通风

抽出式通风由通风机将掘进工作面的污浊空气经风筒吸出，新鲜空气沿巷道输送到工作面。通风机应布置在巷道口 10 m 以外的回风处，如图 15–32 所示。抽出式通风的优点是污浊空气由风筒排除，不污染巷道。

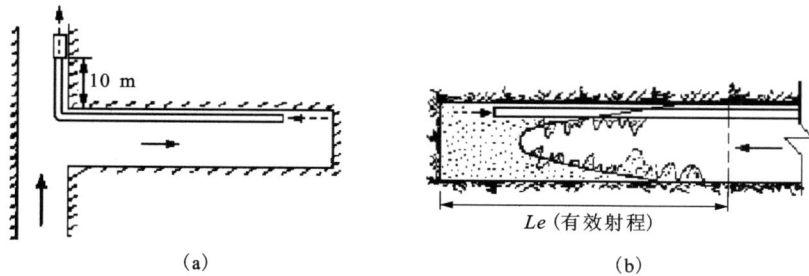

图 15 – 32　抽出式通风示意图

3. 混合式通风

混合式通风将压入式和抽出式通风结合使用，发挥压入式通风有效射程大和抽出式通风不污染巷道的优点。为了避免污浊空气循环，抽出式通风应加大风量，且其风筒吸风口应超前压入式通风机入风口 10 m 以上，并保证吸风口与工作面的距离大于炮烟抛散长度，一般为 30 m 左右，如图 15 – 33 所示。

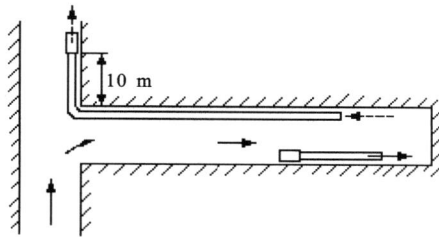

图 15 – 33　混合式通风示意图

15.4.3　装岩运输

装岩运输是坑探掘进工作中最为繁重的工序之一，其消耗的工作量占整个掘进循环的 30% ~50%。因此，在坑探掘进中提倡采用机械化作业。可供借鉴的国内金属矿山平巷掘进机械化作业线如下：

（1）YT – 25（或 7655 型）凿岩机 + 华 – 1 型（DK – 1 型）装岩机 + 普通矿车 + 架线式电机车机械化作业线。这是金属矿山平巷掘进中使用较多，也是最适用于中小断面掘进的一种机械化作业线形式。

（2）液压凿岩台车 + 液压顶耙式装载机 + 梭式矿车 + 架线式电机车机械化作业线。

（3）凿岩台车 + 立爪式装载机 + 普通矿车 + 电机车机械化作业线。

（4）7655 型凿岩机 + 蟹爪式装载机 + 皮带矿车（皮带机转载矿车）+ 架线电机车机械化作业线。

（5）7655 型凿岩机 + 蟹爪式装载机 + 梭式矿车 + 架线式电机车机械化作业线。

15.4.4　坑道支护

坑道的掘进工作破坏了岩层的稳定性，为了防止坑道周围的岩石塌落需要进行坑道支护，即架设坑道支架。坑道支架应保证在勘探工作结束前坑道的稳定性和坑道内工作人员的安全。除了这个基本要求外，支架还必须能防火，且易于构筑，最好为可拆卸和可重复使用的。

坑道支护的材料和支护方法取决于坑道的断面形状、规格与服务年限。若使用年限长，可采用钢筋混凝土支架、混凝土支架和金属支架；如果使用年限短，则可采用木材支架。支护结构可以采用框架式、密集式和锚杆式。

1. 木材支架

自古以来，木材就是支护或支撑地下坑道的主要材料。木材支架在任何地质条件下都可使用，其优点是重量轻，强度高，制作简单，在地质勘探区域内可就地取材；缺点是在地下坑道内耐久性差，易腐蚀，易着火，易产生机械损伤。目前，一些更坚固耐用的材料逐渐取代木材成为支护的主要材料。

2. 混凝土和钢筋混凝土支架

混凝土是一种由水泥、水和骨料制成的人工石料。水泥浆在潮湿条件下以及在水中都能凝固，这对于地下坑道的支护是非常重要的。

钢筋混凝土是由混凝土和钢筋构成的材料。钢筋和混凝土的配合大大加强了支架对地压的抗力，一般采用经过专门热轧的竹节状钢材作为混凝土中的钢筋。

3. 金属支架

金属材料被广泛用作坑道的永久性和临时性支架。金属支架的主要优点是强度高、耐用、耐火和体积小。对地质勘探坑道而言，金属支架可重复使用更具有积极意义。

15.4.5　劳动和施工组织

坑道掘进是一项复杂的工艺过程，因此，必须加强劳动组织和施工管理，其主要任务是提高人力、物力的使用效率，使劳动生产率不断增长，并改善劳动条件和保证工作人员的身体健康。

1. 劳动组织形式

坑探工作的劳动组织形式主要有两种，一种是按工种进行劳动分工（即组织专业坑探队伍），另一种是各工种联合开展工作（即组织综合坑探队）。

按工种进行劳动分工（凿岩工只管钻凿炮眼，支护工只管坑道支护等）的优点是，有助于提高劳动生产率，可更充分地利用坑道掘进设备和机械，保证良好的施工质量。按各工种联合开展工作时，掘进工不仅完成与本工种有关的工作，还要完成相近工种的工作，如凿岩工在钻凿完炮眼后还能从事坑道支护或装岩运输工作。其优点是，可以更充分利用人力资源，完全消除工人和机械的停工现象或减少到最低程度。

2. 坑道掘进工作的组织形式

坑道掘进由钻凿炮眼、炮眼装药、爆破、通风、装岩、运输和坑道支护等一系列生产工序组成，最好的运作形式就是按掘进循环图表开展工作。

所谓掘进循环是指按一定顺序、定时定量完成一套定期重复的生产工序。完成每个生产工序所需要的时间称为工序时间，而完成掘进循环全部工序的时间则称为循环时间。循环作业按照事先制定掘进循环图表（见表 15 – 3）进行，表中规定各生产工序的顺序和时间。

表 15 – 3　坑道掘进作业循环图表

工序	第Ⅰ班						第Ⅱ班						第Ⅲ班						第Ⅳ班					
	7	8	9	10	11	12	13	14	15	16	17	18	19	20	21	22	23	24	1	2	3	4	5	6
凿岩	▬	▬	▬	▬	▬																			
装药爆破						▬																		
通风							▬																	
装运岩石							▬	▬	▬	▬	▬	▬												
支护													▬	▬	▬	▬	▬	▬						
铺轨																			▬	▬	▬	▬	▬	▬

坑道掘进工作组织形式的合理性前提是掘进循环中所有工作的分工必须保证最大限度地利用掘进机械设备。掘进工序分为主要工序和辅助工序两类。主要工序是指那些能够保证坑道掘进正常进行的生产工序，如凿岩、爆破、装岩、运输、支护。辅助工序是指那些能够为实施主要生产工序提供保证条件的工序，如通风、铺轨、接风管、水管与风筒以及铺设电缆等。

15.4.6　坑探技术的进步

自 20 世纪 50 年代末以来，我国坑探掘进技术有了明显的进步。在引进国外技术和设备的基础上，经仿制、改进，开始以气腿式凿岩机和硬质合金可拆卸式钎头装备坑探队伍，并实现了湿式凿岩；坑道通风使用轴流式局部通风机，清理岩石已开始使用小型装岩机。在引进瑞典内燃凿岩机的基础上，经仿制与改进，开始成批生产内燃凿岩机，为地表挖掘探槽、浅井创造了机械化条件。到 20 世纪 70 年代，由于致力于中深（指长度在 200～400 m）探矿坑道的机械化配套工作，针对探矿坑道断面小和工程量分散等特点，经设计、制造、试用和改进，已于 70 年代末开始在地质勘探队推广使用成套的掘进机械设备，如 SYT – 18 型双臂电动液压凿岩台车、中频风动凿岩机、地勘 – 1 型装岩机、YS – 25 型梭车和 12 马力柴油机车。这套设备使凿岩、装岩与运输形成一条完整的机械化作业线，从而改变了小断面勘探坑道掘进机械化落后的面貌。

近年来行业内高度重视掘进机械设备的简单化和无轨道掘进技术，并得到迅速发展。一机多用或仅用几件轻便设备完成探矿坑道的掘进，从而精简器材和机械设备，对于勘探坑道掘进，无论在技术上或经济上都具有重大意义。无轨道、无管线掘进技术具有一系列优点，它不仅能精简掘进设备和器材，而且，在有轨掘进时不容易解决的一些问题也可以得到解决。例如，在倾斜的轨道上使用装岩机，必须加添牵引机构控制其进退。在无轨掘进时，使用轮胎式行走机构的铲运机，其爬坡能力可达 25°或更大。因而，可以使倾角不大于其爬坡角度的斜井的装岩机械化问题得到解决。

第 16 章　槽探施工工艺

16.1　探槽的功能与规格

在地质勘探的各个阶段，即地质测量、普查、初勘、详勘阶段都要在地质设计指定的地点开挖探槽。探槽属于地表工程。"槽探"就是利用探矿槽沟（其底部深入到矿体或基岩）来揭露矿体或岩层的分布、结构（包括厚度和边界）及变化规律的勘探方法的简称。

探槽的断面形状、断面大小取决于覆盖层的稳定性、性质及开挖方法与支护方法。探槽的深度则取决于覆盖层的厚度和进入基岩的深度，应以满足地质编录和取样要求为原则，即：

$$H = H_0 + C \tag{16-1}$$

式中：H——探槽深度，m；

H_0——覆盖层的厚度，m；

C——进入基岩的深度（一般取 $0.2 \sim 0.3$ m）。

探槽的横断面形状可为矩形、梯形、和阶梯形。稳定地层中采用矩形，不稳定地层中采用梯形，深探槽采用阶梯形，如图 16 – 1 所示。

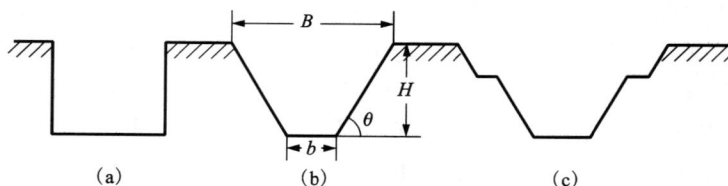

图 16 – 1　探槽横断面形状规格示意图

(a)短形；(b)梯形；(c)阶梯形

通常情况下，探槽的深度一般不超过 3 m，探槽底部宽度以刻槽取样方便为宜，一般不小于 0.6 m。深度小于 1 m 的探槽壁可垂直挖掘。如超过 1 m，其两壁坡度的选取应视土质情况而定（参见图 16 – 1），θ 角的取值可参考表 16 – 1 所列数据，而槽口宽度 B 则可按公式（16 – 2）进行计算。

表 16 – 1　探槽两壁倾角表

土层性质	结实土层	松软土层	松散软土层
两壁倾角 θ	70°~80°	60°~70°	≤55°

$$B = b + 2H\cot\theta \qquad\qquad (16-2)$$

式中：b——槽底宽度，m；

　　　H——探槽深度，m；

　　　θ——槽壁倾角，°。

不支撑的长探槽，应每 5 ~ 10 m 留一段隔墙起支撑作用，防止两壁坍塌。

16.2　探槽开挖方法

开挖探槽的常用方法有：手工挖掘、单斗挖掘机挖掘、多斗挖掘机挖掘、钢绳耙斗挖掘和爆破法挖掘。

16.2.1　手工挖掘

在工作条件比较特殊的地质测量或地质普查工作中，一般采用人力手工挖掘探槽。当探槽的年工作量不大于 8000 m³、工作地点非常分散时，用这种方法比较合适。常用的手工工具为十字镐、尖锹和平锹。

在挖掘时，禁止采用挖空槽壁底部使之自然塌落的方法进行挖槽。槽口两侧 0.5 m 以内不准堆放土石和工具。在松软易坍塌土层内进行挖掘时，必须进行支护。

16.2.2　机械挖掘

1. 单斗挖掘机挖掘

在条件许可的情况下，采用反铲单斗式挖掘机挖掘探槽，探槽质量可以达到令地质编录人员满意的程度。采用反铲单斗式挖掘机挖掘的探槽槽壁光滑，探槽断面规格取决于挖掘机铲斗的宽度。当探槽年工作量在 8000 ~ 15000 m³，并集中于挖掘机能够到达的较平缓地段时，采用这种方法较合适。其生产率取决于铲斗的容积、岩石的性质和操作人员的操作水平。

1）单斗液压挖掘机的基本类型

中小型单斗液压挖掘机大部分是通用型，它装有反铲、正铲、抓斗、装载、起重等多种可更换的工作机构（见图 16-2）。

按行走装置的不同，液压挖掘机分为履带式、轮胎式、汽车式、悬挂式及拖式等种类。履带式因有良好的通过性能应用最广，对松软地面或沼泽地带还可采用加宽、加长以及浮式履带来降低接地比压。轮式挖掘机行走速度快、可在城市道路通行，故近年来也发展较快。

按回转部分转角的不同，液压挖掘机有回转和半回转两类。大部分液压挖掘机是全回转式的，部分小型液压挖掘机仅能作 180° 左右的回转，为半回转式。

液压挖掘机按主要机构是否全部采用液压传动又分为全液压式与半液压式两种。目前国产轮胎式液压挖掘机多采用半液压式。

2）反铲装置

反铲是中小型液压挖掘机的主要工作方式。如图 16-3 所示，液压挖掘机反铲装置由动臂 1、斗杆 2、铲斗 3 以及动臂油缸 4、斗杆油缸 5、铲斗油缸 6 和连杆机构 7 等组成。其各部件之间全部采用铰接，通过油缸的伸缩来实现各种挖掘动作。

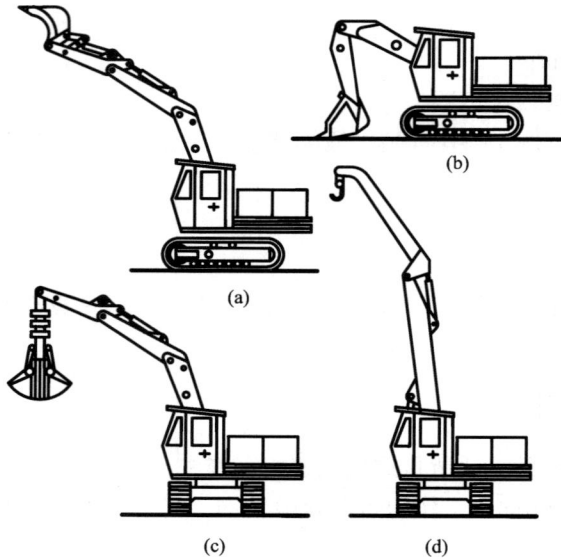

图 16－2　单斗液压挖掘机工作装置的主要类型

（a）反铲；（b）正铲；（c）抓斗；（d）起重

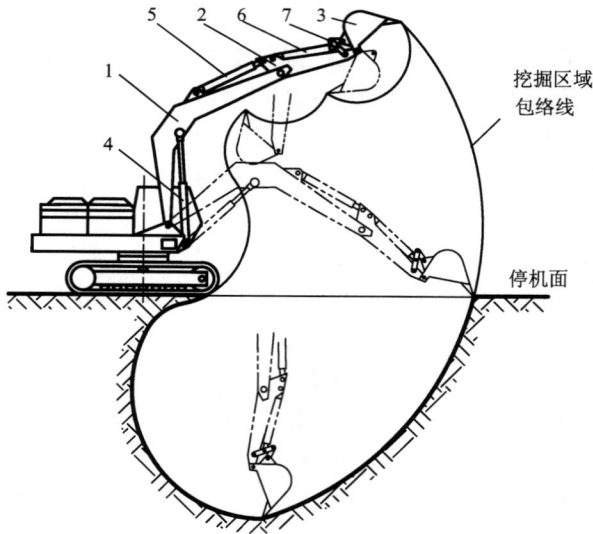

图 16－3　液压反铲装置的工作范围

1—动臂；2—斗杆；3—铲斗；4—动臂油缸；

5—斗杆油缸；6—铲斗油缸；7—连杆机构

　　动臂 1 的下铰点与回转平台铰接，以动臂油缸 4 来支承和改变动臂的倾角，通过动臂油缸 4 伸缩可使动臂绕下铰点转动而升降。斗杆 2 铰接于动臂 1 的上端，其与动臂 1 的相对位置由斗杆油缸 5 来控制,当油缸 5 伸缩时,斗杆 2 便可绕动臂上铰点转动。铲斗 3 与斗杆 2 前端铰接,并通过铲斗油缸 6 伸缩使铲斗绕该点转动。为增大铲斗的转角,通常以连杆机构 7 与铲斗 3 连接。

反铲装置主要用于挖掘停机面以下土壤(基坑、探槽等)。其挖掘轨迹决定于各油缸的运动及其相互配合情况。

当采用动臂油缸进行挖掘时(斗杆油缸和铲斗油缸不工作),可得到最大的挖掘半径和最小的挖掘行程。但由于这种挖掘方式时间长,稳定性差,实际工作中基本不采用。

当仅用斗杆油缸工作进行挖掘时,铲斗的挖掘轨迹是以动臂与斗杆的铰点为中心,斗齿尖至该铰点的距离为半径的圆弧线,弧线的长度与包角取决于斗杆油缸的行程。当动臂位于最大下倾角并用斗杆油缸进行挖掘时,有最大的挖掘深度和挖掘行程,能够保证在较坚硬的土质中装满铲斗,故实际工作中挖掘机常以斗杆油缸工作,进行挖掘。

如果仅用铲斗油缸工作进行挖掘时,挖掘轨迹是以铲斗与斗杆的铰点为中心,该铰点至斗齿尖的距离为半径所作的圆弧线,弧线的包角(即铲斗的转角)及弧长取决于铲斗油缸的行程。显然,这时的挖掘行程较短。若希望铲斗在挖掘行程结束时能装满土,则需较大的挖掘力保证其挖掘厚度较大的土壤,所以一般挖掘机以铲斗油缸方式工作时具有最大的斗齿挖掘力。采用铲斗油缸挖掘常用于清除障碍,在较松软土壤(多为Ⅲ级以下土壤)中挖掘探槽常采用铲斗油缸方式挖掘,以提高生产率。

在实际挖掘工作中,往往需要各油缸联合动作。如当挖掘深度较大,并要求有陡而平整的槽壁或基坑壁时,需采用动臂油缸与斗杆油缸同时工作;当挖掘槽底或挖掘行程将结束时,为快速装满铲斗或改变铲斗切削角,须采用斗杆油缸与铲斗油缸同时工作。

液压反铲都采用转斗卸土方式,卸载较准确、平稳、便于装车运输。

3)正铲装置

正铲主要用于挖掘停机面以上的土壤或岩石、矿石。根据挖掘对象的不同可分为以挖掘土方为主的正铲挖掘机和以装载石方为主的正铲挖掘机。

正铲装置(见图 16-4)由动臂 1、斗杆 2、铲斗 3、动臂油缸 4、斗杆油缸 5、铲斗油缸 6、连杆装置 7 组成。正铲装置的组成和挖掘原理与反铲相似,主要区别在于挖掘方向及相应各油缸工作方向不同。

土质较硬时,一般正铲装置均用斗杆油缸工作,动臂油缸配合进行挖掘。铲斗油缸主要用于调节切削角、切削厚度,清除障碍以及挖掘结束时装满铲斗。

为增加卸载高度,节省卸载时间,正铲铲斗也可采用油缸操纵开启斗底方式卸土。

4)单斗液压挖掘机作业方法

(1)挖掘机的使用条件。

对于Ⅲ级以下的土壤,液压挖掘机的反铲、正铲、抓斗三种工作装置都可使用;对于Ⅲ级以上的土壤,不宜用抓斗作业;对于硬土、冻土和爆破后的岩石,以正铲挖掘效果较好;对于较小的碎石等松散物料采用抓斗较为有效。

反铲液压挖掘机适合于停机面以下的作业为主,正铲液压挖掘机适合于停机面以上的作业为主。由于反铲和正铲挖掘机动臂较短,应配以运输车辆以提高效率。抓斗式挖掘机以停机面以下的作业为主,而且只能垂直向下挖,可以挖到停机面以下较深的位置;适用于挖掘深的探槽和深井。

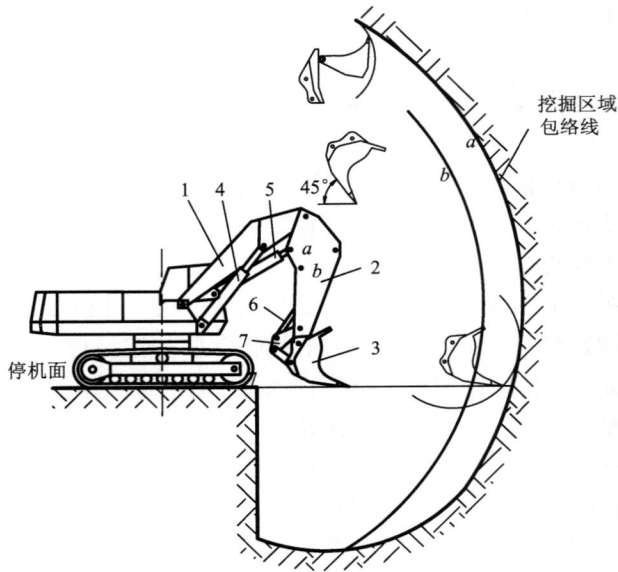

图 16 – 4　液压正铲装置的工作范围

1—动臂；2—斗杆；3—铲斗；4—动臂油缸；

5—斗杆油缸；6—铲斗油缸；7—连杆机构；

a 和 *b*——分别为斗杆油缸连接到 *a*、*b* 点的挖掘区域包络线

液压挖掘机与运输车辆配合时，运输车辆的车厢容积应为挖掘机斗容量的 3~5 倍为宜。

（2）反铲液压挖掘机作业方法。

反铲液压挖掘机的作业方法有沟端开挖法和沟侧开挖法。

沟端开挖法［见图 16 – 5（a）］是由挖掘机从沟端开始倒退挖土、装载、运输的方法。若开挖宽度小于有效开挖半径的两倍，运输车辆可停靠在沟侧，其装车的回转角度较小（约为 45°）；若开挖宽度大于有效开挖半径的两倍，运输车辆需停在挖掘机两侧，其装车时的回转角度约为 90°。这种作业方法便于车辆行驶，可连续工作，工作效率较高。

沟侧开挖法［见图 16 – 5（b）］是挖掘机沿沟槽的侧面行驶、开挖、装载、运输的方法。此

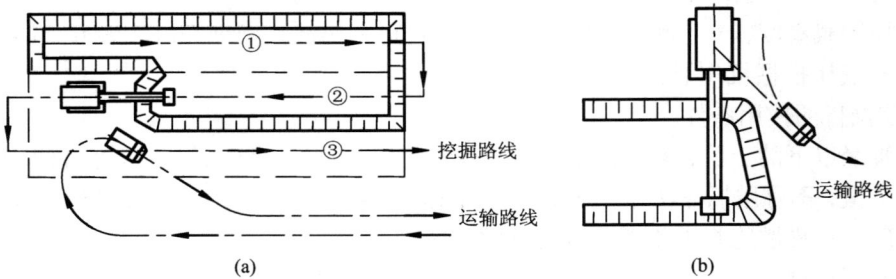

图 16 – 5　反铲液压挖掘机的作业方法

（a）沟端开挖法；（b）沟侧开挖法

时,运输车辆停在侧前方或侧面,其回转角度一般小于90°。这种作业方法可将土弃置于挖掘机附近,循环作业时间较短,但沟槽宽度不宜太宽。

(3)正铲液压挖掘机作业方法。

正铲液压挖掘机的作业方法有正向开挖法、侧面开挖法和中心开挖法等。

正向开挖法(见图16-6)是挖掘机沿前进方向挖掘,向停在后方(或侧后方)的运输车辆卸土的方法。其特点是挖掘机的回转角度大、作业循环时间长,适合于开挖施工区域的入口、场地狭小的路堑、沟槽等。

侧面开挖法(见图13-7)是挖掘机沿前进方向挖掘,向停在侧面的运输车辆卸土的方法。此时,运输车辆的行驶方向与开挖方向平行,挖掘机装土的回转角度一般小于90°。因此,该方法的运输车辆行驶方便,作业效率较高。

图 16-6　正铲挖掘机 - 正向开挖法

图 16-7　正铲挖掘机 - 侧面开挖法

中心开挖法是先从挖土区的中心开始挖掘,当向前挖至挖掘机的转角接近90°时,转向两侧开挖。此时,运输车辆按"八字形"停车待装。这种作业方法挖掘机移位方便,平均转角可保持在90°以内,并且两侧可同时装车,作业效率较高,主要用于基坑开挖。

2.多斗挖掘机和钢绳耙斗挖掘

1)多斗挖掘机挖掘

多斗挖掘机是一种连续动作的自行式挖掘机,可用于含卵石夹层的地层挖掘探槽。在地形平缓(坡度小于15°)且探槽年工作量超过15000~20000 m³的情况下,使用多斗挖掘机开挖探槽比较合适。其生产率取决于铲斗容积、链带行进速度、岩石性质和施工组织。

2)钢绳耙斗挖掘

钢绳耙斗分为移动式和自行式,可在任何地理条件下挖掘探槽,但在冰冻或坚硬岩层中挖掘探槽时需要进行预先松动。当探槽年工作量为30000~70000 m³时,适合采用钢绳耙斗进行挖掘。钢绳耙斗机的结构和工作原理参见图15-18及其相应文字说明。用钢绳耙斗施工探槽的两侧带泥较多,探槽质量比单斗挖掘机的稍差。钢绳耙斗可以挖掘深度为5~6 m的探槽。

3）提高挖掘机生产率的措施

（1）增大铲斗容量。挖掘机的铲斗容量是根据挖掘坚硬土质（Ⅳ级土）设计的。如果土质比较松软而机械技术状况又良好时，可以适当加宽、加大或更换较大容量的铲斗。

（2）提高操作技术水平，力求一次装满铲斗并减少漏损；当挖掘面较低、铲斗装不满时，应挖装两次，务必装满后再回转卸土；应经常清除黏结在铲斗内的余土。

（3）缩短挖掘循环时间。当挖掘较松软土层时，可适当加大切土厚度，以充分发挥机械能力；根据挖土区具体情况，选择最佳的开挖方法和运土路线。采用自卸汽车装土时，运输路线应位于挖掘机侧面，尽量缩小挖掘机卸土回转角。

一般挖掘机卸土回转时间占整个循环时间的 50%～60%。缩小回转角度是提高生产率的有效方法。挖掘机回转角和生产率的关系见表 16-2。

表 16-2 挖掘机回转角和生产率的关系

回转角/(°)	60	90	120	130	145	180
生产率/%	120	100	88	85	81	75

缩短卸土时间。挖掘机和自卸汽车配合作业时，自卸汽车应及时停放在卸土位置；铲斗回转高度应适当，一般高于自卸汽车 0.5 m 即可；铲斗准确地停在车厢上方卸土后立即返回。

提高各工序的速度。要掌握各种操作的运行惯性距离，使各工序紧密衔接，保证最短的间隔时间，以缩短循环时间，但挖掘、回转、卸土等动作不得同时进行。

（4）做好配合工作。根据施工现场情况，用推土机或人工及时将余土推运出挖掘机作业范围内，经常整修场地及道路，为挖装和运输作业创造有利条件。

16.2.3 爆破法挖掘

1. 爆破漏斗

爆破法开挖土石方时，在地表形成爆破漏斗。爆破漏斗的主要参数如图 16-8 所示，图中，r 为爆破漏斗底圆半径，W 为最小抵抗线，即药包中心到自由面的最短距离，h 为爆破漏斗的可见深度，即漏斗中岩堆面到自由面的最短距离。

工程实践证明，抛掷爆破时，爆破漏斗的可见深度可按下式计算：

$$h = \frac{1}{3}W(2n-1) \qquad (16-3)$$

式中：n——爆破作用指数，$n = r/W$。

根据 n 值的不同，可将爆破方法分为松动爆破（$n \leqslant 0.75$）、减弱抛掷爆破（$0.75 < n < 1$）、标准抛掷爆破（$n = 1$）和加强抛掷爆破（$n > 1$）。

爆破法挖掘探槽可采用松动爆破法和抛掷爆破法。松动爆破法挖掘探槽时，需要人工清除探槽内松动了的土石方，抛掷爆破法可将大部分土石方抛出探槽外，因此，爆破法挖掘探槽时多采用抛掷爆破。

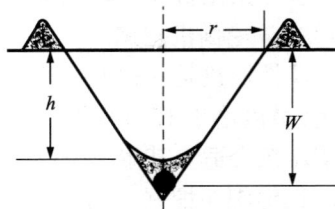

图 16-8 爆破漏斗示意图

根据式(16-3),要使爆破漏斗的可见深度等于药包的埋置深度(或最小抵抗线),即 $h=W$,则应使爆破作用指数 $n=2$。

爆破法挖掘探槽时,为了能将槽内的岩土体抛出槽外,常采用加强抛掷爆破,且以 $n=2$ 为宜。$n>2$,虽然可以获得更深的探槽,但不经济。

2.抛掷爆破法的适用条件

影响抛掷爆破因素很多,有地质条件、地形条件和工程条件,在使用时可参考表16-3。

表16-3　探槽抛掷爆破法的适用条件

项　目	较　好	一　般	较　差
地质条件	带树根碎石的表土层,十分结实的土层,较均质无裂隙岩层	黏结性土层,胶结、结实的坡积层,一般风化岩石	松散土层,一般坡积残积层
地形条件	在30°以上的陡坡上施工有两个以上自由面	在缓坡上施工,有较宽的自由面	在平地或凹地施工,自由面狭或抛掷距离受限制
工程条件	槽深1~1.5 m,槽较长,工程集中	槽深1~2 m,有一定长度,比较集中	槽深2~3 m,槽短,不集中

3.爆破法的抛掷形式

爆破法挖掘探槽的抛掷形式通常有两种,一种是双侧抛掷,如图16-9(a)所示,被炸碎的岩土体抛向探槽两侧,且爆堆形状和大小一致。炮眼的排数取决于所要求的探槽宽度,可以一排也可以两排;另一种是单侧抛掷,如图16-9(b)所示,适用于要求将探槽内的岩土体抛向探槽某一侧。通常,第一排炮眼内的装药量比第二排炮眼内的装药量少,且首先起爆,可以将探槽内80%的岩土体抛向所要求的方向。

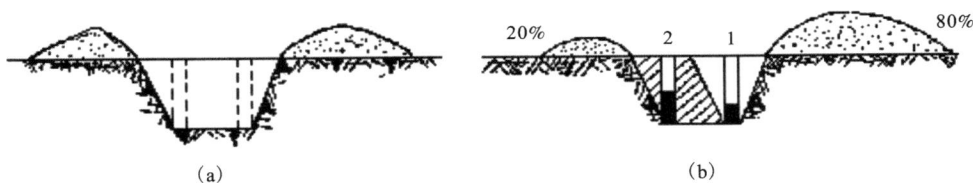

图16-9　爆破法挖掘探槽示意图

4.爆破法的炮眼布置

应按地形及槽深和槽宽来决定炮眼的方向、深度及间距。炮眼与地面夹角可取60° ~ 80°,深0.6~1.2 m,炮眼间距则随直径而变化,通常为1.0~1.4 m。

平缓地形时,炮眼布置方式如图16-10(a)所示;顺山挖掘探槽时,炮眼布置方式如图16-10(b)所示;横山挖掘探槽时,炮眼布置方式如图16-10(c)所示。

5.探槽抛掷爆破的安全距离

在使用抛掷爆破挖掘探槽时,应十分注意安全。其安全距离如表16-4所列。

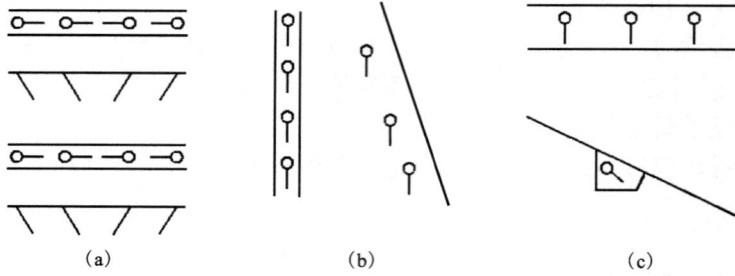

图 16 – 10 爆破法挖掘探槽时炮眼布置方式示意图

表 16 – 4 探槽抛掷爆破安全距离

方　向	最大飞散距离/m	安全系数	安全距离/m
与最小抵抗线同向	200	1.5	300
与最小抵抗线反向	50 ~ 70	1.5	75 ~ 105
与最小抵抗线垂直	100	1.5	150

参考文献

[1]刘广志. 中国钻探科学技术史[M]. 北京：地质出版社，1998

[2]鄢泰宁. 岩土钻掘工程学[M]. 武汉：中国地质大学出版社，2001

[3]李世忠. 钻探工艺学[M]. 北京：地质出版社，1992

[4]汤凤林等. 岩芯钻探学[M]. 武汉：中国地质大学出版社，1997

[5]王达. 地质钻探手册[M]. 长沙：中南大学出版社，2014

[6]刘广志. 金刚石钻探手册[M]. 北京：地质出版社，1991

[7]屠厚泽. 钻探工程学[M]. 武汉：中国地质大学出版社，1988

[8]鄢泰宁等. 人造金刚石超硬材料在钻探中的应用[M]. 北京：地质出版社，2011

[9]刘希圣. 钻井工艺原理（上册）[M]. 北京：石油工业出版社，1988

[10]苏义脑. 螺杆钻具研究及应用[M]. 北京：石油工业出版社，2001

[11]陈庭根等. 钻井工程理论与技术[M]. 东营：石油大学出版社，2000

[12]段新胜等. 桩基工程[M]. 武汉：中国地质大学出版社，1998

[13]殷琨等. 冲击回转钻进技术[M]. 北京：地质出版社，2010

[14]耿瑞伦. 多工艺空气钻探[M]. 北京：地质出版社，1995

[15]吴翔等. 定向钻进原理与应用[M]. 武汉：中国地质大学出版社，2006

[16]鄢泰宁等. 检测技术及钻井工程仪表[M]. 武汉：中国地质大学出版社，2009

[17]叶俊林等. 地质学基础[M]. 北京：地质出版社，1993

[18]鄢泰宁等. 微机在勘查与基础工程中的应用[M]. 武汉：中国地质大学出版社，2002

[19]中国地质调查局. 地质岩芯钻探规程（DZ/T 0227－2010）[M]. 北京：中国标准出版社，2010

[20]基谢列夫 А Т 著. 地质勘探井的回转冲击钻进[M]. 张祖培等译. 北京：地质出版社，1985

[21]沙姆舍夫 А А 著. 钻探工艺与技术[M]. 吴光琳等译. 北京：地质出版社，1988

[22]库里奇茨基 В.В. 等著. 定向斜井与水平钻井的地质导向技术[M]. 鄢泰宁等译. 北京：石油工业出版社，2003 年

[23]江天寿等. 受控定向钻探技术[M]. 北京：地质出版社，1994

[24]Афанасьев И. С. и др.. СПРАВОЯНИК по бурению геологоразведочных скважин[M]. Санкт－Петербург. 2000

[25]Воздвиженский Б. И. и др.. Разведочное бурение[M]. НЕДР. Москва. 1979

[26]Калинин А. Г. и др.. Разведочное бурение[M]. НЕДРА. Москва. 2000

[27]Соловьев Н. В. и др.. Бурение разведочных скважин[M]. Высшая школа. Москва. 2007

[28]Зыбинский П. В. и др.. Сверхтвердые материалы в геологоразведочном бурении[M]. Изд－во НОРД－ПРЕСС. Донецк. 2007

[29]Богданов Р. К. и др.. Сверхтвердые материалы в геологоразведочном инструменте[M]. Изд－во УГГГА. Екатеринбург. 2003

[30]Дудлия Н. А. и др.. Аварии при бурении скважин[M]. Изд－во ДГИ. Днепропетровск. 2005

[31]石智军等. 煤矿井下瓦斯抽采钻孔施工新技术[M]. 北京：煤炭工业出版社，2008

[32]魏孔明. 钻探工程[M]. 北京：煤炭工业出版社，2006

[33] William C. Lyons 等. 空气和气体钻井手册(第二版)[M]. 曾义金等译. 北京：中国石油出版社，2006

[34] 斯彼瓦克 А. И. 等. 钻井岩石破碎学[M]. 吴光琳等译. 北京：地质出版社，1983

[35] 布加耶夫 А. А. 等. 人造金刚石在地质勘探钻进中的应用[M]. 李孔兴等译. 北京：地质出版社，1981

[36] 供水管井技术规范(GB 50296－99)[M]. 北京：中国标准出版社，1999

[37] 周光灿. 钻探孔内事故预防与处理一百例[M]. 北京：地质出版社，1986

[38] 刘广志. 岩芯钻探事故预防与处理[M]. 北京：地质出版社，1982

[39] 修宪民等. 探矿工程概论[M]. 北京：地质出版社，1992

[40] 岩土工程手册编写委员会. 岩土工程手册[M]. 北京：中国建筑工业出版社，1994

[41] 陈建平，吴立. 地下建筑工程设计与施工[M]. 武汉：中国地质大学出版社，2000

[42] 吴立，闫天俊. 凿岩爆破工程[M]. 武汉：中国地质大学出版社，2005

[43] 温永康. 掘进工程[M]. 北京：煤炭工业出版社，2008

[44] 丛树民. 掘进工程设备与方案的最优配置[M]. 北京：煤炭工业出版社，2008

[45] 鄢泰宁. 薛维. 高可靠性铝合金钻杆及其在超深井和水平井中的应用[J]. 武汉：地质科技情报. 2010 No 01 期

[46] 李田军等. 复合片切削刃的工作机理. 煤田地质与勘探[J]. 2011. 39(2)：78－80

[47] 鄢泰宁等. 组合切削具产生的预破碎区对钻进效果的影响[J]. 探矿工程(岩土钻掘工程)，2010. 37 (12)：5－8

[48] 鄢泰宁等. 提高金刚石钻头在深孔硬岩钻进中寿命的途径[J]. 金刚石与磨料磨具工程，2010. 30 (5)：32－37

[49] 王镇全等. PDC 钻头切削齿切削角度对破岩效果影响规律的研究[J]. 煤矿机械，2009. 30(8)：49－51

[50] 高申友等. S75－SF 中深孔绳索取芯钻具结构及应用[J]. 探矿工程，2012(06)

[51] 王殿江. 鲁凡. 新型硬岩超低压钻进用金刚石钻头[J]. 中国有色金属学报，1999(01)

[52] www.zhb.gov.cn/ztbd/hjr 中国环境状态公报

[53] 段泽凯. 重视钻井现场环境保护[J]. 四川石油经济，2000(08)

[54] 韩正磊. 论钻井现场环境保护的措施[J]. 化工管理，2013(08)

[55] 徐一啸. 坑探工程技术讲座[J]. 探矿工程(岩土钻掘工程)，1982(02)

[56] 安耀五. 饶希践. 小型勘探坑道掘进设备[J]. 探矿工程(岩土钻掘工程). 1985(06)

[57] 王守海. 改革掘进工艺增强施工能力[J]. 探矿工程(岩土钻掘工程)，1986(01)

[58] 饶希践. 李明祥. 地矿系统坑探工作的回顾与展望[J]. 探矿工程(岩土钻掘工程)，1999(01)

[59] 谢文卫. YZX 系列液动潜孔锤的研究与开发[D]. 中国地质大学(武汉)，2010

[60] 姚宁平. 煤矿井下煤层抽采小曲率梳状钻孔钻进技术及钻具研究[D]. 中国地质大学(武汉)，2012

[61] 李田军. PDC 钻头破碎岩石的力学分析与机理研究[D]. 中国地质大学(武汉)地质工程专业博士学位论文，2012.11